新编禽病

XINBIAN QINBING

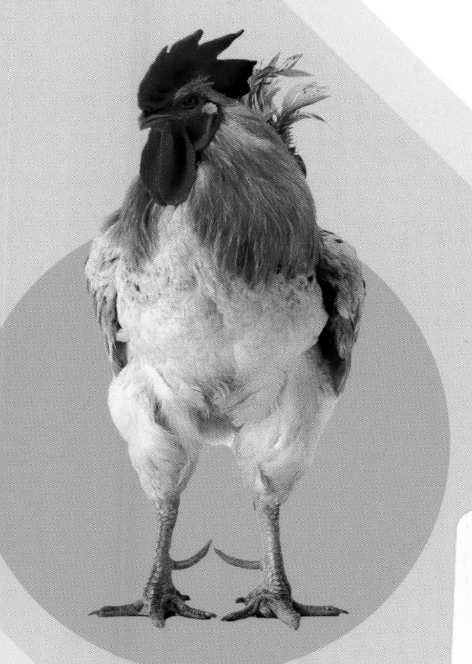

快速诊治彩色图谱

第2版

孙桂芹 强慧勤 主编

KUAISU ZHENZHI CAISE TUPU

中国农业大学出版社
· 北京 ·

内 容 简 介

《新编禽病快速诊治彩色图谱》第2版内容丰富，包含了禽病防控的国家新政策、新技术、家禽解剖技术以及鸡、鹅、鸭、鸽、鸵鸟等禽类78种疾病的诊断与防控知识。选用的2000多幅图片是作者从几十年临床工作中拍摄的近万幅照片中精选出来的，图片清晰，具有代表性、典型性，其中有不少图片是难得一见、非常珍贵的。作者对每一幅图片进行了详细注解，力求语言简明扼要、通俗易懂，系统性与科学性强，可让读者一看就懂，一学就会，是养禽业从业人员的首选工具书。

图书在版编目（CIP）数据

新编禽病快速诊治彩色图谱 / 孙桂芹，强慧勤主编．—2版．—北京：中国农业大学出版社，2020.1
ISBN 978-7-5655-2291-8

Ⅰ. ① 新… Ⅱ. ①孙… ②强… Ⅲ. ①禽病—诊疗—图谱 Ⅳ. ① S858.3-64

中国版本图书馆 CIP 数据核字（2019）第 247356 号

书　　名　新编禽病快速诊治彩色图谱（第2版）
作　　者　孙桂芹　强慧勤　主编

策划编辑　张秀环　　**责任编辑**　田树君
封面设计　郑　川
出版发行　中国农业大学出版社
社　　址　北京市海淀区圆明园西路2号　　**邮政编码**　100193
电　　话　发行部 010-62818525，8625　　读者服务部　010-62732336
　　　　　　编辑部 010-62732617，2618　　出　版　部　010-62733440
网　　址　http://www.cau.edu.cn/caup　　**E-mail** cbsszs@cau.edu.cn
经　　销　新华书店
印　　刷　涿州市星河印刷有限公司
版　　次　2020年1月第2版　　2020年1月第1次印刷
规　　格　889×1 194　　16开本　　25.75印张　　725千字
定　　价　168.00元

第2版编写人员

EDITORS OF THE SECOND EDITION

主　编　孙桂芹　强慧勤

副主编　赵彦岭　田　勇

编　者　孙桂芹　强慧勤　赵彦岭　田　勇
袁万哲　郝民忠　刘金奎　褚素乔
曹立辉　薛军训　刘守业　曹晓震
杨　霞　陈公武　杨喜合　魏忠华
王安忠　郭红斌　李晓华　贾　琳
胡晓悦　张　宁　辛长卫

第1版编审人员

EDITORS OF THE FIRST EDITION

主　编　孙桂芹

副主编　陈巨清　王安忠　郭红斌

编　者　孙桂芹　陈巨清　王安忠　郭红斌

邢彦枝　田　勇　孙茂红　宋金祥

郝延刚　王红梅　杨　霞　曹立辉

闫胜鸿　陈公武　刘淑花　吴云海

李晓华　焦兰芬　刘亚男　郝彦孚

主　审　罗贻逊　乔　健

作者简介

孙桂芹，高级畜牧师，石家庄信息工程学院牧文畜牧兽医学院客座教授。1967年毕业于河北北方学院（原张家口农业专科学校）。50多年来一直从事畜禽疾病防治工作。曾获得河北省科技进步三等奖和石家庄市科技进步二等奖各一项。

1. 兼职大专院校禽病教学14年。培训学员2 000多人，所培训的学员受到了兽药厂和养殖户的欢迎和好评。

2. 主编了《新编禽病快速诊治彩色图谱》。为方便教学，在禽病门诊临床诊治工作中拍摄了大量禽病临床症状和病理剖检图片，编写了28万字的《新编禽病快速诊治彩色图谱》，于2011年2月由中国农业大学出版社出版发行。

现在应中国农业大学出版社的邀请编写《新编禽病快速诊治彩色图谱》第2版，其中许多疾病和图片弥补了已出版的禽病图谱中的不足和空白，纠正了许多禽病诊治上的误区。该书成为一线畜牧兽医工作者和大专院校的学生全面深入掌握禽病诊治技术的参考书、工具书。

3. 在多本畜牧兽医刊物中发表了禽病防治论文120余篇。其中在国家级刊物《中国动物保健》发表论文38篇，在省级报刊、杂志发表禽病防治、饲养管理方面的论文80余篇。

4. 2015年12月获得国家级刊物《中国动物保健》杂志社授予的“中国动保一线专家”荣誉称号。

5. 2016年8月5日，被河北省畜牧局畜牧兽医学会授予“河北省畜牧兽医科技创新领军人物”称号。

6. 2016年12月至今，在《农牧学堂》网上授课37次，听众已达8万多人次。为推广普及家禽科学饲养、科学诊治禽病技术做了大量的工作。

7. 2018年9月被河北省牧文畜牧兽医学院聘为客座教授。

强慧勤，女，石家庄市动物疫病预防控制中心研究员，河北省政府特殊津贴专家、省防控重大动物疫病专家组成员，石家庄市高层次人才。

1984 年兽医专业本科毕业，一直从事动物疫病预防、监测、流行病学调查、兽医临床诊断、治疗等专业技术工作，具有较高的理论水平和丰富的实践经验。作为省、市两级科技特派员，帮扶养殖合作社百余个，坚持深入养殖场指导养殖和动物疫病的防控工作，为提高畜产品产量和质量、带动农民增产增收贡献力量。为使新理念、新知识、新技术尽快得到推广应用，长期与河北电视台农民频道、河北人民广播电台农村广播、农村大喇叭等媒体合作，利用媒体传播新技术，受益群体遍及全省及周边地区的养殖户。

先后主持或主研兽医科技项目 17 项，已有 14 项成果通过省级或市级技术鉴定，其中 12 项获省、市科技进步奖及省山区创业奖。目前还有 3 个重点项目在研并取得了一定的研究进展。在国家和省级专业刊物上发表论文 50 多篇，主编或参编专业著作 9 部。

编者的话

《新编禽病快速诊治彩色图谱》自 2011 年 2 月出版以来，深受广大基层兽医工作者、养禽业相关从业人员及大专院校师生的好评和喜爱，不断有同行与笔者相互探讨和交流禽病防控知识和经验，并希望此书再版。

随着养禽业的发展，禽病也发生了一定的变化，近几年禽病表现出一些新的特点：一是新病、疑难病不断出现；二是某些疾病病原发生变异，非典型性疾病不断发生；三是混合感染严重。因此，禽病的临床表现复杂，病理变化多样，给诊断造成了一定的困扰。随着科学的发展，人们对禽病的认知也越来越深入，笔者根据几十年的临床经验结合先进的诊断技术，积累了大量禽病新资料。为了将新知识、新动态、新技术介绍给读者，笔者认真整理资料对此书进行了重新修订。

本次修订有以下几方面的特点和变化：一是内容更加丰富，在原书的内容上增加了禽病防控的国家新政策、新技术；二是增加了新发生的禽病的防控知识；三是增加了鹅、鸭、鸽、孔雀、鸵鸟等禽类的疾病诊断与防控；四是增加了 1 500 多幅临床图片，并对每一幅图片进行了详细注解，力求语言简明扼要、通俗易懂，使读者一目了然，便于正确辨认图片的病变，有利于在实践中的应用。

本人 1967 年大学毕业后，一直从事禽病的防控工作，具有扎实的理论知识和丰富的实践经验，本书选用的图片是笔者从几十年临床

EDITOR'S WORDS

病例诊断过程中拍摄的近万幅照片中精选出来的 2 000 多幅，具有代表性、典型性，是其临床经验的精华，同时增加了家禽解剖技术知识，是一本理论与实践紧密结合、科学普及与能力提高并重的禽病防控实用书籍。

本书的修订得到了强慧勤老师的大力支持，同时强慧勤老师也提供了多幅典型图片。在编写过程中也引用了刘晨、杜元钊、王玉坤、陈建新、王新华、林毅、俞衡秀 7 位禽病专家和部分基层医生拍摄的 20 多幅典型图片，使本书增色不少，丰富了本书内容，在此一并表示感谢。在本书编写过程中虽然笔者倾注心血，但由于水平有限，难免出现一些疏漏或差错，欢迎广大读者提出宝贵意见。

主编联系方式：13932128217、13831183513。

孙桂芹

2018.11.28

病毒性疾病（Viral disease）

禽细菌性疾病（Bacterial disease）

寄生虫病（Parasitic disease）

常见维生素缺乏症（Common vitamins deficiency）

营养代谢病（Nutrition metabolic disease）

中毒性疾病（Intoxicating disease）

杂症（Various illnesses）

病毒性疾病

VIRAL DISEASE

高致病性禽流感（Avian influenza； AI）

高致病性禽流感是由A型流感病毒引起的禽类传染病，主要发生在鸡、鸭、鹅、鸽等家禽及观赏鸟类。高致病性禽流感因其传播速度快、危害大，被世界动物卫生组织列为A类动物疫病，我国也列为一类动物疫病。

【病原】

禽流感病毒属正黏病毒，有多种亚型，高致病力毒株目前发生的主要是H5、H7型。

【流行特点】

不同日龄、品种的鸡均可感染，但以产蛋鸡群多发、高发；一年四季均可发生，但在气候多变季节发生较多而且传播迅速；传播可通过直接接触感染和通过被病毒污染的饲料、饮水、蛋盘、运输工具等间接接触感染。

【临床症状】

1. 鸡群发病后可突然死亡，病鸡精神沉郁，采食量减少，排出黄白绿色稀便，病死鸡腹部皮肤呈紫红色，本病的死亡率可高达90%以上，这主要取决于感染病毒的毒力以及继发其他传染疾病（如新城疫和大肠杆菌感染等）的感染程度。高致病性禽流感被列为国家强制免疫病种，免疫后的鸡群如有发生可表现出非典型的发病情况，发病率和死亡率低。

2. 冠黑紫，边缘出现干性坏死。

3. 有的病鸡颜面和肉髯水肿。

4. 脚部鳞片出血，不刮鳞片也可看到出血，有时跗关节肿胀出血。

5. 有的病鸡出现有扭头、曲颈、转圈等神经症状。

6. 有的病鸡病初呼吸困难，怪叫、头颈伸向前上方，张口呼吸。

7. 产蛋率下降直至绝产，软蛋、沙皮蛋、血斑蛋增多。

【剖检病变】

1. 皮下有时有淡黄绿色胶胨样渗出物。

2. 胸部肌肉紫红色或似煮过的肉样。

3. 腺胃乳头上覆盖有分泌物，乳头及乳头基底部出血，腺胃与肌胃连接处出血，肌胃角质层易剥离，严重时肌胃皱褶处出血。

4. 胰腺呈紫红色，胰腺周边出血，胰腺有时有透明、半透明或深红色的坏死灶，此为特征性的病变。

5. 肠道出血、溃疡，肠腔内充满脓性分泌物，肠黏膜脱落，肠壁变薄。

6. 卵泡充血、出血，由金黄色变为鲜艳的红色，严重者变为紫红色或黑紫红色，有时卵泡变形。

7. 常并发大肠杆菌形成卵黄性腹膜炎，严重者腹腔内有多量灰白或黄色的稀汤。

8. 输卵管和子宫充血、出血、水肿、体积增大，输卵管和子宫内有多量黏稠白色分泌物，或透明的分泌物，或类似“豆腐脑”状物。

9. 并发坏死性肠炎，肠管黑灰色，肠系膜黑色，肠黏膜上有一层致密黑色的假膜。

10. 肝肿大出血，有黄色条纹，易碎似豆腐渣样。

11. 肾肿大，严重者呈花斑状。

12. 心冠脂肪出血，有时心外膜出血。

13. 喉头气管黏膜出血，气管环出血，血痰较多。

14. 鸣管出血。

15. 肺出血呈黑红色。

16. 腹部脂肪、胃周围的脂肪和胸骨的内侧有出血点。

17. 盲肠扁桃体肿胀出血，泄殖腔严重弥漫性出血。

总之，禽流感病毒对全身各个系统均会造成不同程度的损害直至死亡。临床上有人又将该病分为神经型、喉炎型、腹膜炎型、肿脸型，但这 4 种类型不是单一出现、绝然分开的，而是混合出现的。

【诊断】

任何单位和个人发现禽类发病急、传播迅速、死亡率高等异常情况，应及时向当地动物防疫监督机构报告。当地动物防疫监督机构应确认为临床怀疑疫情，在 2 h 内将情况逐级上报到省级动物防疫监督机构和同级兽医行政管理部门；省级动物防疫监督机构进行疑似诊断；将病料送国家禽流感参考实验室做病毒分离与鉴定，进行最终确诊；国务院兽医行政管理部门根据最终确诊结果，确认高致病性禽流感疫情。

【防控措施】

禽类发生高致病性禽流感时，因发病急、发病和死亡率很高，目前尚无好的治疗办法。按照国家规定，凡是确诊为高致病性禽流感后，应该立即对 3 km 以内的全部禽只扑杀、深埋，其污染物做好无害化处理。这样，可以尽快扑灭疫情，消灭传染源，减少经济损失，是扑灭禽流感的有效手段之一，所以必须坚决执行。

注意

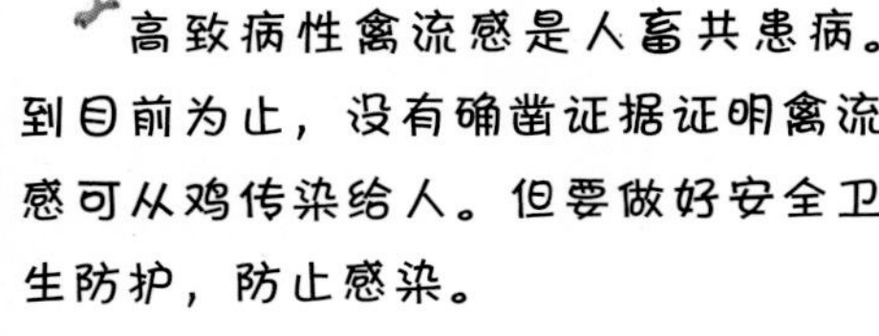

1. 禽流感病毒的传播主要通过接触感染禽及其分泌物和排泄物，污染的饲料、水、蛋托（箱）、垫草、种蛋、鸡胚和精液等媒介，经呼吸道、消化道感染，也可通过气源性媒介传播。减少病毒扩散的任何生物安全措施都能降低禽流感传播的危险。

2. 防止野鸟进入鸡场，鸡场禁养其他禽类和动物。

3. 做好饲养管理和消毒，限制一切外来车辆、人员入场。消毒池要及时更换消毒液。

4. 按照农业部（现农业农村部）颁发的《高致病性禽流感免疫技术规范》实施免疫。

1-1　未进行禽流感疫苗免疫的鸡易感染禽流感病毒，死亡率高

1-2　禽流感强毒株感染的鸡群死亡率高

1-3　禽流感病鸡精神沉郁，出现神经症状，头颈扭曲

1-4　禽流感病鸡精神沉郁，羽毛蓬松，鸡冠边沿干性坏死

1-5　禽流感病鸡精神沉郁，颜面、冠、髯呈黑紫色

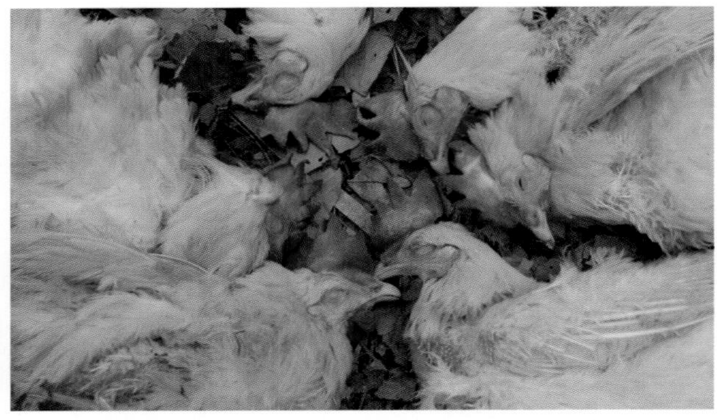
1-6　禽流感病鸡颜面、冠、髯呈黑紫色

1-7　禽流感病死的柴鸡颜面、冠、髯呈黑紫色

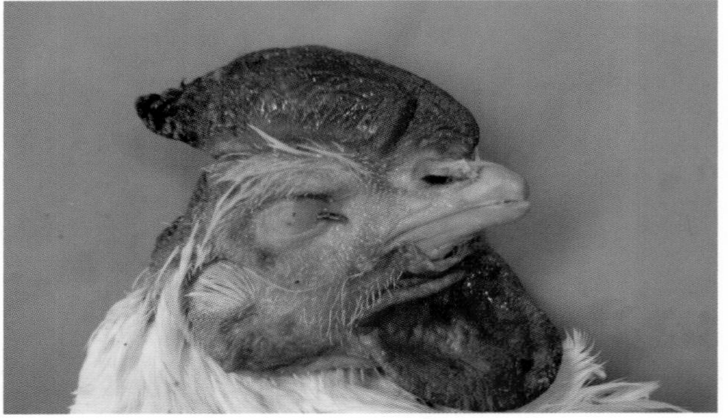
1-8　禽流感种鸡颜面、冠、髯呈黑紫色

1-9 禽流感病鸡颜面、冠、髯呈黑紫色

1-10 麻鸡感染流感病毒，鸡冠、眼睑、髯呈黑紫色

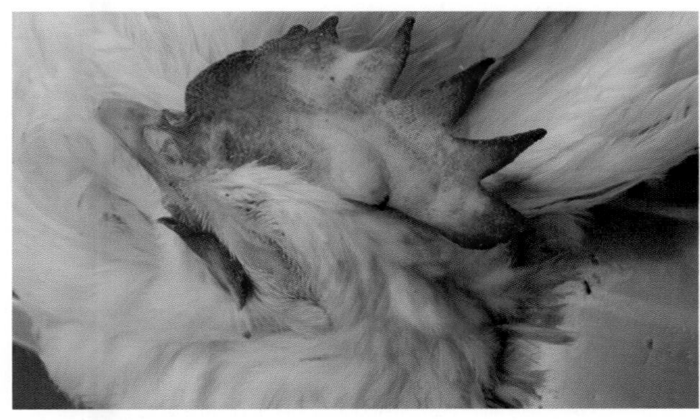
1-11 禽流感病死鸡颜面、冠、髯呈黑紫色

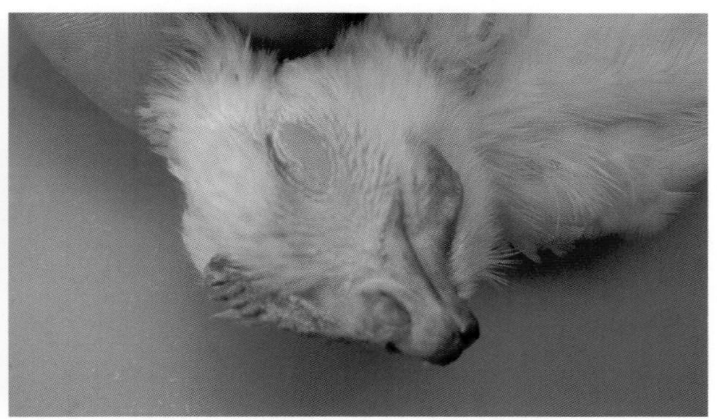
1-12 禽流感病雏鸡冠、髯肿胀、呈紫红色

1-13 从未进行禽流感和新城疫疫苗免疫的鸡发病死亡后，鸡冠呈黑紫红色（1）

1-14 从未进行禽流感和新城疫疫苗免疫的鸡发病死亡后，鸡冠呈黑紫红色（2）

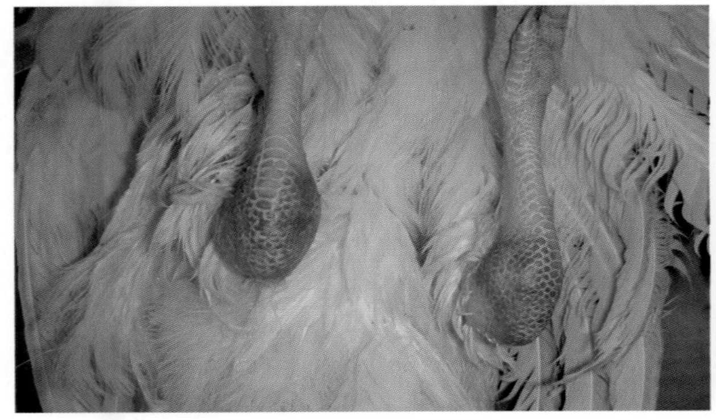
1-15 禽流感病鸡跗关节肿胀出血

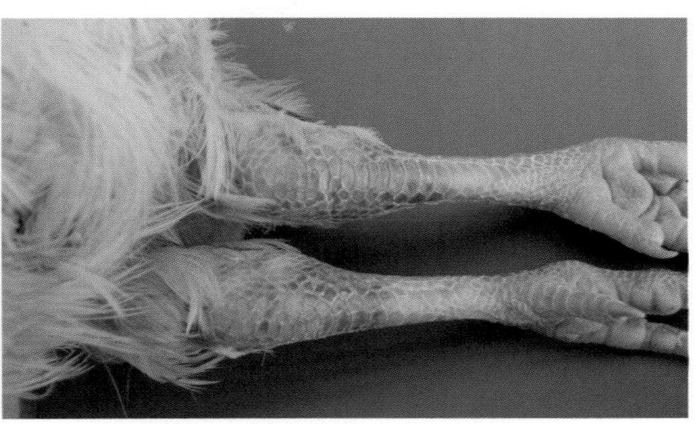
1-16 禽流感病情严重的病鸡跗关节肿胀，皮肤出血

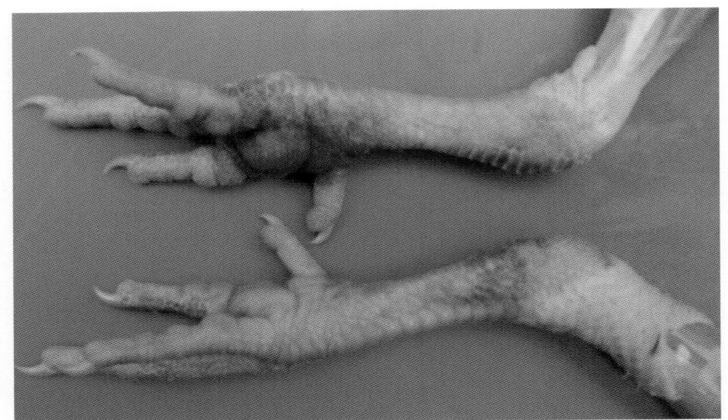
1-17　禽流感病鸡脚部鳞片出血

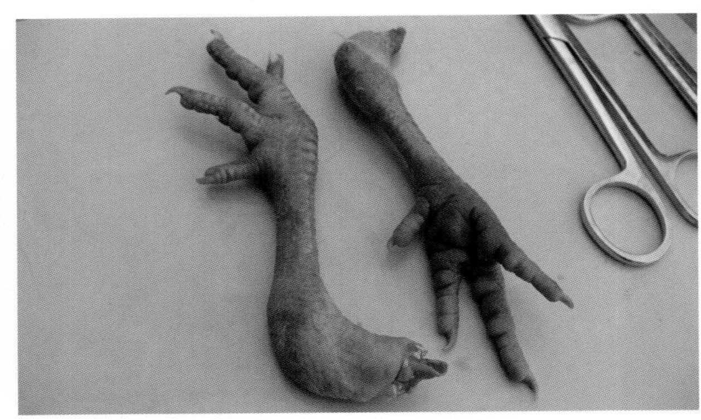
1-18　感染禽流感强毒株，病雏鸡鸡脚部皮肤鳞片呈紫红色

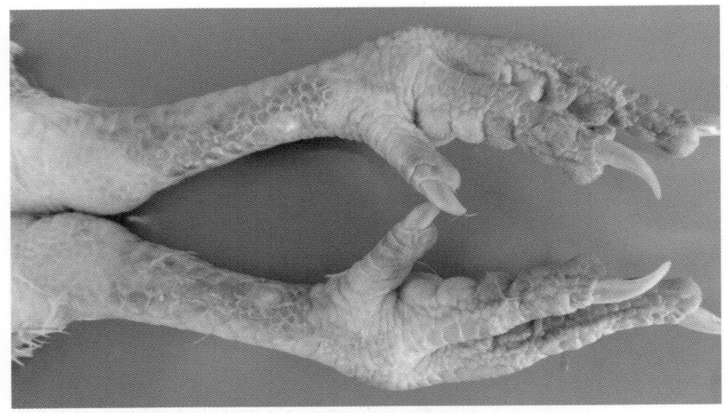
1-19　禽流感病情严重的病鸡脚部鳞片出血（1）

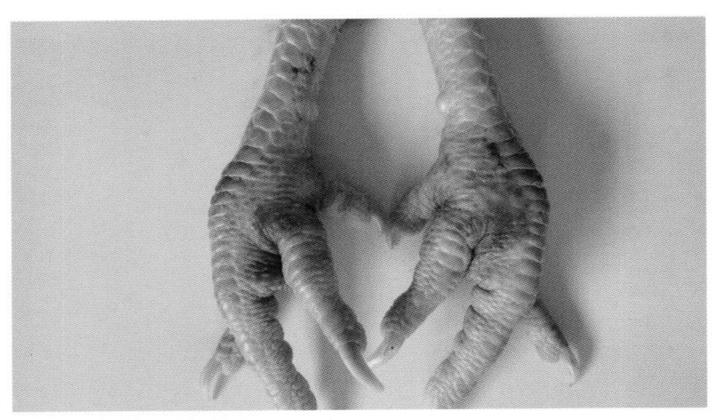
1-20　禽流感病情严重的病鸡脚部鳞片出血（2）

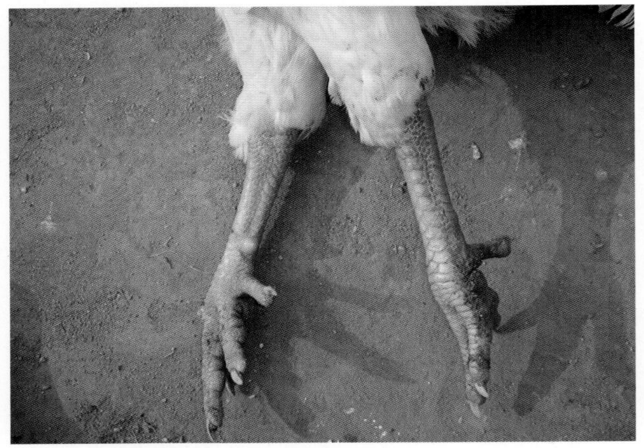
1-21　禽流感病鸡脚部鳞片出血

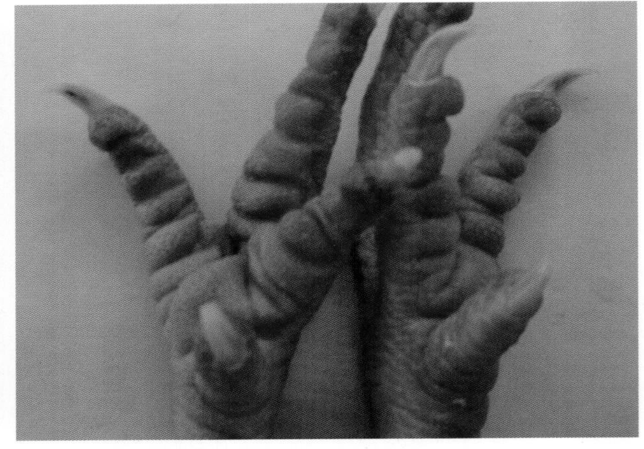
1-22　禽流感病鸡脚部皮肤呈红色

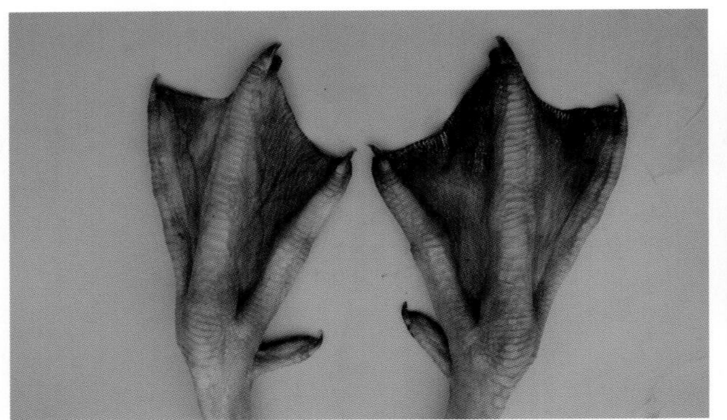
1-23　禽流感病鸭脚蹼呈深红色

1-24　麻鸡感染禽流感病毒，脚部鳞片出血呈紫红色

1-25　柴公鸡感染禽流感病毒，脚部鳞片出血呈紫红色

1-26　禽流感病鸡产血斑蛋、软皮蛋

1-27　禽流感病情严重的病鸡产血斑蛋

1-28　禽流感病鸡产软蛋、沙皮蛋、血斑蛋

1-29　禽流感病情严重的的病鸡产血斑蛋、畸形蛋

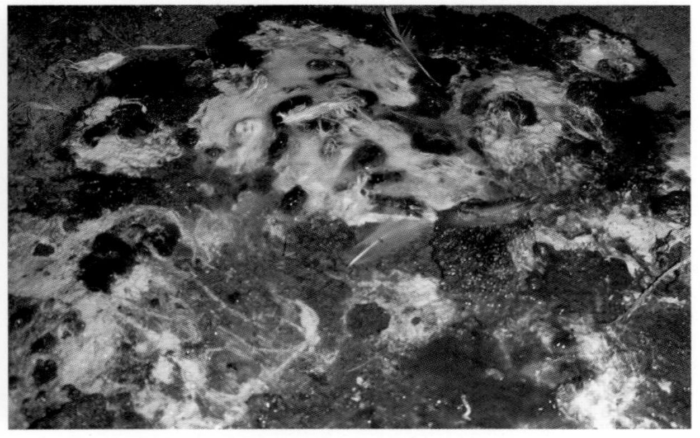

1-30　禽流感病鸡排出的黄白绿色稀便

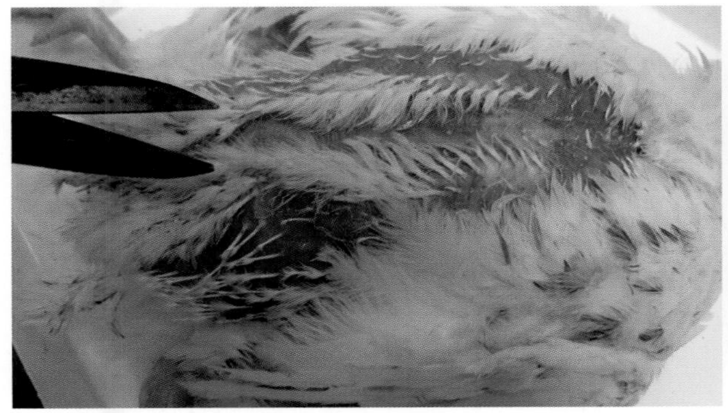

1-31　禽流感病鸡皮肤呈紫红色（1）

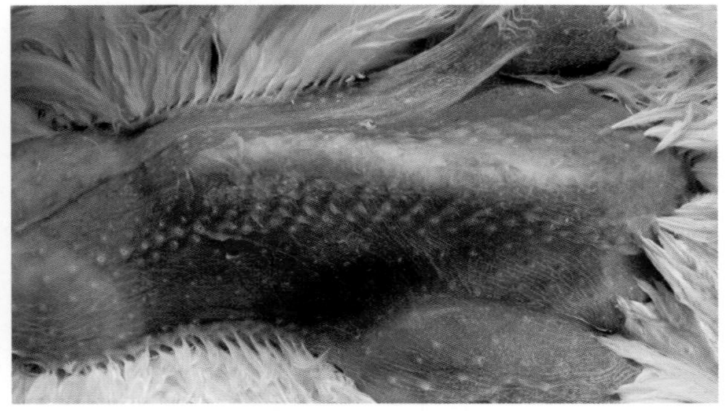

1-32　禽流感病鸡皮肤呈紫红色（2）

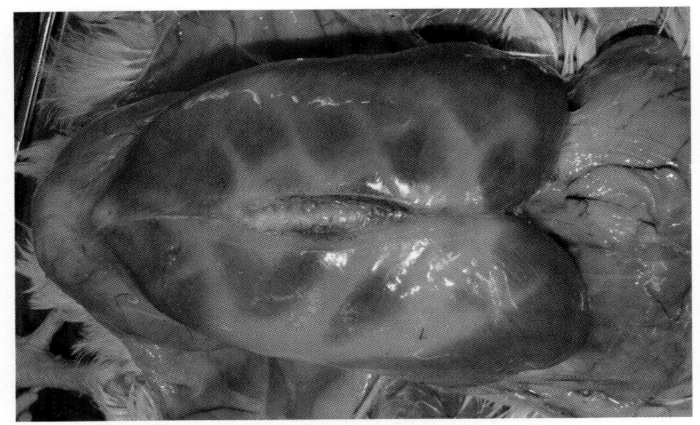
1-33　禽流感肉鸡胸部肌肉呈网格状淤血，有出血斑块

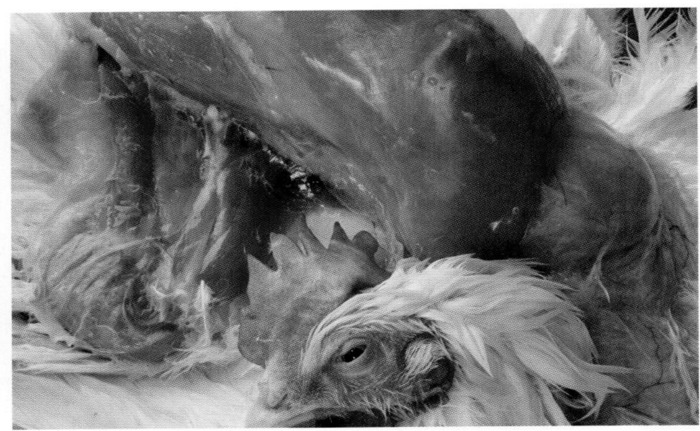
1-34　禽流感病鸡冠、胸部肌肉呈紫红色

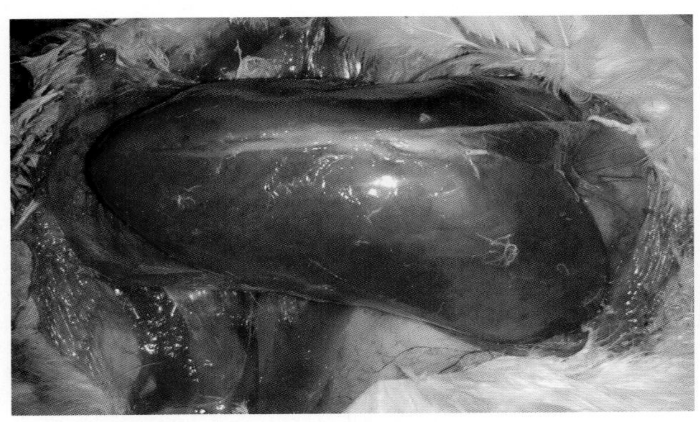
1-35　禽流感病鸡胸部肌肉呈紫红色

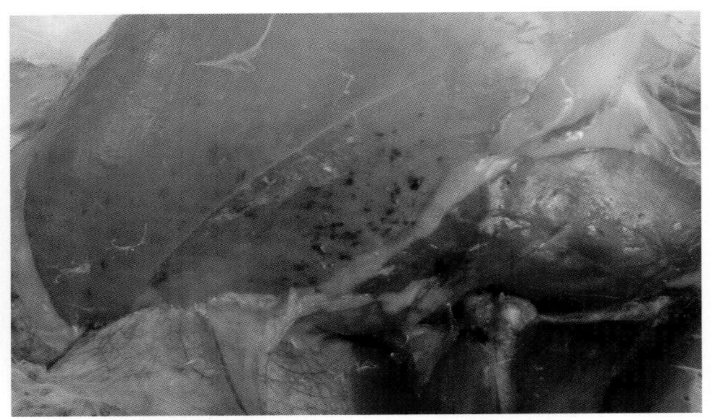
1-36　禽流感病情严重的病鸡胸部肌肉有出血斑点

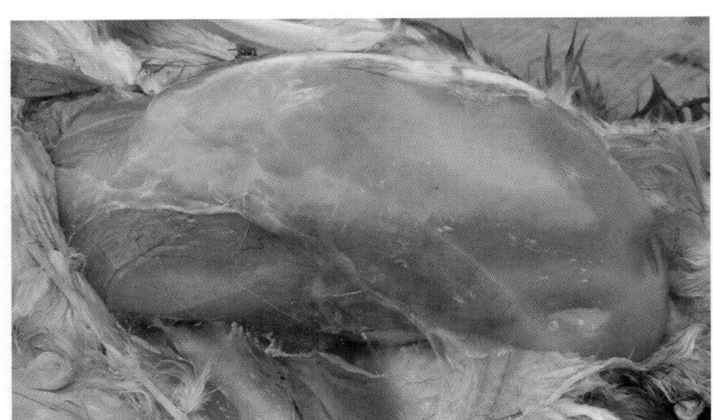
1-37　禽流感病鸡胸部肌肉呈浅紫红色似煮过的肉样，有发白的区域

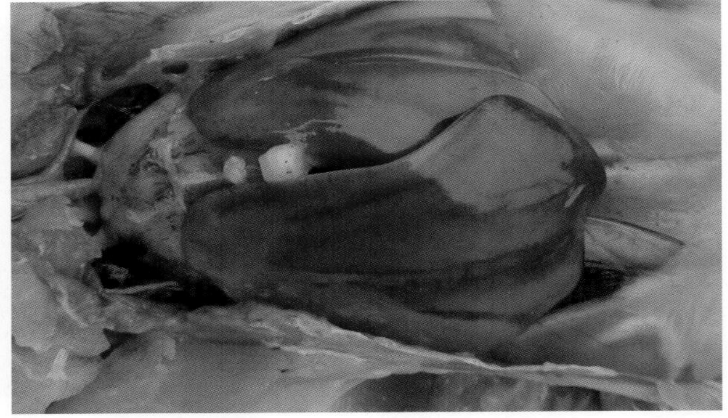
1-38　禽流感病鸡肝肿大，有时有黄色条纹

1-39　禽流感病鸡心冠脂肪弥漫性出血，肝有黄色条纹

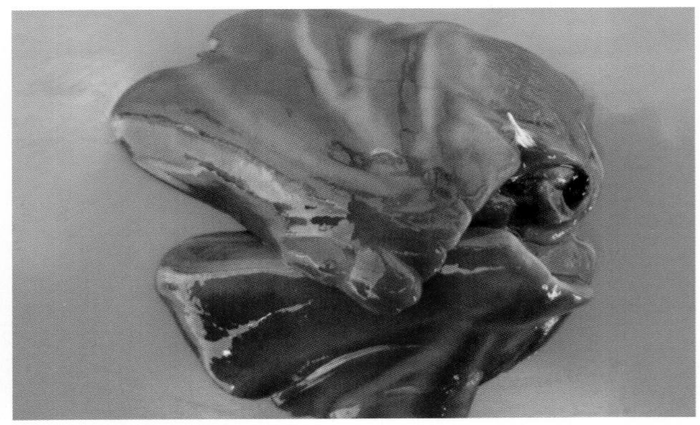
1-40　禽流感病鸡肝肿大有黄色条纹

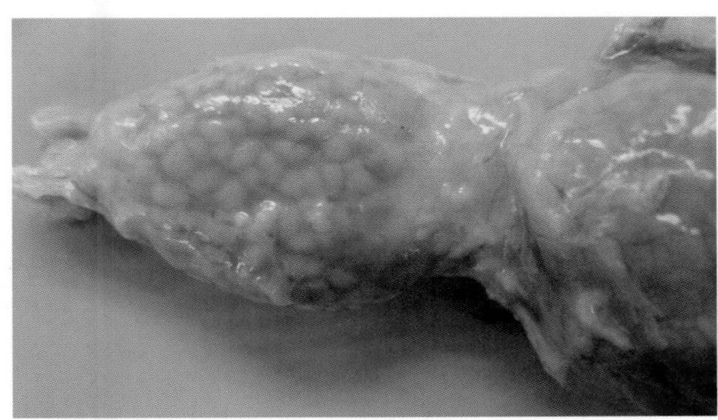
1-41 禽流感病鸡腺胃壁肿胀呈黑紫色

1-42 禽流感病鸡腺胃壁出血，腺胃乳头有刮不完的灰白色分泌物

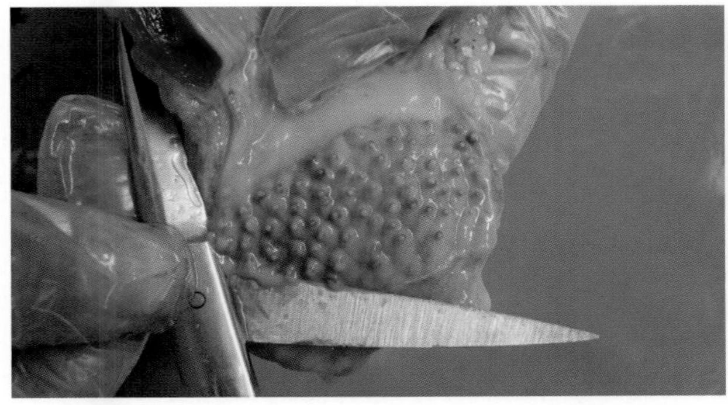
1-43 禽流感病情严重者腺胃乳头基底部普遍出血，乳头分泌物多

1-44 禽流感病鸡腺胃乳头有大量灰白色的分泌物，乳头基底部出血（1）

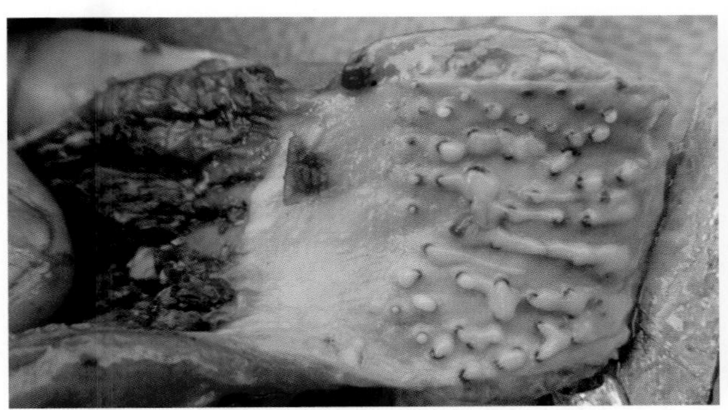
1-45 禽流感病鸡腺胃乳头有大量灰白色的分泌物，乳头基底部出血（2）

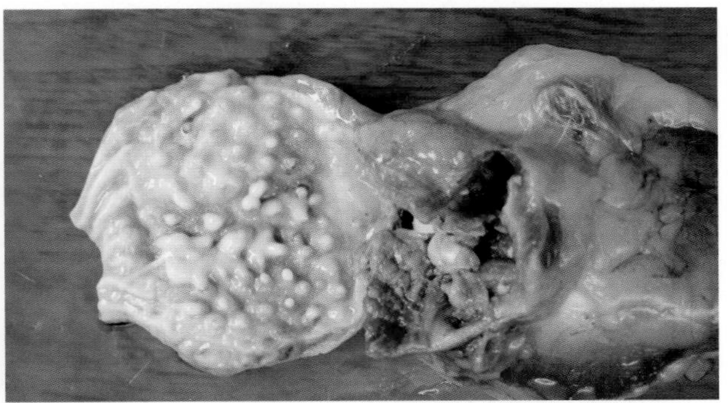
1-46 禽流感病鸡腺胃乳头有大量灰白色的分泌物，乳头基底部出血（3）

1-47 禽流感病鸡腺胃乳头有大量灰白色分泌物，乳头基底部出血（4）

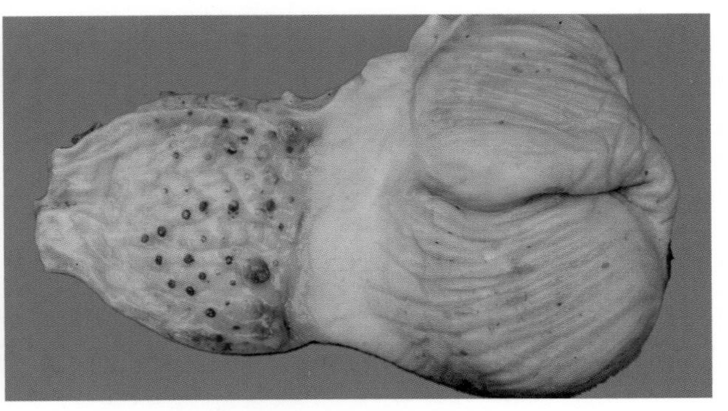
1-48 禽流感病鸡腺胃乳头基底部出血

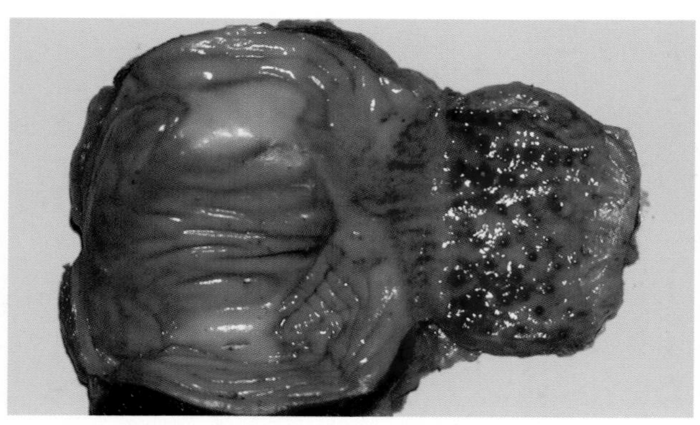

1-49 禽流感病鸡腺胃乳头出血溃疡，肌胃与腺胃连接处出血，乳头基底部出血

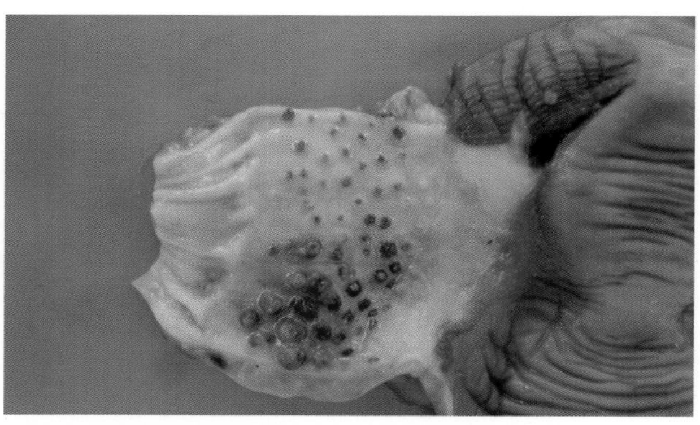

1-50 禽流感病鸡腺胃乳头肿胀，基底部出血溃疡

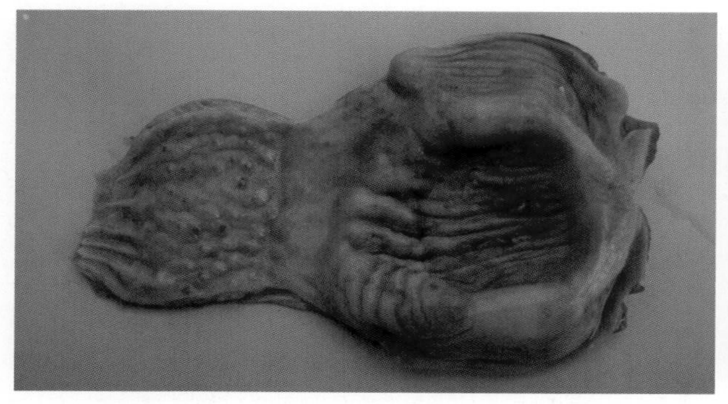

1-51 禽流感病鸡腺胃乳头出血，肌胃角质层下严重溃疡出血

1-52 禽流感病鸡腺胃乳头有大量分泌物，乳头基底部出血

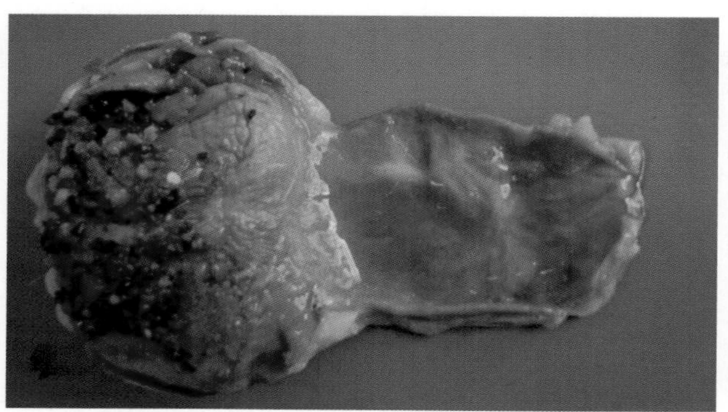

1-53 禽流感病鸭腺胃乳头上覆盖一层灰黄色的黏液

1-54 禽流感与新城疫混合感染，胃内容物呈绿色，腺胃乳头和乳头基底部出血

1-55 禽流感与新城疫混合感染的乌鸡，腺胃壁出血，腺胃覆盖一层灰白色带血的分泌物，肌胃内容物呈绿色

1-56 禽流感病乌鸡腺胃黏膜呈黑色，腺胃乳头分泌物多，乳头基底部出血

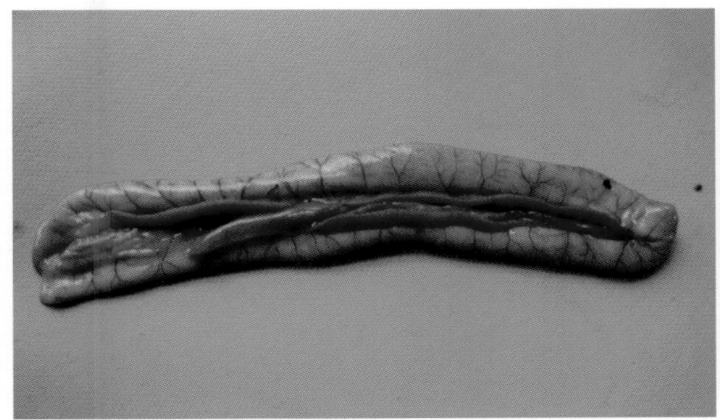

1-57 禽流感病鸡胰腺充血出血呈深红色

1-58 禽流感病鸡胰腺充血、出血，腺胃壁充血呈深红色

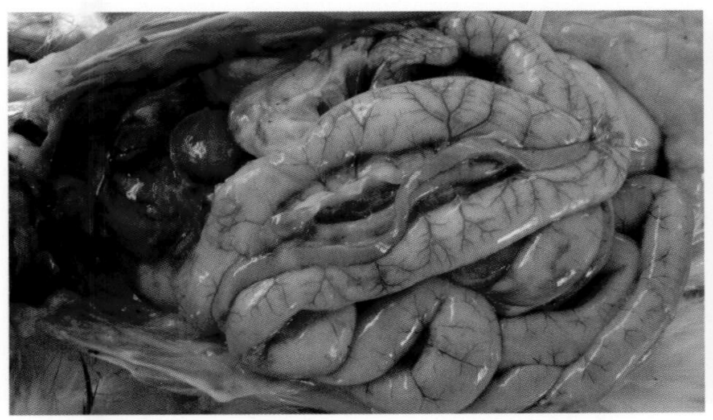

1-59 禽流感病鸡胰腺和胰腺边沿出血，卵泡出血

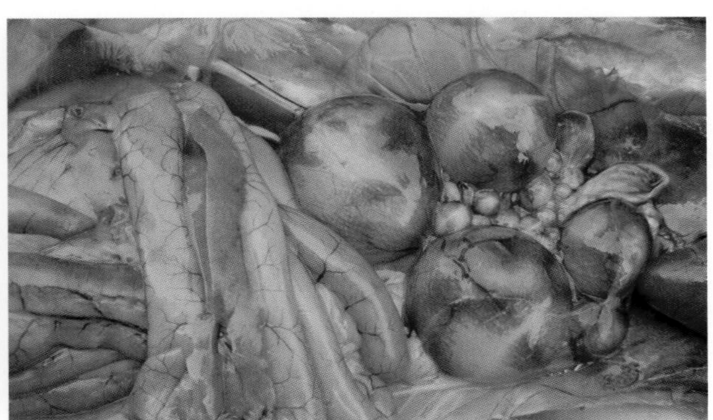

1-60 禽流感病鸭胰腺充血出血，卵泡出血

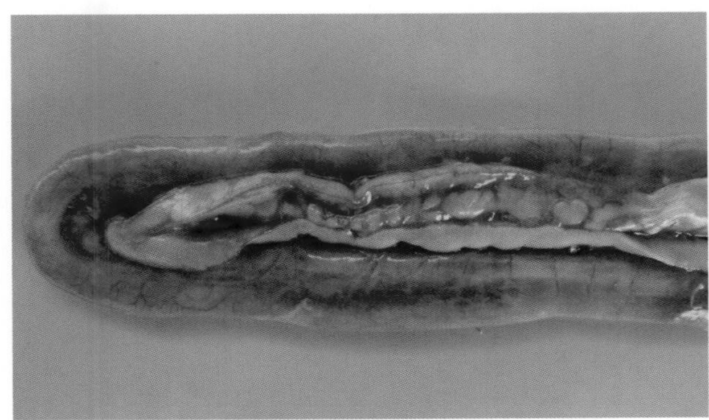

1-61 禽流感病鸡胰腺肿胀、边沿出血

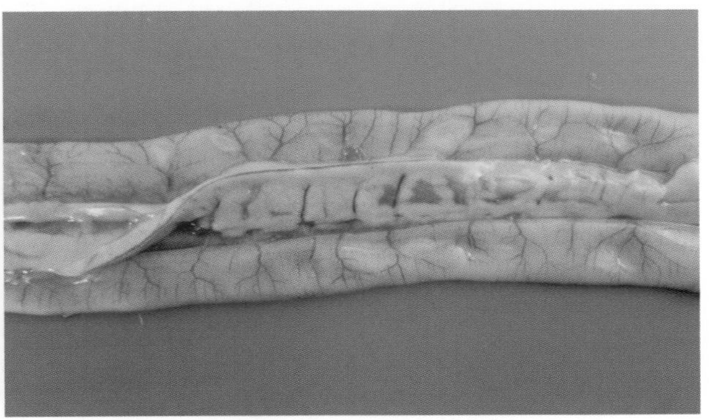

1-62 禽流感病鸡胰腺有出血斑，边沿出血

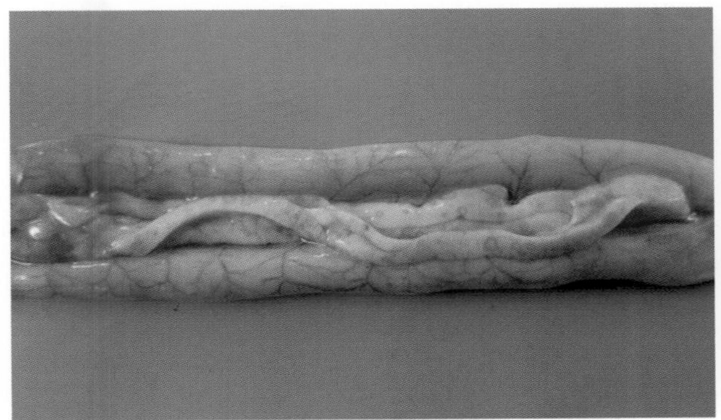

1-63 禽流感病鸡胰腺有圆形半透明的坏死灶

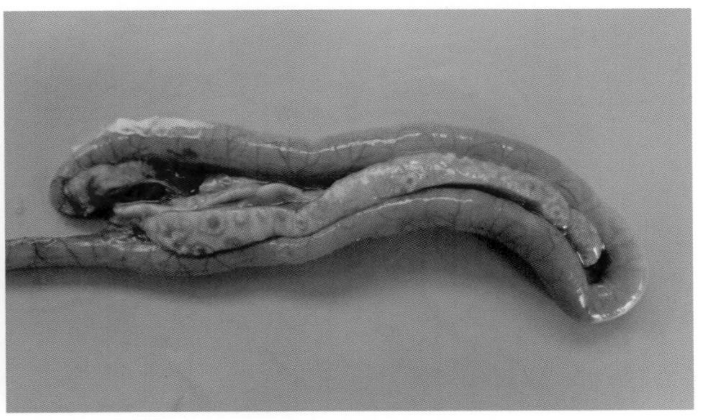

1-64 禽流感病鸡胰腺有圆形坏死灶

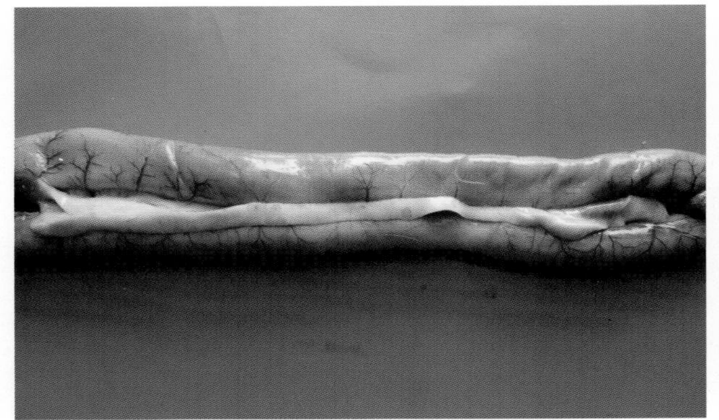

1-65　禽流感病鸡胰腺有半透明的坏死点

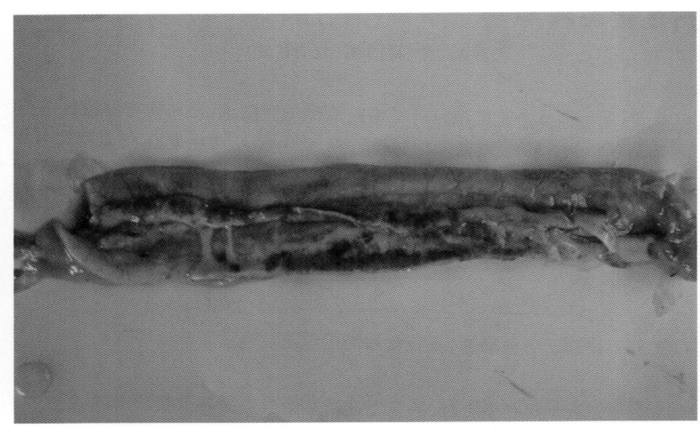

1-66　禽流感病鸡胰腺严重出血

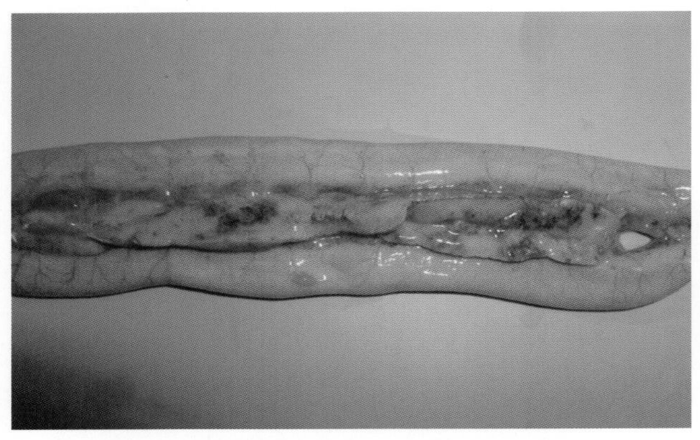

1-67　禽流感病鸡胰腺有较大的出血斑块、边沿出血

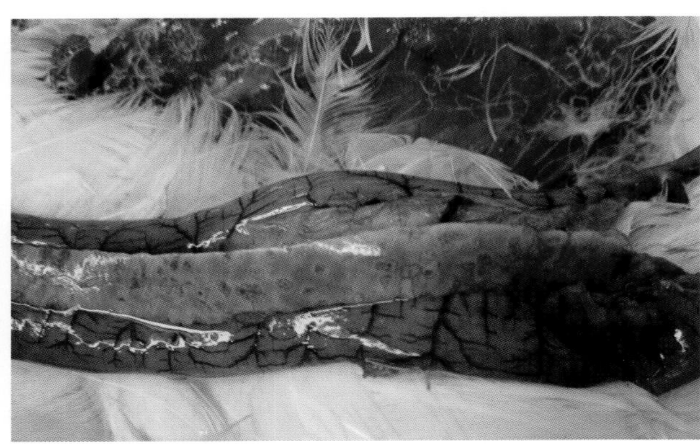

1-68　禽流感病鸭胰腺呈花纹状出血（1）

1-69　禽流感病鸭胰腺呈花纹状出血（2）

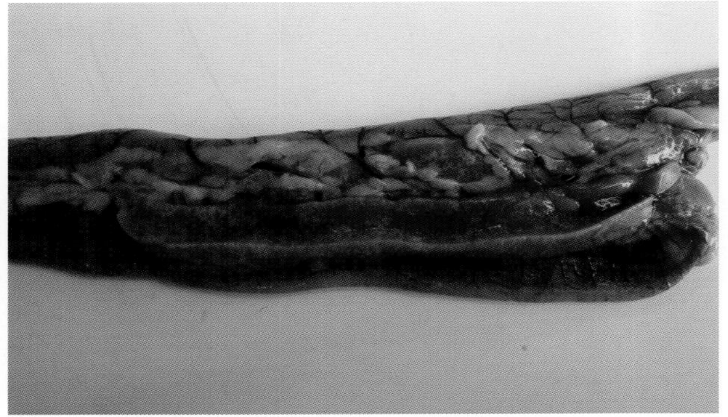

1-70　禽流感病鹅胰腺有白色散在性坏死灶

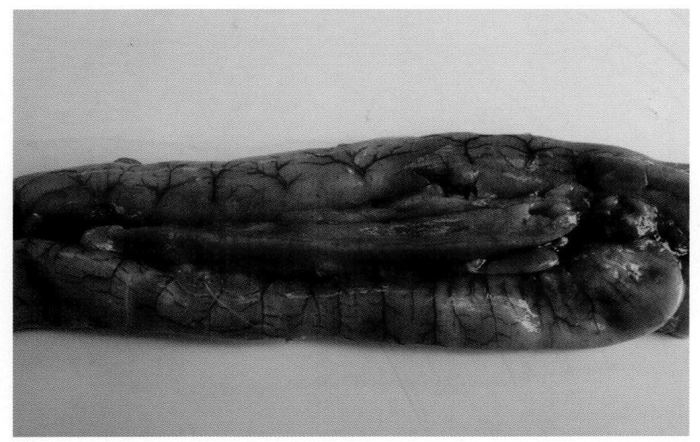

1-71　禽流感病鹅胰腺边沿出血

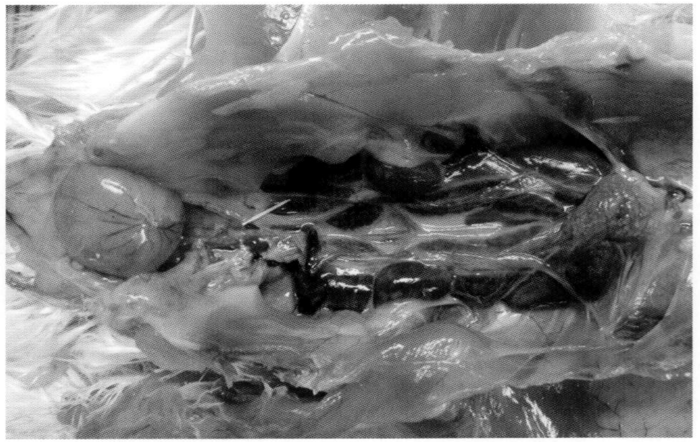

1-72　禽流感病雏鸡卵巢充血呈紫红色，法氏囊肿大充血

1-73 禽流感青年病鸡卵巢充血、出血呈紫红色

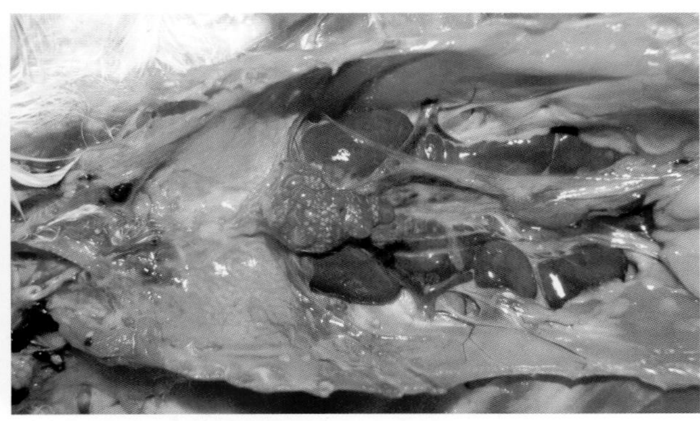
1-74 禽流感病雏鸡卵巢、卵泡充血、出血

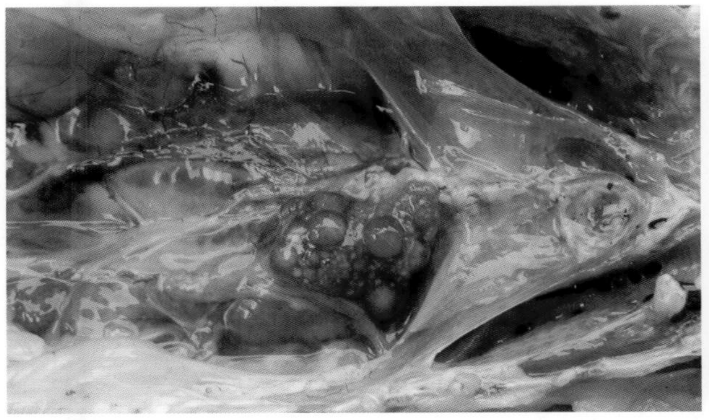
1-75 禽流感病雏鸡卵泡出血

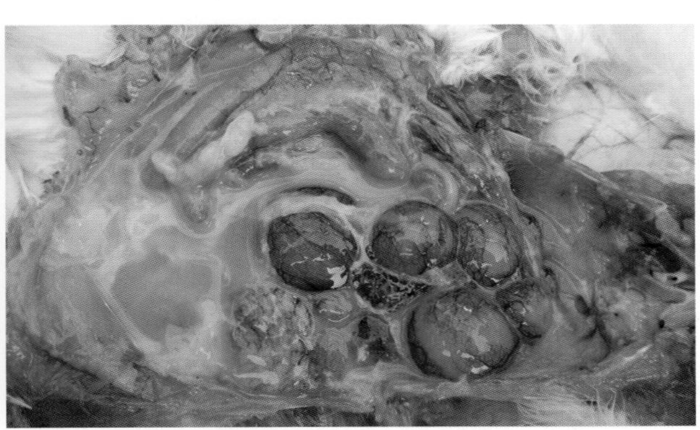
1-76 禽流感病鸡卵泡严重出血，腹腔内有多量卵黄液

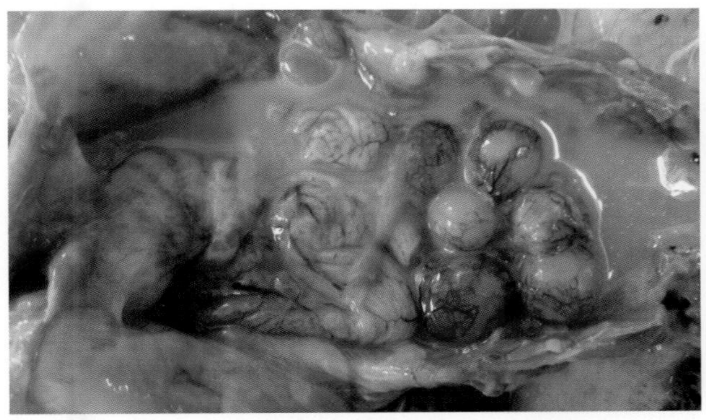
1-77 禽流感病鸡卵泡出血，腹腔内有多量卵黄液

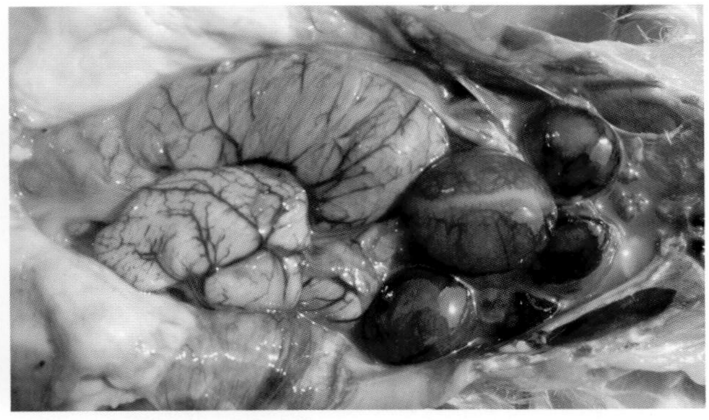
1-78 禽流感病鸡卵泡严重充血、出血，呈紫红色。输卵管严重水肿变粗，充血，出血呈紫红色

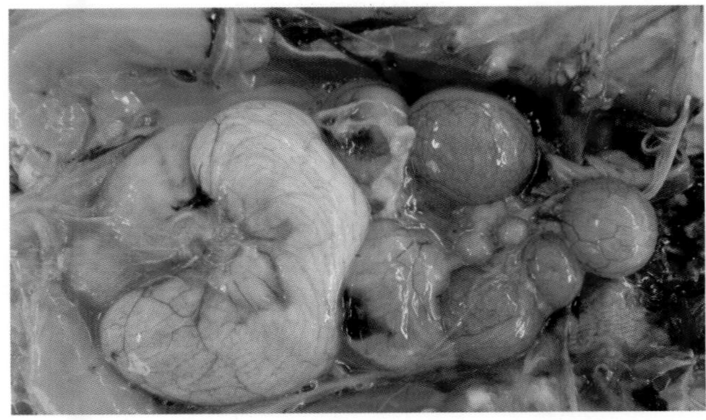
1-79 禽流感病鸡并发严重的输卵管炎，输卵管水肿，变粗

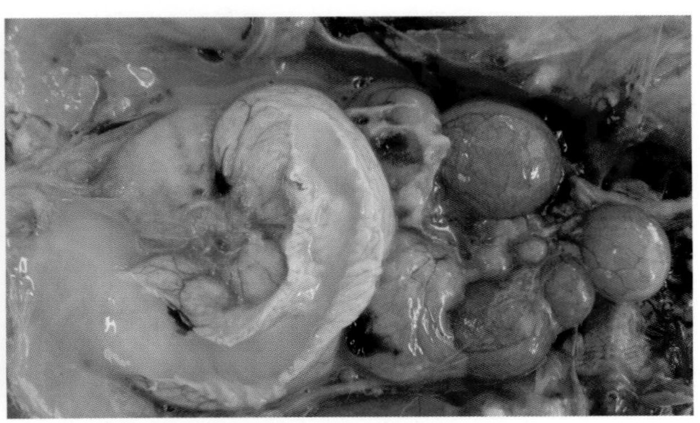
1-80 禽流感病鸡并发严重的输卵管炎，内有多量灰白色糨糊样的分泌物

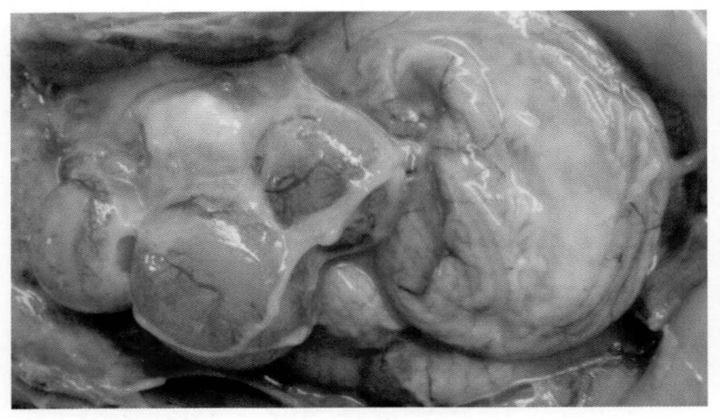

1-81 禽流感并发严重的输卵管炎，内有多量糨糊样灰白色分泌物

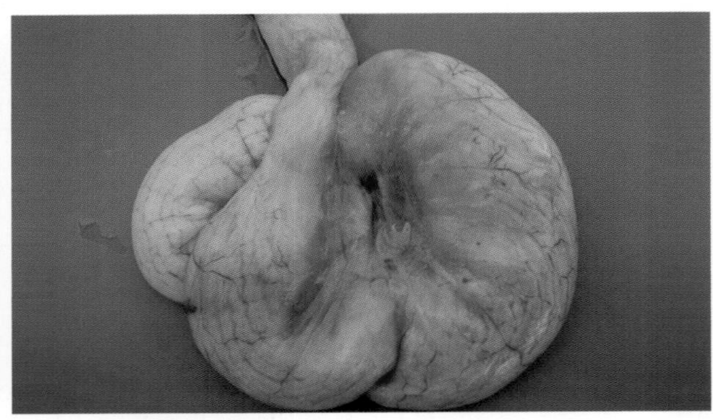

1-82 禽流感病鸡输卵管增粗、长度变短

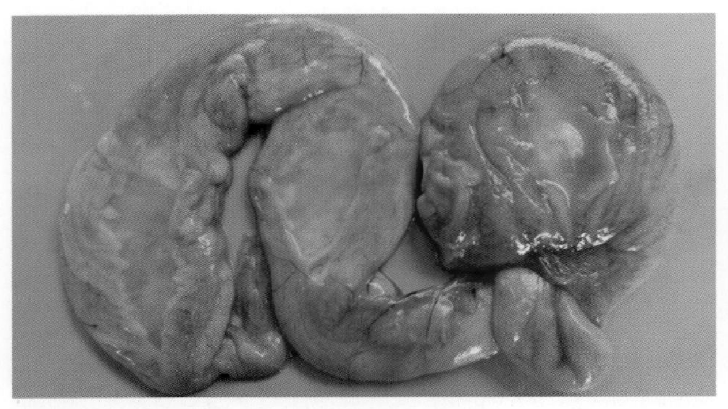

1-83 禽流感病鸡输卵管体积增大、变粗，变短，内有多量黏稠的糨糊样分泌物

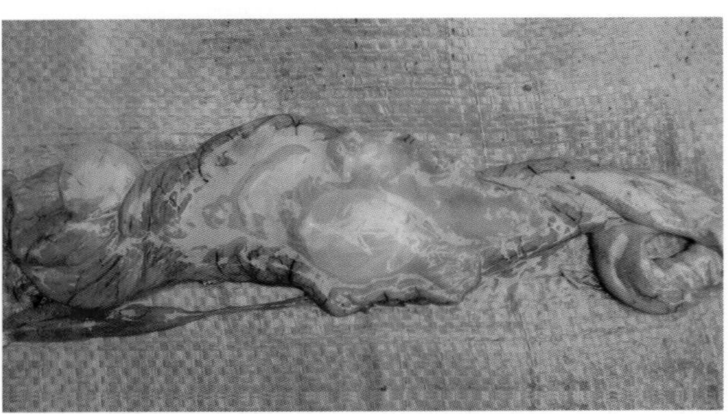

1-84 禽流感病鸡输卵管体积增大，变粗，内有多量黏稠的灰白色糨糊样的分泌物

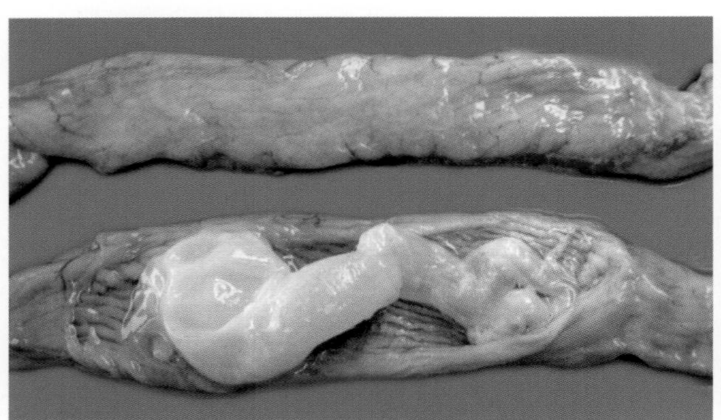

1-85 禽流感病鸡输卵管体积增大、变粗，内有管状乳白色分泌物

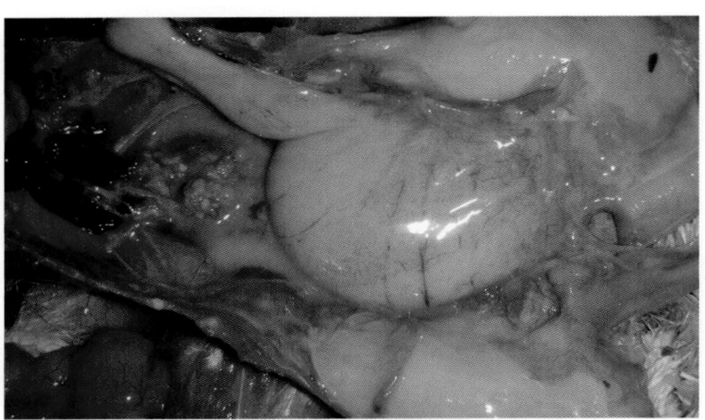

1-86 禽流感病鸡子宫水肿，溃疡，体积增大

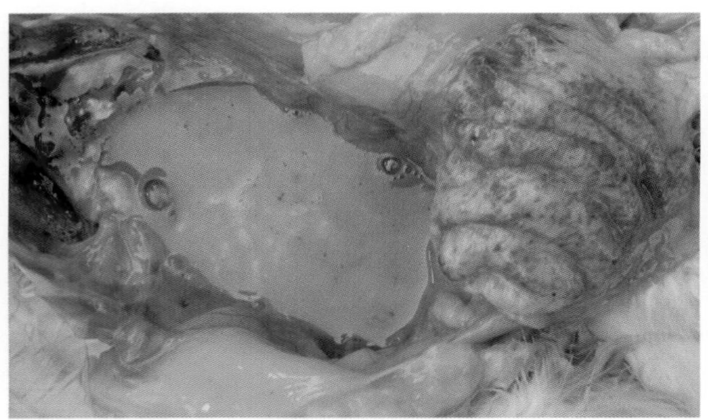

1-87 禽流感病鸡腹腔内有多量混浊的液体，子宫黏膜严重出血溃疡

1-88 禽流感病鸡子宫黏膜淤血、出血、水肿，严重溃疡

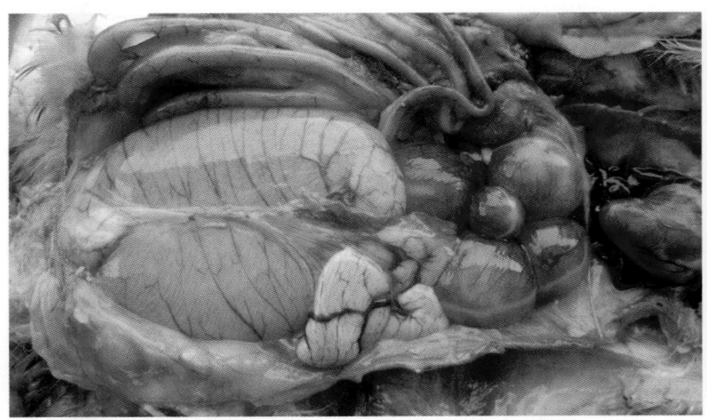

1-89 禽流感病鸡子宫水肿，内有一枚未形成硬壳的鸡蛋

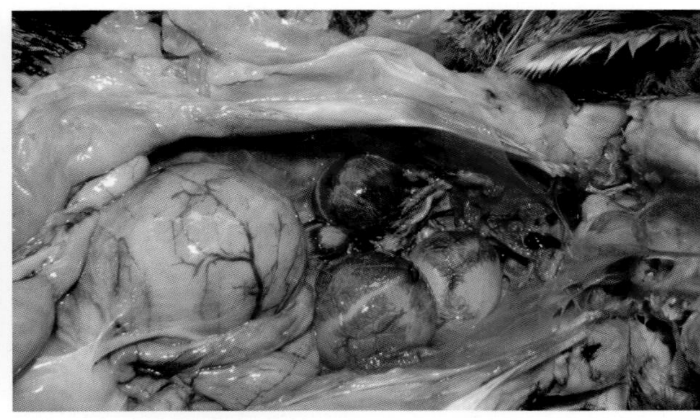

1-90 禽流感病鸭输卵管内有一枚未产出的蛋

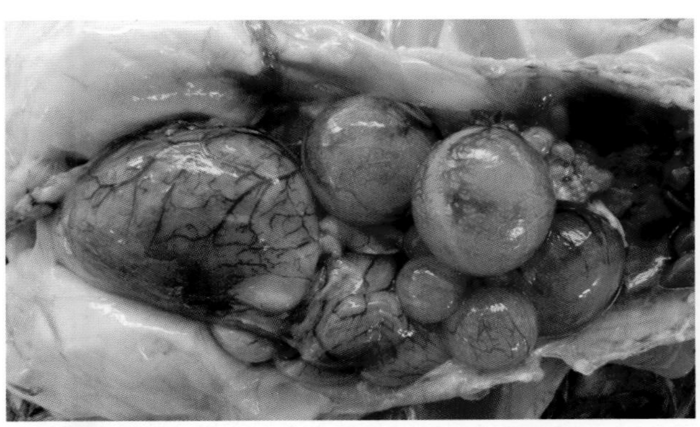

1-91 禽流感病鸡卵泡充血，出血，输卵管子宫充血，内有一枚未产出的鸡蛋

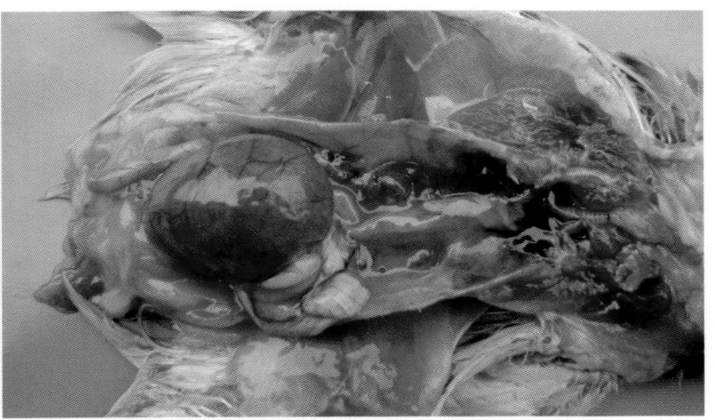

1-92 鹌鹑感染禽流感，子宫充血出血，内有一枚未产出的蛋

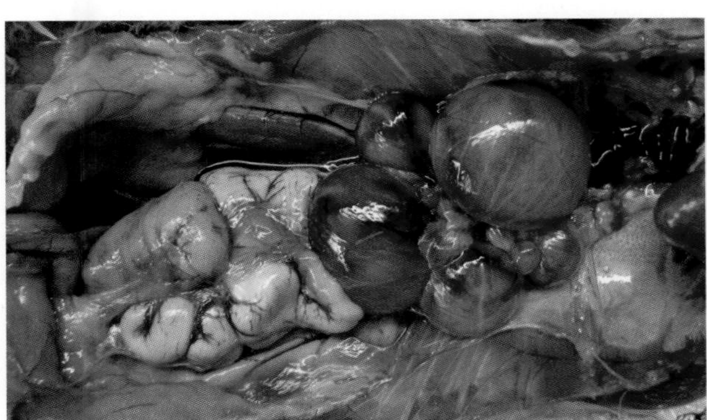

1-93 禽流感病鸭，卵泡充血、出血

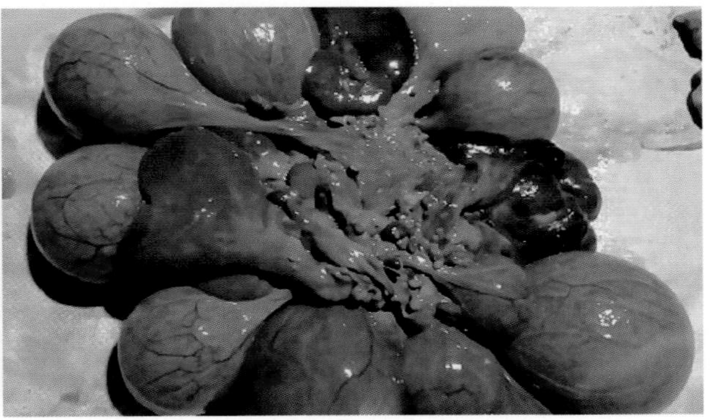

1-94 鸵鸟感染禽流感，卵泡出血，严重者卵泡呈黑色

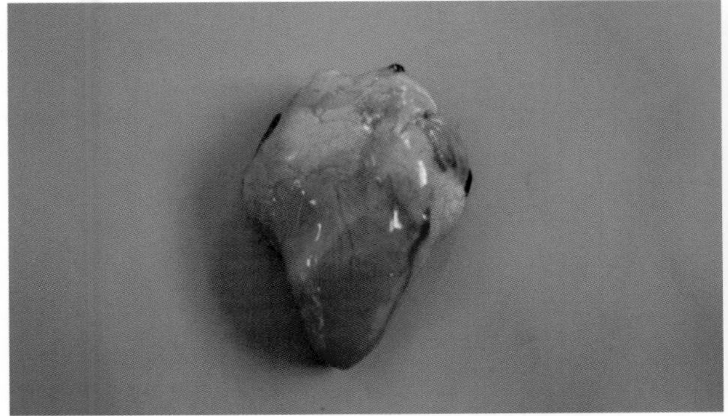

1-95 禽流感病鸡心冠脂肪弥漫性出血（1）

1-96 禽流感病鸡心冠脂肪弥漫性出血（2）

1-97 鸭禽流感病毒感染，心肌有白色坏死斑纹

1-98 禽流感病情严重的病鸡心脏肌肉呈白色坏死（1）

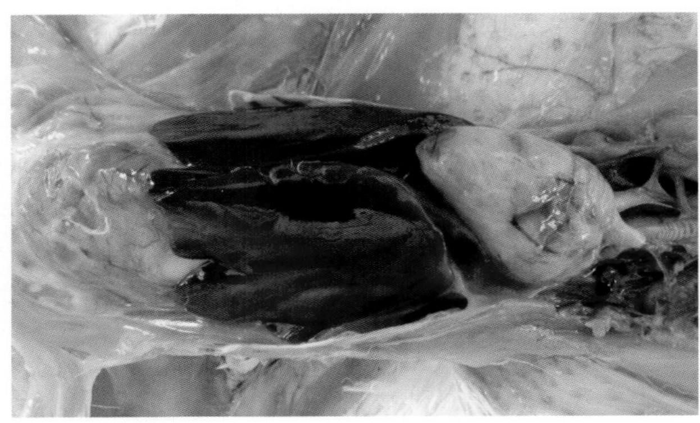

1-99 禽流感病情严重的病鸡心肌呈白色坏死（2）

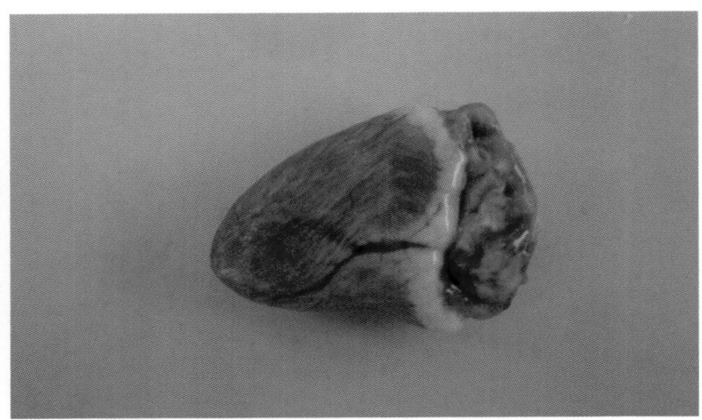

1-100 禽流感病鸡心脏有白色坏死条纹

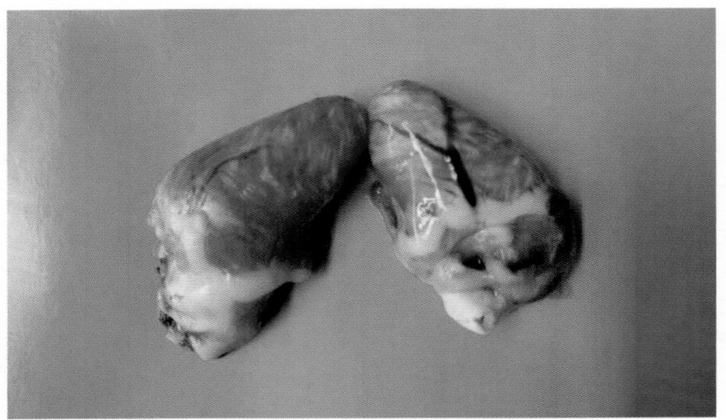

1-101 禽流感病鸭心脏有白色条纹

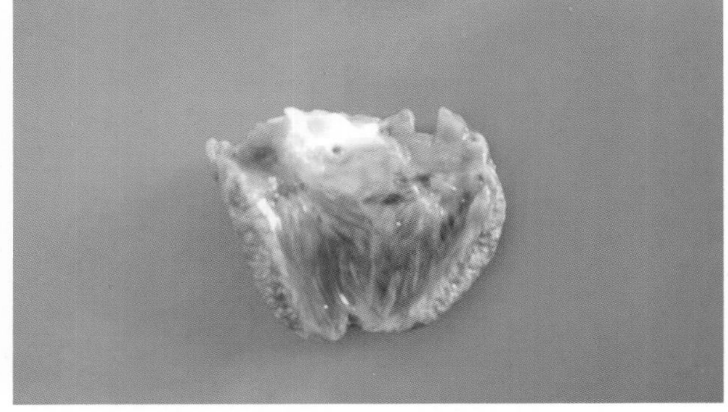

1-102 禽流感病鸭心肌纤维呈白色坏死

1-103 禽流感病鸡脾肿大，有出血斑点

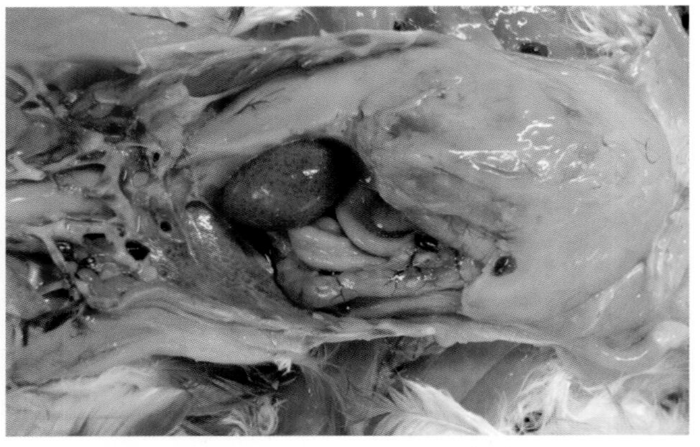

1-104 禽流感病鸡脾肿大，有出血点（1）

1-105　禽流感病鸡脾肿大，有出血点（2）

1-106　禽流感病鸡脾极度肿大

1-107　禽流感病鸡脾极度肿大（右侧），左侧为正常脾

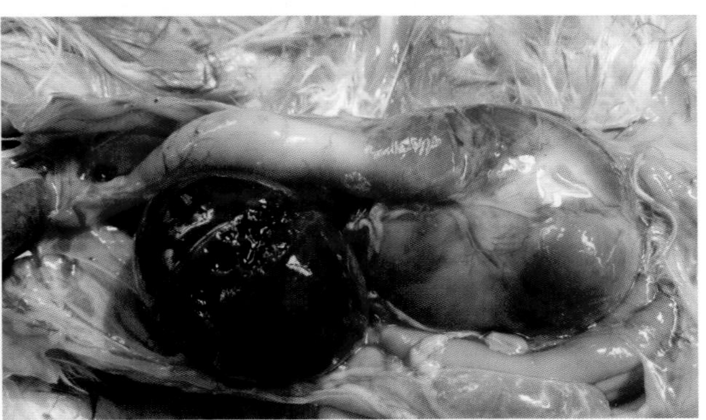

1-108　禽流病鸡脾极度肿大开裂

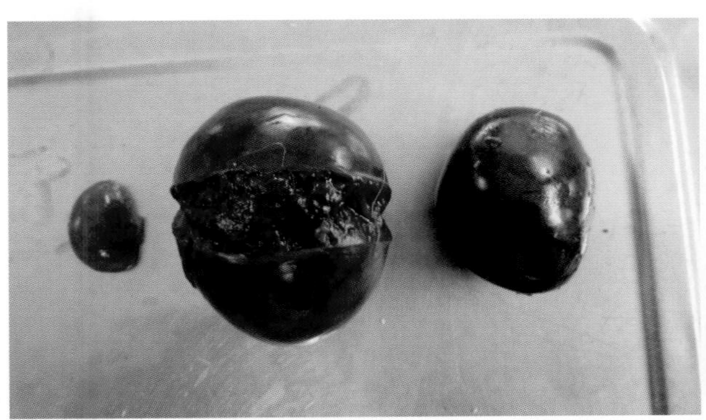

1-109　禽流感病鸡脾极度肿大开裂（中间），左侧为正常脾

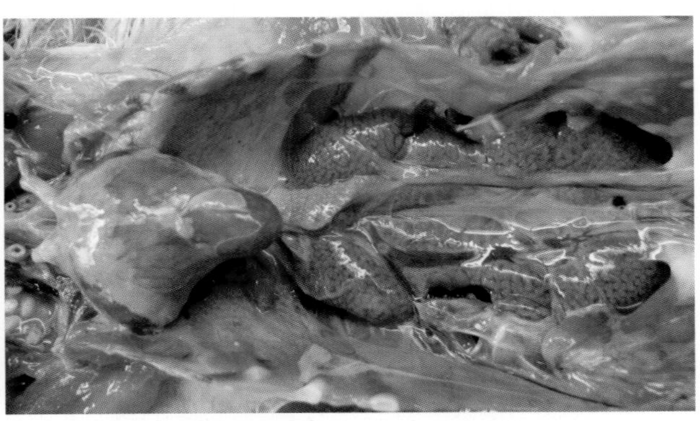

1-110　禽流感病鸡心冠脂肪出血，肾肿胀呈花斑状

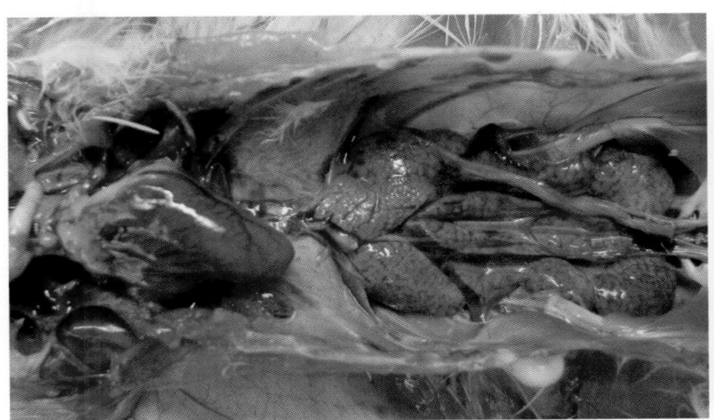

1-111　禽流感病鸡卵巢出血，肾肿胀呈花斑状

1-112　禽流感病公鸡睾丸充血呈黑红色，肾严重肿胀，输尿管增粗且内有多量灰白色的尿酸盐

1-113 禽流感病鸡卵巢卵泡出血，肾肿胀，有花斑

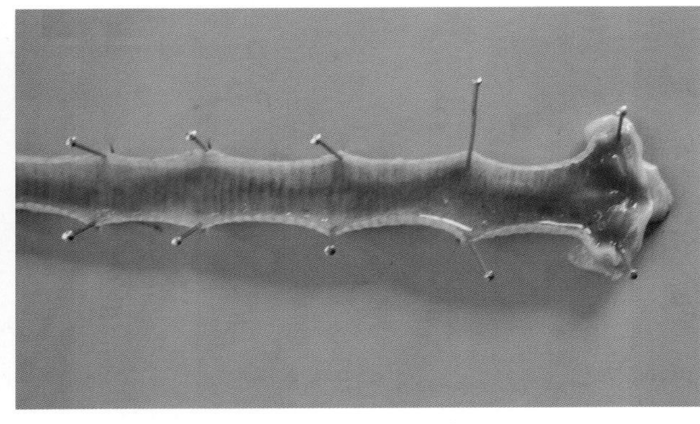
1-114 禽流感病鸡喉头气管充血、出血

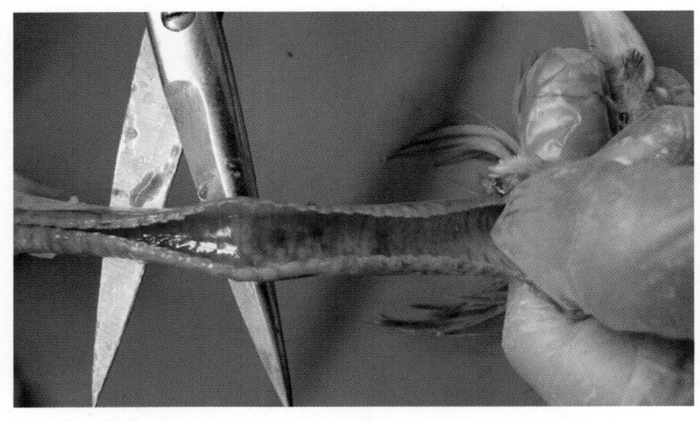
1-115 禽流感病情严重的病鸡气管内有少量的血痰

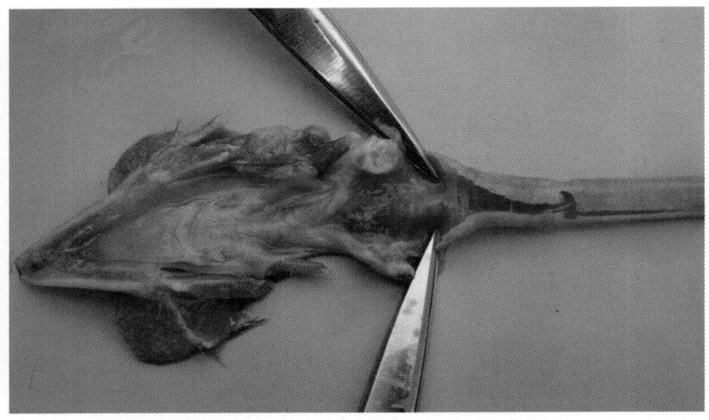
1-116 禽流感病情严重的病鸡喉头、气管内有少量血痰

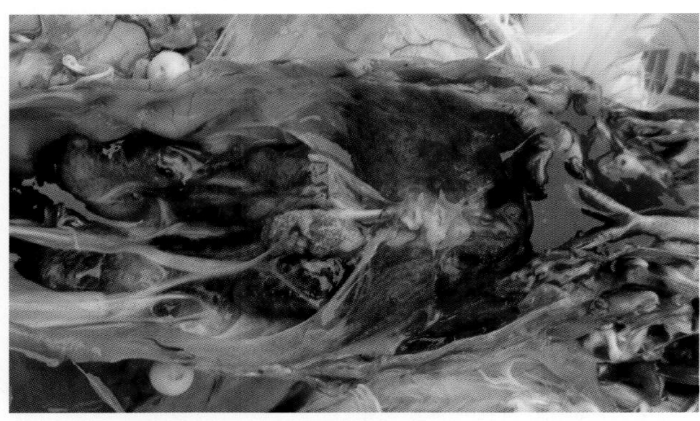
1-117 禽流感病鸡肺出血、淤血，由正常的粉红色变为黑红色

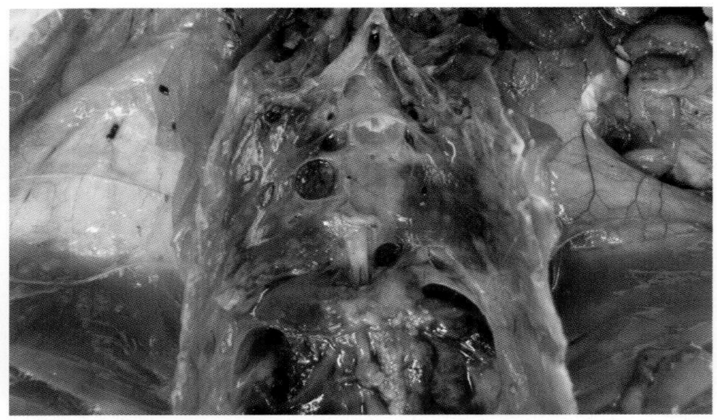
1-118 禽流感病鸡肺出血、淤血，呈黑红色

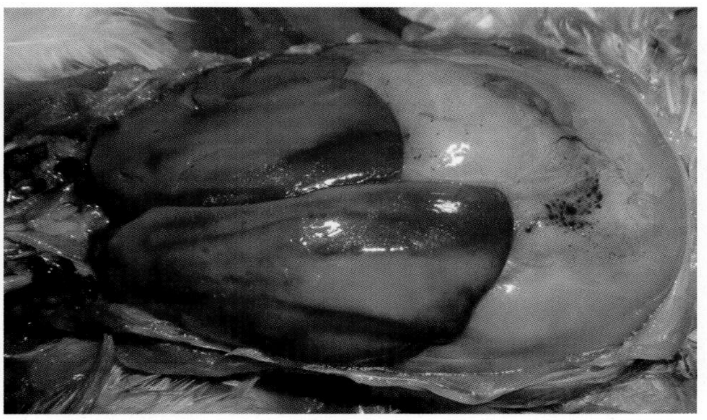
1-119 禽流感病鸡腹部脂肪有出血点，肝呈条纹状出血

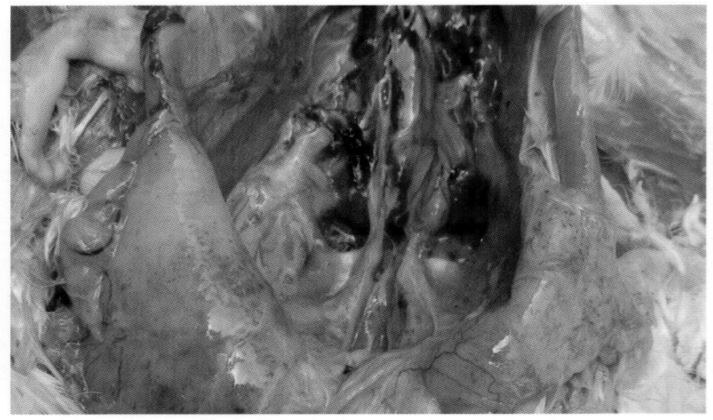
1-120 禽流感病鸡腹部脂肪大面积出血

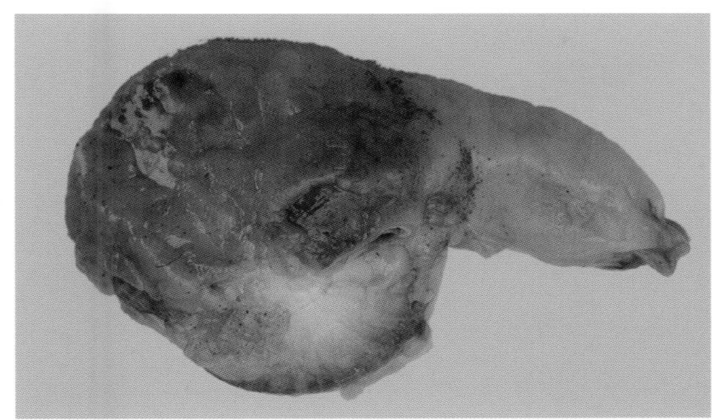

1-121 禽流感病鸡腺胃周围脂肪有出血点

1-122 禽流感病鸡心冠脂肪出血，腺胃周围脂肪有密密麻麻的出血点

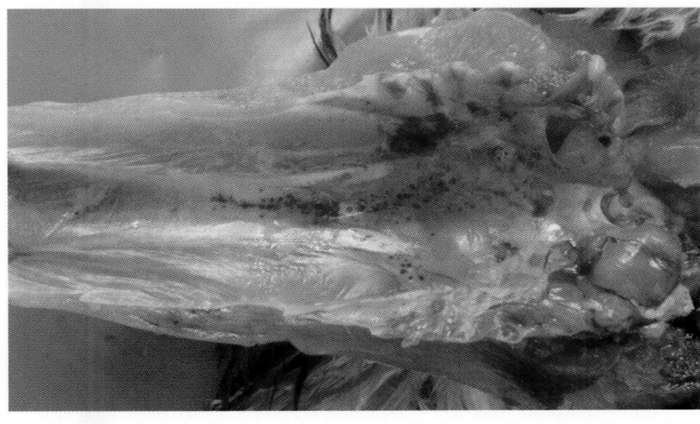

1-123 禽流感病鸡胸骨的内侧面有大小不等的出血斑点

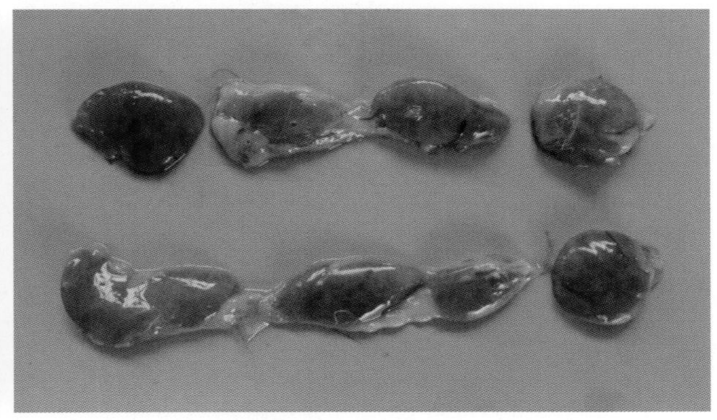

1-124 禽流感病鸡胸腺肿胀充血、出血

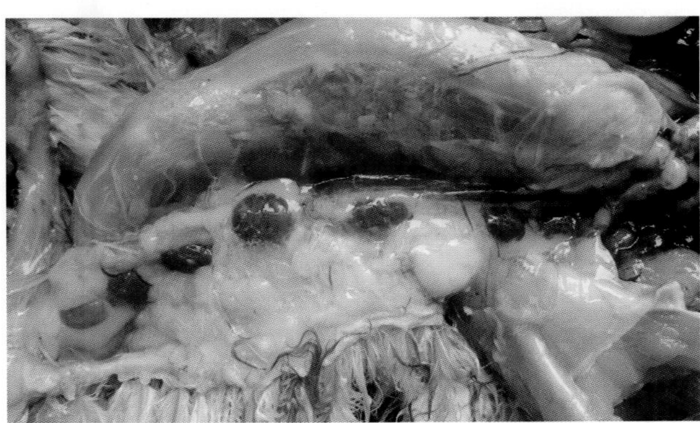

1-125 禽流感病鸡 7 对胸腺全部充血、出血

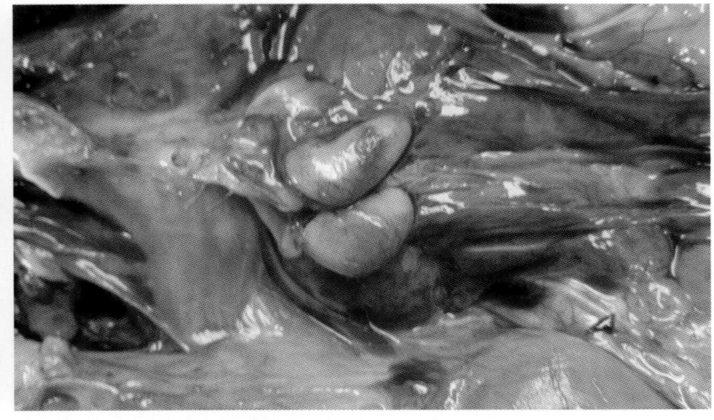

1-126 禽流感病公鸡睾丸出血

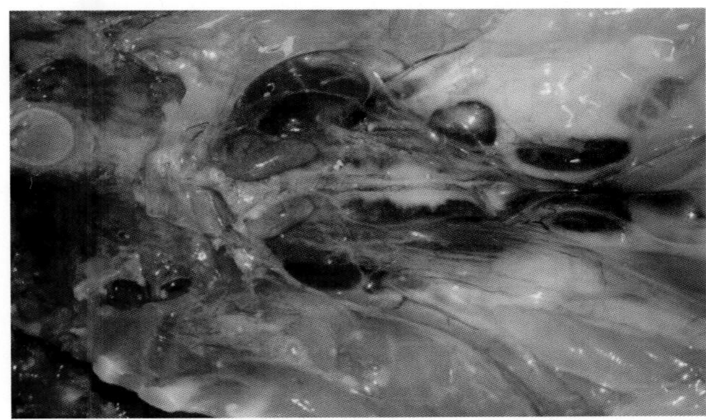

1-127 禽流感病公鸡睾丸出血，呈红色

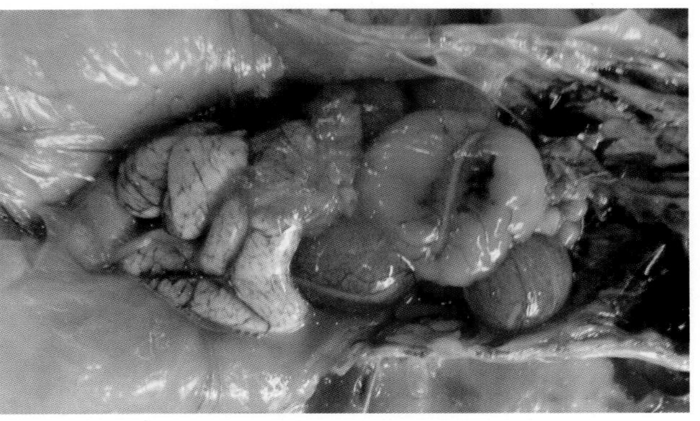

1-128 禽流感与非典型新城疫混合感染的病鸡，有的卵泡出血，有的卵泡变形呈菜花样（1）

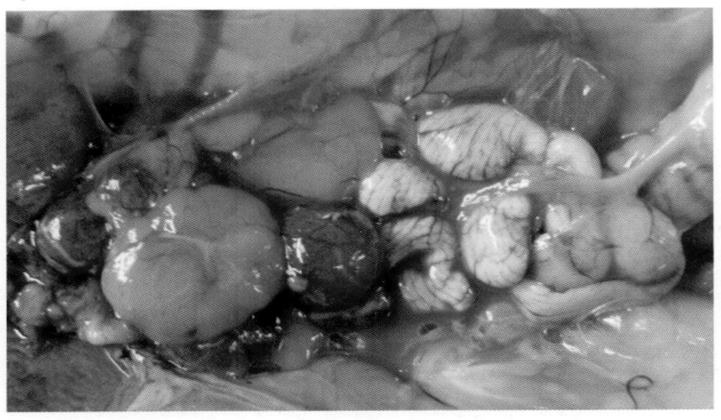

1-129 禽流感与非典型新城疫混合感染的病鸡，有的卵泡出血，有的卵泡变形呈菜花样（2）

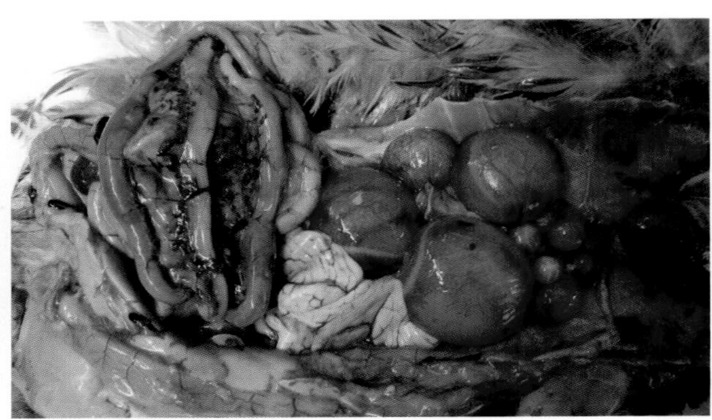

1-130 禽流感病鸡并发坏死性肠炎

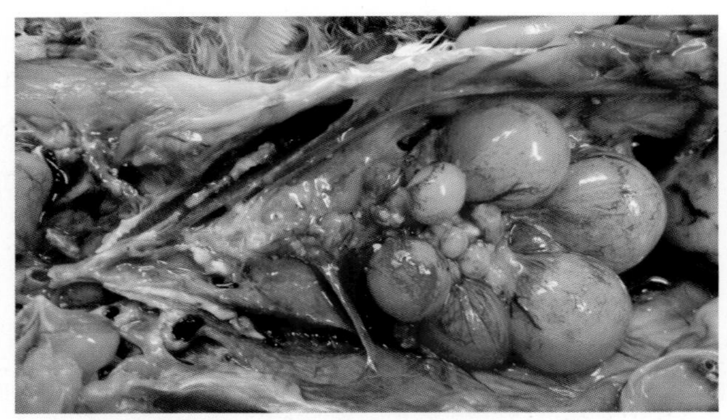

1-131 禽流感病鸡并发呼吸型传染性支气管炎，卵泡出血，支气管有灰白色干酪样物（1）

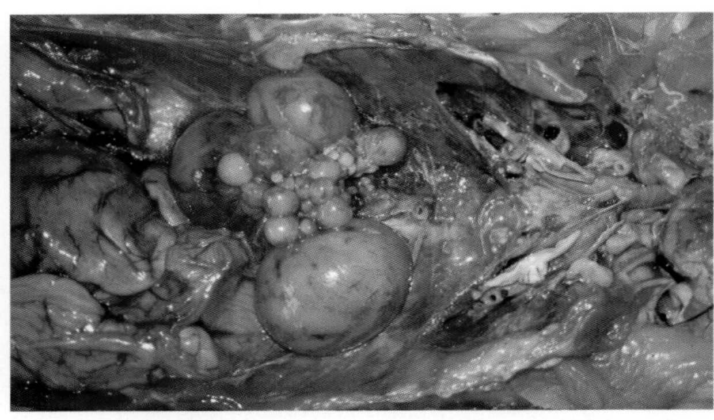

1-132 禽流感病鸡并发呼吸型传染性支气管炎，卵泡出血，支气管有灰白色干酪样物（2）

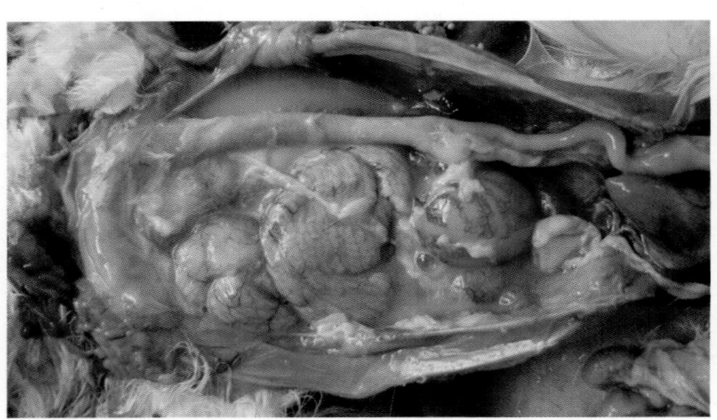

1-133 禽流感病鸡并发大肠杆菌感染，形成卵黄性腹膜炎、输卵管炎（1）

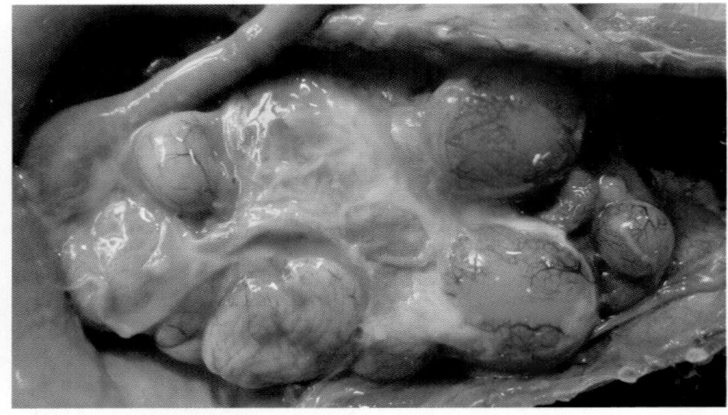

1-134 禽流感病鸡并发大肠杆菌感染，形成卵黄性腹膜炎、输卵管炎（2）

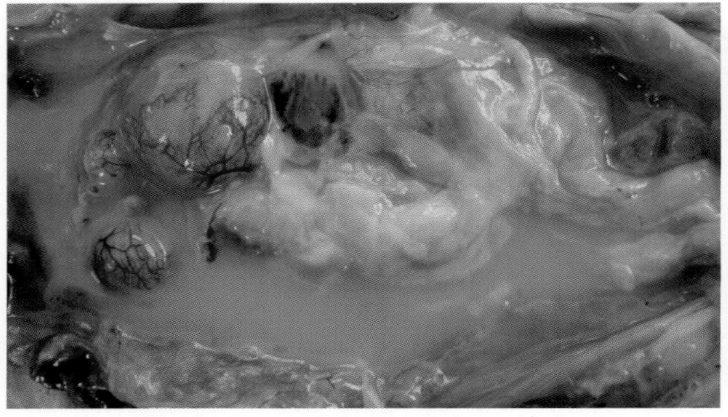

1-135 禽流感病鸡并发大肠杆菌感染，形成卵黄性腹膜炎（1）

1-136 禽流感病鸡并发大肠杆菌感染，形成卵黄性腹膜炎（2）

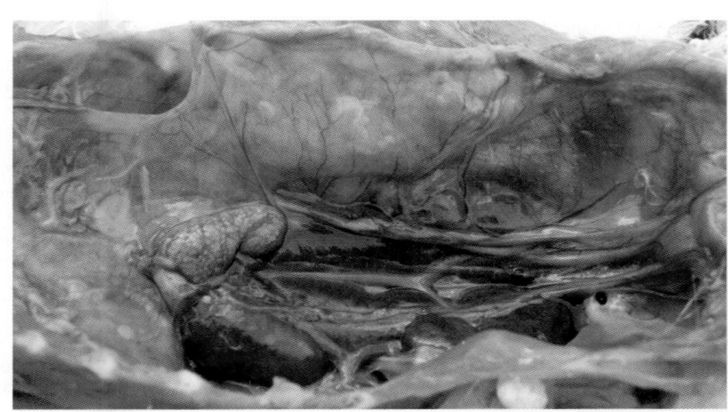

1-137　禽流感病鸡继发大肠杆菌、支原体混合感染，胸、腹气囊混浊、毛细血管清晰可见

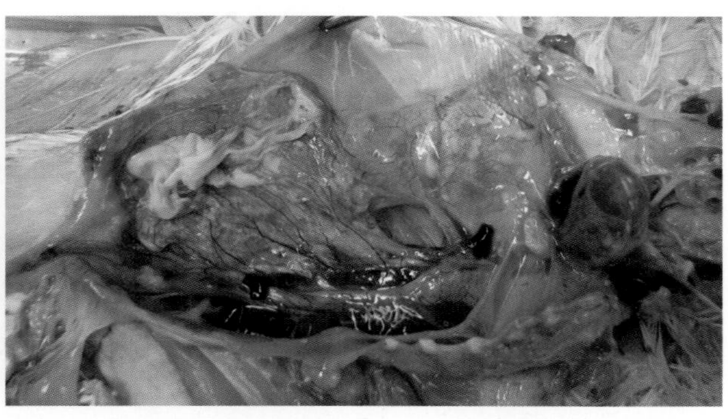

1-138　禽流感病鸡继发大肠杆菌、支原体混合感染，胸、腹气囊有干酪样物，毛细血管充血、淤血呈树枝状清晰可见

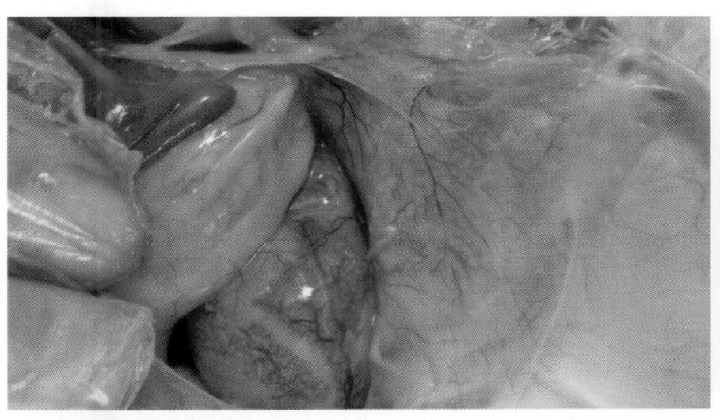

1-139　禽流感病鸡继发大肠杆菌、支原体混合感染，胸气囊混浊，毛细血管充血、淤血呈树枝状清晰可见

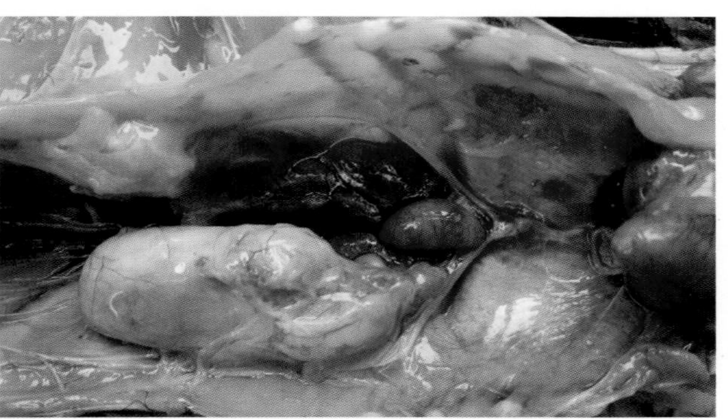

1-140　禽流感病鸡并发支原体感染，腹腔一侧有大型干酪样物

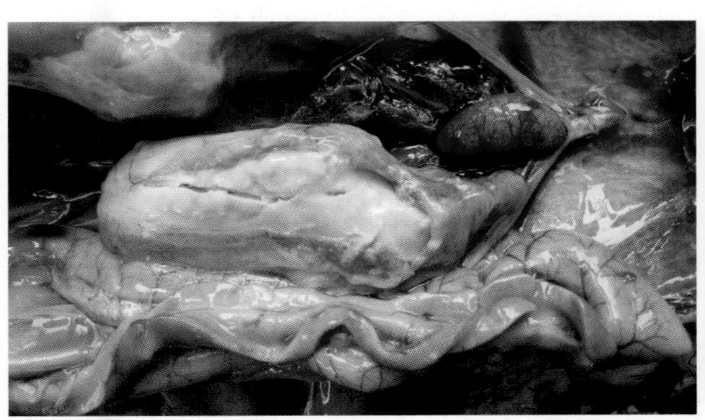

1-141　禽流感病鸡继发支原体感染，胰腺周边出血，腹气囊内有大型干酪样物

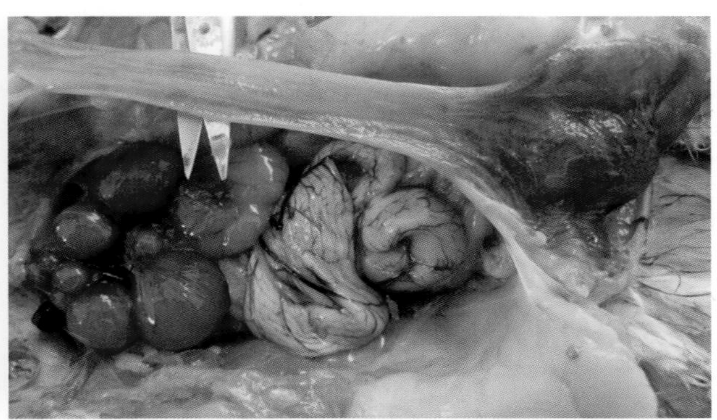

1-142　禽流感病鸡卵泡出血，泄殖腔严重弥漫性出血，并发新城疫感染，有一卵泡呈菜花样

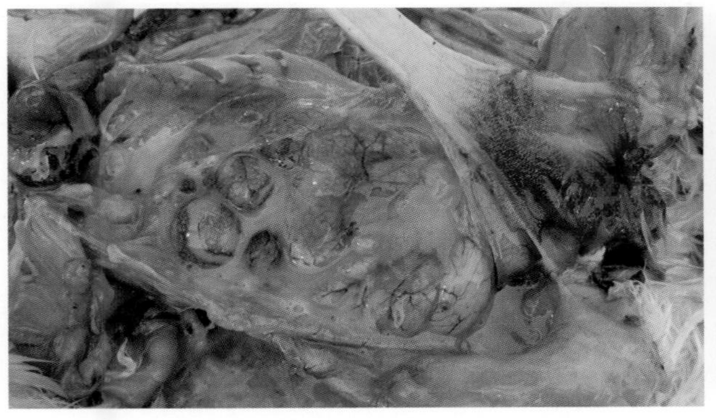

1-143　禽流感病鸡泄殖腔严重弥漫性出血

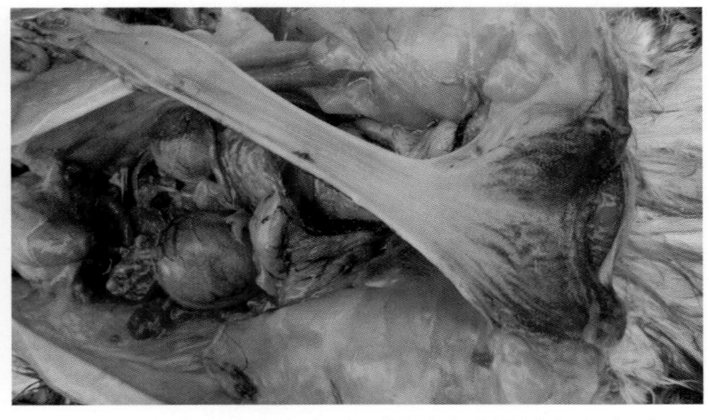

1-144　禽流感病鸡直肠末端、泄殖腔弥漫性出血（1）

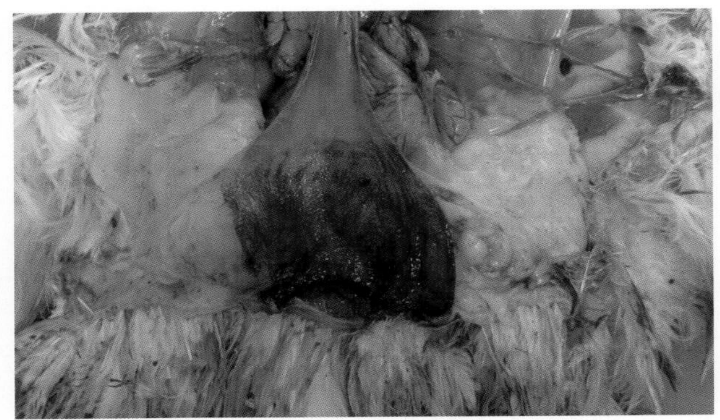
1-145 禽流感病鸡直肠末端、泄殖腔弥漫性出血（2）

1-146 禽流感与新城疫混合感染的病鸡，直肠点状出血，直肠末端、泄殖腔出血

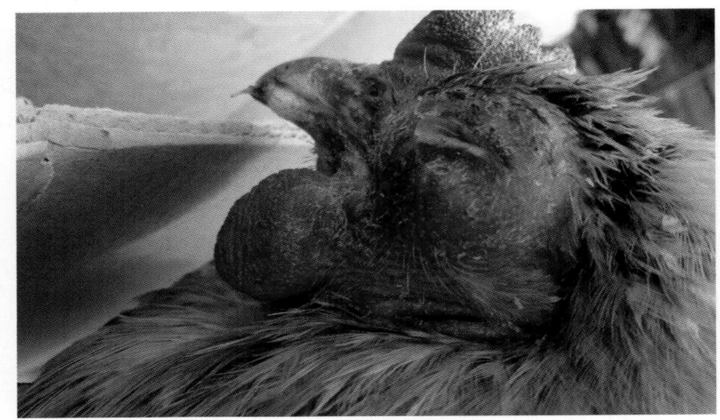
1-147 禽流感病鸡肿头肿脸，肉髯肿胀，鸡冠、颜面、肉髯呈紫红色（1）

1-148 禽流感病鸡肿头肿脸，肉髯肿胀，鸡冠、颜面、肉髯呈紫红色（2）

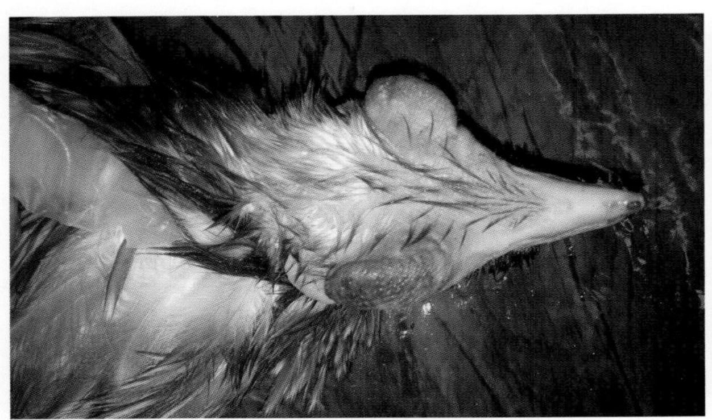
1-149 禽流感病鸡下颌肿胀，肉髯肿胀呈紫红色

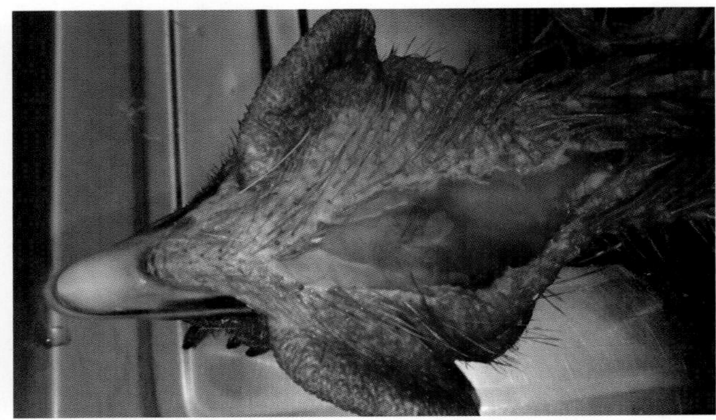
1-150 禽流感病鸡下颌肿胀，皮下有胶冻样渗出物（1）

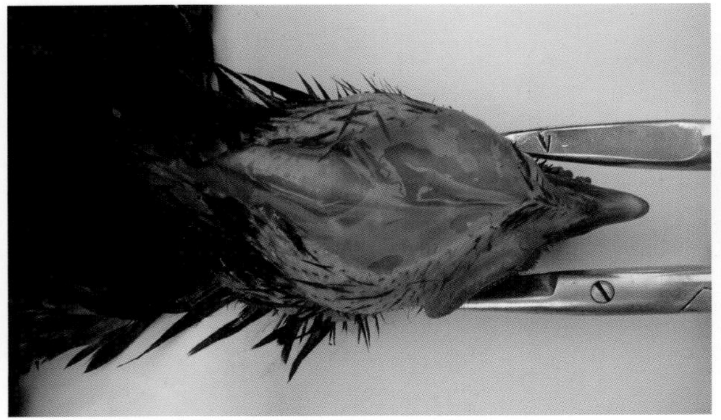
1-151 禽流感病鸡下颌肿胀，皮下有胶冻样渗出物（2）

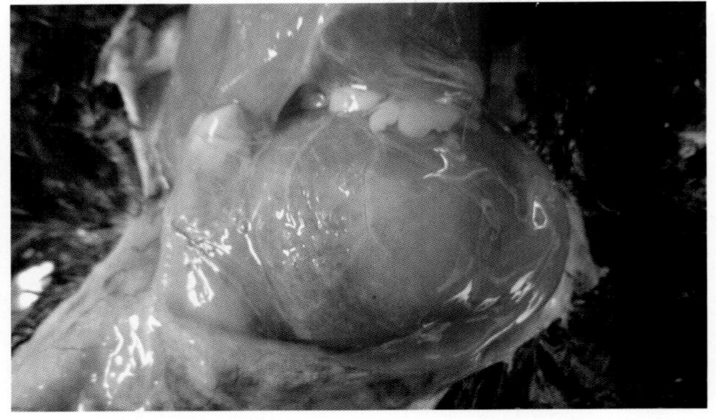
1-152 禽流感病鸡嗉囊皮下有浅黄色胶冻样渗出物

低致病性禽流感 H9（Low pathogenic avian influenza）

低致病性禽流感由正黏病毒 H9 亚型弱毒株感染致病。一年四季都会发病，尤其是产蛋高峰期的鸡会突然出现群体性的产蛋下降，或伴随着大肠杆菌、支原体等病原微生物的混合或继发感染，会出现零星死亡。其他临床症状和病理变化与典型禽流感相似，但均表现轻微。

肉仔鸡温和型禽流感的发生多与不良的饲养环境（如温度、密度、湿度、有害气体）、气候的异常变化（如季节交替、骤冷骤热）和应激有关，呈现条件致病性特征。

【防控措施】

搞好饲养管理、减少应激等综合防控手段是防治该病的关键，合理的疫苗免疫是防控的重要措施。选用农业农村部批准的正规厂家生产的合格疫苗，按照免疫程序进行免疫。

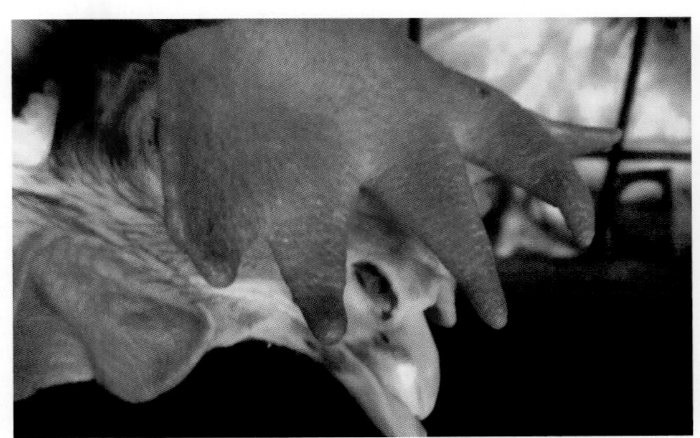

2-1　低致病性禽流感病鸡鸡冠呈浅紫红色

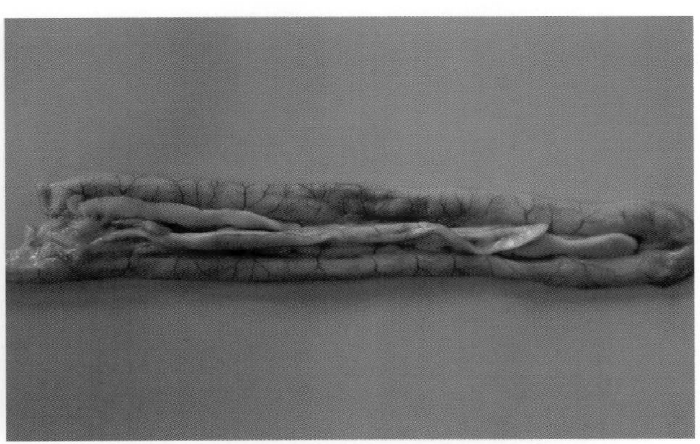

2-2　低致病性禽流感病鸡胰腺及其周边出血

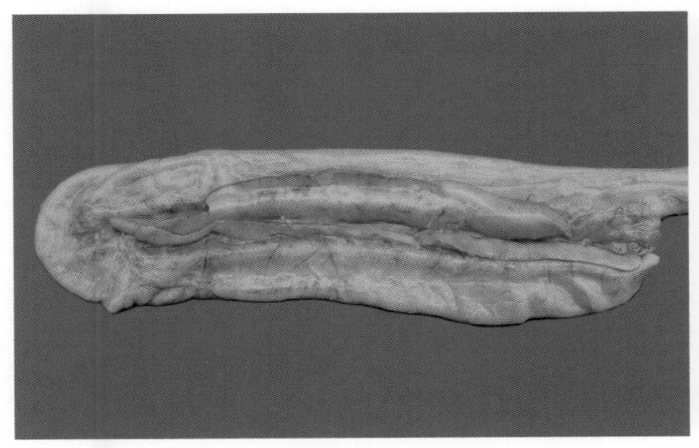

2-3　低致病性禽流感病鸡胰腺及其周边轻度充血

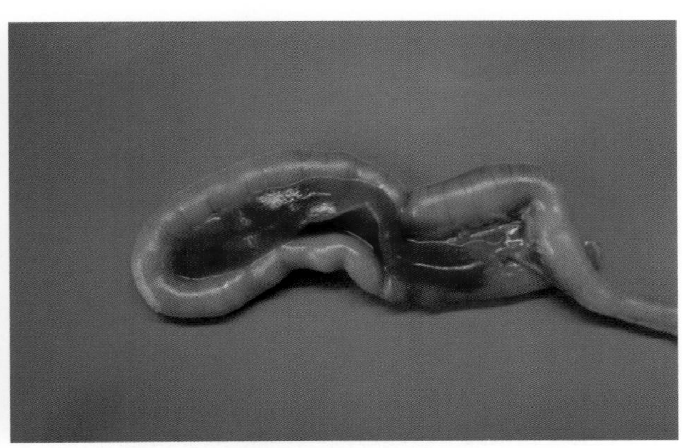

2-4　低致病性禽流感病鸽胰腺出血呈红色

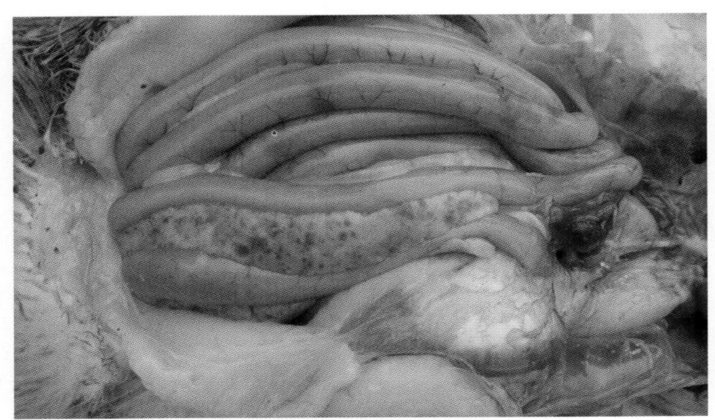

2-5 低致病性禽流感病鸭的胰腺有散在性的大小不等的出血斑点

2-6 低致病性禽流感病鸡卵泡充血、出血，腺胃变宽、变扁，腺胃乳头有多量灰白色分泌物

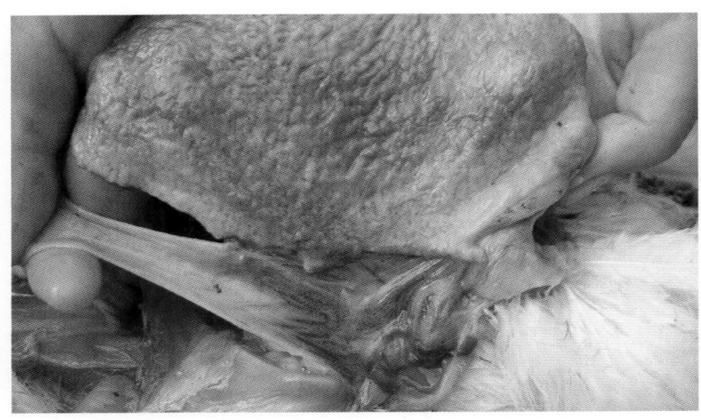

2-7 低致病性禽流感病鸡子宫黏膜充血、出血

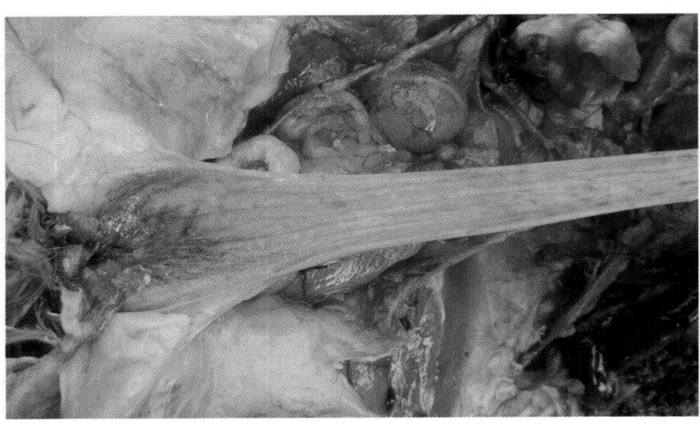

2-8 低致病性禽流感病鸡泄殖腔轻度弥漫性充血、出血

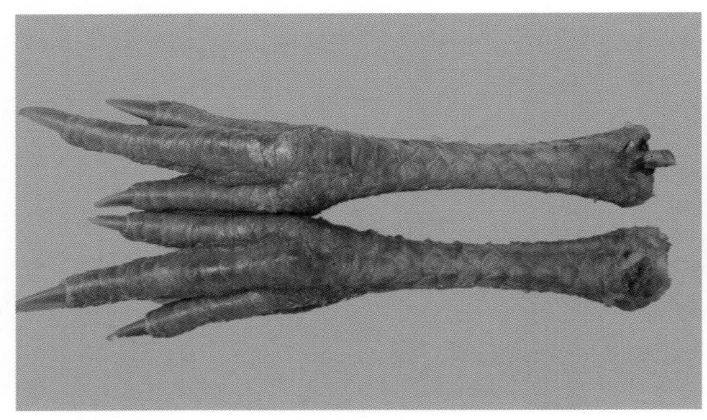

2-9 低致病性禽流感病鸡脚部去掉鳞片可看到出血

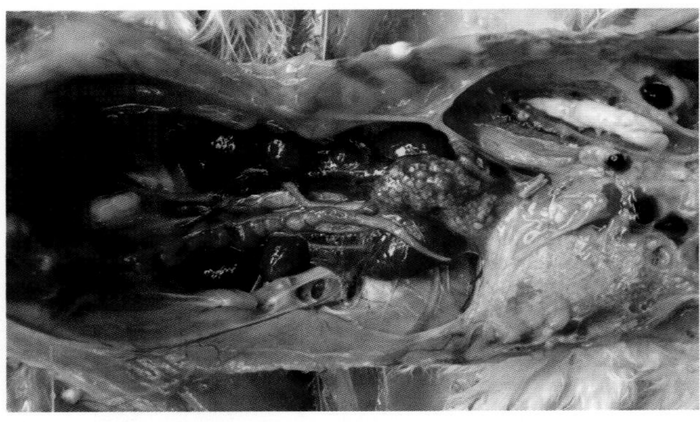

2-10 青年鸡禽流感继发传染性支气管炎、大肠杆菌混合感染。卵巢、输卵管出血，支气管内有黄白色干酪样物

2-11 低致病性禽流感胰腺周边出血，卵泡充血，鸡冠呈紫红色

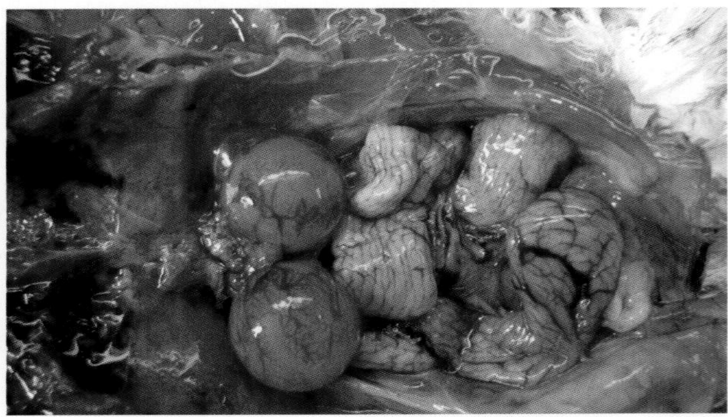

2-12 低致病性禽流感鸽卵泡出血

鸡新城疫（Newcastle disease；ND）

新城疫又称亚洲鸡瘟，俗称“鸡瘟”。本病是由新城疫病毒（NDV）引起的鸡的一种高度接触性传染病。

【病原】

鸡新城疫病毒，属于副黏病毒Ⅰ型，NDV 对外界环境的抵抗力较强。

【流行特点】

在临床上常见新城疫发病的原因及流行特点：

1. 有些养殖数量少的散养鸡户忽视新城疫疫苗的免疫。
2. 使用了过期疫苗的鸡群。
3. 规模养殖户给幼龄鸡严重超量使用强毒新城疫疫苗的鸡群。
4. 临床上也常出现曾做过多次新城疫疫苗的免疫，但因种种原因造成抗体水平低下或产生免疫抑制的鸡群，发生非典型新城疫病症。

【临床症状】

1. 冠暗红，精神不振，口腔积液，常甩头，发出“咯、咯”异常声音，食欲下降，排出黄白绿色稀便。
2. 嗉囊膨胀，倒提口流黏液。
3. 新城疫发病的后期出现扭脖、曲颈、转圈或仰头观天、呈直线前行或后退等神经症状。
4. 非典型新城疫病鸡，常表现为鸡冠发育不良、萎缩，食欲减少，产蛋量上升缓慢，如果防控措施不当，这样的鸡很难达到产蛋高峰或没有产蛋高峰。

【剖检病变】

1. 口、咽部积黏液，嗉囊内充满酸臭的液体和气体，胃内容物呈绿色。
2. 腺胃乳头尖出血、肿胀，腺胃与食道或腺胃与肌胃连接处出血，严重时肌胃出血。
3. 十二指肠降部 1/2 处下方、卵黄蒂下 2～5 cm 处、两个盲肠端与回肠相对应部位 3 处淋巴集合滤泡呈“岛屿状”或称“枣核样”出血溃疡。有的病例还在十二指肠和卵黄蒂之间有 3 处呈岛屿状或枣核状出血溃疡灶，病程长或耐过者在整个肠道及泄殖腔黏膜有无数散在的似针尖大小的溃疡灶，但这样严重的病变极少见到。
4. 非典型新城疫病鸡常在肠道 3 个部位（即十二指肠末端，卵黄蒂下 2～5 cm 处、两个盲肠端与回肠相对应部位）的淋巴滤泡呈现隆起出血的病理变化。
5. 盲肠扁桃体肿胀、出血、溃疡，直肠黏膜充血、呈现点状或条纹状出血。

6. 卵泡变形呈“菜花样”，有时见出血斑，或卵泡破裂，腹腔内有液状卵黄样物质。

7. 心冠脂肪出血，心外膜出血。

8. 喉头、气管黏膜有数量不等的带血的黏液，喉头有时见出血点，气管环出血。

【诊断】

根据流行病学、临床症状和病理剖检变化可做出初步诊断，确诊须进行实验室诊断。

新城疫需要与禽流感相区别，新城疫病鸡肌胃角质层不易剥离，腺胃乳头无刮不完的分泌物，胰腺、肺、脚趾鳞片不出血，肾不肿胀；成年新城疫病鸡输卵管萎缩，禽流感病鸡输卵管极度水肿，内有大量黏稠的灰白色似糨糊样分泌物，禽流感病鸡肠道黏膜无隆起出血或“岛屿状”的溃疡灶。

新城疫病鸡表现轻微的呼吸道症状，要注意与传染性支气管炎、慢性呼吸道病相区别。

【防控措施】

良好的饲养管理是预防新城疫的重要措施。定期免疫接种是防控本病的关键，规模鸡场应建立适合本场的免疫程序，其科学的免疫程序，应该通过 HI 抗体检测确定。疫苗的使用应严格按照说明书进行。

发病鸡群紧急接种新城疫疫苗，可以起到较好的防控作用。

对于患新城疫的病死鸡要焚烧、深埋处理。

【临床经验】

一是在禽流感流行的季节，看似新城疫症状，但一定要慎用新城疫疫苗，否则会引起更大的伤亡。

二是在日常进行新城疫免疫方法一定要得当。如新城疫Ⅰ系疫苗肌肉注射效果好，而不能用作饮水免疫，Ⅳ疫苗点眼免疫、喷雾免疫效果较好，而饮水免疫后易发生低致病性新城疫。原因是饮水免疫后不能刺激机体建立良好的黏膜免疫。

三是要建立良好的黏膜免疫。家禽的黏膜是一个庞大的免疫系统，具有产生分泌免疫球蛋白的功能，是呼吸道、消化道、生殖道黏膜表面抗病毒感染的主要抗体，具有直接中和病毒、阻止病毒吸附与黏附等抗感染作用，是阻止新城疫病毒入侵的门户，是预防新城疫的重要措施。但是该系统只有活病毒的刺激才能产生高水平的免疫球蛋白 A，而接种灭活疫苗不能有效地诱导家禽产生高水平的免疫球蛋白，常造成家禽的呼吸系统未得到疫苗的刺激而不能产生良好的免疫效果，使病毒最容易入侵的呼吸道途径一直敞开，导致新城疫频繁发生。

3-1　新城疫病鸡冠暗红

3-2　新城疫病鸡病程长者冠深紫红色，边缘干性坏死

3-3 新城疫病鸡冠呈枣红色（1）

3-4 新城疫病鸡冠呈枣红色（2）

3-5 新城疫病鸡瘫痪、软颈、闭目似睡

3-6 新城疫病鸡缩颈、奓毛、精神萎靡不振，排出黄白绿色粪便

3-7 新城疫病鸡排出黄白绿色稀便（1）

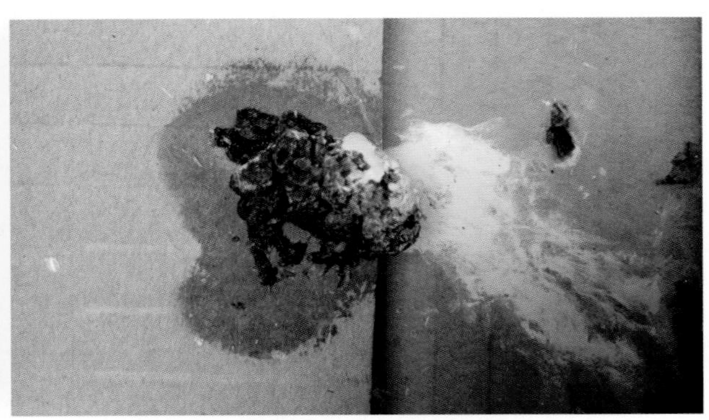

3-8 新城疫病鸡排出黄白绿色稀便（2）

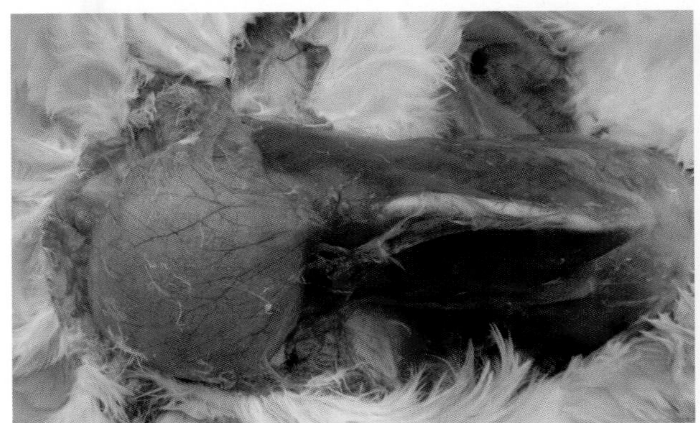

3-9 新城疫病鸡嗉囊极度膨胀，充满酸臭的液体和气体（1）

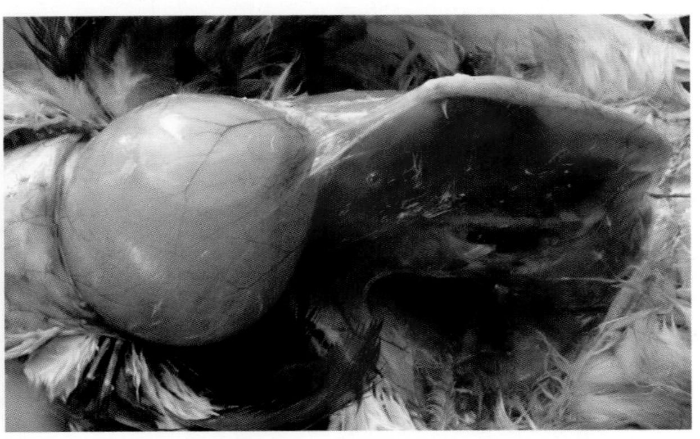

3-10 新城疫病鸡嗉囊极度膨胀，充满酸臭的液体和气体（2）

3-11　新城疫病鸡鸡冠萎缩，精神萎靡，口流黏液

3-12　新城疫病鸡口流黏液

3-13　新城疫后期病鸡出现神经症状，扭脖、曲颈、转圈

3-14　新城疫病鸡出现勾头神经症状

3-15　新城疫病鸡出现神经症状，曲颈，扭头

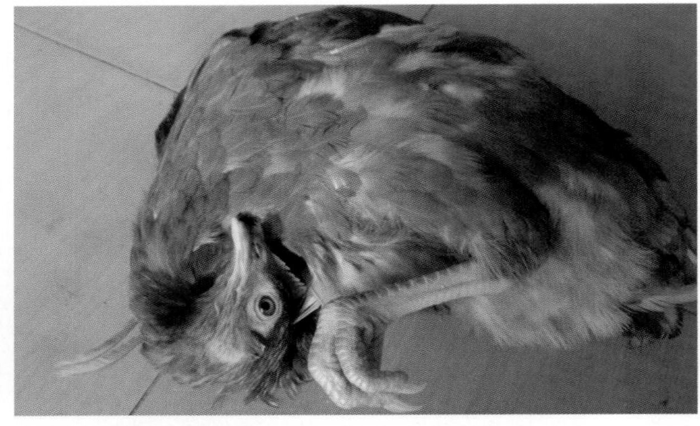

3-16　新城疫病鸡出现神经症状，扭头、曲颈、侧卧

3-17　新城疫病鸡出现神经症状，仰头观天，呈直线行走或倒退

3-18　感染新城疫病毒的乌鸡出现仰头观天神经症状

3-19 感染新城疫病毒的孔雀出现神经症状，头颈扭曲（1）

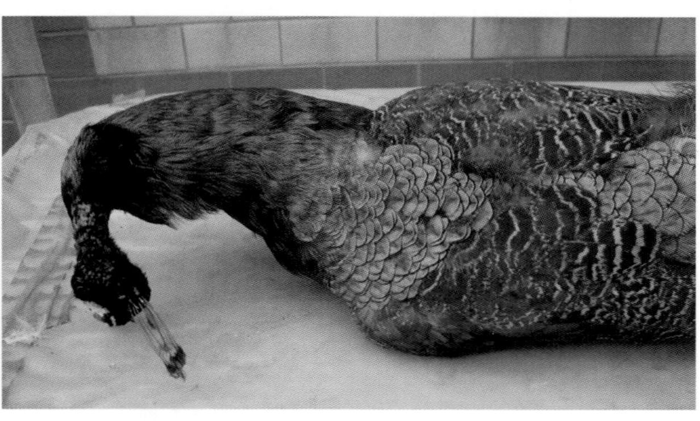
3-20 感染新城疫病毒的孔雀出现神经症状，头颈扭曲（2）

3-21 感染新城疫病毒的幼龄孔雀出现神经症状，头颈扭曲

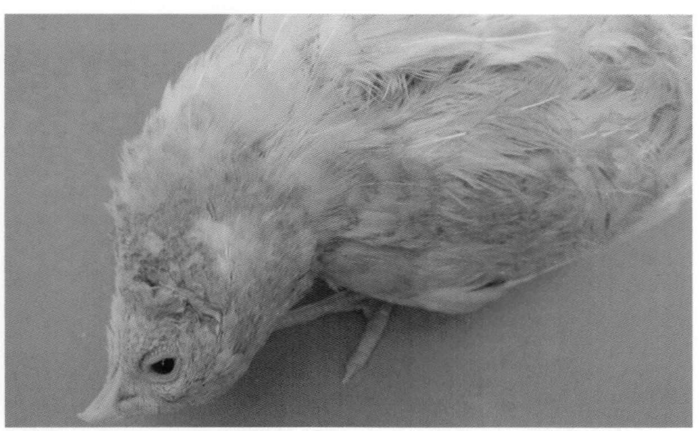
3-22 感染新城疫病毒的鹌鹑出现扭头、曲颈、旋转等神经症状

3-23 感染新城疫病毒的鹌鹑，出现大批死亡，有的呈扭头、曲颈神经症状

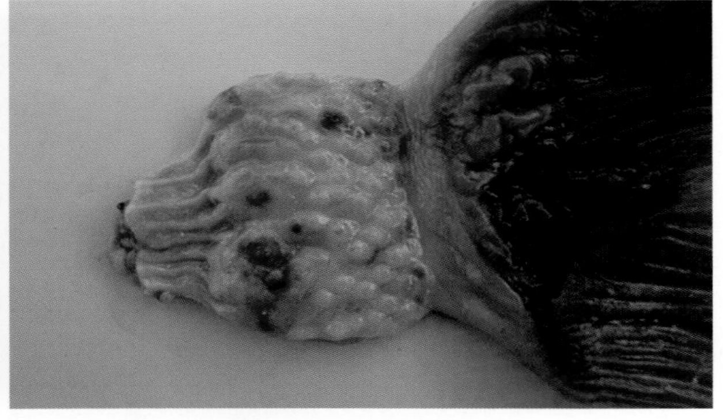
3-24 新城疫病鸡腺胃乳头肿胀出血、溃疡

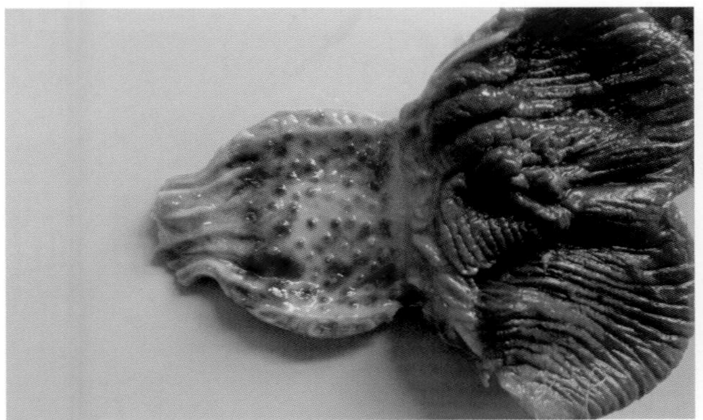
3-25 新城疫病鸡腺胃乳头出血、溃疡（1）

3-26 新城疫病鸡腺胃乳头出血、溃疡（2）

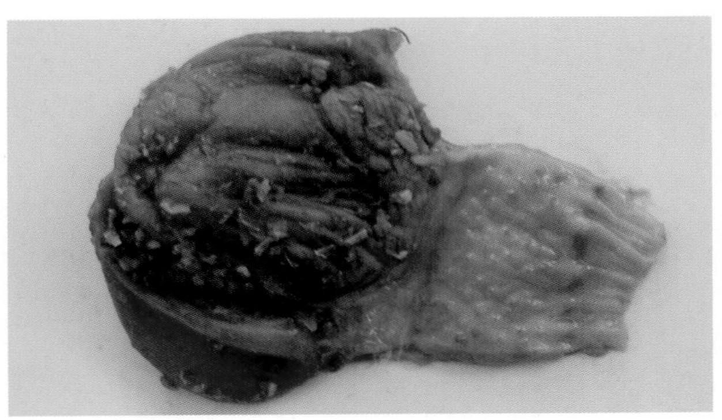

3-27 新城疫病鸡胃内容物呈绿色，腺胃乳头尖出血，腺胃与肌胃、腺胃与食道连接处出血

3-28 新城疫病鸡腺胃乳头尖出血（1）

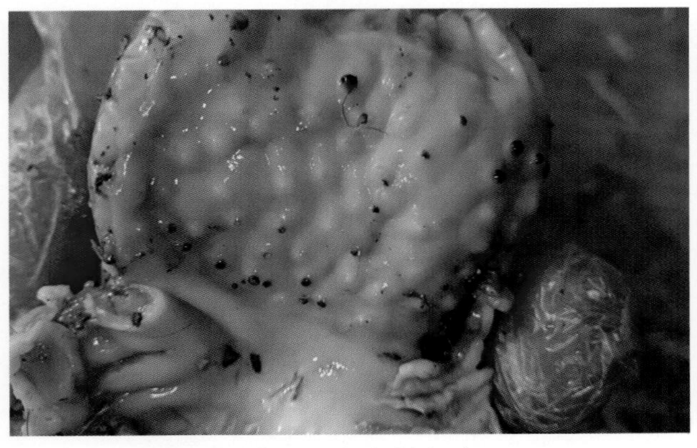

3-29 新城疫病鸡腺胃乳头尖出血（2）

3-30 新城疫病鸡腺胃乳头出血

3-31 感染新城疫病毒的孔雀腺胃黏膜潮红，肌胃内容物呈绿色

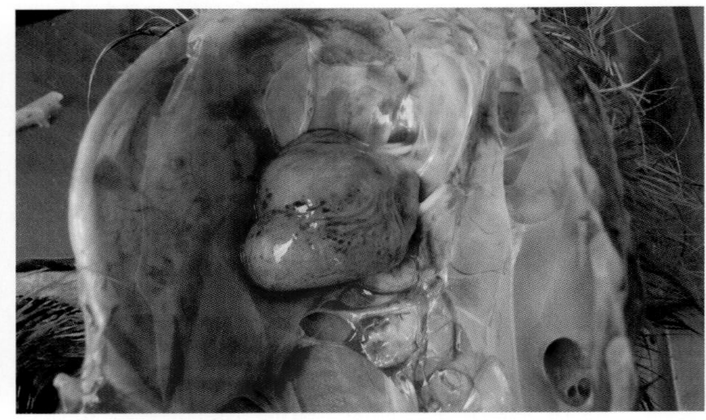

3-32 感染新城疫病毒的鸵鸟心肌有多量出血点

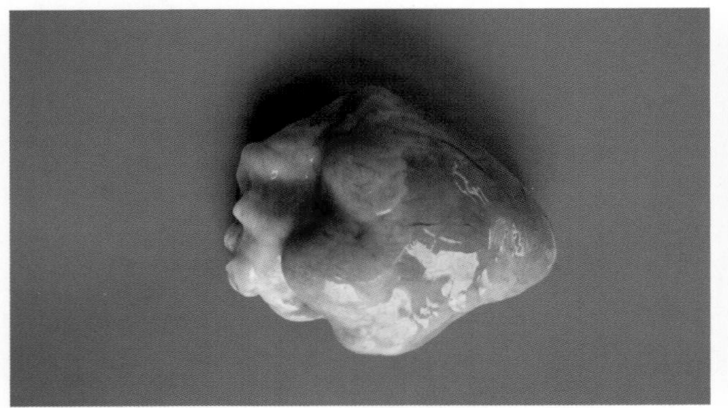

3-33 感染新城疫病毒的鸵鸟心冠脂肪弥漫性出血

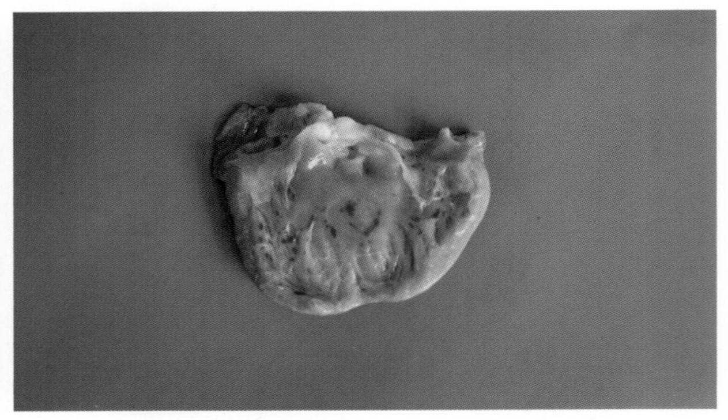

3-34 感染新城疫病毒的鸵鸟心肌内膜有出血点

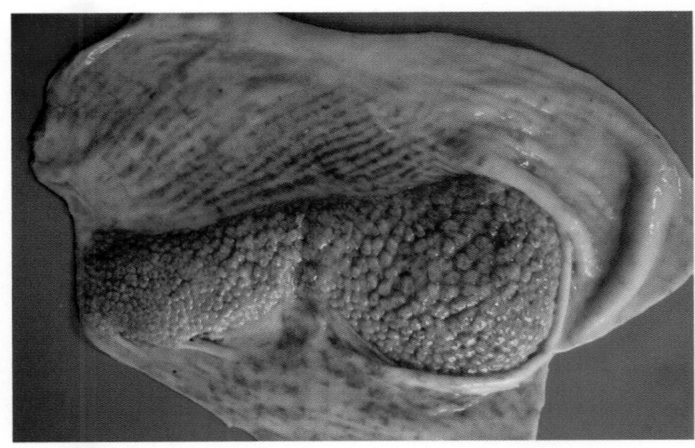
3-35　感染新城疫病毒的鸵鸟腺胃乳头有多量出血点

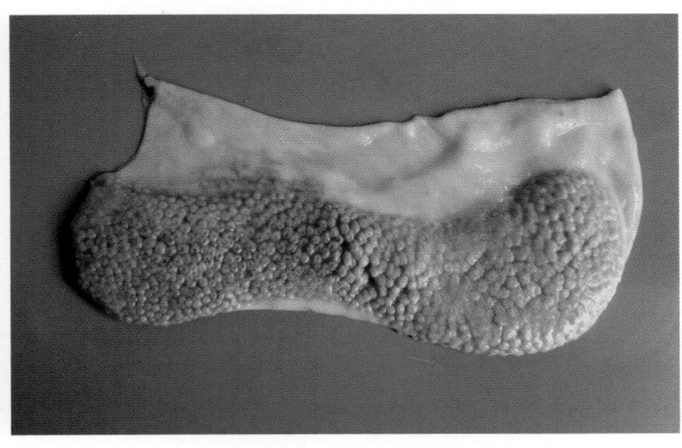
3-36　感染新城疫病毒的鸵鸟腺胃乳头尖出血

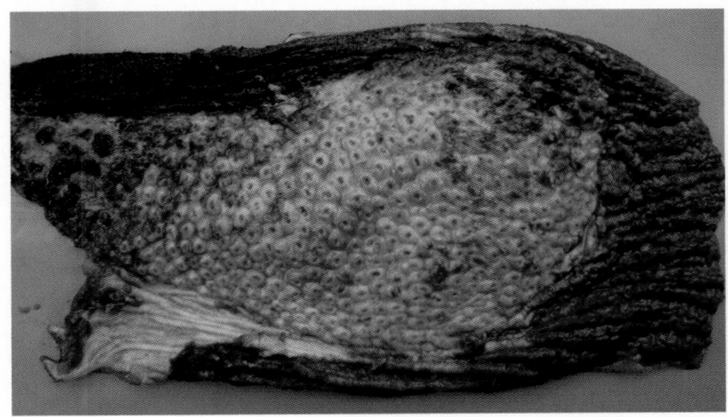
3-37　感染新城疫病毒的鸵鸟腺胃黏膜潮红

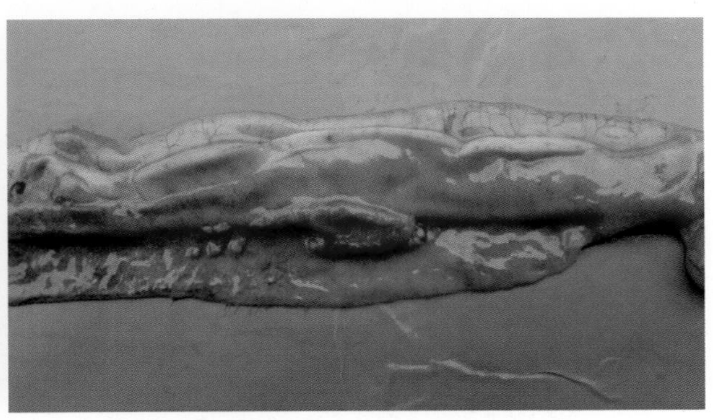
3-38　新城疫病鸡十二指肠降部有岛屿状溃疡灶

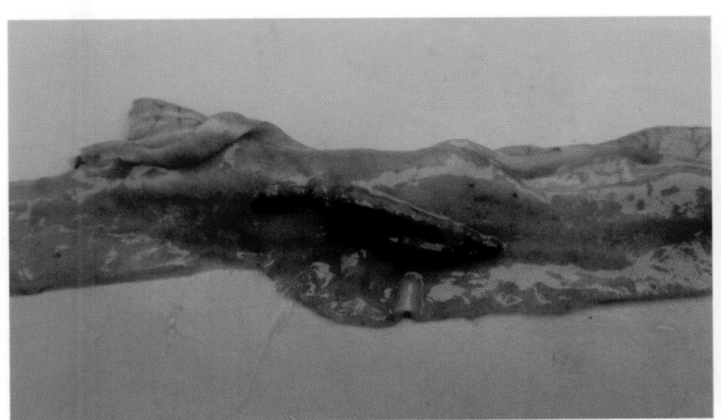
3-39　新城疫病肉鸡十二指肠降部有枣核样的溃疡灶

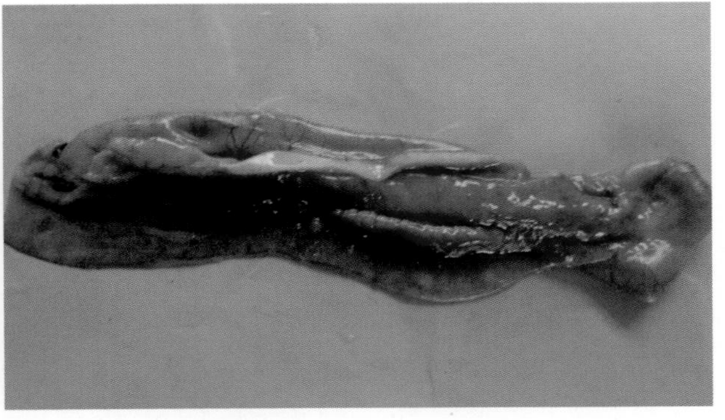
3-40　肉鸡感染新城疫病毒十二指肠降部有深黄色长条状的溃疡灶

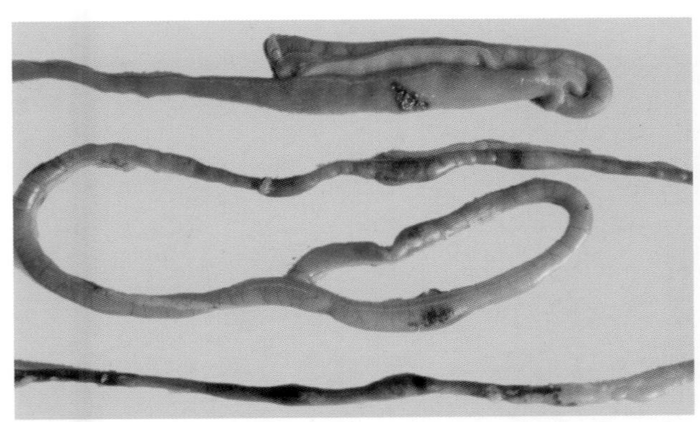
3-41　新城疫病鸡肠壁有多处肿胀，呈深红色溃疡灶

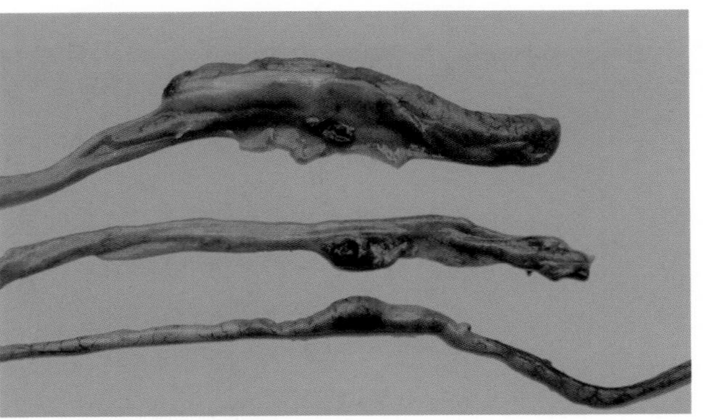
3-42　新城疫病鸡肠壁可见 3 处明显的枣核样溃疡灶或称岛屿状溃疡灶

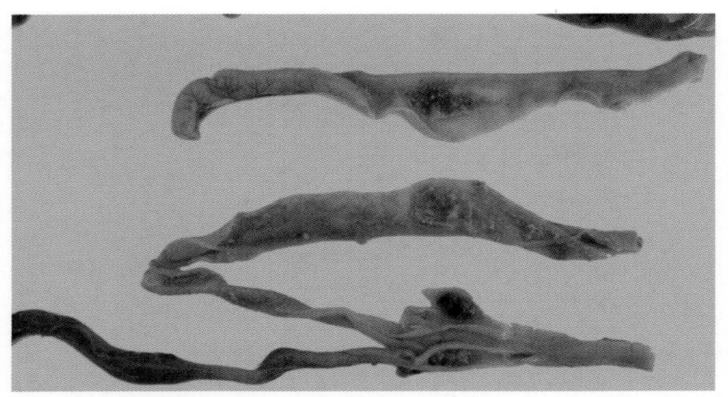

3-43 新城疫病鸡肠道黏膜有溃疡灶，盲肠扁桃体肿胀呈陈旧性出血溃疡

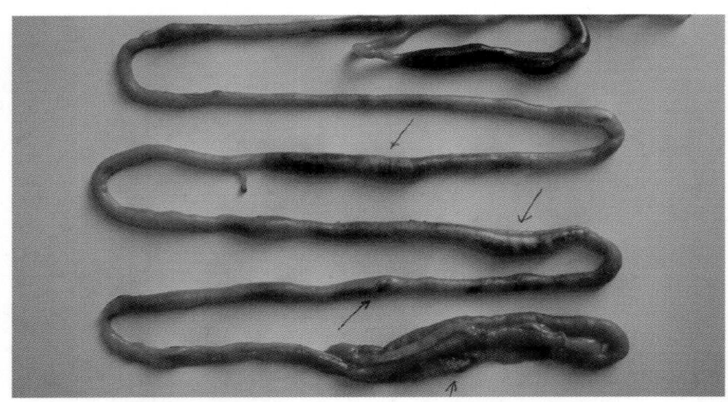

3-44 感染新城疫病毒的雏鸡肠道黏膜 3 处淋巴滤泡肿胀呈深红色

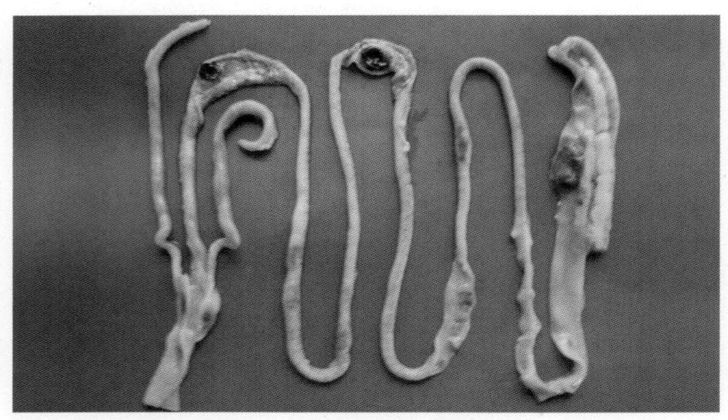

3-45 新城疫病鸡肠道黏膜 3 处淋巴滤泡有溃疡灶

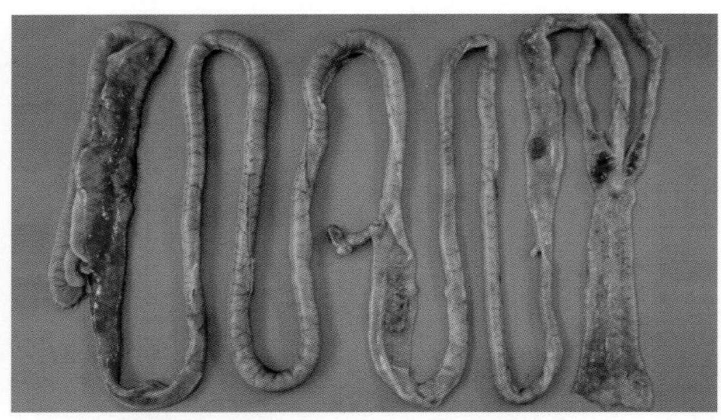

3-46 新城疫病鸡不仅肠道黏膜有 3 处淋巴滤泡溃疡灶，盲肠扁桃体肿胀出血溃疡，而且直肠泄殖腔有针尖大小的溃疡灶

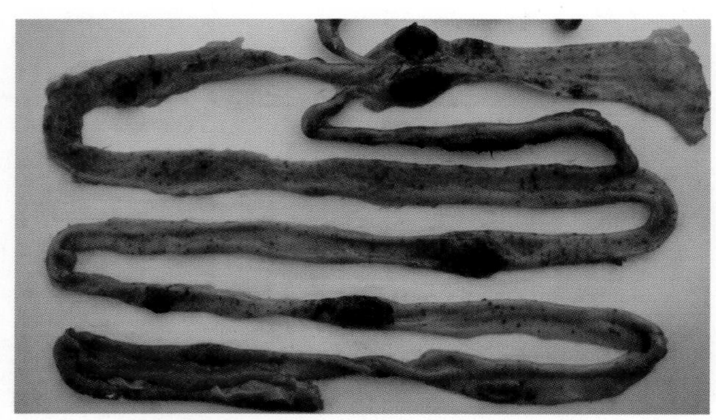

3-47 新城疫病鸡病病程长者在十二指肠和卵黄蒂之间还有 3 处岛屿状溃疡灶，同时在整个肠道有多量针头大小不等的溃疡灶

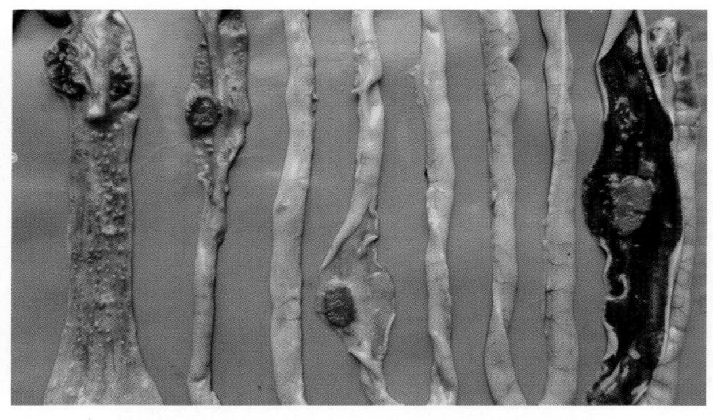

3-48 新城疫病鸡肠道黏膜 3 处淋巴滤泡有溃疡灶，盲肠扁桃体肿胀出血

3-49 新城疫病鸡卵泡变形、液化

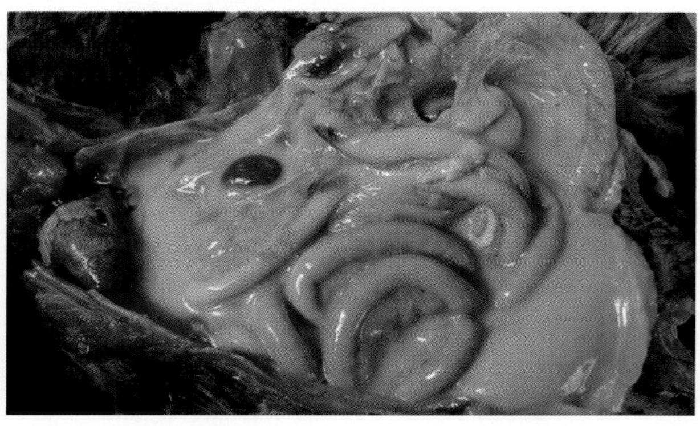

3-50 新城疫病鸡卵泡液化

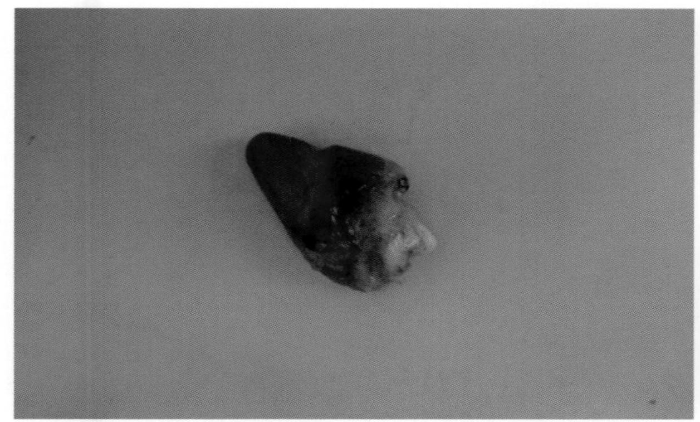

3-51 新城疫病鸡心冠脂肪有针头大的出血点

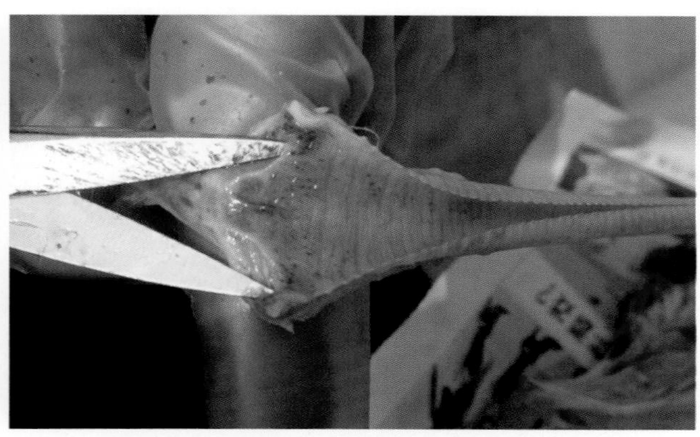

3-52 新城疫病鸡喉头气管黏膜有大小不等的出血点

3-53 非典型新城疫病鸡精神高度沉郁，卧地、闭眼、缩脖

3-54 非典型新城疫病鸡头颈转向后方，插入背部翅下

3-55 非典型新城疫病鸡冠发育不良，表面有白霜

3-56 非典型新城疫成年病鸡冠萎缩，表面有白霜

3-57 非典型新城疫蛋鸡鸡冠倒冠、萎缩、颜色变浅（1）

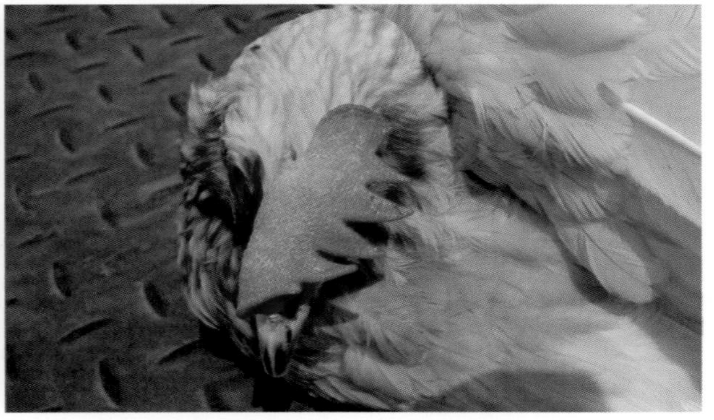

3-58 非典型新城疫蛋鸡鸡冠倒冠、萎缩、颜色变浅（2）

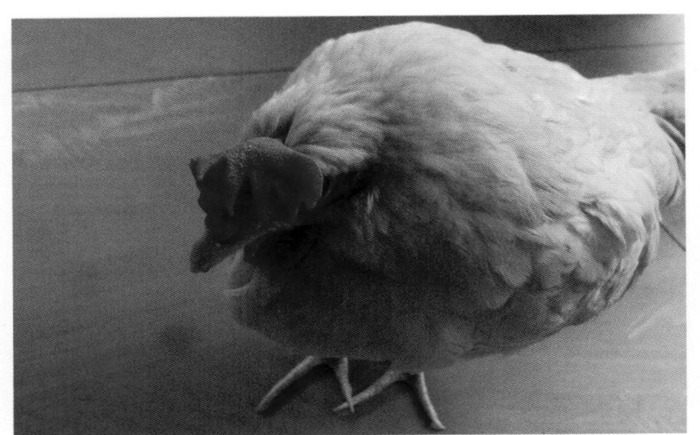
3-59 非典型新城疫病鸡倒冠、萎缩

3-60 非典型新城疫病鸡腺胃乳头间出血或局部潮红

3-61 感染新城疫病毒的孔雀腺胃乳头尖出血

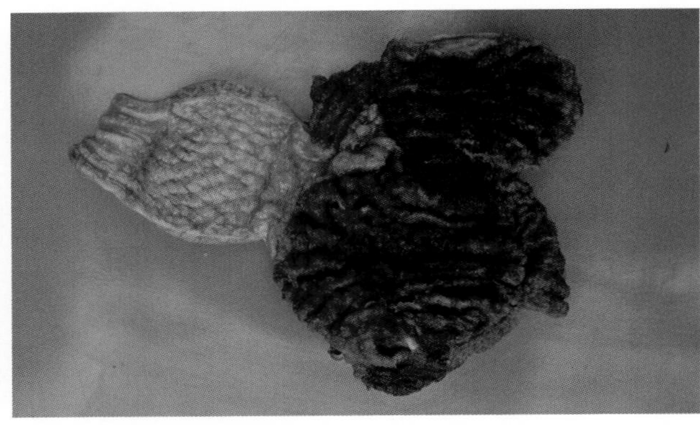
3-62 非典型新城疫孔雀腺胃黏膜潮红，同时伴有肌胃炎

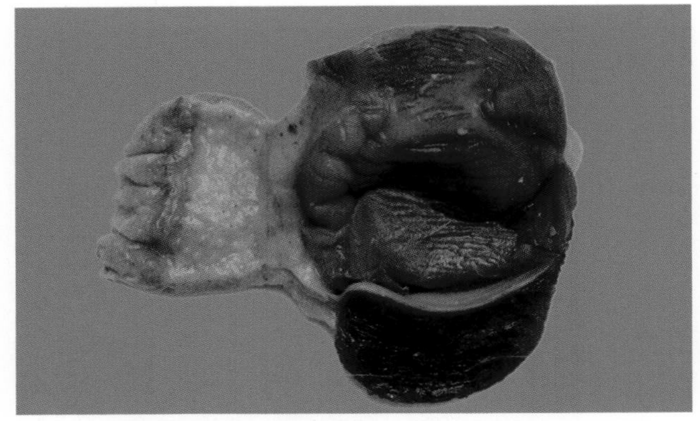
3-63 非典型新城疫病鸡腺胃与食道连接处有出血带（1）

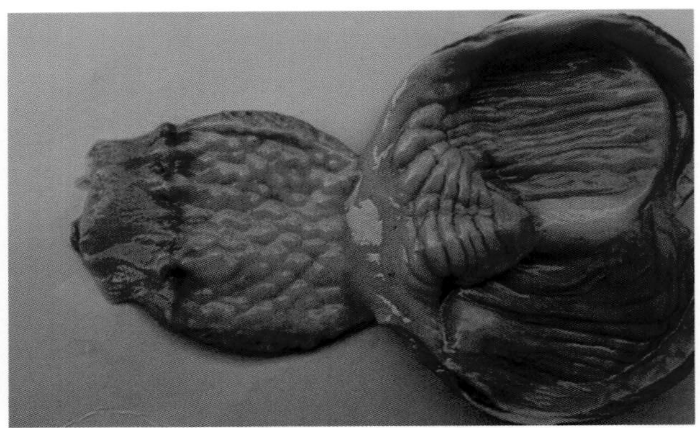
3-64 非典型新城疫病鸡腺胃与食道连接处有出血带（2）

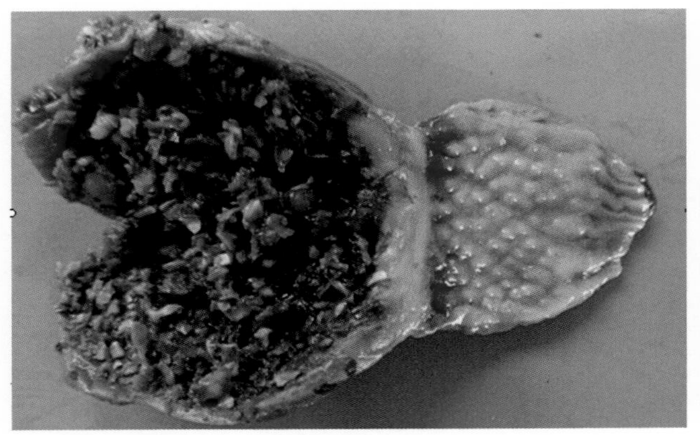
3-65 新城疫病鸡腺胃与肌胃连接处有出血带

3-66 非典型新城疫病鸡腺胃与肌胃连接处有出血带

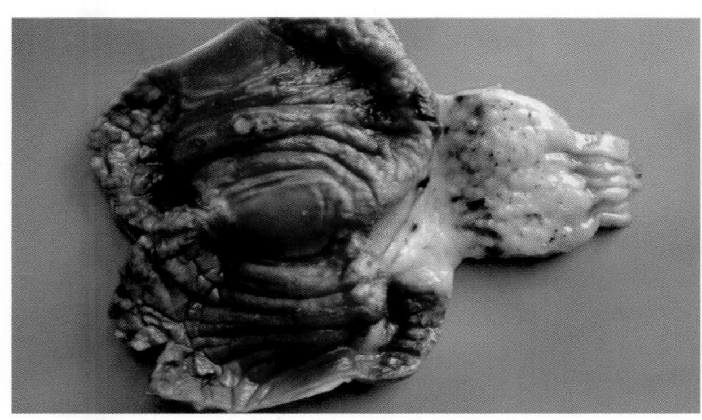

3-67 非典型新城疫与肌胃炎合并感染

3-68 非典型新城疫腺胃乳头潮红，并发肌胃炎，肌胃角质层增厚、开裂、易脱落

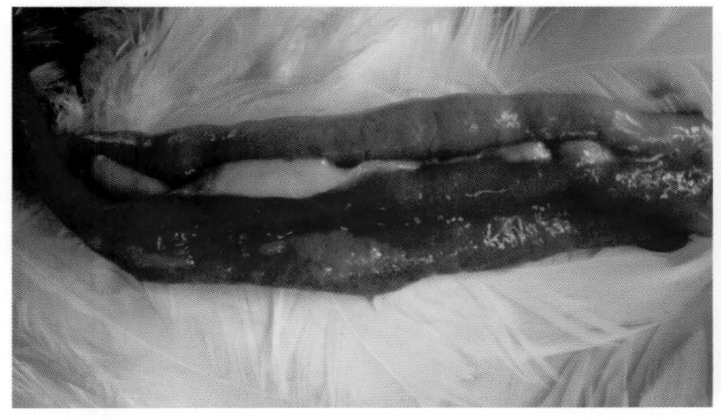

3-69 非典型新城疫十二指肠降部淋巴滤泡肿胀轻度出血（1）

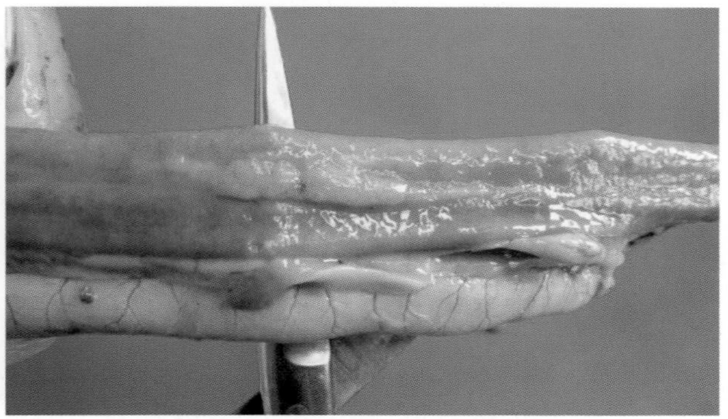

3-70 非典型新城疫十二指肠降部淋巴滤泡肿胀轻度出血（2）

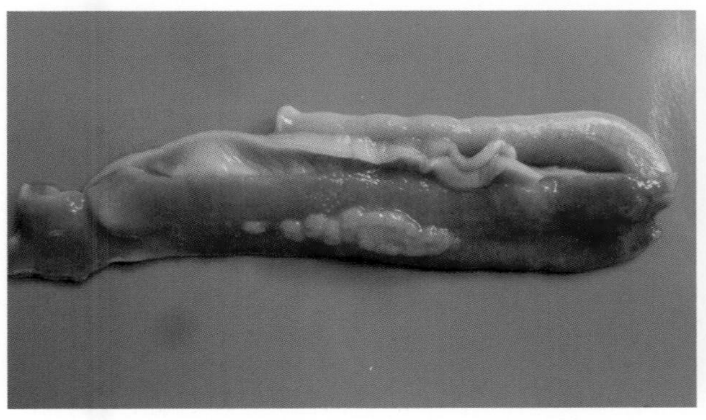

3-71 非典型新城疫病鸡十二指肠降部淋巴滤泡隆起

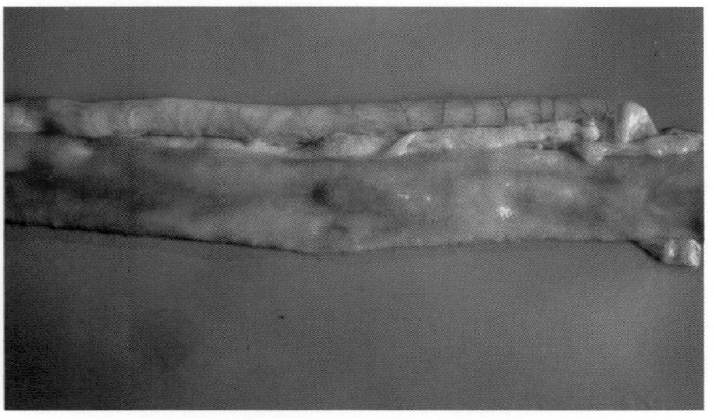

3-72 非典型新城疫病鸡十二指肠降部淋巴滤泡隆起出血（1）

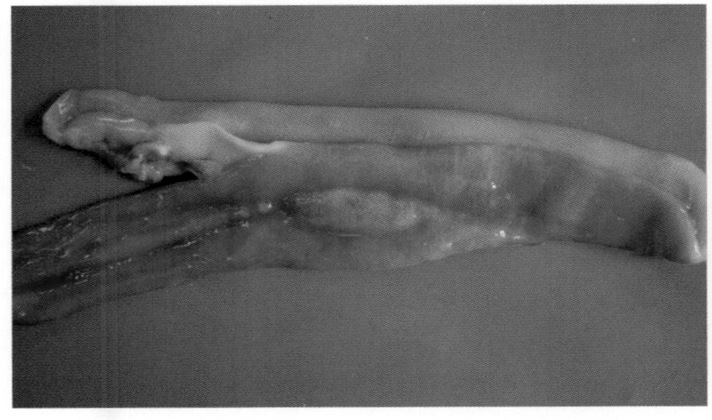

3-73 非典型新城疫病鸡十二指肠降部淋巴滤泡隆起出血（2）

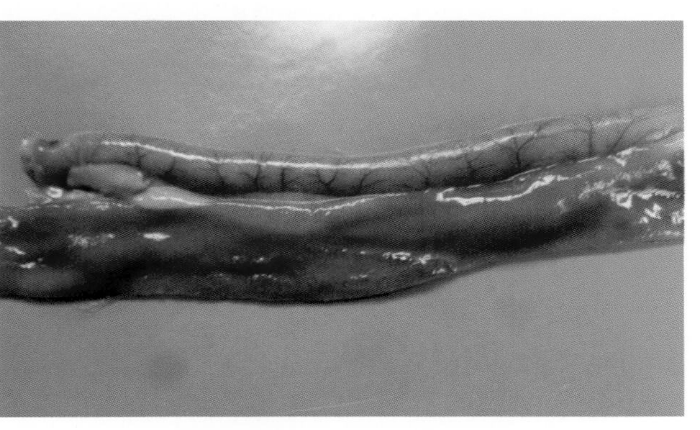

3-74 非典型新城疫病鸡十二指肠降部淋巴滤泡隆起出血（3）

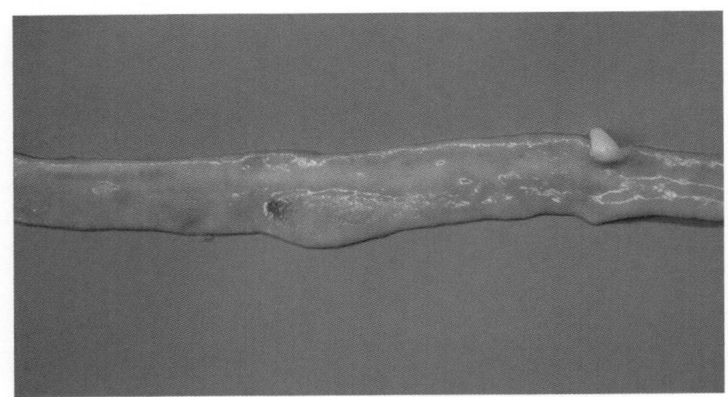

3-75 非典型新城疫病鸡卵黄蒂下 2～5 cm 处淋巴滤泡隆起出血（1）

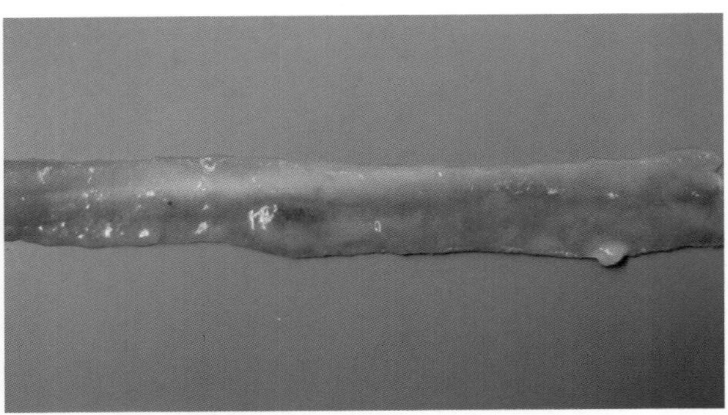

3-76 非典型新城疫病鸡卵黄蒂下 2～5 cm 处淋巴滤泡隆起出血（2）

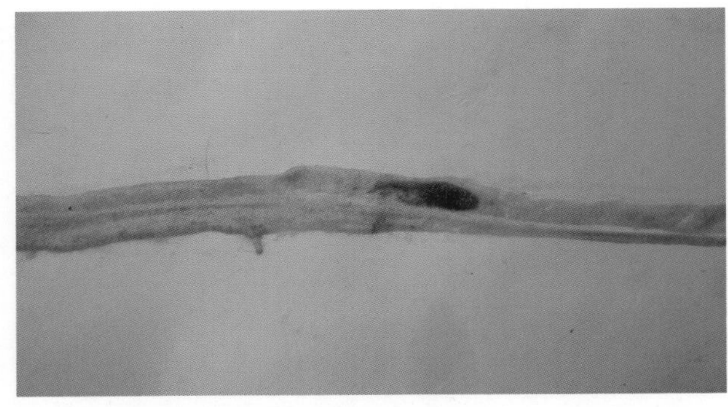

3-77 非典型新城疫病鸡卵黄蒂下 2～5 cm 处淋巴滤泡隆起出血（3）

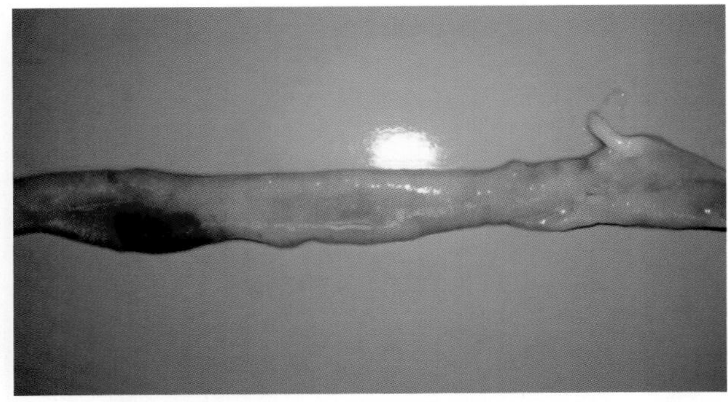

3-78 非典型新城疫病鸡卵黄蒂下 2～5 cm 处淋巴滤泡隆起出血（4）

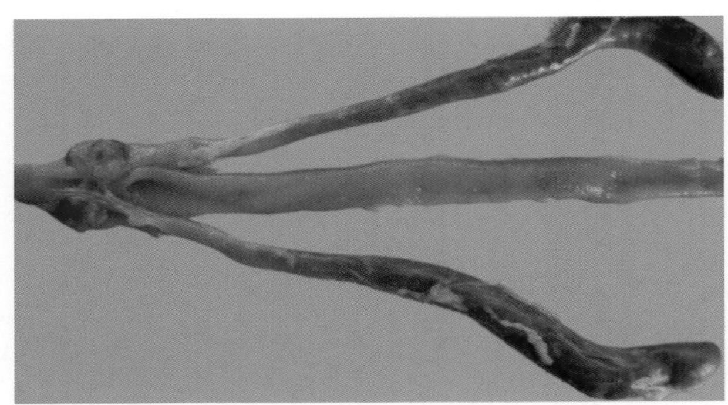

3-79 非典型新城疫病鸡盲肠扁桃体肿胀出血，回肠淋巴滤泡隆起出血（1）

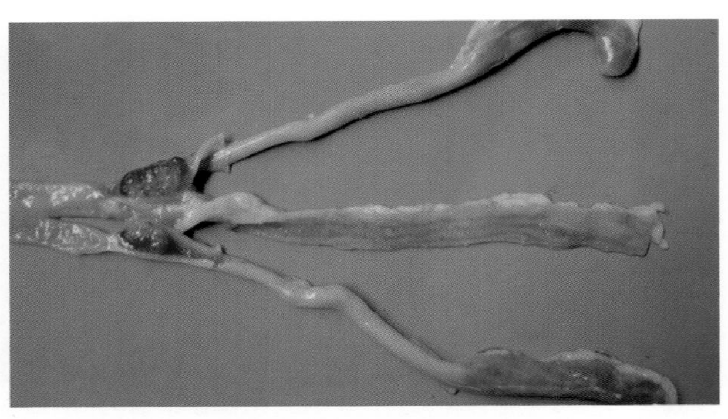

3-80 非典型新城疫病鸡盲肠扁桃体肿胀出血，回肠淋巴滤泡隆起出血（2）

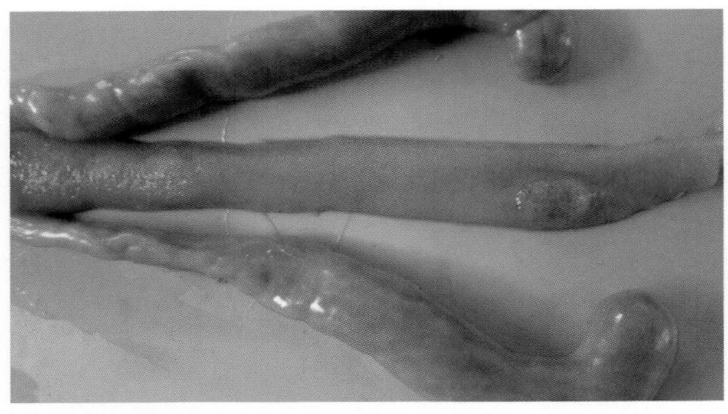

3-81 非典型新城疫病鸡两个盲肠端对应的回肠淋巴滤泡隆起出血

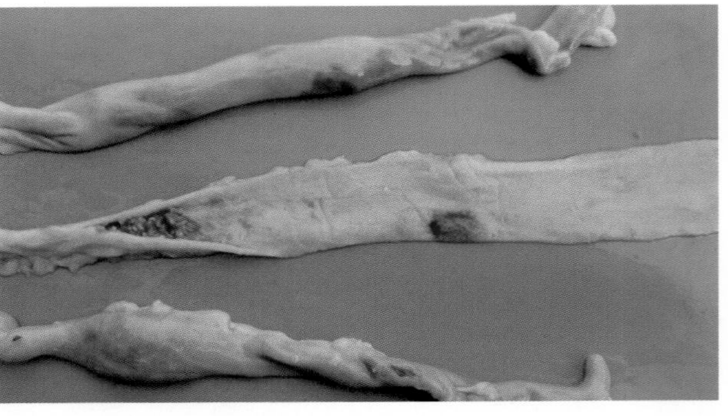

3-82 非典型新城疫病鸡两个盲肠之间的回肠淋巴滤泡隆起出血

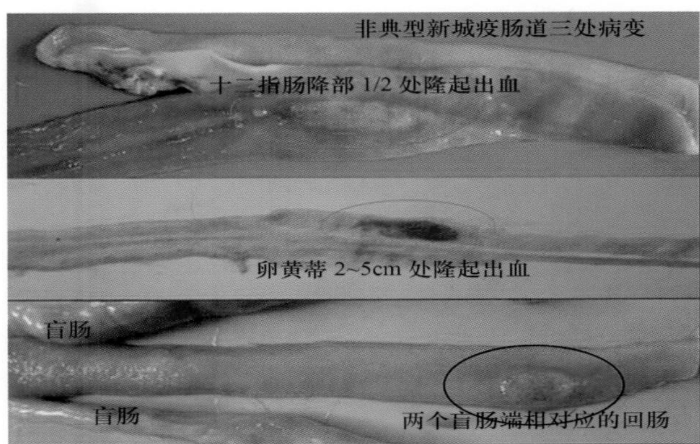

3-83 非典型新城疫病鸡肠道 3 处淋巴滤泡隆起出血

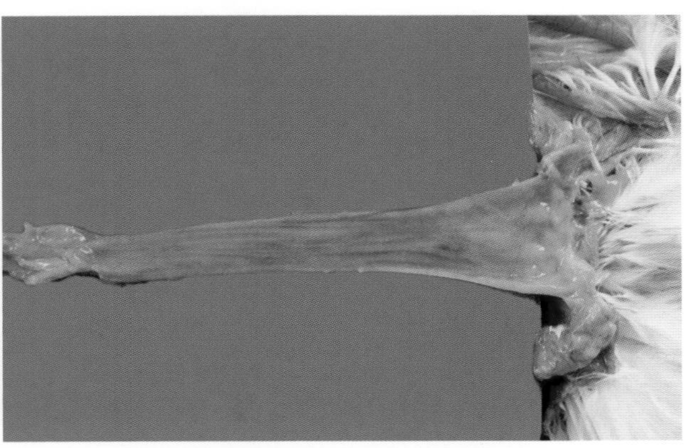
3-84 非典型新城疫病鸡直肠黏膜呈条状出血

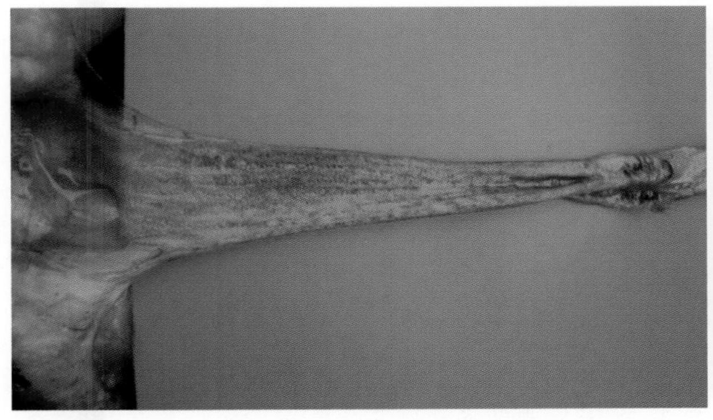
3-85 新城疫病鸡盲肠扁桃体肿胀出血，直肠呈弥散性点状出血

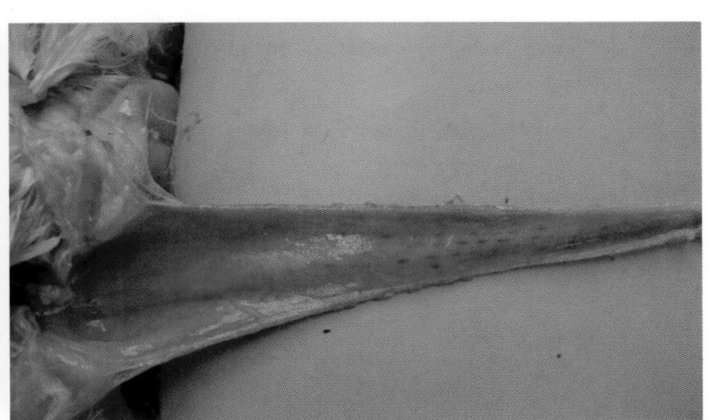
3-86 非典型新城疫病鸡直肠黏膜呈点状出血

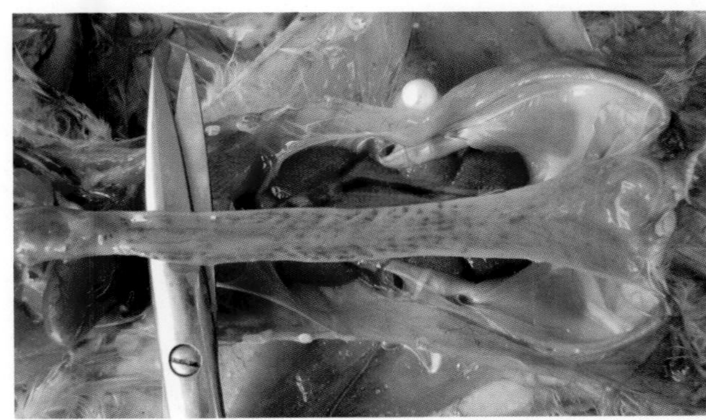
3-87 非典型新城疫病鸡直肠有散在性出血斑点

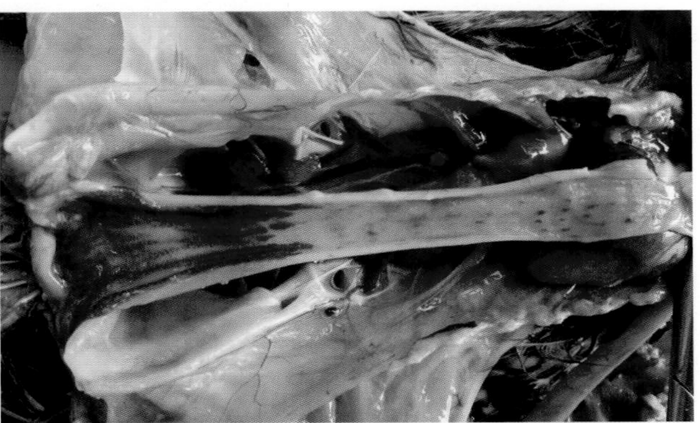
3-88 新城疫与禽流感混合感染的病鸡，直肠点状出血、直肠末端泄殖腔出血

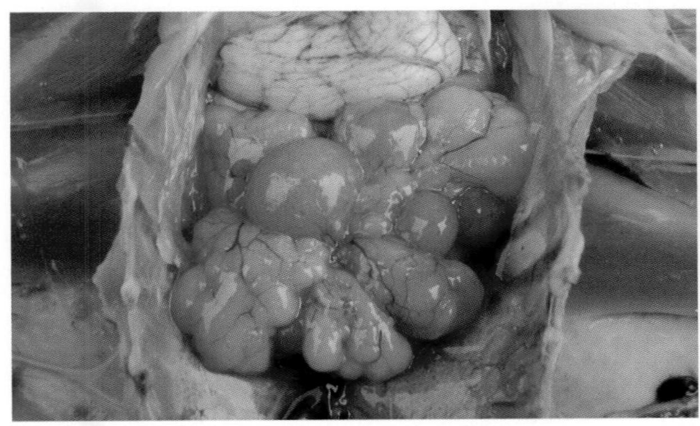
3-89 非典型新城疫病鸡卵泡变形呈菜花样（1）

3-90 非典型新城疫病鸡卵泡变形呈菜花样（2）

3-91 非典型新城疫病鸡卵泡变形呈菜花样（3）

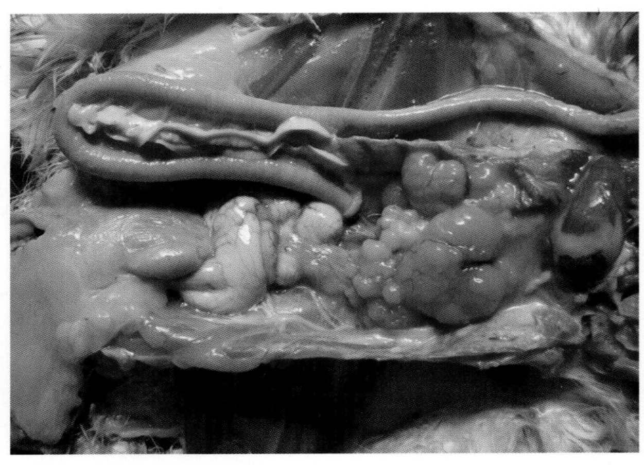

3-92 非典型新城疫病鸡卵泡变形呈菜花样，胰腺正常呈乳白色

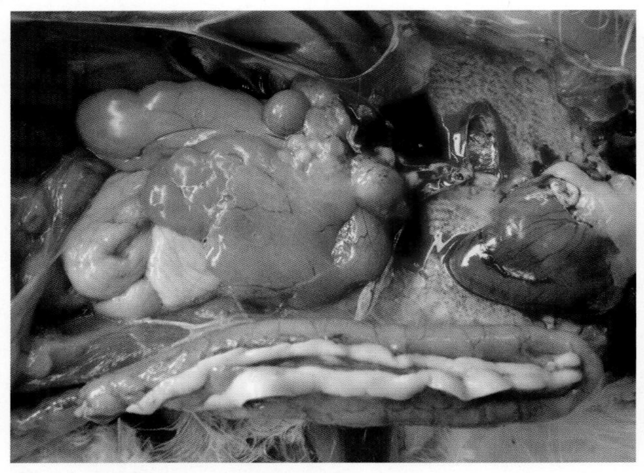

3-93 非典型新城疫病鸡卵泡变形呈菜花样，胰腺呈乳白色

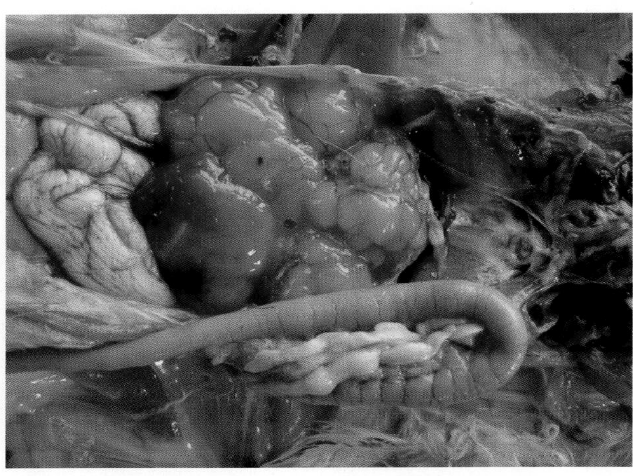

3-94 非典型新城疫病鸡卵泡变形呈菜花样，有出血斑，胰腺呈乳白色

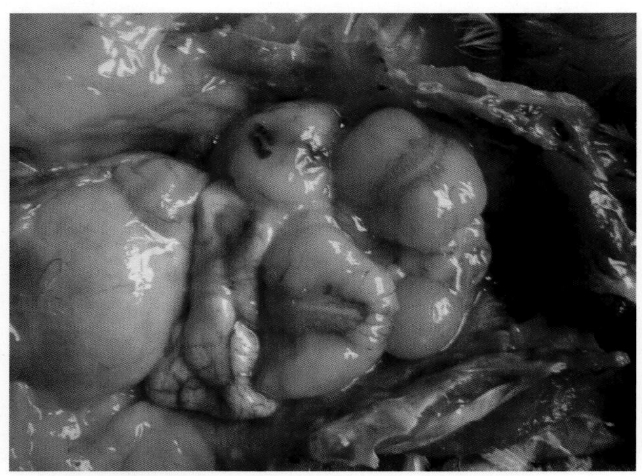

3-95 非典型新城疫病鸡卵泡呈菜花样，有出血斑

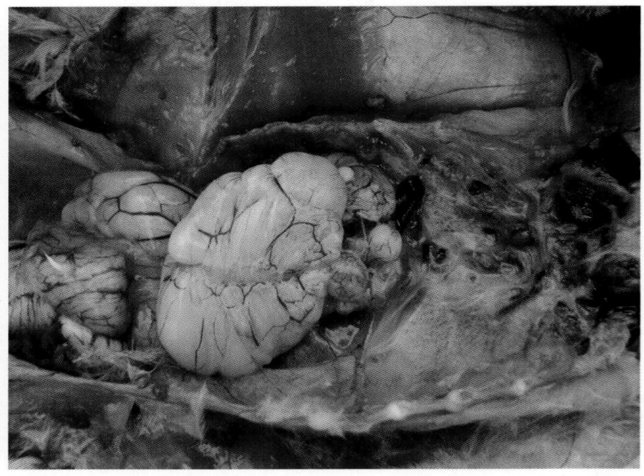

3-96 非典型新城疫病鸡卵泡呈菜花样

鸽 I 型副黏病毒病（Pigeon paramyxoviridae-I infection, PPMV-I）

鸽 I 型副黏病毒病又称鸽瘟，也被人叫作鸽新城疫。是由鸽 I 型副黏病毒引起的一种高度接触性、败血性传染病。

【病原】

鸽 I 型副黏病毒，具有与新城疫病原类似的特性。

【流行特点】

各种品种、年龄、性别的鸽都易感，发病没有明显的季节性。本病的死亡率一般可达 20%～80%，对养鸽业危害极大。

【临床症状】

鸽被 I 型副黏病毒感染后，潜伏期 1～10 d，通常 1～5 d。

1. 病鸽表现扭头、曲颈、转圈，有的不能站立，有的翅下垂，有的蹲伏或侧卧。
2. 食欲下降，嗉囊空虚，充满液体或气体，倒提口流黏液。
3. 排黄绿色稀便。
4. 鸽的羽毛常被粪便污染为黄绿色。

【剖检病变】

1. 胃内容物呈绿色，腺胃乳头呈现弥漫性出血，肌胃角质层下呈条状或斑点状出血。食道黏膜呈条状出血，病程长者呈灰黑色。
2. 十二指肠、空肠、直肠弥漫性出血，肠黏膜脱落，肠壁变薄。
3. 肝、脾肿大，肾苍白肿大，心肌出血。
4. 颈部皮下出血，严重者呈广泛性淤斑性出血，严重者呈黑红色。
5. 颅骨有红色或深紫红色形态各异、大小不一的出血斑。

【诊断】

根据临床症状和剖检病理变化，可做出初步诊断，确诊须进行实验室诊断。

【防控措施】

目前，我国还没有鸽子的专用疫苗，鸡新城疫油苗对该病有良好的预防作用，一般种鸽在 30 日龄、50～60 日龄、6 月龄每只鸽注射 0.5 mL，以后每半年进行一次免疫。

【临床经验】

1. 没有本病史的鸽场最好慎用鸽新城疫弱毒苗，以防它的毒力在鸽体内不断增强。

2. 已发生该病的鸽场，可用鸡新城疫疫苗进行紧急接种，同时采用对症治疗药物配合使用，可以使疫情得到有效控制，但有时因为应激等因素，使用鸡新城疫活疫苗后鸽群会出现较高死亡率。

3. 目前此病无有效的药物治疗。当本病与某些细菌性疾病混合感染时，用药物能减少死亡。

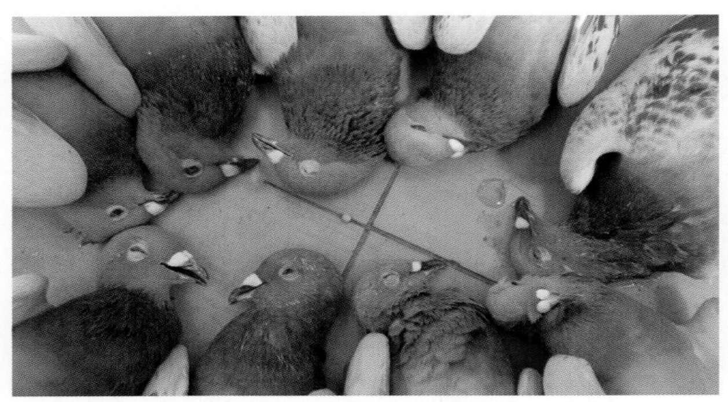

4-1　鸽瘟感染死亡率高，病鸽口流黏液

4-2　鸽瘟病鸽后期出现神经症状，扭头、曲颈、转圈或侧卧

4-3　鸽瘟病鸽后期出现神经症状，曲颈勾头，不能正常站立（1）

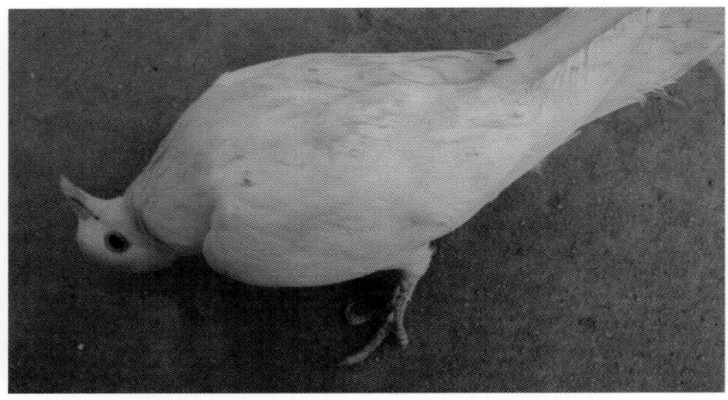

4-4　鸽瘟病鸽后期出现神经症状，曲颈勾头，不能正常站立（2）

4-5　鸽瘟病鸽后期出现神经症状，曲颈勾头，不能正常站立（3）

4-6　鸽瘟病鸽后期出现神经症状，不能正常站立，曲颈勾头

4-7 鸽瘟病鸽后期出现神经症状，仰头看天

4-8 鸽瘟病鸽后期出现神经症状，不能正常站立

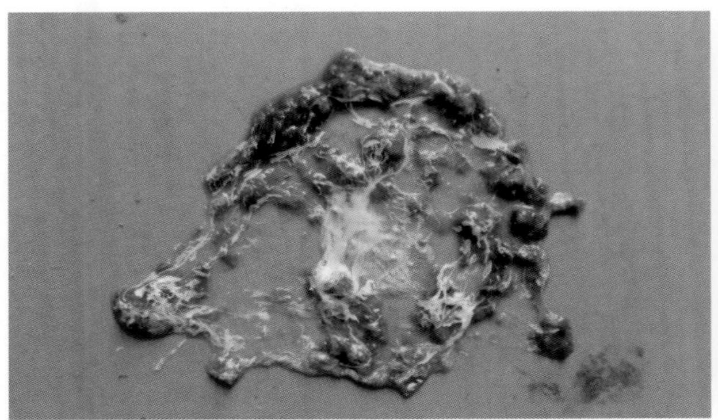

4-9 鸽瘟病鸽排出黄白绿色粪便

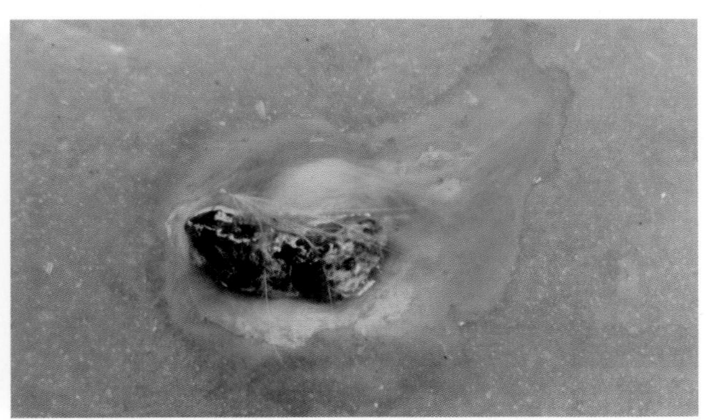

4-10 鸽瘟病鸽排出黄白绿色稀便

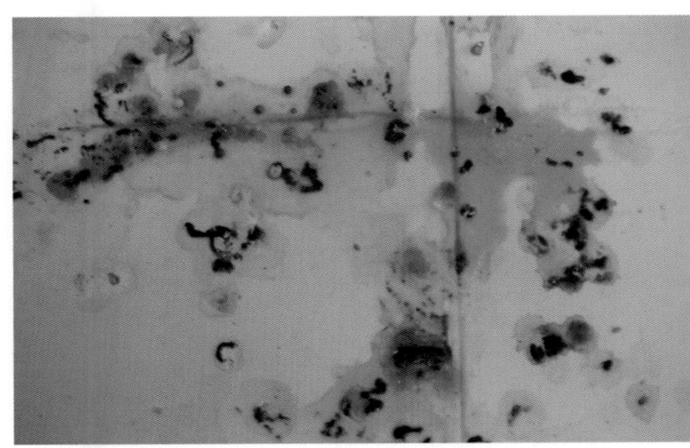

4-11 鸽瘟病鸽后期排出黄绿色水样稀便

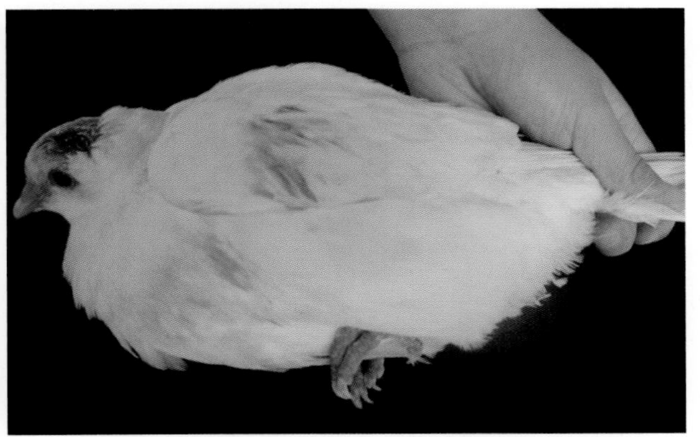

4-12 鸽瘟病鸽的羽毛被粪便污染为黄绿色（1）

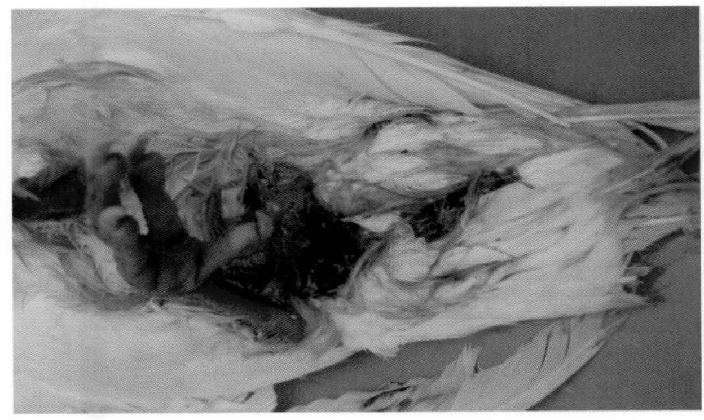

4-13 鸽瘟病鸽的羽毛被粪便污染为黄绿色（2）

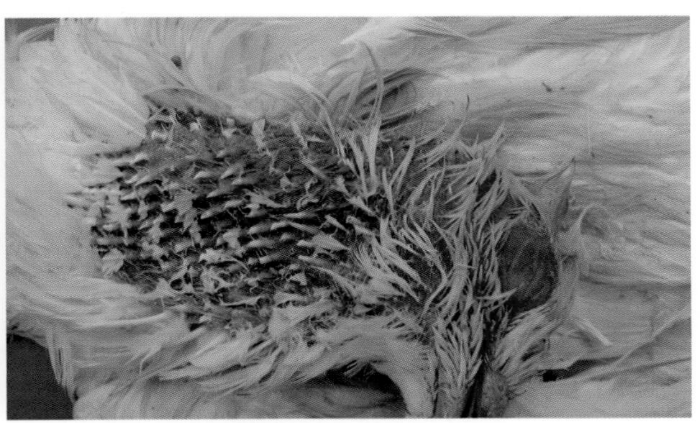

4-14 鸽瘟病鸽颈部皮肤呈黑紫红色

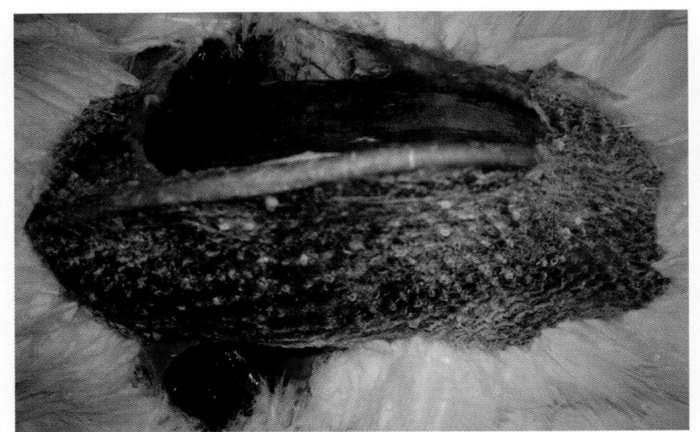

4-15 鸽瘟病鸽死亡后皮肤难以剥离

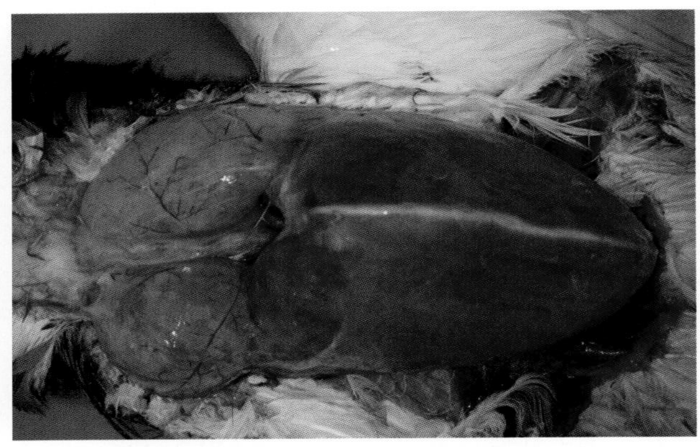

4-16 鸽瘟病鸽嗉囊极度膨胀，充满酸臭的液体和气体

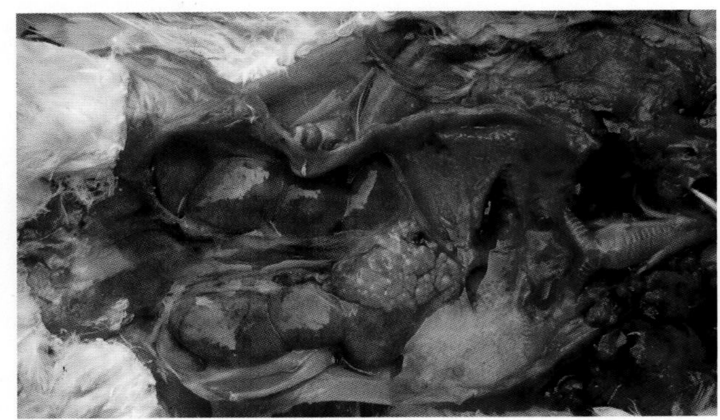

4-17 鸽瘟病鸽肾肿胀，颜色变浅

4-18 鸽瘟病鸽常并发肾肿胀，严重者呈花斑状，颜色苍白

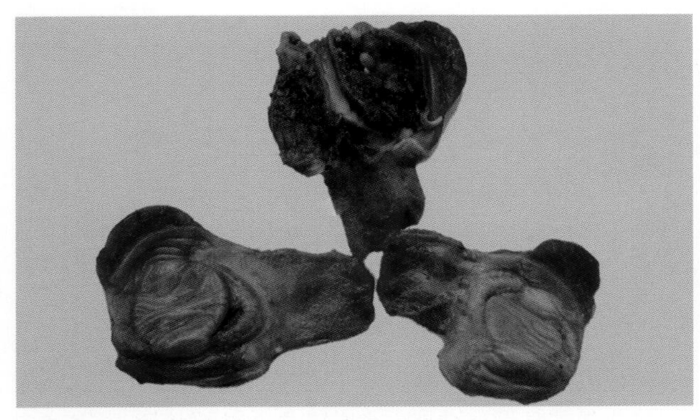

4-19 鸽瘟病鸽胃内容物呈绿色，腺胃乳头弥漫性出血，肌胃角质层下有斑点状出血

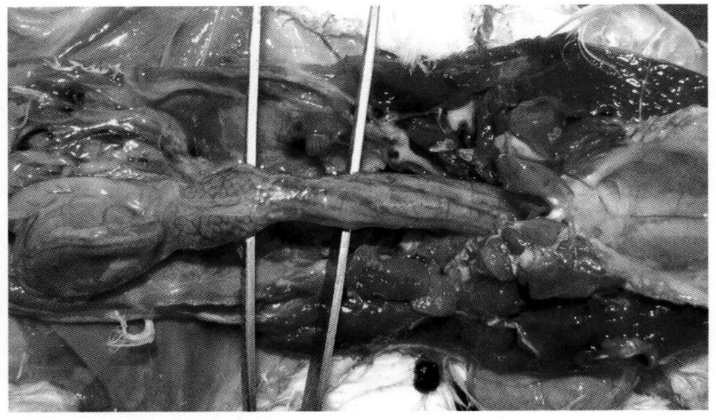

4-20 鸽瘟病鸽食道呈条状出血

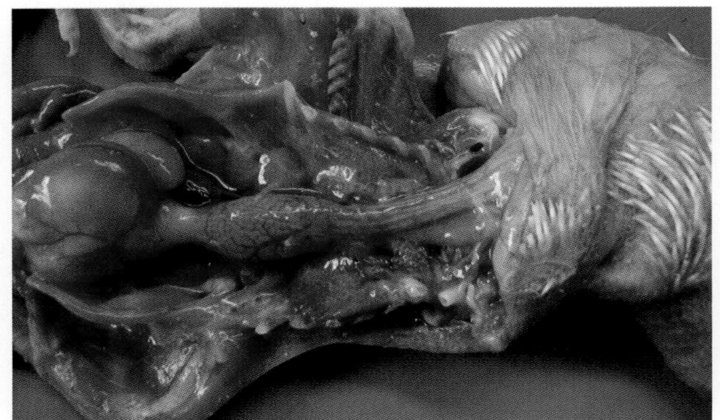

4-21 鸽瘟幼龄病鸽食道呈条状出血

4-22 鸽瘟 12 日龄病乳鸽食道黏膜有散在性的出血斑点

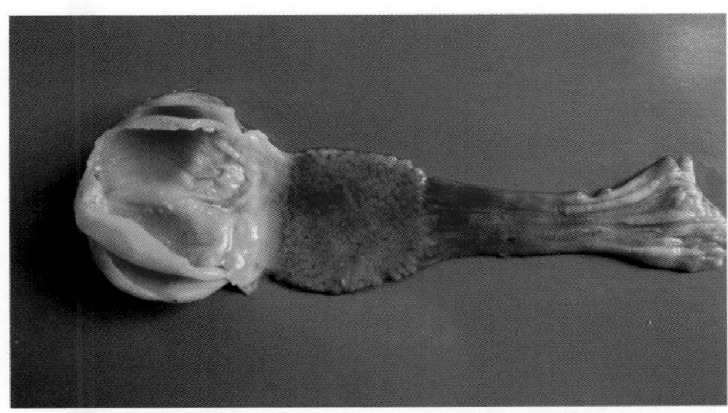

4-23 鸽瘟病鸽腺胃乳头潮红，食道黏膜呈红色，肌胃角质层易剥离

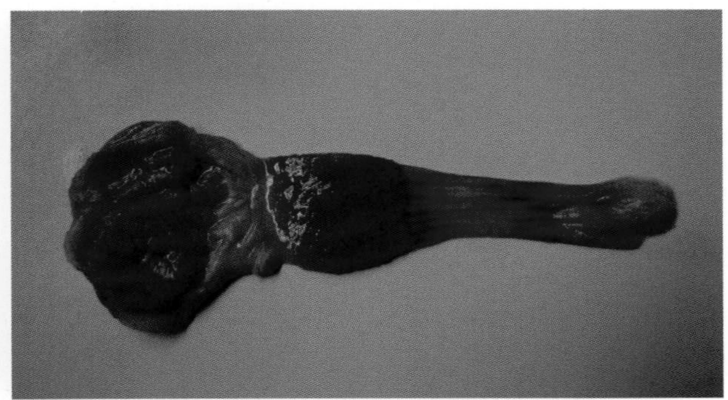

4-24 鸽瘟病鸽腺胃乳头潮红，食道黏膜呈红色

4-25 22日龄乳鸽感染鸽瘟后食道黏膜呈深红色的条状出血（1）

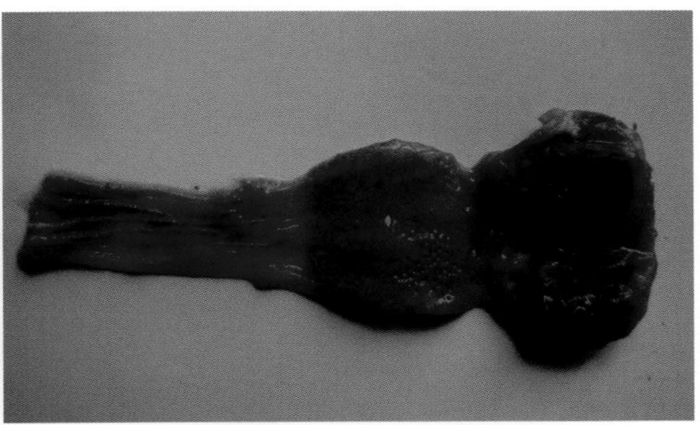

4-26 22日龄乳鸽感染鸽瘟后食道黏膜呈深红色的条状出血（2）

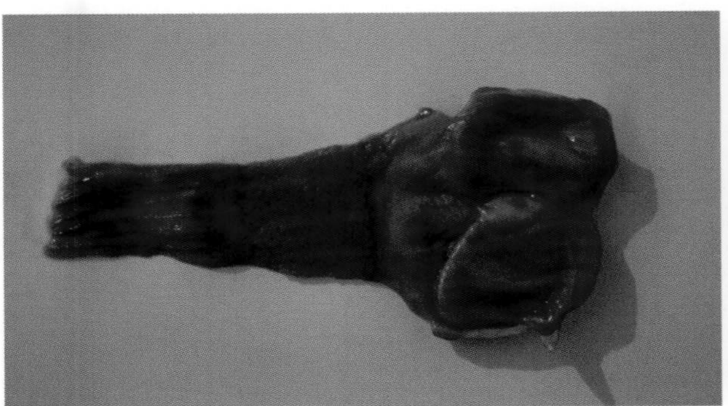

4-27 鸽瘟病鸽食道黏膜呈红色的条状出血，肌胃角质层下出血

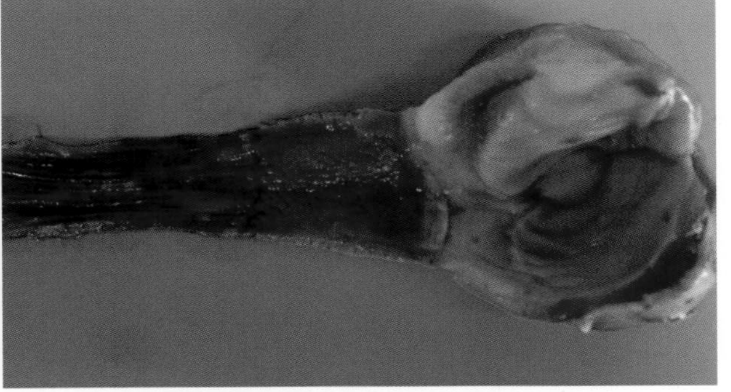

4-28 鸽瘟病鸽病情严重者肌胃角质层下出血、腺胃乳头出血、食道黏膜有黑红色的条状出血

4-29 鸽瘟病情严重者腺胃乳头出血、食道黏膜有黑红色的条状出血

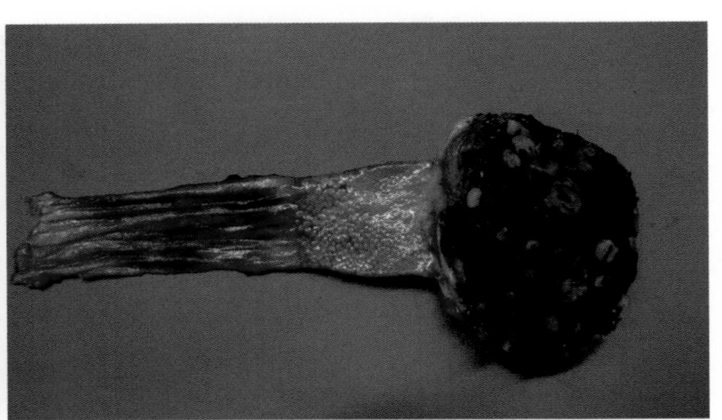

4-30 鸽瘟病情严重者食道黏膜有黑红色的条状出血

4-31　低致病性禽流感与鸽瘟混合感染，鸽的胰腺出血，食道呈黑红色

4-32　鸽瘟病鸽脾肿大出血呈深红色（中间），两侧为正常脾

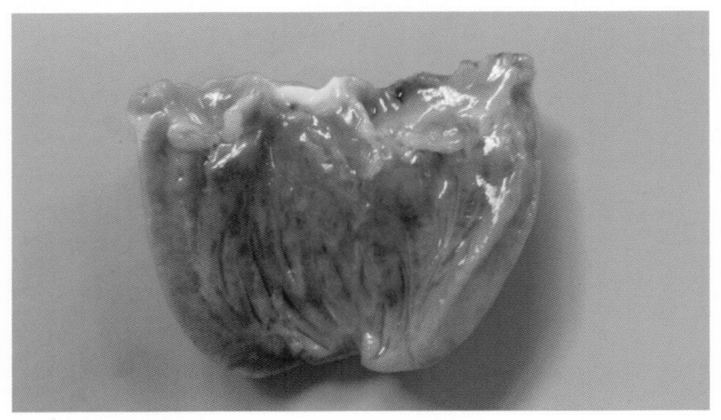

4-33　鸽瘟病鸽心肌内膜出血

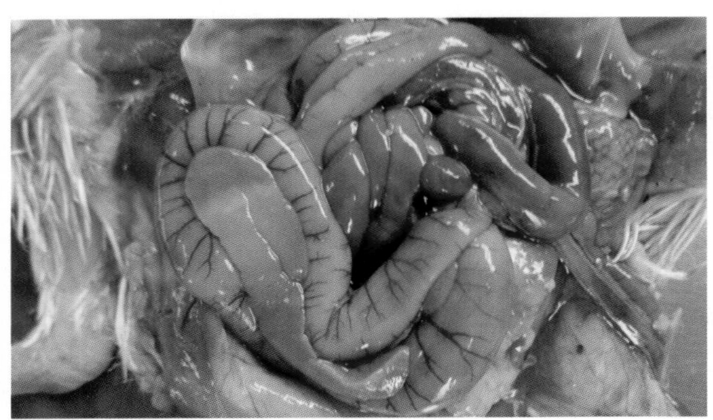

4-34　鸽瘟病鸽并发坏死性肠炎，肠道呈灰色

4-35　鸽瘟病鸽并发肠炎、肠道胀气、肠壁变薄

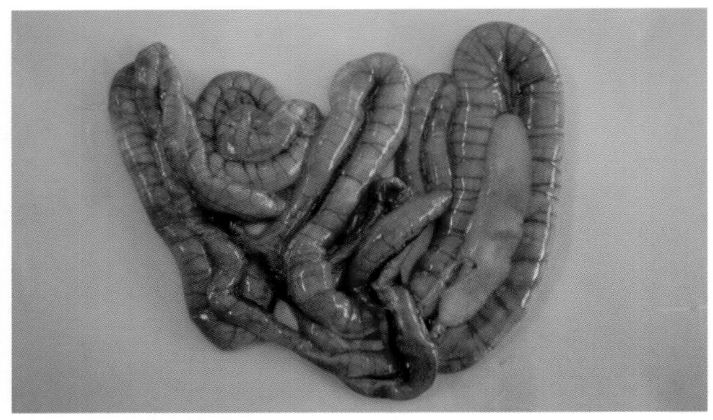

4-36　鸽瘟病鸽并发出血性肠炎（1）

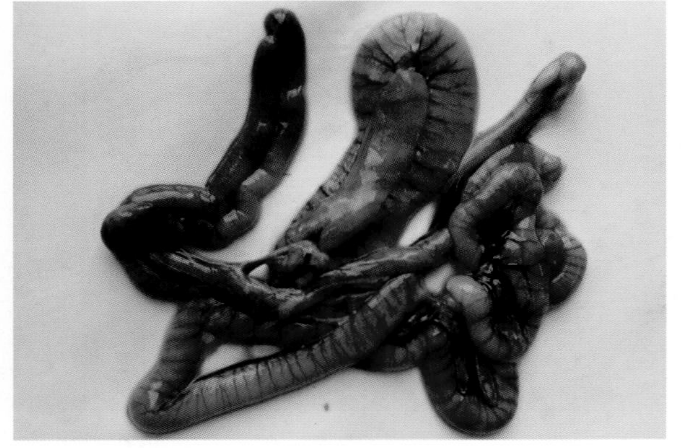

4-37　鸽瘟病鸽并发出血性肠炎（2）

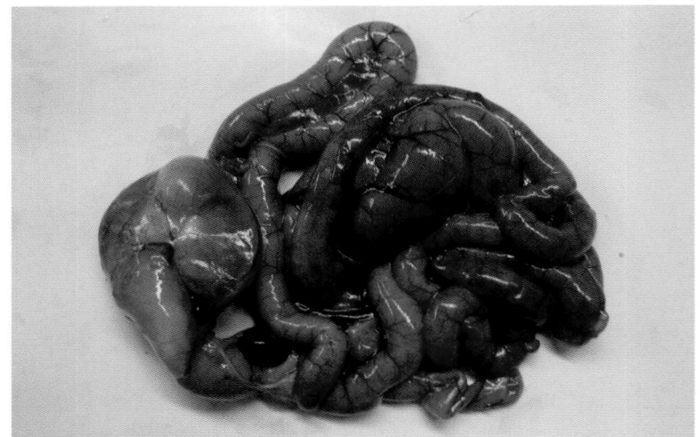

4-38　鸽瘟病鸽并发出血性肠炎（3）

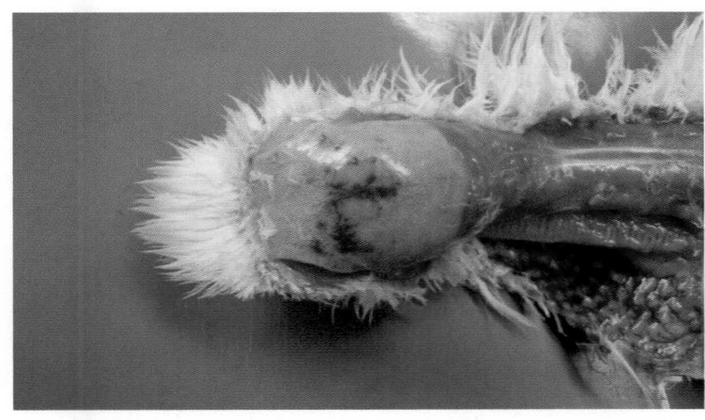

4-39 鸽瘟病鸽颅骨有不同形状的深紫红色的出血斑（1）

4-40 鸽瘟病鸽颅骨有不同形状的深紫红色的出血斑（2）

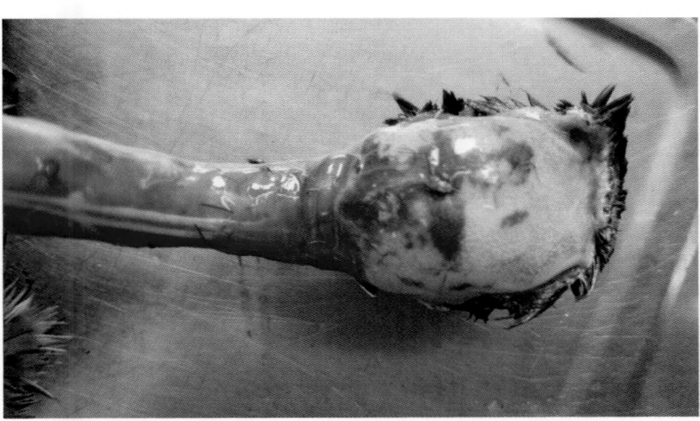

4-41 鸽瘟病鸽颅骨有大面积的深红色的出血斑

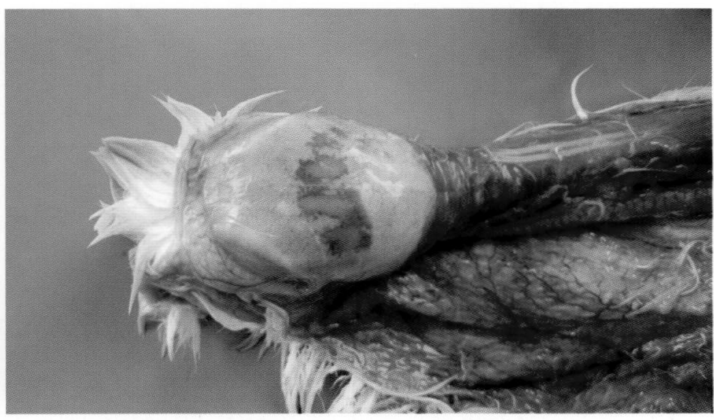

4-42 鸽瘟病鸽颅骨有多个横向排列的深紫红色出血斑

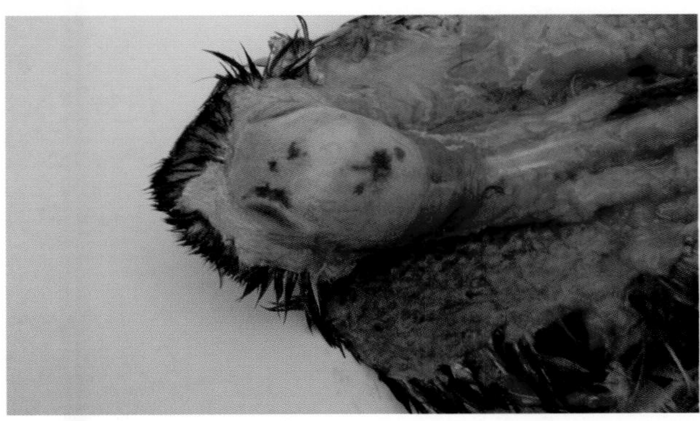

4-43 鸽瘟病鸽颈部皮下出血、淤血，颅骨有大小不等的出血斑（2）

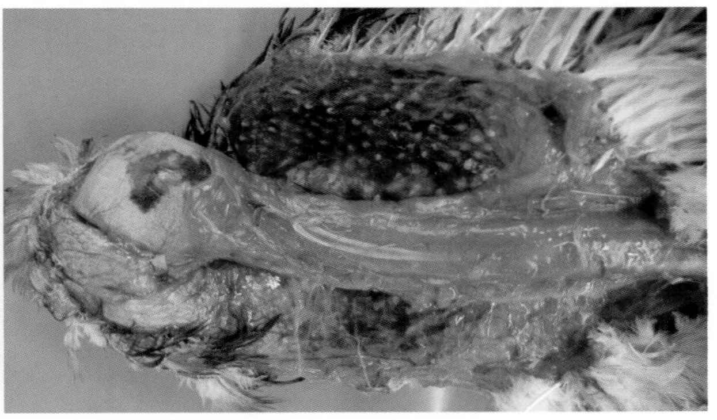

4-44 鸽瘟病鸽颈部皮下出血、淤血，颅骨有大小不等的出血斑（1）

4-45 鸽瘟病鸽颈部皮下有淤斑性出血，颅骨有大面积的出血斑

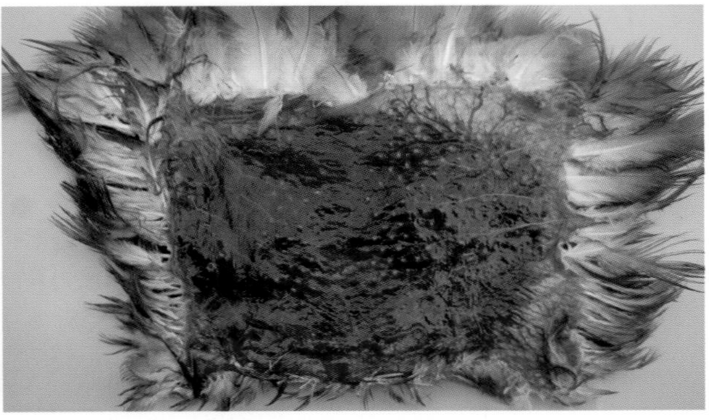

4-46 鸽瘟病鸽颈部皮下组织广泛性出血、淤血，呈黑红色

鹅副黏病毒病（Goose paramyxovirus）

鹅副黏病毒病是 1997 年发现的一种鹅病毒性传染病。主要特征是腹泻、肠道出现纤维素性结痂和溃疡斑、脾肿大有坏死灶。本病发生率和死亡率都很高，具有毁灭性，是危害养鹅业的传染病之一。

【病原】

本病原是副黏病毒科副黏病毒属的鹅副黏病毒。

【流行特点】

各种品种、年龄的鹅均易感染，发病最小日龄为 3 日龄，最大日龄为 300 日龄，随着日龄增长，发病率和死亡率逐步下降，但发病率在 30% 以上。20～80 日龄尤其是 20～60 日龄的幼鹅最易感染和发病，死亡率在 30%～50%。本病可水平传播和垂直传播。被本病毒污染的饲料、饮水、用具、草地等是主要的传播媒介。

本病无明显的季节性，一年四季均可发生。

【临床症状】

1. 病初排灰白色稀便，逐渐变为水样、暗红、黄色、绿色或墨绿色稀便。病鹅精神不振，常蹲地不起，少食或废食，但饮欲增加。

2. 病后期呼吸困难，发出“咕、咕”叫声，出现扭颈、转圈、仰头、瘫痪等神经症状。日龄较小的鹅多死亡，耐过的青年、成年鹅经过 9～10 d 可康复。

【剖检病变】

1. 腺胃乳头充血、出血，呈粉红色。
2. 脾肿大、淤血，表面有大小不等的灰白色坏死灶。
3. 胰腺肿大，有灰白色坏死灶。
4. 肠壁有散在性橙色坏死灶。
5. 十二指肠、空肠、回肠、直肠黏膜有散在或弥漫性大小不等的、淡黄色或灰白色纤维素性结痂，刮去结痂，露出出血的溃疡面。盲肠扁桃体肿大、出血。
6. 部分病例肝肿大、充血，也有数量不等、大小不等的坏死灶。
7. 食道下段黏膜有时也有散在的灰白色或淡黄色纤维素性结痂。

【诊断】

根据流行病学特点、临床症状和剖检病变，特别是肠道出现特征性的纤维素结痂，可以做出初步诊断。确诊须进行实验室诊断。

【防控措施】

严格执行卫生防疫制度，防止本病发生和流行：不从疫区引进种苗和种蛋，严禁来历不明的鹅只进入本场。严禁死鹅乱扔乱放。提供良好的禽舍、运动场及放牧环境。孵化室、设备及种蛋要严格消毒，防止病原垂直传播。

目前在国家有关部门尚无鹅副黏病毒病疫苗正规产品生产的情况下，临床实践中使用鸡新城疫疫苗 2 羽份 NDⅣ疫苗于 7 日龄首免；2～3 周以后用 2～5 羽份 NDI系二免预防鹅副黏病毒病，可取得良好效果。

【临床经验】

种鹅免疫：至少应免疫 4 次鸡新城疫灭活疫苗。

1. 第 1 次在 7～15 日龄免疫，每只种鹅皮下注射 0.5 mL。
2. 第 2 次在第 1 次免疫后 2 个月内免疫，每只种鹅皮下注射 0.5 mL。
3. 第 3 次在产蛋前 15 d 左右免疫，每只种鹅皮下注射 1.0 mL。
4. 第 4 次在第 3 次免疫 2 个月后免疫，每只种鹅皮下注射 1.0 mL。

经 4 次灭活苗免疫后，种鹅在整个饲养期内能有效地抵抗本病。

雏鹅免疫：

1. 种鹅经免疫且 HI 母源抗体≥24 的雏鹅，第 1 次在 15 日龄左右免疫鸡副黏病毒灭活疫苗，每只雏鹅皮下注射 0.5 mL；第 2 次免疫在第 1 次免疫后 21 d 进行，每只雏鹅皮下注射 0.5 mL。

2. 种鹅未经免疫或无母源抗体的雏鹅，第 1 次免疫应在 2～7 日龄时进行灭活苗免疫，每只雏鹅皮下注射 0.5 mL；第 2 次免疫，在第 1 次免疫后 21 d 进行，每只雏鹅肌肉注射 0.5 mL。

3. 紧急预防接种。当周围已发生此病时，应将病死鹅焚烧深埋，未出现症状的鹅除采取消毒、隔离等措施外，可紧急接种鸡新城疫油苗 1 mL/ 只。在注射疫苗时应常换针头，防止交叉感染引起发病。同时应用清瘟解毒口服液等药物防止继发感染，连用 3～5 d，补充速补电解多维等饮水 3～5 d，以增强鹅机体抵抗力。

5-1　鹅副黏病毒病病鹅出现神经症状，扭头、转圈、仰头

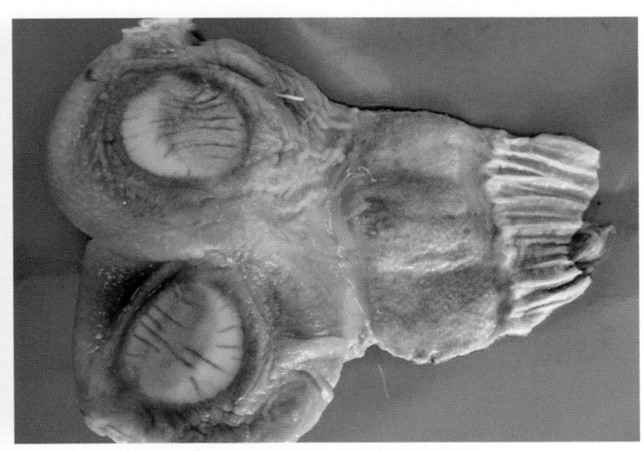

5-2　鹅副黏病毒病前期病鹅腺胃轻度充血、出血

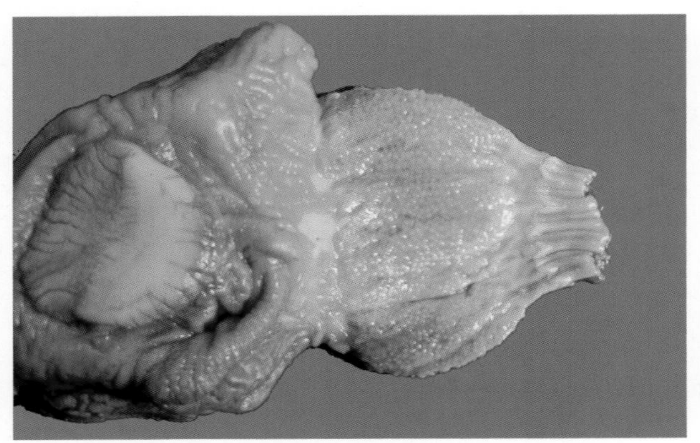
5-3 鹅副黏病毒病病鹅腺胃充血、出血，呈粉红色

5-4 鹅副黏病毒病病鹅脾出血、淤血，表面有大小不等的灰白色坏死灶

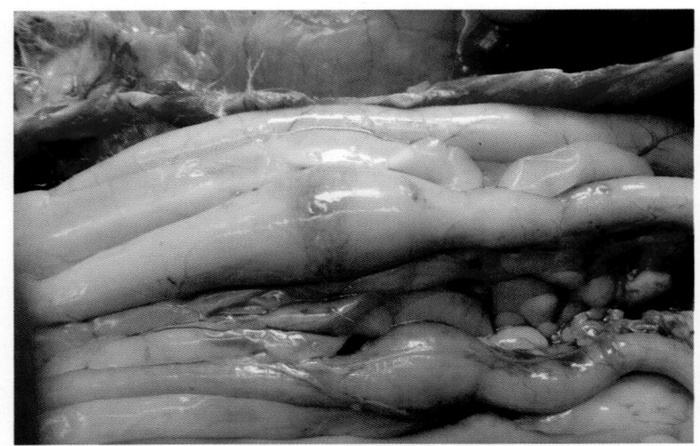
5-5 鹅副黏病毒病病鹅病初肠浆膜有灰红色坏死灶

5-6 鹅副黏病毒病病鹅肠浆膜有散在性的橙色坏死灶

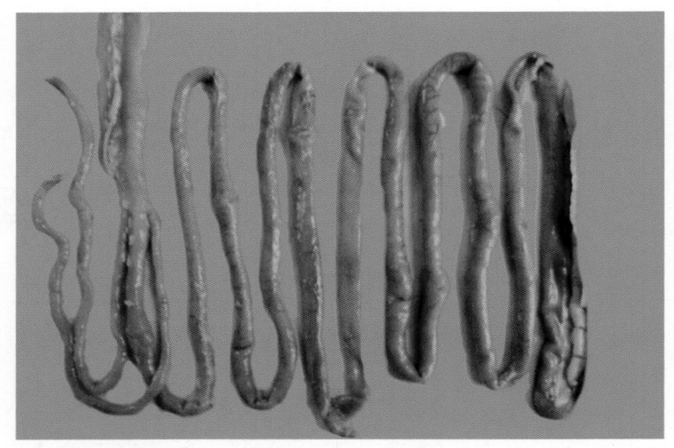
5-7 鹅副黏病毒病病鹅整个肠道浆膜有散在性的橙色坏死灶

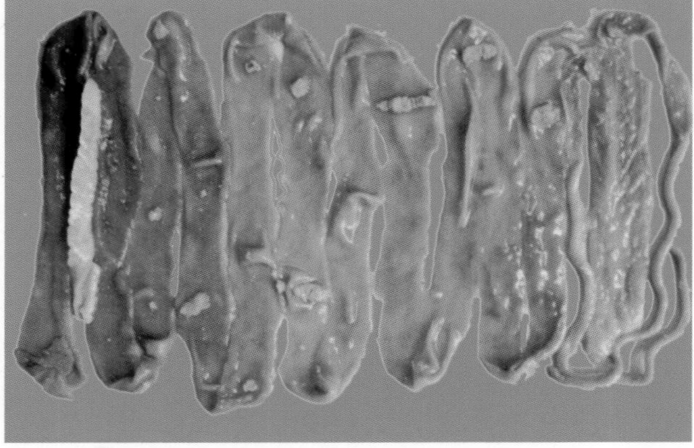
5-8 鹅副黏病毒病病鹅肠道黏膜有弥漫性大小不等的纤维素性坏死性结痂的溃疡病灶

鸡传染性法氏囊病（Infectious bursal disease；IBD）

【病原】

鸡传染性法氏囊病是由传染性法氏囊病病毒（IBDV）引起幼鸡的一种急性、高度接触性传染病。

【流行特点】

一般2～15周龄的鸡较易感该病，以3～6周龄的鸡易感性最强。本病往往突然发生、传播迅速，在未免疫鸡群中发现有病鸡时，全群鸡几乎已全部感染，典型的传染性法氏囊病死亡率高。

【临床症状】

1. 病鸡精神不振、食欲下降，腹泻，排出大米汤样或牛奶样的白色稀便，泄殖腔周围的羽毛粘有粪便。

2. 病鸡脱水，眼窝下陷，干爪，病初有些鸡啄自己的尾部羽毛或泄殖腔，产生免疫抑制，所以常并发新城疫，危害性很大。

【剖检病变】

1. 胸肌、腿肌上有条状或斑点状或刷状出血。有的非典型病例，胸肌、腿肌没有出血斑点，但法氏囊皱褶轻度水肿并有较明显的针尖样出血点。

2. 腺胃乳头有出血、腺胃与肌胃连接处有一条出血带。

3. 病初期法氏囊出现轻微的肿胀，浆膜表面呈现黄白色胶胨样浸润，囊壁增厚，质硬，外形变圆，呈黄白色瓷器样外观，黏膜皱褶水肿有出血点或出血斑。

4. 有时法氏囊内有液状无色或浅黄绿色分泌物或呈豆腐渣样干酪样物。

5. 病情严重者法氏囊肿大3～5倍，外观颜色像“紫葡萄”样，法氏囊黏膜皱褶水肿、出血或有溃疡。未做过传染性法氏囊病疫苗免疫的鸡，或传染性法氏囊病抗体很低的鸡，易被强毒株感染。可见胸肌、腿肌以及腹部肌肉严重出血，有时腿肌可呈现大片的黑紫色的出血区，肝呈黄色。

6. 肾出现不同程度的肿胀，严重者呈花斑状，肾的横切面会流出白色的尿酸盐，严重者继发痛风。输尿管增粗，呈白线状。

【诊断】

根据本病的流行病学特点、临床症状和病理剖检变化可做出诊断，确诊须进行实验室诊断。

【防控措施】

做好饲养管理和鸡场消毒工作，免疫接种是防控本病的有效途径。根据鸡的用途和选择的疫苗性质不同制订合理的免疫程序，严格按照疫苗使用说明书进行。

【临床经验】

1. 活疫苗饮水免疫应注意以下几点。

① 配制疫苗的水需不含氯及其他消毒剂。

② 配制的疫苗所用容器及饮水器不得使用金属制品，最好使用无毒塑料制品。

③ 已配制好的疫苗水溶液不能受阳光和紫外线照射。

④ 免疫前应适当给鸡停水 2～4 h。

⑤ 灭活疫苗的免疫：灭活疫苗应经颈部皮下注射或胸、腿肌肉注射，肌肉注射需选择肌肉丰满处，腿部肌肉注射时应选择腿外侧，以免损伤神经。

2. 对患传染性法氏囊病鸡群的治疗：可紧急使用传染性法氏囊病抗体注射，剂量和方法按照说明书进行，一般情况注射 1 次即可，必要时连续注射 2 次，效果显著；有资料介绍用家禽基因干扰素进行治疗能获得良好效果。治疗中还可选用黄芪多糖类以及抗病毒中草药等同时使用，并要防止细菌性疾病继发感染；给鸡群饮用补液盐水或电解多维，以防脱水。注意：还需在注射传染性法氏囊病抗体 7～10 d 后再进行一次传染性法氏囊病疫苗的免疫。

6-1　传染性法氏囊病病鸡精神沉郁，头下垂

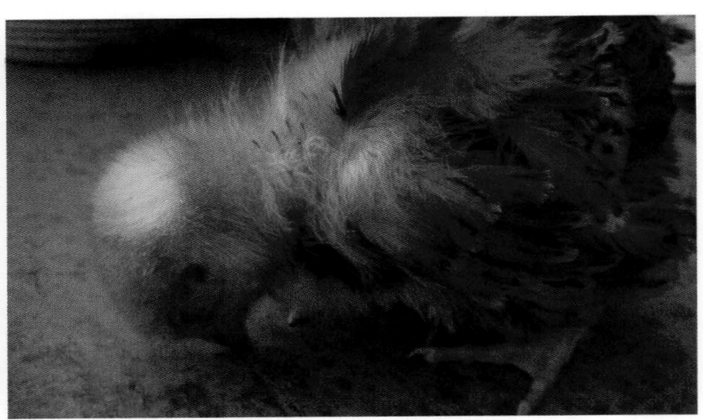

6-2　传染性法氏囊病病鸡精神沉郁，头下垂、病情严重者喙触地

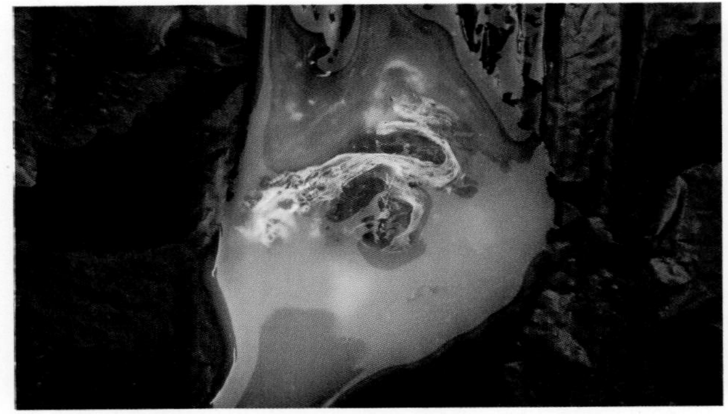

6-3　传染性法氏囊病病鸡腹泻，排出大米汤或牛奶样白色的稀便

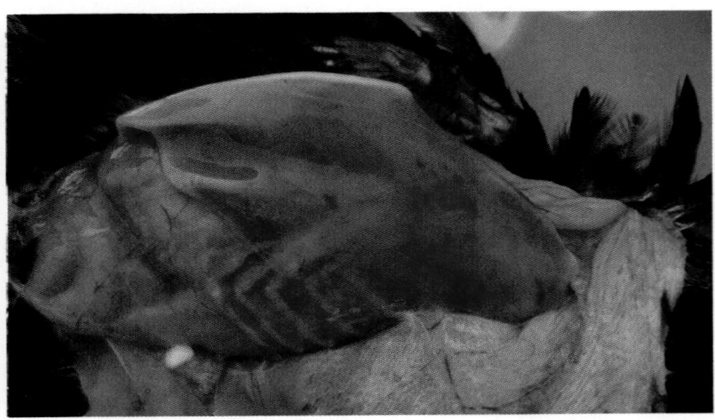

6-4　传染性法氏囊病病鸡轻度感染，病鸡胸部肌肉有散在性的出血斑点

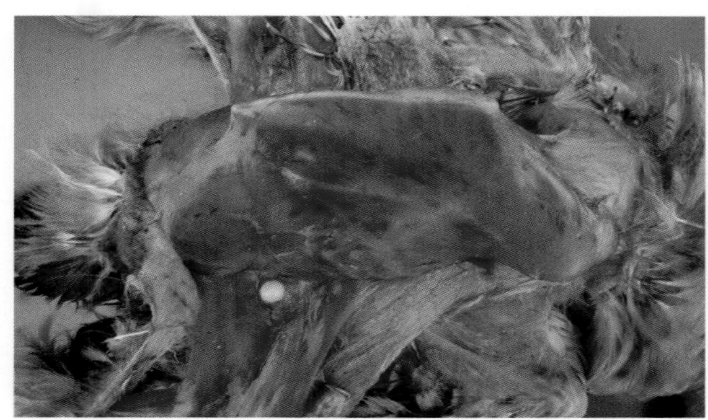
6-5 传染性法氏囊病病鸡胸部肌肉有斑点状或条纹状出血

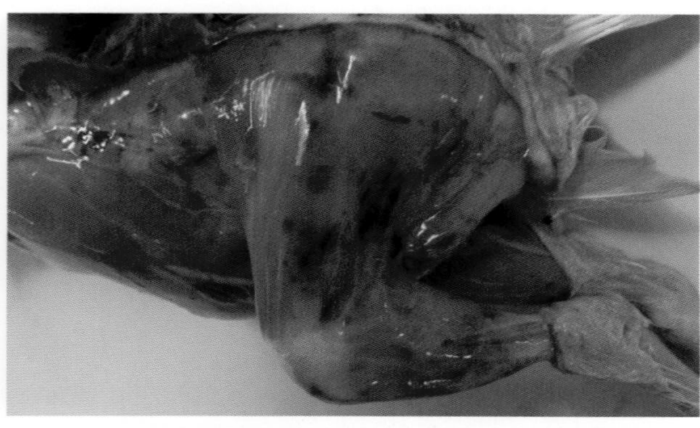
6-6 传染性法氏囊病病鸡腿肌有散在的较大面积的出血

6-7 未经传染性法氏囊疫苗免疫的鸡感染本病，胸、腿部肌肉有较大的出血斑点

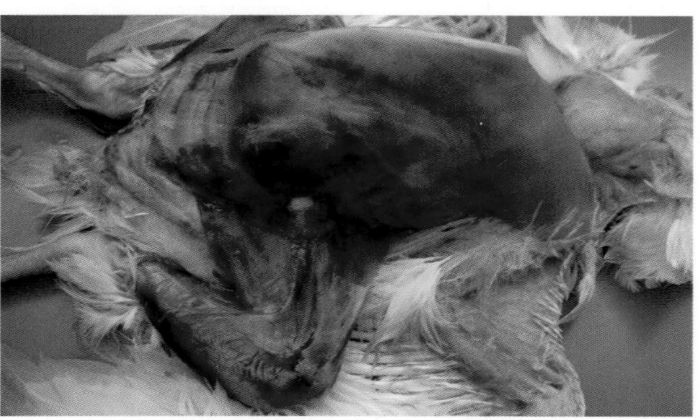
6-8 未经传染性法氏囊疫苗免疫的鸡感染本病，胸、腿部肌肉有大面积的出血

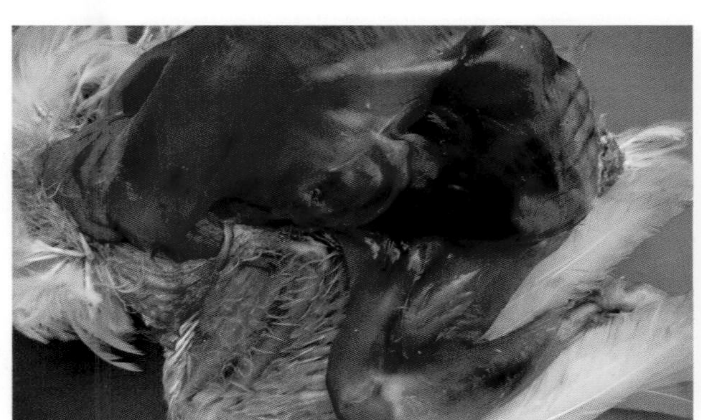
6-9 未经传染性法氏囊疫苗免疫的鸡感染本病，不仅胸部肌肉有出血点，而且腹部肌肉大面积出血

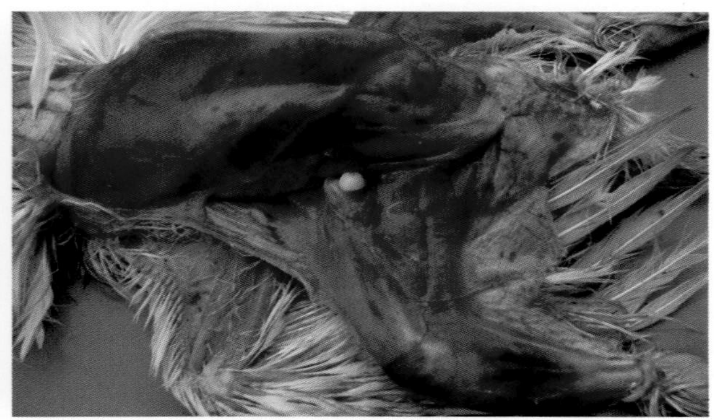
6-10 未经传染性法氏囊疫苗免疫的鸡感染本病，不仅胸部肌肉有出血点，而且腿部肌肉大面积出血

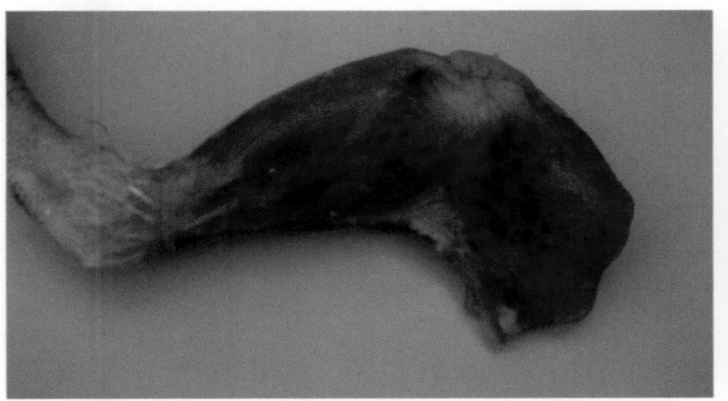
6-11 传染性法氏囊病病鸡腿肌有明显的点状或条状出血

6-12 未经传染性法氏囊疫苗免疫的鸡感染本病，可透过病鸡的皮肤看到腿肌大面积出血

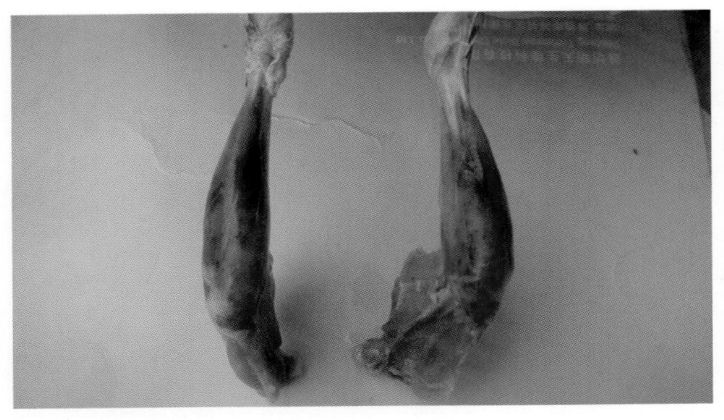
6-13　未经传染性法氏囊疫苗免疫的鸡感染本病，腿肌严重出血

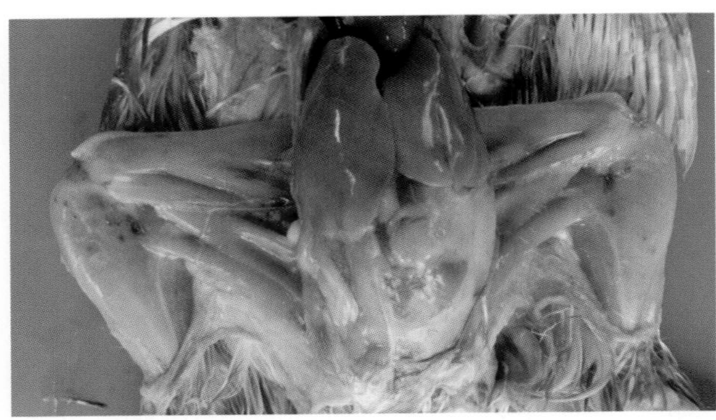
6-14　传染性法氏囊病病鸡的腿肌有出血点，肝呈黄色（1）

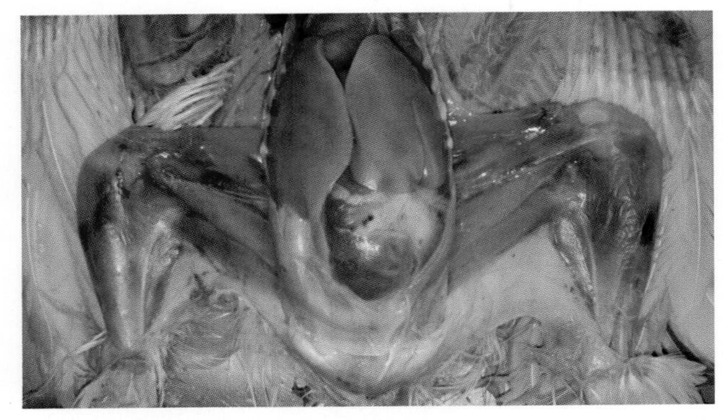
6-15　传染性法氏囊病病鸡腿肌有出血点，肝呈黄色（2）

6-16　传染性法氏囊病病鸡腺胃与肌胃的连接处有明显的深红色出血带

6-17　传染性法氏囊病病鸡的腺胃与肌胃连接处有出血带

6-18　传染性法氏囊病病鸡，病初期法氏囊肿胀，囊壁增厚，变圆，呈黄白色瓷器样外观

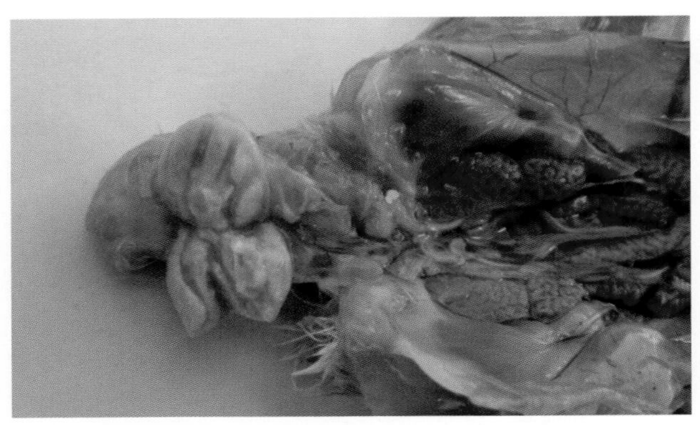
6-19　慢性传染性法氏囊病病鸡法氏囊内有灰白色干酪样物

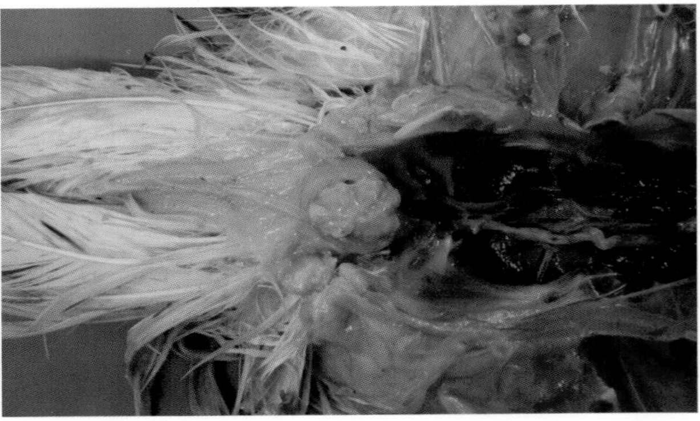
6-20　慢性传染性法氏囊病病鸡法氏囊内有黄白色干酪样物

6-21 慢性传染性法氏囊病病鸡法氏囊内有灰白色干酪样大团块

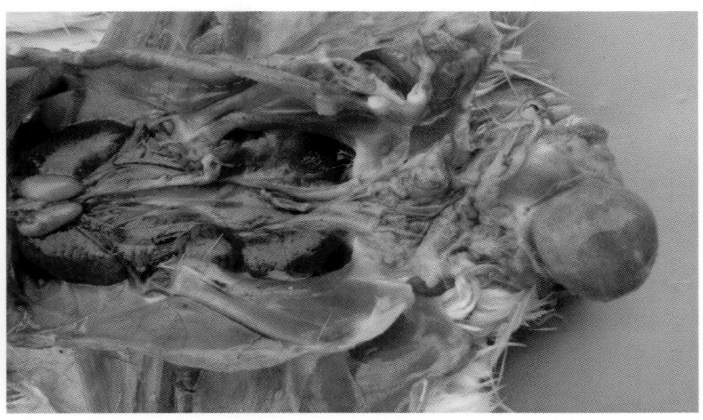
6-22 传染性法氏囊病病鸡随着病情发展，法氏囊外观呈紫红色，肾肿胀呈花斑状（1）

6-23 传染性法氏囊病病鸡随着病情发展，法氏囊外观呈紫红色，肾肿胀呈花斑状（2）

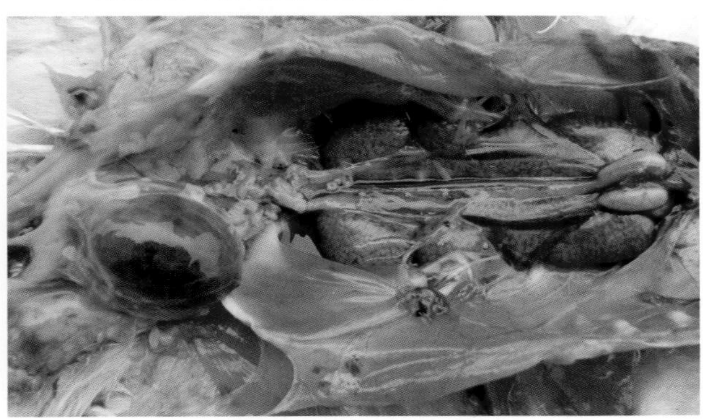
6-24 传染性法氏囊病病鸡随着病情发展，法氏囊外观呈紫红色，肾肿胀呈花斑状（3）

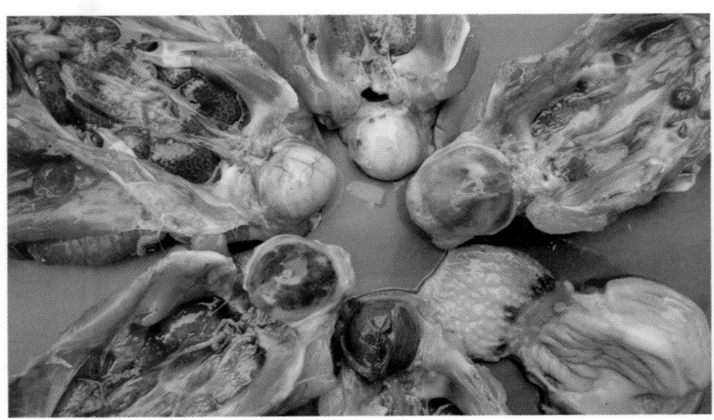
6-25 传染性法氏囊病病鸡，法氏囊肿胀呈紫红色或黄白色外观，肾均肿大呈花斑状

6-26 传染性法氏囊病病鸡法氏囊肿胀出血，外观似葡萄样

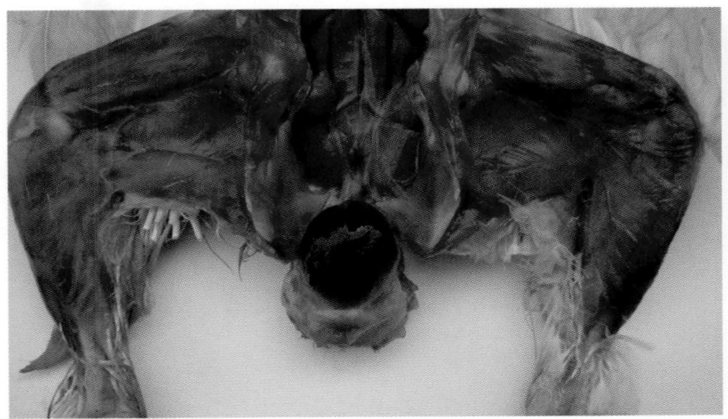
6-27 传染性法氏囊病病鸡病情严重者法氏囊肿大出血呈紫葡萄样

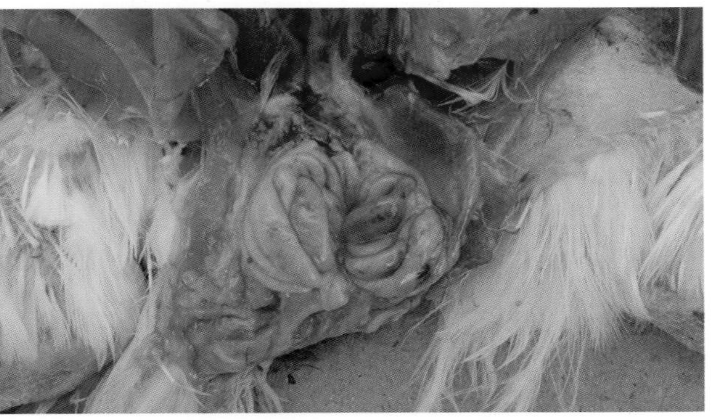
6-28 传染性法氏囊病病鸡的法氏囊皱褶轻度出血

6-29　传染性法氏囊病病鸡的法氏囊皱褶严重出血溃疡

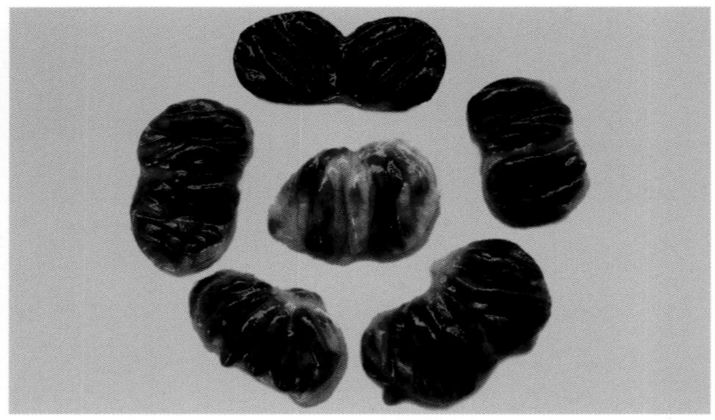

6-30　传染性囊病病鸡的法氏囊皱褶有严重出血溃疡

马立克氏病（Marek’s disease；MD）

【病原】

马立克氏病是由马立克氏病毒（MDV 属于疱疹病毒）引起的一种淋巴组织增生性疾病。其特征是病鸡周围神经、性腺、虹膜、脏器、肌肉和皮肤发生淋巴细胞浸润和形成肿瘤病灶。

【流行特点】

一般在 40～60 日龄发病，70 日龄出现死亡，80～120 日龄达到死亡高峰。至性成熟时，发病率、死亡率逐渐减少。死亡率可高达 30%～70%。

【临床症状】

根据临床表现和病变发生的部位不同，本病可分为 4 种类型：内脏型、神经型、皮肤型和眼型。有时可混合感染。

1. 内脏型：是本病最多见的一种病型。发病多见于 2～3 月龄鸡。常呈急性暴发，病鸡精神不振，食欲明显下降或不食，冠苍白、下痢、脱水、体重迅速下降，极度消瘦。

2. 神经型：是本病较多见的一种病型。病毒侵害臂神经时，可导致翅膀下垂，似“穿大褂”。侵害坐骨神经时表现为一条腿朝前，而另一条腿伸向后方，似“劈叉”样。

3. 皮肤型：发病率很低。病鸡的皮肤毛囊形成结节样肿瘤。

4. 眼型：发病率极低。正常瞳孔褐色，患病后变灰白色肿瘤组织浸润，眼虹膜褪色，呈“鱼眼”样，瞳孔变小，边缘似锯齿状。

【剖检病变】

1. 内脏型：肝肿大占腹腔 3/4 左右，肿瘤结节突出于肝表面，个大清晰。脾肿大有肿瘤结节。肾肿大有肿瘤结节。胰腺、肺有肿瘤结节。心脏长肿瘤并变形。腺胃乳头肿大、溃疡。肌肉、肠道有时有肿瘤结节。法氏囊常见萎缩。

2. 神经型：主要侵害坐骨神经或臂神经丛，一般多见单侧神经干粗大，比正常粗 2～3 倍及以上，呈灰白色或淡黄色，神经横纹消失。

【诊断】

根据本病的流行病学特点、临床症状和病理剖检变化可初步诊断，确诊须进行实验室诊断。

本病与禽白血病鉴别：禽白血病发病日龄一般大于 14 周龄，法氏囊常形成肿瘤，无皮肤型、眼型和神经型症状，可垂直传播。

【防控措施】

目前，尚无治疗本病的有效方法。于 1 日龄内接种马立克氏病疫苗是控制该病的最有效措施。

7-1　马立克氏病病鸡肝肿大，几乎将整个腹腔覆盖，密布多量大小不等的、略凸出于肝表面、界限清晰的肿瘤结节

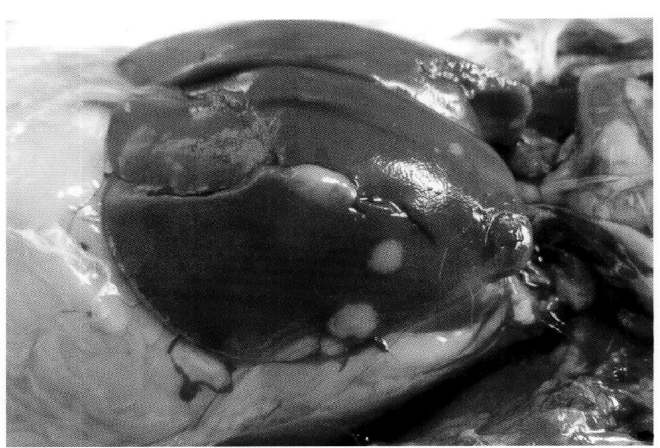

7-2　马立克氏病病鸡肝有散在性灰白色肿瘤结节

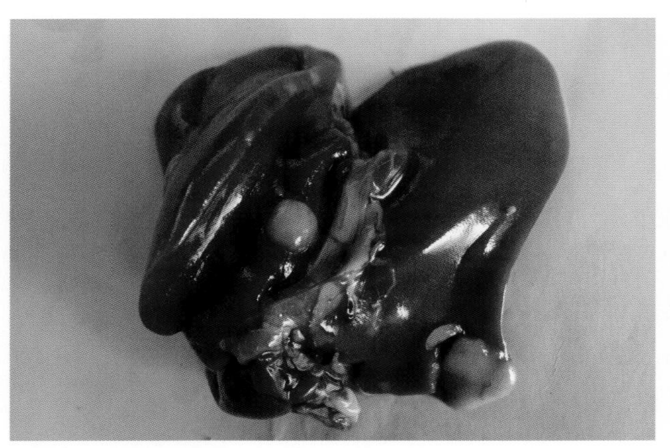

7-3　马立克氏病病鸡肝有清晰可见的灰白色肿瘤结节

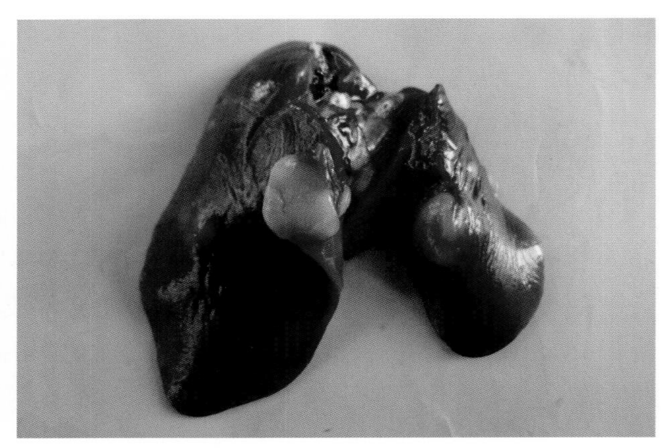

7-4　马立克氏病病鸡肝有散在性肿瘤结节

7-5　马立克氏病病鸡肝、心脏、腺胃均有肿瘤结节，造成腺胃高低不平

7-6　马立克氏病病鸡肝、心脏有灰白色肿瘤结节

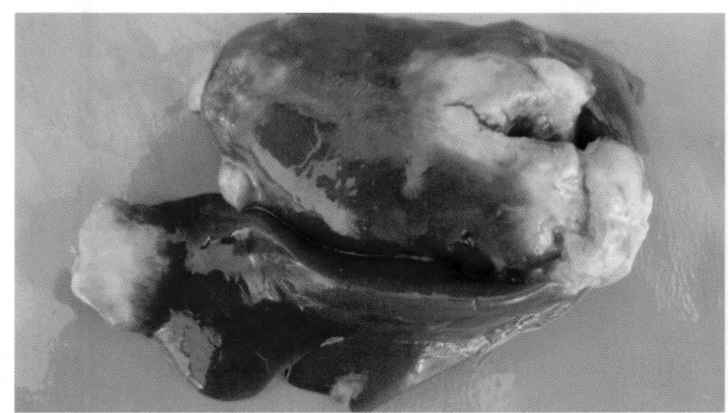

7-7 马立克氏病病鸡肝有较大的肿瘤结节

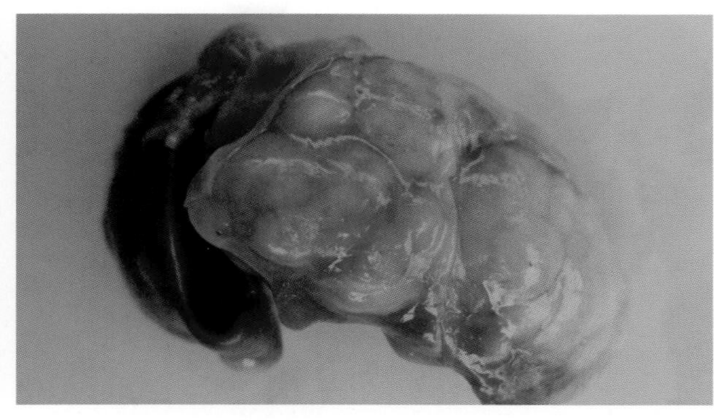

7-8 马立克氏病病鸡肝覆盖了一层大而厚的灰白色肿瘤结节

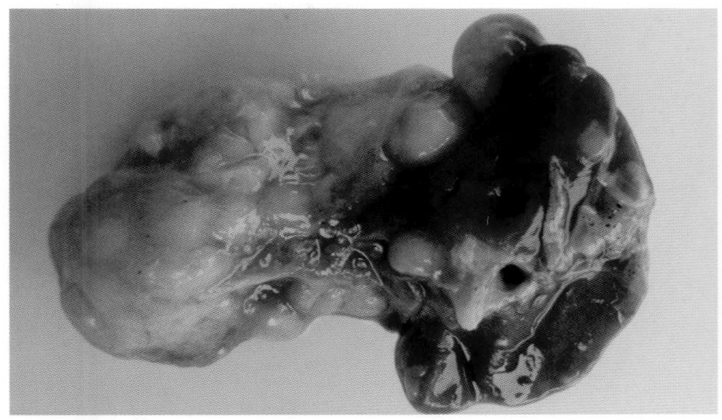

7-9 马立克氏病病鸡肝有巨大的灰白色肿瘤

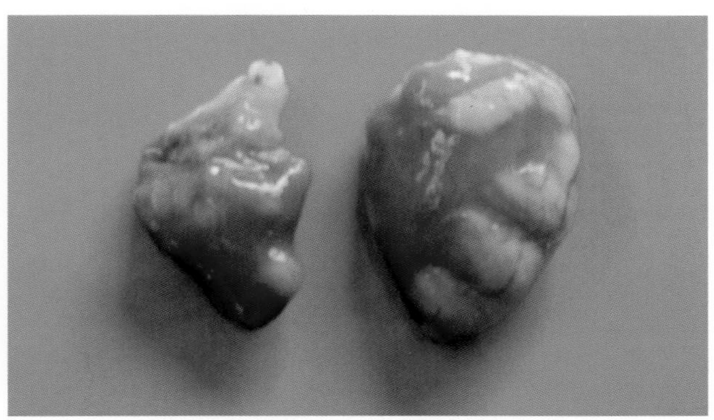

7-10 马立克氏病病鸡心脏因有灰白色肿瘤结节而变形

7-11 马立克氏病病鸡脾肿瘤浸润，体积极度胀大，左侧为正常脾

7-12 马立克氏病病鸡脾有大小不等的灰白色肿瘤结节

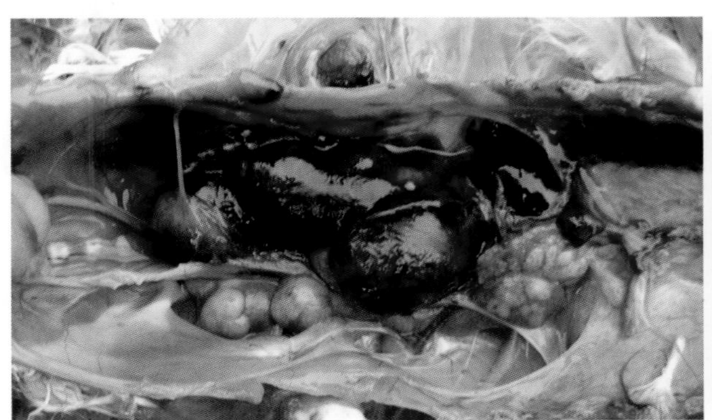

7-13 马立克氏病病鸡肾上布满了清晰可见的、凸出于肾表面呈灰白色、大小不等的肿瘤结节和血肿

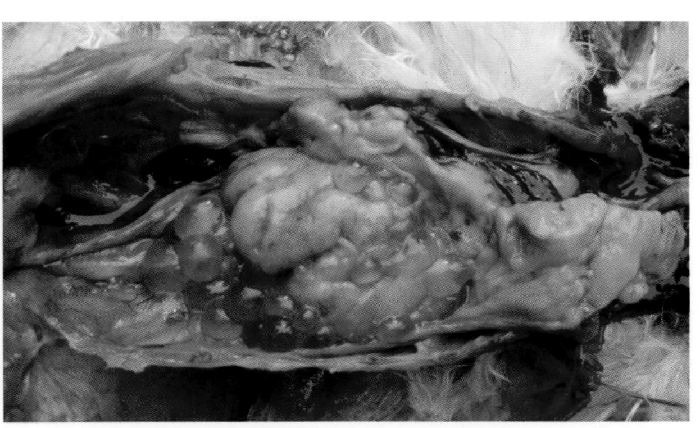

7-14 马立克氏病病鸡卵巢肉变，表面有淡绿色的液状囊肿

7-15　马立克氏病病鸡卵巢肉变，表面有淡绿色囊肿

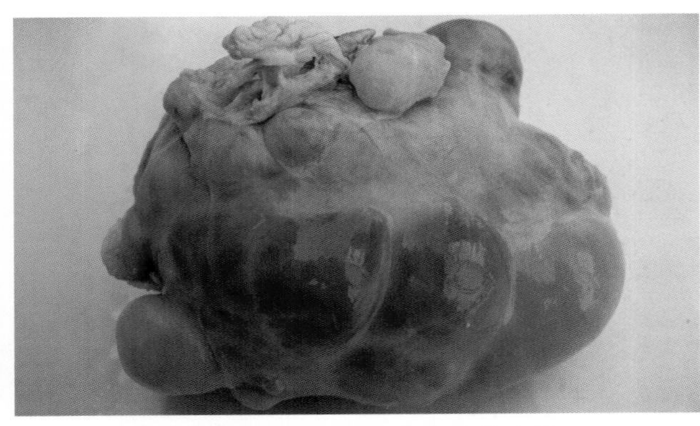
7-16　马立克氏病病鸡卵巢形成拳头大的囊肿

7-17　马立克氏病病鸡肺有灰白色肿瘤结节

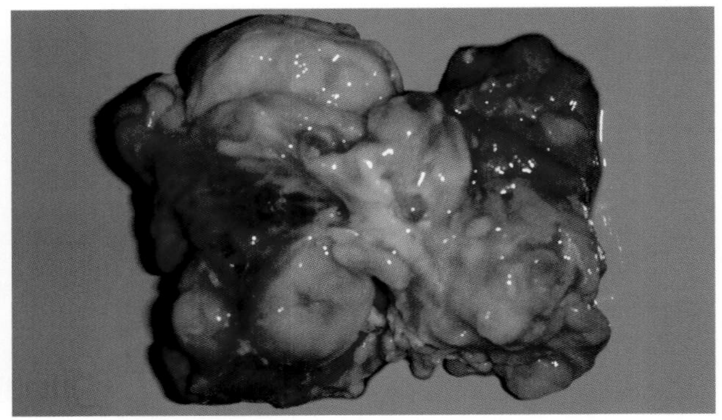
7-18　马立克氏病病鸡肺灰白色肿瘤占据肺 2/3

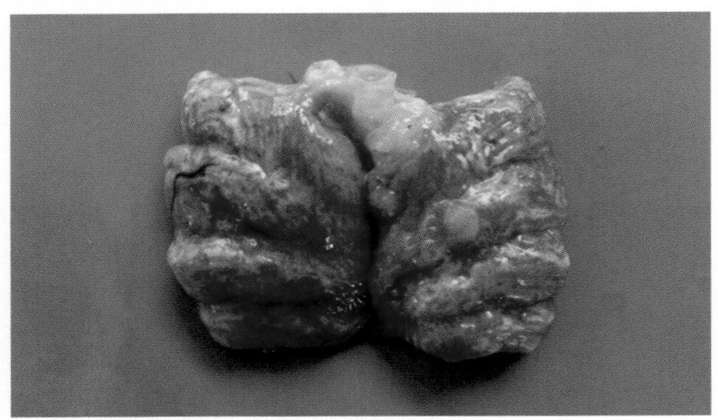
7-19　马立克氏病病鸡肺有大小不等半透明的肿瘤结节

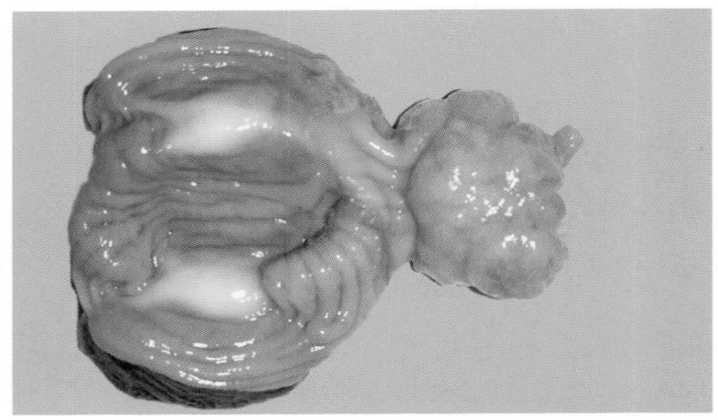
7-20　马立克氏病病鸡腺胃乳头肿大融合，高低不平

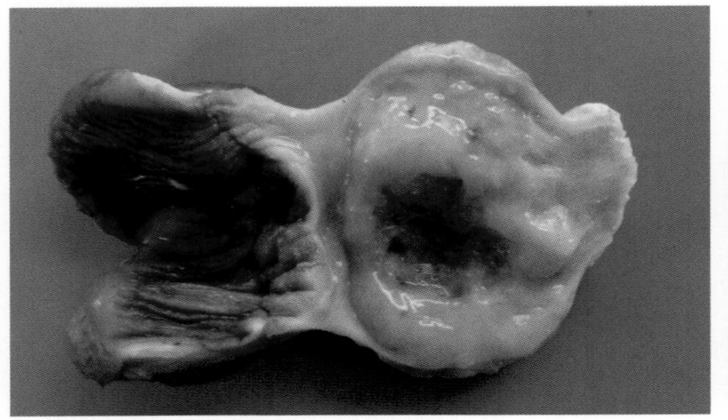
7-21　马立克氏病病鸡部分腺胃乳头极度肿大，高低不平

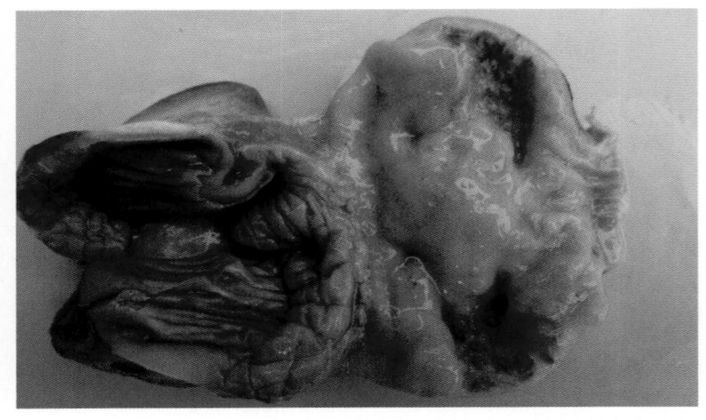
7-22　马立克氏病病鸡腺胃乳头极度胀大，腺胃高低不平

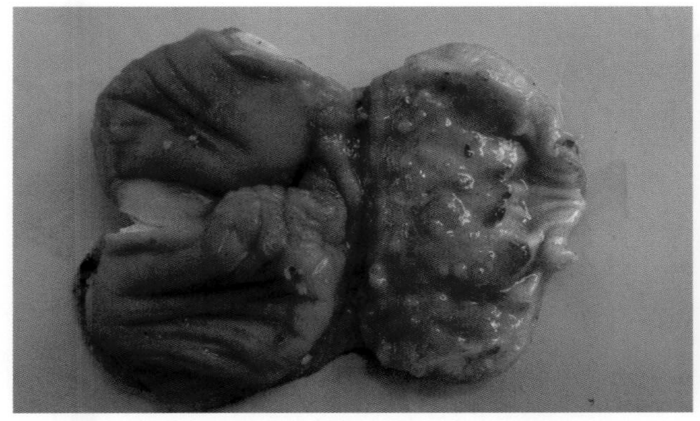

7-23 马立克氏病病鸡腺胃乳头肿胀，腺胃高低不平（1）

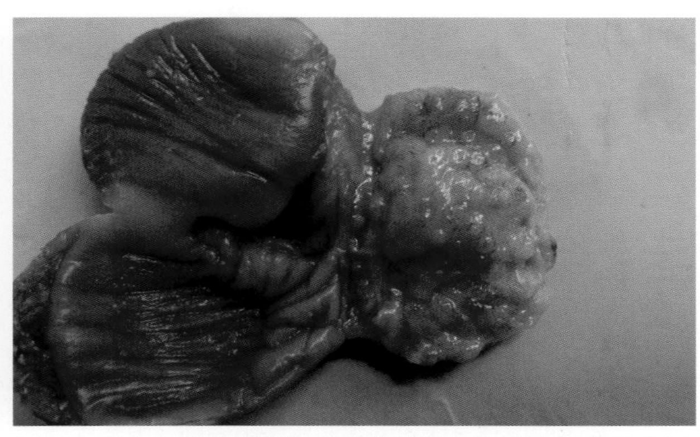

7-24 马立克氏病病鸡腺胃乳头肿胀，腺胃高低不平（2）

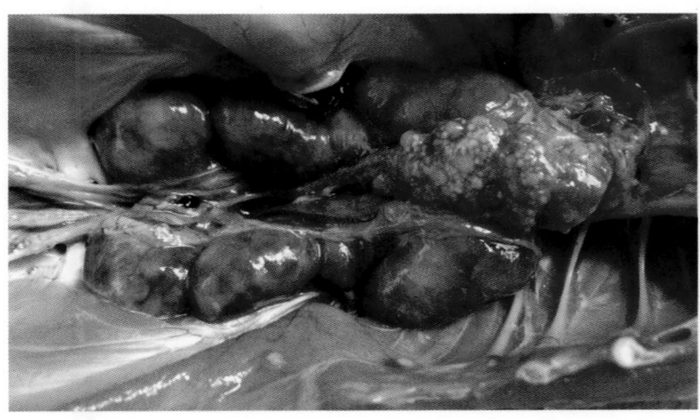

7-25 马立克氏病病鸡肾肿瘤浸润，肾肿大，有大小不等的肿瘤结节

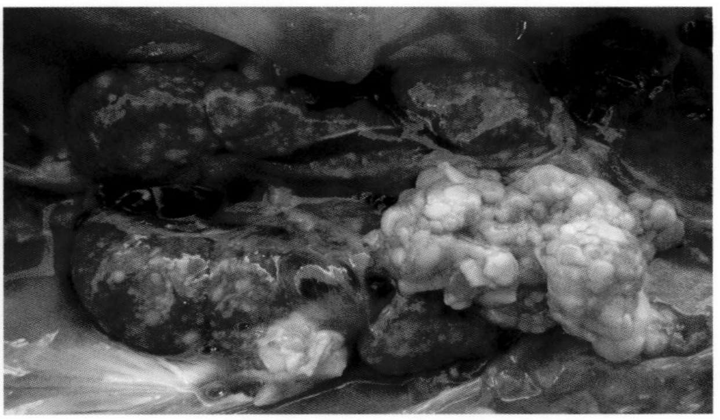

7-26 马立克氏病病鸡肾肿大，有多量大小不等的灰白色的肿瘤结节。卵巢肉变，呈白色

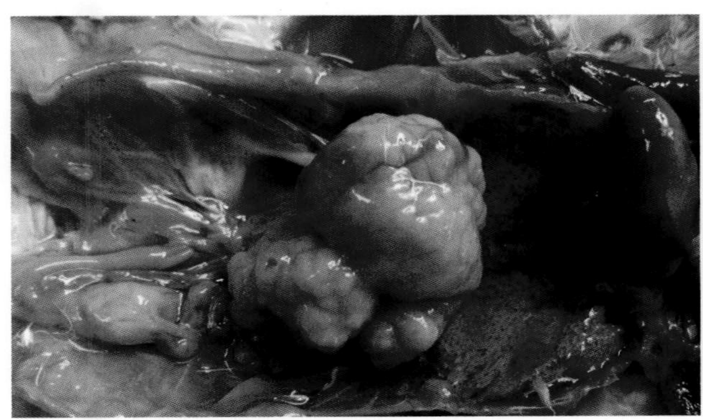

7-27 马立克氏病病鸡卵巢肿瘤浸润肉变

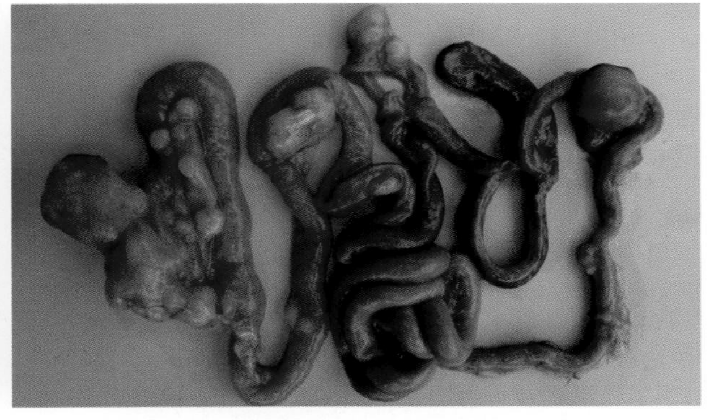

7-28 马立克氏病病鸡肠道浆膜、胰腺有肿瘤结节

7-29 神经型马立克氏病病鸡腿伸向两侧

7-30 神经型马立克氏病病鸡，一条腿朝前，另一条腿伸向后方，俗称“劈叉”姿势（1）

7-31　神经型马立克氏病病鸡，一条腿朝前，另一条腿伸向后方，俗称“劈叉”姿势（2）

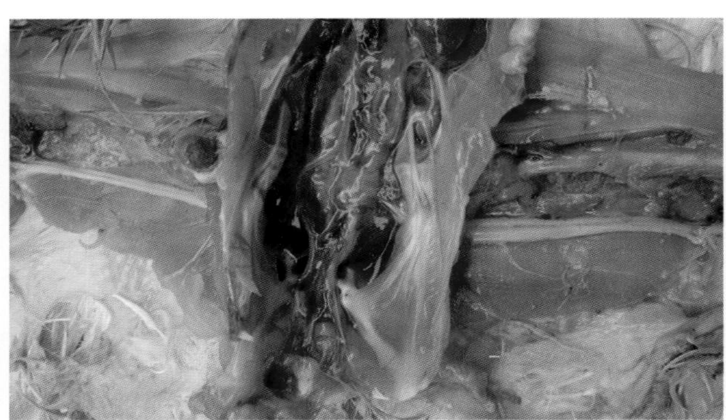
7-32　神经型马立克氏病病鸡右侧坐骨神经粗大，比正常粗 2～3 倍以上，呈淡黄色，神经膜水肿（1）

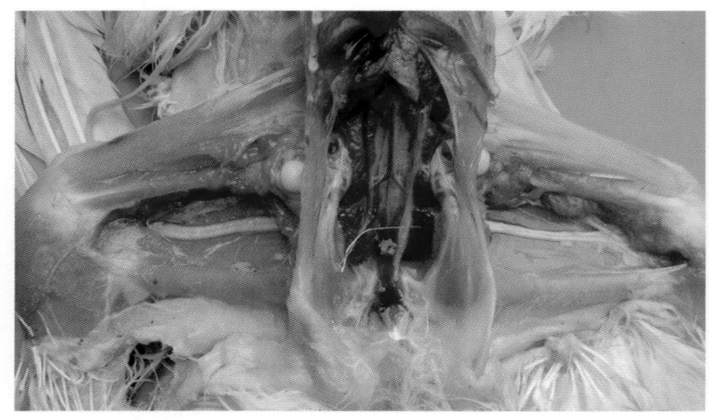
7-33　神经型马立克氏病病鸡左侧坐骨神经粗大，比正常粗 2～3 倍以上，呈淡黄色，神经膜水肿（2）

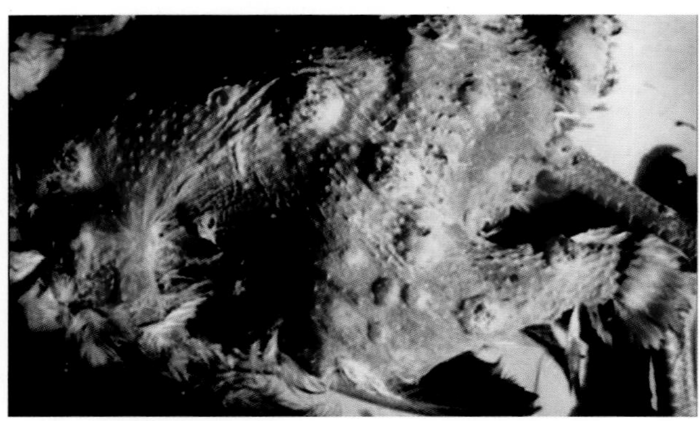
7-34　皮肤型马立克氏病病鸡，皮肤毛囊形成大小不等的肿瘤结节

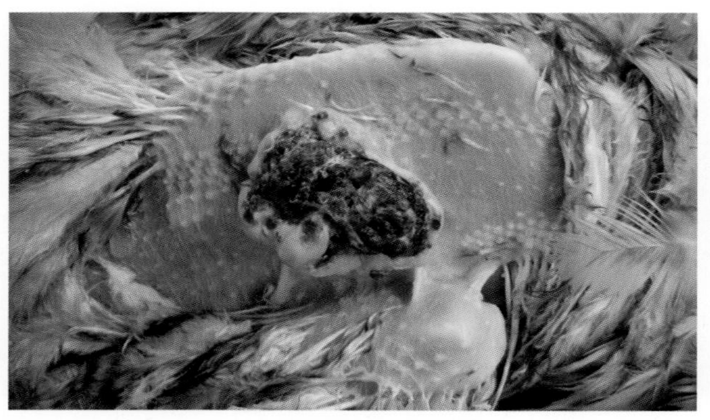
7-35　皮肤型马立克氏病病鸡，皮肤毛囊形成大的肿瘤结节

7-36　皮肤型马立克氏病病鸡腿部皮肤出现灰白色肿瘤结节

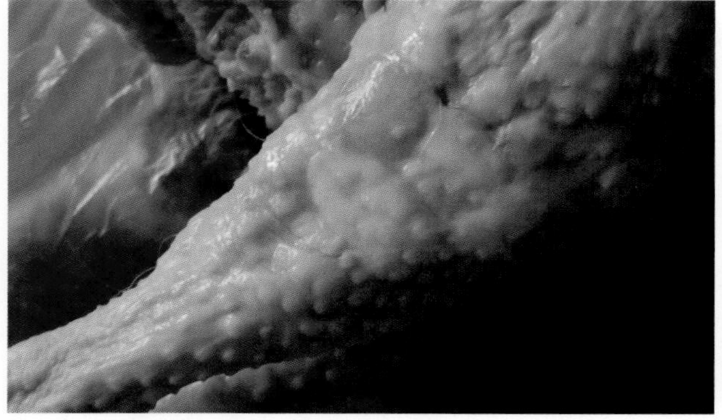
7-37　马立克氏病病鸡腿部皮肤型肿瘤结节

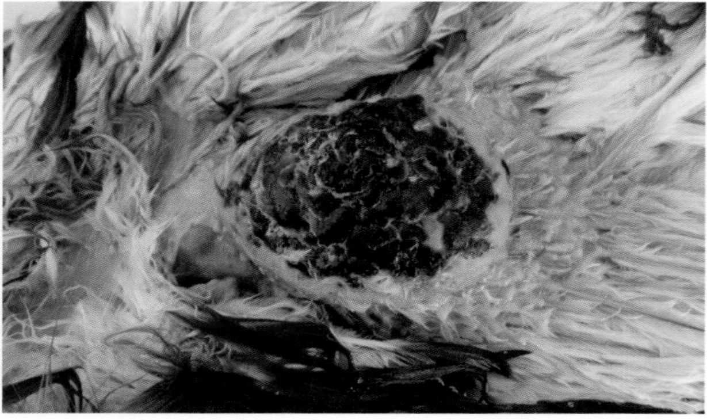
7-38　马立克氏病病鸡皮肤型肿瘤，背部皮肤肿瘤表面形成了大块的结痂

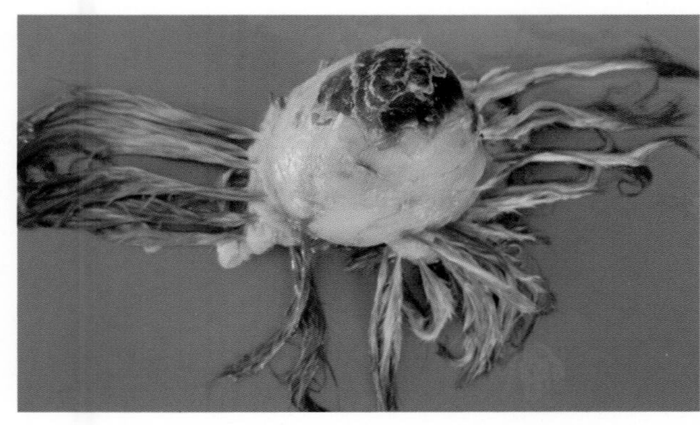

7-39　马立克氏病病鸡皮肤上有似小馒头样大块肿瘤病灶

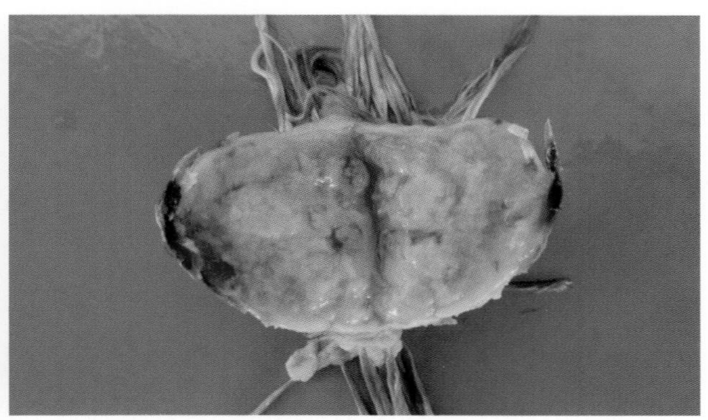

7-40　马立克氏病病鸡皮肤肿瘤的横切面

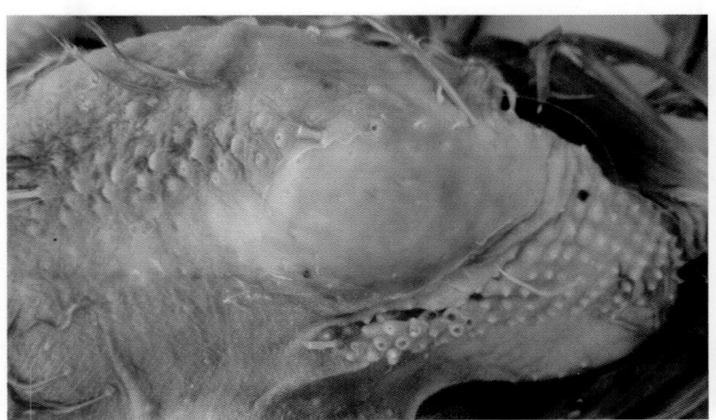

7-41　马立克氏病病鸡胸部皮肤肌肉肿瘤

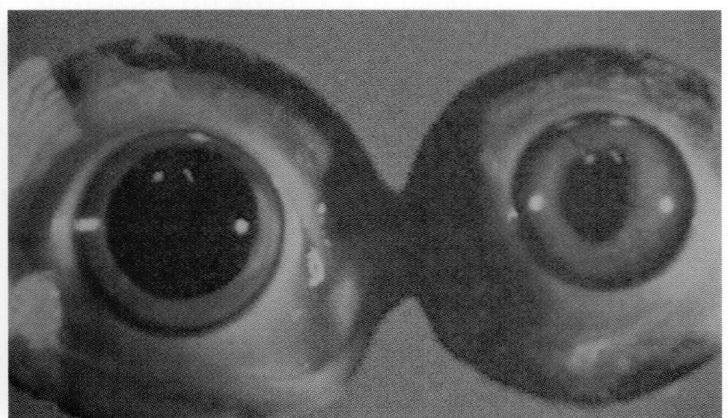

7-42　眼型马立克氏病病鸡，眼睛虹膜增生褪色，瞳孔收缩，边缘不整，瞳孔边缘似“锯齿”状，左侧眼球为正常

8 禽白血病、肉瘤群（Avian leukosis/Sarcoma group）

禽白血病是由白血病 / 肉瘤病毒（ALV）引起的禽类多种肿瘤性疾病的总称。临床上最常见的有淋巴细胞白血病（LL）、骨硬化病（OP）、血管肿瘤（HA）。

8A. 淋巴性白血病（Lymphoid leukosis; LL）

本病由淋巴性白细胞病毒所引起，病毒经由母鸡的卵巢或卵管移转至卵内造成垂直感染，或对无病毒的种蛋所孵化不久的雏鸡引起水平感染。像这种带有病毒的小鸡终身粪便中排出病毒，而且体内各脏器带有病毒，发育及生长皆正常，但有部分鸡在产蛋开始前形成肿瘤性病变。

【流行特点】

本病由产蛋开始后至淘汰之前会零星发生，本病在世界各地有养鸡的地方均会发生。近年来因普遍使用马立克氏病疫苗，致使马立克氏病的发病率明显降低，而本病的危害逐渐引起注意。

自然发病常于 14 周龄后出现，一般淋巴细胞白血病多在 27～30 周龄或以上出现，但临床上也有 16 周龄左右开始发病的鸡群，发病率在 5%～20%，死亡率在 1%～2%。

【临床症状】

淋巴细胞性白血病无特征性临床症状，只表现为食欲不振或废绝，体重迅速减轻，病鸡消瘦而衰弱，腹部常增大，有时会触摸到肿大的肝、法氏囊。

【剖检病变】

禽淋巴细胞性白血病（LL）病变主要发生于肝、脾、肾、性腺和法氏囊，剖检可见这些器官体积增大或有肿瘤形成。尤其是肝、脾、肾和法氏囊中最为常见。其次是心脏、肺、卵巢、胰腺等，几乎波及到所有内脏器官。肿瘤呈白色到灰白色，多数为弥漫性的，也有结节型（从赤小豆到指头肚大小的白色结节状肿瘤或状似“纽扣”样肿瘤病灶）。也有弥散性和结节型同时存在的混合型，结节型淋巴细胞肿瘤，直径 0.5～10 mm，单个或大量出现。肝、脾、肾、法氏囊比正常体积增大数倍，特别是肝极度肿大，可覆盖整个腹腔，故称“大肝病”。部分病鸡的法氏囊异常肿大，形状如核桃，也有法氏囊肿胀程度较小，易被忽视。

淋巴细胞性白血病也有肝不肿大者，但是肝上有大小、数量不等的白色肿瘤结节出现，与周围组织界限较明显，但用肉眼很难将这样的病变与马立克氏病相区别。

【诊断】

根据流行病学特点、临床症状、病理剖检变化可做出初步诊断，须根据血液学检查和病理组织学特征，结合病原和抗体检查来确诊。本病与马立克氏病鉴别：马立克氏病发病日龄大于 4 周龄，80～120 日龄达到死亡高峰，死亡率高达 30%～70%。马立克氏病无血管瘤、骨硬化症，法氏囊常萎缩。

【防控措施】

本病目前尚无切实可行的治疗和免疫方法。控制本病的主要措施是建立祖代、父母代种鸡群的净化制度。每隔 1～3 个月检疫一次，发现病鸡和可疑鸡应随时淘汰，以消灭传染源。由于本病能通过种蛋垂直传播，因此，种蛋和种鸡必须从无本病鸡场购买。幼鸡对白血病易感性高，必须与成年鸡隔离饲养。

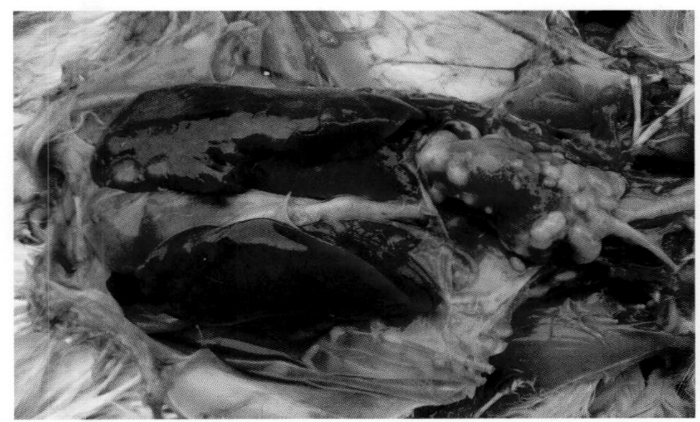

8A-1　禽白血病病鸡心脏、肝均有大小不一的肿瘤结节

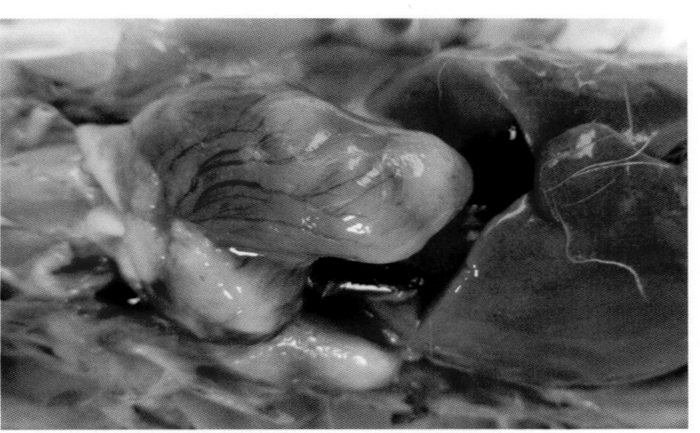

8A-2　禽白血病病鸡心脏肿瘤，造成心脏变形

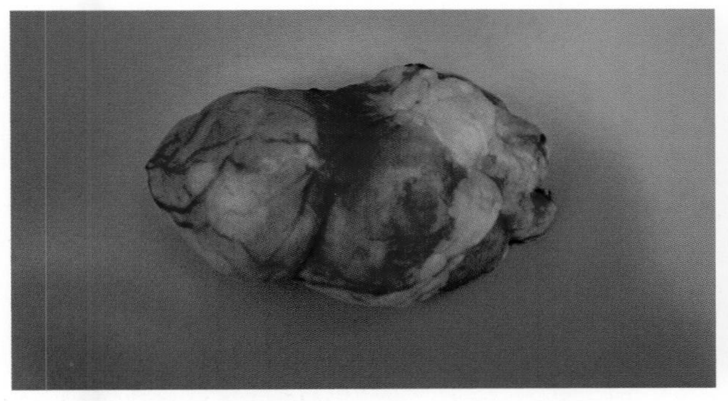

8A-3　禽白血病病鸡心脏肿瘤，造成心脏严重变形

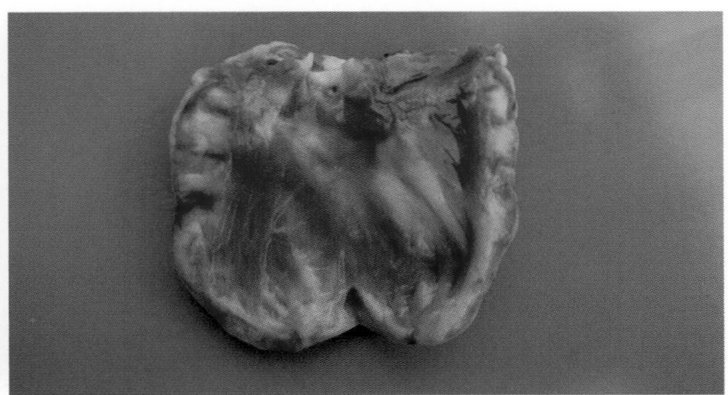

8A-4　禽白血病病鸡心肌肿瘤浸润，将近 50% 的心肌呈白色的花纹

8A-5　禽白血病病鸡肝极度肿大，体瘦，透过腹部肌肉可看到肿大的肝，覆盖了整个腹腔

8A-6　禽白血病病鸡肝肿大，表面布满多量细小的灰白色肿瘤病灶，肝表面较光滑

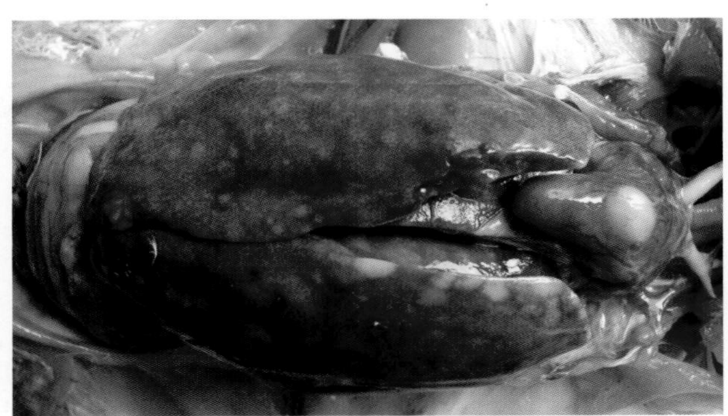
8A-7　禽白血病病鸡肝极度肿大，有大小不一的肿瘤结节

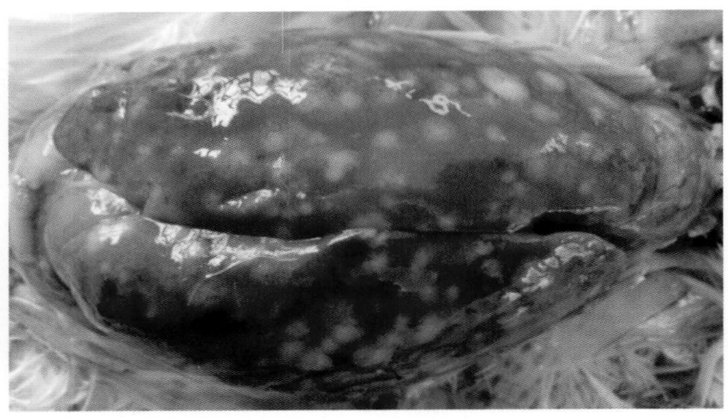
8A-8　禽白血病病鸡肝上有散在的较大的灰白色肿瘤结节

8A-9　禽白血病病鸡脾表面和肝的横切面有许多灰白色肿瘤结节

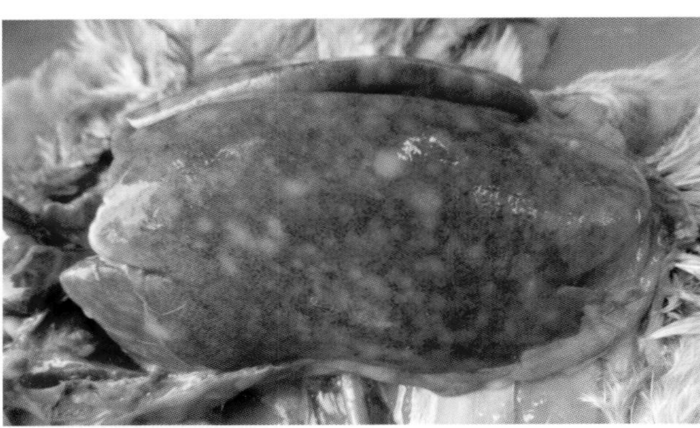
8A-10　禽白血病病鸡肝表面光滑，布满了大小不等的灰白色肿瘤病灶

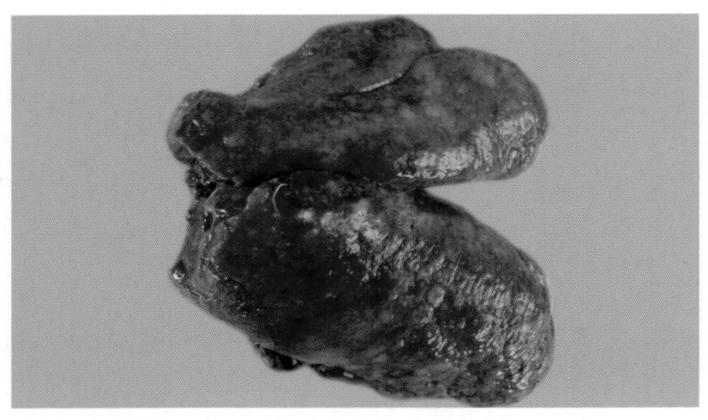
8A-11　禽白血病病鸡肝上有较密集的、略凸出于肝表面的、个体较小的肿瘤病灶

8A-12　禽白血病病鸡肝既有弥漫性个体较小的灰白色结节，同时也有个体较大的肿瘤结节

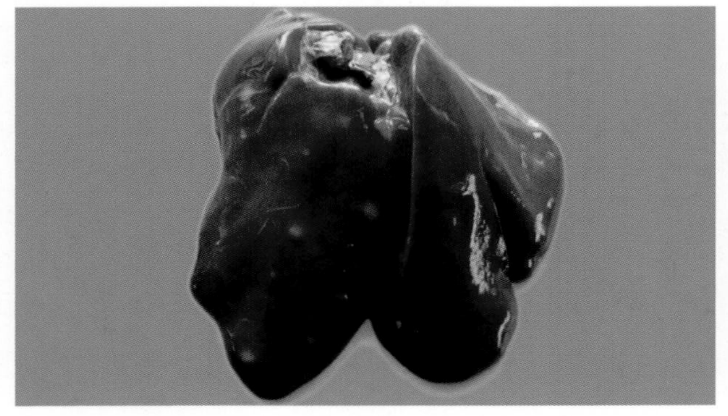
8A-13　禽白血病病鸡肝上有散在性个体较小的灰白色肿瘤病灶

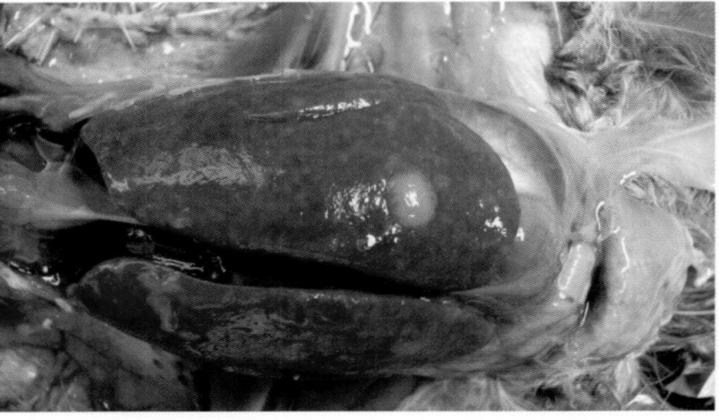
8A-14　禽白血病病柴鸡肝肿大，既有弥漫性小的肿瘤结节，也有大的灰白色肿瘤结节

8A-15 柴鸡白血病病鸡肝极度肿大，表面有大小不等的灰白色肿瘤结节

8A-16 禽白血病病鸡也有少数肝表面不光滑、有凸出肝表面灰白色小颗粒状的肿瘤病灶

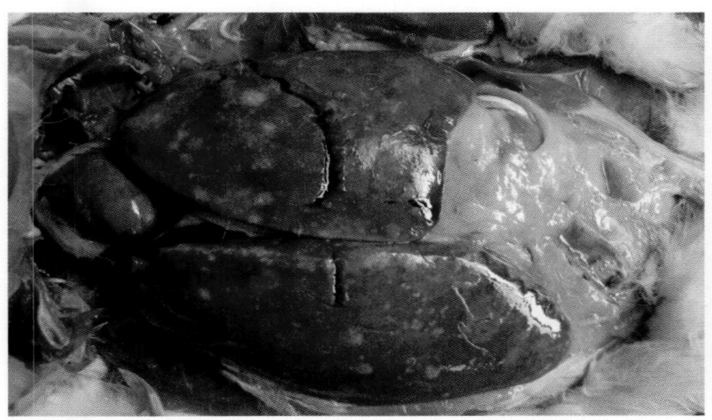

8A-17 鹅白血病病鹅肝肿大，有散在的肿瘤病灶，肝表面光滑

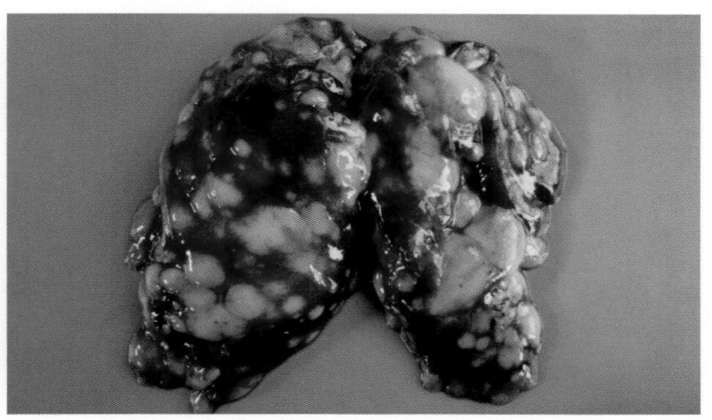

8A-18 禽白血病病鸡肝肿大，有较密集的、个体较大的灰白色肿瘤结节

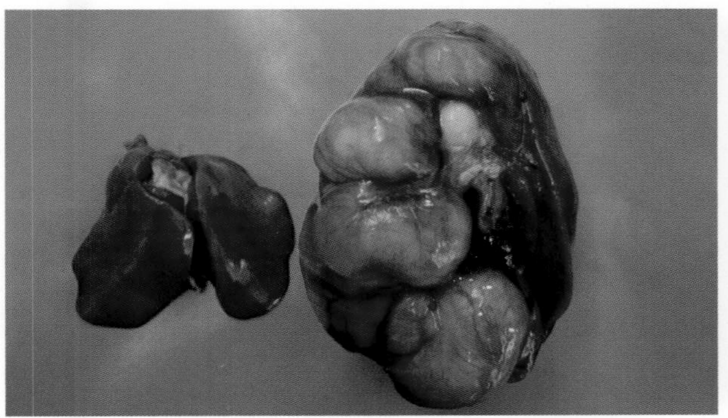

8A-19 90 日龄禽白血病病鸡肝有巨大的肿瘤结节，左侧为同日龄鸡正常肝

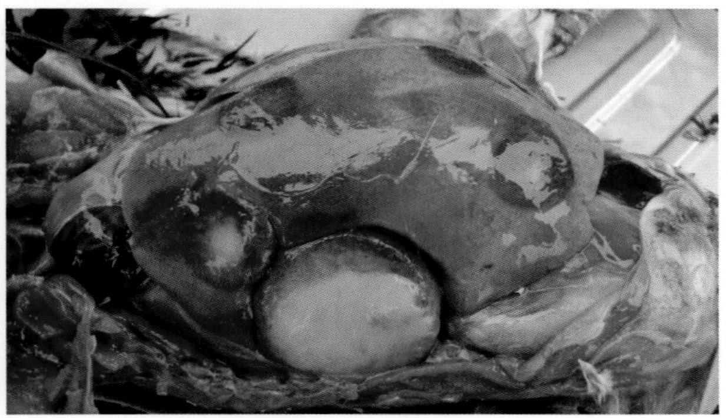

8A-20 禽白血病病鸡肝肿瘤似纽扣样（1）

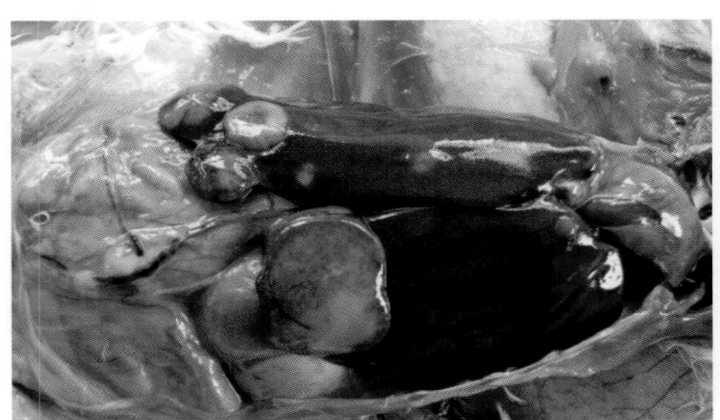

8A-21 禽白血病病鸡肝肿瘤似纽扣样（2）

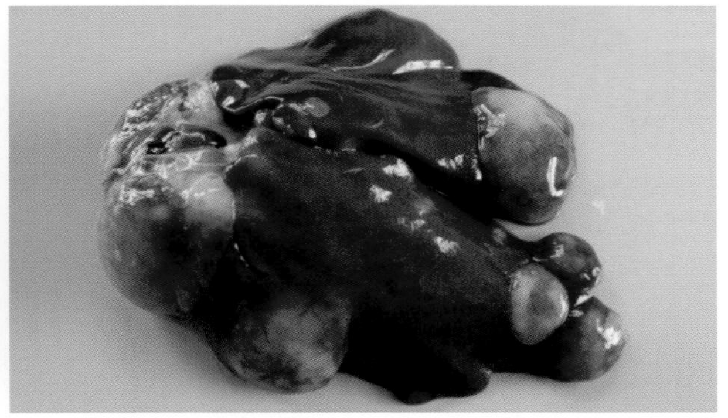

8A-22 禽白血病病鸡肝上有散在的形状似纽扣大小的灰白色肿瘤病灶

8A-23 禽白血病病鸡肝布满了灰白略带粉色的大个肿瘤病灶

8A-24 禽白血病病鸡肝极度肿大

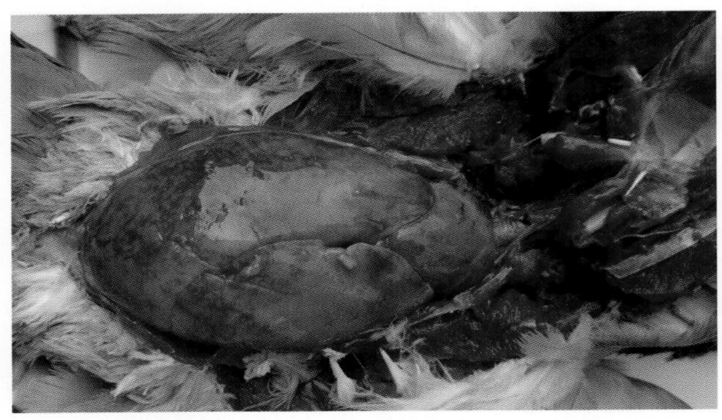

8A-25 鸽白血病病鸽，肝极度肿大，覆盖了整个腹腔

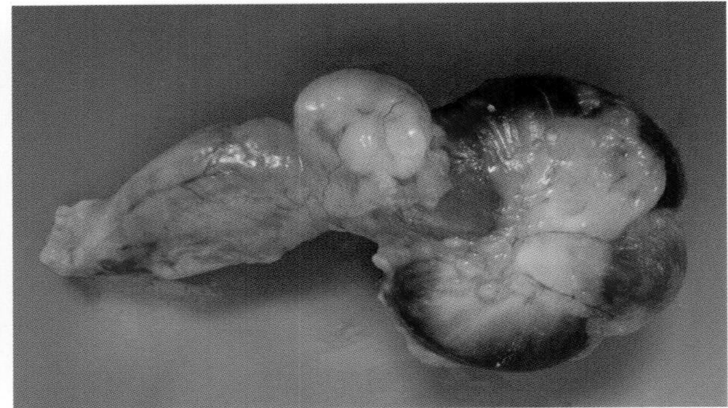

8A-26 禽白血病病鸡胃壁有肿瘤结节

8A-27 禽白血病病鸡腺胃部分乳头肿胀，腺胃黏膜高低不平

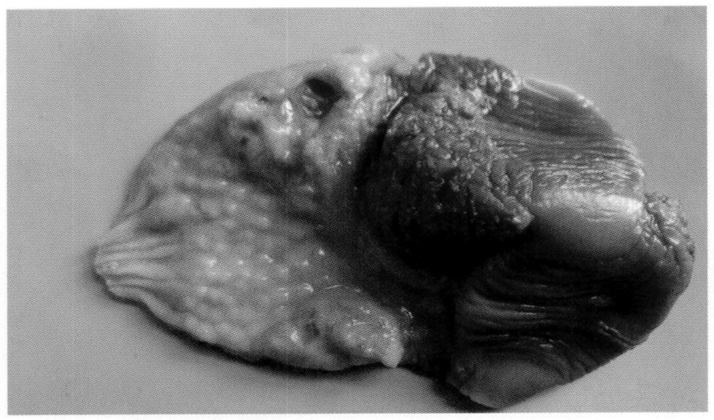

8A-28 禽白血病病鸡腺胃部分乳头肿胀，造成腺胃黏膜高低不平

8A-29 禽白血病病鸡脾极度肿大，比同日龄鸡的脾大6～8 倍，右侧为正常脾

8A-30 禽白血病病鸡脾极度肿大，是正常脾的 10 多倍，右侧为同日龄正常鸡的脾

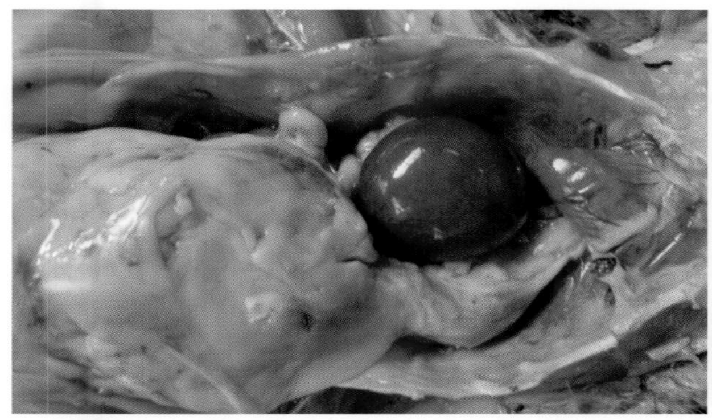
8A-31　禽白血病病鸡脾极度肿大，相当于 2～3 个腺胃直径的总和

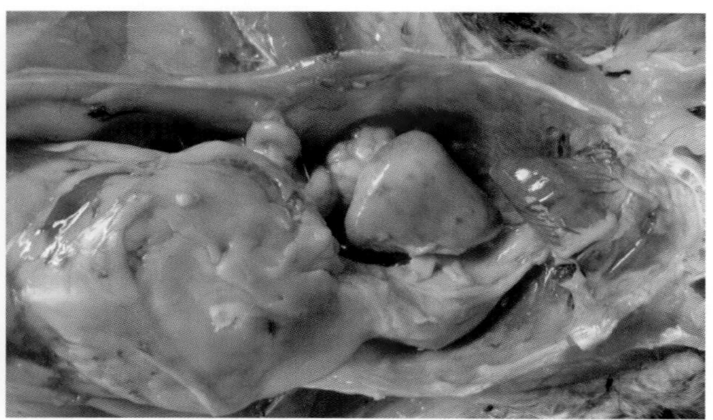
8A-32　禽白血病病鸡整个脾癌变，呈灰白色

8A-33　禽白血病病鸡脾布满了灰白色肿瘤病灶

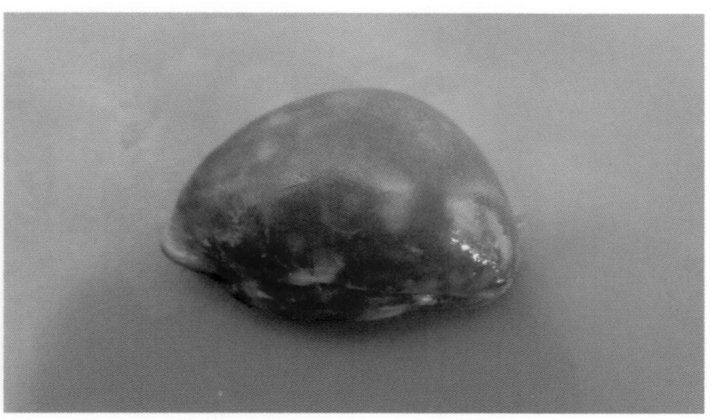
8A-34　禽白血病病鸡脾肿大，有少量灰白色的肿瘤病灶

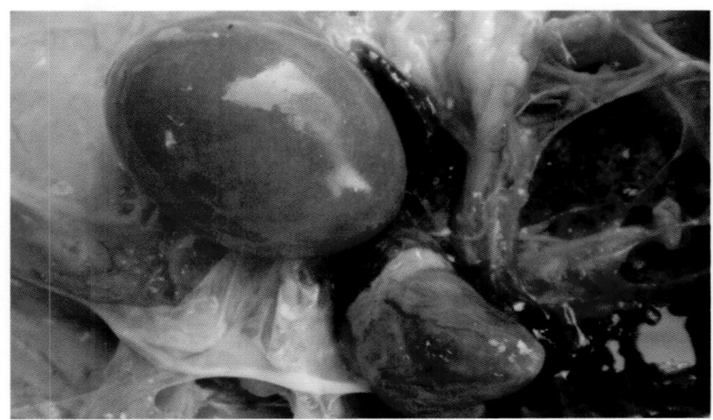
8A-35　禽白血病病鸡脾极度肿大，相当于心脏的 3 倍

8A-36　禽白血病病鸡肾肿胀，有个体较大的与周围界限清晰的肿瘤结节，法氏囊肿大

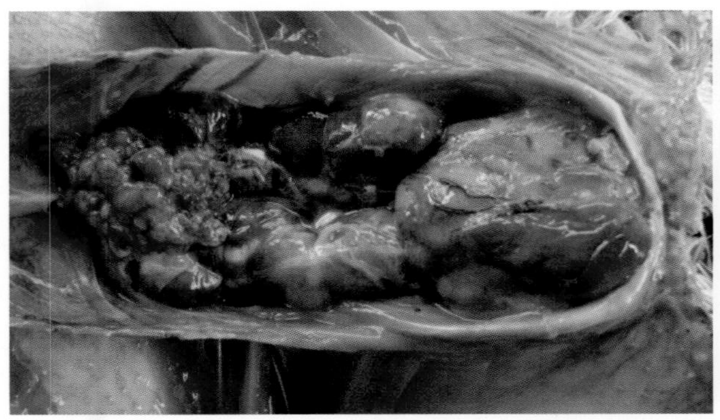
8A-37　禽白血病病鸡肾肿胀，肾的后叶有白色肿瘤结节，法氏囊极度肿大

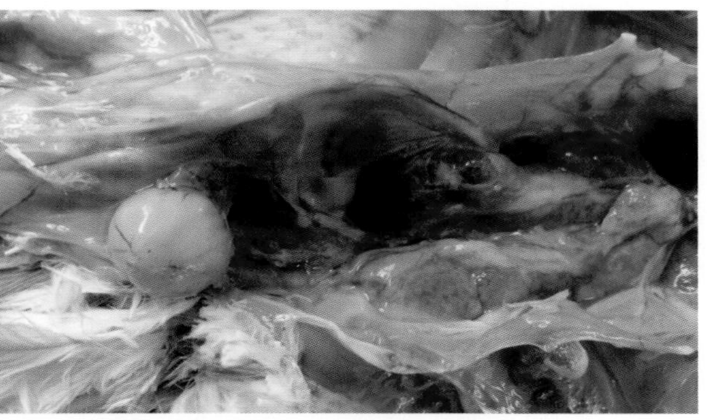
8A-38　禽白血病病鸡法氏囊肿大肉变

8A-39　禽白血病病鸡法氏囊极度肿胀，形状似核桃，卵巢呈分叶状肿瘤

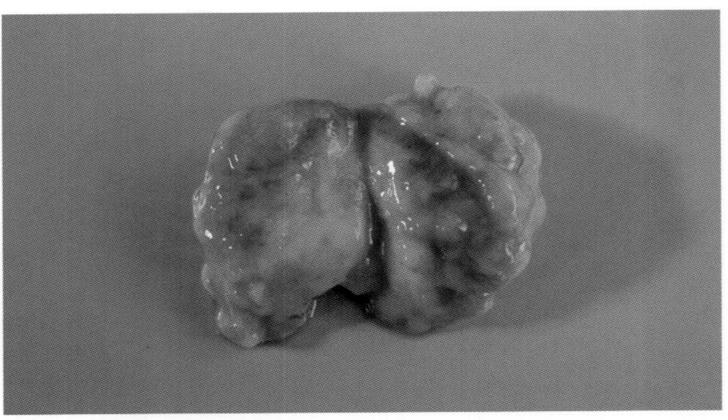

8A-40　禽白血病病鸡肿大的法氏囊切面，皱褶实变呈浅粉红色（1）

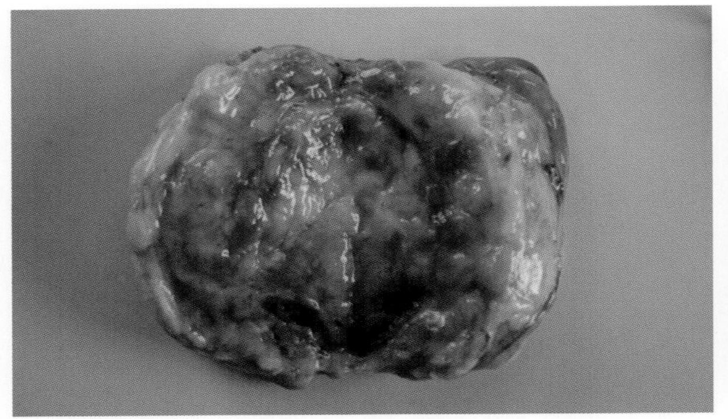

8A-41　禽白血病病鸡肿大的法氏囊切面，皱褶实变呈粉红色（2）

8A-42　禽白血病病鸡卵巢呈分叶状肿瘤（1）

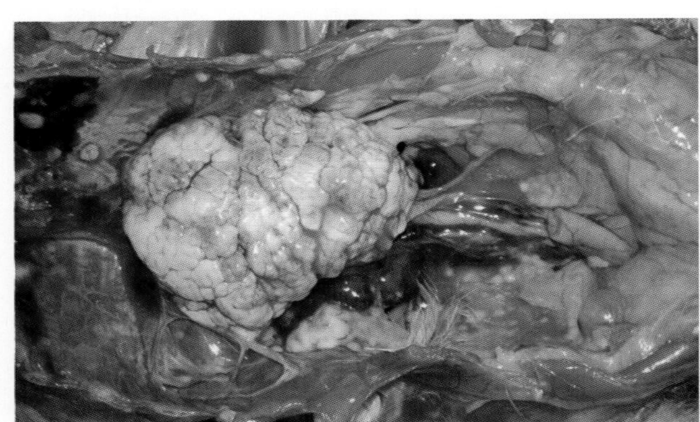

8A-43　禽白血病病鸡卵巢呈分叶状肿瘤（2）

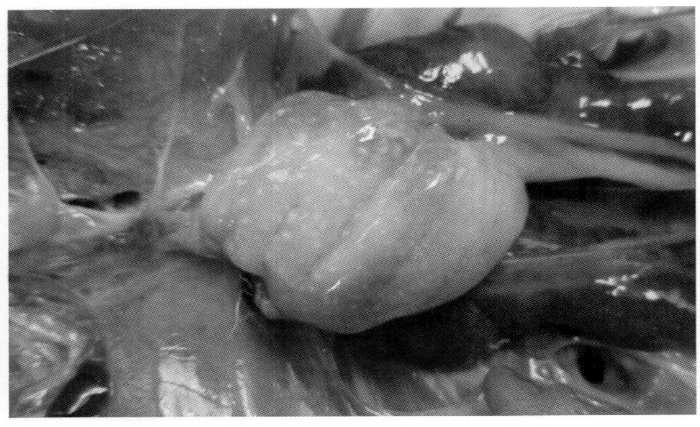

8A-44　禽白血病病鸡卵巢极度肿大肉变（1）

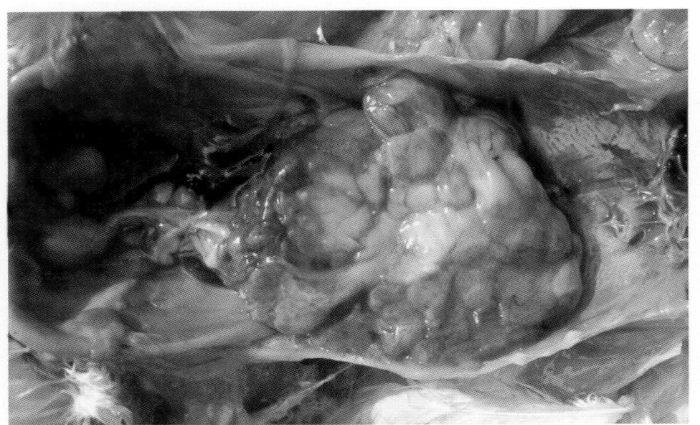

8A-45　禽白血病病鸡卵巢极度肿大肉变（2）

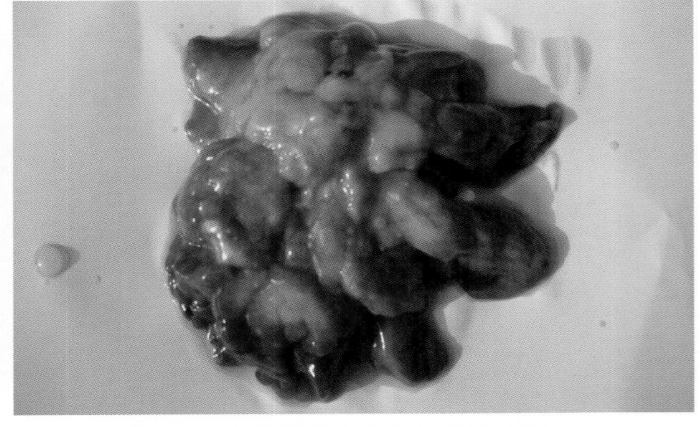

8A-46　禽白血病病鸡卵巢肉变呈分叶状肿瘤

8A-47　禽白血病病鸡卵巢肉变呈分叶状肿瘤，左侧为正常

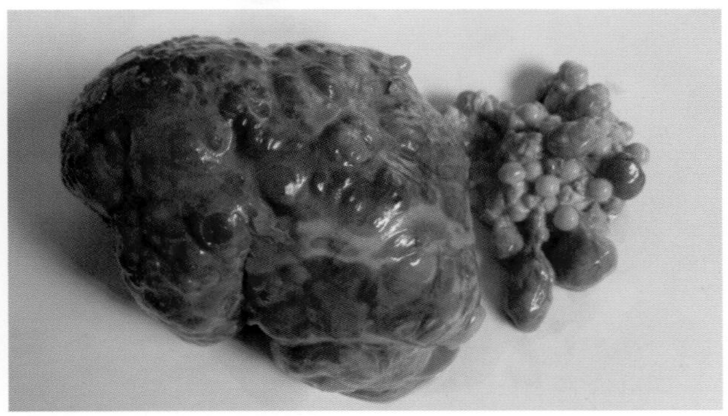

8A-48　禽白血病病鸡卵巢形成巨大肿瘤

8A-49　禽白血病病鸡卵巢巨大肿瘤的切面实变

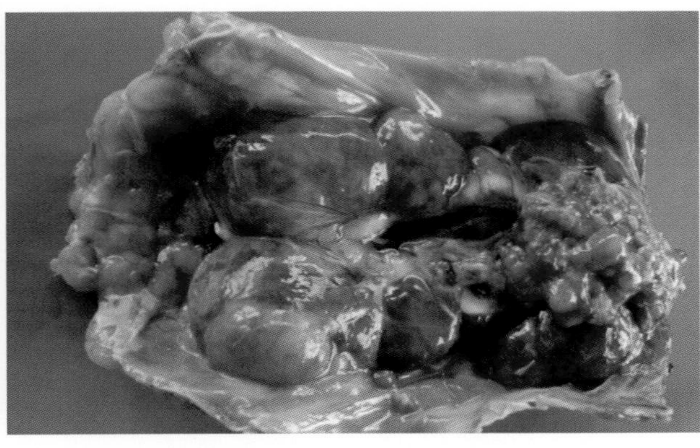

8A-50　禽白血病病鸡肾极度肿大，肾后叶有一大个的肿瘤结节

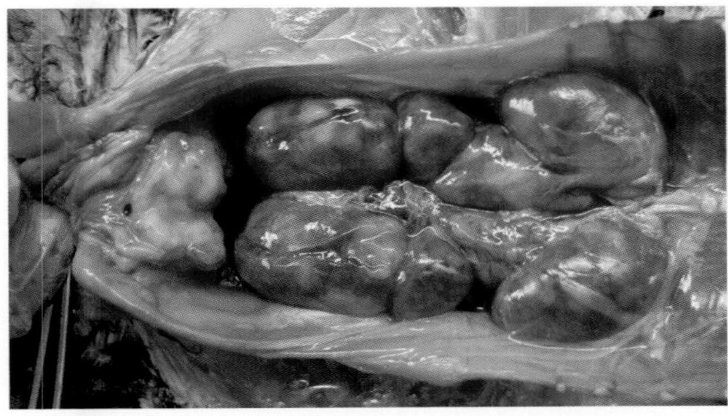

8A-51　禽白血病病鸡肾极度肿大，法氏囊实变

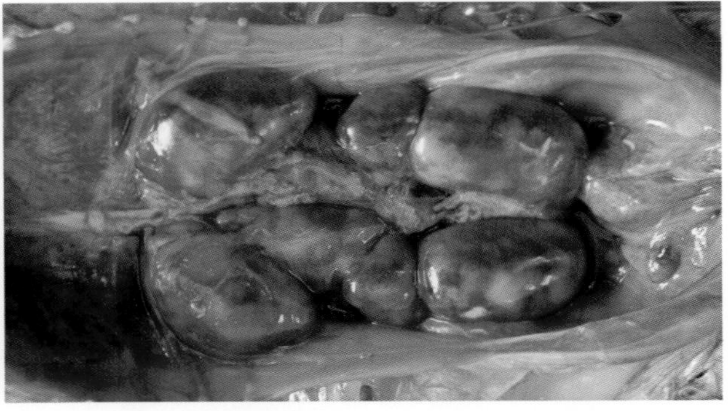

8A-52　禽白血病病鸡肾肿瘤组织浸润，造成肾极度肿胀

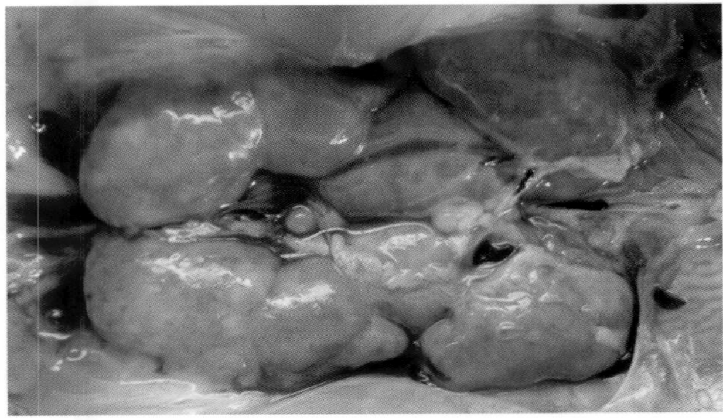

8A-53　禽白血病病鸡肾极度肿胀，呈米黄色

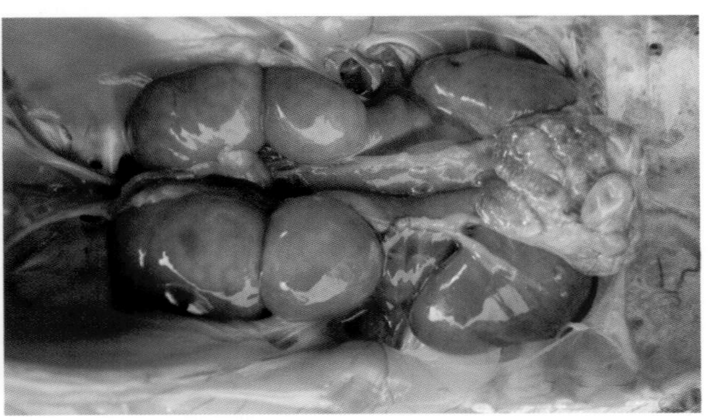

8A-54　禽白血病病鸡肾极度肿胀

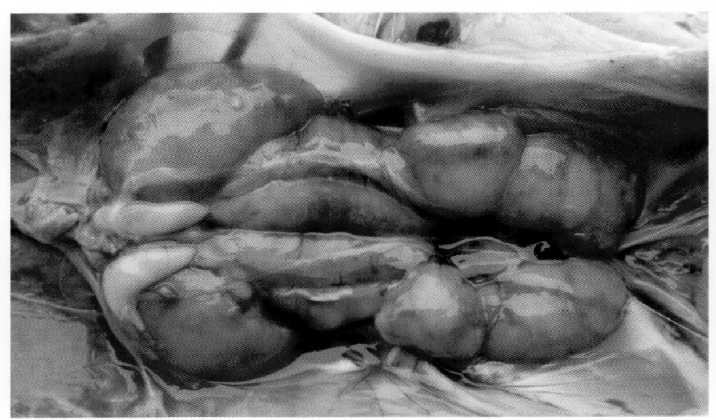
8A-55　禽白血病病鸡肾极度肿胀，有灰白色肿瘤病灶

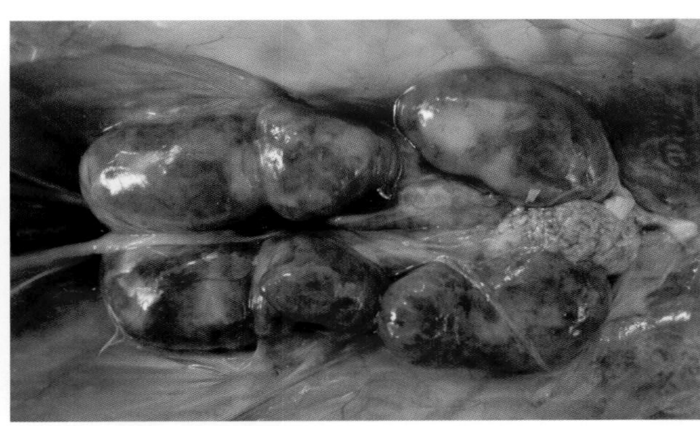
8A-56　禽白血病病鸡肾极度肿胀呈深红色，有灰白色肿瘤病灶

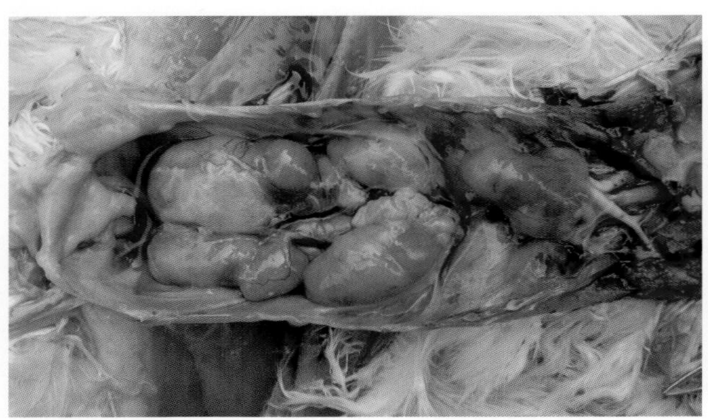
8A-57　禽白血病病鸡肾肿瘤浸润，肾极度肿胀、变形

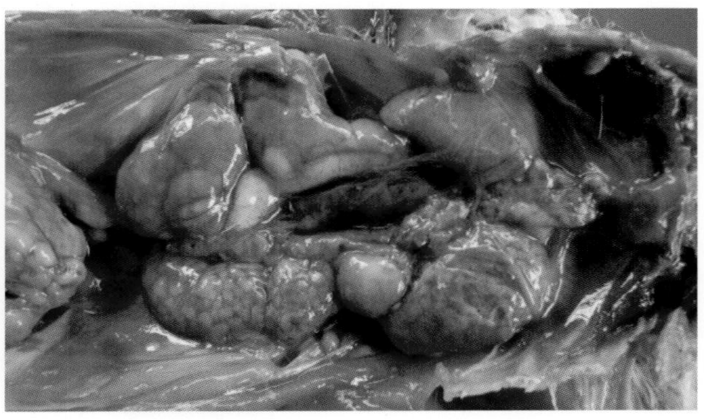
8A-58　禽白血病病鸡肾肿大，有较细小的灰白色肿瘤病灶，肾叶变形

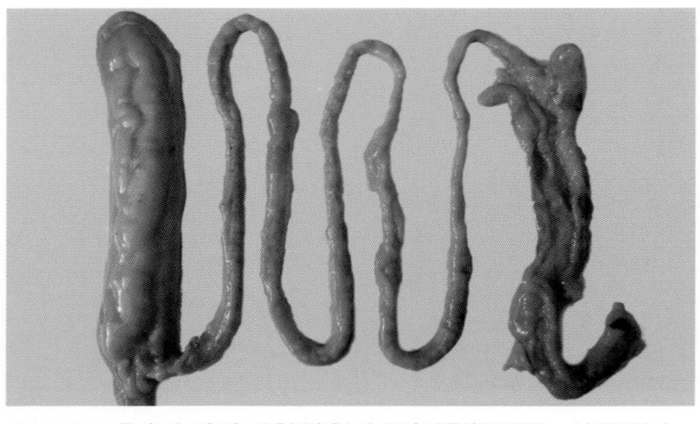
8A-59　禽白血病病鸡胰腺肿瘤组织浸润增厚，体积增大

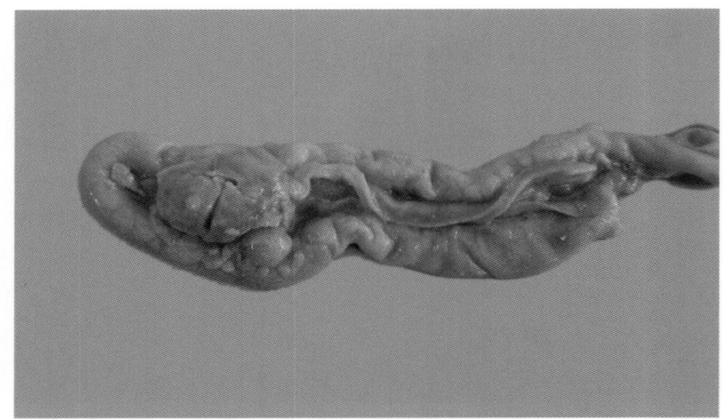
8A-60　禽白血病病鸡胰腺在十二指肠圈内极度肿大，有明显的肿瘤结节

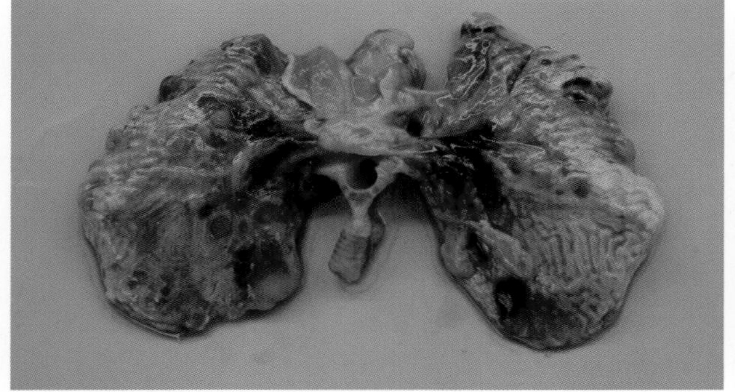
8A-61　禽白血病病鸡肺有灰白色肿瘤结节

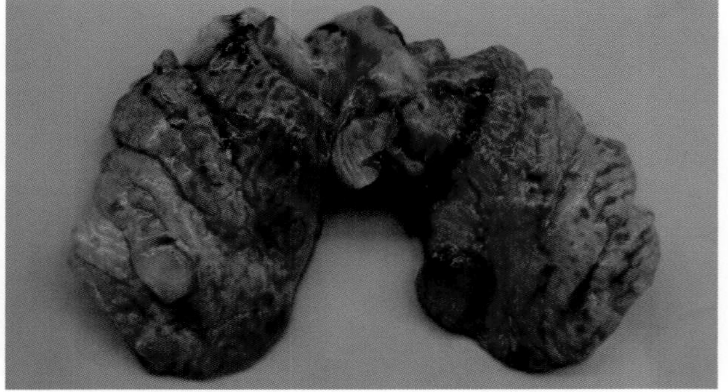
8A-62　禽白血病病鸡肺背面有灰白色肿瘤结节

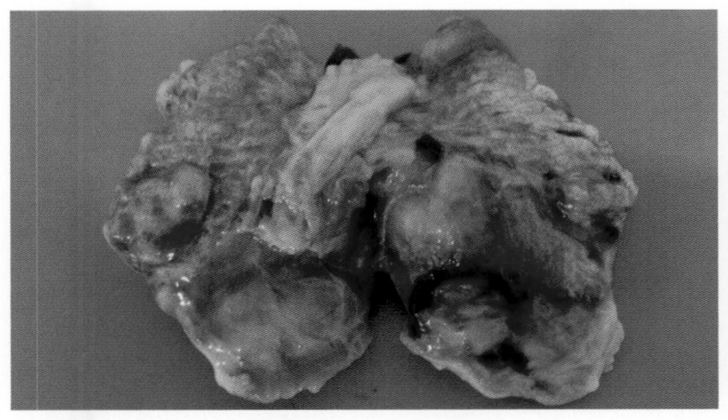
8A-63　禽白血病病鸡肺有较大的肿瘤结节

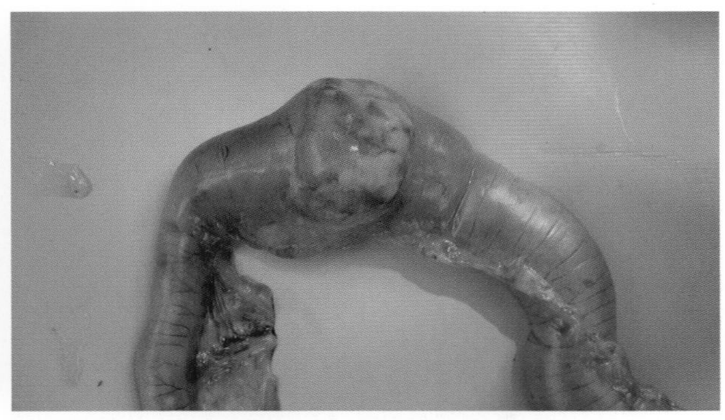
8A-64　禽白血病病鸡小肠有一大的肿瘤结节

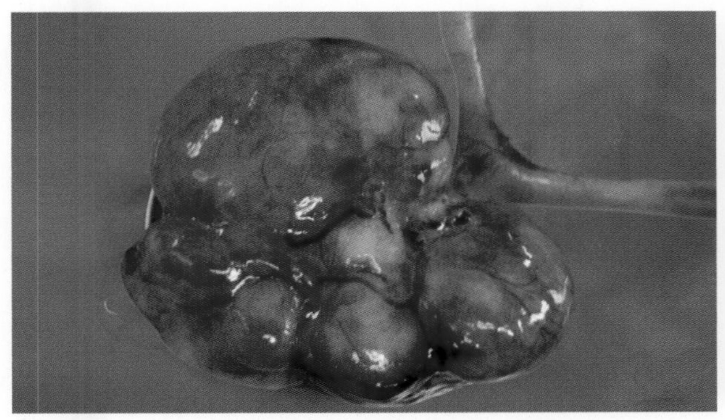
8A-65　禽白血病 90 日龄病鸡卵黄带形成巨大的肿瘤

8A-66　禽白血病 90 日龄病鸡卵黄带肿瘤的横切面实变

8B. 骨硬化病（Osteoperosis; OP）

本病是由淋巴细胞性白血病病毒及其他属于鸡白血病 / 肉瘤病毒群亚群的病毒所引起的疾病，又称白血病骨硬化病。

【流行特点】

一般在 2～3 月龄后发病，本病发病率很低。相对而言，公鸡较母鸡发病率高。

【临床症状】

患病鸡跖骨中段增生膨大变粗，似“穿长靴”样外观。

【剖检病变】

此病系外骨膜异常增生，引起跖骨异常增生，骨髓腔变狭小或消失。

【诊断】

以临床症状及病理形态学检查即可诊断。

【防控措施】

对本病的预防与淋巴细胞性白血病相同。无治疗方法，病鸡应及早淘汰。

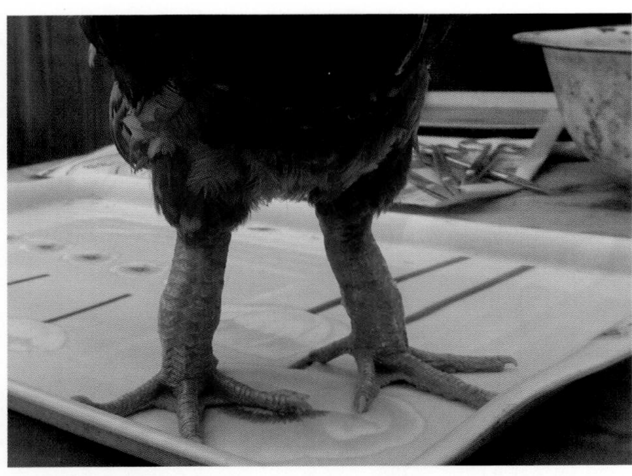
8B-1 禽白血病骨硬化病病鸡跖骨中段增生膨大，似“穿长靴”样外观

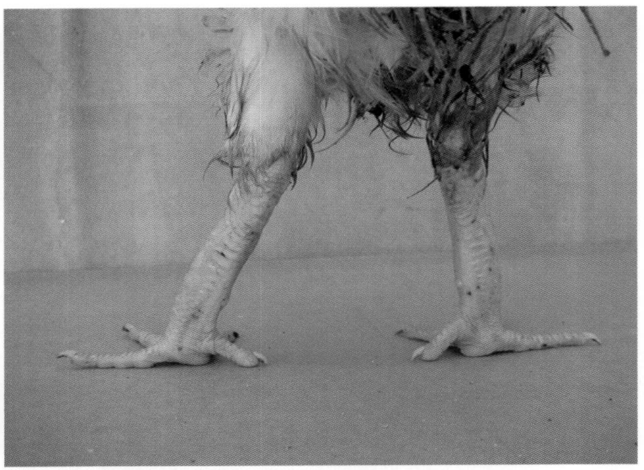
8B-2 禽白血病骨硬化病病鸡跖骨增生膨大

8B-3 禽白血病骨硬化病病鸡跖骨变宽、变扁，似“皮皮虾”样外观

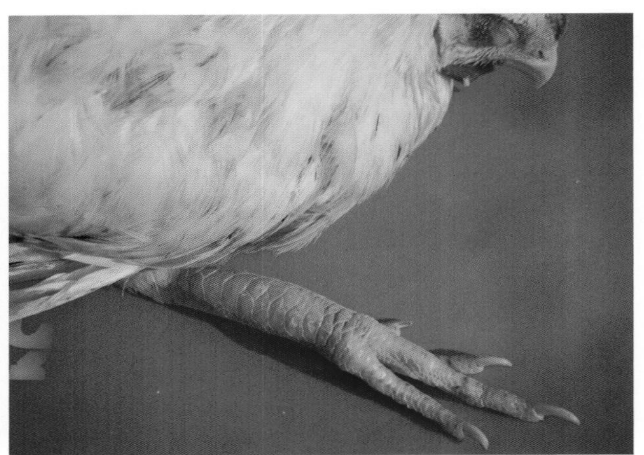
8B-4 禽白血病骨硬化病病鸡跖骨变粗

8C. 血管肿瘤（Hemahgihoma; HA）

本病由鸡白血病病毒（ALV）感染发病，血管瘤可引起鸡群皮肤或内脏器官出血，死亡率升高，给养鸡业造成很大损失。

【流行特点】

本病在蛋鸡及肉鸡不分年龄皆会发生，发病年龄以 120～350 日龄散发为多，2010 年左右发病率有所上升，有的鸡群死淘率达 8%～20% 及以上。

【临床症状】

1. 皮肤型血管瘤：病鸡冠呈黄白色，在鸡翅、胸、颈、冠、趾等部位的皮下形成隆起于皮肤表面的赤小豆至小拇指肚大的血泡。一旦血疱破裂出血，则血流不止，直至死亡。血管瘤周围的羽毛被血液污染。

2. 眼型血管瘤：眼结膜上有血疱。

3. 内脏血管瘤病鸡冠萎缩，色黄或苍白。

【剖检病变】

在皮肤、皮下组织、胸腹气囊、肌膜、肌肉、骨髓、眼睛、心脏、肺、肝、脾、胃、肾、输卵管、子宫、肠系膜等内脏器官表面，以及眼结膜可见直径 1～15 mm 的单发或密发的血疱，胸腔、腹腔内有血凝块。在临床上也有大肝病与血管瘤合并感染的病例。

【诊断】

根据流行病学特点、临床症状、病理剖检变化可初步做出诊断，须根据血液学检查和病理组织特征，结合病原和抗体检查来确诊。本病与马立克氏病鉴别：马立克氏病发病日龄大于 4 周龄，80～120 日龄达到死亡高峰，死亡率高达 30%～70%。马立克病无血管瘤、骨硬化症，法氏囊常萎缩。

【防控措施】

对本病的预防与淋巴细胞性白血病相同，无治疗方法，病鸡应及早淘汰。

8C-1　禽白血病血管瘤病鸡眼角膜血管瘤（1）

8C-2　禽白血病血管瘤病鸡眼角膜血管瘤（2）

8C-3　禽白血病血管瘤病鸡爪部血管瘤

8C-4　禽白血病血管瘤病鸡胸部皮下形成比皮肤表面稍隆起的、似黄豆大的血疱

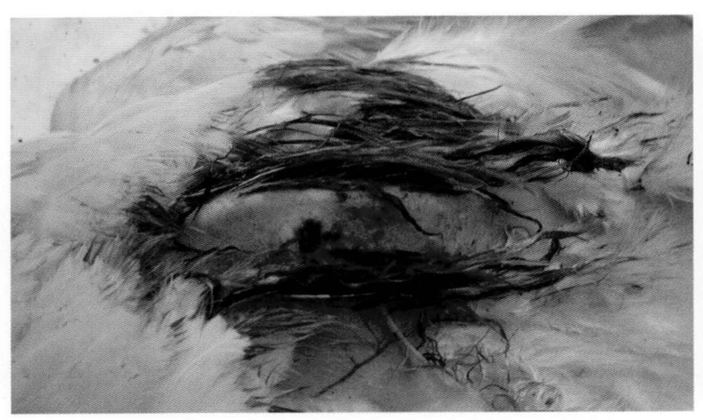

8C-5 禽白血病血管瘤病鸡胸部皮肤血管瘤破裂，将周围羽毛污染

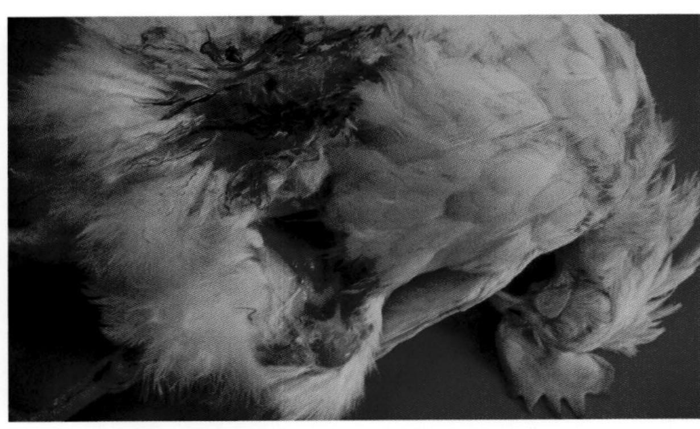

8C-6 禽白血病血管瘤病鸡胸部皮肤血管瘤破裂出血，鸡冠苍白

8C-7 禽白血病血管瘤病鸡腹部皮肤血管瘤破裂，流出的血液将周围羽毛污染

8C-8 禽白血病血管瘤病鸡皮肤表面散在性多量的血管瘤

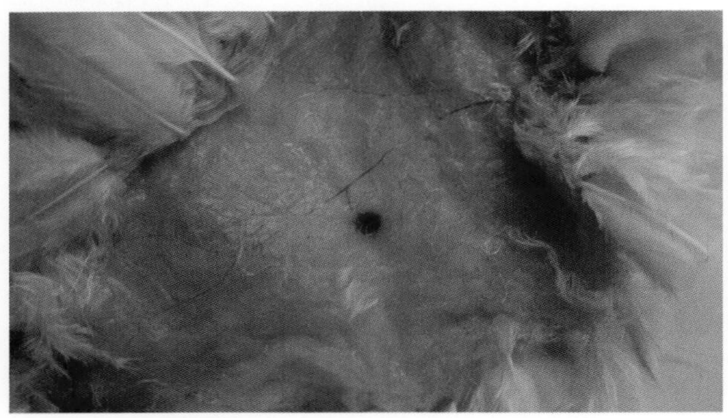

8C-9 禽白血病血管瘤病鸡皮下组织单个的血管瘤，与毛细血管相通，清晰可见

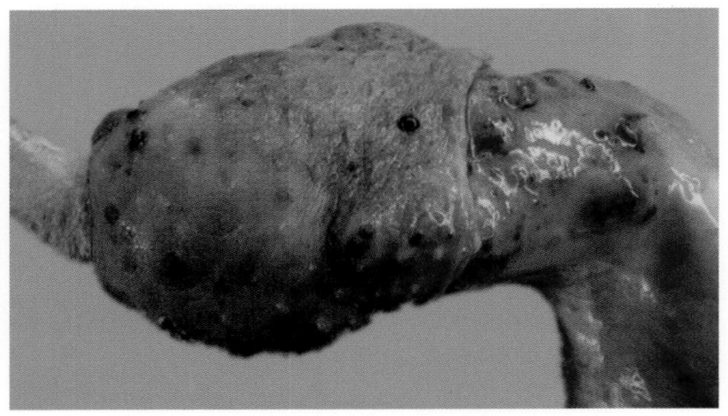

8C-10 禽白血病血管瘤病鸡腿部皮肤散在多量的血管瘤，造成腿部严重增粗变形

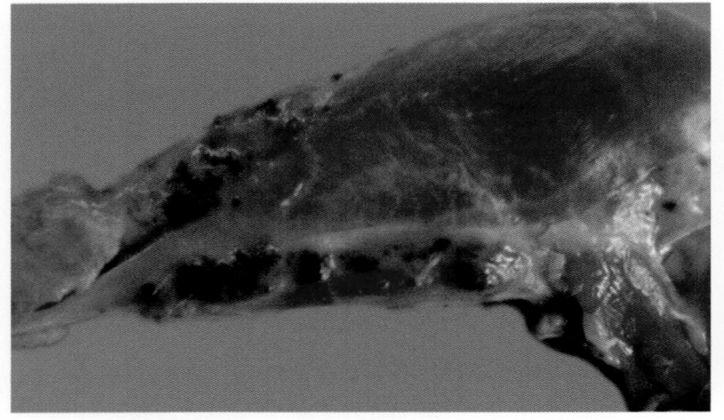

8C-11 禽白血病血管瘤病鸡腿部肌肉肌膜下密集的血管瘤

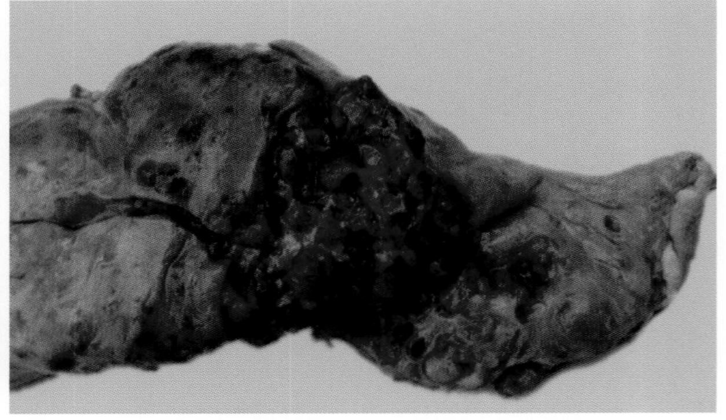

8C-12 禽白血病血管瘤病鸡腿部肌肉密集的血管瘤

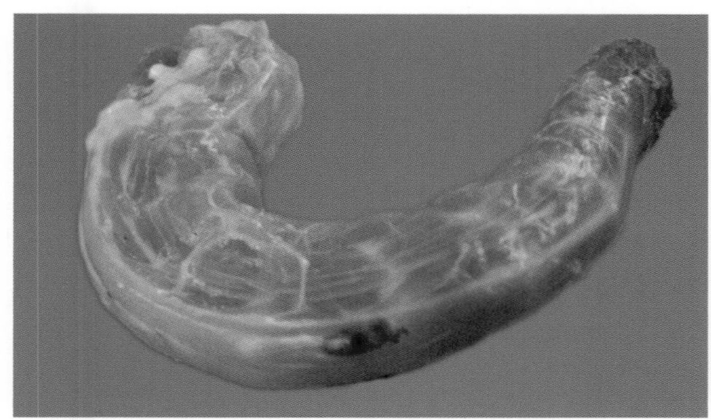

8C-13 禽白血病血管瘤病鸡颈部肌肉血管瘤

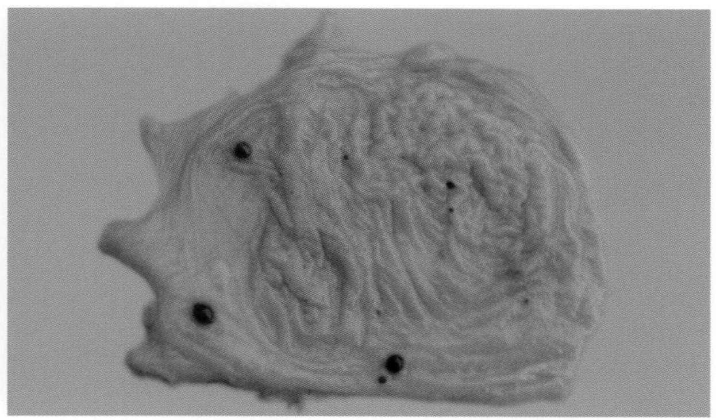

8C-14 禽白血病血管瘤病鸡嗉囊黏膜散在性的血管瘤

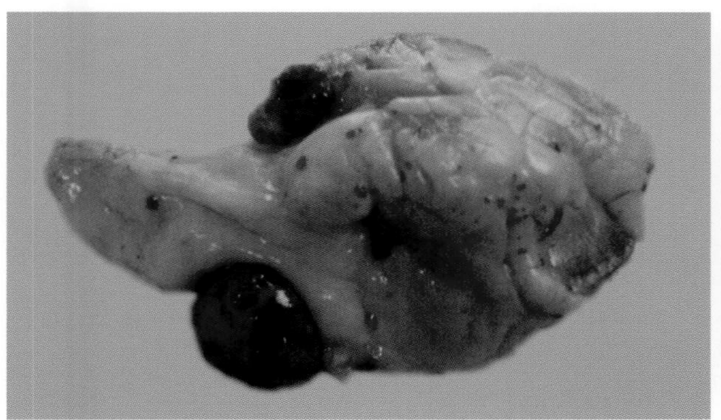

8C-15 禽白血病血管瘤病鸡胃壁脂肪散在大小不等的血管瘤

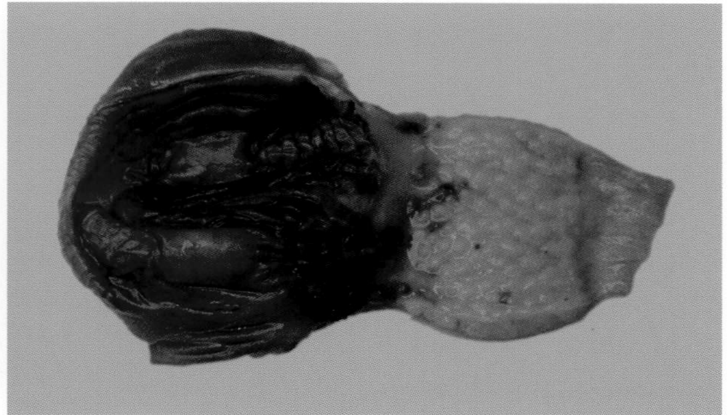

8C-16 禽白血病血管瘤病鸡腺胃黏膜散在性的血管瘤

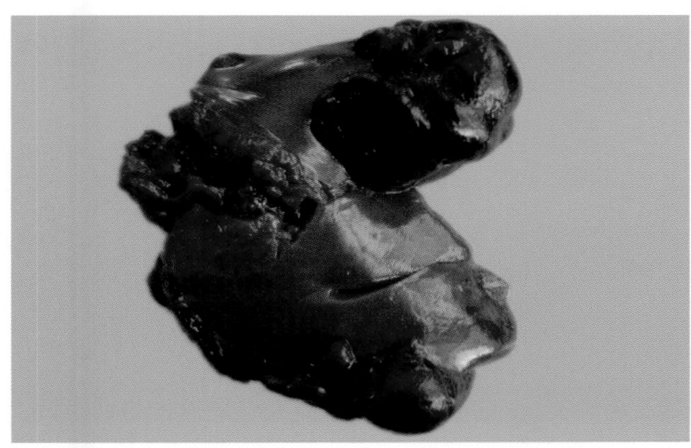

8C-17 禽白血病血管瘤病鸡肝上有较大个体的血管瘤(1)

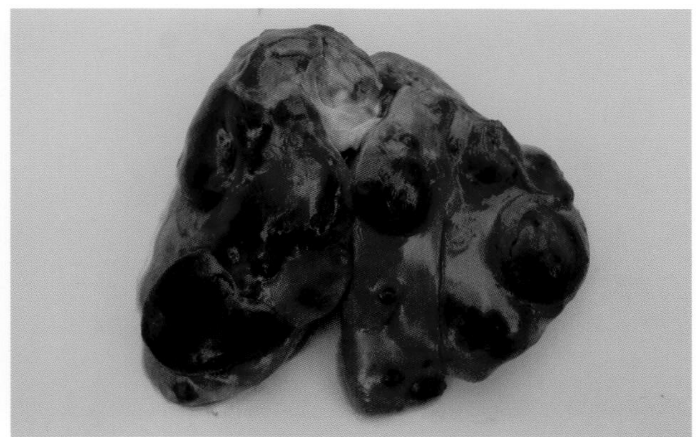

8C-18 禽白血病血管瘤病鸡肝上有较大个体的血管瘤(2)

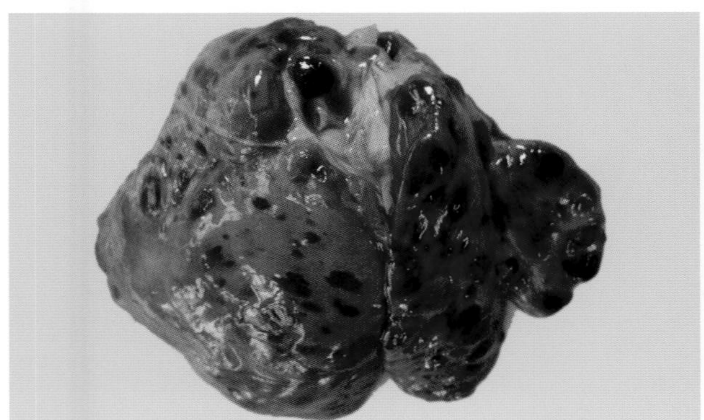

8C-19 禽白血病血管瘤病鸡肝有密密麻麻的血管瘤（1）

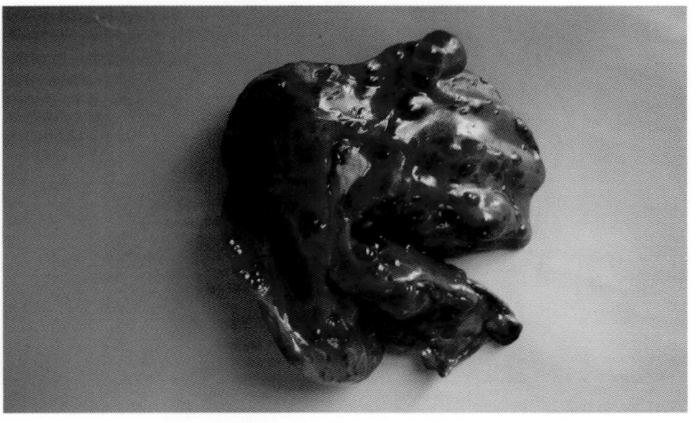

8C-20 禽白血病血管瘤病鸡肝有密密麻麻的血管瘤（2）

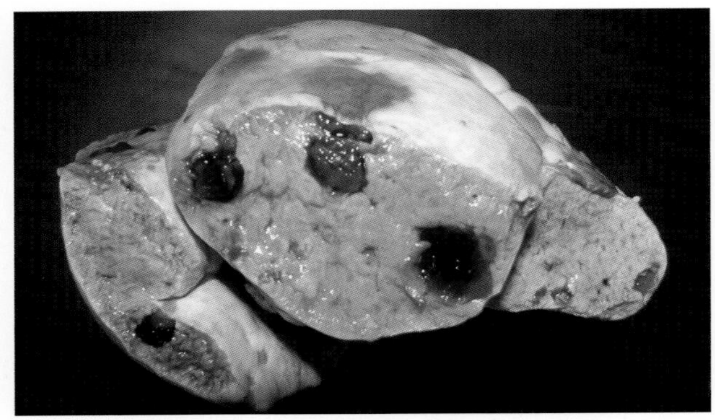

8C-21 禽白血病血管瘤病鸡肝切面有散在性血管瘤

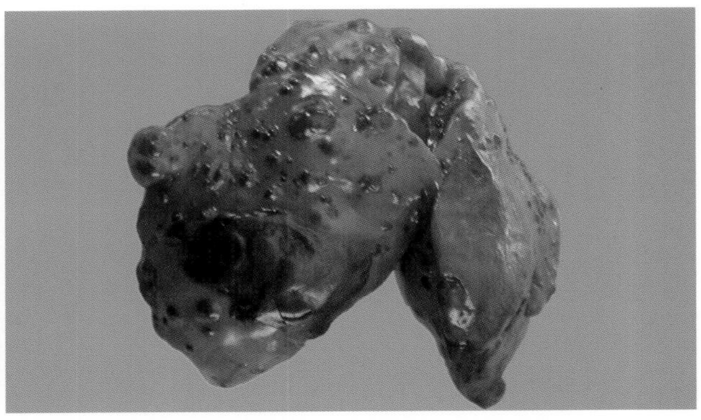

8C-22 禽白血病血管瘤病鸡肝上有大小不等的血管瘤

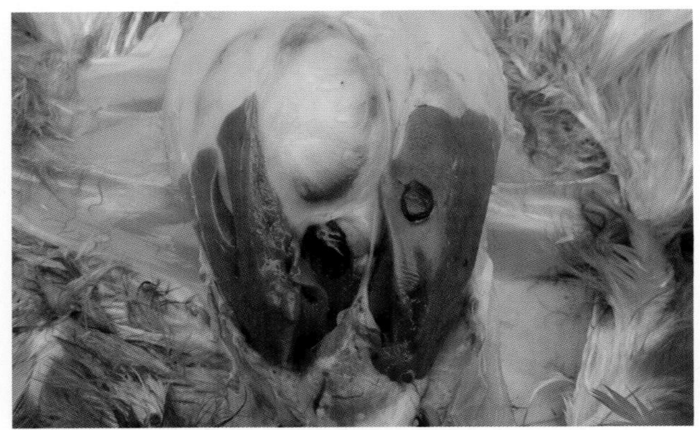

8C-23 禽白血病血管瘤病鸡肝有似黑豆大的血管瘤

8C-24 禽白血病 75 日龄血管瘤病鸡肝上有散在性的血管瘤

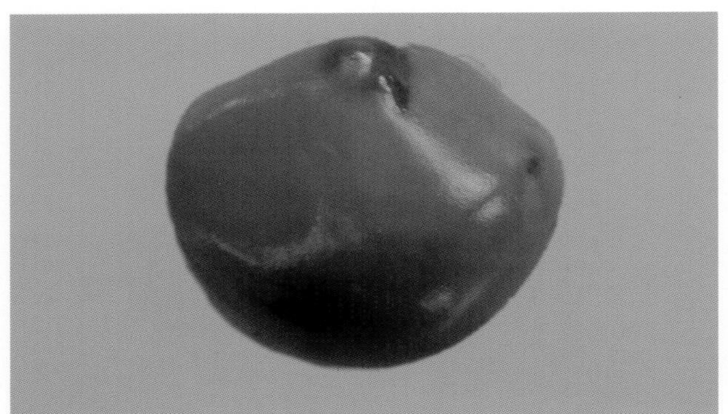

8C-25 禽白血病血管瘤病鸡脾血管瘤

8C-26 禽白血病血管瘤病鸡肺有散在性的血管瘤

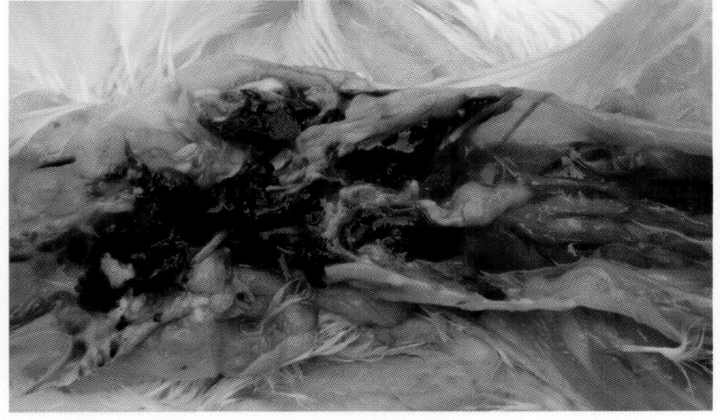

8C-27 禽白血病血管瘤病鸡肺血管瘤，胸腔有多量血凝块

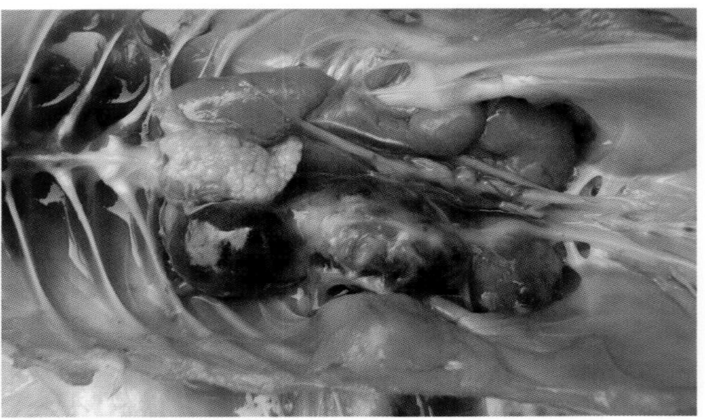

8C-28 禽白血病血管瘤病鸡肾有较大的血管瘤

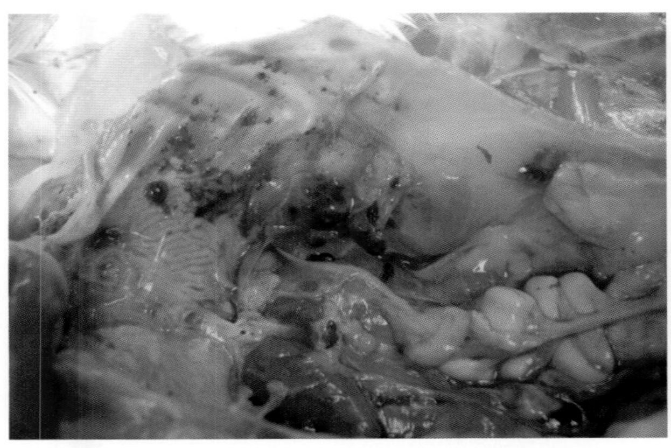
8C-29 禽白血病血管瘤病鸡胸气囊有散在性多量的血管瘤

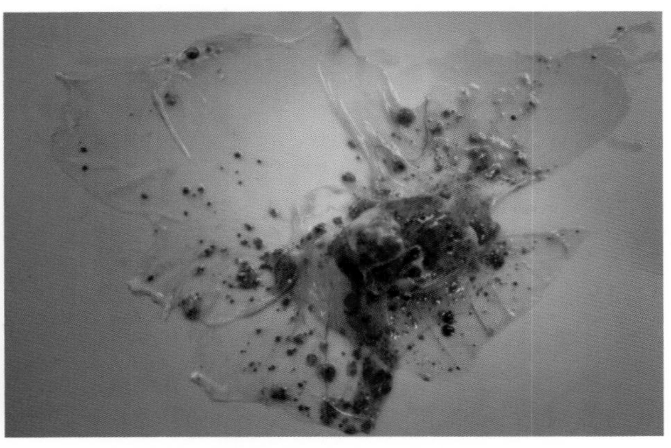
8C-30 禽白血病血管瘤病鸡腹气囊有散在性多量的血管瘤

8C-31 禽白血病血管瘤病鸡卵巢、卵泡多量血管瘤（1）

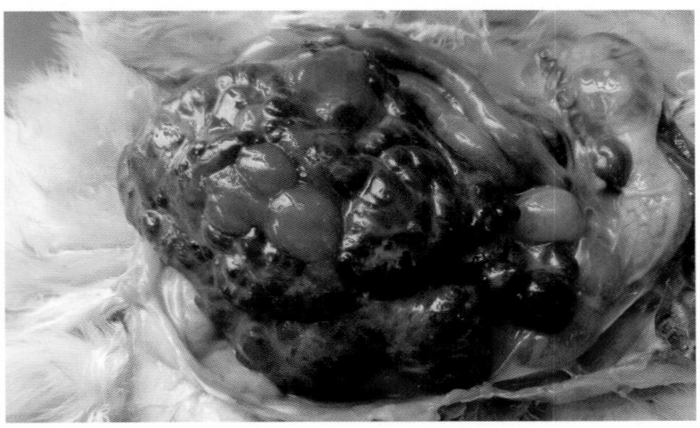
8C-32 禽白血病血管瘤病鸡卵巢、卵泡多量血管瘤（2）

8C-33 禽白血病血管瘤病鸡卵巢、卵泡多量血管瘤（3）

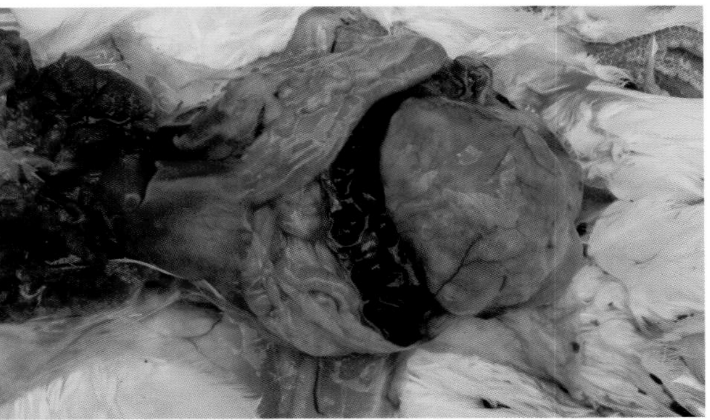
8C-34 禽白血病病鸽卵巢血管瘤

8C-35 禽白血病血管瘤病鸽卵巢、卵泡多量血管瘤

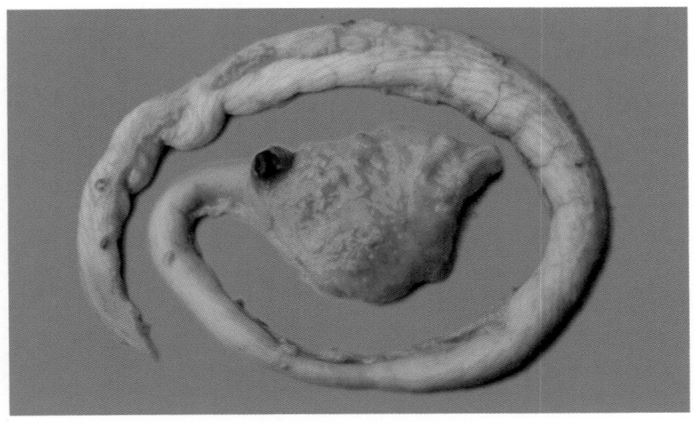
8C-36 禽白血病血管瘤病鸡子宫壁血管瘤

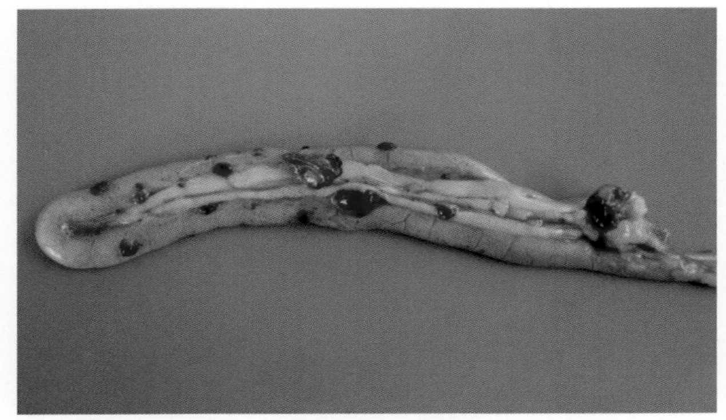
8C-37　禽白血病血管瘤病鸡十二指肠、胰腺血管瘤

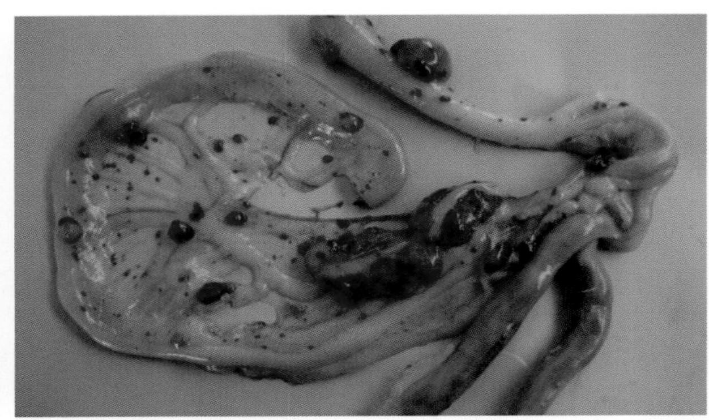
8C-38　禽白血病血管瘤病鸡回肠、直肠、盲肠及肠系膜散在性多量的血管瘤

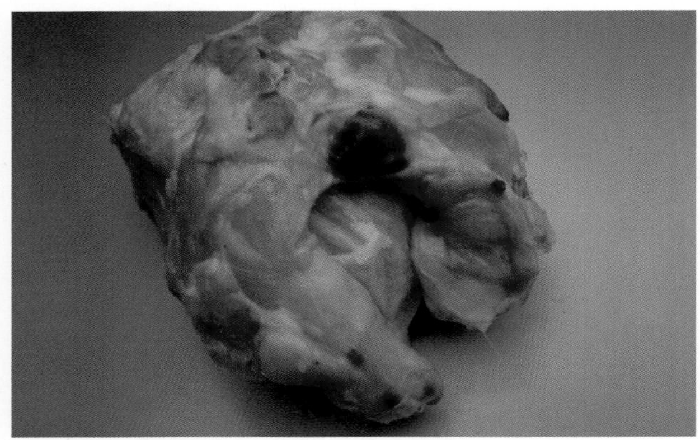
8C-39　禽白血病血管瘤病鸡尾部肌肉血管瘤

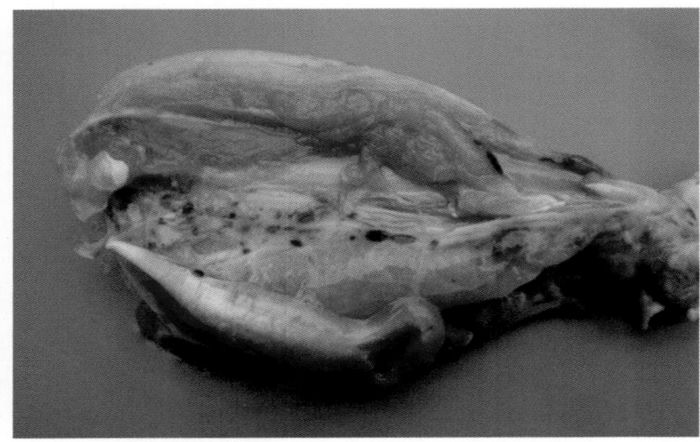
8C-40　禽白血病血管瘤病鸡腿肌深部血管瘤

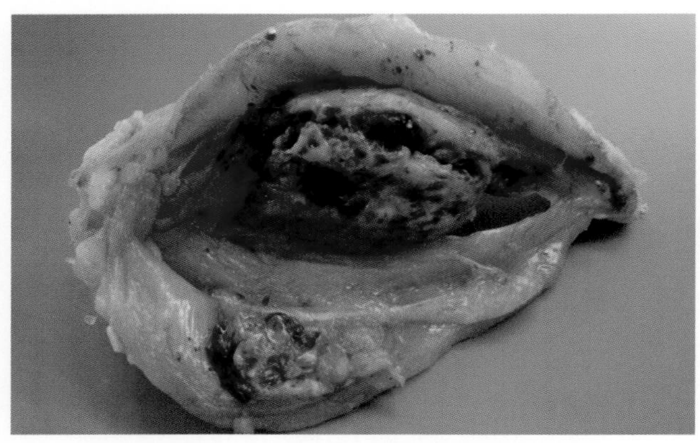
8C-41　禽白血病血管瘤病鸡胸骨外侧血管瘤

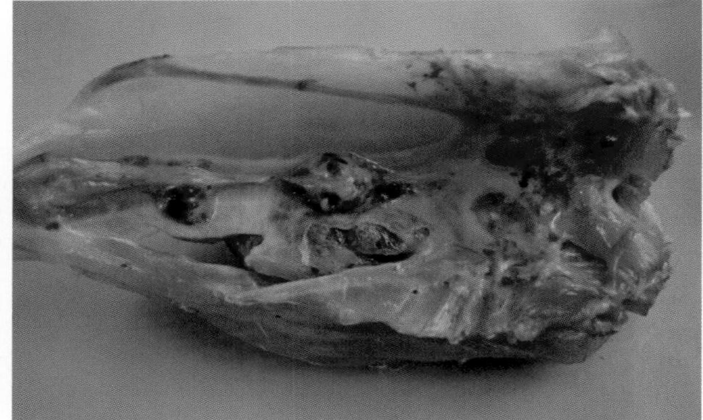
8C-42　禽白血病血管瘤病鸡胸骨内侧血管瘤

鸡网状内皮增生症（Reticuloendotheliosis； RE）

鸡网状内皮增生症是由网状内皮组织增生症病毒（REV）引起的一种肿瘤性传染病，1966 年有专家证实本病毒与白血病病毒为同属病毒，但有若干的差异，而命名为网状内皮增生症病毒。感染后病鸡表现为贫血、生长缓慢、消瘦。病理解剖特点是肝、肠道、心脏和其他内脏器官有淋巴瘤，胸腺和腔上囊萎缩，腺胃炎。本病毒能侵害机体的免疫系统，可导致机体免疫机能下降而易继发其他疾病。

【流行特点】

本病可发生于鸡、鸭、火鸡和其他鸟类。患病家禽是主要传染源，可从口、眼分泌物及粪便中排出病毒，通过水平传播使易感鸡感染，但传播力较弱。本病也可通过垂直传播。污染该病毒的疫苗是造成本病传播的主要原因，因接种被本病毒污染的疫苗而造成的感染可引起高发病率和死亡率。发病日龄多在 80 日龄左右，发病率和死亡率不高，呈一过性死亡。因该病为免疫抑制性疾病，易继发其他病毒病和细菌病，从而加重病情。

【临床症状】

急性病例很少表现明显的症状，死前只见嗜睡。病程长的病鸡主要表现为衰弱、生长迟缓或停滞，鸡体消瘦。病鸡精神沉郁，羽毛稀少，鸡冠苍白。个别病鸡表现运动失调、肢体麻痹。

【剖检病变】

鸡体消瘦，肝脾肿大，其表面有弥漫性细小较光滑的灰白色结节；但也有凸出于肝表面的大的结节，病鸡肠道有结节状肿瘤，呈串珠状，十二指肠、小肠黏膜有肿瘤性白斑，病鸡胸腺、法氏囊萎缩，有时腺胃肿胀、出血溃疡。

【诊断】

根据临床症状、病理剖检变化可初步诊断，确诊须进行实验室病毒分离鉴定。

【防控措施】

本病尚无有效的防治方法。加强卫生消毒，严格控制该病毒感染的病鸡进入鸡场。严禁使用污染该病毒的弱毒疫苗，避免因接种污染的疫苗而造成感染发病，建议使用由 SPF 鸡生产的疫苗。

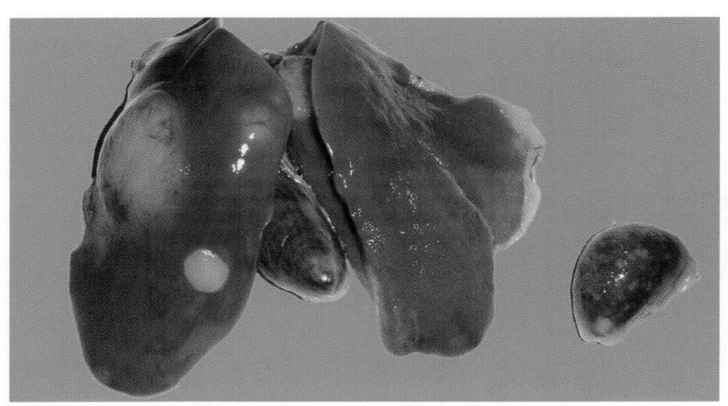

9-1 网状内皮增生症病鸡肝、脾稍肿大，表面光滑，有大小不等的与周围组织界限较清晰的灰白色肿瘤结节

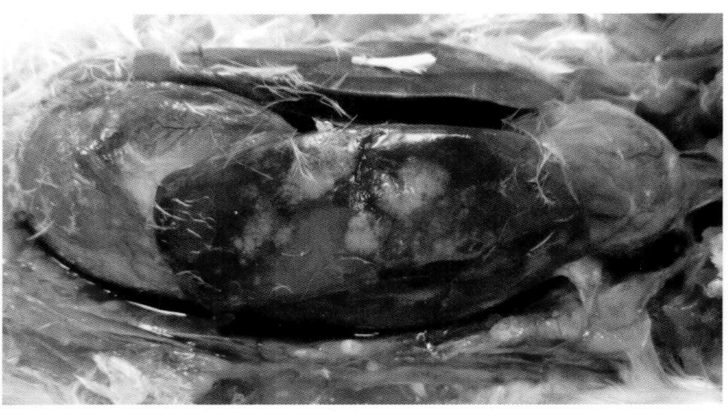

9-2 网状内皮增生症病鸡肝表面光滑，有大小不等的与周围组织界限较清晰的灰白色肿瘤病灶

9-3 网状内皮增生症病鸡肝稍肿大，表面有多量弥漫性的不凸出于肝表面的灰白色病灶

9-4 网状内皮增生症病鸡继发传染性腺胃炎，腺胃极度肿胀，手感硬，脾表面光滑有灰白色肿瘤结节

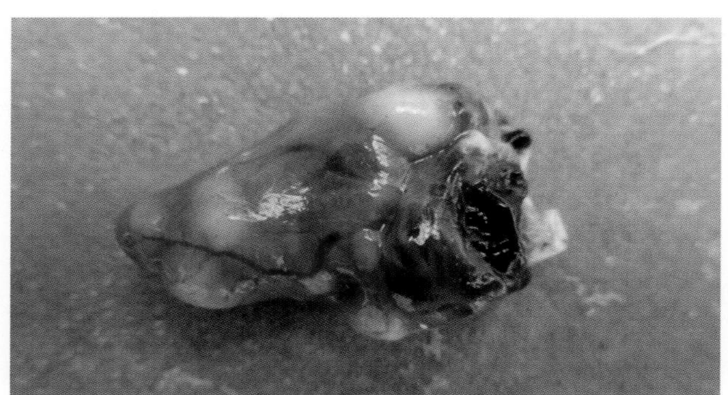

9-5 网状内皮增生症病鸡心脏有灰白色肿瘤结节

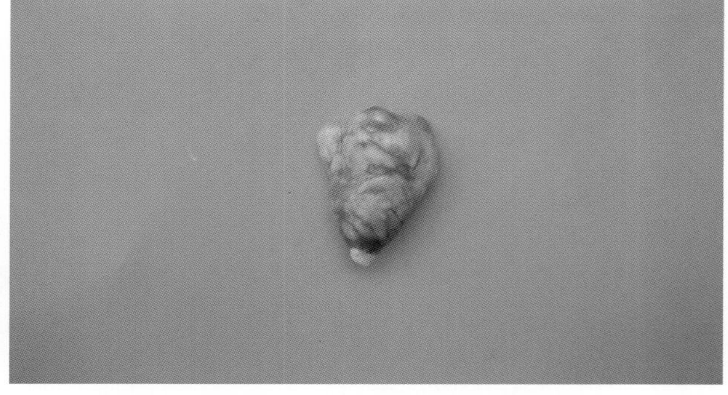

9-6 网状内皮增生症病鸡心脏周围布满了灰白色肿瘤病灶

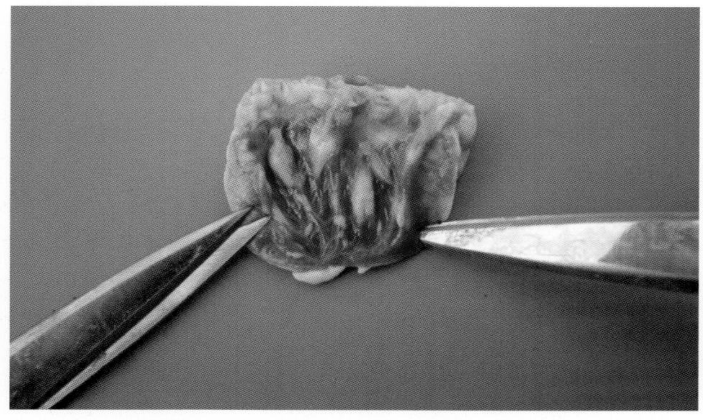

9-7 网状内皮增生症病鸡心肌内膜有凸出于表面的肿瘤结节

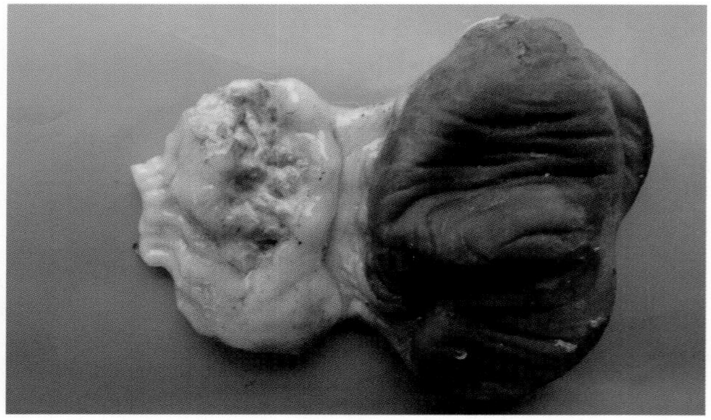

9-8 网状内皮增生症病鸡腺胃极度肿大，腺胃黏膜高低不平

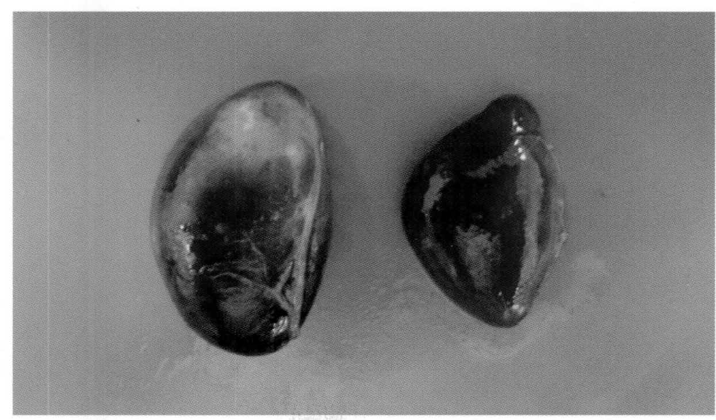

9-9 网状内皮增生症病鸡整个脾形成肿瘤病灶，右侧为正常脾

9-10 网状内皮增生症病鸡脾表面光滑，有灰白色的肿瘤结节

9-11 网状内皮增生症病鸡脾有大而明显的肿瘤结节

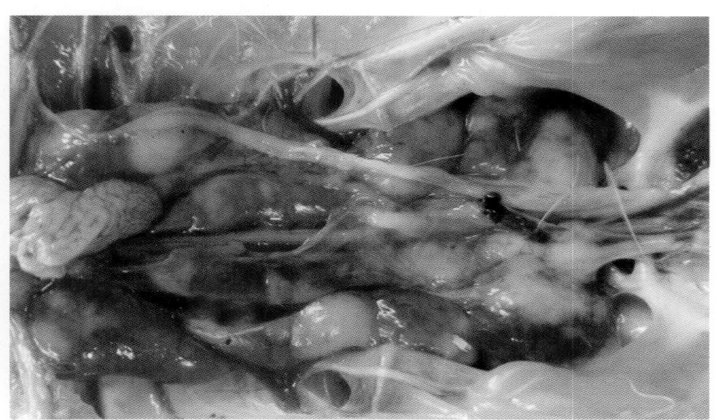

9-12 网状内皮增生症病鸡肾有大而明显的肿瘤结节

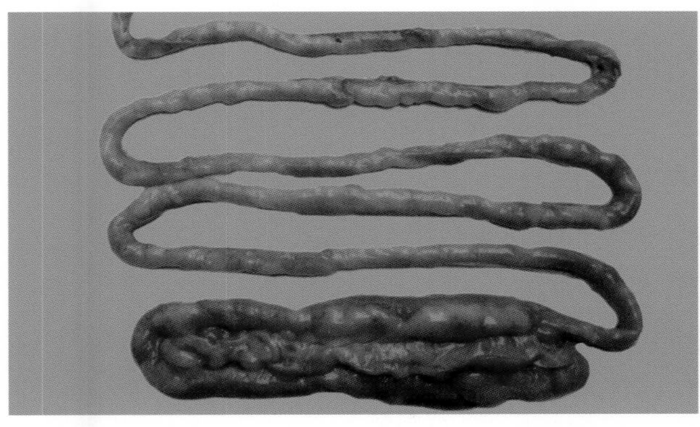

9-13 网状内皮增生症病鸡胰腺极度肿大，肠道有结节状肿瘤，呈串珠样

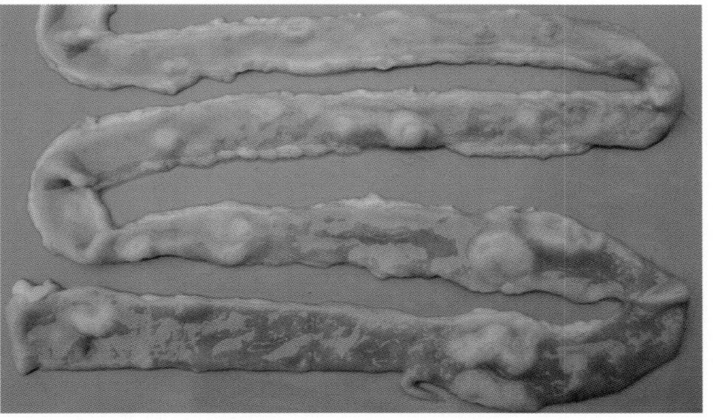

9-14 网状内皮增生症病鸡小肠黏膜有大小不等的肿瘤结节

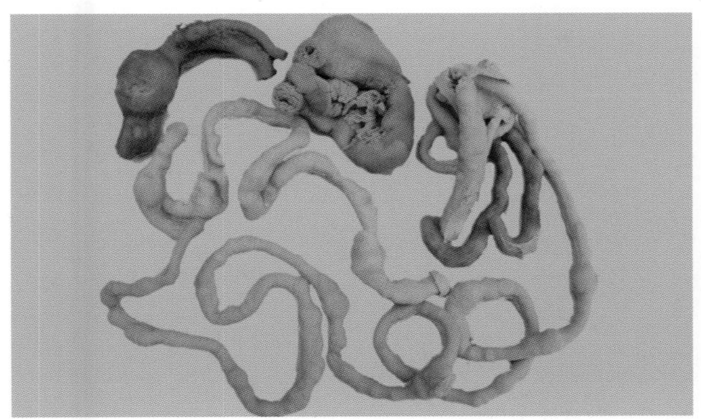

9-15 网状内皮增生症病鸡肠道有结节状肿瘤，呈串珠状（1）

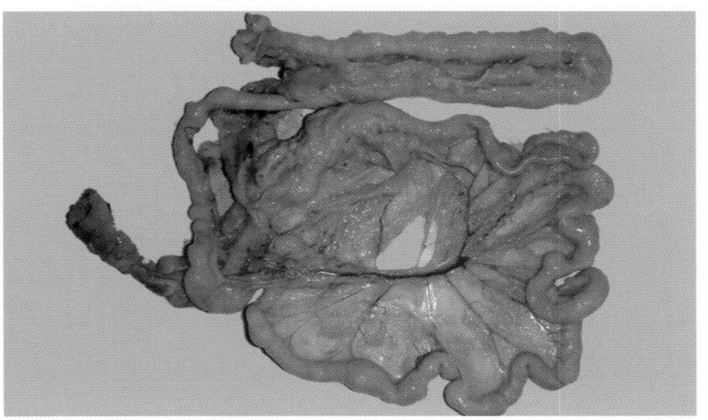

9-16 网状内皮增生症病鸡肠道有结节状肿瘤，呈串珠状（2）

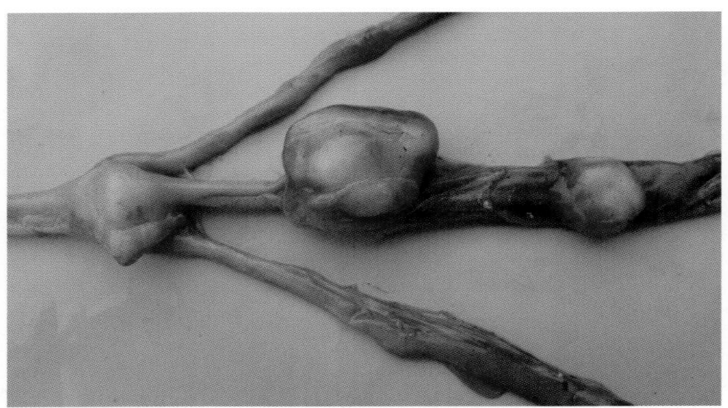

9-17 网状内皮增生症病鸡回肠有大的肿瘤结节

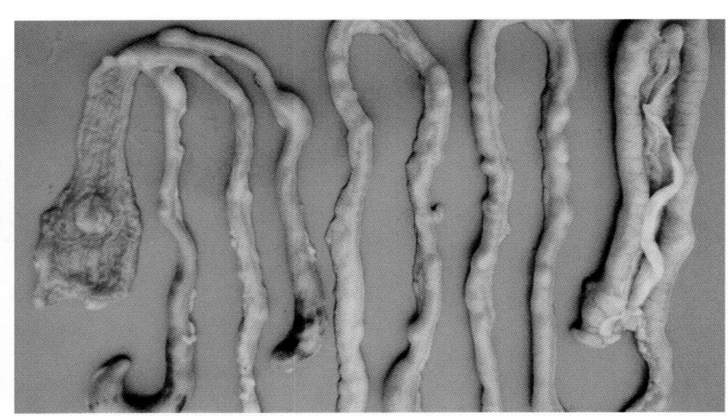

9-18 网状内皮增生症病鸡十二指肠、小肠、盲肠呈串珠状，泄殖腔黏膜有肿瘤结节

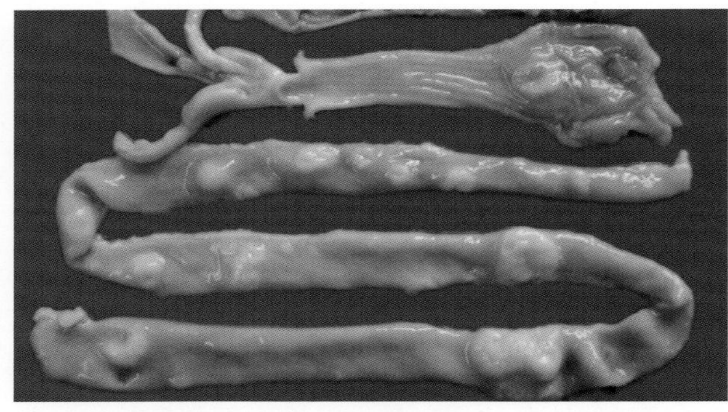

9-19 网状内皮增生症病鸡小肠、盲肠、泄殖腔黏膜有大小不等的肿瘤结节

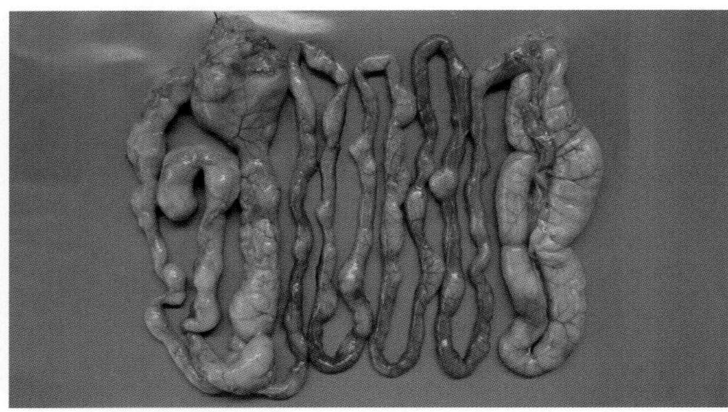

9-20 网状内皮增生症病鸡十二指肠、小肠、盲肠呈串珠状

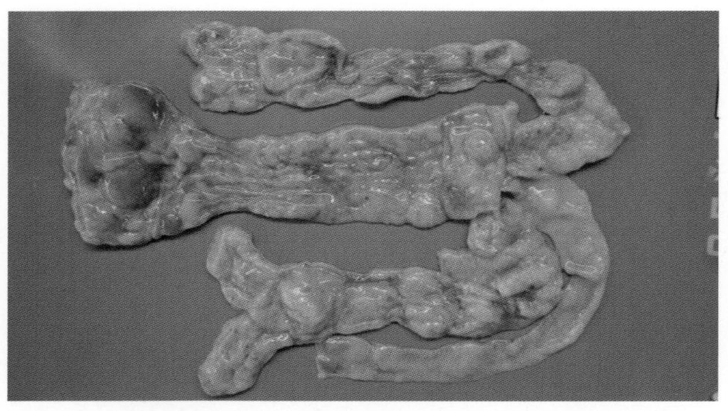

9-21 网状内皮增生症病鸡小肠、盲肠、泄殖腔黏膜有大小不一的肿瘤结节

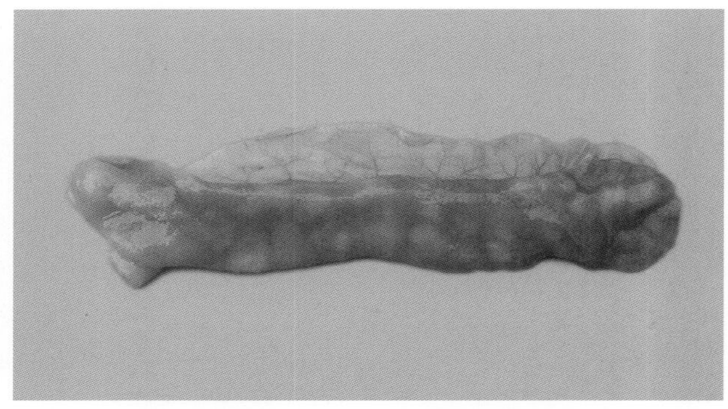

9-22 网状内皮增生症病鸡十二指肠黏膜有灰白色肿瘤性白斑

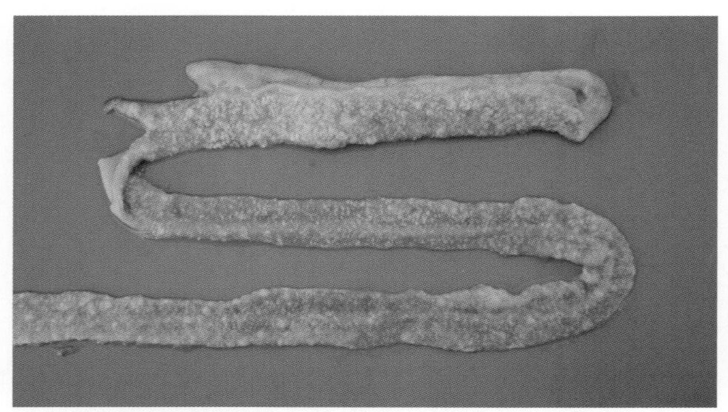

9-23 网状内皮增生症病鸡肠道黏膜布满了密密麻麻细小的肿瘤结节

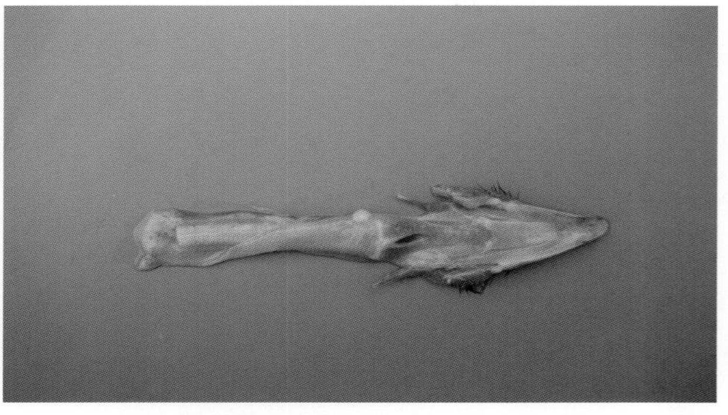

9-24 网状内皮增生症病鸡食道黏膜有一单个灰白色肿瘤结节

传染性腺胃炎（Infectious proventriculitis）

传染性腺胃炎多发生于30～80日龄的鸡。主要特征为病鸡生长阻滞，消瘦死亡，腺胃肿大、出血，胸腺、法氏囊萎缩。本病可能是一种免疫抑制性疾病，也可能与饲养管理不当、舍温低、食用霉菌污染的饲料等因素有关。

【流行特点】

本病可感染各品种的鸡，多发生于30～80日龄的雏鸡，病程长，可达20～40 d。并发或继发感染以及各种应激因素都会加重发病程度。

【临床症状】

感染初期仅表现为生长缓慢，打盹。感染后10～15 d，出现食欲减少，体重无增长，甚至下降，逐渐消瘦，发病鸡的体重仅为正常鸡的1/3～1/2，发病鸡群的体重差异很大，很像由不同日龄的鸡组成的鸡群，最后病鸡因严重衰竭而死亡，死亡率为10%～30%，混合感染时死亡率更高。发病后期，病鸡缩头，两翅下垂，排稀便。部分病鸡眼肿，流泪。

【剖检病变】

腺胃显著肿胀，外观似橡皮球样，有弹性。腺胃壁增厚，乳头水肿、充血、出血或乳头凹陷消失、周边出血、坏死溃疡，乳头流出脓性分泌物。大多数死亡鸡肌肉苍白，胸腺和法氏囊萎缩。肠黏膜，尤其是十二指肠黏膜肿胀，卡他性炎症，肠道内充满液体。有的病鸡肾肿大呈花斑状，严重者尿酸盐沉积。

【诊断】

根据临床症状、病理剖检变化可初步诊断，确诊须进行实验室诊断。

【防控措施】

1. 改善饲养条件，搞好鸡舍内外环境卫生，并加强消毒，鸡群饲养密度要适宜。做好鸡舍通风换气；尽量减少和杜绝各类应激。

2. 把好雏鸡引进关，注意选择饲养管理良好的种鸡场，不从发生过腺胃炎的种鸡场引进鸡苗。

3. 供给营养均衡的全价饲料，杜绝使用霉变、变质的饲料。

4. 制定合理的免疫程序，根据当地鸡病流行情况制定合理的免疫程序，并严格按照制定的免疫程序对鸡群进行免疫接种，以防范鸡痘、禽网状内皮增生症、鸡贫血因子以及鸡马立克氏病等传染病的发生，从而减少本病的诱发。在本病的高发区，于10～20日龄按照每只0.3～0.5 mL的剂量，注射鸡腺胃型传染性支气管炎油乳剂灭活疫苗，产蛋前15～20日龄再注射一次每只0.5 mL，能很好地预防本病。

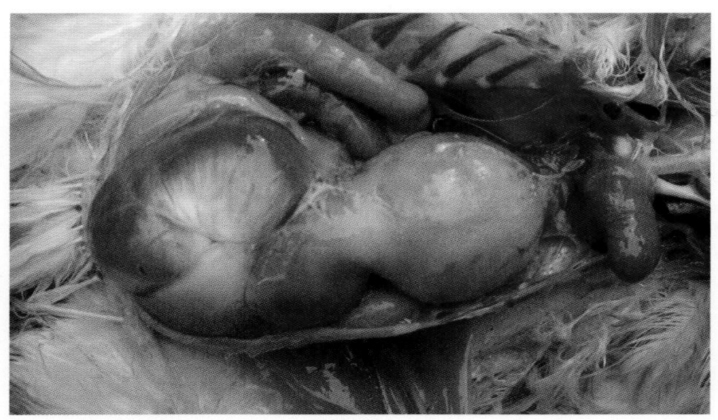
10-1 传染性腺胃炎病鸡腺胃显著肿胀，近似球形，手感硬，有弹性，似橡皮球样

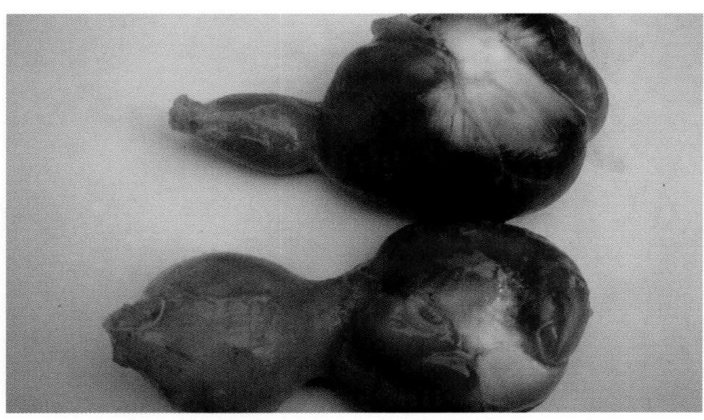
10-2 传染性腺胃炎病鸡腺胃极度肿胀（上为正常鸡的腺胃，下为患病鸡的腺胃）

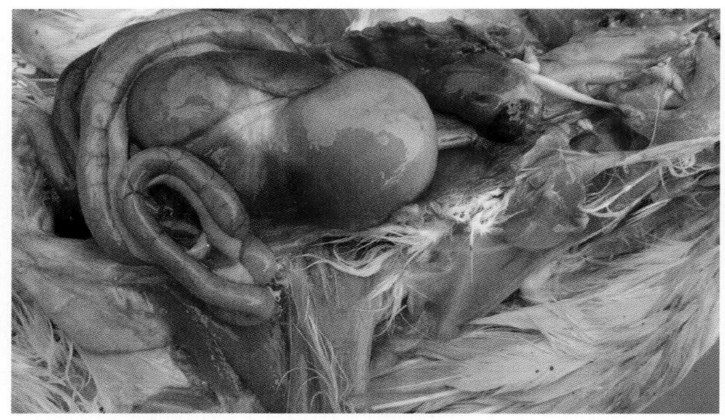
10-3 传染性腺胃炎病鸡腺胃显著肿胀，似橡皮球样

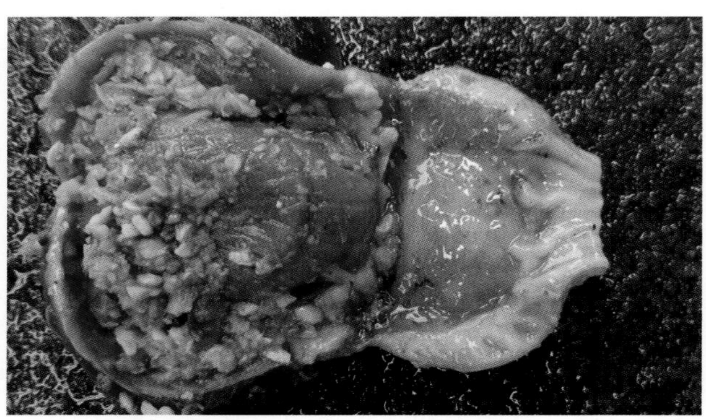
10-4 传染性腺胃炎病鸡腺胃极度增厚、肿胀、出血溃疡，乳头消失

10-5 传染性腺胃炎病鸡腺胃壁增厚，乳头水肿，充血、出血或乳头凹陷消失，右侧为正常腺胃壁

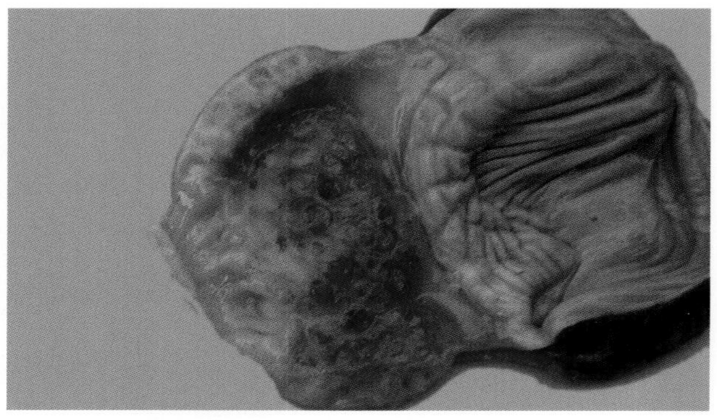
10-6 传染性腺胃炎病鸡腺胃壁极度增厚、肿胀、出血、溃疡、乳头凹陷

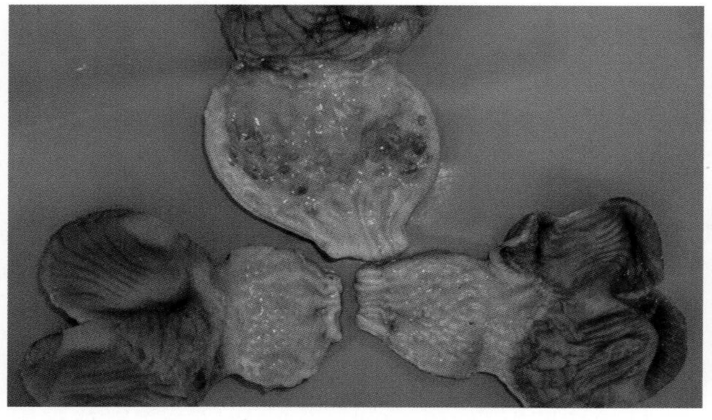
10-7 上面是传染性腺胃炎病鸡的腺胃，极度增厚、肿胀、出血、溃疡、乳头凹陷

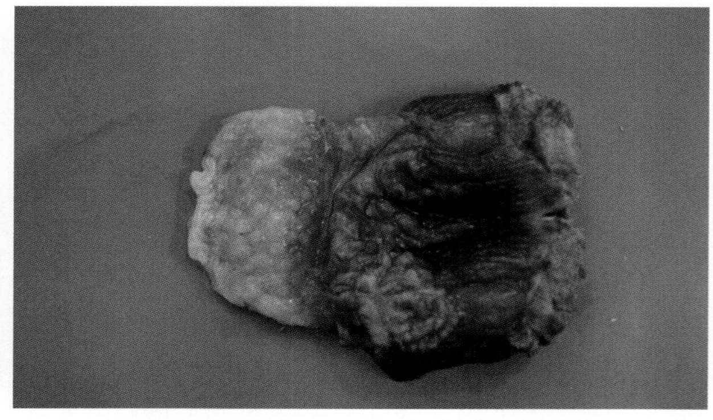
10-8 传染性腺胃炎病鸡腺胃壁增厚，腺胃乳头水肿，腺胃与肌胃连接处有较宽的出血带，肌胃角质层糜烂

传染性支气管炎（Infectious bronchitis；IB）

传染性支气管炎（简称传支）是由鸡传染性支气管炎病毒引起的一种急性、高度接触性呼吸道疾病。各日龄鸡均可感染，表现呼吸困难、啰音、咳嗽；肾病变型毒株可出现高的死亡率；产蛋鸡感染通常出现产蛋量降低，蛋的品质下降。该病是养鸡业的重要疫病。

【病原】

传染性支气管炎病毒（IBV）属冠状病毒。

【流行特点】

各日龄的鸡均可发病，雏鸡最严重。过热、严寒、拥挤、通风不良、维生素和矿物质等营养缺乏，均可促使本病的发生。发病无季节性，但秋末至春季多发，本病传播非常迅速，患呼吸型、肾型传染性支气管炎时死亡率很高。

【临床症状】

在临床上一般分为呼吸型、肾型、生殖型。

1. 呼吸型：病鸡常无前驱症状，突然出现呼吸症状，并迅速波及全群。雏鸡表现为精神不振、食欲减少、呼吸困难、伸颈张口呼吸，但发不出声音，病鸡多因呼吸困难而窒息死亡，死亡率可达25%。

2. 肾型：病初有轻微的呼吸道症状，夜间才能听到，接着呼吸道症状消失，缩颈、翅下垂，挤成一团，排出白色水样粪便。雏鸡死亡率为10%～30%。

3. 生殖型：1～3周龄以内的雏鸡感染传染性支气管炎病毒会造成输卵管不能正常发育、畸形，到成年鸡阶段表现为体况良好，但鸡冠增厚、直立，不产蛋；开产前感染的病鸡，开产期推迟，产蛋量减少；开产后感染的病鸡会出现软壳蛋、薄壳蛋、沙皮蛋、畸形蛋，蛋清稀薄如水。病鸡康复后产蛋量不易恢复。

【剖检病变】

1. 呼吸型传支病鸡，气管、支气管、鼻腔和窦内有浆液性或干酪样物。死亡鸡的气管下段及支气管中有黄白色干酪样或黏稠的栓子。

2. 肾型传支病死亡鸡的肾肿大，浅粉红色，肾的前叶似花生豆样，多数呈斑驳状的花肾，肾表面可看到白色的尿酸盐颗粒。输尿管因增粗呈白色，内有多量尿酸盐，严重者在心脏、肝等内脏器官的表面有白色的尘屑样物附着。

3. 生殖型传支：3周龄内被传染性支气管炎病毒感染，会造成输卵管发育不良，到成年鸡阶段虽然成熟的卵泡很多，但输卵管发育畸形，短而闭塞，不能产蛋；有时在输卵管的膨大部形成大小不等的浆液性囊肿，并会随着日龄的增长而增大，虽然卵泡发育正常，但不能产蛋。有时腹腔中有液化的卵黄样物质，出现卵黄性腹膜炎。

【诊断】

根据本病流行病学特点、临床症状和病理剖检变化可初步诊断，确诊须进行实验室诊断。

【防控措施】

加强管理，减少昼夜温差，鸡舍要温暖舒适，夏季要做好防暑降温工作。疫苗免疫是防控本病的有效手段之一，疫苗使用应严格按照说明书进行。

【临床经验】

1. 若使用单 H120，或单 H52 传染性支气管炎疫苗时需要间隔 10 d 后才能用新城疫疫苗免疫，以免互相干扰抗体的产生。

2. 该病无特效药治疗。肾型传支可用五苓散或 0.5% 小苏打水饮用 3～4 d；生殖型传支无法医治，只有将大肚子鸡、一指档的鸡以及假母鸡淘汰；呼吸型传支可在发病早期根据发病日龄不同，幼雏鸡用Ⅳ H120 滴鼻点眼免疫，青年鸡和成年鸡用Ⅳ H52 滴鼻点眼免疫，可以大大减少死亡率。

11-1 感染传染性支气管炎的肉雏鸡伸颈张口呼吸极度困难（1）

11-2 感染传染性支气管炎的肉雏鸡伸颈张口呼吸极度困难（2）

11-3 感染传染性支气管炎的病鸡伸颈张口呼吸极度困难（1）

11-4 感染传染性支气管炎的病鸡伸颈张口呼吸极度困难（2）

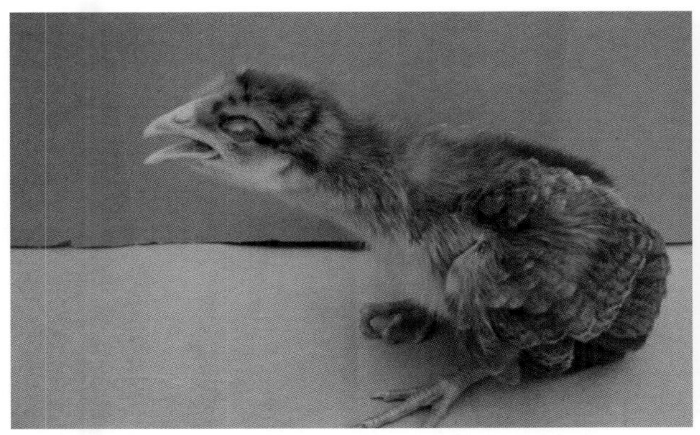

11-5 传染性支气管炎病程长的病柴鸡，伸颈张口呼吸极度困难

11-6 感染传染性支气管炎的后期，病鸡伏卧在地，伸颈张口呼吸极度困难

11-7 雏鸡感染传染性支气管炎，伸颈张口呼吸极度困难

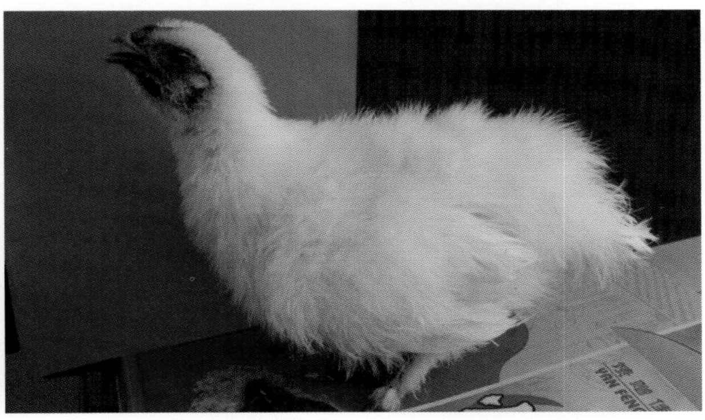

11-8 乌鸡感染传染性支气管炎，伸颈张口呼吸极度困难

11-9 孔雀感染传染性支气管炎，伸颈张口呼吸极度困难

11-10 传染性支气管炎病鸡支气管呈浅黄色，不透明

11-11 传染性支气管炎病鸡支气管内有灰白色黏液

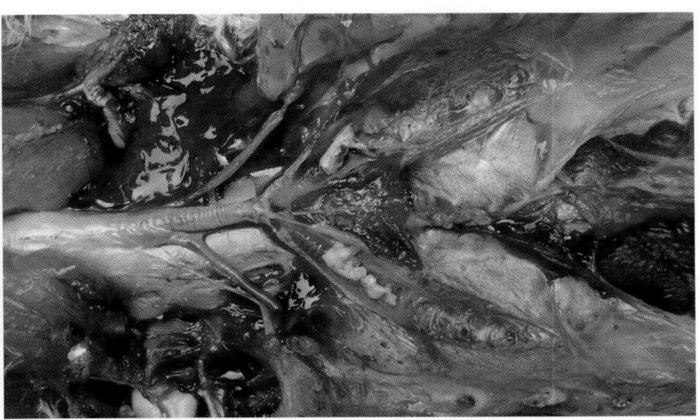

11-12 传染性支气管炎病鸡两侧支气管中有黄白色干酪样栓子

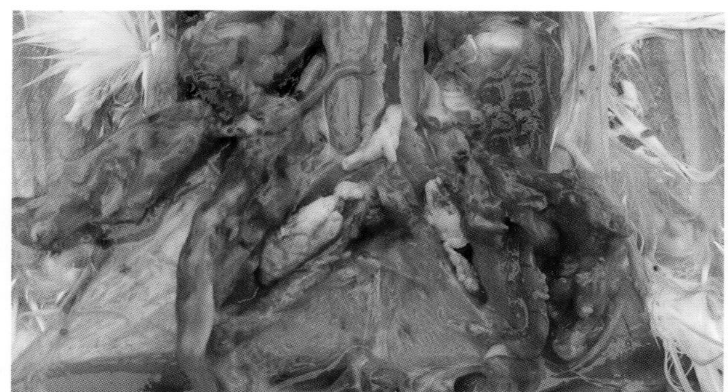

11-13　传染性支气管炎病鸽不仅在支气管内而且在气管的下端有黄白色干酪样栓子

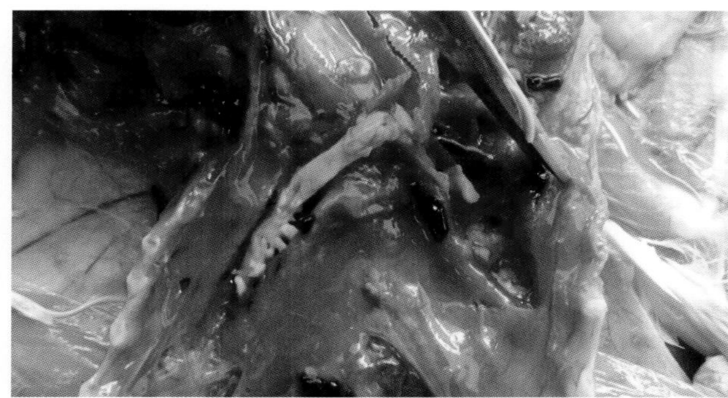

11-14　传染性支气管炎病情严重的病鸡支气管内干酪样物分支深入细支气管中

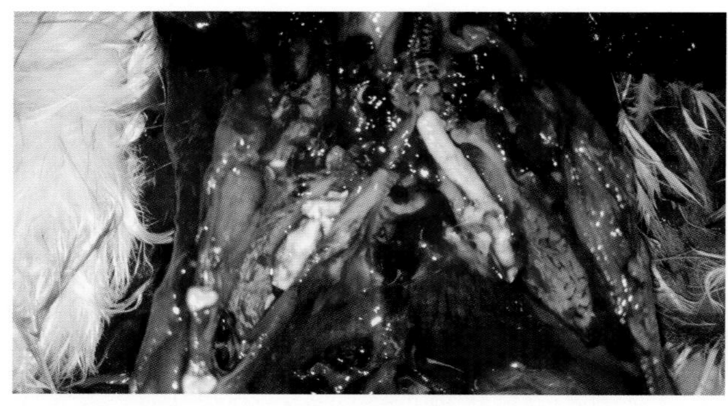

11-15　乌鸡感染呼吸型传染性支气管炎，支气管内有黄白色干酪样物

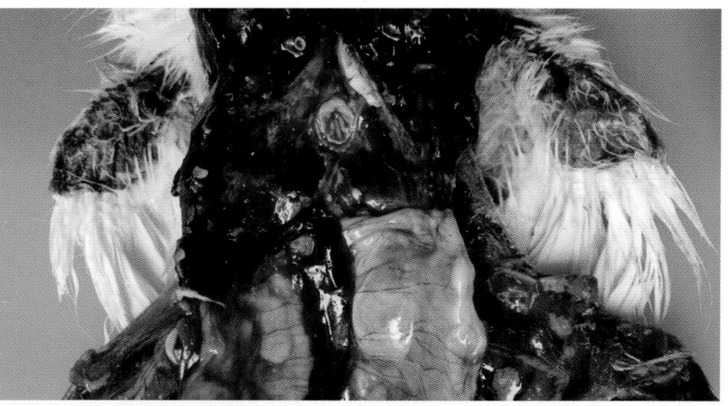

11-16　传染性支气管炎、支原体、大肠杆菌混合感染的乌鸡，支气管内有黄白色干酪样物，气囊增厚浑浊，气囊上毛细血管清晰可见

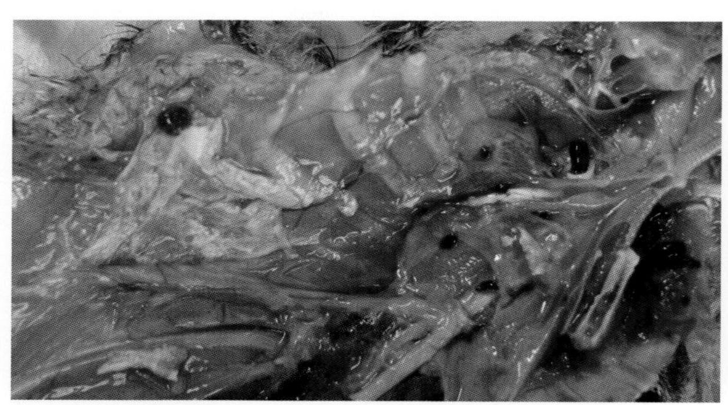

11-17　传染性支气管炎与支原体混合感染病鸡，支气管内有黄白色干酪样物，腹壁内侧有黄白色干酪样物

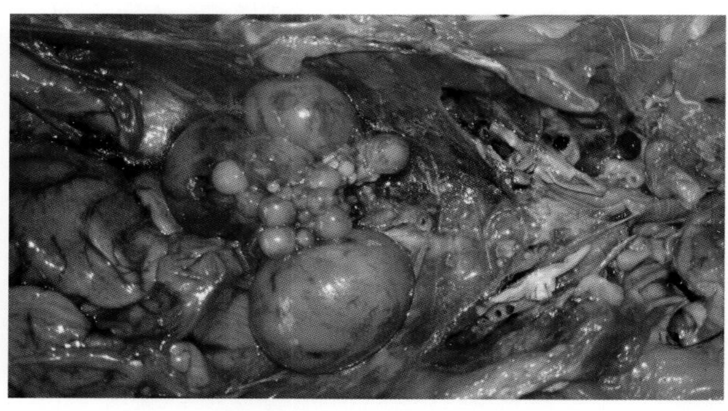

11-18　传染性支气管炎与禽流感混合感染病鸡，卵泡出血，支气管内有黄白色干酪样物（1）

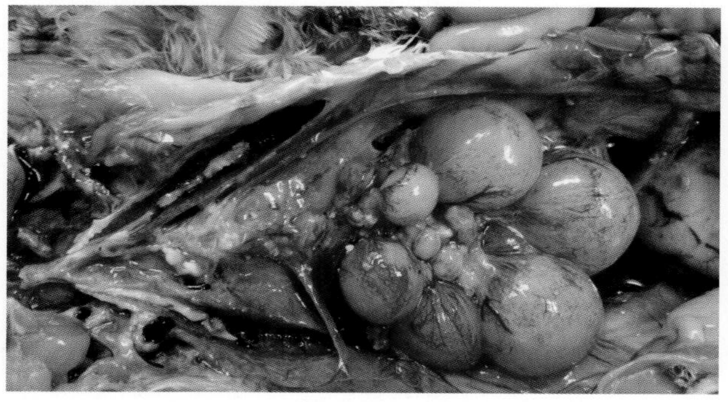

11-19　传染性支气管炎与禽流感混合感染病鸡，卵泡出血，支气管内有黄白色干酪样物（2）

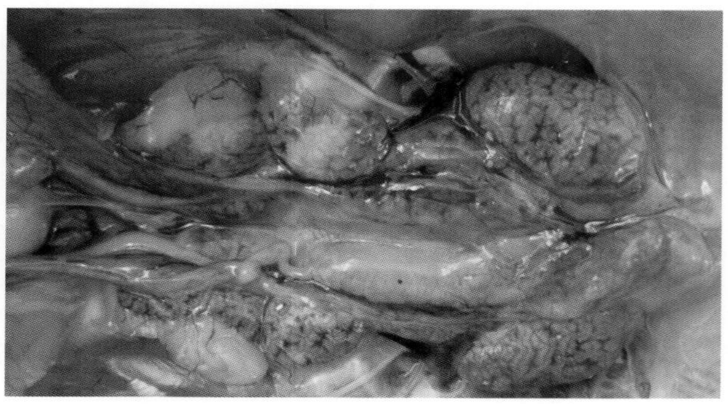

11-20　肾型传染性支气管炎病鸡肾肿胀、肾小管内充满了尿酸盐

11-21　肾型传染性支气管炎病鸡肾极度肿胀，呈浅粉红色，似花生豆样

11-22　肾型传染性支气管炎肉病鸡肾极度肿胀，病情严重者呈花斑状

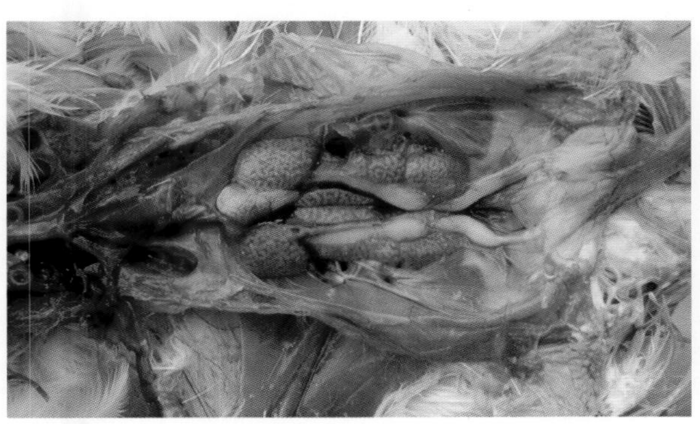
11-23　肾型传染性支气管炎病鸡肾极度肿胀，呈花斑状，输尿管明显增粗，内有多量尿酸盐

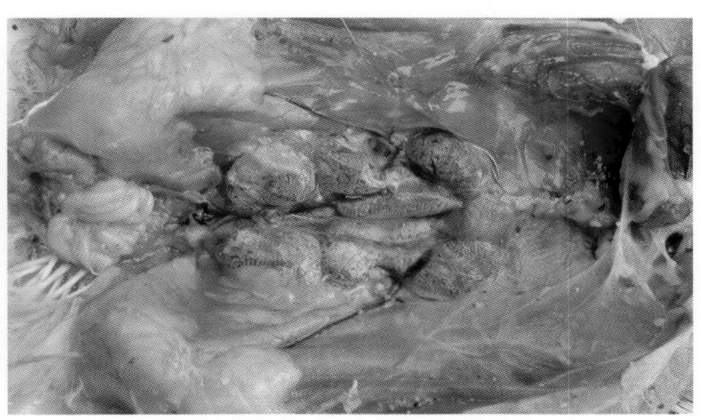
11-24　肾型传染性支气管炎病鸡肾极度肿胀，呈浅粉红色

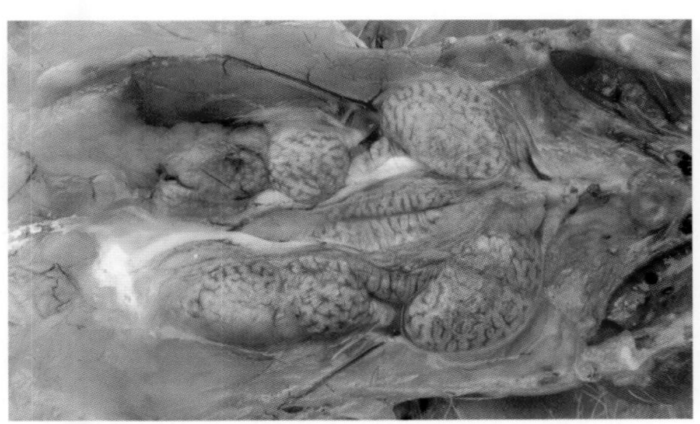
11-25　肾型传染性支气管炎病鸡肾极度肿胀，呈斑驳状，输尿管增粗，内有多量尿酸盐

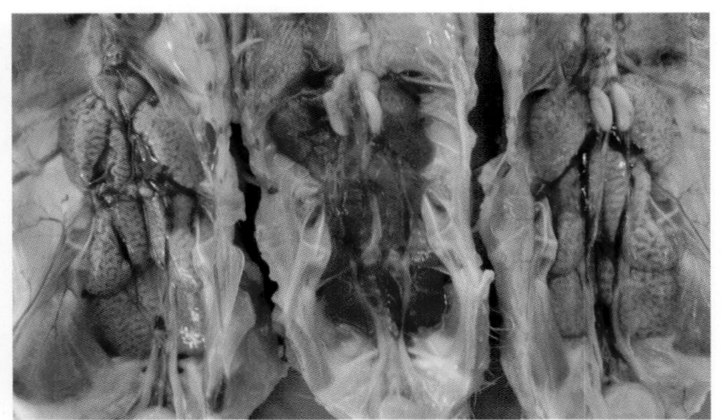
11-26　肾型传染性支气管炎病鸡肾极度肿胀，呈浅粉红色，中间为正常肾

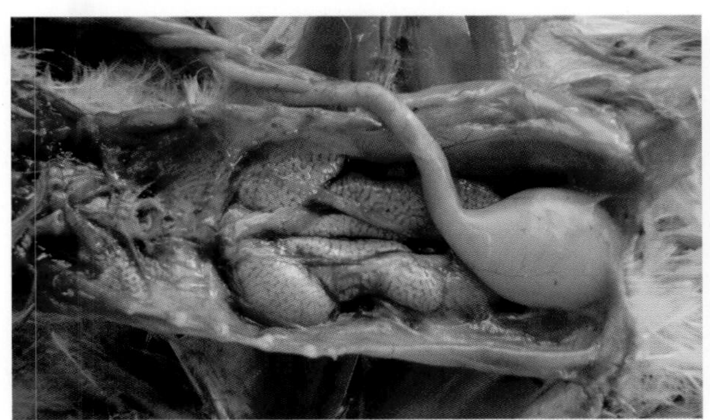
11-27　肾型传染性支气管炎病鸡肾极度肿胀，呈浅粉红色，泄殖腔极度膨大，内有多量尿酸盐

11-28　肾型传染性支气管炎病鸡肾极度肿胀，呈浅粉红色，泄殖腔有多量尿酸盐（1）

11-29 肾型传染性支气管炎病鸡肾极度肿胀，呈浅粉红色，泄殖腔有多量尿酸盐（2）

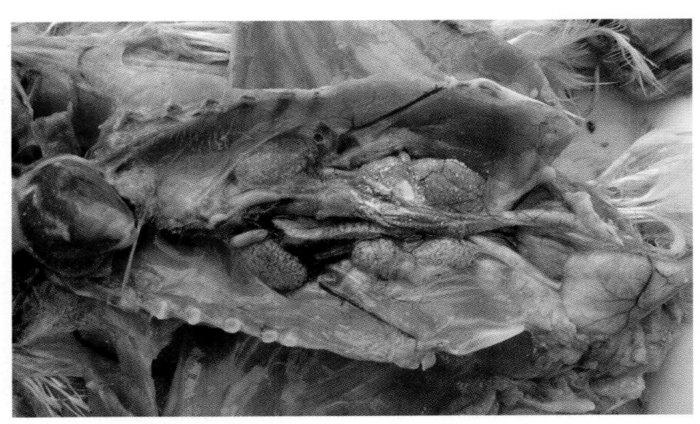
11-30 肾型传染性支气管炎病情严重的病鸡形成痛风，肾极度肿胀，呈浅粉红色，肾表面有多量尿酸盐

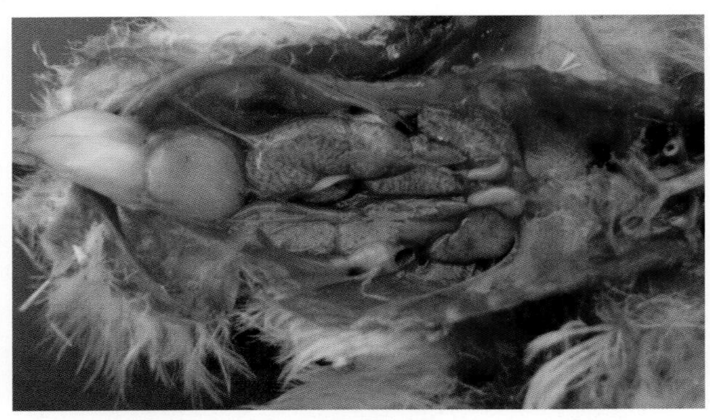
11-31 肾型传染性支气管炎病情严重的病鸡形成痛风，肾一侧萎缩，另一侧极度肿胀，泄殖腔有多量尿酸盐

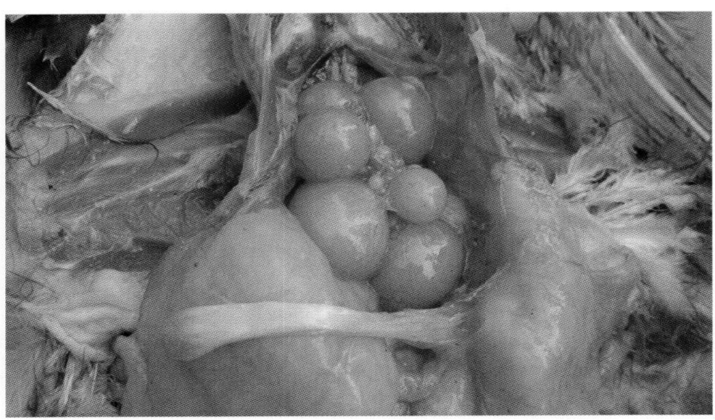
11-32 传染性支气管炎成年病鸡输卵管细且短，畸形（1）

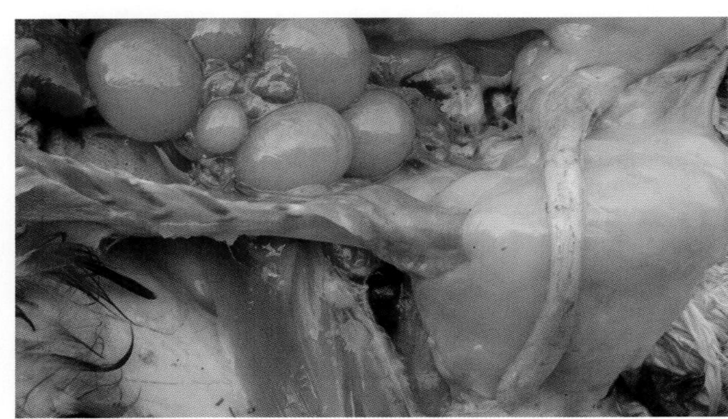
11-33 传染性支气管炎成年病鸡输卵管细且短，畸形（2）

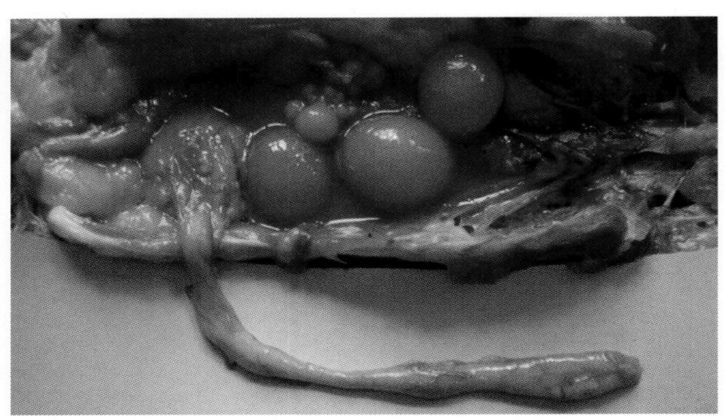
11-34 传染性支气管炎成年病鸡输卵管呈条索状

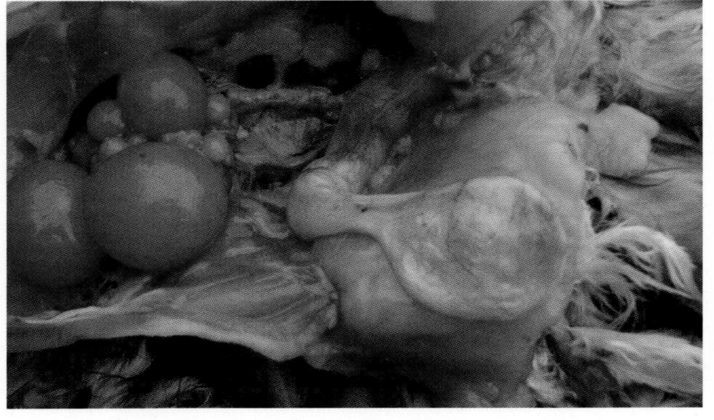
11-35 传染性支气管炎成年病鸡输卵管短而闭塞，畸形

11-36 传染性支气管炎成年病鸡卵泡发育良好，但输卵管短而闭塞

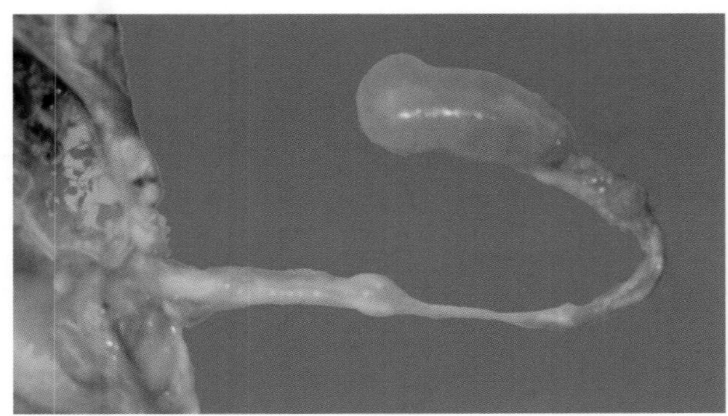

11-37　传染性支气管炎成年病鸡输卵管伞部形成浆液性囊肿，膨大部变细、畸形

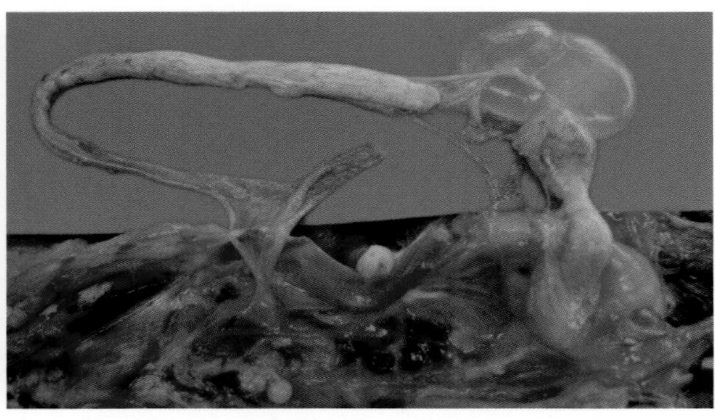

11-38　传染性支气管炎病鸡输卵管膨大部与峡部断开，断端闭锁，有输卵管系膜相连

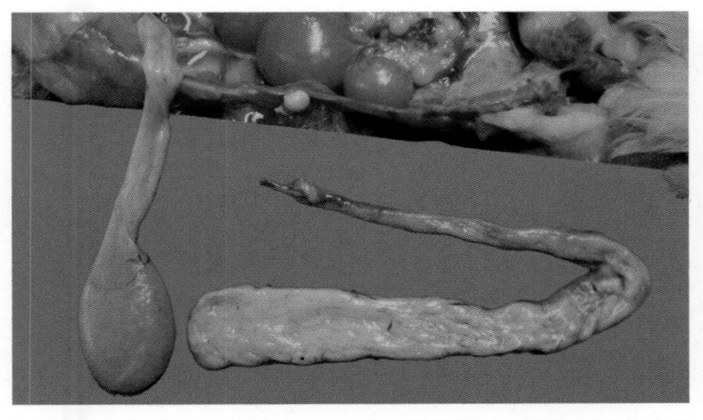

11-39　传染性支气管炎病鸡输卵管膨大部与峡部断开，断端闭锁

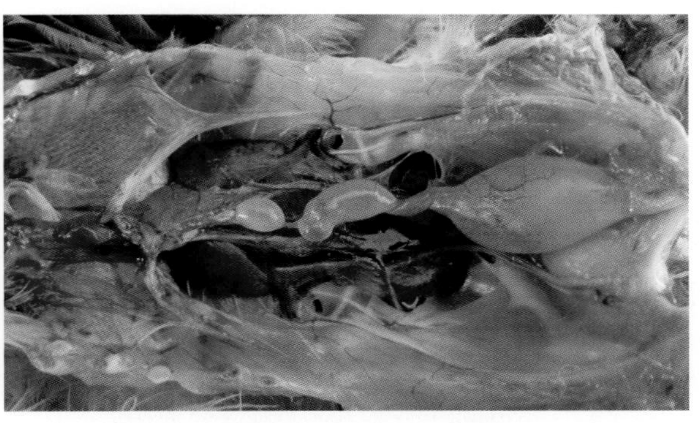

11-40　传染性支气管炎病毒感染幼龄鸡，造成输卵管发育不良，输卵管形成浆液性囊肿（1）

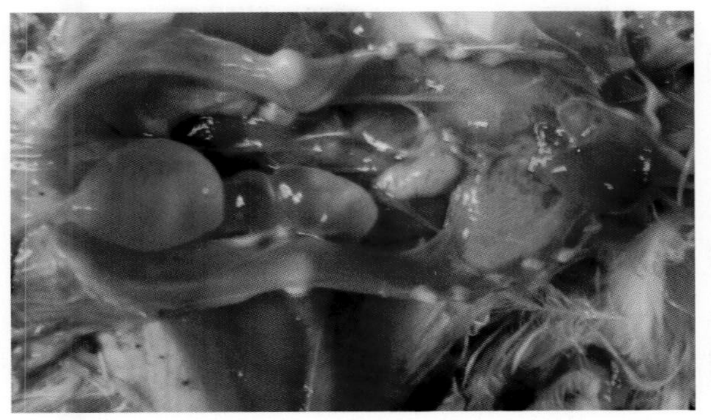

11-41　传染性支气管炎病毒感染幼龄鸡，造成输卵管发育不良，输卵管形成浆液性囊肿（2）

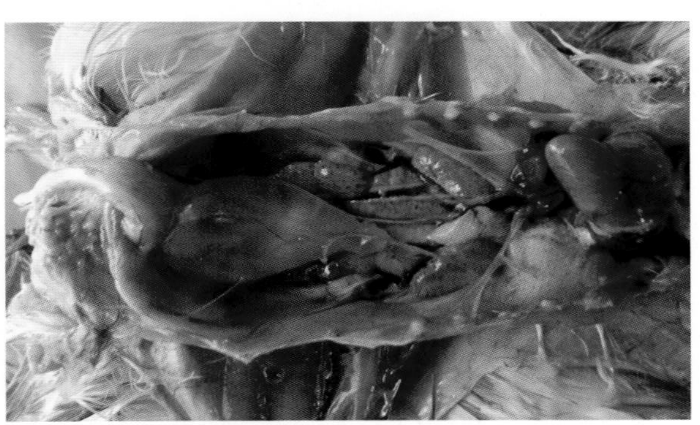

11-42　传染性支气管炎病毒感染幼龄鸡，造成输卵管发育不良，输卵管形成浆液性囊肿（3）

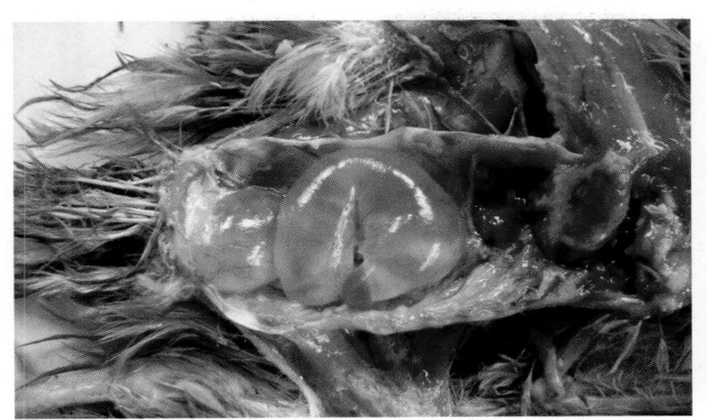

11-43　传染性支气管炎病毒感染幼龄鸡，造成输卵管发育不良，输卵管形成浆液性囊肿，随着日龄的增长而增大

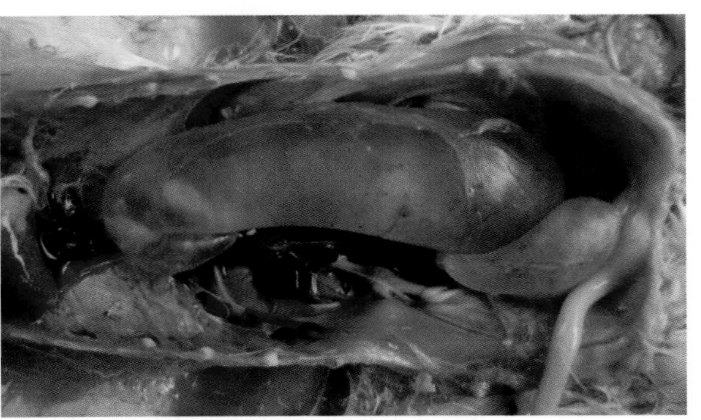

11-44　传染性支气管炎病鸡输卵管形成大的浆液性囊肿，几乎占据了整个腹腔

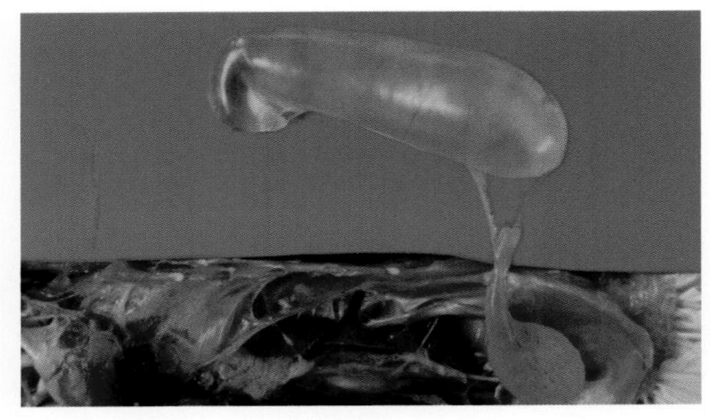

11-45 将图 11-44 腹腔中囊肿拉出体外，可见囊肿分为两部分，断端闭锁，中间有输卵管系膜相连

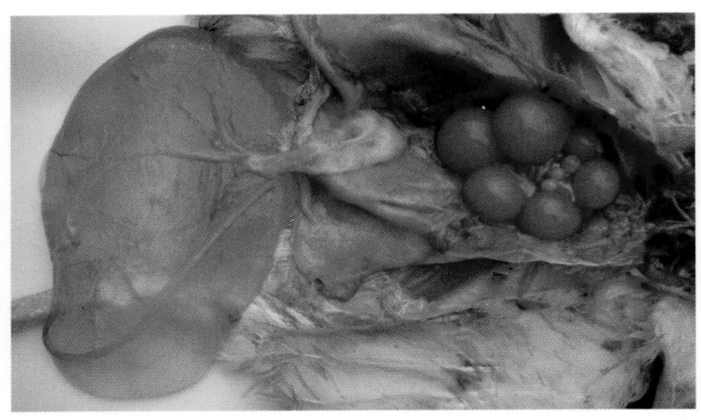

11-46 传染性支气管炎成年病鸡卵泡发育良好，但输卵管形成巨大的浆液性囊肿（内有 400～500 mL 的液体）

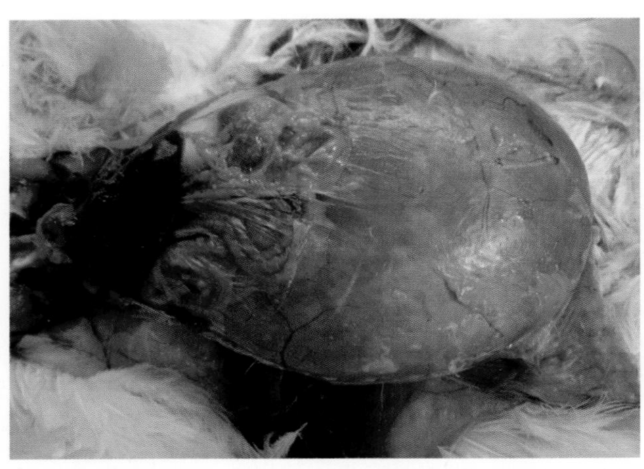

11-47 传染性支气管炎成年病鸡输卵管形成巨大的浆液性囊肿，肠道附着在囊肿上面

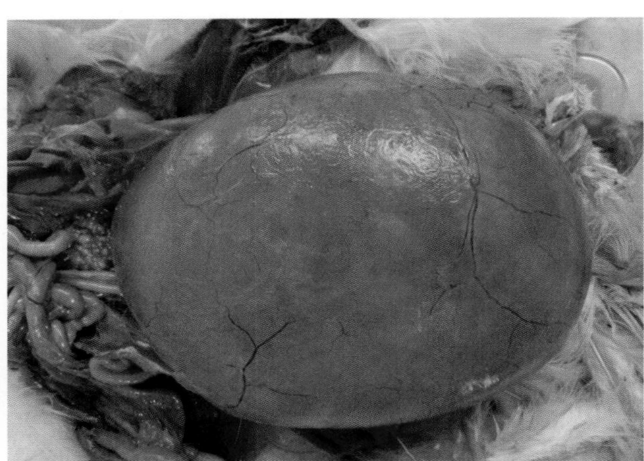

11-48 传染性支气管炎成年病鸡输卵管形成巨大的浆液性囊肿（内有 500 mL 左右的液体）

传染性喉气管炎（Infectious laryngotracheitis；ILT）

【病原】

传染性喉气管炎是由传染性喉气管炎病毒（ILTV，属禽疱疹病毒）引起的一种急性呼吸道传染病。

【流行特点】

不同日龄的鸡均易感染发病，成年鸡、青年鸡最易感染发病。该病是由病毒感染或免疫应激发病，主要发生在冬、春寒冷的季节。感染率可达90%，死亡率达5%～70%，一般是10%～20%，高产鸡死亡率高。

【临床症状】

典型症状为伸颈张口呼吸，拉长音，怪叫。急性病例咳出带血的黏液甩在鸡笼上或地面上。慢性病例检查口腔，喉头有淡黄色干酪样物堵塞，严重的病例呈现呼吸极度困难，常死于窒息，排黄白绿色稀便。

【剖检病变】

鼻腔严重充血、出血、有多量鼻汁。急性病例喉头、气管黏膜充血、出血、溃疡；喉头有针尖样出血点，气管内有多量血痰，或形成血条，严重时血条延伸至支气管；慢性病例喉头有黄白色干酪样物堵塞，或气管内有条状或松散的黄白色干酪样物。

【诊断】

在急性病例中，根据病史、临床症状和病理剖检变化可初步诊断，对于慢性喉炎须通过实验室诊断证实病原的存在。

【防控措施】

做好饲养管理，防止应激，注意通风换气是预防本病的前提。疫苗免疫是重要措施。疫苗的使用应严格按照使用说明书进行。

【临床经验】

发病早期可紧急接种喉炎苗，接种疫苗时滴肛法比点眼应激小。对呼吸明显困难的病鸡，可镊出

在喉头堵塞的黄白色干酪样物。选用含有牛磺、冰片、蟾酥等成分的中药饮水或拌料，连用 4～5 d。重症用喉症散或六神丸每天 1～2 次，连用 3 d 即可。

12-1　青年鸡感染传染性喉气管炎，病鸡努力向前上方伸颈、张口呼吸，拉长音、怪叫

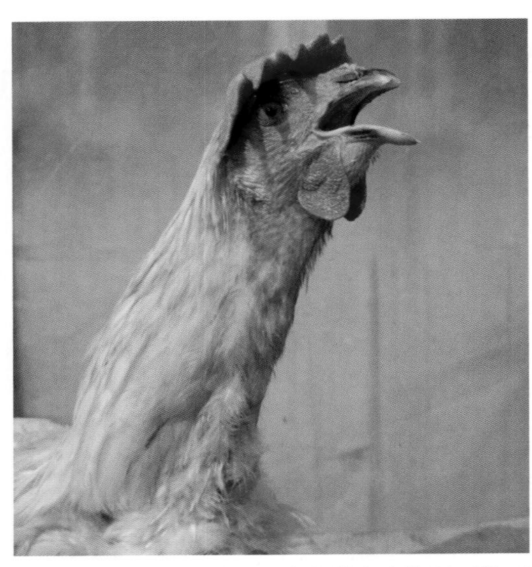

12-2　传染性喉气管炎病鸡努力向前上方伸颈、张口呼吸，拉长音、怪叫（1）

12-3　传染性喉气管炎病鸡努力向前上方伸颈、张口呼吸，拉长音、怪叫（2）

12-4　传染性喉气管炎病鸡努力向前上方伸颈、张口呼吸，拉长音、怪叫（3）

12-5　传染性喉气管炎病情严重的病鸡咳出血痰（1）

12-6　传染性喉气管炎病情严重的病鸡咳出血痰（2）

12-7 传染性喉气管炎病情严重的病鸡咳出血痰，落在羽毛上

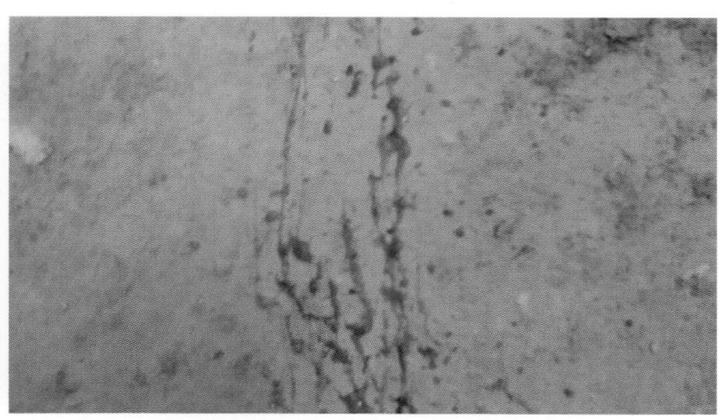
12-8 传染性喉气管炎病情严重的病鸡咳血，喷在地面上

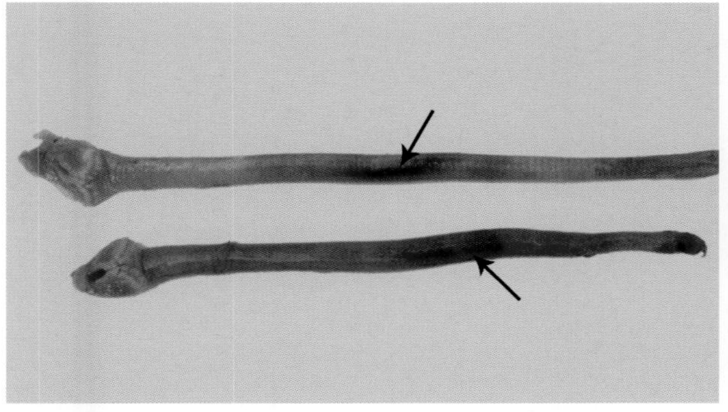
12-9 传染性喉气管炎急性病例气管内有血栓堵塞（1）

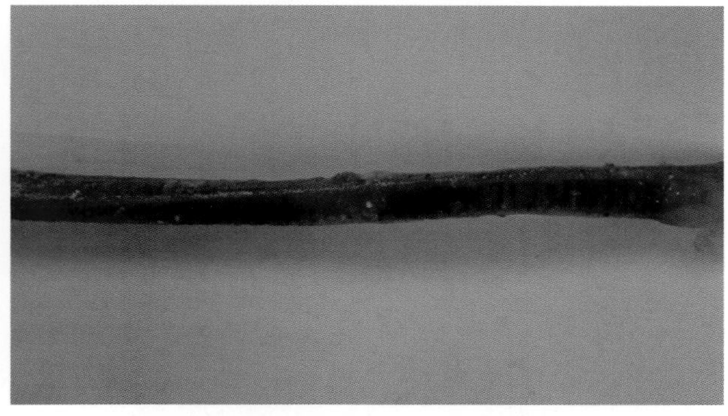
12-10 传染性喉气管炎急性病例气管内有血栓堵塞（2）

12-11 17日龄肉鸡感染传染性喉气管炎，气管、支气管环出血呈红色

12-12 传染性喉气管炎病鸡初期气管内有少量血痰

12-13 传染性喉气管炎急性病例喉头、气管黏膜严重充血、出血、溃疡

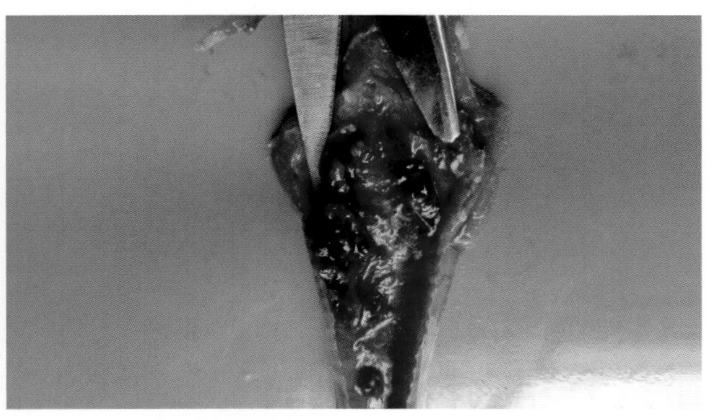
12-14 急性传染性喉气管炎病鸡喉头、气管内有多量血凝块

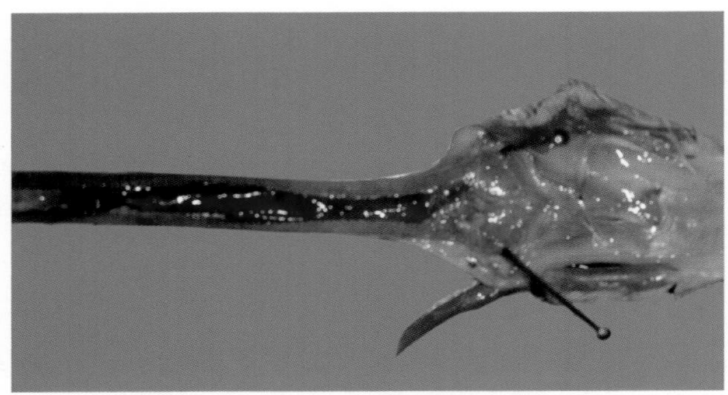

12-15 传染性喉气管炎病鸡整个气管内充满了血液凝固物，呈长条状（1）

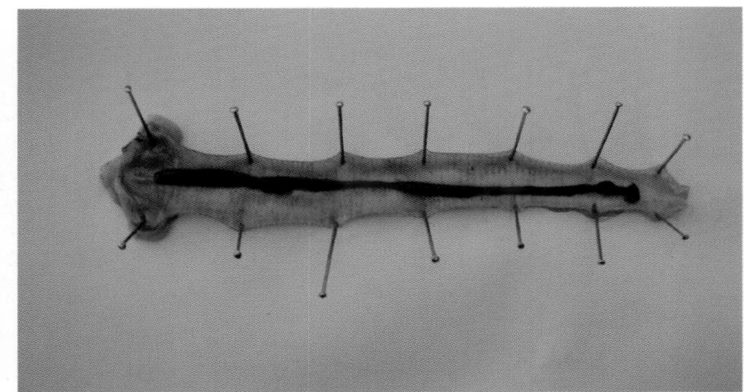

12-16 传染性喉气管炎病鸡整个气管内充满了血液凝固物，呈长条状（2）

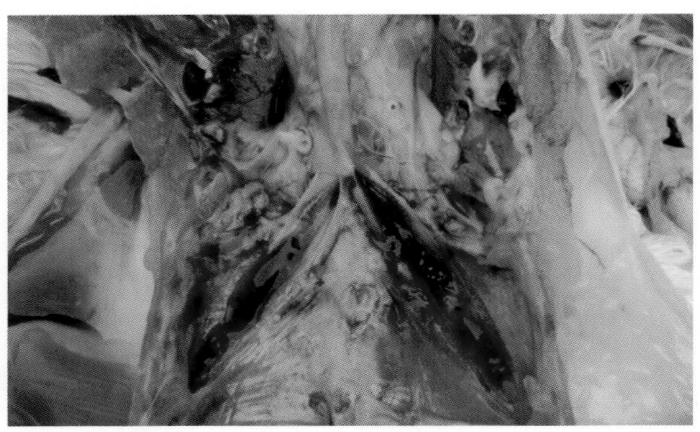

12-17 传染性喉气管炎病情严重的病鸡气管内血条延伸进入支气管内

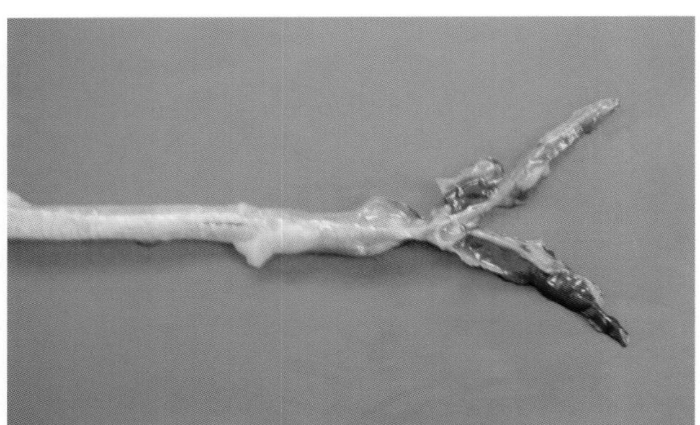

12-18 传染性喉气管炎病情严重的病鸡气管内的血条延伸至支气管

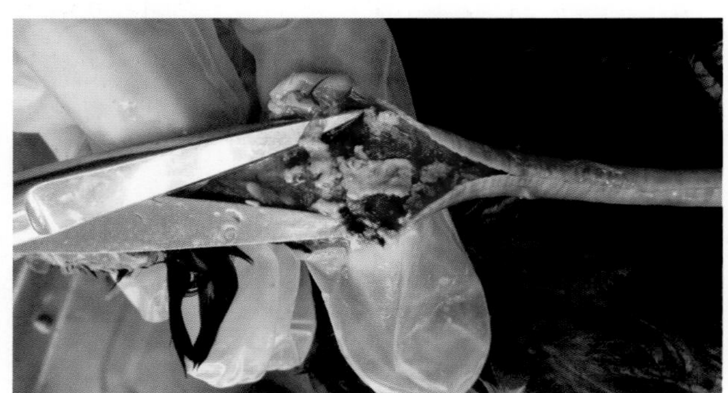

12-19 慢性传染性喉气管炎病鸡喉头气管黏膜出血，并有多量黄白色干酪样物

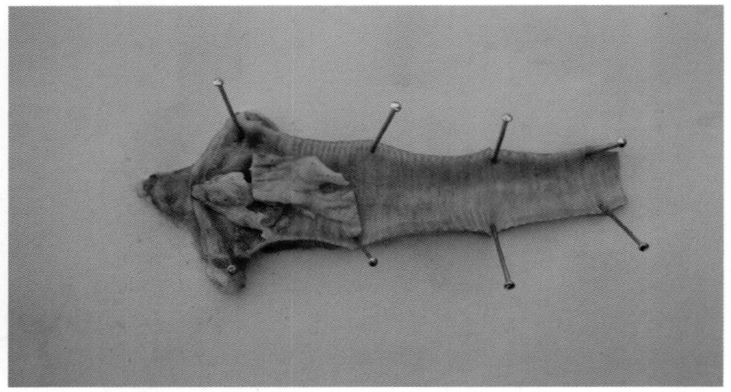

12-20 慢性传染性喉气管炎病鸡喉头有黄白色片状干酪样物堵塞

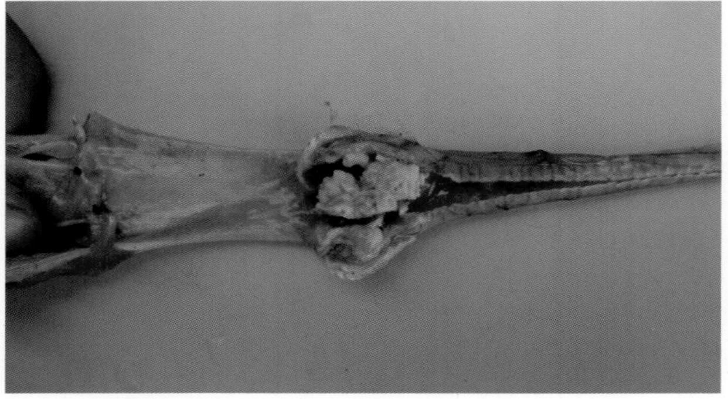

12-21 慢性传染性喉气管炎病鸡喉头有大型黄白色干酪样团块堵塞

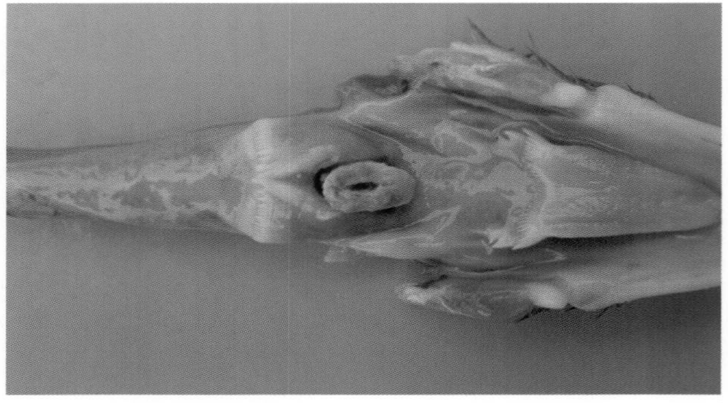

12-22 慢性传染性喉气管炎病鸡喉头有黄白色干酪样物堵塞（1）

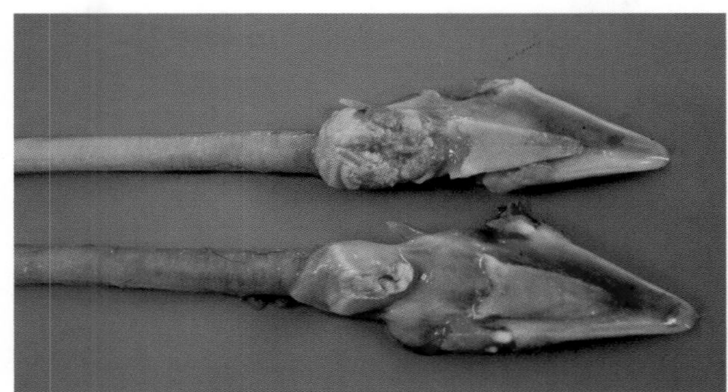

12-23　慢性传染性喉气管炎病鸡喉头有黄白色干酪样物堵塞（2）

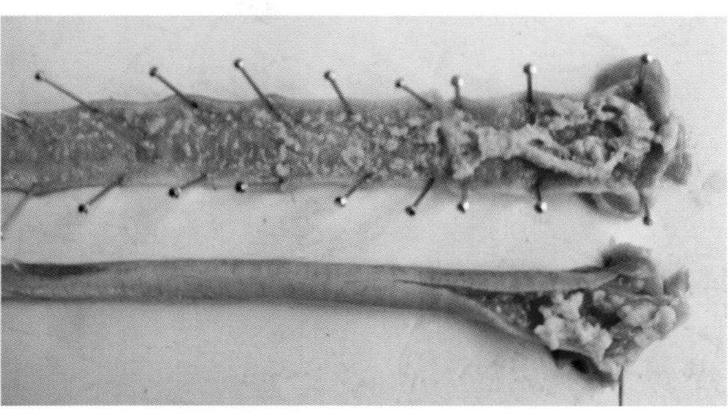

12-24　慢性传染性喉气管炎病鸡喉头有黄白色干酪样物，且气管内有疏松的干酪样物

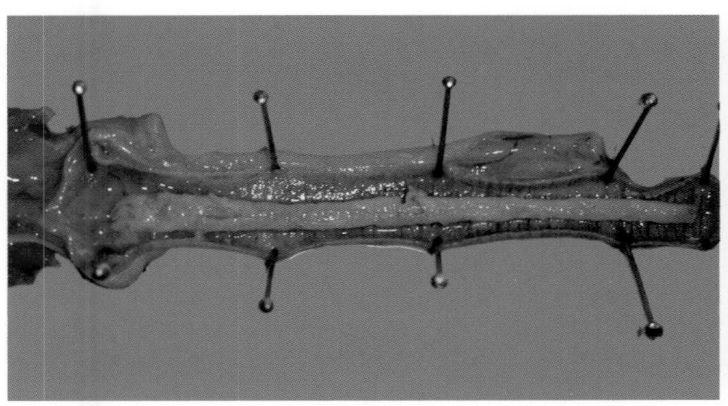

12-25　慢性传染性喉气管炎病鸡气管内有长条状的黄白色干酪样物

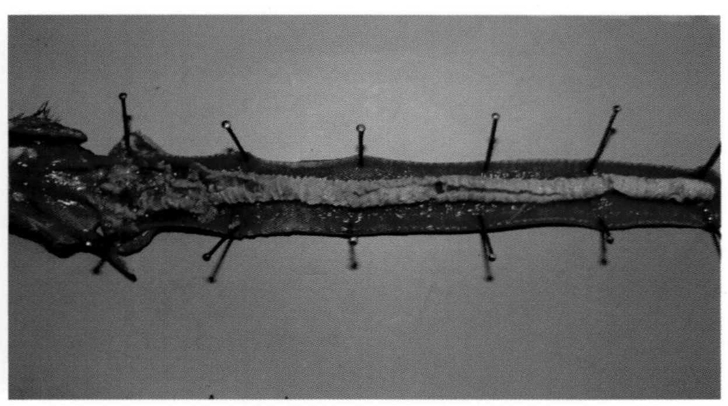

12-26　慢性传染性喉气管炎病鸡喉头有黄白色干酪样物，气管内有条状干酪样物

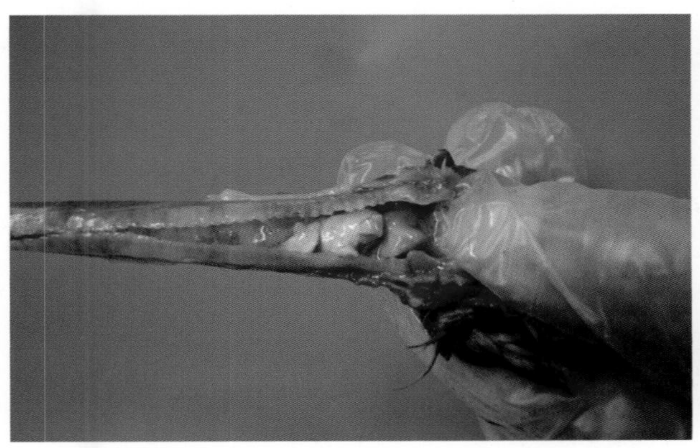

12-27　慢性传染性喉气管炎病鸭喉头有灰白色干酪样物

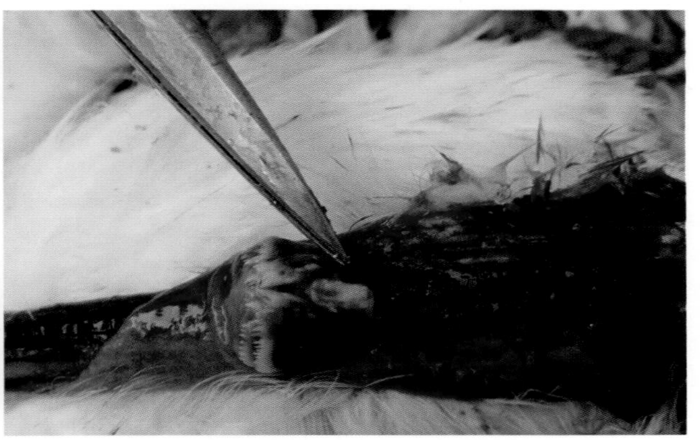

12-28　乌鸡感染慢性喉气管炎，喉头气管内有黄白色干酪样物堵塞

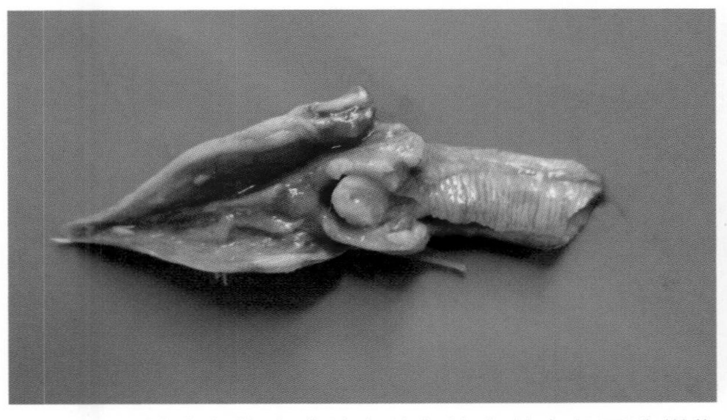

12-29　慢性喉气管炎病鸽喉头气管有黄白色干酪样物堵塞

12-30　慢性喉气管炎病鸽喉头气管有黄白色干酪样物和血痰堵塞

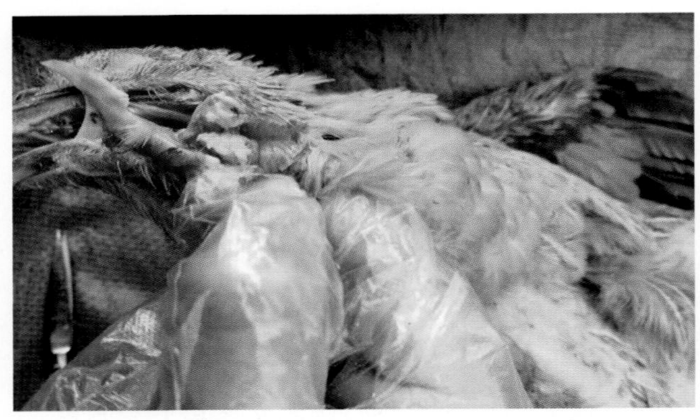

12-31　喉气管炎与喉痘混合感染，病鸡喉头黏膜隆起，上面有黄白色干酪样物（1）

12-32　喉气管炎与喉痘混合感染，病鸡喉头黏膜隆起，上面有黄白色干酪样物（2）

禽腺病毒感染（Avian adenovirus infection）

禽腺病毒分为三群：Ⅰ群禽腺病毒是引起鸡包涵体肝炎和鹌鹑支气管炎的病毒；Ⅱ群禽腺病毒可以引起火鸡出血性肠炎、雉鸡大理石脾病和鸡大脾病；Ⅲ群禽腺病毒是与鸡产蛋下降综合征有关的病毒。

13A. 产蛋下降综合征（Egg drop syndrome 1976；EDS-76）

【流行特点】

一般在鸡性成熟前不表现致病性，随着产蛋率的上升病原被激活。病鸡无明显病症，但发生产蛋突然大幅度下降，产软壳蛋、薄壳蛋、畸形蛋、浅色蛋的数量显著增多。本病主要侵害 26～32 周龄的鸡，35 周龄以上的鸡很少发病。本病的主要传播方式是经受精卵垂直传播，也可水平传播。

【临床症状】

产蛋高峰期的鸡产蛋率群体性突然下降，一般经 4～5 d 或 5～7 d 产蛋率下降 30%～50%，甚至高达 70%。病初蛋壳颜色变浅，接着是产畸形蛋，蛋壳粗糙似沙粒样，蛋壳变薄易破损，异常蛋可占产蛋量的 15% 以上。鸡笼下的粪便上有多量无壳蛋、小蛋、畸形蛋、破壳蛋、软壳蛋。病程可持续 1～2 个月，给养鸡业造成严重的经济损失。

【剖检病变】

输卵管水肿，内有大量白色黏稠的分泌物，子宫体积增大 2～3 倍，黏膜肥厚水肿，呈现出一圈一圈排列的、密密麻麻的小水疱，似玉米粒或石榴籽样，晶莹透亮。卵巢变小萎缩或卵泡变形。

【诊断】

根据本病流行特点、临床症状、病理剖检变化可做出初步诊断。但要注意与 H9 型禽流感引起的产蛋下降相区分，确诊须进行实验室诊断。

【防控措施】

种鸡携带该病毒会造成胚胎垂直传播，因此产蛋下降期的种蛋不可留作种用，引进种鸡时要注意。

1. 预防本病最主要的措施是于 110～130 日龄用鸡产蛋下降综合征油乳剂灭活苗或新城疫与产蛋下降综合征二联苗进行肌肉注射，每只 0.5 mL，免疫接种后 7 d 产生免疫抗体，免疫期 1 年。种鸡在 35 周龄再接种一次，经 2 次免疫，雏鸡可获得高水平的母源抗体。

2. 发病后及早紧急免疫注射产蛋下降综合征疫苗，会尽快阻止产蛋率下降，促进回升。

13A-1 产蛋下降综合征病鸡病初产畸形蛋，蛋壳粗糙，蛋皮变薄易破损

13A-2 产蛋下降综合征病鸡产畸形蛋，蛋壳粗糙，蛋皮变薄易破损

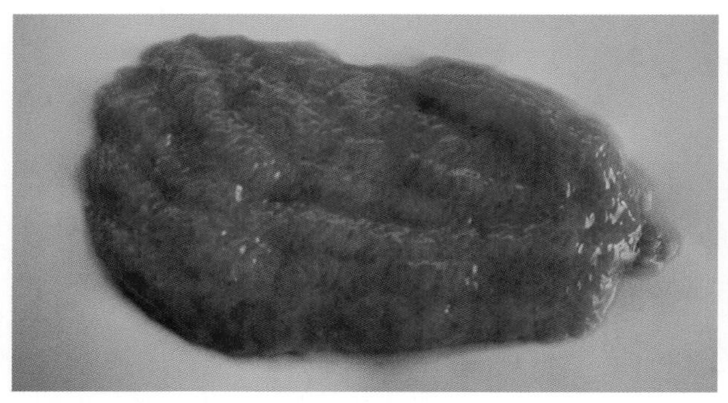
13A-3 产蛋下降综合征病鸡子宫体积增大 3~4 倍，黏膜肥厚水肿，呈现出一圈圈排列的密密麻麻的晶莹透亮的水疱（1）

13A-4 产蛋下降综合征病鸡子宫体积增大 3~4 倍，黏膜肥厚水肿，呈现出一圈圈排列的密密麻麻的晶莹透亮的水疱（2）

13B. 包涵体肝炎（Inclusion body hepatitis；IBH）

【流行特点】

一般认为本病常见于 4～7 周龄的鸡，5～7 周龄的肉仔鸡易感，产蛋鸡发病少，死亡率在 10% 左右，本病多发生于春、秋两季。病鸡是主要的传染源，可通过接触病鸡和病鸡排泄物污染鸡舍而水平感染，还可通过种蛋垂直传播。

【临床症状】

本病的潜伏期一般不超过 4 d。早期感染常在生长发育良好的鸡群中，造成鸡只突然发病、死亡。病鸡精神沉郁、嗜睡、食欲降低、排出白色水样稀便，羽毛粗乱。后期面部、冠髯苍白，贫血，少数病鸡出现黄疸（颜面和皮肤呈黄白色），故又称贫血综合征。感染后 3～4 d 突然出现死亡高峰，5 d 后死亡减少或逐渐停止，病程 10～14 d。

【剖检病变】

典型病变为肝肿胀、质脆、易破裂、呈点状或斑驳状出血，同时肝褪色、变浅呈浅粉红色或黄褐色。肾肿胀呈灰白色有出血点，脾呈白色斑点状或环状坏死灶，骨髓呈灰白色或黄色。

【诊断】

根据本病流行特点、临床症状、病理剖检变化可初步诊断，确诊须进行实验室诊断。

【防控措施】

本病无特殊的治疗方法。首先要加强饲养管理，防止传染原的传入，防止和消除应激因素；补充微量元素和复合维生素、鱼肝油以增强抵抗力；病禽可在发病初期对症治疗，饲喂保肝药、维生素 C 等。

传染性法氏囊病引起的免疫抑制常常是该病的诱因，控制鸡传染性法氏囊病的发生是预防 IBH 有效方法之一。

13B-1　包涵体肝炎病鸡肝肿胀，呈点状或斑驳状出血，同时肝褪色（1）

13B-2　包涵体肝炎病鸡肝肿胀，呈点状或斑驳状出血，同时肝褪色（2）

13B-3　包涵体肝炎病鸡肝肿胀，呈点状或斑驳状出血，同时肝褪色（3）

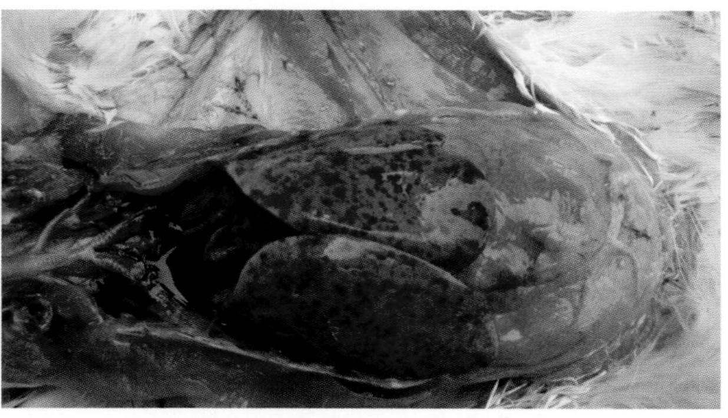

13B-4　包涵体肝炎病鸡肝肿胀，呈点状或斑驳状出血，同时肝褪色（4）

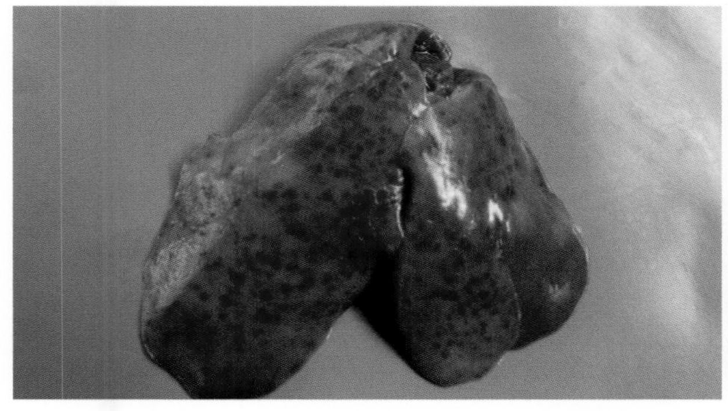

13B-5　包涵体肝炎病鸡肝肿胀，呈点状或斑驳状出血，同时肝褪色（5）

13B-6　包涵体肝炎病鸡肝肿胀，呈点状或斑驳状出血，同时肝褪色（6）

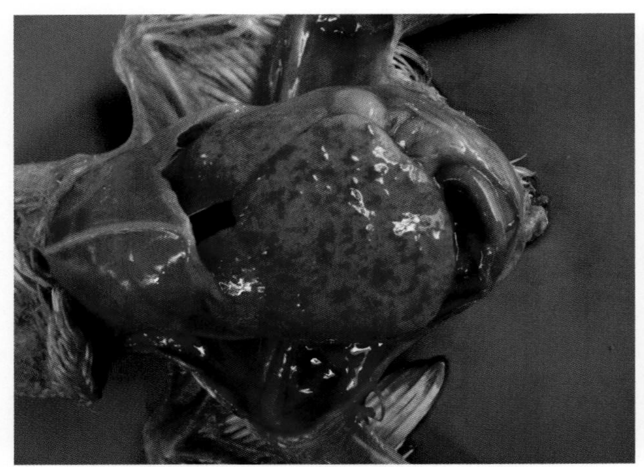
13B-7　包涵体肝炎病鸽肝褪色有出血斑点

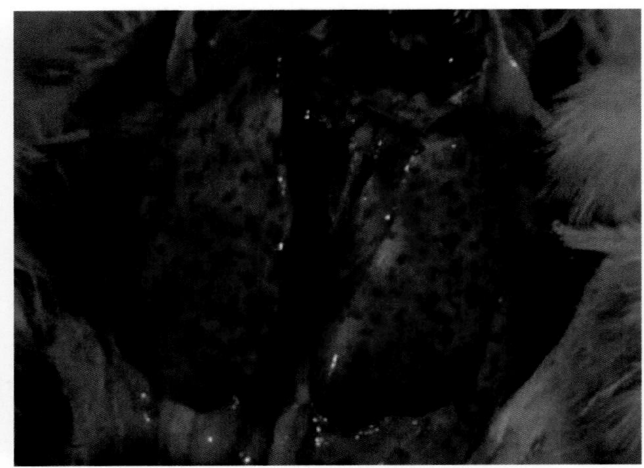
13B-8　包涵体肝炎病鸡肝严重褪色呈灰白色，有散在的出血斑点

13C. 安卡拉病

安卡拉病也叫“鸡心包积水综合征”、“心包积水－肝炎症”。主要危害 3～6 周龄肉鸡，而近几年后备母鸡和蛋鸡也有感染并造成不同程度的死亡。

【流行特点】

该病无明显季节性，4 周龄左右的鸡群最容易感染，可造成较为严重的死亡，5～6 周龄进入死亡高峰，7 周以后死亡率下降。死亡率可达 20%～80%。目前专家认为该病的高发病率和高死亡率与饲养管理不善、饲料营养不平衡、滥用抗生素、饲喂霉菌污染饲料等因素有关。

【临床症状】

病鸡精神萎靡，卧地不起，羽毛松乱，采食量下降，出现不同程度的死亡。

【剖检病变】

心包积有淡黄色透明液体，心肌柔软、无弹性；肝肿胀充血或淤血，质地变脆，有的肝表面可见坏死灶。肾程度不同地肿胀，输尿管见有尿酸盐沉积。

【诊断】

根据本病流行特点、临床症状、病理剖检变化可初步诊断，确诊须进行实验室诊断。

【防控措施】

加强饲养管理，给予营养全价平衡的饲料是防控本病的重要措施。注意减少应激，降低密度，保障通风，杜绝霉菌及不当使用化学药物，提高免疫力。本病应消除诱因，对症治疗。

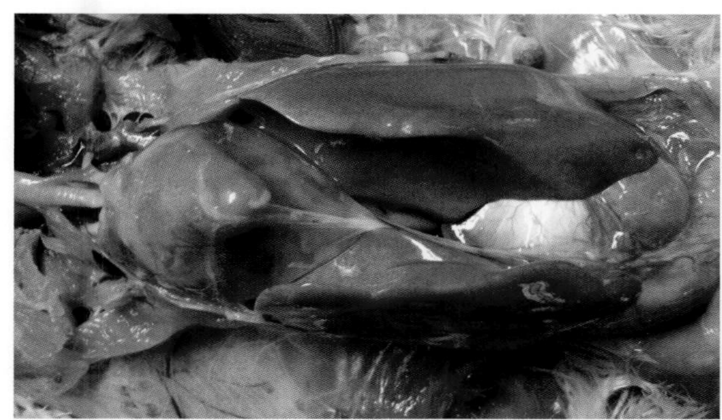

13C-1　安卡拉病病鸡心包积液，肝颜色变浅

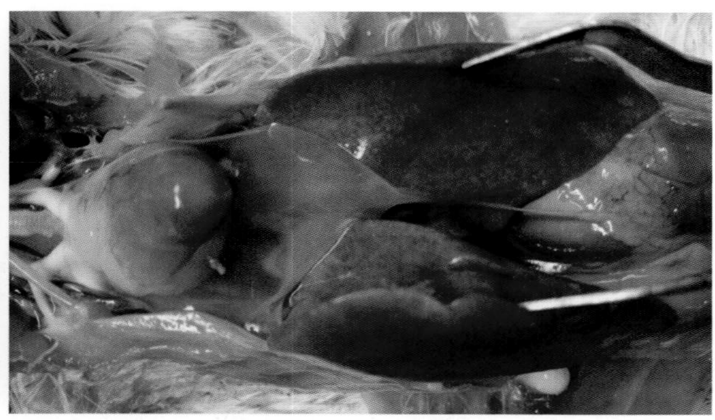

13C-2　安卡拉病病鸡心包积液，肝颜色变浅有出血斑点

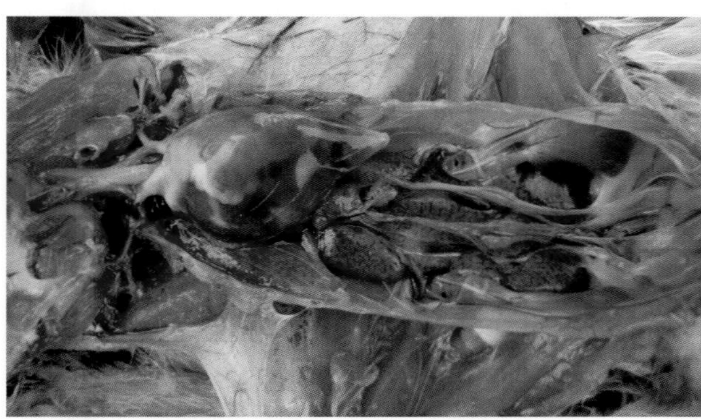

13C-3　安卡拉病病鸡肾严重肿胀、呈花斑状

13C-4　安卡拉病病鸡心包内有胶冻样渗出物（1）

13C-5　安卡拉病病鸡心包内有胶冻样渗出物（2）

13C-6　安卡拉病病鸡心包内抽出深黄色胶冻样物

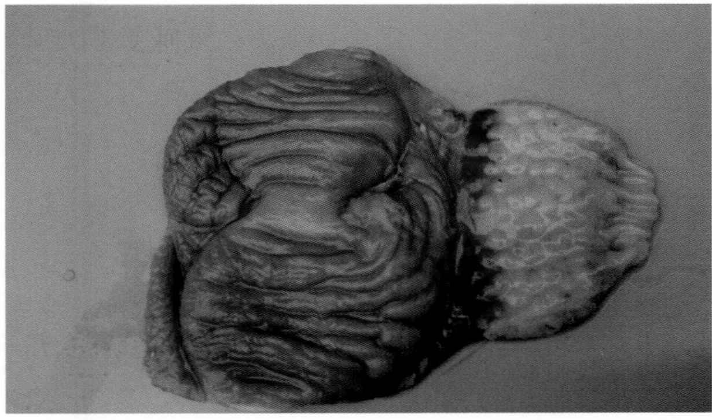

13C-7　安卡拉病病鸡心包积液，腺胃与肌胃连接处有一条出血带

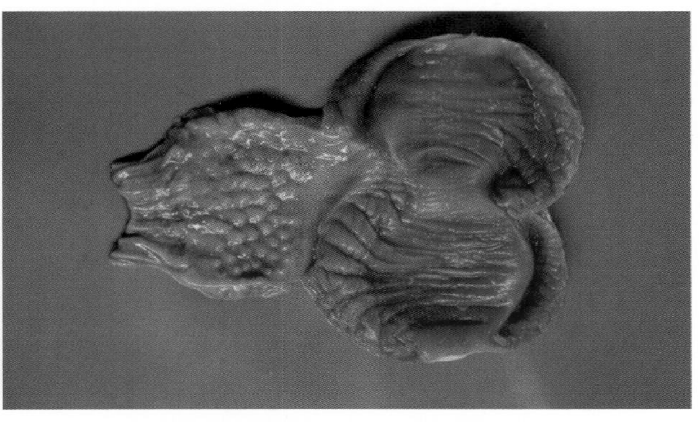

13C-8　安卡拉病病鸡易继发非典型新城疫，腺胃乳头间出血

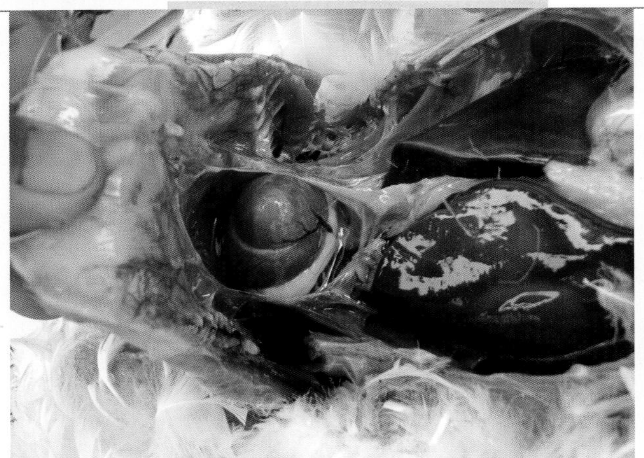

13C-9 安卡拉病病雏鹅心包积液

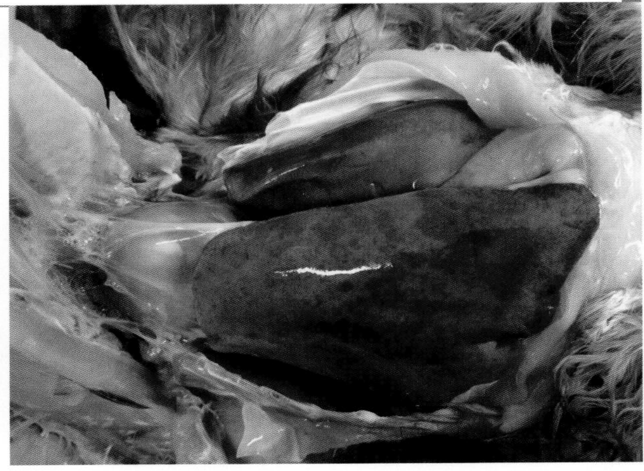

13C-10 养鸡密度大鸡舍缺氧，致使成年产蛋鸡心包积液，肝肿大颜色变浅有出血斑点

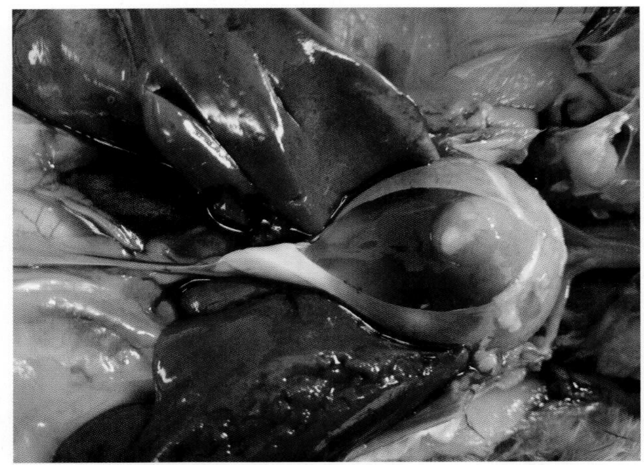

13C-11 养鸡密度大鸡舍缺氧，成年鸡心包积液与禽流感混合感染，心包积液呈胶冻样

13C-12 养鸡密度大鸡舍缺氧，形成心包积液与大肠杆菌混合感染，肝有少量纤维素性渗出物

病毒性关节炎（Viral arthritis）

【病原】

禽呼肠孤病毒属双链 RNA 病毒，禽感染该病毒，引起病毒性关节炎和腱鞘炎。

【流行特点】

本病主要见于 4～7 周龄肉鸡。肉种鸡在开产前 (16 周龄左右) 也可感染，发病率较高，并可长期带毒达 289 d，引起垂直传播和水平传播，水平感染是其主要方式。病鸡、带毒鸡能长时间从粪便中排毒，这是主要的排毒途径，污染饲料和饮水，平面饲养的肉鸡群则水平传播迅速。

【临床症状】

急性感染时表现跗关节肿胀，跛行，或不能活动和伸展，常蹲坐在跗关节上或膝关节着地产生运动障碍等，病鸡发育不良。慢性感染时患肢关节骨骼歪曲外展，周围肿胀，有的病鸡关节周围逐渐形成隆起的水疱样病变，显著跛行，有的病鸡的跗关节不能活动。慢性发病鸡群主要表现为腱鞘炎，跛行更加明显。多数病鸡一侧患病较重，步态蹒跚，生长缓慢。

【剖检病变】

去掉羽毛后很容易看到跗关节腱鞘水肿，跗关节上滑膜常有充血、出血点。慢性腱鞘炎可以导致肌腱断裂，关节液变黏稠，足垫水肿，关节内可见淡红色透明滑膜液。发病率可以达 100%，但死亡率通常为 1%～2%。

以前认为腓肠肌腱断裂为唯一的病变。但还有一种病变为腓肠肌腱部的增厚及肿胀，形成黄豆大小的硬结，其肿胀部位无波动感，有时在关节腔可见大量淡黄色半透明的渗出液。

【诊断】

根据本病流行特点、临床症状、病理变化可初步诊断，确诊须进行实验室诊断。

【防控措施】

无特效药物治疗，对鸡舍彻底清洗并消毒，可杜绝病毒的水平传播。在本病流行地区，鸡群可接种病毒性关节炎疫苗进行预防。疫苗使用要严格按照说明书进行。

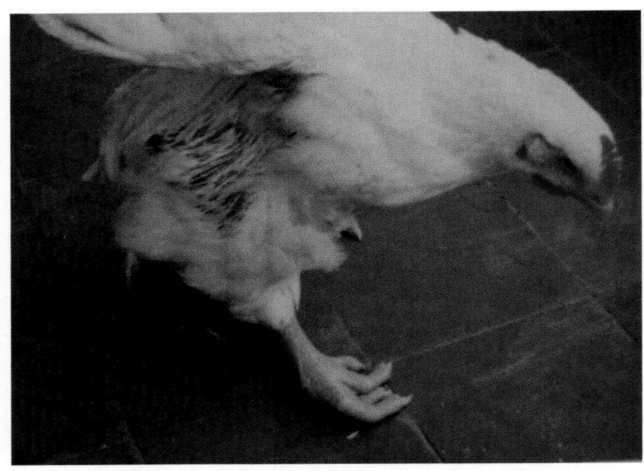

14-1 病毒性关节炎病鸡腿一侧或两侧性外展，弯曲或扭转，站立困难

14-2 病毒性关节炎病鸡肌腱出血、坏死、断裂

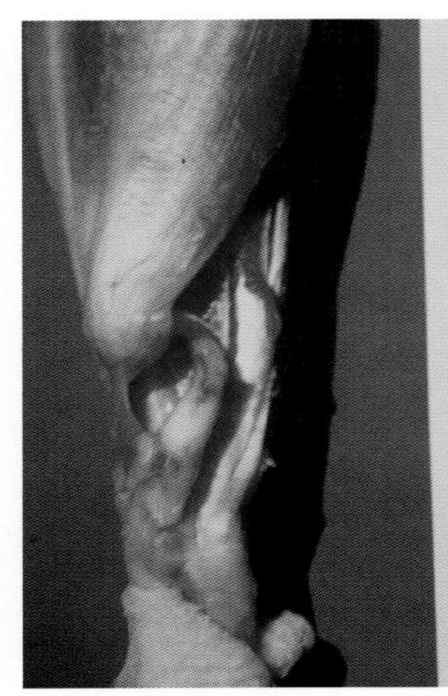

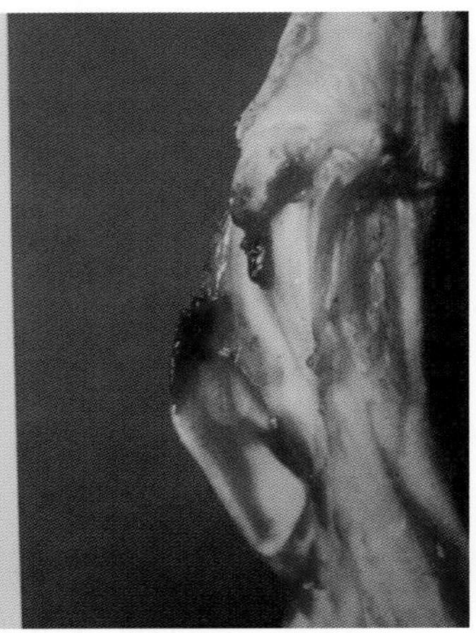

14-3 病毒性关节炎病鸡跗关节肿胀，肌腱断裂出血（1）

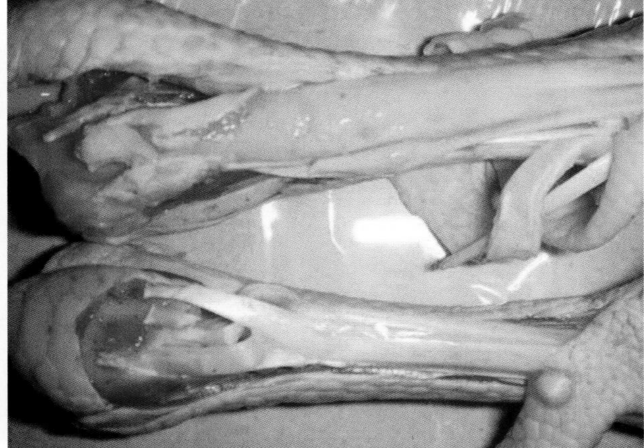

14-4 病毒性关节炎病鸡跗关节肿胀，肌腱断裂出血（2）

禽脑脊髓炎（Avian encephalomylitis；AE）

禽脑脊髓炎是一种主要侵害幼鸡的病毒性传染病，以共济失调和震颤特别是头颈部的震颤为特征，又名流行性震颤。

【病原】

该病是由禽脑脊髓炎病毒（AEV）引起，主要侵害幼龄鸡。

【流行特点】

AEV 通过水平和垂直两种方式传播。污染的垫料、孵化器和育雏设备等是病毒传播的途径。一般不经空气、吸血昆虫传播。垂直传播是造成本病流行的主要因素。产蛋鸡感染脑脊髓炎病毒后，在 3 周内所产种蛋均带有病毒，这些种蛋在孵化过程中一部分死亡，另一部分可孵化出病雏鸡，病雏鸡又可导致同群鸡感染发病，主要见于 3 周龄以下雏鸡。1 日龄感染的鸡通常以死亡告终，8 日龄鸡感染可出现轻瘫，但通常可以恢复，而 28 日龄或更大日龄鸡感染不引起临床症状。

【临床症状】

病鸡先出现精神不振，眼神迟钝，不喜欢走动而蹲坐在跗关节上，被驱赶时可勉强走动几步，但步态不稳、共济失调，速度失去控制，摇摇摆摆向前猛冲倒下，最后侧卧不起。肌肉震颤大多在共济失调之后才出现，在腿、翼，尤其是颈部可见到明显的音叉式震颤，在病鸡受刺激、惊扰或倒提时更加明显。部分病鸡可以幸存并生长成熟，幸存鸡在育成阶段常出现眼球晶状体混浊、变蓝或灰白色而失明。

【剖检病变】

主要病变为脑组织水肿，在软脑膜下有水样透明感，脑膜上有出血点、出血斑；着地的跗关节红肿，脚皮下有胶冻样渗出物。禽脑脊髓炎另一眼观的明显变化是雏鸡肌胃的肌层有白色区域。青年禽感染，除晶状体混浊外，未见其他变化。

【诊断】

根据流行特点、临床症状、病理变化可做出初步诊断，确诊应进行病原分离和血清学诊断。

【防控措施】

本病无特效药物，主要靠预防。对种鸡在生长期接种疫苗，保证其在性成熟后不被感染，以防止病毒通过蛋源传播，这是防控脑脊髓炎病毒传播的有效措施，母源抗体可在关键的 2～3 周龄之内保护雏鸡不受脑脊髓炎病毒的接触感染。

种鸡在 10～15 周龄是接种本病疫苗的适宜时间。口服或刺种免疫期达一年。对已产蛋禽接种可引起产蛋下降 10%～15%。

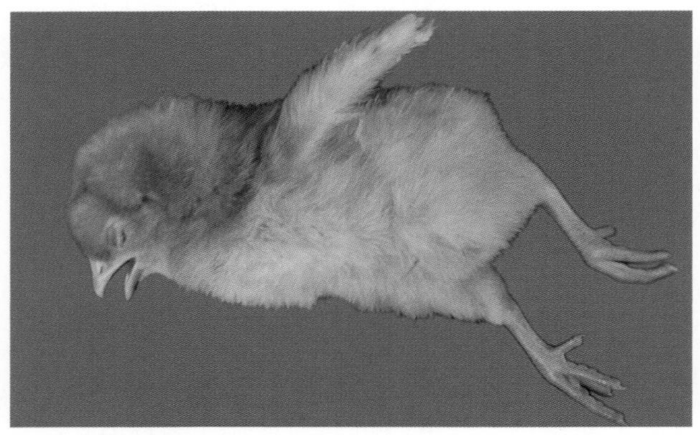

15-1 禽脑脊髓炎病鸡精神沉郁、共济失调、偏瘫

15-2 禽脑脊髓炎病鸡表现迟钝，出现走路不稳、站立困难

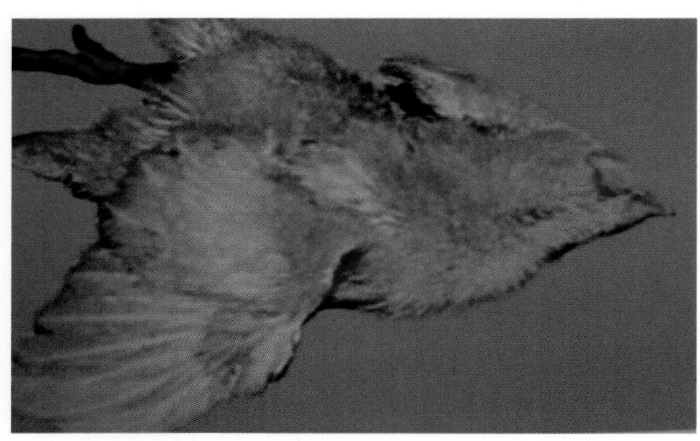

15-3 禽脑脊髓炎病鸡表现迟钝，出现走路不稳，站立不起，受惊吓时，头颈、腿、翼发生明显阵发性震颤

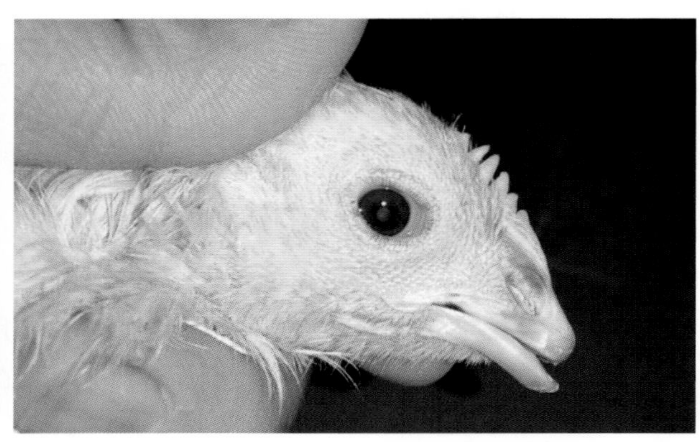

15-4 禽脑脊髓炎耐过的幸存病鸡眼球晶状体混浊，变成灰白色而失明（1）

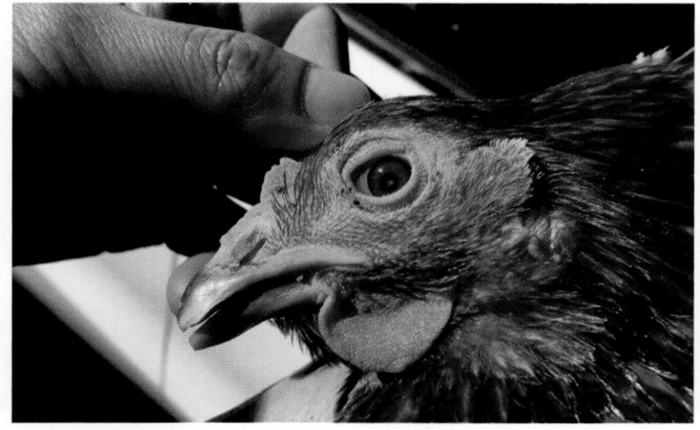

15-5 禽脑脊髓炎耐过的幸存病鸡眼球晶状体混浊，变成灰白色而失明（2）

15-6 禽脑脊髓炎耐过的幸存病鸡眼球晶状体混浊，变成灰白色而失明（3）

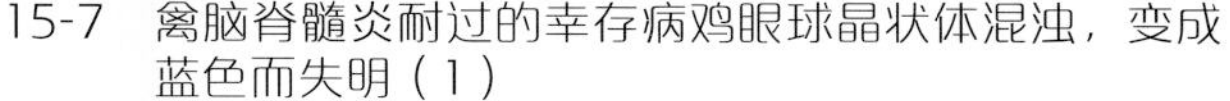

15-7　禽脑脊髓炎耐过的幸存病鸡眼球晶状体混浊，变成蓝色而失明（1）

15-8　禽脑脊髓炎耐过的幸存病鸡眼球晶状体混浊，变成蓝色而失明（2）

16 鸡传染性贫血病（Chicken infectious anemia；CIA）

传染性贫血病是由鸡传染性贫血病毒（CIAV）引起雏鸡再生障碍性贫血、全身淋巴组织萎缩、皮下和肌肉出血以及高死亡率为特征的免疫抑制性传染病。

【病原】

该病原是鸡传染性贫血病毒（CIAV）。该病毒存在于感染鸡的多种组织内，以胸腺和肝含病毒量最高，脑和肠内容物中病毒维持时间最长。

【流行特点】

鸡是该病毒的唯一宿主，所有日龄的鸡均易感。易感性随日龄的增长而急剧下降，肉鸡比蛋鸡易感，自然感染多见于 2～4 周龄的鸡。

病鸡和带毒鸡是本病的传染源，本病可垂直传播和水平传播，经蛋垂直传播是本病的主要传播途径。水平传播可经口腔、消化道、呼吸道、免疫接种、伤口等直接或间接接触感染，或通过污染的鸡舍、饲料、饮水、用具等媒介传播。本病毒会诱导雏鸡免疫抑制，特别是降低对马立克氏病的抵抗力。

【临床症状】

本病多发生于 2～3 周龄的雏鸡，病鸡消瘦，萎靡不振，发育受阻，出现明显的贫血，出现症状 2 d 后，开始有病鸡死亡，死前有腹泻。

本病典型症状最早在 7 日龄出现。病鸡表现精神沉郁，虚弱，行动迟缓，羽毛松乱，蜷缩在一起，冠、髯、颜面、可视黏膜、皮肤苍白或黄白色，严重贫血，皮肤出血，有的皮下出血，死亡率可达 10%～60%。

【剖检病变】

病死鸡贫血、消瘦、肌肉苍白；血液稀薄如水，血凝时间延长；肝肿大呈深黄色或有坏死斑点；严重贫血可见肌肉和皮下出血，苍白的胸、腿肌肉上有出血斑点，有时腺胃出血；脾、肾色淡，肾肿胀，严重者有花斑；骨髓与胸腺萎缩是本病的变化特征，大腿骨的骨髓出现脂肪样变，呈黄色、淡黄色或浅粉红色。

【诊断】

本病根据流行特点、临床症状和病理变化可做初步诊断。确诊须进行实验室诊断。

【防控措施】

本病目前无特效治疗方法。可采用以下措施降低传染性贫血病的发病率和死亡率。

预防措施：加强对种鸡群的检疫，种鸡场要及时淘汰阳性鸡是控制本病的最佳手段。重视日常的饲养管理和环境消毒，增强鸡群抵抗力，防止环境因素及其他传染病导致的免疫抑制。及时接种鸡马立克氏病疫苗和法氏囊病疫苗。

本病无有效药物，发病鸡群可适当添加维生素 B_{12}、维生素 K_3，以及控制继发感染的药物可以降低死亡率。

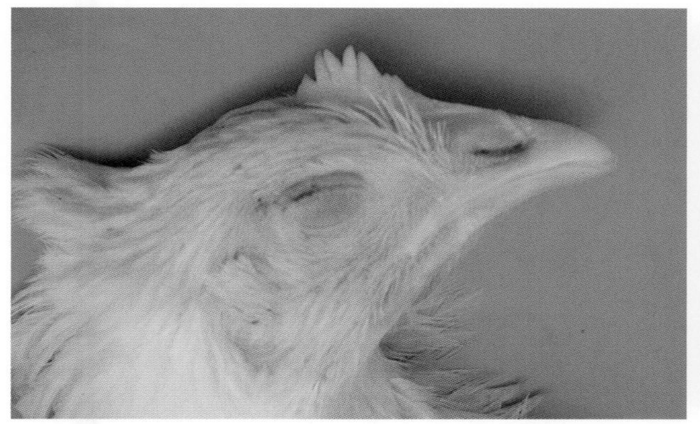

16-1　传染性贫血病病雏鸡冠、肉髯、颜面蜡黄

16-2　传染性贫血病青年病鸡病初冠呈浅橘黄色

16-3　传染性贫血病病鸡冠、颜面、肉髯苍白似白纸一样（1）

16-4　传染性贫血病病鸡冠、颜面、肉髯苍白似白纸一样（2）

16-5　传染性贫血病病鸡冠、颜面、肉髯苍白似白纸一样（3）

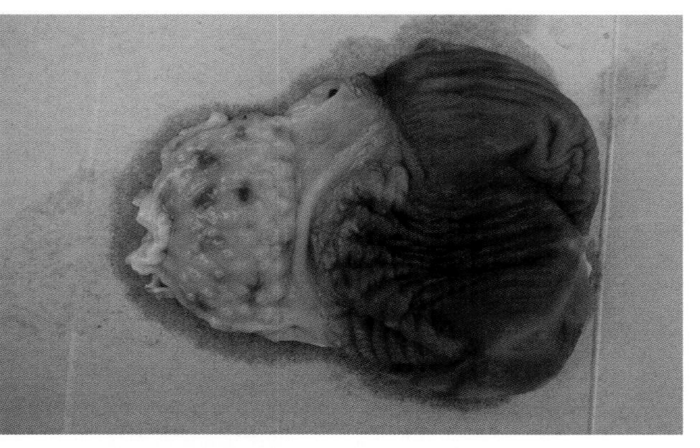

16-6　传染性贫血病病鸡部分腺胃乳头呈粉红色（1）

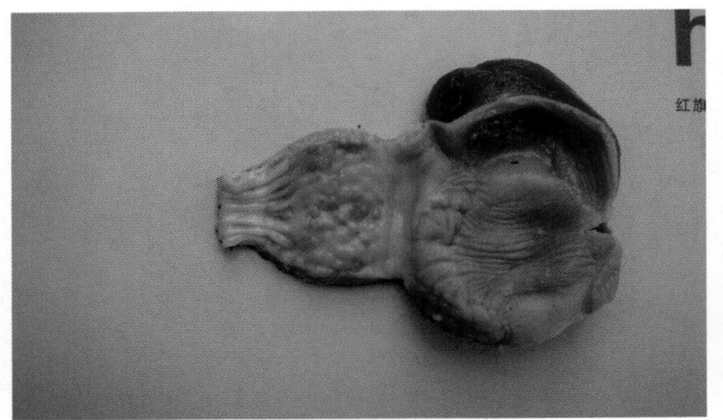
16-7 传染性贫血病病鸡部分腺胃乳头呈粉红色（2）

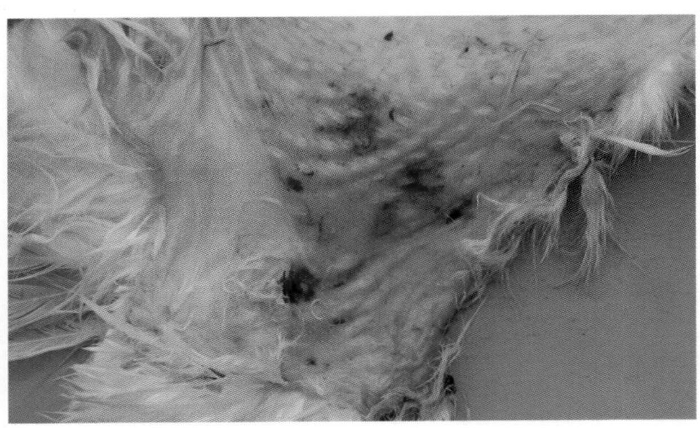
16-8 传染性贫血病病鸡皮下出血

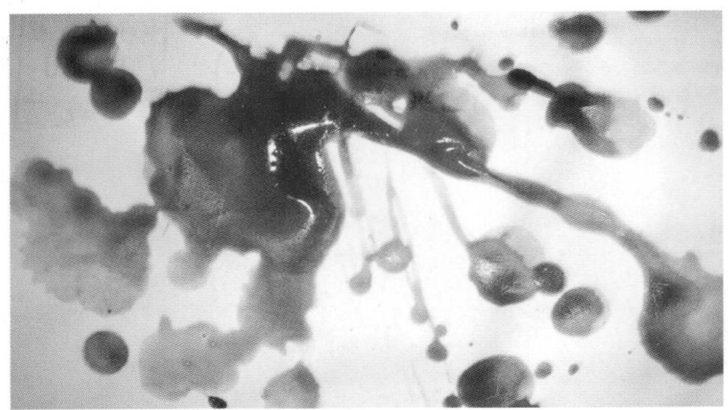
16-9 传染性贫血病病鸡血液稀薄如水（1）

16-10 传染性贫血病病鸡血液稀薄如水（2）

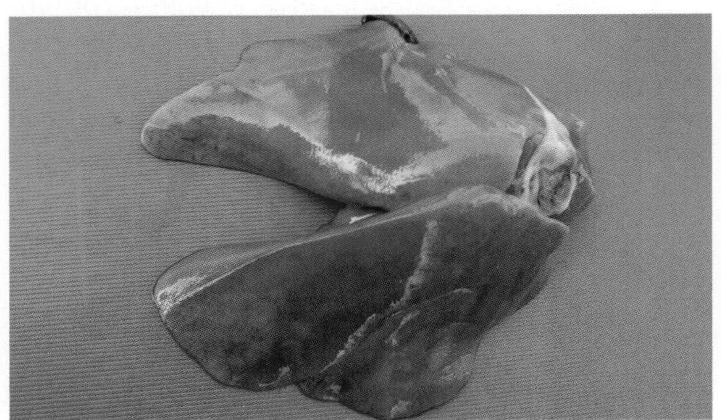
16-11 传染性贫血病病鸡肝肿大、色黄、有出血斑点

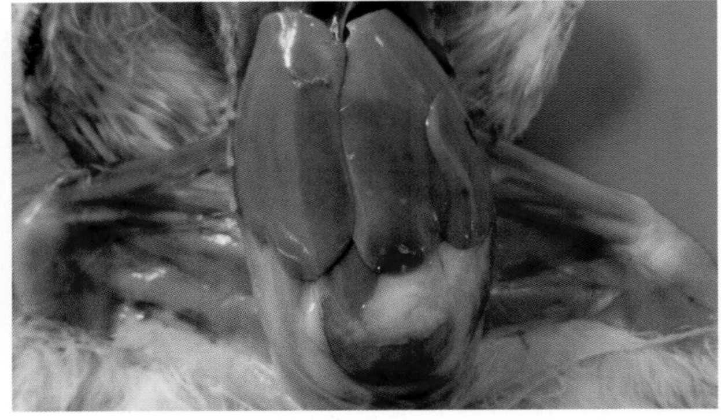
16-12 传染性贫血病病鸡肝肿大、色黄、有出血斑点，腿肌苍白有出血斑点

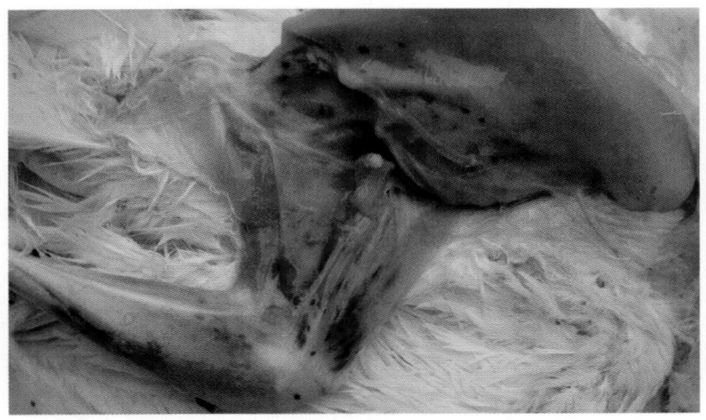
16-13 传染性贫血病病情严重的病鸡胸、腿肌肉苍白，有出血斑点（1）

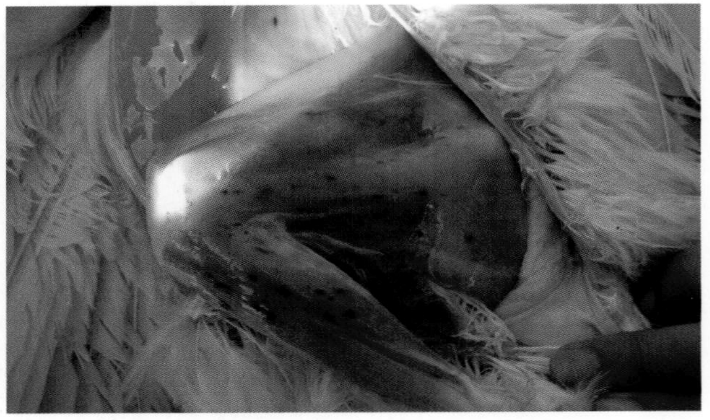
16-14 传染性贫血病病情严重的病鸡胸、腿肌肉苍白，有出血斑点（2）

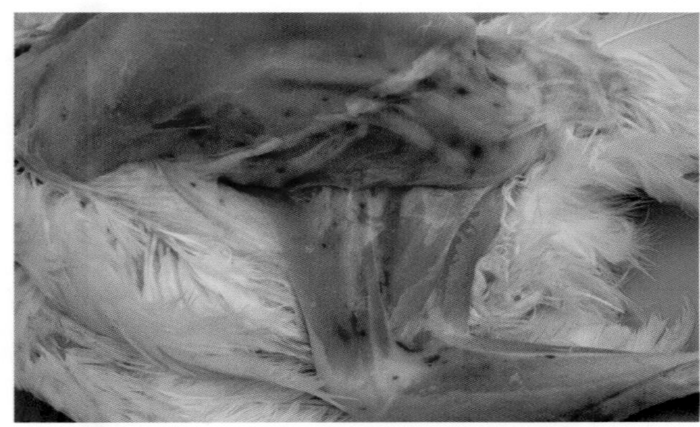
16-15　传染性贫血病病情严重的病鸡胸、腿肌肉苍白，有出血斑点（3）

16-16　传染性贫血病成年病鸡卵泡变性、透明、呈浅绿色

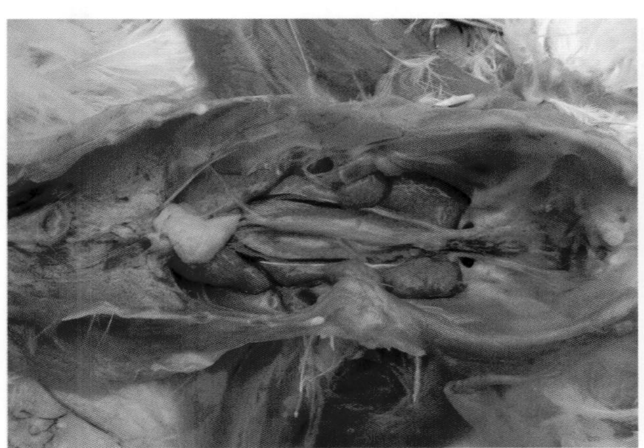
16-17　传染性贫血病病鸡肾褪色

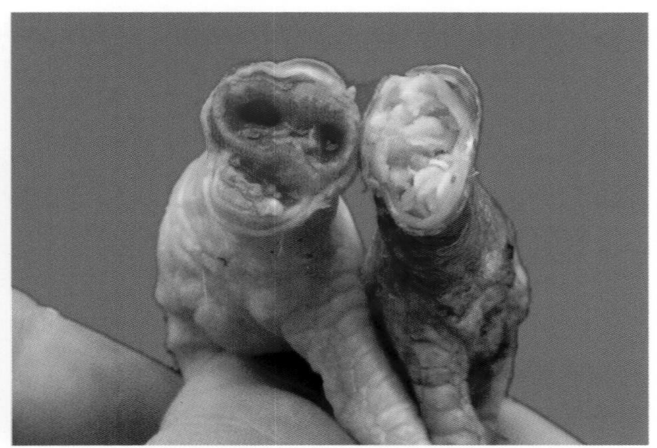
16-18　传染性贫血病病鸡骨髓呈黄色（右侧），左侧为正常骨髓

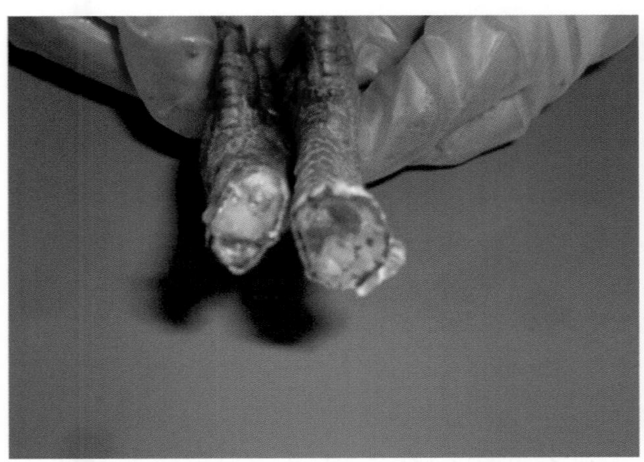
16-19　传染性贫血病病鸡骨髓出现脂肪样变，呈黄色、粉红色

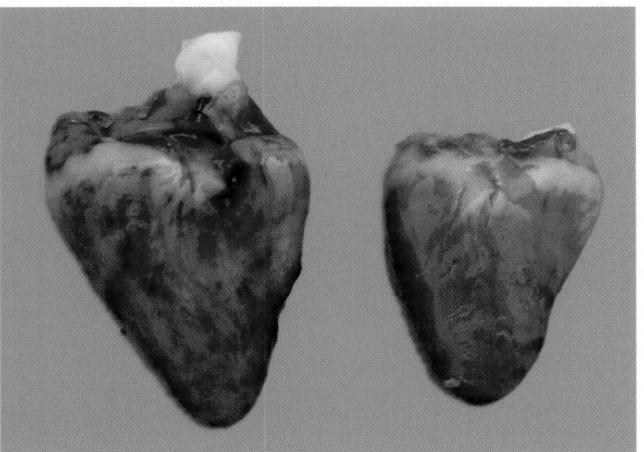
16-20　传染性贫血病病鸡心脏有出血斑

17 痘（Pox）

【病原】

本病是由禽痘病毒（APV）引起禽类的一种急性、高度接触性传染病。禽痘病毒大量存在于病禽的皮肤和黏膜病灶中。干燥的病毒表现出明显的抵抗力，在上皮细胞屑片和干燥的痘痂皮中可存活数月或数年之久，阳光照射数周仍可保持活力。

【流行特点】

禽痘的传染常因健康易感禽与病禽接触引起。脱落和碎散的痘痂是病毒散播的主要方式。一般经损伤的皮肤和黏膜感染。蚊子及体表寄生虫亦可传播本病。家禽中以鸡的易感性最高，飞鸟中鸽最易感。不同年龄、性别和品种都可感染。一年四季均可发病，以春、秋两季特别是秋末、冬初蚊子活跃的季节最流行。发病时以雏鸡和青年鸡最为严重，雏鸡可造成大批死亡。产蛋鸡则产蛋量显著减少或完全停产。

【临床症状与解剖病变】

根据病鸡的症状和病变不同，分为皮肤型、黏膜型、混合型三种。

1. 皮肤型：以头部皮肤及全身裸露的地方形成一种特殊的痘疹为特征。病初皮肤出现细薄的灰白色麸皮样覆盖物，并迅速长出结节，初呈灰白色，后呈黄色，逐渐增大如豌豆，表面凹凸不平，呈干而硬的结节，内含有黄脂状块。有时结节数目多，互相连接融合，产生大块的结痂，出现于眼部可使眼睛完全闭合，称为“眼型鸡痘”。病重时造成精神萎靡不振，食欲减少，体重减轻，产蛋鸡产蛋减少或停止。

2. 黏膜型：此型禽痘的病变主要在口腔、咽喉和眼等黏膜表面以及喉气管黏膜出现痘斑，又叫“白喉型”。起初为黄色斑点，逐渐扩散成为大片的沉着物（假膜），随后变厚而成棕色痂块，凹凸不平，且有裂缝，痂块不易剥离，强行撕脱常造成出血和溃烂。上述假膜出现于喉部，剖检可见喉头和气管黏膜有隆起的单个或融合在一起的灰白色痘斑，引起呼吸困难（似传染性喉气管炎样伸颈张口呼吸）和吞咽困难，甚至窒息死亡。

3. 混合型：即皮肤型、黏膜型集一身。

【诊断】

根据流行特点、临床症状、病理剖检变化可初步诊断。

【防控措施】

灭蚊。病死鸡要深埋或焚烧，剥下的痘痂集中烧毁。鸡舍、鸡场和一切用具要严格消毒。

免疫接种：康复鸡可终身免疫，接种鸡痘疫苗是预防本病发生的有效方法。

疫苗的使用要严格按照疫苗说明书的方法进行。注意：接种后 3～5 d 检查，如刺种部位有绿豆大小的肿胀或结痂反应为好，否则为免疫失败，须重新接种。一般接种后 10～14 d 产生免疫力。

【治疗】

1. 冠、鼻孔、眼睑长的痘可用镊子试探性地轻轻剥离痘痂，然后用碘酒或紫药水涂擦，但要注意药液不得进入眼内。

2. 对眼上长痘，上、下眼睑粘在一起的要小心扒开眼睑，用棉棒蘸上清洁的水慢慢将豆腐渣样物清除，然后用 2% 硼酸水冲洗眼部或用氯霉素眼药水点眼。

3. 对呼吸困难的鸡要用镊子将喉部假膜小心剥离取出，涂抹碘甘油。

4. 饲料中添加治疗鸡痘的中草药等，连用 5～7 d，效果较好。同时注意控制继发感染。

17-1　皮肤型禽痘病鸡病初皮肤出现细薄的灰白色麸皮样覆盖物（1）

17-2　皮肤型禽痘病鸡病初皮肤出现细薄的灰白色麸皮样覆盖物（2）

17-3　皮肤型禽痘病鸡冠表面白色麸皮样覆盖物的体积增大形成隆起，呈黄褐色

17-4　皮肤型禽痘病鸡颜面、皮肤有散在的黄褐色痘疹（1）

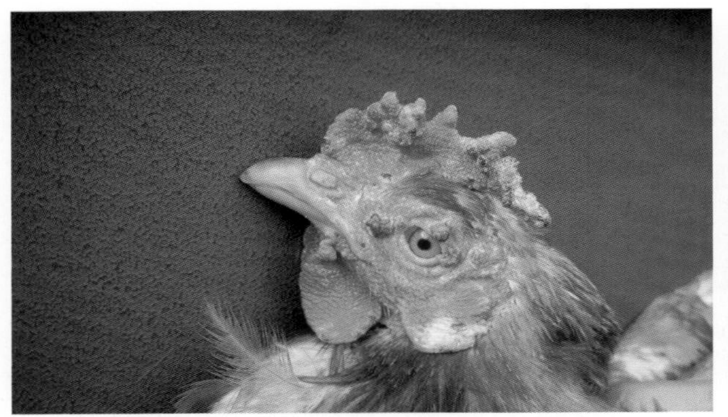
17-5 皮肤型禽痘病鸡颜面、皮肤有散在的黄褐色痘疹（2）

17-6 禽痘严重感染的病鸡冠、颜面、肉髯布满了痘疹

17-7 皮肤型禽痘病鸡冠、颜面、肉髯有散在的即将成熟的痘疹（1）

17-8 皮肤型禽痘病鸡冠、颜面、肉髯有散在的即将成熟的痘疹（2）

17-9 皮肤型禽痘病鸡的后期，冠、肉髯有黑色痘疹结痂

17-10 皮肤型禽痘病鸡眼睑痘疹相互融合，形成大块结痂，使眼睛闭合，俗称“眼型鸡痘”（1）

17-11 皮肤型禽痘病鸡眼睑痘疹相互融合，形成大块结痂，使眼睛闭合，俗称“眼型鸡痘”（2）

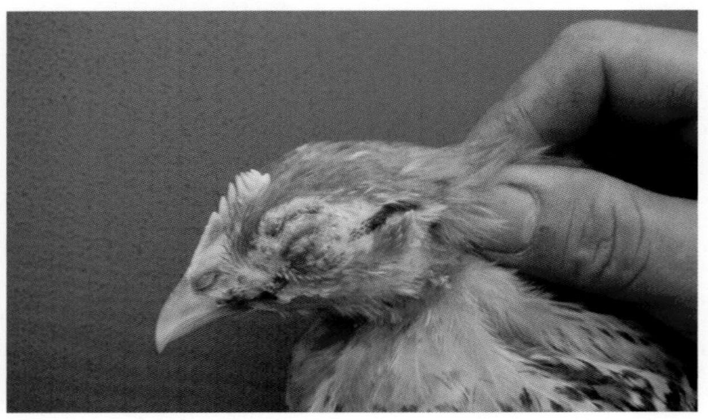
17-12 皮肤型禽痘病鸡眼睑痘疹相互融合，形成大块结痂，使眼睛闭合，俗称“眼型鸡痘”（3）

17-13　未经鸡痘疫苗免疫的散养鸡严重感染时，冠、颜面、肉髯痘疹连成一片

17-14　变异型皮肤型禽痘病鸡冠表面起疱（1）

17-15　变异型皮肤型禽痘病鸡冠表面起疱（2）

17-16　变异型皮肤型禽痘病鸡冠表面起疱（3）

17-17　孔雀感染禽痘病毒，眼睑长痘肿胀

17-18　鸽感染禽痘病毒，下眼睑、鼻瘤长痘

17-19　鸽感染禽痘病毒，眼睑、喙角长痘

17-20　鸽感染禽痘病毒，喙上部及喙的边缘有多量痘疹

17-21 皮肤型禽痘病鸽喙上部及耳叶有多量痘疹

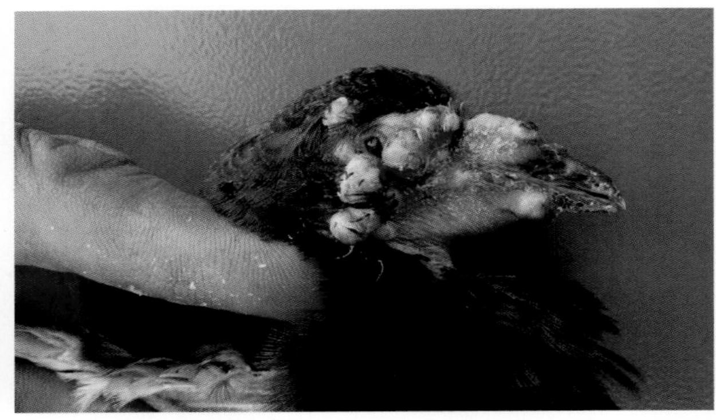

17-22 皮肤型禽痘病鸽颜面、喙上部及颌下皮肤有多量痘疹

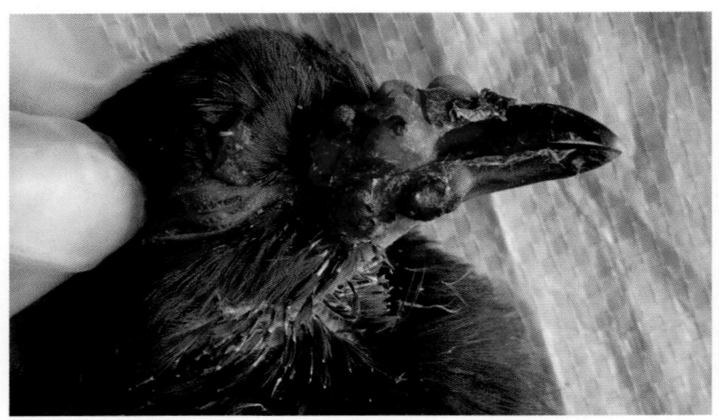

17-23 皮肤型禽痘病鸽上喙、鼻瘤长满了痘疹

17-24 皮肤型禽痘病鸽喙上部及喙边缘有痘疹

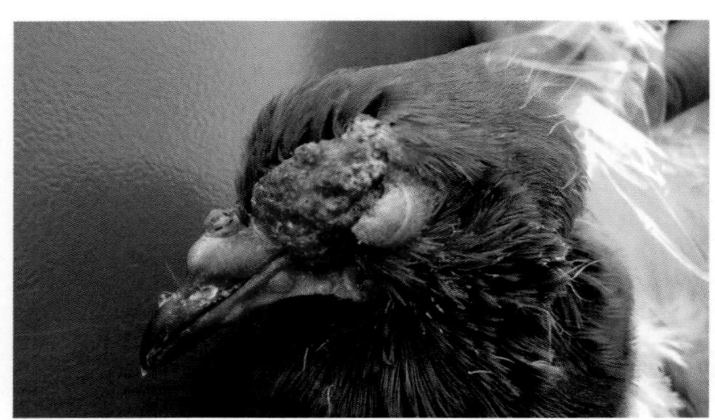

17-25 皮肤型禽痘病鸽上眼睑痘疹相互融合，形成大块结痂，造成眼睛失明

17-26 皮肤型禽痘病鸽腹部无羽毛处有成片的痘疹

17-27 皮肤型禽痘病鸽翅膀无羽毛处皮肤有成片的痘疹（1）

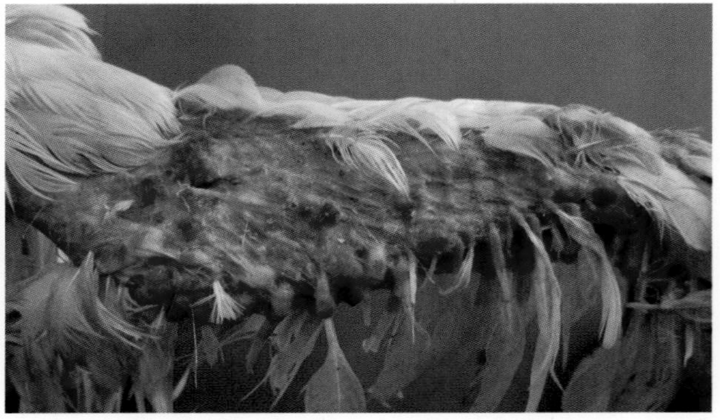

17-28 皮肤型禽痘病鸽翅膀无羽毛处皮肤有大片的痘疹（2）

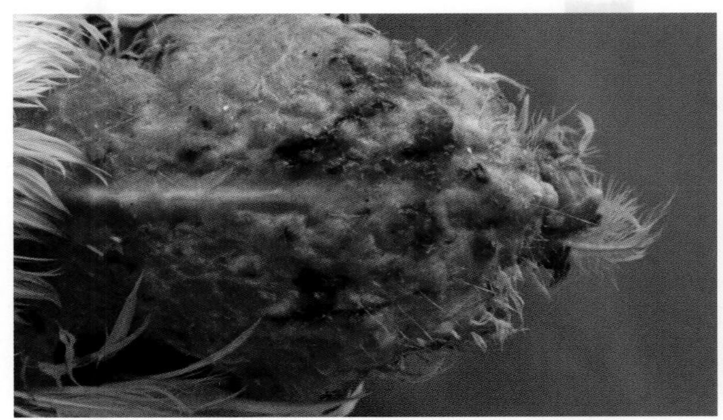
17-29　皮肤型禽痘病鸽背部无羽毛处有成片的痘疹

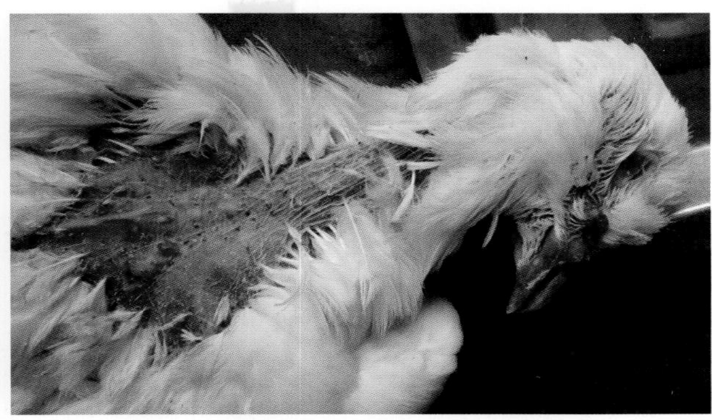
17-30　皮肤型禽痘病鸽的喙和背部无羽毛处长痘

17-31　皮肤型禽痘病雏鸡腹部无羽毛处有散在的痘疹

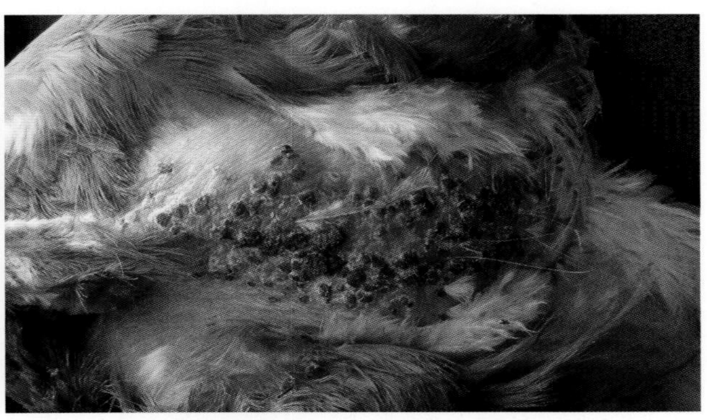
17-32　皮肤型禽痘病雏鸡腹部无羽毛处有成片的痘疹，后期呈黑色结痂

17-33　皮肤型禽痘病鸡发病初期脚部皮肤有散在性白色麸皮样的覆盖物

17-34　皮肤型禽痘病鸡后期脚部皮肤表面形成黑色结痂

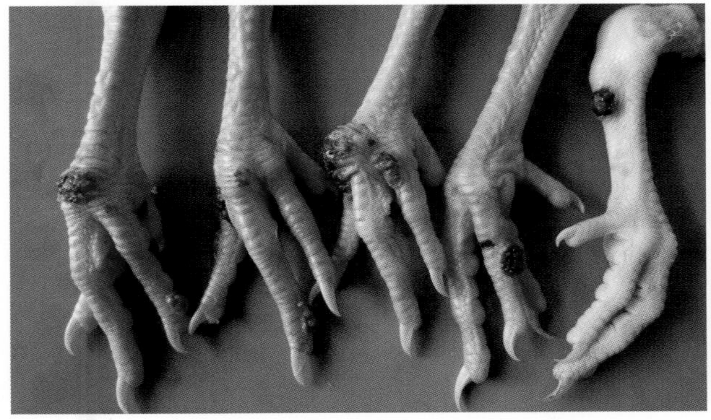
17-35　皮肤型禽痘病雏鸡脚趾上有散在的痘疹发生溃疡

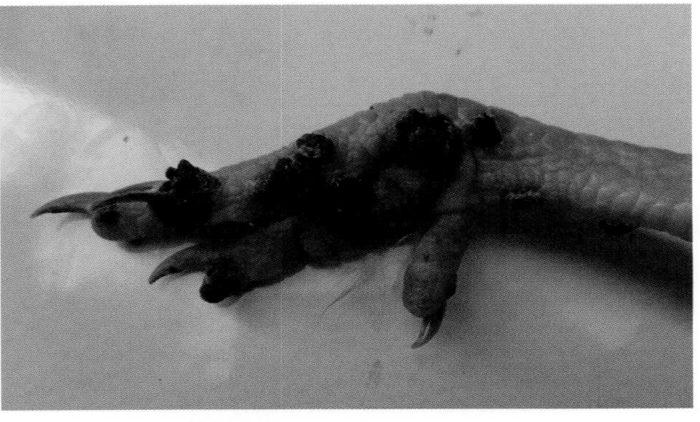
17-36　皮肤型禽痘病鸡后期脚趾皮肤形成大的黑色结痂

17-37 皮肤型禽痘病鸽的脚趾痘疹如豌豆大，表面凹凸不平，呈干而硬的结节（1）

17-38 皮肤型禽痘病鸽的脚趾痘疹如豌豆大，表面凹凸不平，呈干而硬的结节（2）

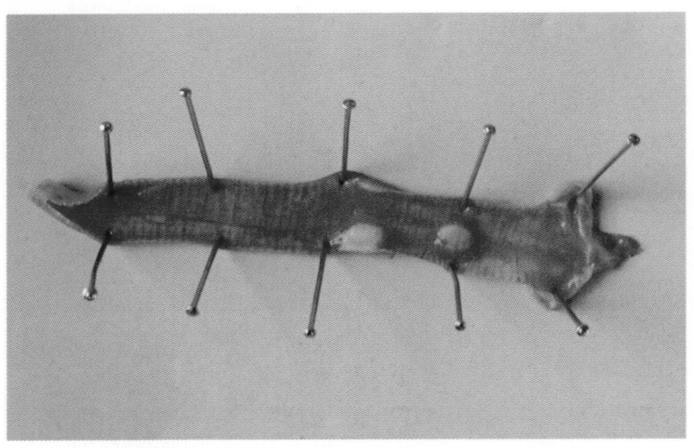

17-39 黏膜型禽痘病鸡气管黏膜形成黄白色假膜

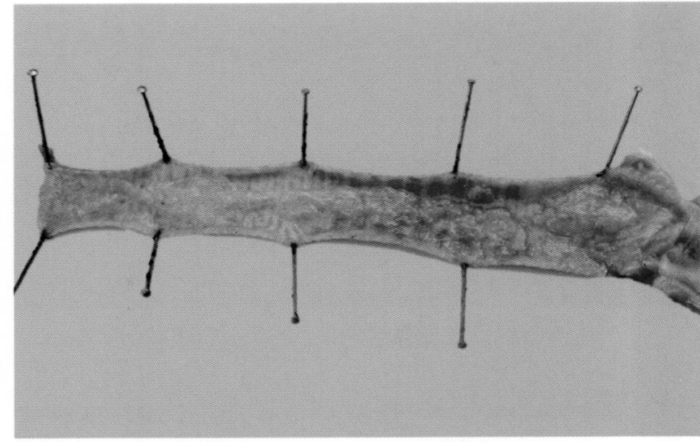

17-40 黏膜型禽痘病鸡气管黏膜发生痘疹，形成一层高低不平粉红色假膜，不易剥离（1）

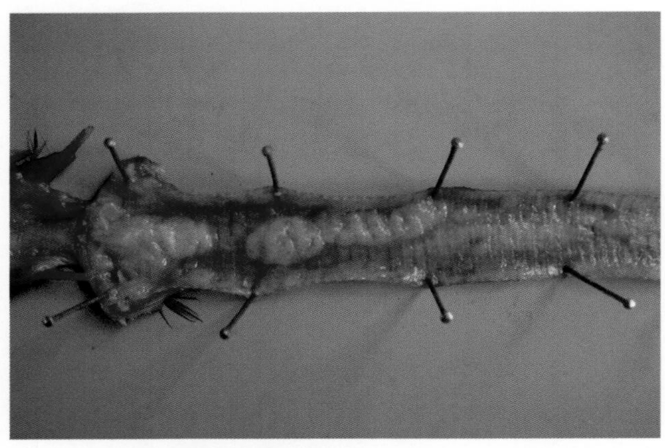

17-41 黏膜型禽痘病鸡气管黏膜发生痘疹，形成一层高低不平浅粉黄色假膜，不易剥离（2）

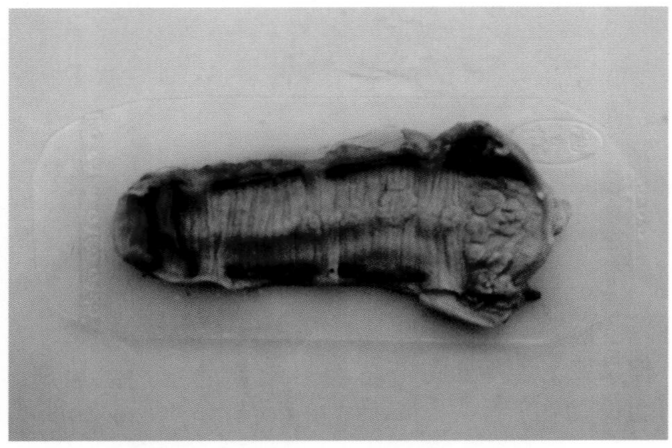

17-42 黏膜型禽痘病鸡咽喉及气管深部有痘疹斑痕

鸭瘟（Duck plague；DP）

鸭瘟是由鸭瘟病毒（DPV）引起的鸭、鹅及其他雁形目禽类均可发生的一种急性败血性传染病。本病流行广泛，传播迅速，发病率和死亡率都很高，因此，对水禽业发展威胁极大。

【病原】

鸭瘟病毒（DPV）是疱疹病毒科疱疹病毒属中的滤过性病毒。

【流行特点】

不同年龄和品种的鸭均可感染鸭瘟，鹅也可感染。该病一年四季均可发生。在自然流行时，成年鸭和产蛋母鸭发病和死亡较为严重。1 月龄以内的雏鸭很少发病。

【临床症状】

1. 体温升高达 43℃以上，食欲减少、渴欲增加、两翅下垂。
2. 两脚麻痹、伏卧不起、不愿下水。
3. 流泪和眼睑肿胀是鸭瘟一个特征性症状，眼分泌物增多，严重者眼睑水肿或翻出眼眶外，眼结膜充血或有出血点。
4. 部分病鸭头颈肿胀，俗称大头瘟。
5. 病鸭从鼻腔流出稀或黏稠分泌物，叫声嘶哑，或咳嗽。
6. 病鸭下痢，排出绿色或灰白色稀便，泄殖腔周围被污染。
7. 泄殖腔黏膜充血、出血、水肿，严重者外翻。用手翻开肛门时，可见泄殖腔黏膜有黄绿色假膜，不易剥离。
8. 自然条件下鹅感染鸭瘟，表现为体温升高到 42.5～43℃；两眼流泪，鼻孔有浆液性和黏液性分泌物；病鹅泄殖腔水肿；严重者两脚发软，卧地不愿走动。

【剖检病变】

1. 体表皮肤有许多散在出血斑，眼观有败血症的变化。
2. 眼睑常粘连在一起；下眼睑出血或有少许干酪样物覆盖。
3. 部分头颈部肿胀，切开肿胀的皮肤可见皮下组织有黄色胶胨样分泌物。
4. 口腔、食道黏膜有纵行排列的灰黄色假膜覆盖，或有小出血斑点，假膜剥离后食道黏膜留有溃疡斑痕，这种病变具有特征性。
5. 有些病例腺胃与食管膨大部的交界处有一条灰黄色坏死带或出血带。腺胃黏膜上亦有不同程度的出血斑点，肌胃角质下层充血、出血。肠内容物为黄褐色或灰绿色，肠黏膜充血、出血，以十二指肠和直肠最严重，小肠黏膜上有多个出血性环状带。

6. 泄殖腔黏膜的病变与食管相同，黏膜表面覆盖一层灰褐色或绿色粗糙的坏死性固膜，不易剥离，黏膜水肿，有出血斑点，具有诊断意义。

7. 产蛋母鹅的卵巢滤泡增大，有出血点和出血斑，有时卵泡破裂，引起腹膜炎。

8. 肝不肿大，肝表面和切面有大小不等的灰黄色或灰白色的坏死点，少数坏死点中间有小出血点，有些则在坏死灶周围形成一出血环，这种病变具有诊断意义。

9. 雏鹅感染鸭瘟病毒时，腔上囊呈深红色，表面有针尖状的坏死点，囊腔内充满白色的凝固物。成年鹅感染鸭瘟病毒后病变与鸭相似：食管黏膜上有坏死灶，坏死膜脱落有溃疡，肝也有坏死点与出血点。

【诊断】

根据临床症状和病理剖检变化可以做出初步诊断，确诊须进行实验室诊断。

【防控措施】

加强饲养管理，做好全方位消毒，提高鸭、鹅的抵抗力，不从疫区引进鸭、鹅是重要的防控措施之一。

定期进行鸭瘟疫苗免疫接种可以起到很好的预防效果。疫苗使用要严格按照疫苗说明书进行。

发生鸭瘟的鸭群可以进行鸭瘟疫苗紧急接种，鸭舍每天消毒一次，连续消毒 7 d。

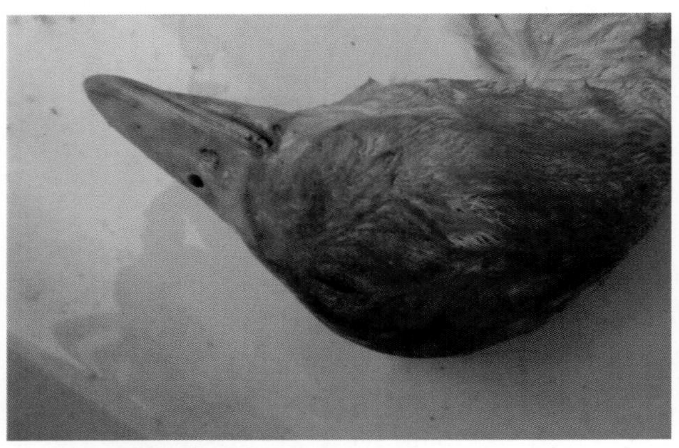

18-1 鸭瘟病鸭肿头，故又称大头瘟

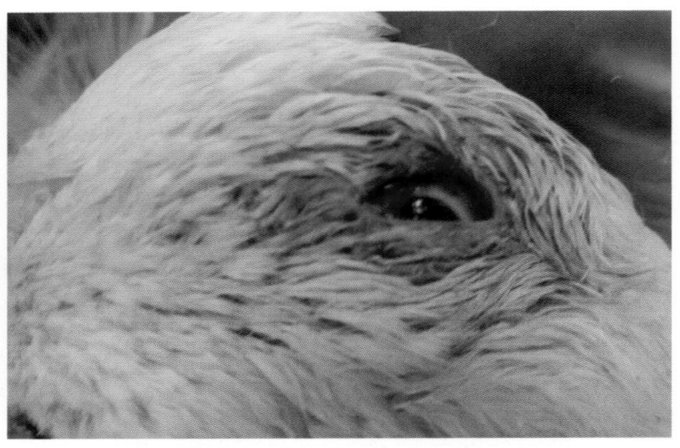

18-2 鸭瘟病鸭眼睛流泪，将眼睛周围的羽毛弄湿

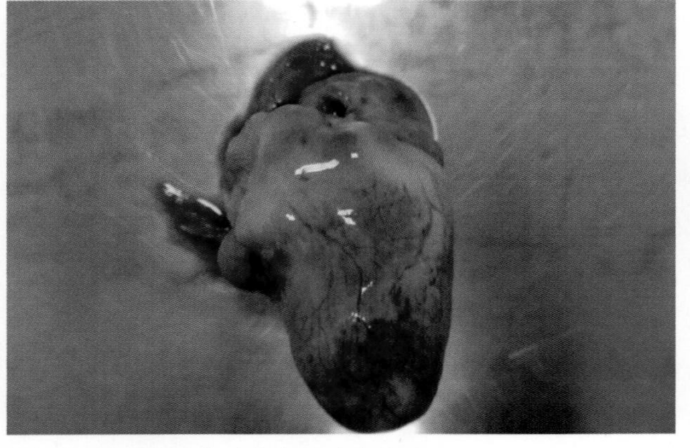

18-3 鸭瘟病鸭心脏有多量出血斑点

18-4 鸭瘟病鸭心肌内膜出血

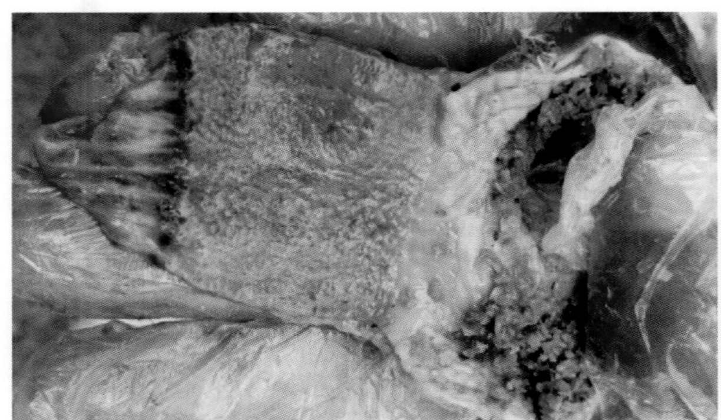

18-5 鸭瘟病鸭在腺胃与食道膨大部的交界处有出血带

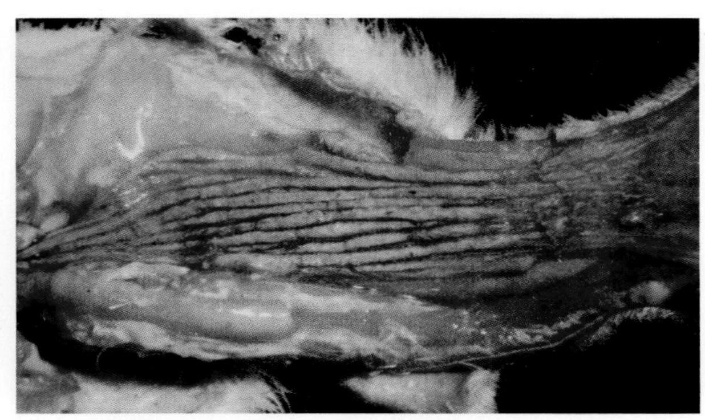

18-6 鸭瘟病鸭食道黏膜有纵行排列的灰黄色假膜覆盖，或有小出血斑点

18-7 鸭瘟病鸭食道黏膜有纵行排列的条状出血带或出血斑点

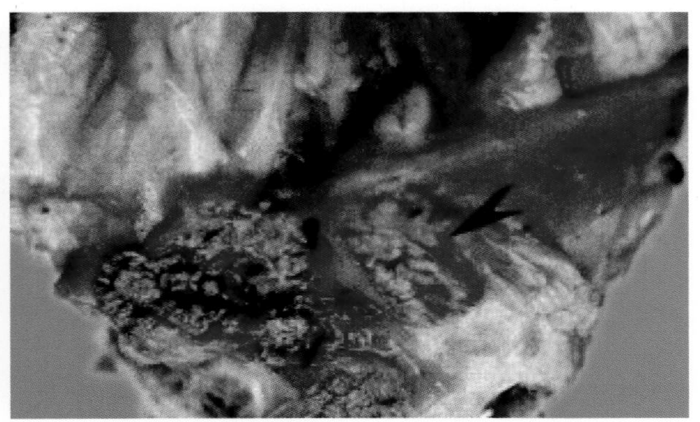

18-8 鸭瘟病鸭泄殖腔黏膜表面覆盖一层绿色粗糙的坏死结痂，粘得很牢，不易剥离，黏膜水肿有出血斑点

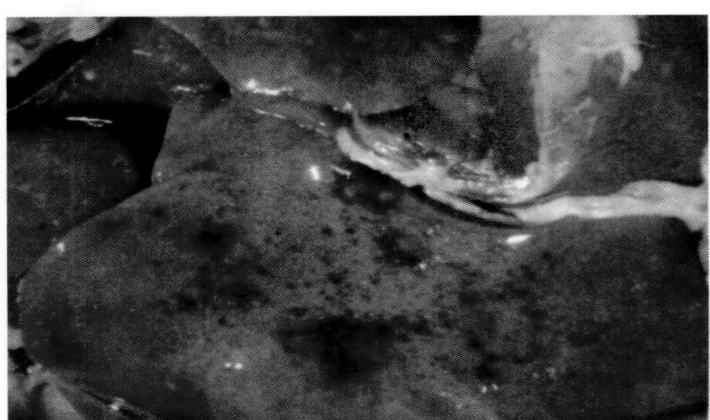

18-9 鸭瘟病鸭肝表面和切面有大小不等的灰黄色和灰白色的坏死点，少数坏死点中间有小出血点

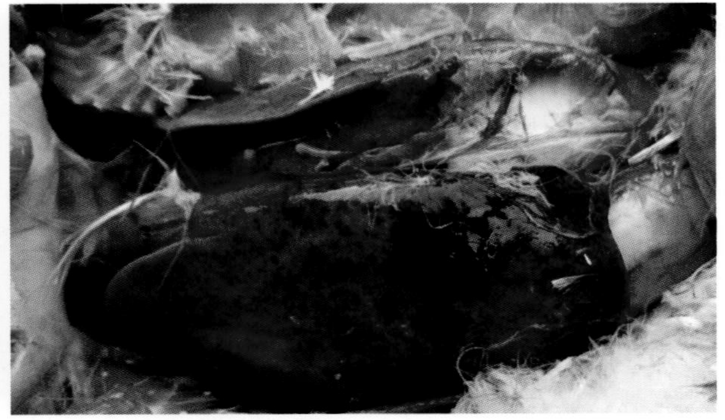

18-10 鸭瘟病鸭肝表面和切面有大小不等的坏死点，少数坏死点中间有小出血点

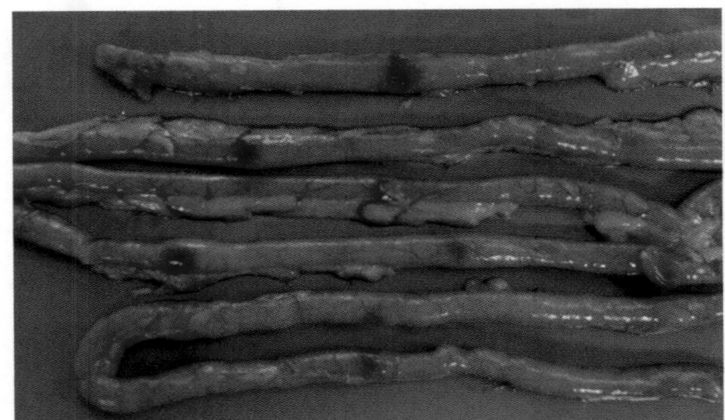

18-11 鸭瘟病鸭肠壁有散在性的溃疡灶

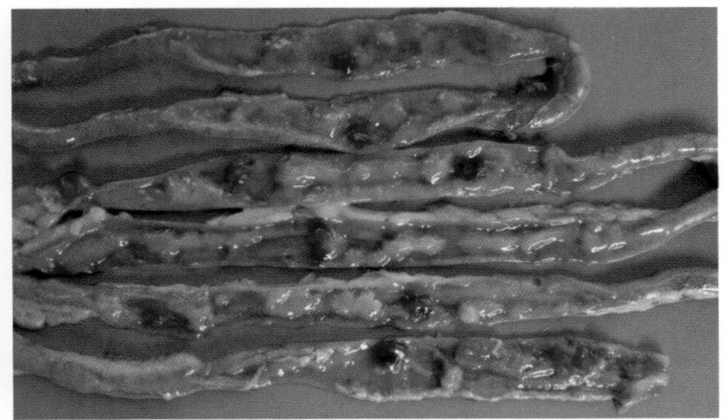

18-12 鸭瘟病鸭肠黏膜有散在性的溃疡灶

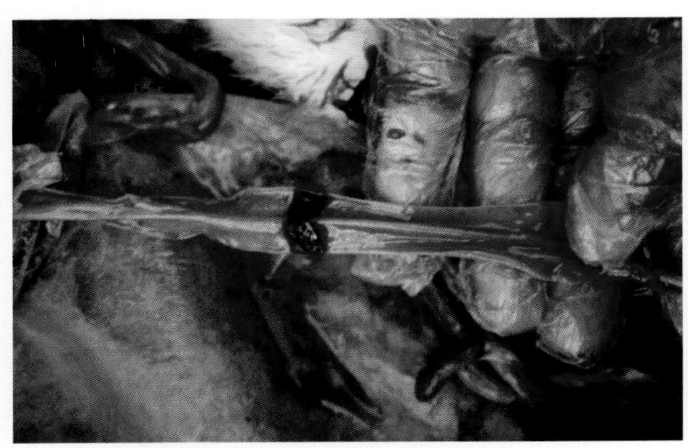
18-13　鸭瘟病鸭肠道黏膜有出血性环状带

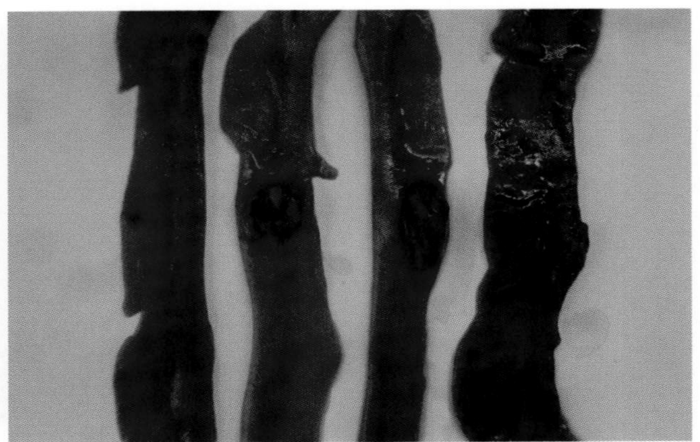
18-14　鸭瘟病鸭肠壁上有多量溃疡灶

鸭病毒性肝炎（Duck viral hepatitis；DVH）

鸭病毒性肝炎是雏鸭的一种高度致死性的传染病。本病传播迅速，病程短，死亡率可达 90% 以上。

【病原】

本病病原是鸭肝炎病毒。该病毒在污染的雏鸭舍内可存活 10 周以上，2% 漂白粉、1% 甲醛、2% 氢氧化钠需要 2～3 h 才能杀灭。

【本病特征】

本病是一种急性、高致死性的传染病。发病急，传播快，死亡率高，病鸭死前发生痉挛，头向后背，呈“角弓反张”特征姿势，病变特点是肝肿大和出血。

【流行特点】

本病在自然条件下只感染鸭，主要危害 3 周龄以下的雏鸭，尤其是 5～10 日龄最易感，3～5 周龄的雏鸭也可感染发病，成年鸭可感染但不发病，可成为带毒者。

发病率可达 100%，1 周龄以内雏鸭死亡率可达 90% 以上，1～3 周龄雏鸭病死率在 50% 以内，4 周龄以上小鸭病死率较低。

本病一年四季均可发生，无明显的季节性，但主要发生于孵化雏鸭的季节。

【临床症状】

1. 本病发病急、传播速度快，一般死亡多在发病后 3～4 d 内。病初精神萎靡不振，缩颈下垂，不爱活动，行动呆滞，跟不上群，常蹲下，眼半闭，厌食。
2. 发病半日到一日即发生全身性抽搐，病鸭多侧卧，头向后背、角弓反张，故称“背脖病”。同时两脚痉挛性的反复踢蹬，呈划水状，有时在地上旋转。发现抽搐后约十几分钟即死亡。
3. 喙端和爪尖淤血呈暗紫色，少数病鸭死前排黄色或绿色稀便。1 周龄内的雏鸭疾病严重暴发时，可在短时间甚至是半小时内死亡。

【剖检病变】

特征性病变是肝肿大、质脆、色暗红，呈土黄色或淡红色斑驳状。肝表面散在有针尖大小不等的深紫色的出血斑点或条纹状出血，严重时像涂了一层“黑漆”样。胆囊肿大呈长卵圆形，充满胆汁呈褐色、淡茶色或淡绿色。脾有时肿大呈斑驳状。肾常肿大、色淡有出血点。心肌质软，呈熟肉样。

【诊断】

根据流行病学特点、临床症状、肝特征性剖检病理变化可做出诊断，确诊须进行实验室诊断。

【防控措施】

1. 不从疫区引进雏鸭以及良好的饲养管理和消毒制度是预防该病的前提。

2. 接种疫苗是预防本病的重要手段，可用鸭肝炎弱毒苗给临产蛋种母鸭接种来预防其后代雏鸭的发病。资料介绍：开产前10～15 d注射一次，间隔2周注射第二次，产蛋高峰前再加强免疫一次，母鸭产生抗体至少维持4个月，其后代雏鸭母源抗体至少保持2～3周，即可度过危险期。未经免疫的种鸭群，其后代1日龄时颈部皮下注射0.5～1 mL的弱毒苗即可受到保护。在一些条件差、常发生本病的鸭场，在雏鸭10～14日龄时仍需进行一次加强免疫。

3. 有资料介绍：发病或受威胁鸭群，可皮下注射康复鸭的血清或免疫母鸭的蛋黄匀浆，可降低死亡率。笔者建议使用此法务必保障各个环节无污染。

4. 发病初期的鸭群可以进行紧急疫苗接种。

5. 民间验方：每100只鸭用茵陈100 g，香薷、大黄、龙胆草、栀子、黄芩、黄柏、板蓝根各40 g，煎水取汁加白糖500 g，给鸭饮水或拌料，每天1剂，连用3 d。同时每50 kg饲料加禽用多维素50 g，酵母100片捣碎拌匀。

19-1 鸭病毒性肝炎病鸭侧卧，头向后背、角弓反张，又称“背脖病”（1）

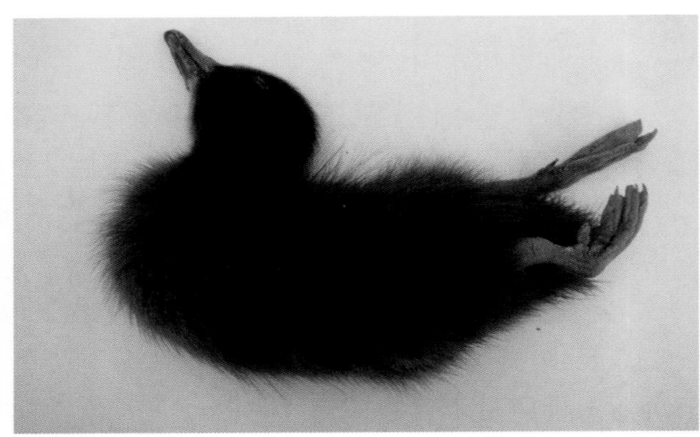

19-2 鸭病毒性肝炎病鸭侧卧，头向后背，角弓反张，又称“背脖病”（2）

19-3 鸭病毒性肝炎病鸭侧卧，头向后背，一条腿后翘，一条腿向前踢

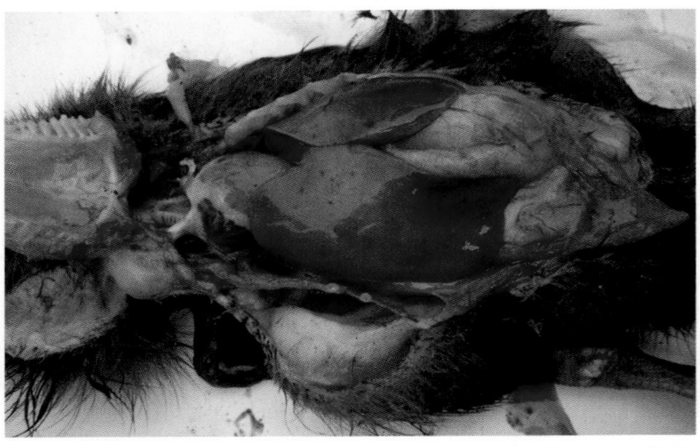

19-4 鸭病毒性肝炎病鸭轻度感染，肝有少量红色的出血点（1）

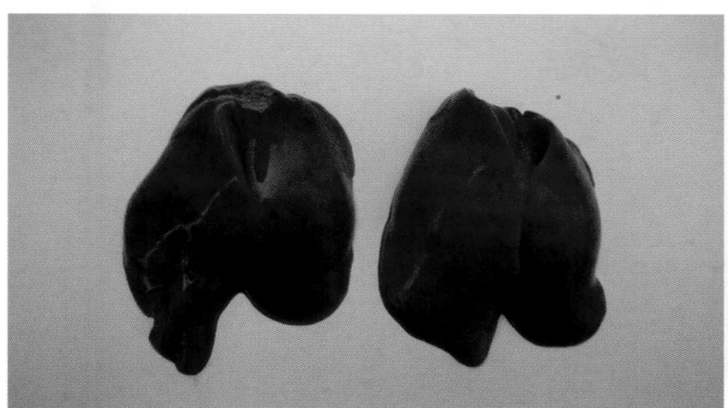

19-5 鸭病毒性肝炎病鸭轻度感染，肝有少量红色的出血点（2）

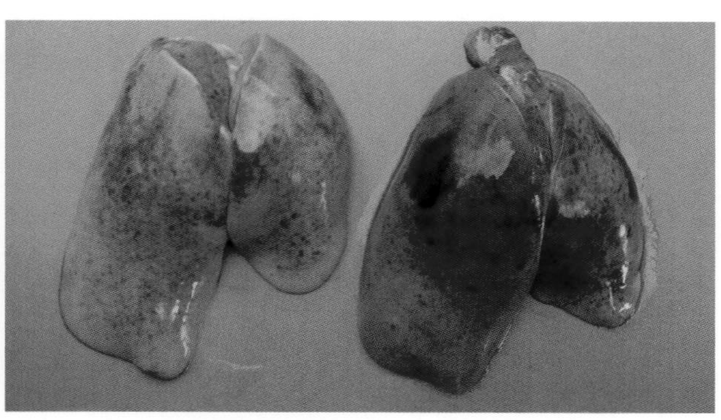

19-6 鸭病毒性肝炎病鸭肝肿大、质脆、色淡呈浅粉红色，肝表面有针尖大小不等的深紫色的出血斑点

19-7 鸭病毒性肝炎病鸭，肝有不同程度的颜色变浅和多量出血点（1）

19-8 鸭病毒性肝炎病鸭，肝有不同程度的颜色变浅和多量出血点（2）

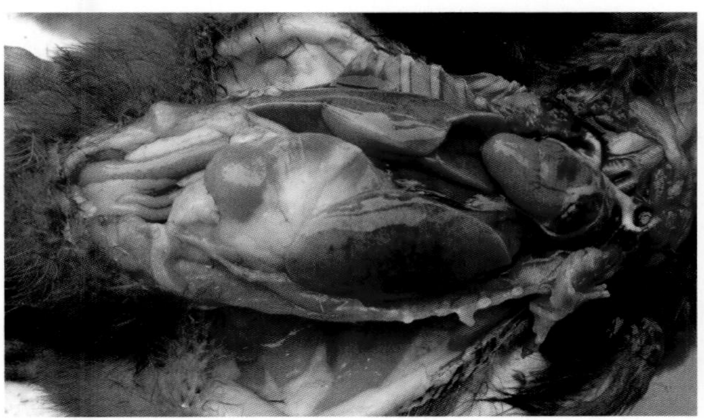

19-9 鸭病毒性肝炎病鸭肝出血，呈黑色

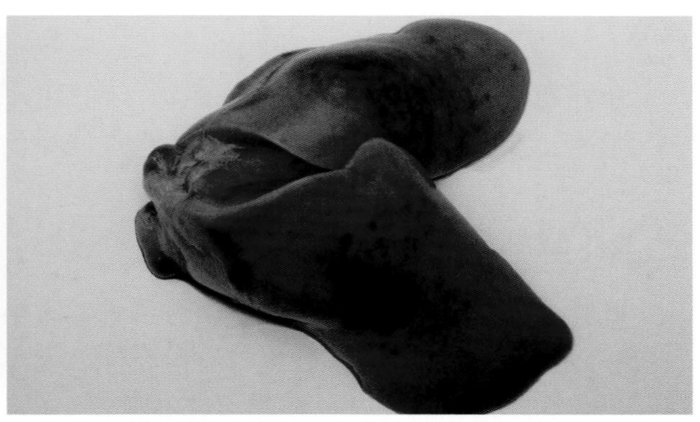

19-10 鸭病毒性肝炎病鸭肝肿大，严重出血呈黑色

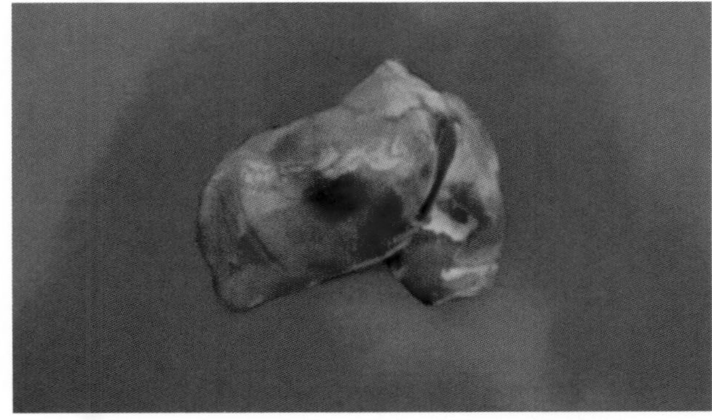

19-11 鸭病毒性肝炎病鸭肝肿大、质脆、色淡呈浅粉红色，肝出血

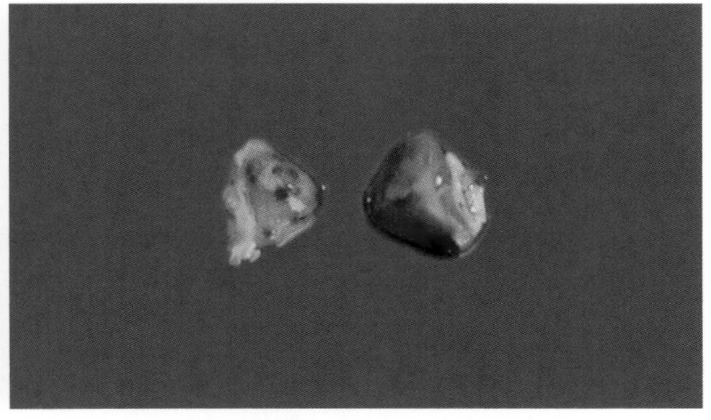

19-12 鸭病毒性肝炎病鸭脾肿大，有出血斑点

番鸭“花肝病”（Muscovy duck “flower liver” disease）

近几年来，在广东、广西、福建、浙江等省流行一种高发病率、高死亡率的烈性传染病。本病因病鸭肝有大小不等的灰白色点状病灶，故被称为“花肝病”，又称番鸭坏死性肝炎。

【病原】

本病原为呼肠孤病毒科、正呼肠孤病毒属、番鸭呼肠孤病毒，属 RNA 病毒。

【流行特点】

番鸭多数发生于 7～51 日龄，以 10～25 日龄发病最多，发病率达 50%～100%，死亡率为 30%～85%，病程一般为 2～6 d。

【临床症状】

急性死亡病例往往看不到明显症状，病程稍长的患病雏鸭精神萎顿，羽毛蓬松、绒毛无光泽、废食、怕冷，常挤成一堆。腹泻，排出白色或淡绿色稀便。

【解剖病变】

肝肿大或稍肿大，表面和组织有弥漫性、大小不等、灰白色坏死病灶和出血点，肝呈“白点”肝、“花斑”肝特征。脾一般不肿大，有散在性、大小不等、灰白色坏死灶，呈“花斑”脾。肾充血、出血，局部有灰白色坏死灶。胰腺一般不肿大，有弥漫性针头大的出血点。病程稍长的病例常见有轻重不同的心包炎和肝周炎，肺充血、淤血。

【鉴别诊断】

雏鸭“花肝”病在流行病学、病理变化与鸭病毒性肝炎、鸭疫里默氏杆菌病、水禽副伤寒病等疾病有相似之处，需进行鉴别诊断。

1. 与鸭病毒性肝炎病鉴别：鸭病毒性肝炎病毒是可引起 3 周以内雏鸭的一种急性传染病，3 周龄以上雏鸭不发病。此病肝肿大，有出血斑为特征性病变。而本病发病日龄在 10～40 日龄，且肝上有白色点状坏死灶这是重要的区别。

2. 与鸭疫里默氏杆菌病鉴别：鸭疫里默氏杆菌是 2～7 周龄雏鸭的一种败血性传染病，在发病日龄上很相似，但此病以心包炎、肝周炎、气囊炎为主要特征，而无肝白斑特征性病变。

3. 与副伤寒病鉴别：副伤寒又称沙门氏菌病，是各种家禽都发生的常见传染病，主要危害幼龄的鸡、鸭、鹅。主要剖检病变表现为肝肿大、边缘钝圆、表面色泽很不均匀，呈红色或古铜色。散布有针尖大小的灰黄色坏死灶，特征性病变为盲肠肿大，内有干酪样的栓子。

【防控措施】

全面做好消毒工作，加强饲养管理，减少应激，提高抵抗力，加强种蛋、孵化场所、孵化器的消毒，定期对育雏舍、用具、场地、周围环境等进行喷洒消毒对预防本病的发生有一定作用。

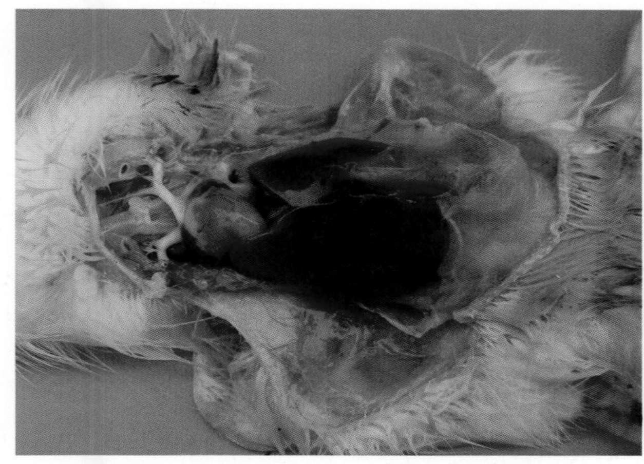

20-1“花肝病”病鸭，肝表面有大量灰白色坏死点

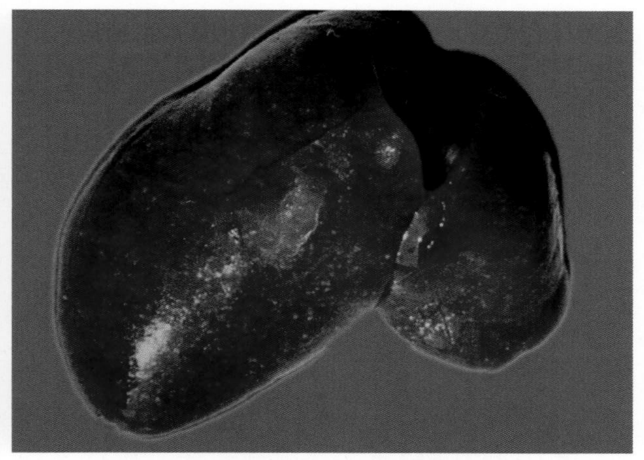

20-2“花肝病”病鸭肝有许多清晰的大小不等的灰白色坏死点

小鹅瘟（Gosling plague, GP）

小鹅瘟是由小鹅瘟病毒（GPV）引起的一种雏鹅急性或亚急性败血性传染病。本病具有高的传染性和死亡率。

【病原】

小鹅瘟病毒，对鹅有特异性致病作用。对鸭、鸡、鸽子、鹌鹑等禽类无致病作用。

【本病特征】

本病主要侵害 4～20 日龄雏鹅。传播快、死亡率高。病变特征：小肠黏膜坏死脱落可形成特征性栓子堵塞肠腔。

【流行特点】

易感动物自然发病仅感染鹅和莫斯科鸭，尤其是雏鹅易感性高。

3 周以内雏鹅最易感发病，随日龄的增长易感性逐渐减弱。1 周龄之内的雏鹅感染发病，死亡率可达 100%，10 日龄以上感染其死亡率不超过 60%。20 日龄以上发病率低。30 日龄以上极少发病。

传染源主要为病雏鹅和带毒的成年鹅。病雏鹅的分泌物和排泄物中含有大量病毒，污染饲料、饮水和环境。主要经消化道感染。病毒还能经卵垂直传播，被本病毒污染的孵化房，是本病的重要传染源。

【临床症状】

最急性型：3～5 日龄发病者往往无前驱症状，一发病即极度衰弱，或倒地两爪乱划，不久死亡。

急性型：6～15 日龄发病者全身萎靡不振、打瞌睡、拒食、但饮水多，排出灰白色或淡黄绿色稀便，并混有气泡。呼吸困难，鼻孔流出浆性分泌物，喙端色泽变暗，常有摇头动作，临死前出现两腿麻痹或抽搐，病程 1～2 d。

亚急性：15 日龄以上发病者病程长，以萎靡不振、消瘦和拉稀为主要症状，少数幸存者在一段时间内生长不良。

【剖检病变】

最急性病例除肠道有炎症外，其他器官一般无明显变化。15 日龄左右的急性病例表现全身败血性变化，全身脱水，皮下组织显著充血。特征病变：空肠、回肠出现纤维素性坏死性肠炎，整片的肠黏膜脱落，与凝固的纤维素性渗出物形成栓子或包裹在肠内容物表面，形成肠栓，堵塞肠腔，在靠近卵黄蒂和回盲部的肠段外观极度膨大，质地坚实，肠腔内由纤维素和坏死物假膜构成的如面条样、灰白色或灰黄色的栓子。严重时堵塞整个肠道。

【诊断】

根据临床症状和剖检病理变化，可做出初步诊断，确诊须进行实验室诊断。

【防控措施】

1. 免疫接种（供参考）：由于本病发生于雏鹅，利用疫苗免疫母鹅，通过母源抗体对雏鹅进行保护，是预防本病最经济有效的方法。母鹅开产前 15～30 d 用小鹅瘟鸭胚化弱毒苗进行免疫，疫苗使用按照说明书进行。雏鹅获得母源抗体可持续 2 周左右，保护率可达 96% 以上。如果母鹅未接种疫苗或免疫期已超过 4 个月，可对刚出壳 48 h 内的雏鹅进行紧急预防接种。

2. 做好孵化场、鹅场和一切用具清洗消毒，种蛋进行熏蒸消毒。

3. 在本病流行地区或受威胁地区对可疑雏鹅注射小鹅瘟血清是防治本病的一项关键措施，血清使用要严格按照说明书进行。

21-1 小鹅瘟病鹅急性病例临死前出现两腿麻痹，不能站立

21-2 小鹅瘟病鹅临死前出现神经症状，有摇头动作，两腿麻痹

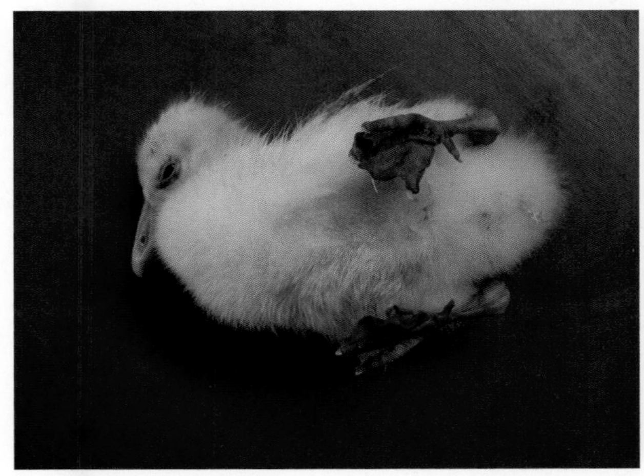

21-3 小鹅瘟病鹅临死前出现神经症状，两腿麻痹不能站立

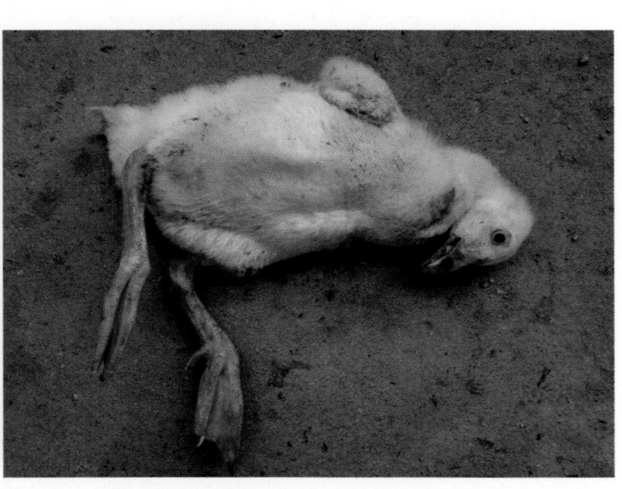

21-4 小鹅瘟 30 日龄病鹅临死前出现神经症状，两腿麻痹不能站立

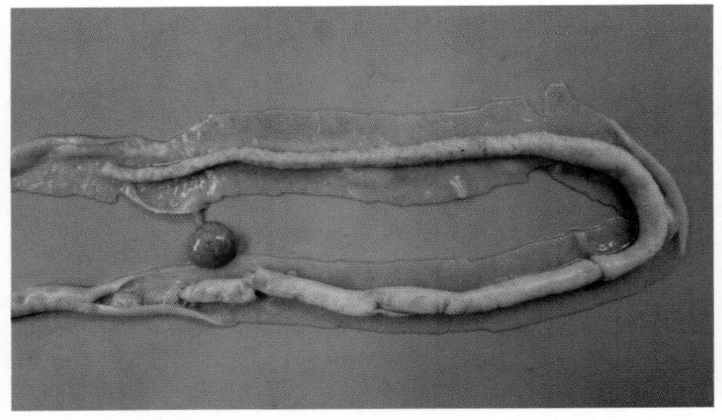

21-5 小鹅瘟病鹅在空肠、回肠有 15～25 cm 长的灰白色肠栓

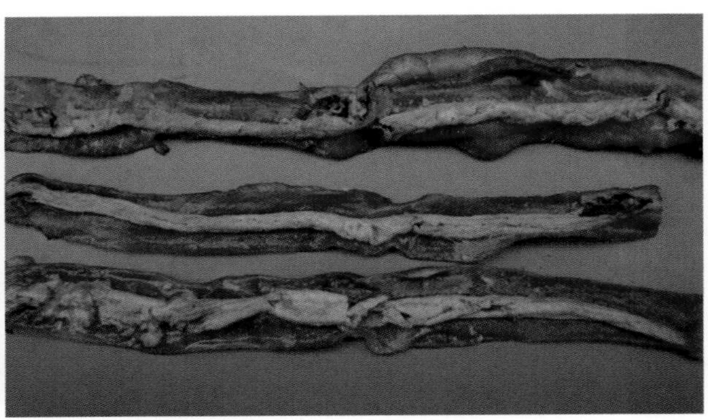

21-6 小鹅瘟病鹅在空肠、回肠有 10～15 cm 长的灰黄色肠栓，塞满整个肠腔

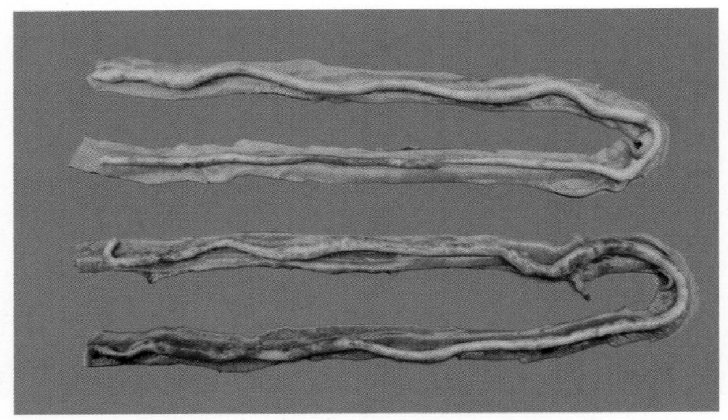

21-7 小鹅瘟病鹅在空肠、回肠有 20～30 cm 长的灰黄色肠栓，塞满整个肠腔

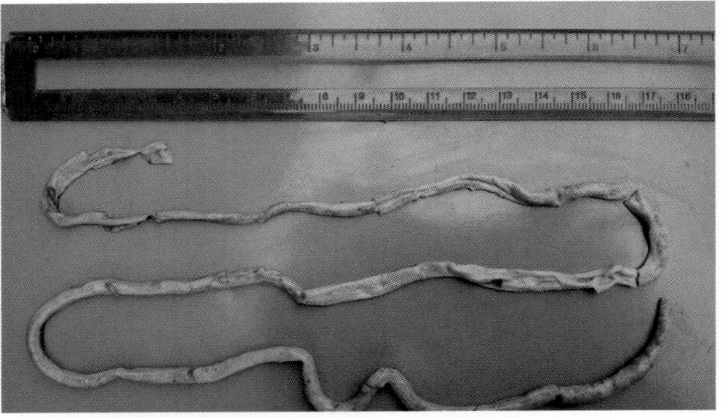

21-8 小鹅瘟病程长的病鹅在空肠、回肠有 50～60 cm 长的灰黄色肠栓，塞满整个肠腔

21-9 小鹅瘟病鹅肠壁充血，肠道呈圆形，手感硬，剪开肠道内有灰黄色的肠栓

21-10 小鹅瘟 30 日龄病鹅发生病变的肠道增粗

21-11 小鹅瘟 30 日龄病鹅剪开增粗的肠道内有较粗的灰白色肠栓

21-12 小鹅瘟 30 日龄的病鹅小肠有较粗的灰白色肠栓

鸭大舌病

“大舌病”是一种发生在肉鸭、番鸭，以鸭喙粗短，鸭舌外露，导致无法采食及饮水而使生长受阻，骨骼易断为主要特征的疾病。该病 2013 年首先在江苏的丰县、沛县发现，2014 年发病范围扩大到山东的临沂等地，近年来在山东、江苏、安徽等肉鸭养殖密集区域发病率很高，造成了严重的经济损失。

【病原】

目前有资料介绍“大舌病”病原为细小病毒变异株。霉菌毒素、药物因素、微量元素缺乏、饲养管理不良、应激因素等是本病发生的诱因。

【流行特点】

本病一年四季均可发生，多发生于 10～25 日龄的鸭。樱桃谷鸭和商品番鸭易感，樱桃谷种鸭和商品蛋鸭发病较少。

目前，该病为区域性流行，流行病学调查显示该病一旦在某个鸭场发生，往往会批批发病，发病率呈增加趋势，从首次发病的 0.5%，逐渐增加到 10% 以上，并且向周围的养殖场传播。

该病的发病率与病原污染程度、饲养管理水平、营养水平等因素有密切相关。管理水平低的鸭场发病率高。地面平养比网上养殖的发病率高。该病虽死亡率低，但残鸭率极高，经济损失巨大。

【临床症状】

早期表现精神萎靡，不愿走路，走路时两腿呈“八”字，站立不稳、跛行，严重的瘫痪，病鸭翅膀张开呈直升飞机状，生长受阻，成为僵鸭。病程继续发展可见喙变短、变粗，舌头伸出口外不能正常收缩，舌肿大，僵硬不能正常采食饮水等典型症状，拉稀，消瘦，形成僵鸭。病鸭体重仅为正常鸭体重的 1/3～1/2，发病日龄越早与正常鸭的体重差别越大。症状明显的病鸭比例可以达到 1%～10%；鸭群在抓鸭、脱毛和屠宰时，翅膀和腿易断，喙易碎，屠宰废弃率可达 60% 以上。

【剖检病变】

剖检一般无特征性病理变化，继续感染时可见内脏器官相应疾病的病变或见有脾出血、坏死，脾上有黄色的坏死结节。

【诊断】

根据本病的流行病学特点、临床症状和病理剖检变化可做出诊断，确诊须进行实验室诊断。

【防控措施】

本病目前尚无切实可行的治疗和免疫方法，控制本病的主要措施之一是不从疫区引进鸭子。生产中发现饲养密度大的鸭群，发病率高。因此发病鸭场可在原饲养数量的基础上饲养密度降低5%～10%。鸭群脱温早、温差大、密度大、通风不良、湿度大等不良因素都可诱发或加重该病的发生；温度要逐渐降低，避免鸭舍内温差过大。总之，做好饲养管理、消毒，对鸭子的重要疾病进行免疫和防控，提高鸭的抵抗力是预防本病的重要措施。

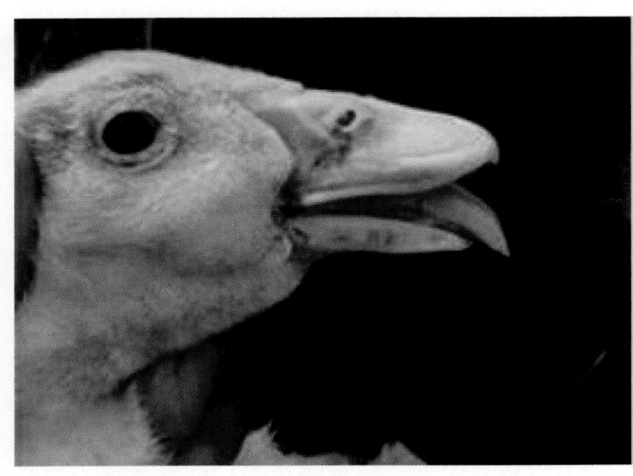

22-1　鸭大舌病，舌头伸出口腔外（1）

22-2　鸭大舌病，舌头伸出口腔外（2）

鸭黄病毒病

自 2010 年以来，我国养鸭密集地区在冬春季节寒冷天气时出现以产蛋鸭瘫痪、产蛋量大幅度下降及头颈摇摆等神经症状为主的疾病，资料表明病原为鸭黄病毒。

【病原】

为黄病毒科、黄病毒属、蚊媒病毒的恩塔亚病毒群，和坦布苏病毒亲缘关系密切的鸭黄病毒。

【流行特点】

1. 主要危害鸭，包括蛋鸭、肉种鸭，但鸡和番鸭未见发病。

2. 传播速度快。一般在 1 周左右可以感染一个养殖小区或者聚养区的所有鸭群。一户一旦发病，随后以点为中心，快速向周边区域扩散，几天之内可传遍周边区域，特别是鸭棚密集区传播更迅速，发病更严重。

3. 发病急，发病率高，死亡率较低。几乎可以引起鸭群中 100% 个体感染和发病； 但死亡率低，产蛋鸭通常低于 10%，多数在 5% 以下；发病率和死亡率与发病季节、饲养管理有关；部分养殖场的青年鸭和雏鸭发病后，死亡率较高，可达 20%。

【临床症状】

受感染鸭群几乎均可发病，饲养粗放、养殖条件恶劣的鸭场易继发感染其他细菌性疾病，死亡率较高；而在养殖条件好、饲养管理较严格的鸭场，死亡率通常较低，产蛋恢复迅速。

1. 种蛋鸭和商品蛋鸭病程 10～14 d，雏鸭 7～10 d，如果使用药物不当，病程可长达 20～30 d。该病主要表现在发病初期有轻微的呼吸道症状，接着采食量突然下降，数天内可下降 50% 甚至更多，持续 3～4 d 后采食量逐渐增加。产蛋率下降，可以在 4～5 d 内从产蛋高峰期的 90%～95% 下降到 5%～10%，严重者绝产。种蛋受精率一般会降低 10%～20%，发病率最高可以达到 100%，死淘率在 5%～50% 不等。

病鸭体温升高，排草绿色水样便，该病在流行的初期，发病鸭表现双腿瘫痪，向后伸展、翻个、行走不稳、共济失调神经症状。

2. 商品鸭和育成期种鸭最早可在 20 日龄之前发病，以出现神经症状为主要特征，表现站立不稳，倒地不起和行走不稳，病鸭仍有饮食欲，但多数因饮水采食困难衰竭死亡，死淘率一般在 5%～30%。

【剖检病变】

主要病变可见卵巢发育不良、卵泡变性、变形、坏死或液化，卵泡膜充血、出血；有的子宫水肿或输卵管壁充血、出血；另外混合感染其他病菌，可见肝肿大，脾有出血斑点或呈斑驳大理石样坏死灶，有的极度肿大并破裂；胰腺多数潮红，病情严重者胰腺肿胀出血或有出血点、坏死点；有的心肌或心脏内膜有出血点；有神经症状的病死鸭还可见脑膜出血，脑组织水肿，毛细血管充血呈树枝状。少数病例胸部皮下或腿肌出血。常并发大肠杆菌、坏死性肠炎和支原体。

【防控措施】

1. 加强饲养管理。给予营养全价平衡的饲料，注意减少应激，做好生物安全防范减少疾病传播几率。
2. 做好鸭瘟、鸭病毒性肝炎等疫病免疫和预防，提高鸭群免疫力。
3. 疫苗免疫。国内已有鸭黄病毒病疫苗上市，可选用疫苗进行免疫。

建议免疫程序：

品种	首免	二免	免疫方法	免疫剂量
蛋鸭（外购）	90 日龄	110 日龄	肌肉注射	1 羽份
蛋鸭（自养）	2～8 周龄	14～16 周龄	肌肉注射	1 羽份
番鸭（种鸭）	40～60 日龄	130～140 日龄	肌肉注射	1 羽份
樱桃谷种鸭	2～8 周龄	16～18 周龄	肌肉注射	1 羽份
种鹅	40～60 日龄	140～150 日龄	肌肉注射	1 羽份
肉鸭	5～10 日龄		肌肉注射	1 羽份

4. 治疗：本病发生后没有特效药物治疗，主要通过增强机体免疫力和防继发感染为主，可选用大青叶、板蓝根、黄连、黄芪等增强免疫力，同时可以添加抗菌药防止大肠杆菌和浆膜炎继发感染（注意休药期）。

23-1 鸭黄病毒感染的病鸭瘫痪不能站立行走（1）

23-2 鸭黄病毒感染的病鸭瘫痪不能站立行走（2）

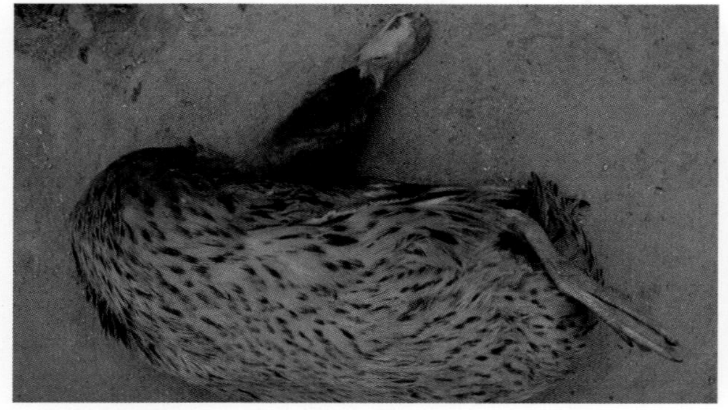
23-3 鸭黄病毒感染的成年产蛋鸭出现神经症状

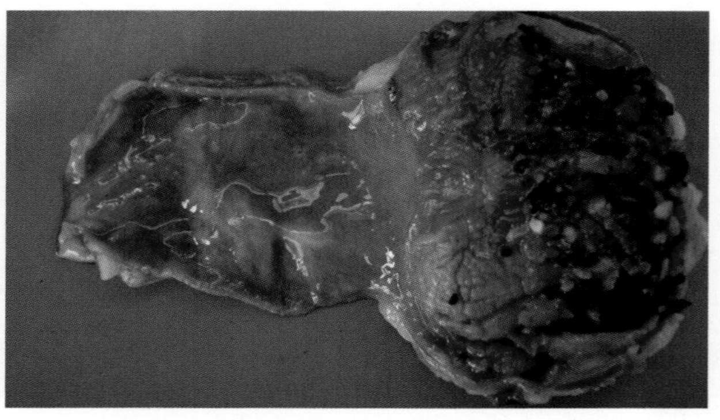
23-4 鸭黄病毒感染的病鸭腺胃有多量灰黄色分泌物

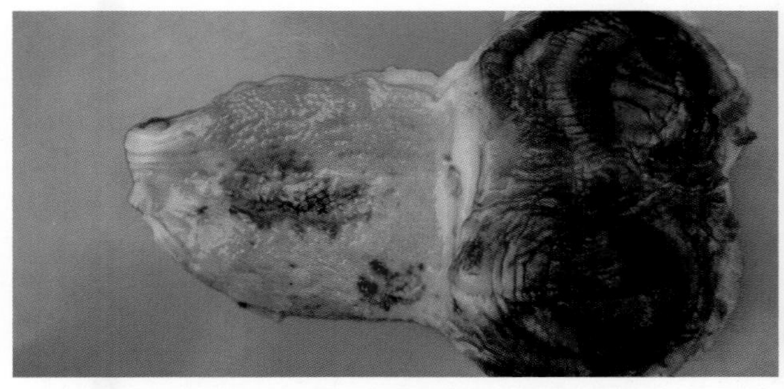
23-5　鸭黄病毒感染的病鸭腺胃黏膜大面积出血

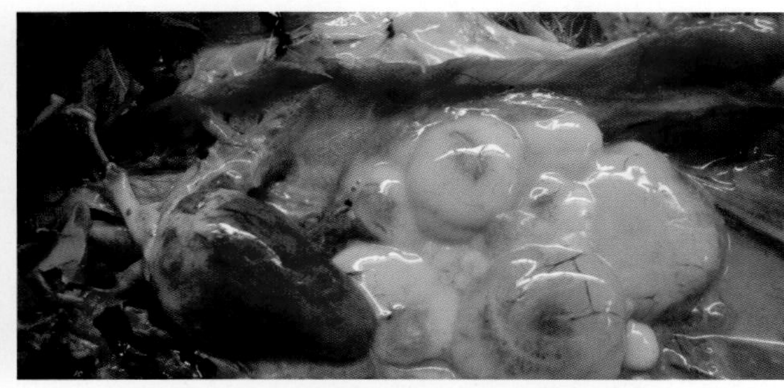
23-6　鸭黄病毒感染的病鸭心脏严重出血，卵泡液化

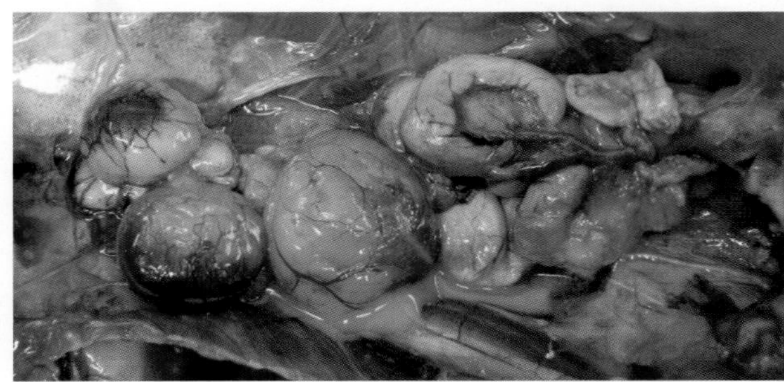
23-7　鸭黄病毒感染的病鸭卵泡变形、液化

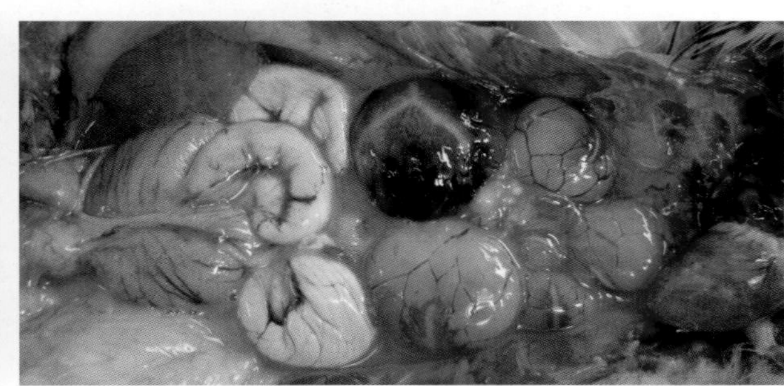
23-8　鸭黄病毒感染的病鸭卵泡出血、变形、液化（1）

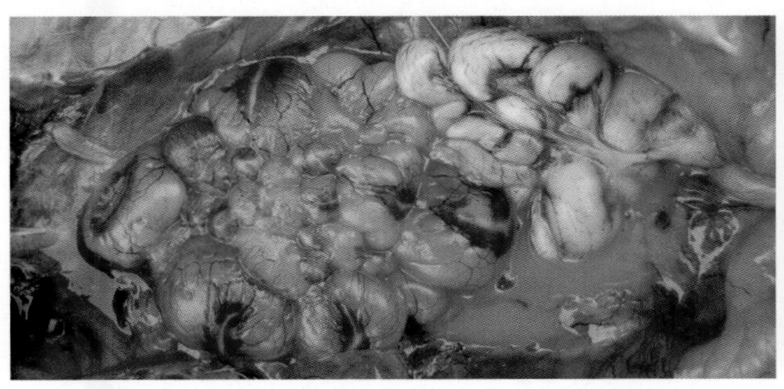
23-9　鸭黄病毒感染的病鸭卵泡出血、变形、液化（2）

23-10　鸭黄病毒感染的病鸭卵泡出血、变形、液化（3）

23-11　鸭黄病毒感染的病鸭卵泡变形，直肠出血

23-12　鸭黄病毒感染的病鸭脾肿大有出血斑点

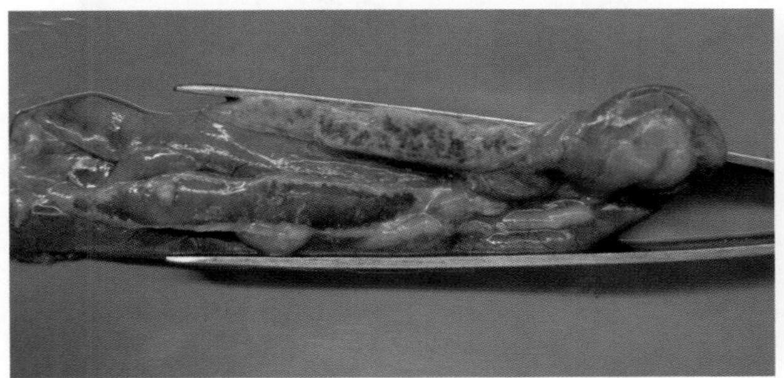
23-13　鸭黄病毒感染的病鸭胰腺出血

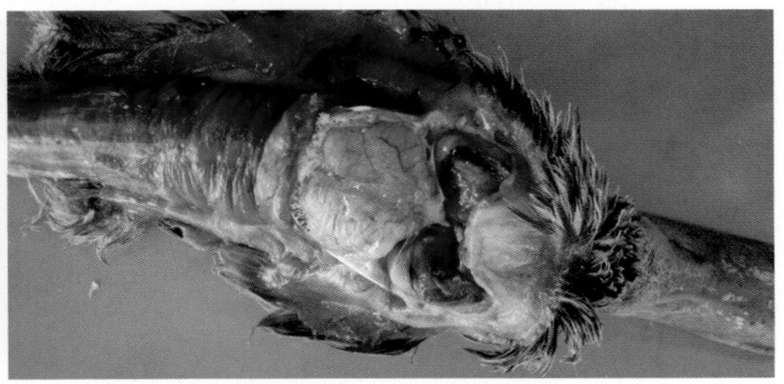
23-14　鸭黄病毒感染的病鸭脑膜毛细血管充血，呈树枝状

禽细菌性疾病

BACTERIAL DISEASE

24 大肠杆菌病（Avian colibacillosis； COLI）

大肠杆菌病是目前危害养鸡业的重要细菌性疾病之一。本病是由大肠杆菌各种血清型致病菌株引起的表现多种症状的总称。最多见的血清型为 O1、O2、O35、O78 等。

【病原】

病原为大肠杆菌，革兰氏阴性菌，各种环境应激及鸡抵抗力下降时容易发病。

【流行特点】

各种家禽和各种年龄的鸡均可感染。大肠杆菌无处不在无处不有，在饲料、饮水、孵化场、孵化器等中普遍存在。鸡蛋表面、鸡蛋内、孵化过程中死胚及蛋中分离较高。

易通过种蛋、呼吸道、污染的饲料和饮水而传播，当鸡群的饲养管理水平低下时，一年四季均可发生，但以冬末春初较为多见。多雨、闷热潮湿季节多发。

【临床症状与剖检病变】

禽大肠杆菌病的潜伏期为数小时至 3 d，无特征性临床症状。病鸡一般表现为精神不振、缩脖、奓毛、闭眼。临床上常见下列类型。

1. 胚胎与幼雏早期死亡：被感染的种蛋孵出之前死亡，未死者表现为大肚与脐炎，脐孔周围皮肤红肿，剖检可见卵黄吸收不良，卵黄囊变软呈熟透了的软柿子样，内容物稀薄呈黄绿色。

2. 急性败血症：病鸡离群呆立，或挤堆，排黄白色稀便，有的呼吸困难。病死鸡剖检时可发现腹部皮肤紫红色，掀开皮肤，胸部肌肉紫红色，主要病变为纤维素性心包炎、纤维素性肝周炎、纤维素性脾炎和纤维素性卵巢炎。有时可见肝、脾有坏死斑点，肝呈灰绿色，胸、腹气囊毛细血管淤血，呈树枝状清晰可见。

3. 大肠杆菌病严重的病鸡脾极度肿大，脾被膜下充血、出血、质软易碎，此型偶有出现。

4. 气囊炎：单纯的大肠杆菌会使气囊增厚呈云雾状，与支原体合并感染时气囊下有珠状黄白色小点。

5. 卵黄性腹膜炎卵巢炎：蛋黄破裂于腹腔呈液状或块状黏附于肠道表面，病程稍长的鸡，可见肠粘连和卵黄性腹膜炎。卵巢周围包裹一层卵黄样物质称为卵巢炎。

6. 肉芽肿：多见于产蛋后期母鸡。在肠道浆膜及肠系膜上有小如米粒、大至鸡蛋的乳白色结节。肠管及邻近的盲肠因肉芽肿而粘连在一起不易分离。严重的病例肉芽肿还出现于心包膜、心脏、肝、肾、卵巢等。

7. 输卵管炎、子宫炎：有时雏鸡输卵管内有粗细不等的、硬的黄白色干酪样物质，并随着日龄的增长而增粗变大。产蛋鸡输卵管膨大、出血、水肿或管壁变薄，内有黏稠条索状或大块干酪样物，切面呈轮层状。这样的病鸡不产蛋，俗称为“裆鸡”。子宫充血、出血、溃疡、分泌物多，产软皮蛋、沙皮蛋、血斑蛋。

8. 出血性肠炎：肠浆膜呈红色、肠黏膜充血、出血或脱落，肠内容物稀薄并含有血色黏液。

9. 全眼球炎：常见于30～60日龄雏鸡，单侧或双侧眼肿胀，眼结膜潮红，有干酪样物渗出，严重时导致失明。

10. 肿头综合征：高氨环境下感染大肠杆菌，可导致头部毛细血管损伤而引起头部水肿，表现为双眼和整个头部肿胀，皮下有浅黄绿色液体渗出（浮肿性皮炎）。

11. 腹水症：腹腔内充满了茶色液体，内有黄白色纤维素性凝块。

12. 慢性呼吸道症状：首先感染支原体造成呼吸道黏膜破损，后继发大肠杆菌病，表现为咳嗽啰音，剖检可见气囊炎，气管内有多量灰白色的黏液，同时还有典型的心包炎，肝周炎。

13. 关节炎或足垫肿：多见于雏鸡的慢性病程。临床多见于7～10日龄雏禽，病雏禽一侧或两侧跗关节炎性肿胀，积有纤维素性或混浊的关节液，或足垫肿胀，运动受限，出现跛行，吃食减少，若不及时治疗，病雏在3～5 d内死亡。

【诊断】

根据流行情况、病史、临床症状、剖检病变可初步做出诊断。确诊必须进行实验室病原菌的检查与分离鉴定。

【防控措施】

1. 做好饲养管理、消毒，减少应激是预防本病的关键。

2. 抗生素对该病有一定的治疗作用，发病鸡群要选用有效药物进行治疗，大肠杆菌易产生抗药性，故建议先做药敏试验，选择敏感药物使用，避免盲目用药延误病情对环境造成污染以及抗药性的产生，有效抗生素可以交替使用，避免产生抗药性。

3. 可以选用有效中草药进行预防使用。

24-1 大肠杆菌感染的病鸡精神不振、缩脖、奓毛、闭眼（1）

24-2 大肠杆菌感染的病鸡精神不振、缩脖、奓毛、闭眼（2）

24-3　大肠杆菌感染病情严重的病鸡精神不振，冠萎缩、颜色苍白

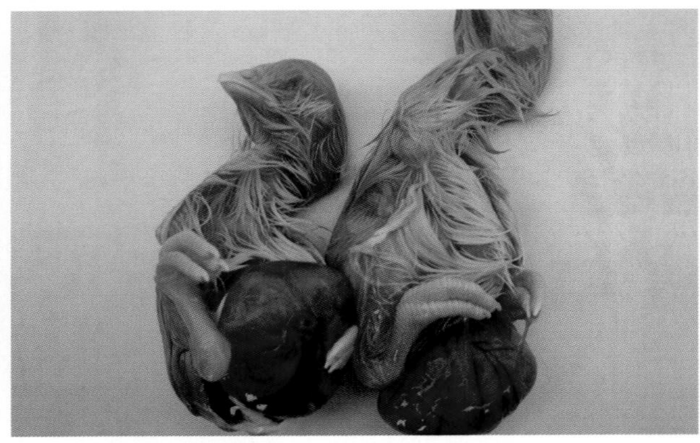
24-4　胚胎感染大肠杆菌，卵黄吸收不良

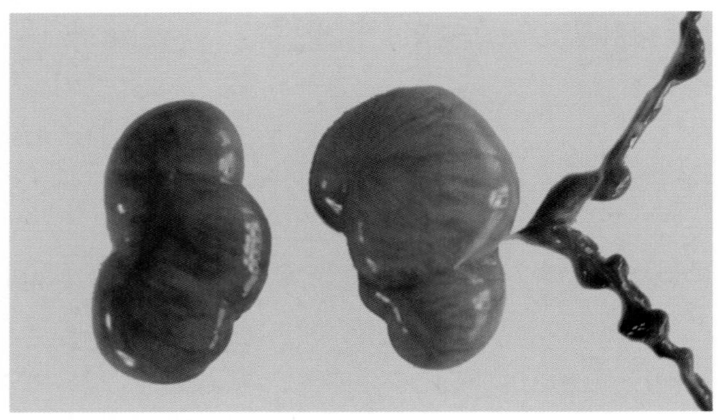
24-5　大肠杆菌感染的病雏鸡卵黄吸收不良，卵黄囊变软，呈黄绿色

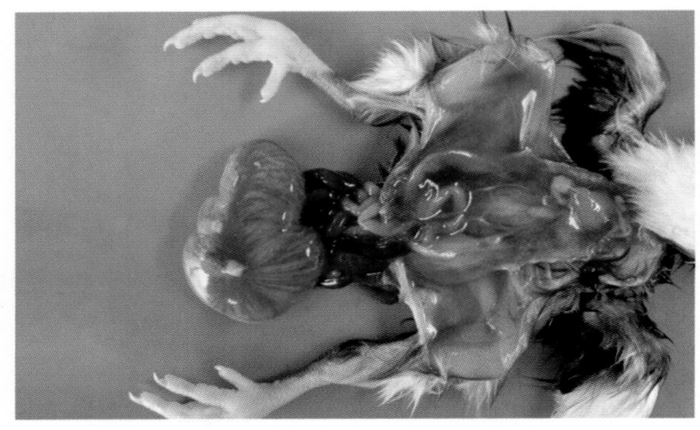
24-6　大肠杆菌感染的病雏鸡出血性肠炎，卵黄吸收不良，卵黄囊变软，呈棕黄色

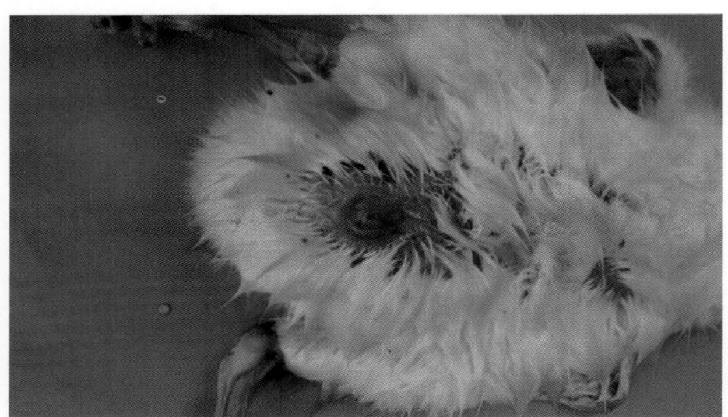
24-7　胚胎感染大肠杆菌，幼雏表现为大肚与脐炎（1）

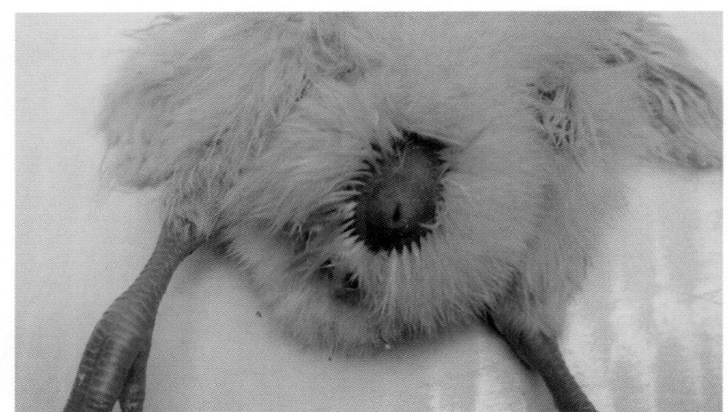
24-8　胚胎感染大肠杆菌，幼雏表现为大肚与脐炎（2）

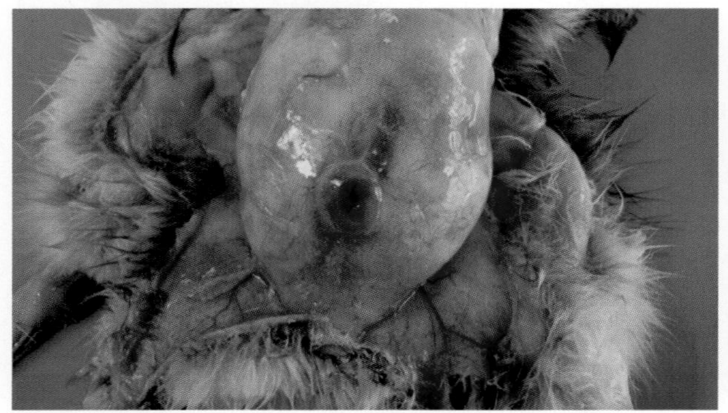
24-9　胚胎感染大肠杆菌，幼雏表现为大肚与脐炎（3）

24-10　胚胎感染大肠杆菌，幼雏表现为大肚与脐炎（4）

24-11　胚胎感染大肠杆菌，造成鸵鸟死胎

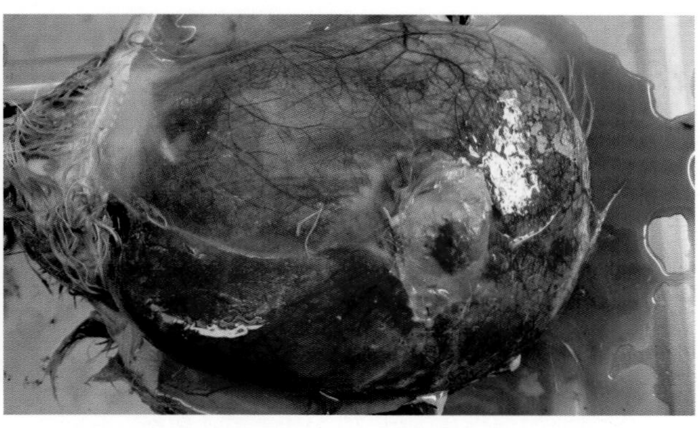

24-12　胚胎感染大肠杆菌，幼鸵鸟表现为大肚与脐炎（1）

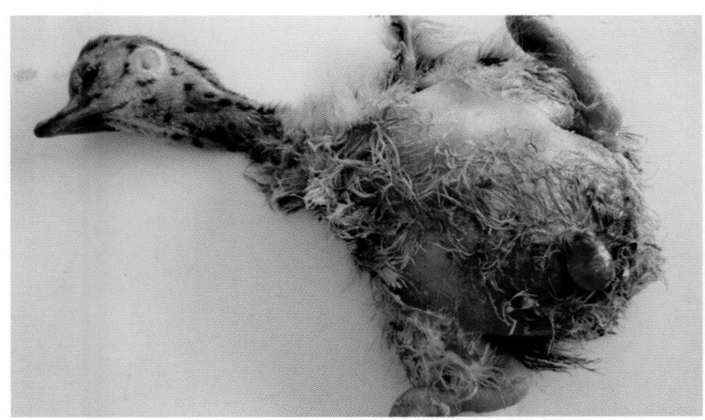

24-13　胚胎感染大肠杆菌，幼鸵鸟表现为大肚与脐炎（2）

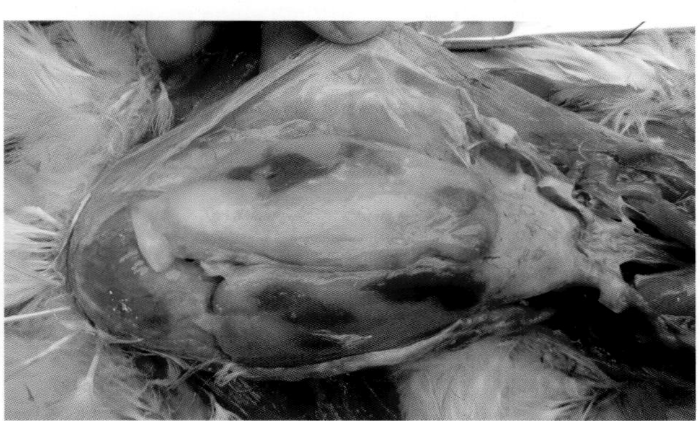

24-14　大肠杆菌感染的病鸡常发生纤维素性的心包炎和肝周炎

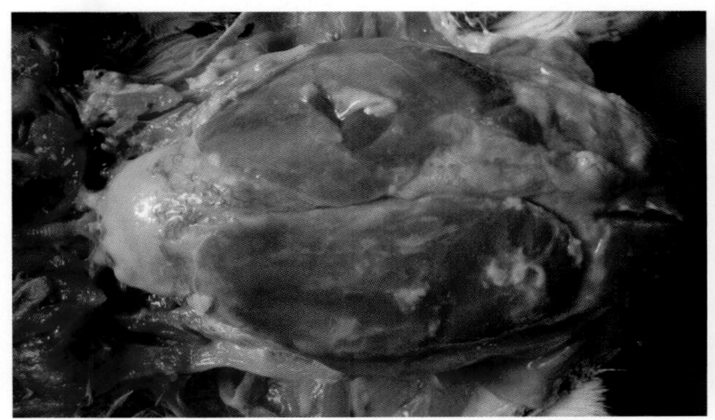

24-15　大肠杆菌感染的肉鸡常发生纤维素性的心包炎和肝周炎

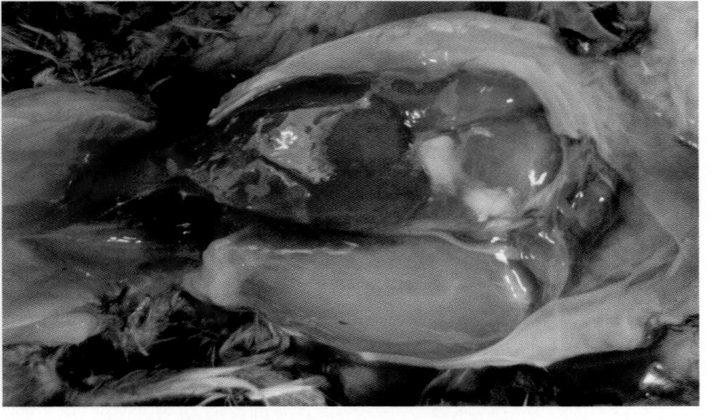

24-16　孔雀感染大肠杆菌，发生纤维素性心包炎、肝周炎

24-17　大肠杆菌感染的病鸡常发生纤维素性的心包炎、肝周炎，纤维素性渗出物容易剥离

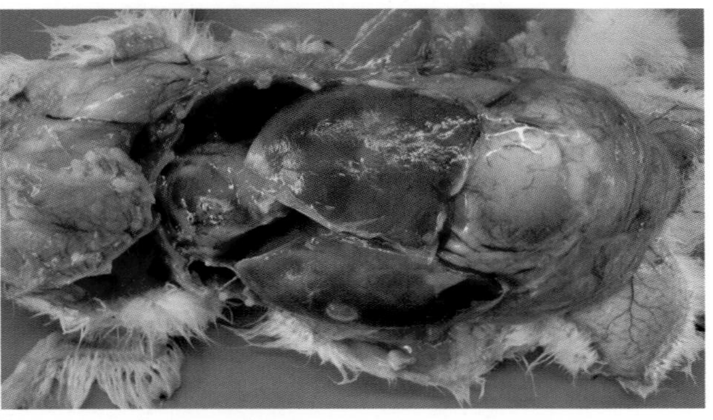

24-18　雏鹅感染大肠杆菌，发生纤维素性的心包炎、肝周炎

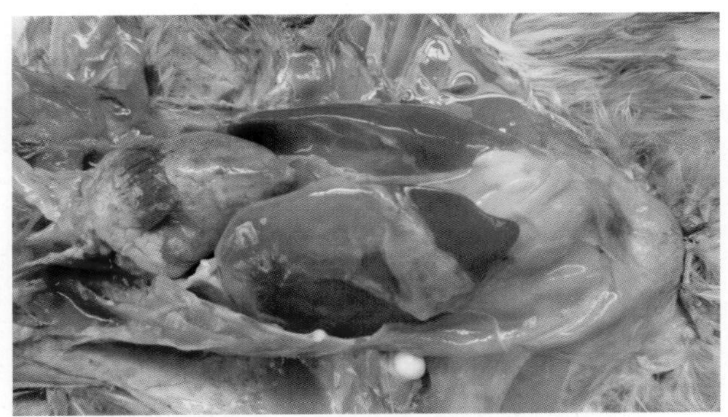
24-19 大肠杆菌感染的鸭发生纤维素性心包炎、肝周炎

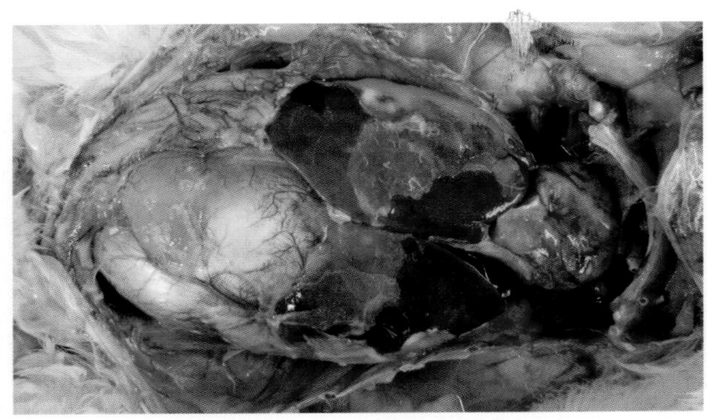
24-20 鹅感染大肠杆菌，形成粗糙的纤维素性渗出物覆盖在心脏、肝的表面

24-21 小鹅严重的大肠杆菌感染，不仅包心包肝，而且在胃的周围也包裹一层厚厚的纤维素性渗出物

24-22 大肠杆菌感染病情严重者纤维素性渗出物厚达0.4～0.5 cm，易剥离

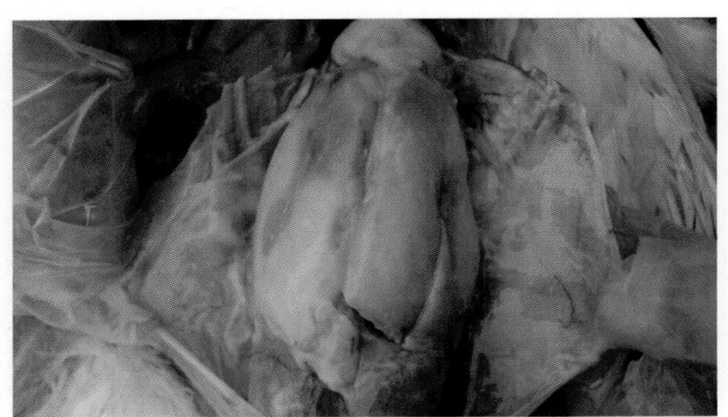
24-23 大肠杆菌感染的病鸡发生纤维素性的心包炎、肝周炎，与支原体合并感染，气囊下有干酪样物，气囊上毛细血管清晰可见

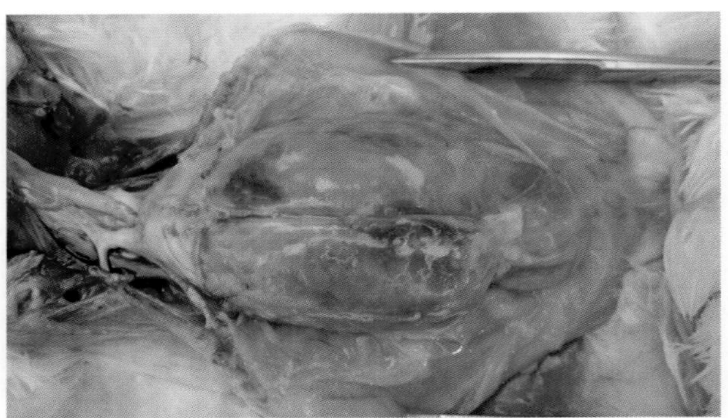
24-24 大肠杆菌感染的病鸡纤维素性的心包炎、肝周炎，与支原体合并感染气囊下有干酪样物

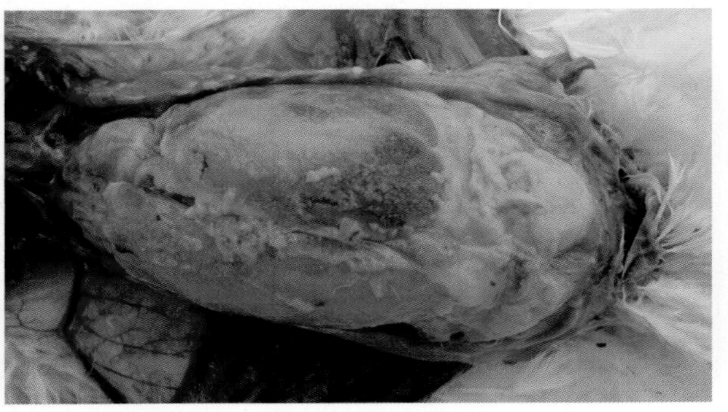
24-25 大肠杆菌感染的病鸡有时形成粗糙的纤维素性渗出物覆盖在心脏、肝的表面

24-26 鸭感染大肠杆菌，形成粗糙的纤维素性渗出物覆盖在心脏、肝的表面

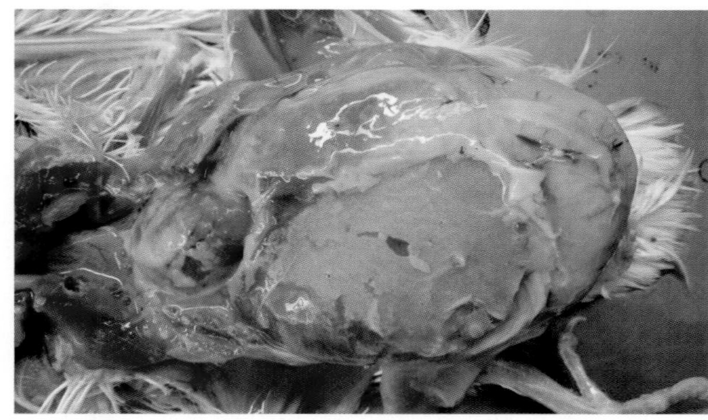

24-27 大肠杆菌感染的病鸽形成粗糙的纤维素性渗出物覆盖在心脏、肝的表面

24-28 幼龄驼鸟感染大肠杆菌形成腹水，腹腔内有多量灰黄色污浊的液体

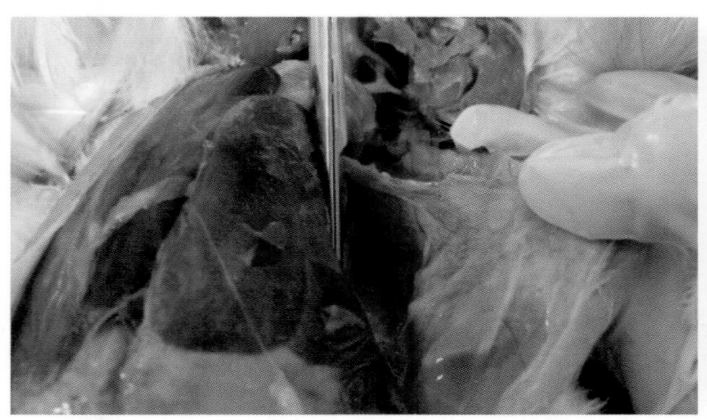

24-29 大肠杆菌感染的病鸡纤维素性肝周炎，肝呈灰绿色，气囊毛细血管充血、淤血呈树枝状

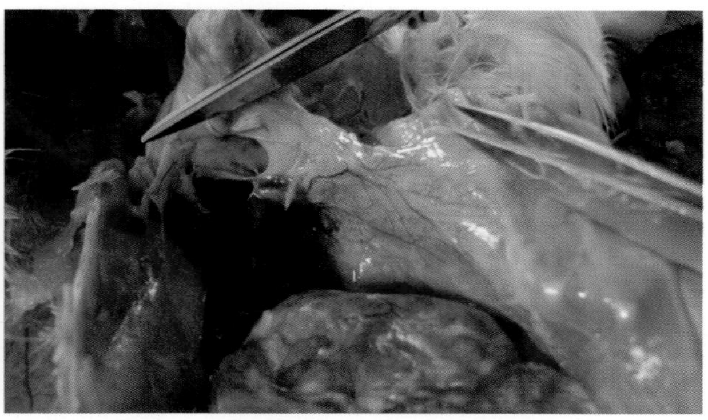

24-30 大肠杆菌感染的病鸡胸气囊毛细血管充血、淤血清晰可见

24-31 大肠杆菌感染病情严重者发生脾炎

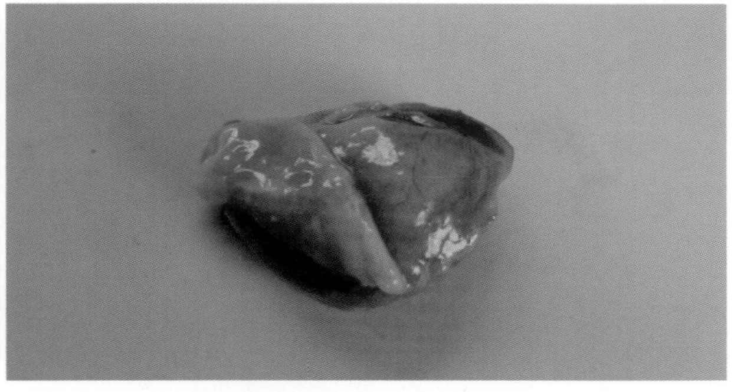

24-32 大肠杆菌感染病情严重者发生包脾，纤维素性的渗出物可以剥离(1)

24-33 大肠杆菌感染病情严重者发生包脾，纤维素性的渗出物可以剥离（2）

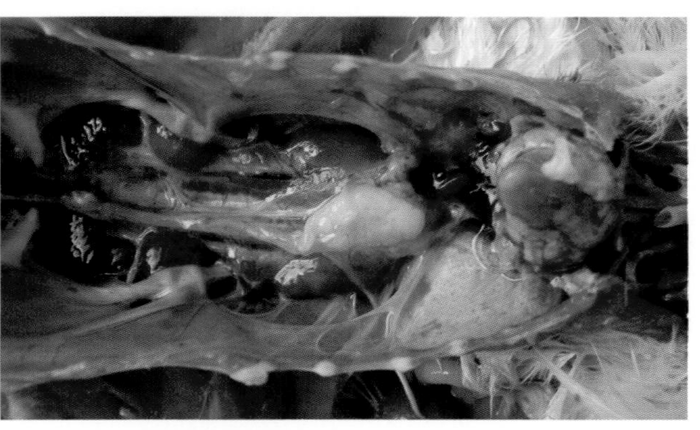

24-34 大肠杆菌感染病情严重者发生卵巢炎，卵巢表面光滑

24-35 大肠杆菌感染病情严重者会发生包卵巢，卵巢表面有一层纤维素性渗出物易剥离

24-36 大肠杆菌感染的病禽脾极度肿大、充血、质软、易碎，此病变偶有出现，左侧为正常脾

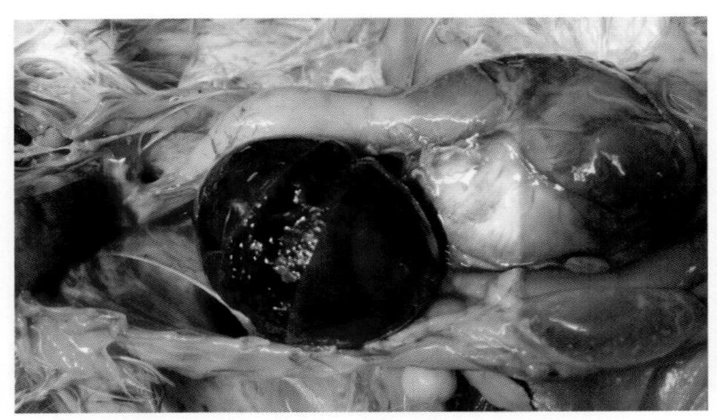

24-37 大肠杆菌感染严重时，脾异常肿大，易破裂出血

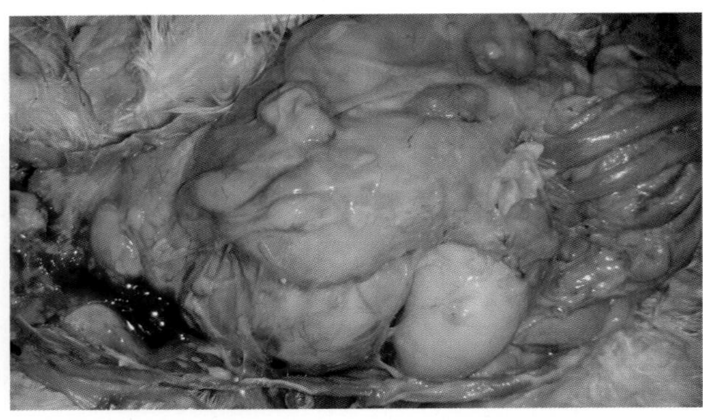

24-38 大肠杆菌感染的病鸡腹腔内有纤维素性渗出物和大量游离的卵黄

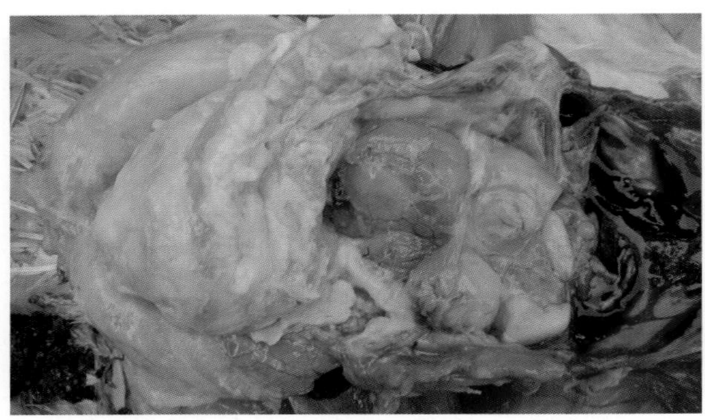

24-39 大肠杆菌感染的病鸡患卵黄性腹膜炎，肠道覆盖一层卵黄样物质

24-40 大肠杆菌感染的病鸡患卵黄性腹膜炎，腹腔覆盖一层卵黄样物质（1）

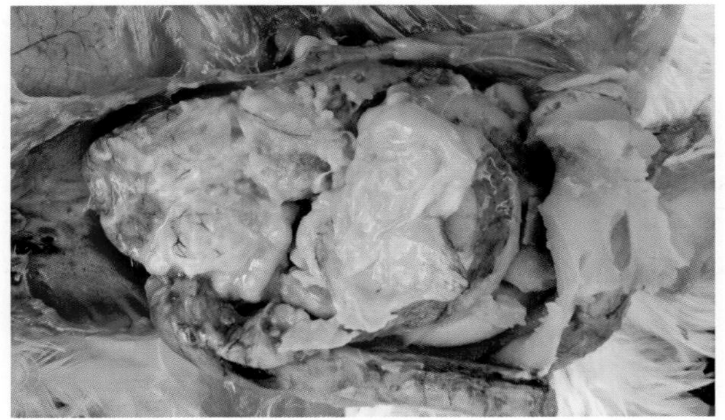

24-41 大肠杆菌感染的病鸡患卵黄性腹膜炎，腹腔覆盖一层卵黄样物质（2）

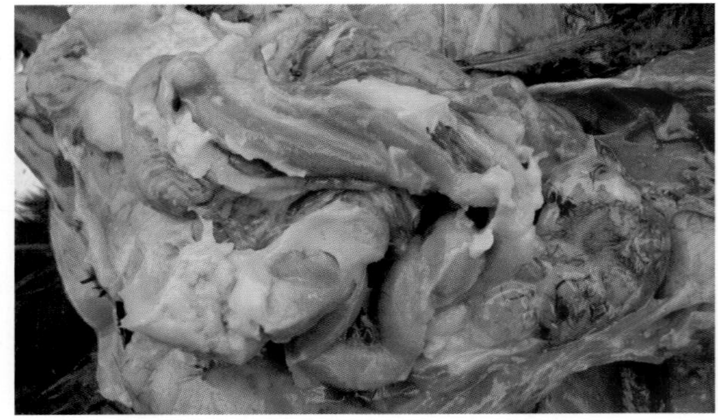

24-42 大肠杆菌感染的病鸡患卵黄性腹膜炎，腹腔覆盖一层卵黄样物质（3）

24-43　大肠杆菌感染的病鸡患卵黄性腹膜炎，腹腔覆盖一层卵黄样物质（4）

24-44　大肠杆菌感染的病鸡患卵黄性腹膜炎，腹腔覆盖一层卵黄样物质（5）

24-45　大肠杆菌感染的病鸡患卵黄性腹膜炎，腹腔覆盖一层卵黄样物质（6）

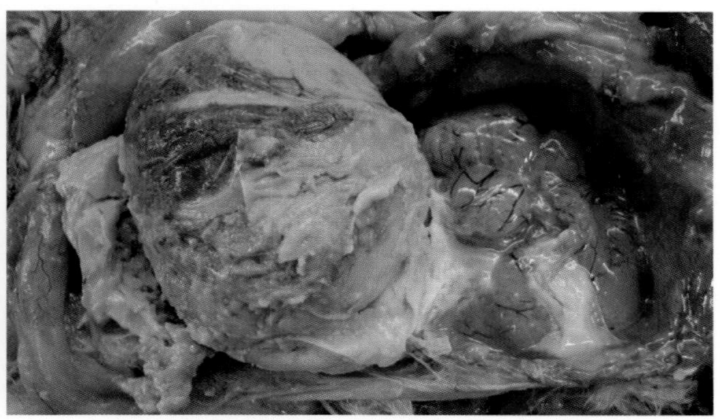

24-46　大肠杆菌感染的病鸡形成卵黄性腹膜炎和严重的输卵管炎，形成衵鸡

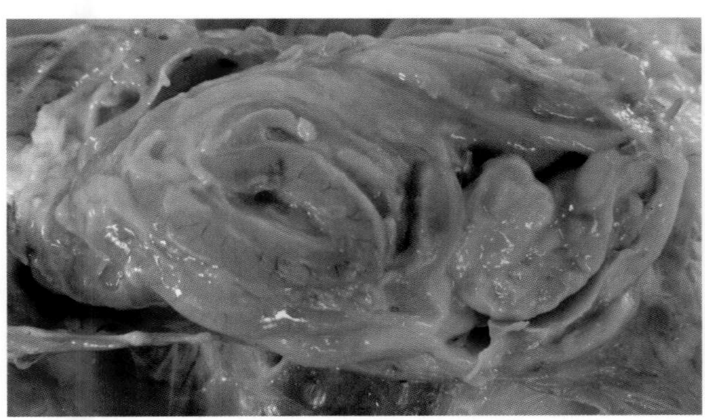

24-47　大肠杆菌感染造成的腹膜炎、肠粘连

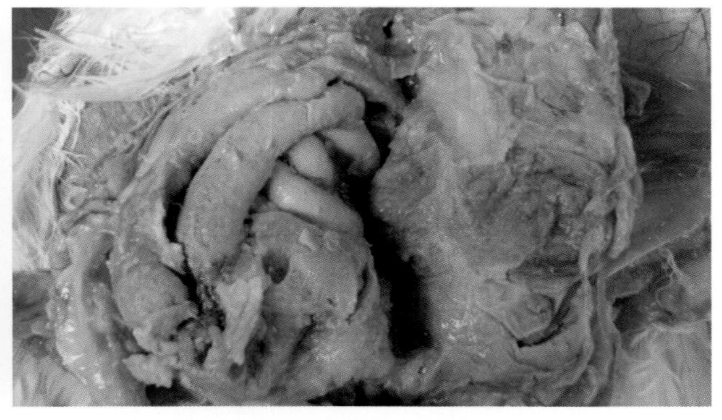

24-48　大肠杆菌感染的鹅卵黄性腹膜炎，腹腔覆盖一层卵黄样物质

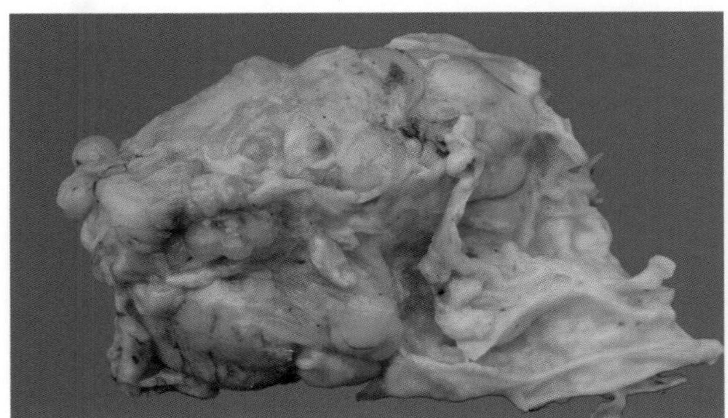

24-49　大肠杆菌感染的病鸡卵巢炎，卵巢周围包裹一层卵黄样物质（1）

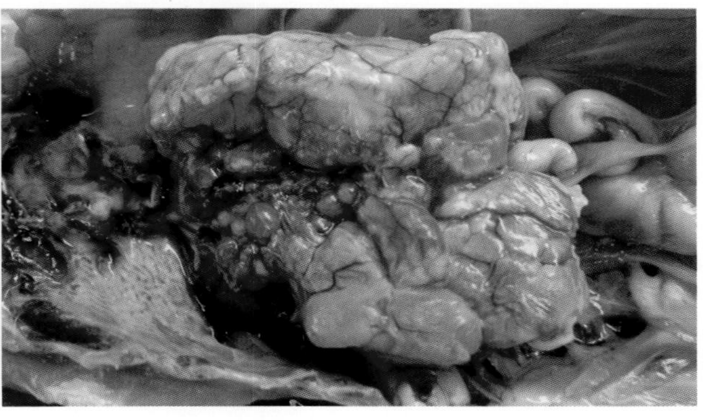

24-50　大肠杆菌感染的病鸡卵巢炎，卵巢周围包裹一层卵黄样物质（2）

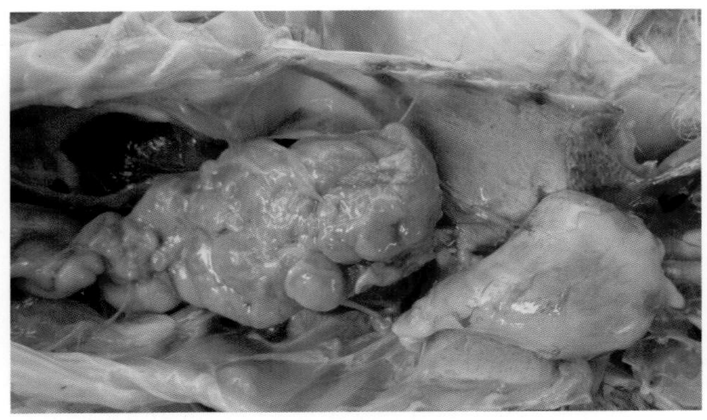
24-51 大肠杆菌感染的病鸡卵巢炎，卵巢周围包裹一层卵黄样物质（3）

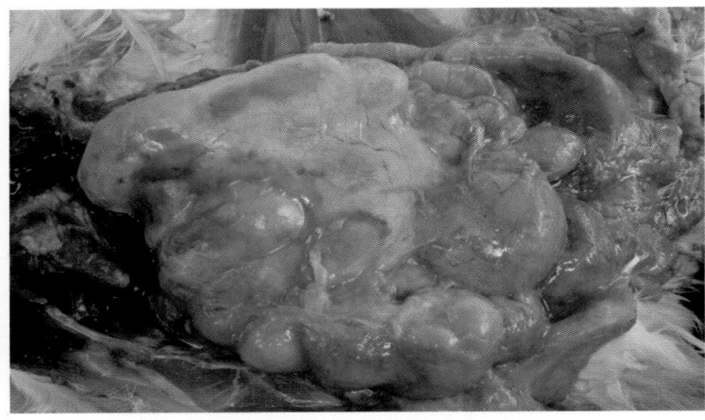
24-52 大肠杆菌感染的病鸡卵巢炎，卵巢周围包裹一层卵黄样物质（4）

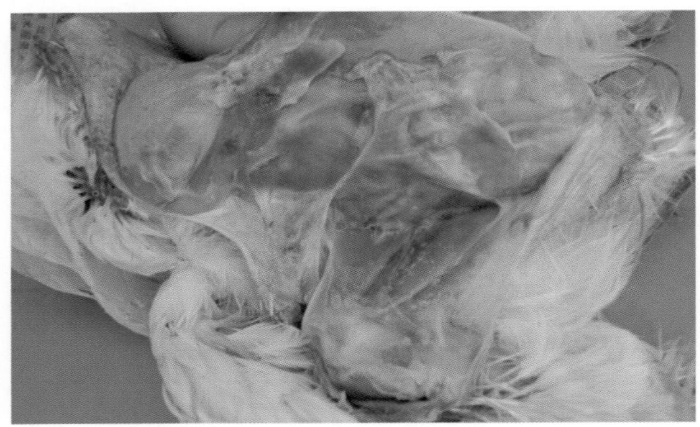
24-53 大肠杆菌感染的病鸡皮下形成蜂窝织炎

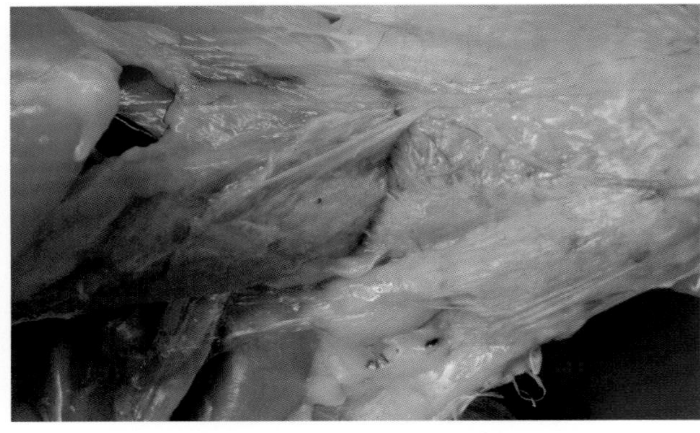
24-54 大肠杆菌感染的病鸡腹部皮下形成蜂窝织炎

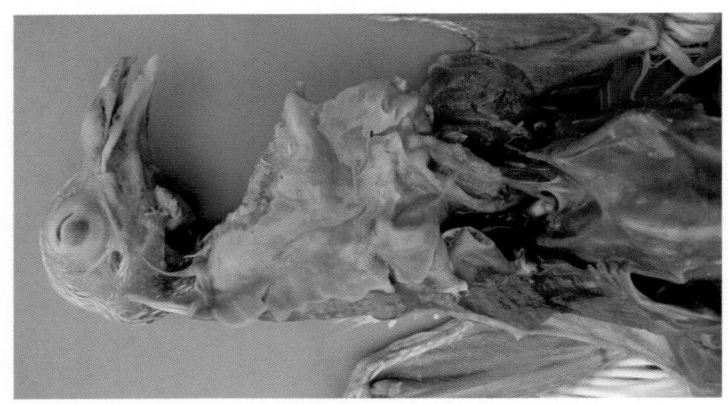
24-55 大肠杆菌感染的病鸽颈部皮下形成蜂窝织炎

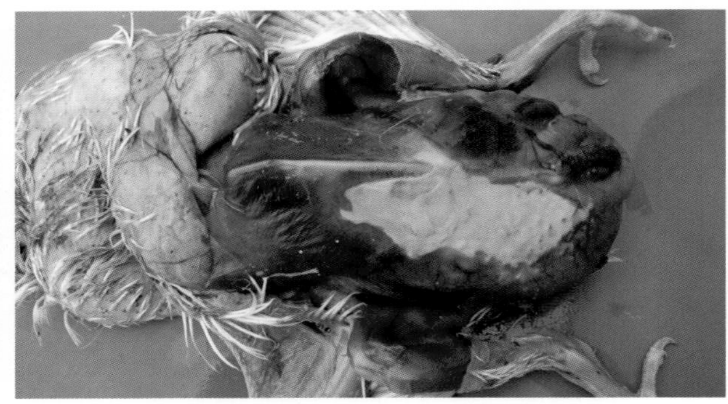
24-56 大肠杆菌感染的病鸽腹部皮下形成蜂窝织炎

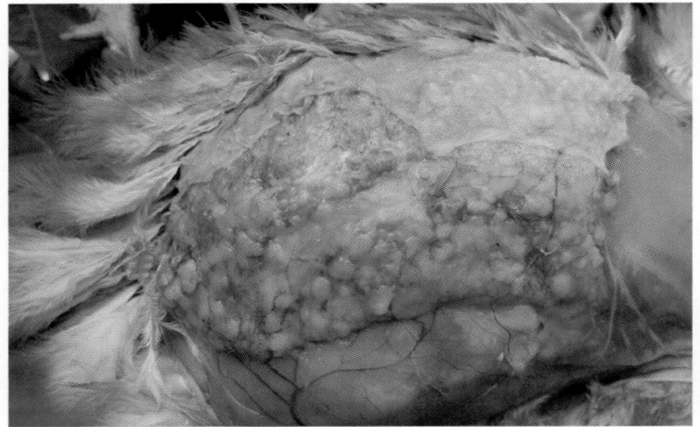
24-57 大肠杆菌感的病鸡皮下有清晰可见的灰白色绿豆大小肉芽肿病灶

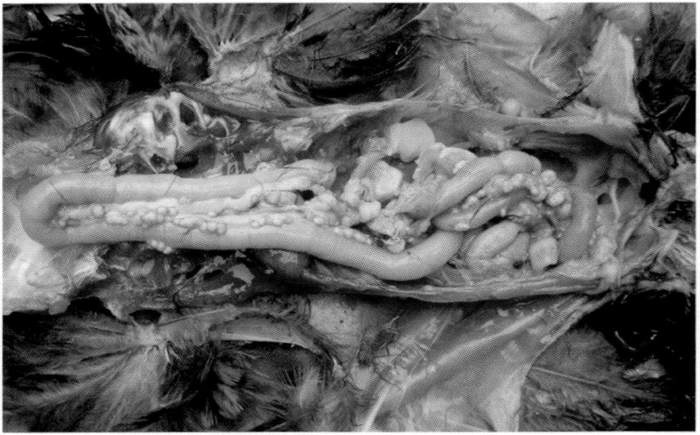
24-58 大肠杆菌感染的病鸡十二指肠肠壁有清晰可见的灰白色米粒大小肉芽肿病灶

24-59 大肠杆菌感染的病鸡十二指肠肠壁有清晰可见的粉红色大小不等的肉芽肿病灶

24-60 大肠杆菌感染的病鸡肠浆膜及肠系膜上布满了绿豆大的粉红色肉芽肿病灶

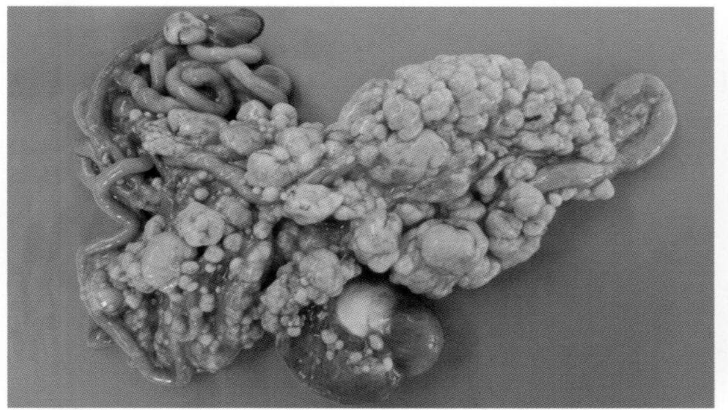

24-61 大肠杆菌感染的病鸡十二指肠肠壁有大小不等的米黄色肉芽肿病灶

24-62 大肠杆菌感染的病鸡十二指肠、小肠壁有清晰可见的灰白色绿豆大小肉芽肿病灶

24-63 大肠杆菌感染的病鸡十二指肠和小肠的肠壁有清晰可见的粉红色大小不等的肉芽肿病灶

24-64 大肠杆菌感染的病鸡肠浆膜及肠系膜上布满了大小不等的米黄色肉芽肿病灶

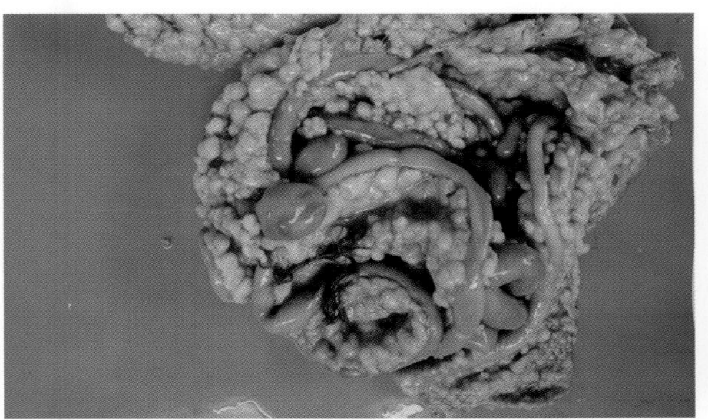

24-65 大肠杆菌感染的病鸡十二指肠、小肠壁有清晰可见的灰白色大小不等的肉芽肿病灶

24-66 老龄鸡感染大肠杆菌形成肉芽肿，常并发腹水。病鸡肠浆膜及肠系膜上布满了大小不等的灰白色肉芽肿病灶

24-67 大肠杆菌感染的病鸡肠浆膜及肠系膜上布满了绿豆大小的粉红色和乳白色肉芽肿病灶

24-68 大肠杆菌感染的 700 日龄老鸡的内脏器官表面和腹部皮肤的内侧布满了密密麻麻、大小不等堆积在一起的肉芽肿病灶

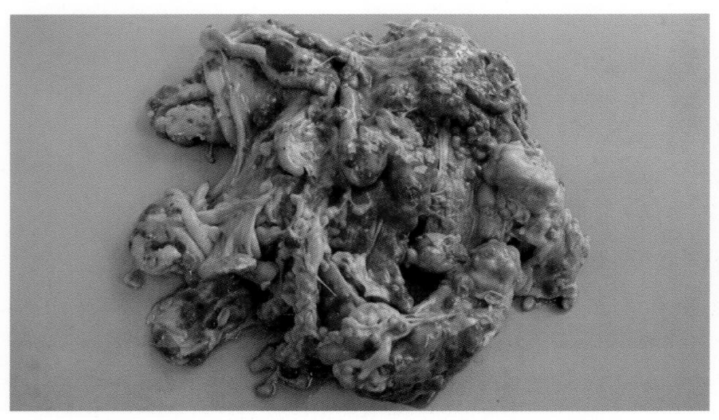
24-69 大肠杆菌感染的病鸡病情严重者形成肠粘连，表面有多量小米粒样红色肉芽肿病灶

24-70 老龄母鸡感染大肠杆菌，卵巢上的肉芽肿粘连在一起，心脏也有肉芽肿病灶

24-71 大肠杆菌感染的病鸡卵巢卵泡出现肉芽肿病灶，卵泡变形，变色、变性（1）

24-72 大肠杆菌感染的病鸡卵巢卵泡出现肉芽肿病灶，卵泡变形，变色、变性（2）

24-73 大肠杆菌感染的病鸡卵巢卵泡出现肉芽肿病灶，卵泡变形，变色、变性（3）

24-74 大肠杆菌感染的病鸡卵巢卵泡出现肉芽肿病灶，卵泡出血、变形（4）

24-75 大肠杆菌感染的病鸡卵巢出现肉芽肿病灶，呈乳白色，似“珊瑚”样

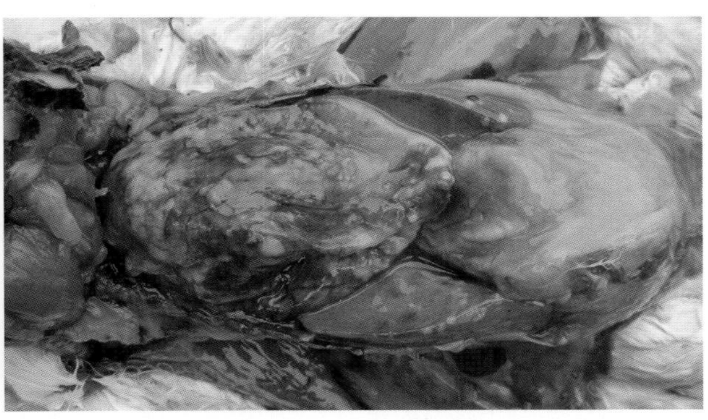

24-76 大肠杆菌感染，心包膜极度增大、增厚，并有弥漫性大肠杆菌肉芽肿病灶，肝边缘也有明显的肉芽肿病灶

24-77 大肠杆菌感染，心包膜内侧面有密密麻麻的大肠杆菌肉芽肿病灶

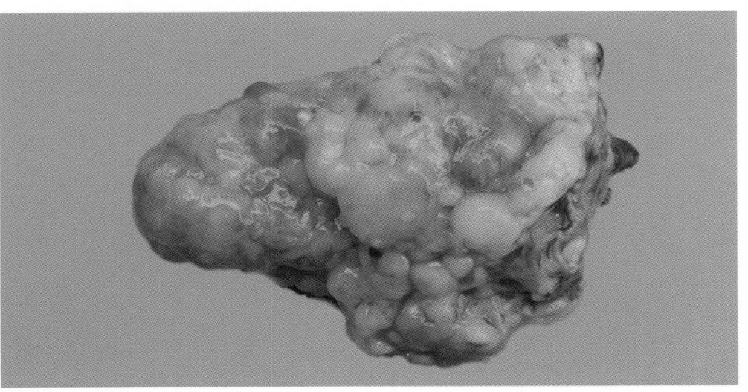

24-78 大肠杆菌感染，心脏周围布满了大肠杆菌肉芽肿病灶，致使心脏体积严重增大、变形

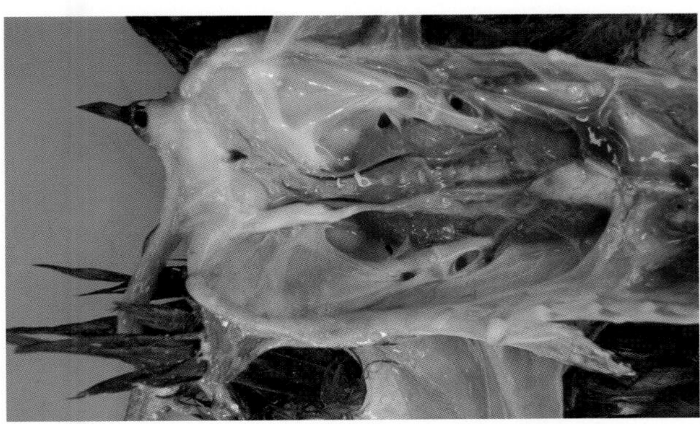

24-79 大肠杆菌感染病情严重的病雏鸡输卵管扩张变薄，内有干酪样物，呈条索状

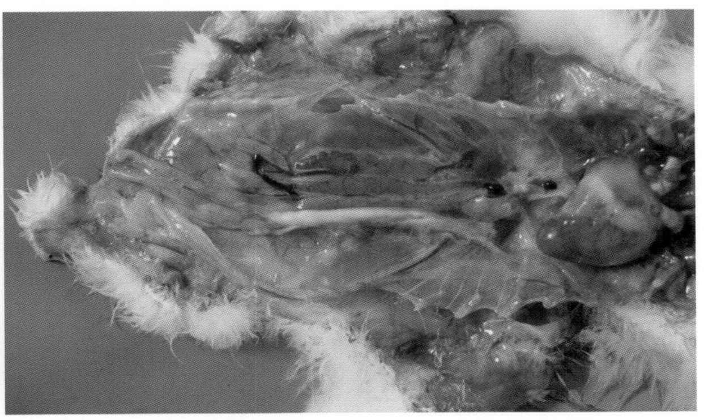

24-80 大肠杆菌感染病情严重的 12 日龄幼鹅输卵管扩张，内有干酪样物，呈条索状

24-81 大肠杆菌感染病情严重的幼鸭输卵管扩张，内有干酪样物，呈条索状

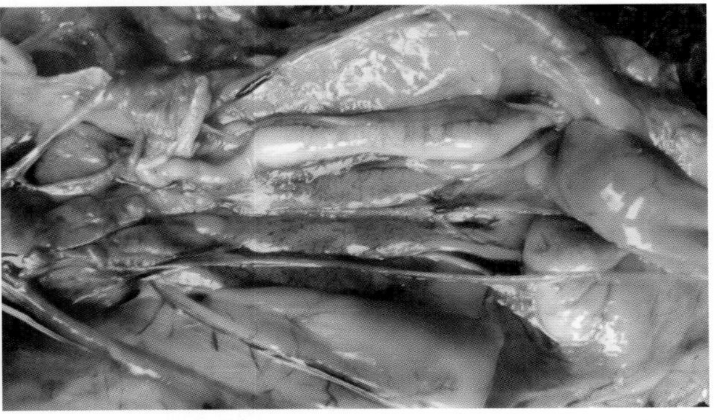

24-82 大肠杆菌感染病情严重的 1 月龄鸭输卵管扩张，内有干酪样物，呈条索状

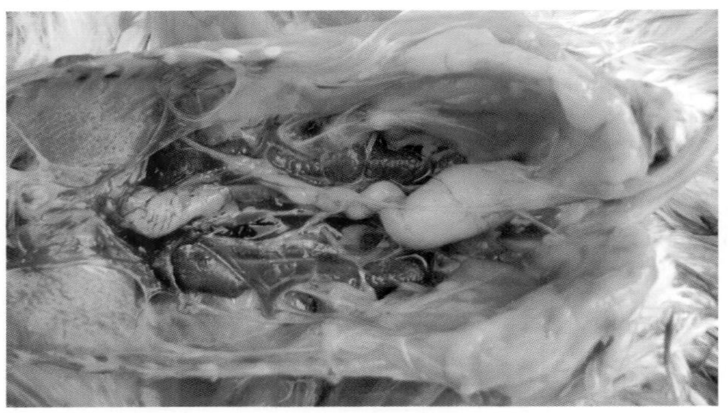
24-83　大肠杆菌感染病程长的病雏鸡输卵管扩张变薄，内含干酪样物，呈条索状

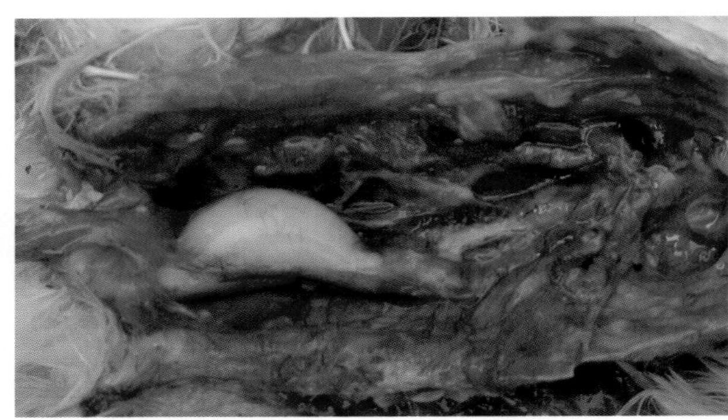
24-84　大肠杆菌感染病程长的病雏鸡输卵管扩张变薄，内含干酪样物，呈蒜瓣形

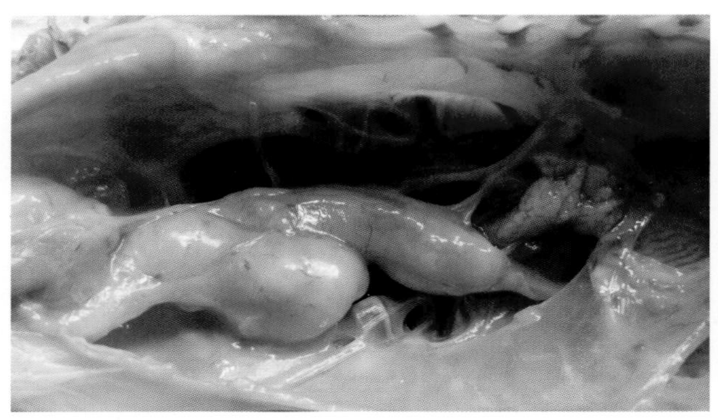
24-85　大肠杆菌感染病程长的病雏鸡输卵管扩张变薄，内含干酪样物

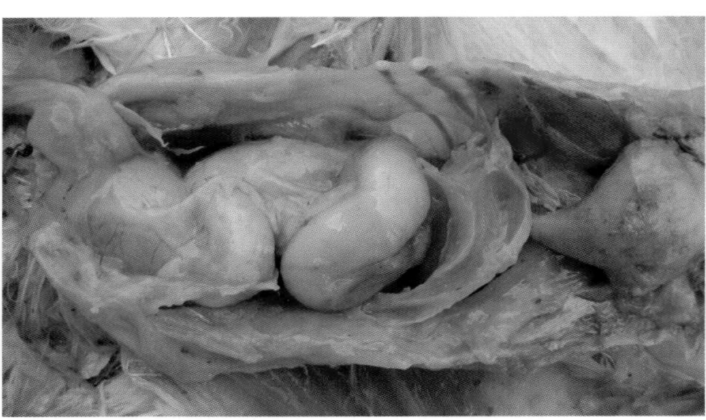
24-86　大肠杆菌感染病程长的青年鸡输卵管扩张变薄，内含干酪样物，呈 V 形弯曲状

24-87　大肠杆菌感染病程长的青年鸡输卵管扩张变薄，内含干酪样物，呈条索状（1）

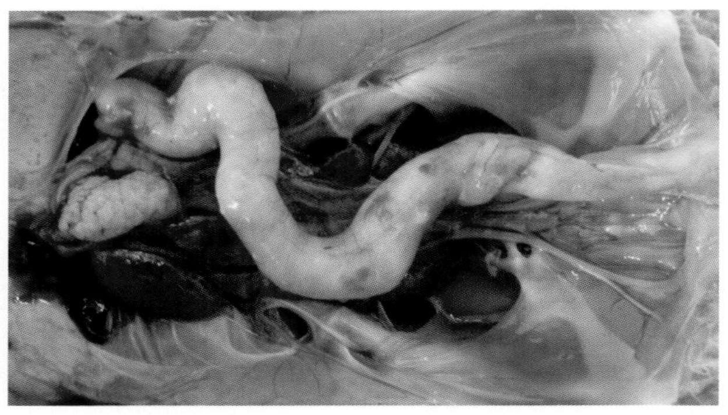
24-88　大肠杆菌感染病程长的青年鸡输卵管扩张变薄，内含干酪样物，呈条索状（2）

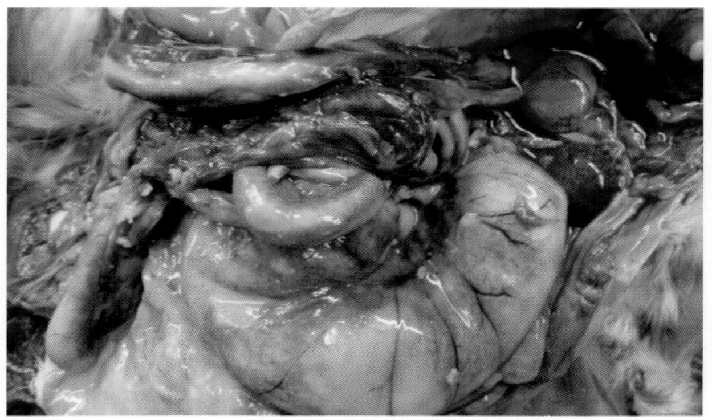
24-89　大肠杆菌感染造成病鸡严重的输卵管炎，输卵管增粗，内有滞留的卵黄蛋清，不能正常产蛋

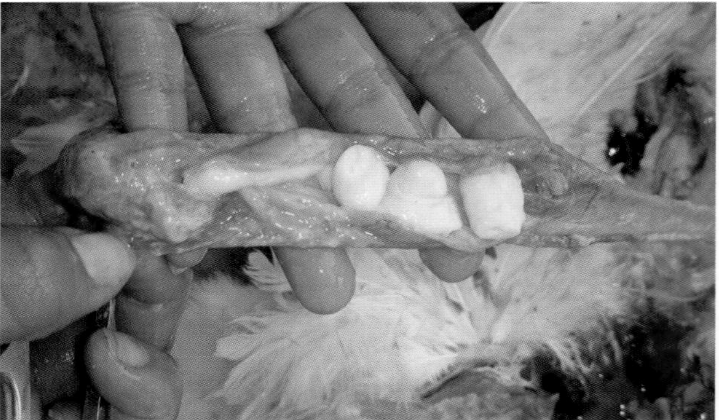
24-90　大肠杆菌感染的成年病鸡患输卵炎，输卵管内有似豆腐脑样白色分泌物

24-91 大肠杆菌感染的病鸡患严重的输卵管炎，输卵管出血溃疡，分泌物呈深红色

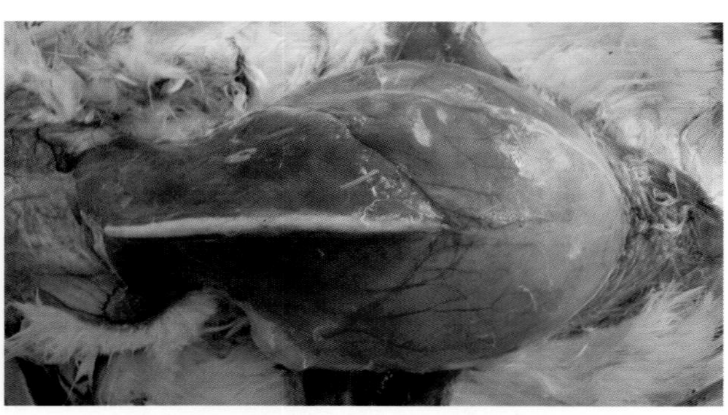

24-92 大肠杆菌感染的病鸡患严重的输卵管炎，胸部肌肉消瘦，腹部体积极度增大，手感硬，形成裆鸡

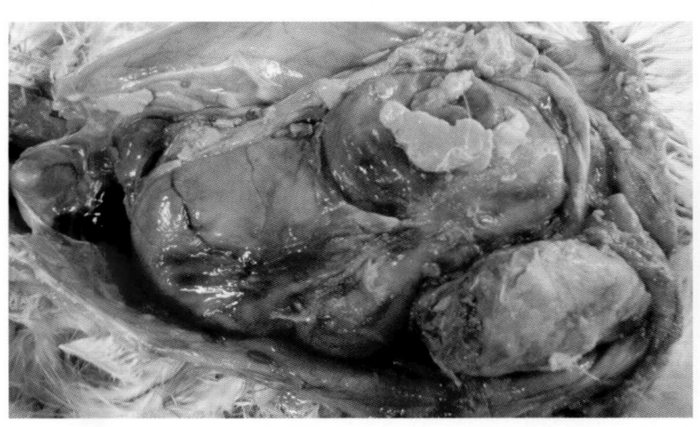

24-93 大肠杆菌感染的病鸡输卵管炎病程长者，卵黄及蛋清滞留在输卵管内，越积越多，形成裆鸡

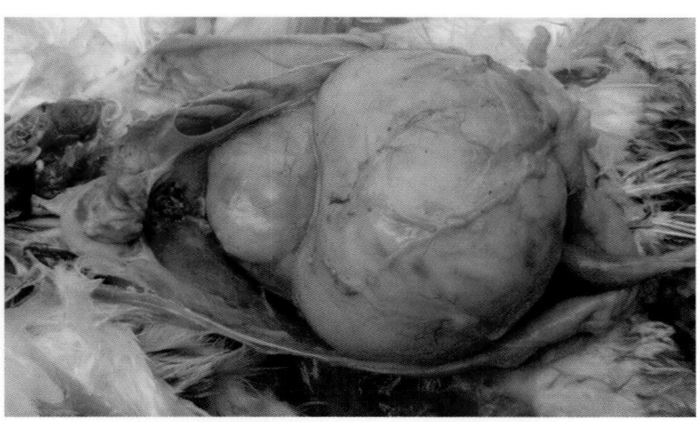

24-94 大肠杆菌感染的病鸡患严重的输卵管炎，卵黄及蛋清滞留在输卵管内，越积越多，形成裆鸡（1）

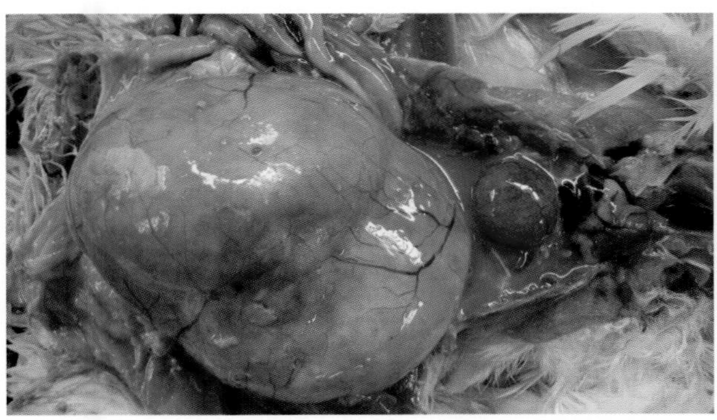

24-95 大肠杆菌感染的病鸡患严重的输卵管炎，卵黄及蛋清滞留在输卵管内，越积越多，形成裆鸡（2）

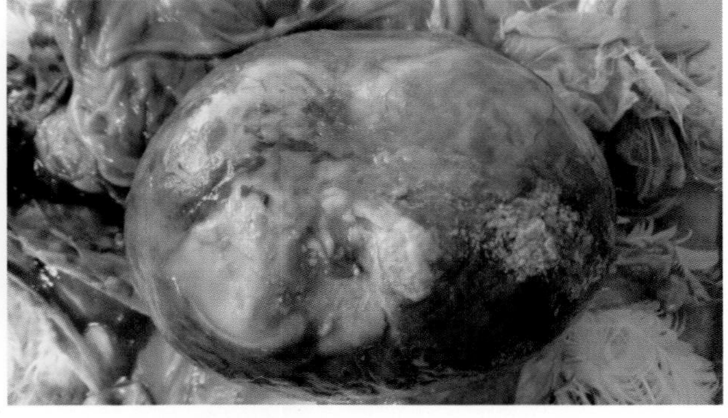

24-96 大肠杆菌感染的病鸡患严重的输卵管炎，卵黄及蛋清滞留在输卵管内，越积越多，形成裆鸡（3）

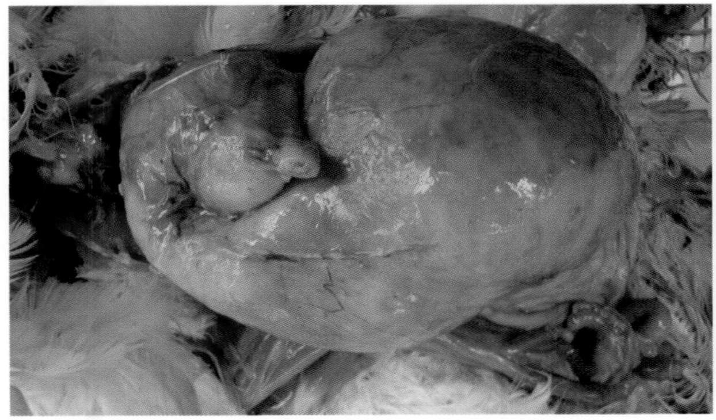

24-97 大肠杆菌感染的病鸡患严重的输卵管炎，卵黄及蛋清滞留在输卵管内，越积越多，形成裆鸡（4）

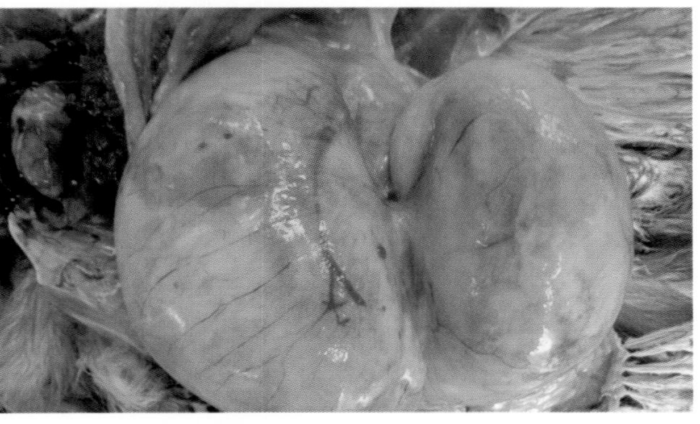

24-98 大肠杆菌感染的病鸡患严重的输卵管炎，卵黄及蛋清滞留在输卵管内，越积越多，形成裆鸡（5）

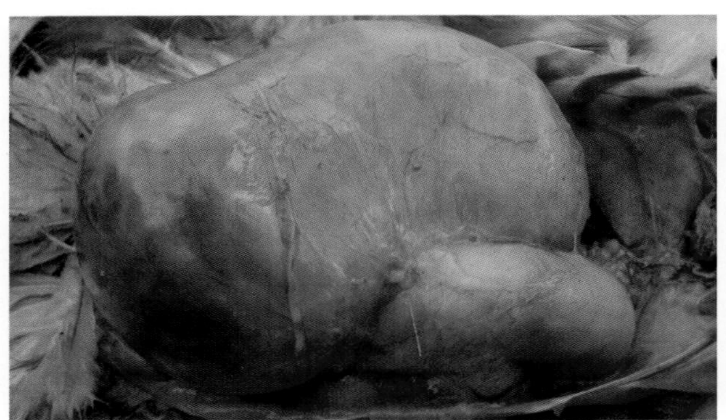

24-99　大肠杆菌感染的病鸡患严重的输卵管炎，卵黄及蛋清滞留在输卵管内，越积越多，形成裆鸡（6）

24-100　大肠杆菌感染的病鸡患严重的输卵管炎，卵黄及蛋清滞留在输卵管内，越积越多，形成裆鸡（7）

24-101　大肠杆菌感染的病鸡患严重的输卵管炎，卵黄及蛋清滞留在输卵管内，越积越多（1）

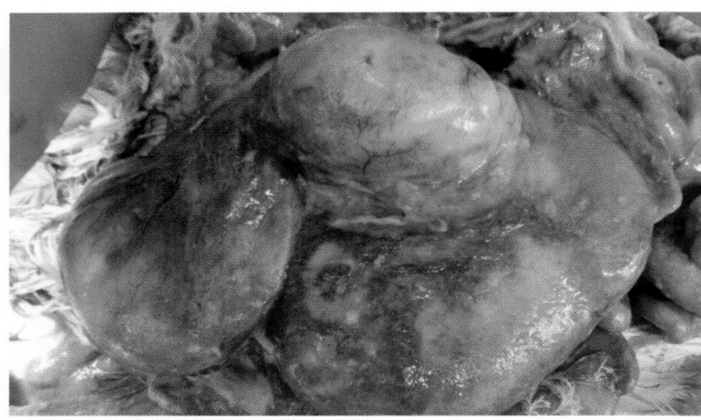

24-102　大肠杆菌感染的病鸡患严重的输卵管炎，卵黄及蛋清滞留在输卵管内，越积越多（2）

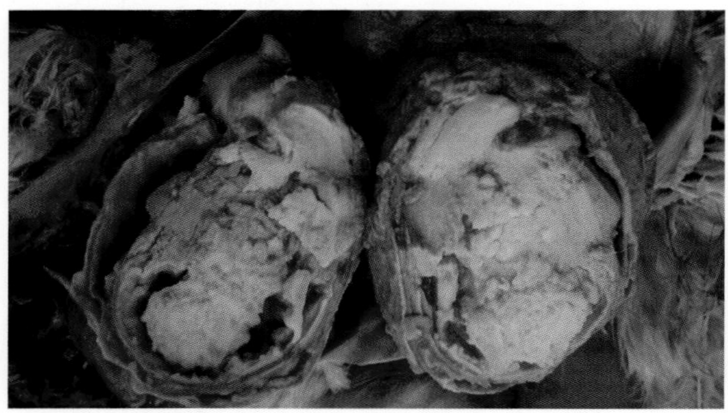

24-103　大肠杆菌感染的成年病鸡输卵管内蓄积的块状物，其切面呈轮层状（1）

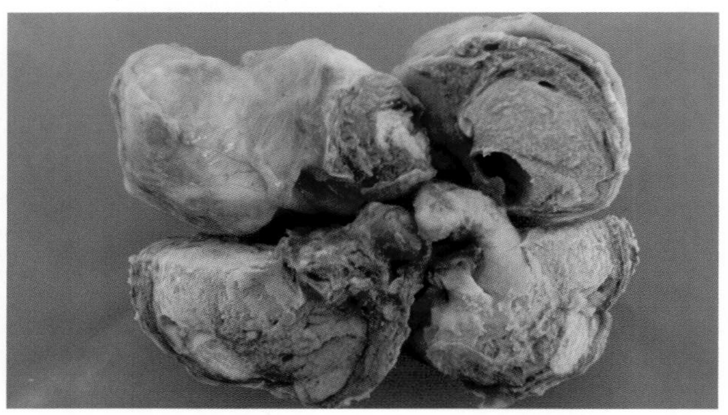

24-104　大肠杆菌感染的成年病鸡输卵管内蓄积的块状物，其切面呈轮层状（2）

24-105　大肠杆菌感染一年以上鸽的输卵管内积集了多量卵黄和蛋清凝固物，切面呈轮层状

24-106　大肠杆菌感染的成年病鸡输卵管内蓄积的块状物，其切面呈同心圆（1）

24-107 大肠杆菌感染的成年病鸡输卵管内蓄积的块状物，其切面呈同心圆（2）

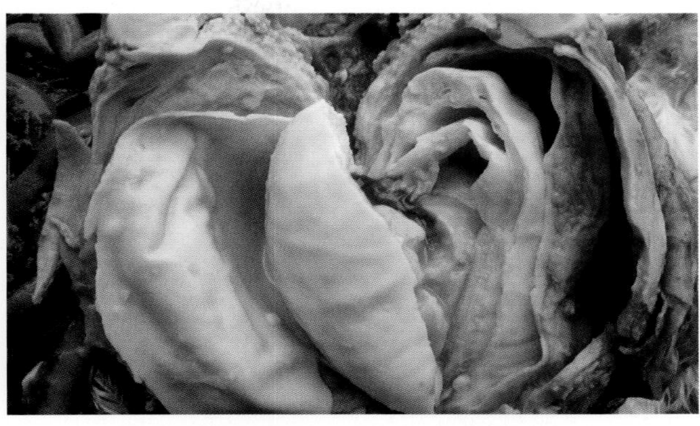

24-108 大肠杆菌感染的成年病鸡输卵管内蓄积的块状物，切面呈轮层状

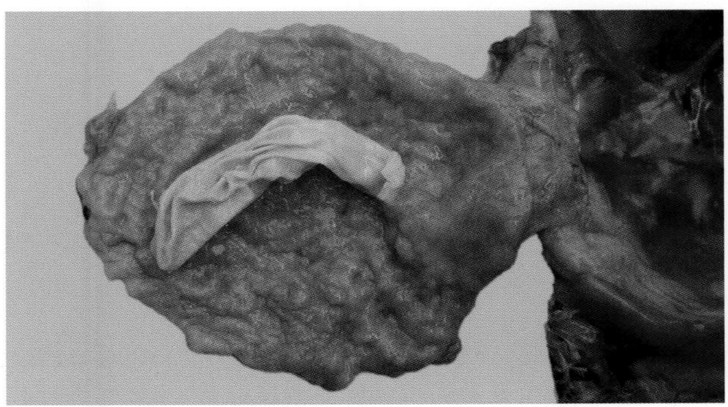

24-109 大肠杆菌感染的病鸡子宫炎，子宫黏膜出血溃疡，内有未形成好的薄壳蛋皮

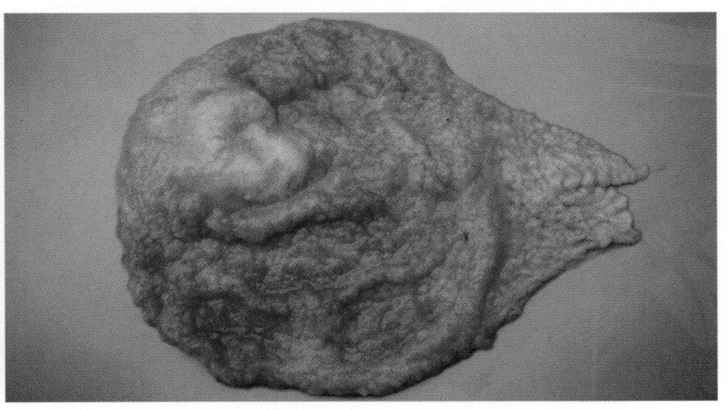

24-110 大肠杆菌感染的病鸡子宫炎，子宫黏膜充血、出血溃疡

24-111 大肠杆菌感染的病鸡子宫炎，子宫黏膜出血溃疡，有黄白色炎性渗出物

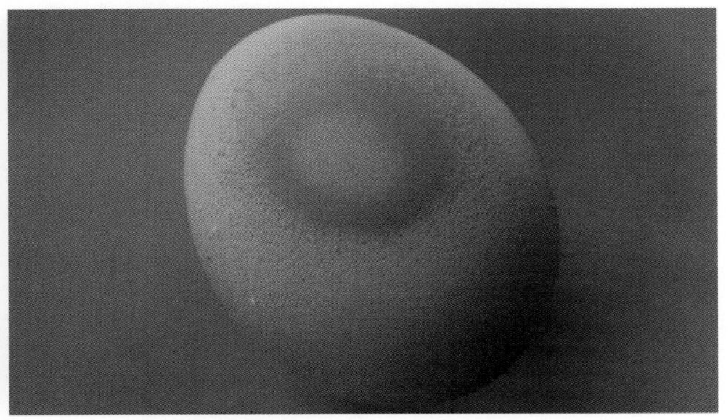

24-112 大肠杆菌感染的病鸡患输卵管炎，产的蛋蛋壳颜色深浅不一

24-113 大肠杆菌感染的病鸡患输卵管炎，产沙皮蛋、血斑蛋

24-114 大肠杆菌感染的病鸡患输卵管炎，产血斑蛋（1）

24-115　大肠杆菌感染的病鸡患输卵管炎，产血斑蛋（2）

24-116　大肠杆菌感染的病鸡患输卵管炎，产血斑蛋（3）

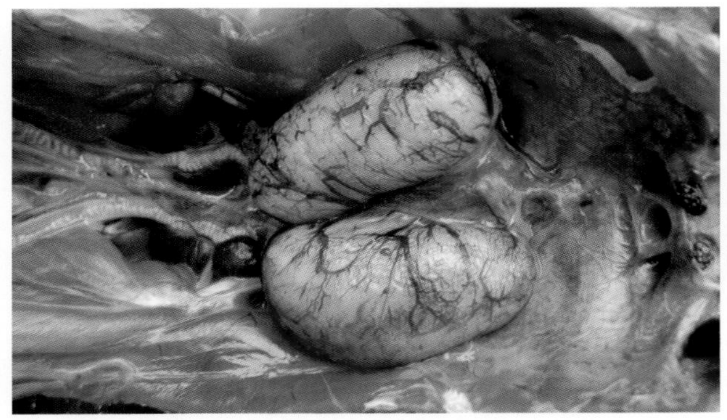
24-117　大肠杆菌败血症造成睾丸毛细血管充血

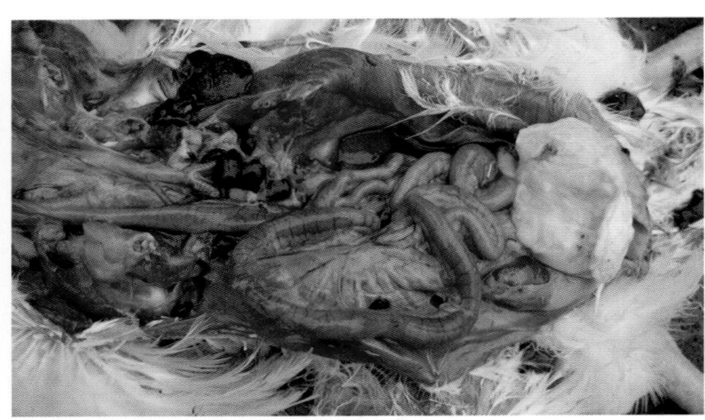
24-118　大肠杆菌感染的病鸡肠壁呈红色，肠黏膜充血、出血、脱落，肠内容物稀薄并含有带血的黏液

24-119　大肠杆菌感染的乳鸽出血性肠炎

24-120　大肠杆菌感染的病鸡出血性肠炎，肠壁外观呈深红色

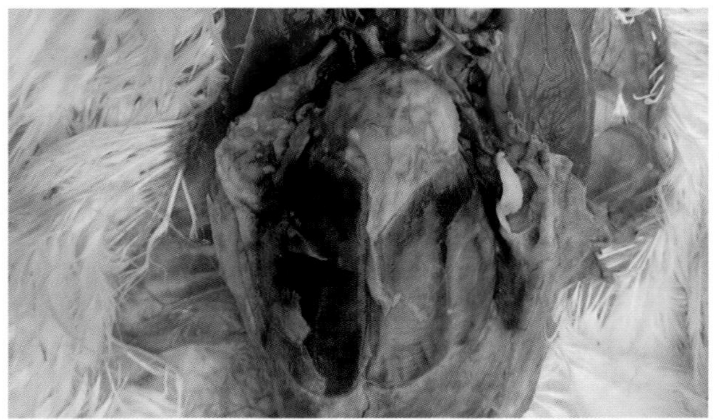
24-121　大肠杆菌和支原体继发或并发感染，出现心包与肝被膜的纤维素性坏死性炎，气囊下有黄白色干酪样物

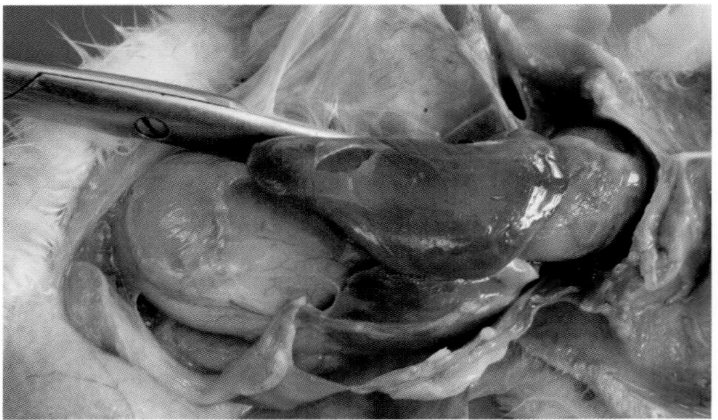
24-122　大肠杆菌与支原体混合感染，气囊上的毛细血管充血、淤血清晰可见（1）

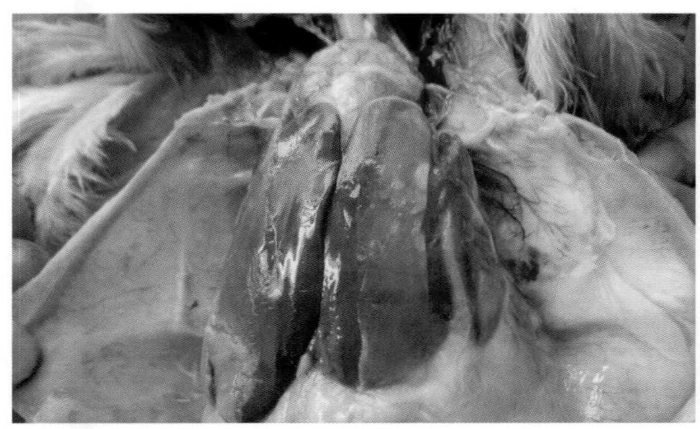

24-123　大肠杆菌与支原体混合感染，气囊上的毛细血管充血、瘀血清晰可见（2）

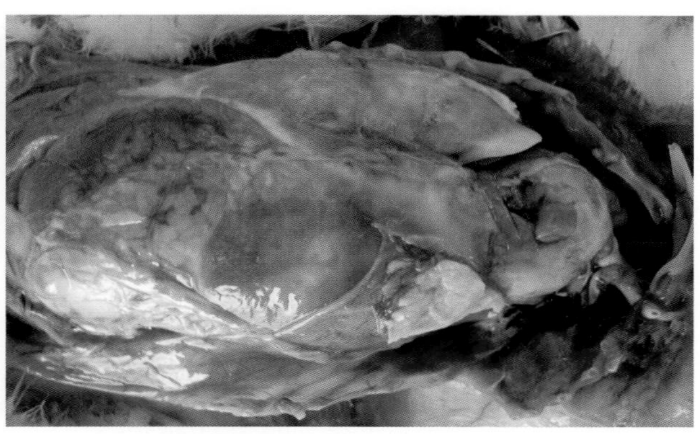

24-124　大肠杆菌与支原体混合感染，鹅患心包炎、肝周炎，胸气囊干酪样物外翻

24-125　大肠杆菌感染的病雏鸡眼炎，眼肿胀，眼结膜潮红，瞳孔混浊失明

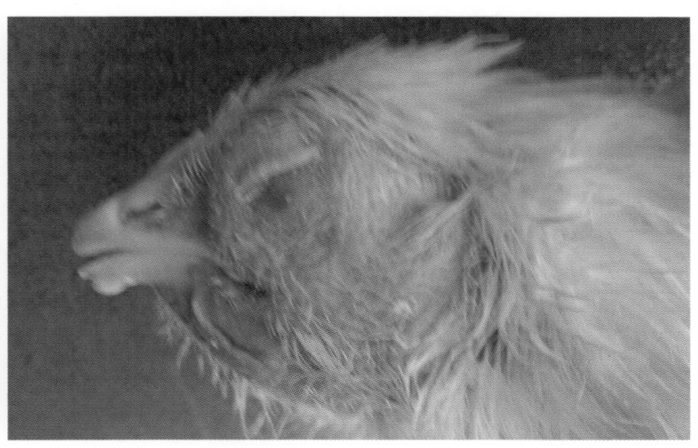

24-126　大肠杆菌感染的病鸡肿头，颜面、肉髯、下颌皮肤水肿

24-127　大肠杆菌感染，肝脏表面附着一层红褐色胶冻样物

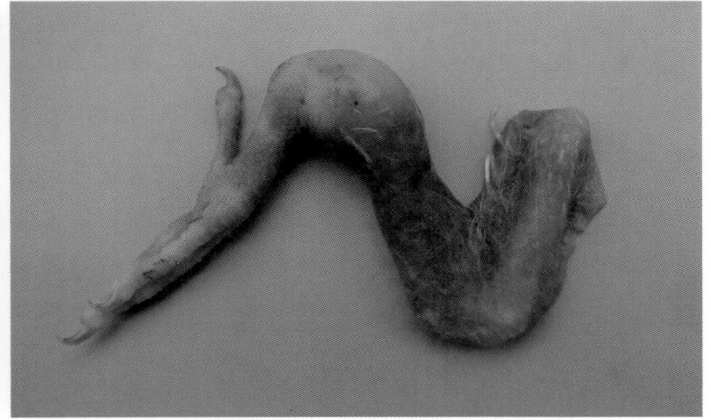

24-128　大肠杆菌感染的病鸽跗关节炎性肿胀

25 沙门氏菌病（Avian salmonellosis）

沙门氏菌感染可引起禽类多种多样的急性病和慢性疾病，如鸡白痢、禽伤寒、禽副伤寒。禽沙门氏菌病是危害养鸡业的重要细菌性疾病之一。

25A. 鸡白痢（Pullorum disease）

【病原】

鸡白痢是由鸡白痢沙门氏菌引起的传染病。各种年龄的鸡都可感染。本菌是革兰氏阴性菌，对热抵抗力不强，被污染的鸡蛋煮沸 5 min 可杀死，70℃经过 20 min 可以死亡，一般消毒药都能迅速将其杀死。

【流行特点】

带菌鸡卵巢、肠道含有大量菌，可随排泄物排出体外，污染周围环境。饲料、饮水和用具被污染后，同群鸡常被传染。饲喂鸡白痢污染的蛋壳也可感染（有的为补钙，生喂蛋壳的做法应杜绝）。啄肉癖鸡传染（因血液中也有白痢沙门氏菌）。交配、断喙、性别鉴定、苍蝇、被污染了的免疫器材均可传播病原。饲养管理条件差，寒冷、拥挤不卫生也是诱发本病和增加死亡率的主要因素。

经蛋垂直传播是本病最重要的传播方式。隐性感染的母鸡产的蛋，有一部分蛋带菌，造成蛋内感染。孵出的病雏胎绒的飞散，粪便的污染，孵化室、育雏室内的所有用具，饲料、饮水、垫料，及其环境都被严重污染，引起本病的水平传播。感染病雏多数死亡，耐过者及同群未发病的带菌雏，在长大后大部分成为带菌鸡，产出带菌蛋，又孵出带菌的雏鸡。因此，有鸡白痢的种鸡场，每批孵出的雏鸡都会发生鸡白痢，形成反复感染、发病，代代下传。

【临床症状】

1. 胚胎感染：造成死胚多，出雏率低，出壳幼雏衰弱，腹部膨大，食欲丧失，绝大部分经 1～2 d 死亡。

2. 雏鸡白痢：出壳雏鸡 3～7 日龄开始发病，精神不振，怕冷扎堆，突出表现为下痢，排出石灰浆样稀便，粘在泄殖腔周围羽毛上，此便一排出即凝固为“石灰膏”状物，若堵塞肛门，排便困难，发出“吱、吱”的叫声（称“糊屁股”）。2～3 周龄是发病高峰，治疗不及时，死亡率较高，可达 20% 以上。一般 4～5 周龄以后发病、死亡率降低，拉白色稀便，生长发育缓慢，康复鸡成为带菌者。

3. 青年鸡白痢：多见于 40～80 日龄鸡，本病常突然发生，突然死亡，但不见死亡高峰。

4. 成年鸡白痢：由雏鸡白痢转化而来，一般不见明显的临床症状，影响产蛋量，且产蛋高峰维持时间短。孵化率、出雏率下降。有的鸡冠逐渐萎缩、变小、发绀，时有下痢。

【剖检病变】

1. 胚胎感染：正常黄色肝（这是因为雏鸡的肝功能还不健全，一般14日龄后肝颜色逐渐转为正常）上有条纹状出血。胆囊扩张，充满胆汁，卵黄吸收不良，剖检与大肠杆菌造成的胚胎与幼雏死亡病变相似。

2. 雏鸡白痢

（1）卵黄吸收不全，卵黄囊内容物变成淡黄色、黄绿色或土黄色液状物，其病变与大肠杆菌病胚胎和幼雏死亡相同，有时呈奶油样或干酪样黏稠物。

（2）心包膜增厚，心肌上有灰白色坏死点或小结节，心脏变形。

（3）病程长达1个月以上者，肝严重肿大，有点状出血，或灰白色针尖状及小米粒样坏死灶或灰白色增生性结节。

（4）病后期，肺可见灰黄色坏死灶或灰白色小结节，尤以肺的背面有粟米粒大至芝麻粒大的黄色或灰白色结节。与曲霉菌结节的区别在于后者剪开后切面有层次结构。肾充血或贫血，输尿管膨大，充满尿酸盐。有时肾小管有尿酸盐沉积。

（5）盲肠有时会出现干酪样栓子。有的在直肠黏膜可见散在的斑点状隆起，该隆起有时出血。

3. 青年鸡白痢：突出的变化是肝肿大数倍，整个腹腔被肝覆盖，肝表面可见散在或较密集的小红点或小白点，腹腔充盈血水或血块。

4. 成年鸡白痢：常见病变是卵巢与卵泡。

（1）卵巢与卵泡变形：呈梨形、三角形、纺缍形或不规则形状。

（2）卵泡变色：呈灰色、灰黄色、黄绿色、紫红色、铅黑色。

（3）卵泡内容物变性：有的稀薄如水，有的呈米汤样，有的黏稠呈油脂样或干酪样。有的卵泡破裂，卵黄落入腹腔，形成卵黄性腹膜炎。

（4）卵黄蒂变长像钟摆一样。成年鸡白痢严重者，其肝、脾上也会出现灰白色坏死点。

【诊断】

根据流行特点、临床症状、剖检病变可做出初步诊断，确诊须进行实验室诊断。

25A-1　禽白痢沙门氏菌感染，病雏鸡闭目、缩颈、翅下垂

25A-2　禽白痢沙门氏菌感染，病雏鸡精神不振，翅膀下垂，肛门周围粘满了白色粪便

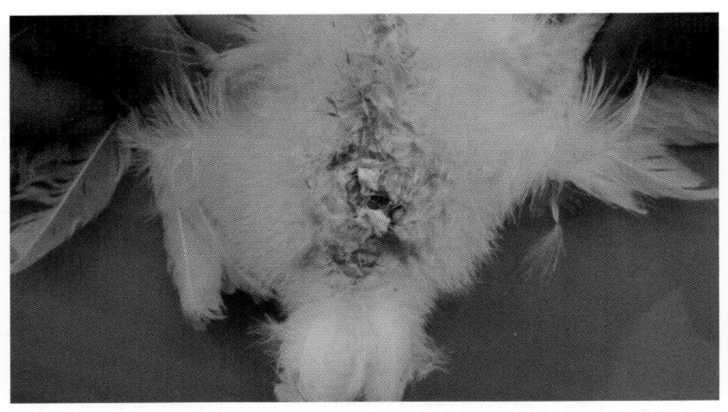

25A-3 禽白痢沙门氏菌感染，病雏鸡排出白色糊状稀粪，粘在肛门周围的羽毛上，干燥后结成石灰样硬块

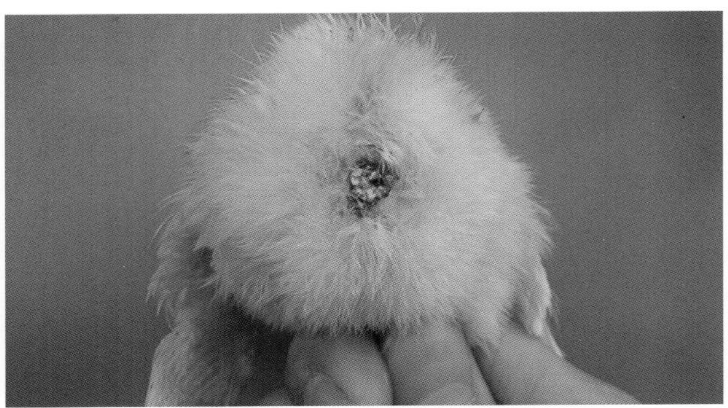

25A-4 禽白痢沙门氏菌感染，病雏鸡排出白色糊状稀便，粘在泄殖腔周围的羽毛上，干燥后结成石灰样硬块，封住泄殖腔

25A-5 禽白痢沙门氏菌感染，幼鸵鸟排出白色稀便

25A-6 禽白痢沙门氏菌感染，雏鹅精神不振，排出白色的粪便

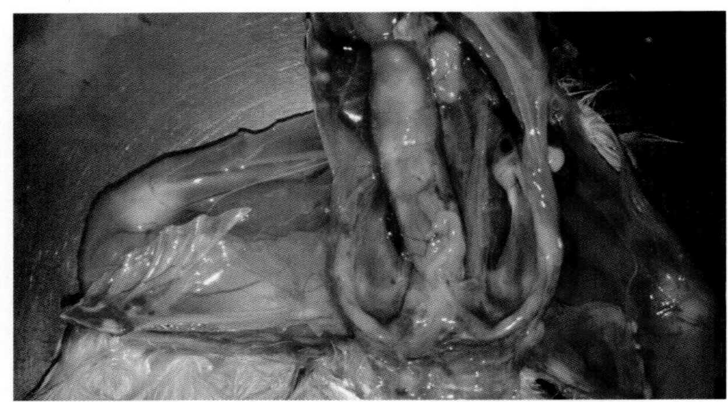

25A-7 禽白痢沙门氏菌感染，雏鹅出现下痢糊肛，造成直肠堵塞增粗

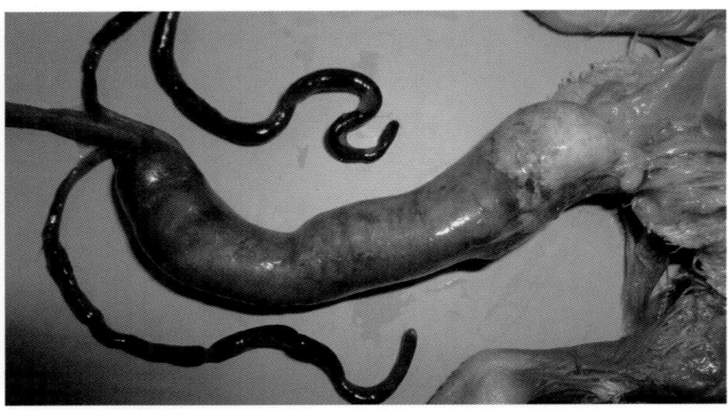

25A-8 禽白痢沙门氏菌感染，雏鹅下痢糊肛，造成直肠严重堵塞而死亡（1）

25A-9 禽白痢沙门氏菌感染，雏鹅下痢糊肛，造成直肠严重堵塞而死亡（2）

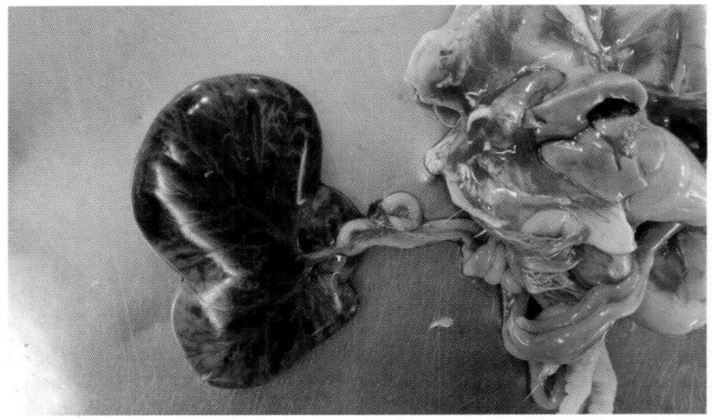

25A-10 种蛋感染禽白痢沙门氏菌，幼雏卵黄吸收不良，卵黄变性呈墨绿色液状物

25A-11 种蛋感染禽白痢沙门氏菌，幼雏卵黄吸收不良，卵黄变性呈浅黄棕色液状物

25A-12 种蛋感染禽白痢沙门氏菌，幼雏卵黄吸收不良，卵黄变性呈浅黄绿色液状物（1）

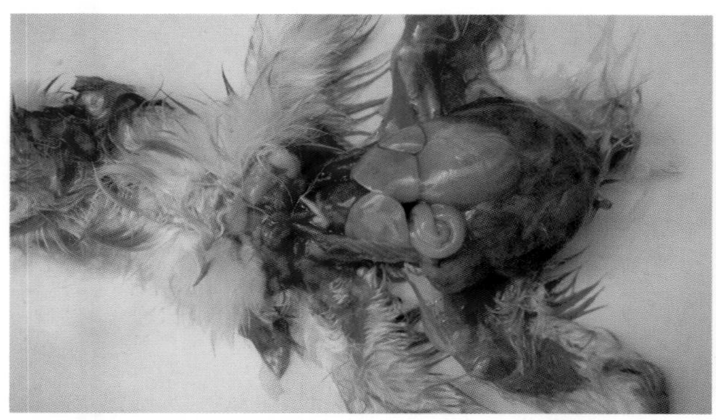
25A-13 种蛋感染禽白痢沙门氏菌，幼雏卵黄吸收不良，卵黄变性呈浅黄绿色液状物（2）

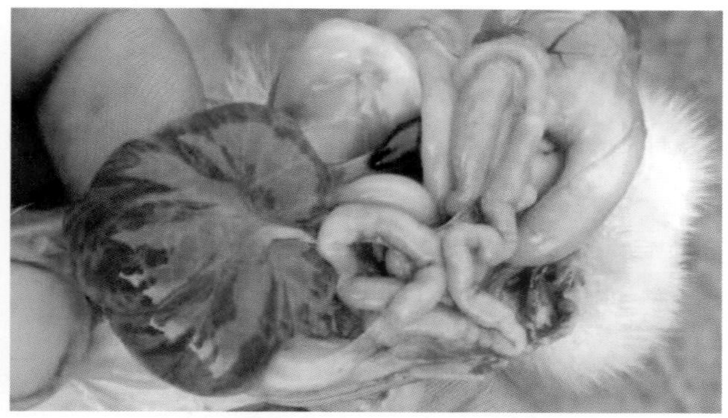
25A-14 种蛋感染禽白痢沙门氏菌，幼雏卵黄吸收不良，卵黄变性呈黄绿色液状物

25A-15 种蛋感染禽白痢沙门氏菌，幼雏鸡卵黄吸收不良，卵黄变性呈棕黄色液状物

25A-16 种蛋感染禽白痢沙门氏菌，幼雏卵黄吸收不良，卵黄囊体积增大、变性，呈黄棕色

25A-17 种蛋感染禽白痢沙门氏菌，雏鸵鸟卵黄吸收不良，卵黄囊体积增大、变性，呈黄棕色

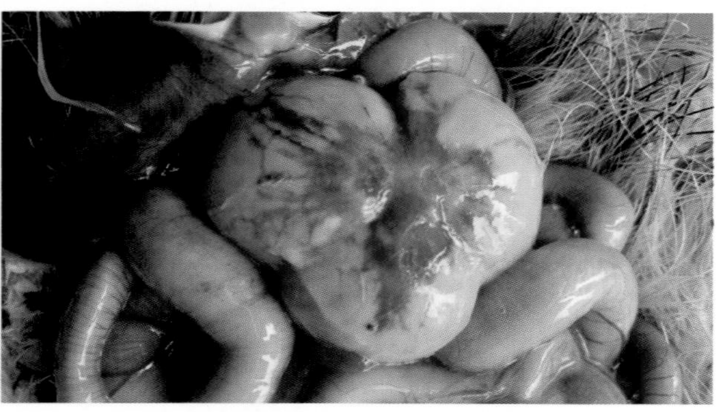
25A-18 种蛋感染禽白痢沙门氏菌，雏鸵鸟卵黄吸收不良，卵黄囊体积增大、变性，呈灰白色有出血斑

25A-19　种蛋感染禽白痢沙门氏菌，雏鸵鸟卵黄吸收不良，卵黄囊体积增大、变性，呈深黄色

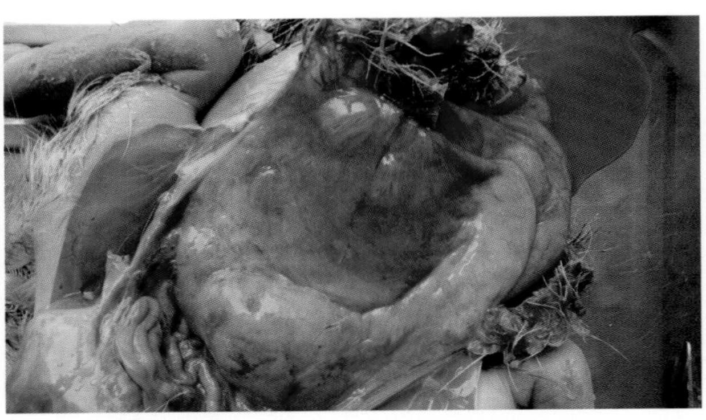

25A-20　种蛋感染禽白痢沙门氏菌，雏鸵鸟卵黄吸收不良，卵黄囊体积极度增大、变性，呈深黄色

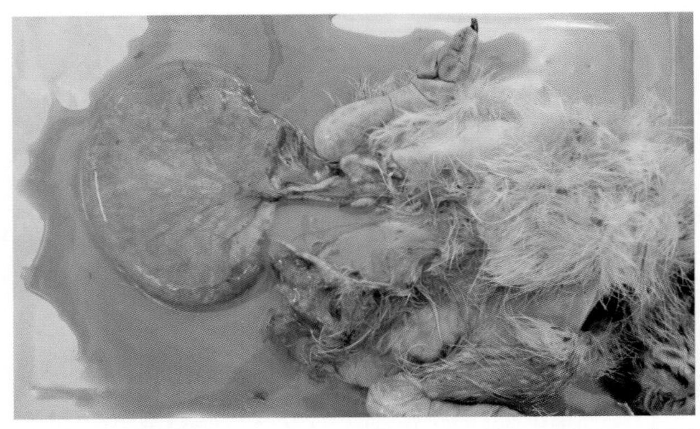

25A-21　种蛋感染禽白痢沙门氏菌，雏鸵鸟卵黄囊吸收不良，卵黄变性呈土黄色液状物

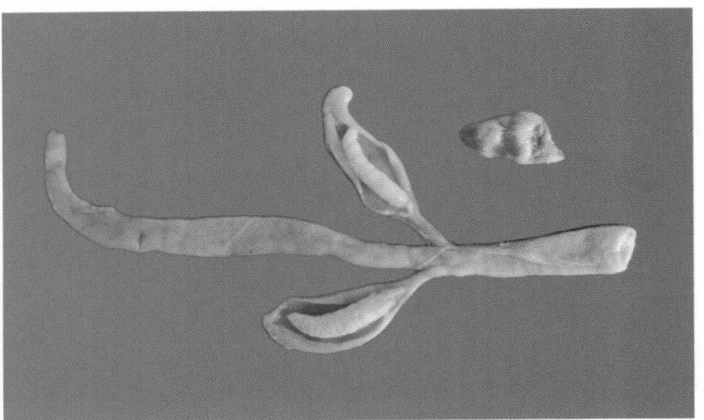

25A-22　禽白痢沙门氏菌感染，雏鸡盲肠膨大、内有黄白色干酪样物堵塞，心脏有灰白色结节、变形

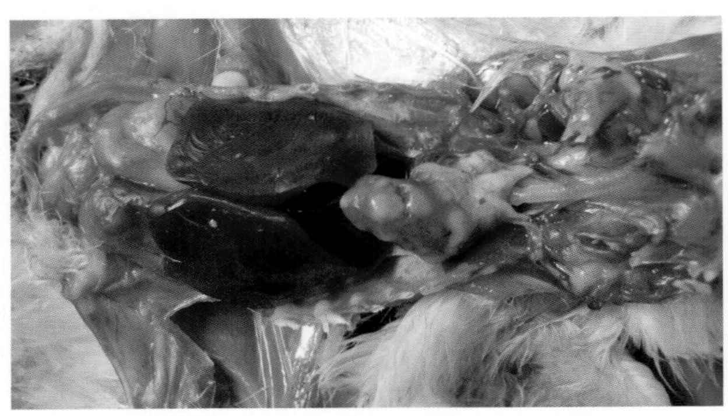

25A-23　禽白痢沙门氏菌感染，雏鹅心脏有灰白色结节，心脏严重变形

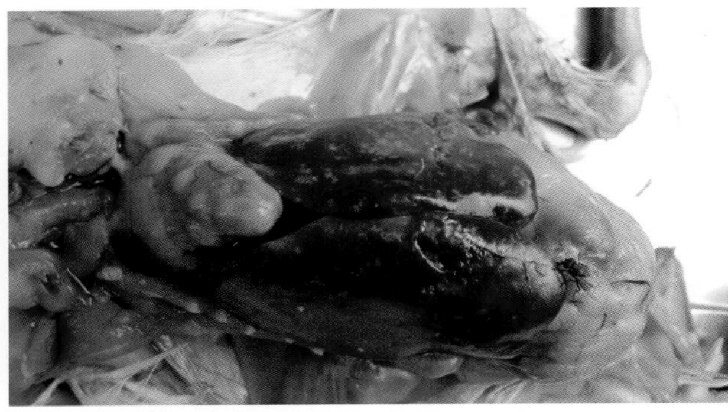

25A-24　禽白痢沙门氏菌感染，雏鹅心脏表面有灰白色结节，严重变形，肝有灰白色坏死灶

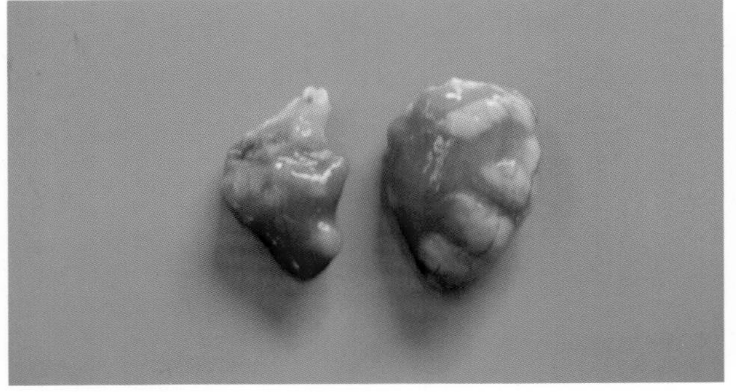

25A-25　禽白痢沙门氏菌感染，雏鸡心脏有灰白色结节，心脏严重变形（1）

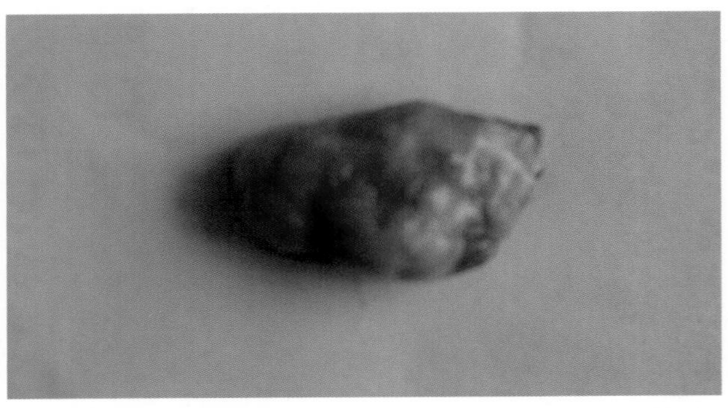

25A-26　禽白痢沙门氏菌感染，雏鸡心脏有灰白色结节，心脏严重变形（2）

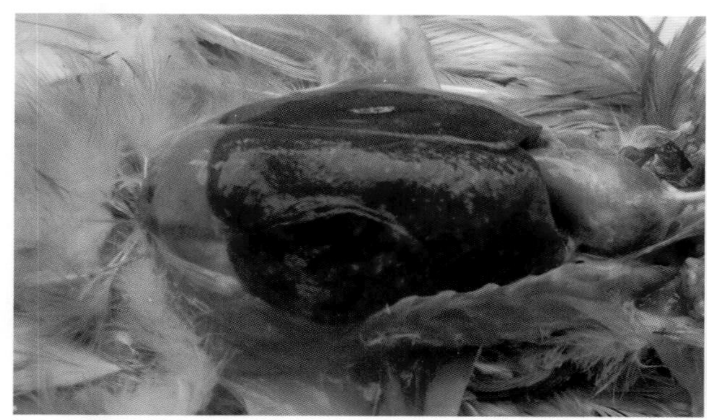

25A-27　禽白痢沙门氏菌感染，雏鸡肝肿大、出血，有灰白色坏死灶（1）

25A-28　禽白痢沙门氏菌感染，雏鸡肝肿大、出血，有灰白色坏死灶（2）

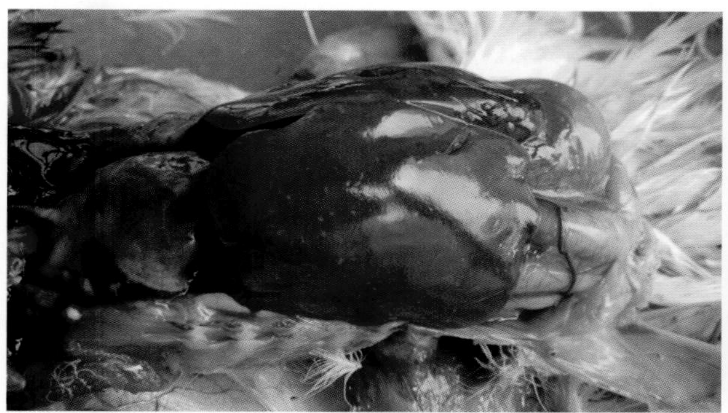

25A-29　禽白痢沙门氏菌感染，雏鸡肝肿大、出血，有灰白色坏死灶（3）

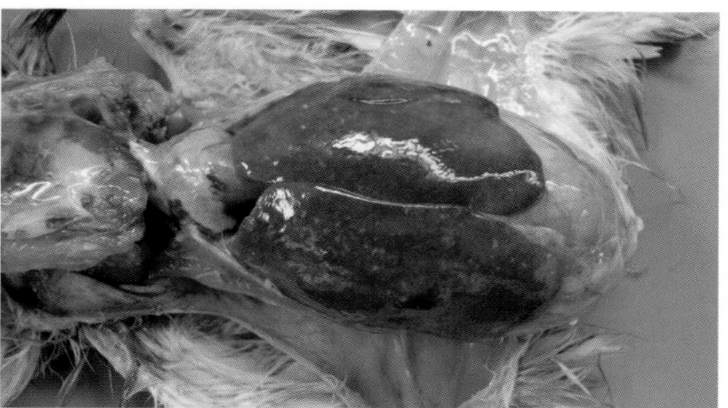

25A-30　禽白痢沙门氏菌感染，雏鸡肝肿大、出血，有灰白色坏死灶（4）

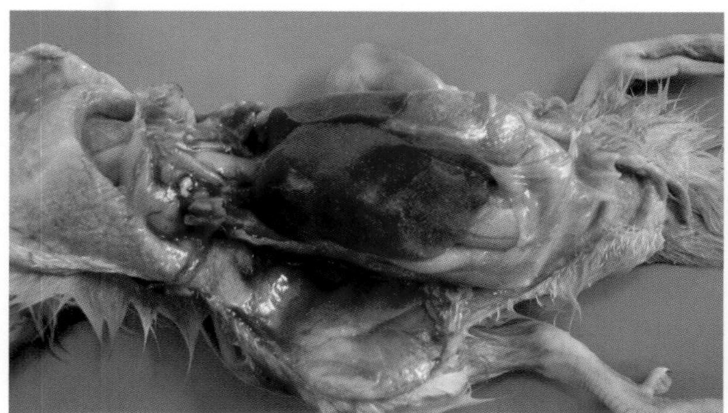

25A-31　禽白痢沙门氏菌感染，雏鹅肝有灰白色坏死灶（1）

25A-32　禽白痢沙门氏菌感染，雏鹅肝有灰白色坏死灶（2）

25A-33　禽白痢沙门氏菌感染，雏鸡跗关节肿胀，肝呈墨绿色，有灰白色坏死灶，心脏略显变形

25A-34　禽白痢沙门氏菌感染，雏鸡肝呈红色，有灰白色坏死灶

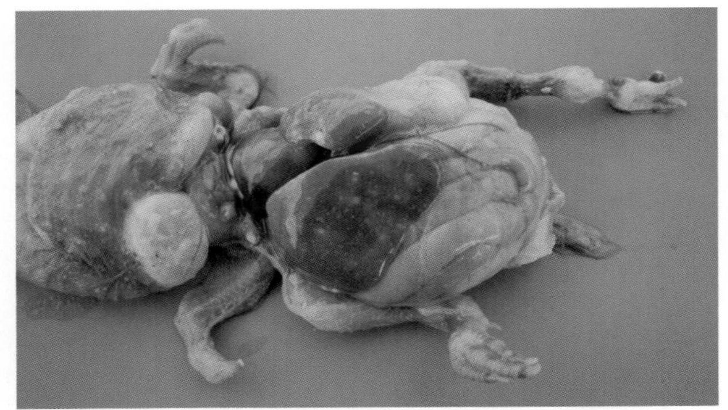
25A-35　禽白痢沙门氏菌感染，乳鸽肝有灰白色坏死灶

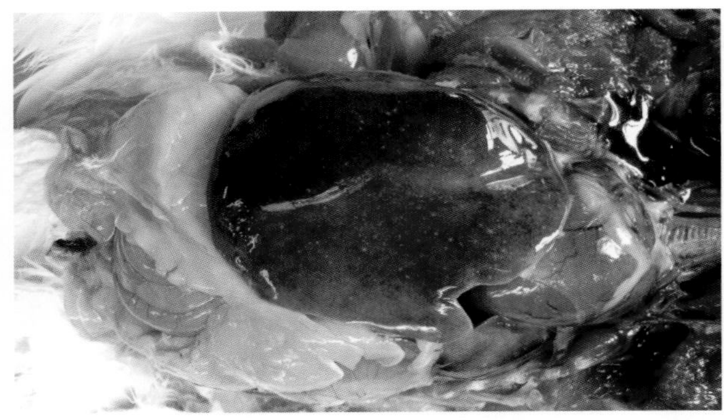
25A-36　禽白痢沙门氏菌感染，成年鸽肝有灰白色坏死灶

25A-37　禽白痢沙门氏菌感染，病程长的雏鸡，肝淤血、出血，有小米粒样灰白色坏死灶（1）

25A-38　禽白痢沙门氏菌感染，病程长的雏鸡，肝淤血、出血，有小米粒样灰白色坏死灶（2）

25A-39　禽白痢沙门氏菌感染，雏鸡直肠、泄殖腔黏膜有斑点状隆起（1）

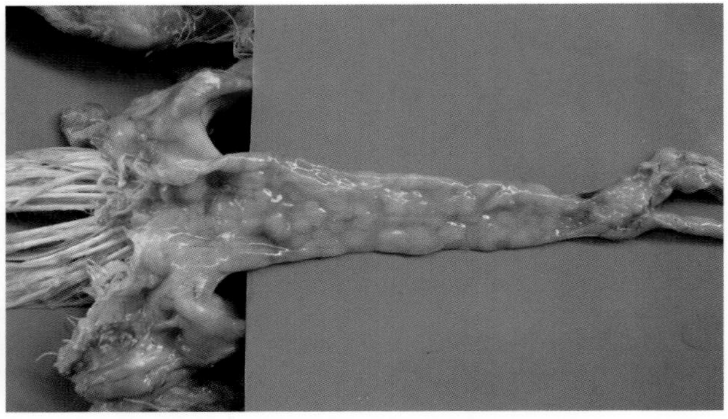
25A-40　禽白痢沙门氏菌感染，雏鸡直肠、泄殖腔黏膜有斑点状隆起（2）

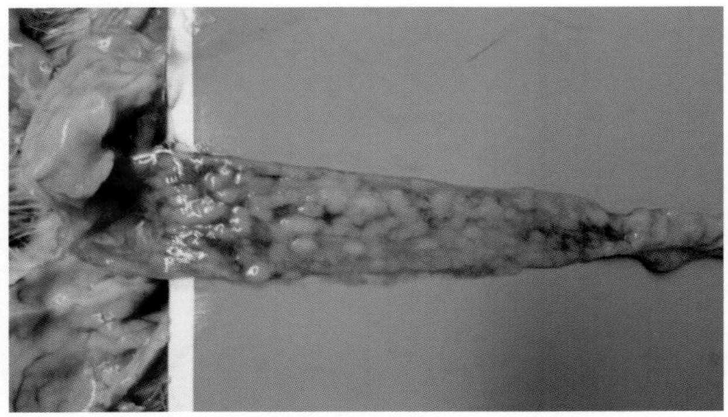
25A-41　禽白痢沙门氏菌感染，雏鸡直肠黏膜有散在的斑点状隆起

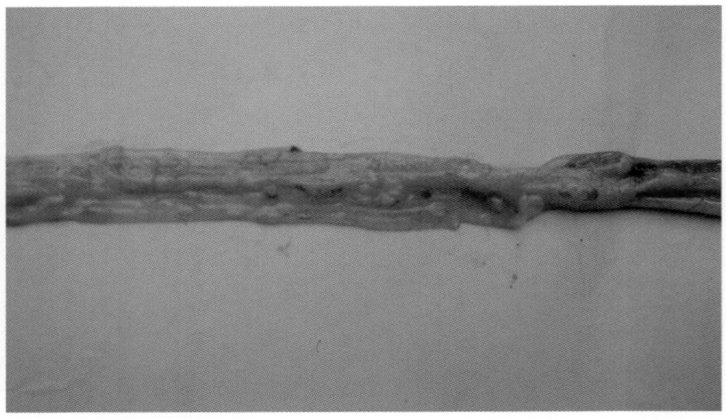
25A-42　禽白痢沙门氏菌感染，雏鸡直肠、泄殖腔黏膜有出血或不出血的斑点状隆起

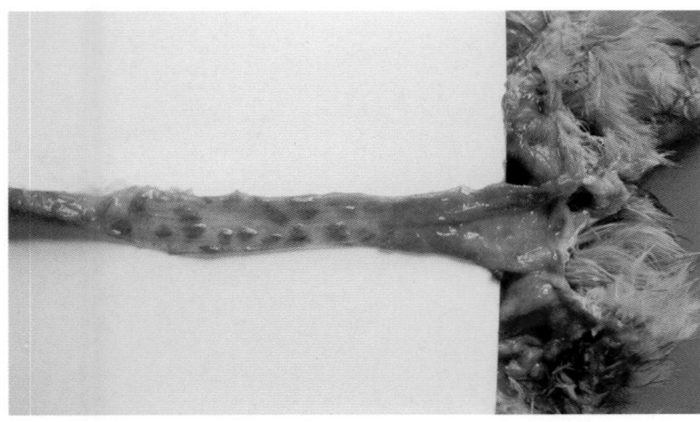

25A-43 禽白痢沙门氏菌感染，雏鸡直肠、泄殖腔黏膜有出血斑点隆起

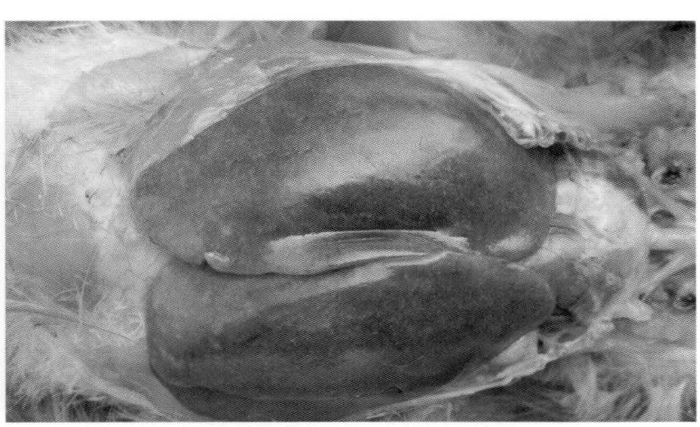

25A-44 禽白痢沙门氏菌感染，青年鸡肝肿大呈暗红色或土黄色，表面密布小出血点和灰白色坏死灶

25A-45 禽白痢沙门氏菌感染，青年鸡肝明显肿大，淤血，呈暗红色，有的肝被膜破裂，腹腔内充盈血水或血块

25A-46 禽白痢沙门氏菌感染，病程长的成年鸡肝淤血、出血，有小米粒样灰白色坏死灶

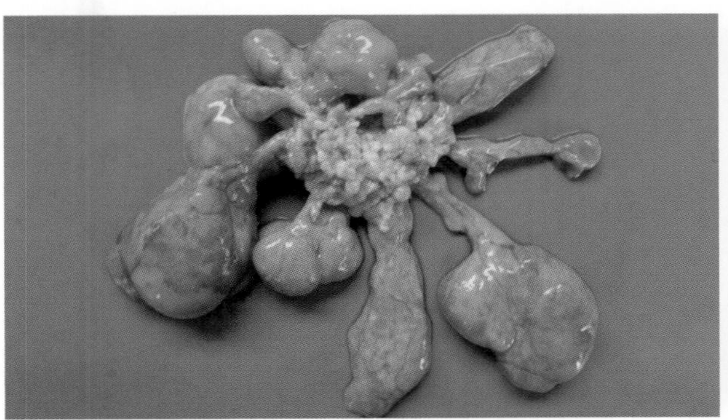

25A-47 禽白痢沙门氏菌感染，成年鸡卵泡变色、变形，卵带像钟摆一样

25A-48 禽白痢沙门氏菌感染，成年鸡卵泡变色、变形，卵带变长

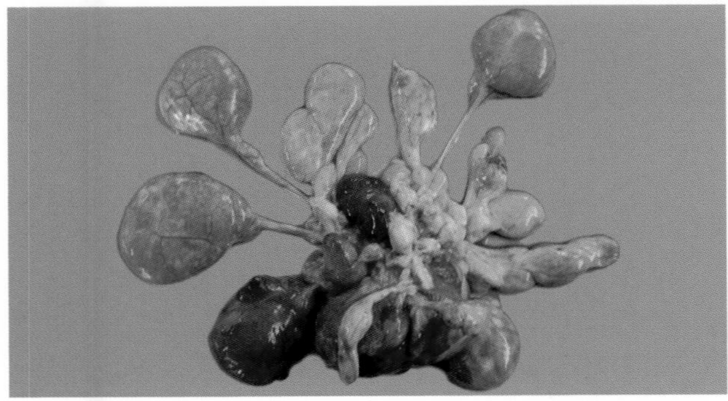

25A-49 禽白痢沙门氏菌感染，成年鸡卵泡变色、变形，变质，卵带变长像钟摆一样

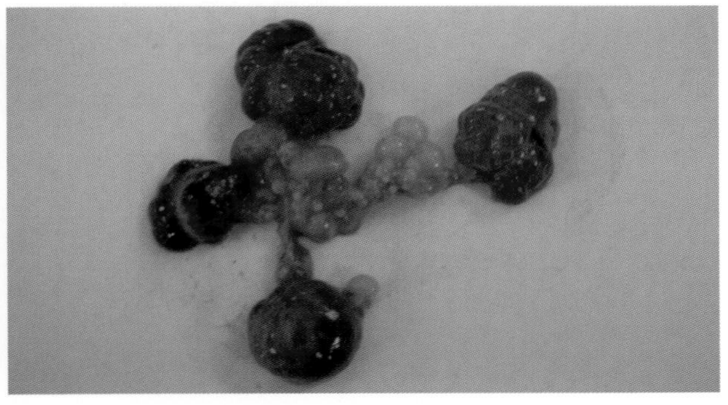

25A-50 禽白痢沙门氏菌感染，成年鸡卵泡变色、变形、变质，卵带像钟摆一样

25A-51　禽白痢沙门氏菌感染，成年鸭部分卵泡变形、变色、变质，卵带变长

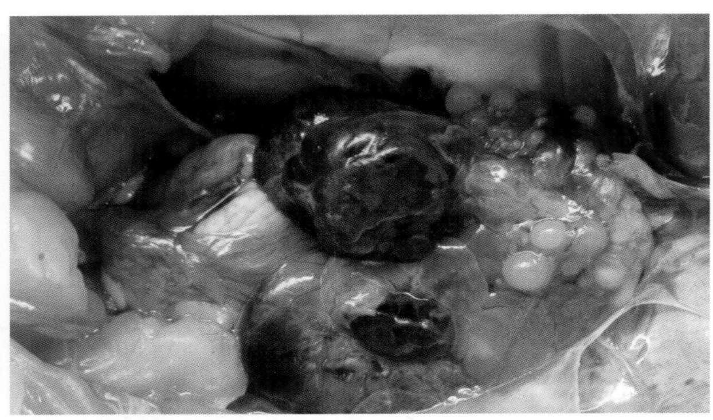

25A-52　禽白痢沙门氏菌感染，成年鸡卵泡变形、变色、变质

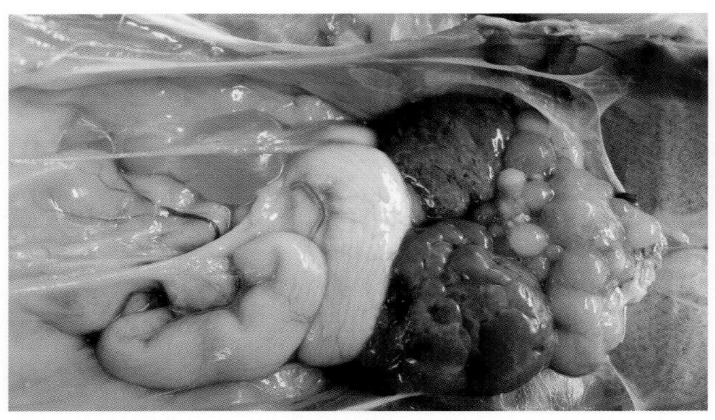

25A-53　禽白痢沙门氏菌感染，成年鸡卵泡变形、变色、变质（1）

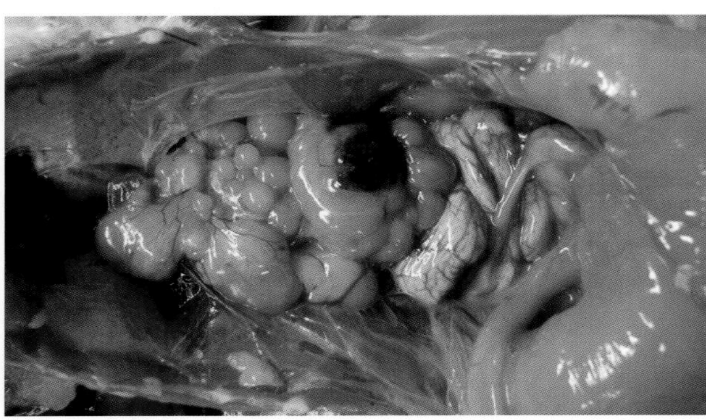

25A-54　禽白痢沙门氏菌感染，成年鸡卵泡变形、变色、变质（2）

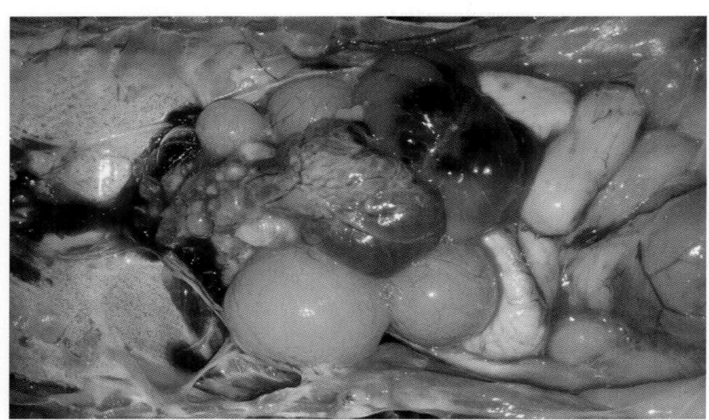

25A-55　禽白痢沙门氏菌感染，成年鸡卵泡变形、变色、变质（3）

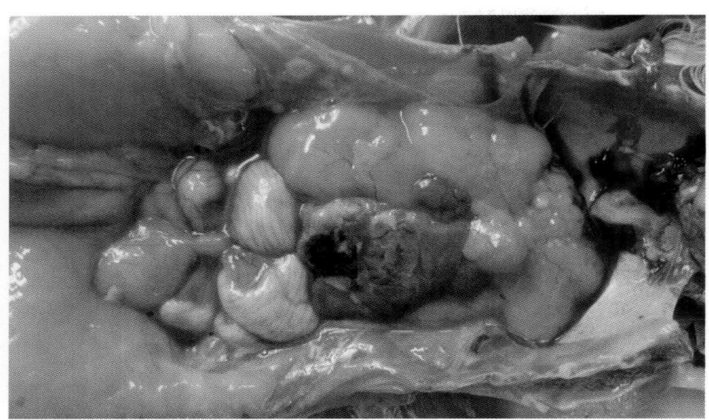

25A-56　禽白痢沙门氏菌感染，成年鸡卵泡变形、变色、变质（4）

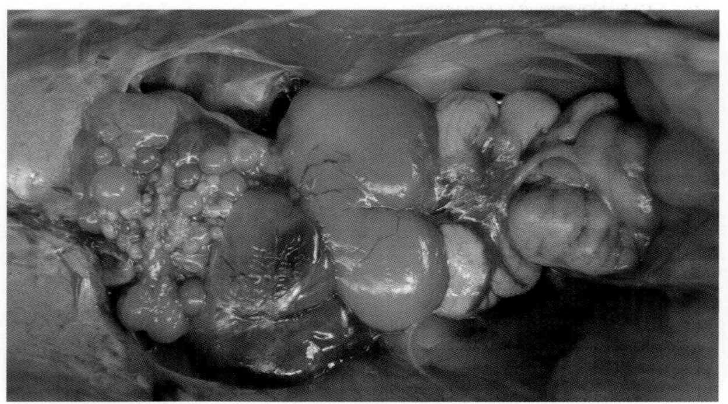

25A-57　禽白痢沙门氏菌感染，成年鸡卵泡变形、变色、变质（5）

25A-58　禽白痢沙门氏菌感染，成年鸡卵泡变形、变色、变质（6）

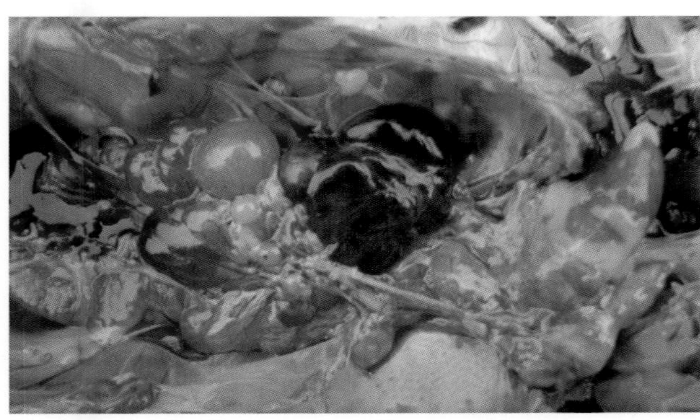
25A-59 禽白痢沙门氏菌感染，成年鸡卵泡变形、变色、变质（7）

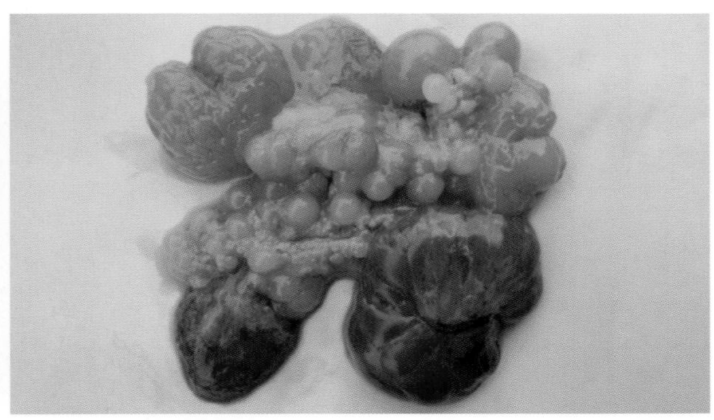
25A-60 禽白痢沙门氏菌感染，成年鸡卵泡变形、变色、变质（8）

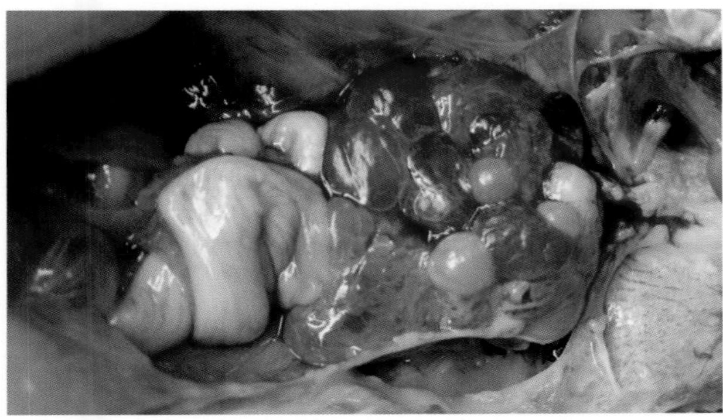
25A-61 禽白痢沙门氏菌感染，成年鸡卵泡变形、变色、变质（9）

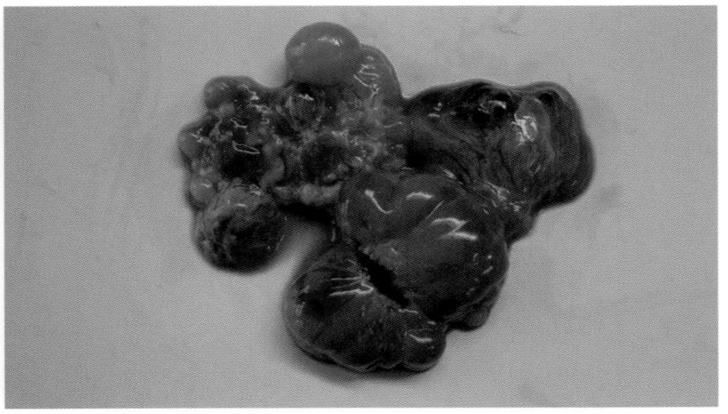
25A-62 禽白痢沙门氏菌感染，成年鸡卵泡变形、变色、变质（10）

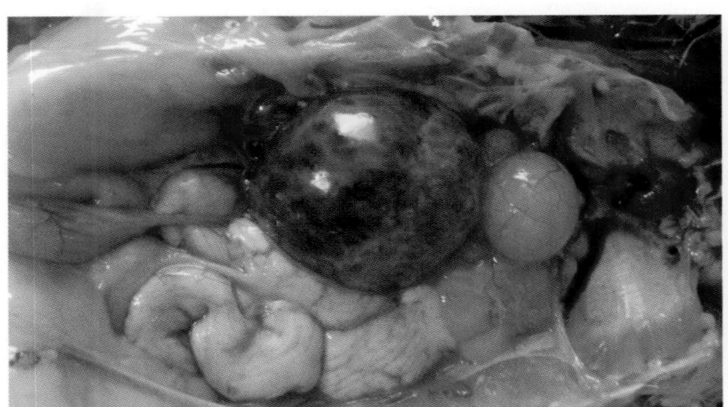
25A-63 禽白痢沙门氏菌感染，成年鸡卵泡变形、变色、变质（11）

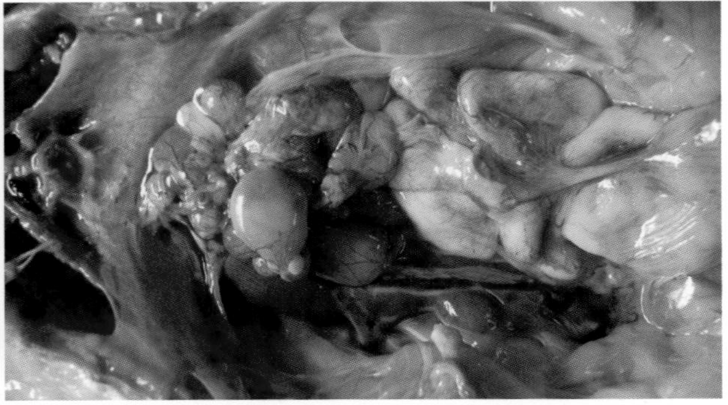
25A-64 禽白痢沙门氏菌感染，成年鸡卵泡变形、变色、变质（12）

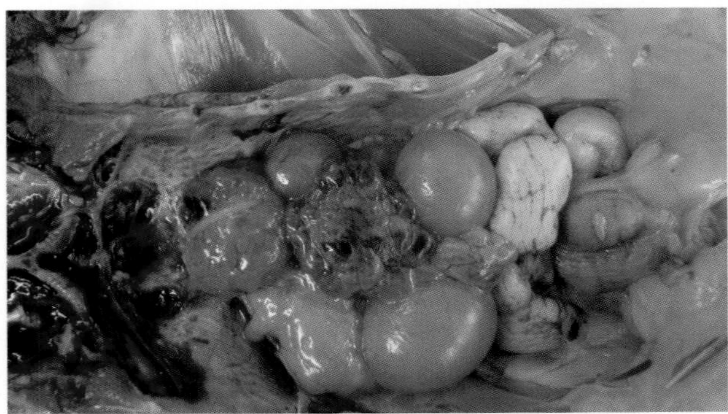
25A-65 禽白痢沙门氏菌感染，成年鸡卵泡变形、变色、变质（13）

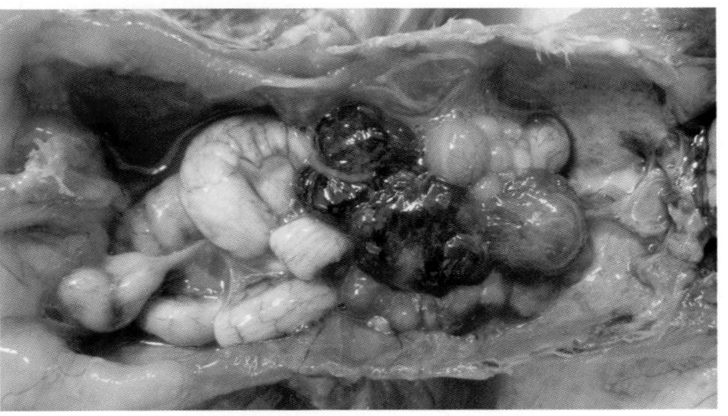
25A-66 禽白痢沙门氏菌感染，成年鸡卵泡变形、变色、变质（14）

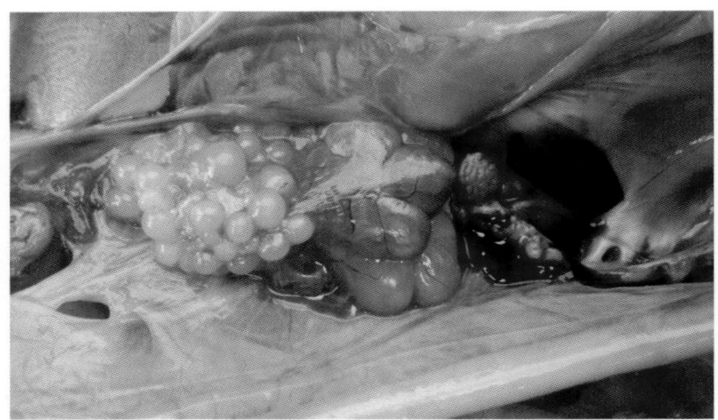

25A-67 禽白痢沙门氏菌感染，成年鸡卵泡变形、变色、变质（15）

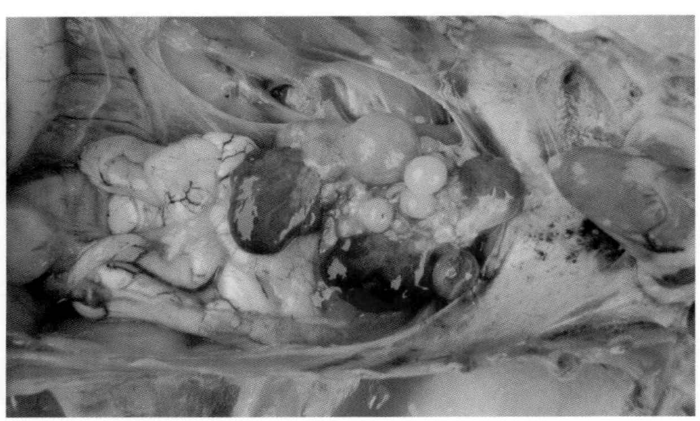

25A-68 禽白痢沙门氏菌感染，成年鸡卵泡变形、变色、变质（16）

25A-69 禽白痢沙门氏菌感染，成年鸭卵泡变形、变色、变质（1）

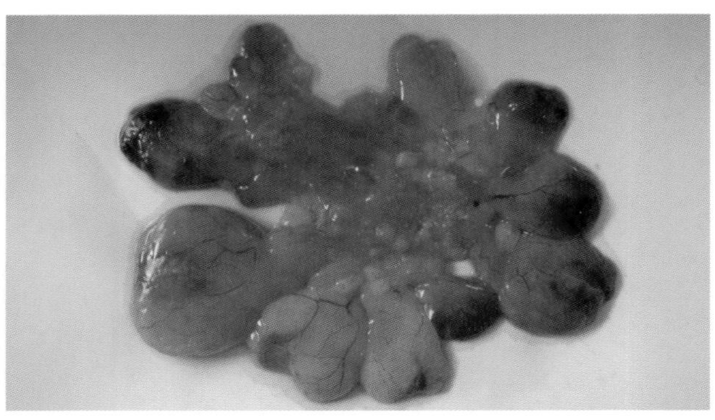

25A-70 禽白痢沙门氏菌感染，成年鸭卵泡变形、变色、变质（2）

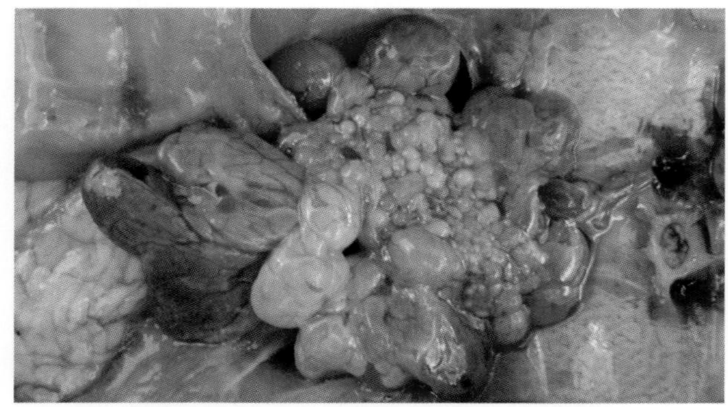

25A-71 禽白痢沙门氏菌感染，成年鸭卵泡变形、变色、变质（3）

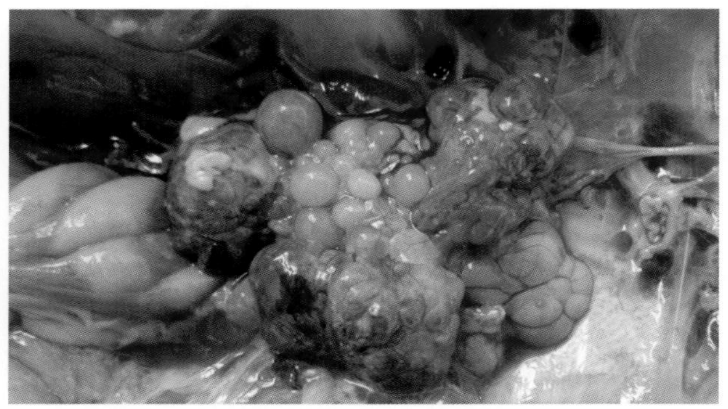

25A-72 禽白痢沙门氏菌感染，成年鸭卵泡变形、变色、变质（4）

25A-73 禽白痢沙门氏菌感染，成年鸭卵泡变形、变色、变质（5）

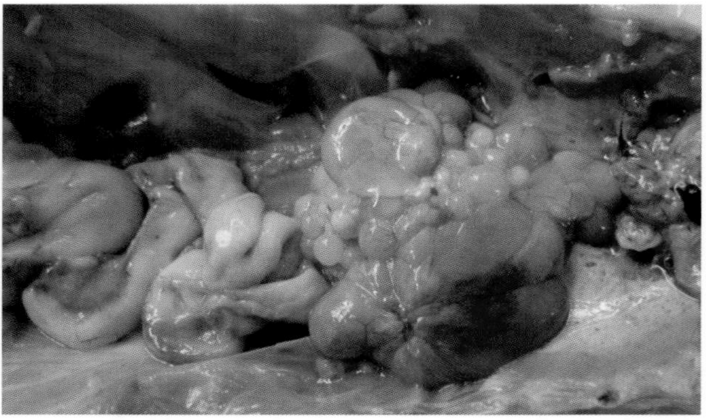

25A-74 禽白痢沙门氏菌感染，成年鸭卵泡变形、变色、变质（6）

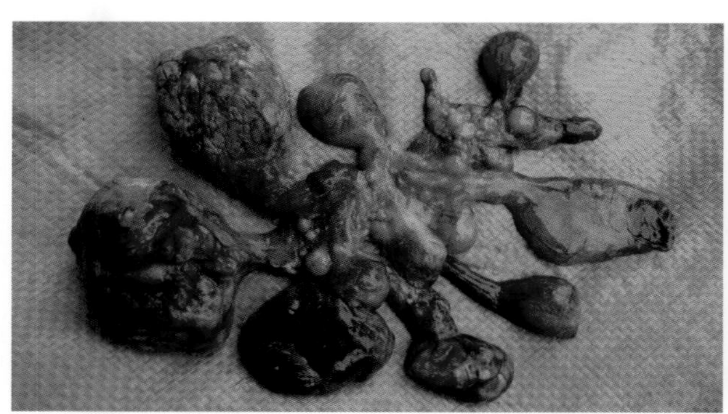

25A-75　禽白痢沙门氏菌感染，成年鹅卵泡变形、变色、变质，卵蒂变长

25A-76　禽白痢沙门氏菌感染，成年鸡脾极度肿大充血，有白色坏死灶

25A-77　禽白痢沙门氏菌感染，成年鸡脾极度肿大，充血，有白色坏死灶，右侧为横切面有灰白色坏死灶

25A-78　禽白痢沙门氏菌感染，成年鹅脾极度肿大充血，有白色坏死灶

25B. 禽伤寒（Fowl typhoid）

【病原】

本病病原是伤寒沙门氏菌。

【流行特点】

1～5 月龄青年鸡表现敏感，雏鸡与成鸡也时有发生。被污染的种蛋、病禽排出的粪便，通过饲料、饮水和用具，经消化道感染。一些媒介如饲养员、料车、工具、苍蝇等也可传播。

【临床症状】

病初表现饲料消耗量突然下降、精神差、翅下垂、离群呆立、冠髯苍白、羽毛松乱、食欲废绝、口渴、发热、体温升高至 43～44℃，排出淡黄绿色或绿色稀粪，污染泄殖腔周围羽毛。

【剖检病变】

1. 急性病例会迅速死亡，通常不见明显变化。病程稍长的病例，可见肝、脾显著肿大、充血，表

面有灰白色小米粒状坏死小点，胆囊肿大充满胆汁。

2. 亚急性和慢性病例，肝肿大呈淡绿棕色或古铜绿色。卵巢、卵泡有时充血、出血、变形、变色。母禽也常因卵泡、卵黄囊破裂引起腹膜炎，并有轻重程度不同的肠炎。雏鸡患病与鸡白痢相似，肺与心肌中可见灰白色结节状小病灶。

【诊断】

根据流行特点、临床症状、剖检病变可初步诊断，确诊须进行实验室检验。

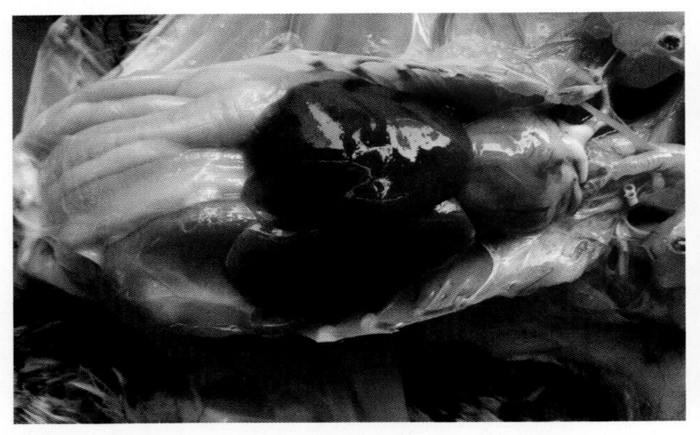

25B-1 禽伤寒沙门氏菌感染，雏鸡肝呈浅铜绿色

25B-2 禽伤寒沙门氏菌感染，病鸡肝呈古铜绿色

25B-3 禽伤寒沙门氏菌感染，成年鸡肝呈古铜绿色（1）

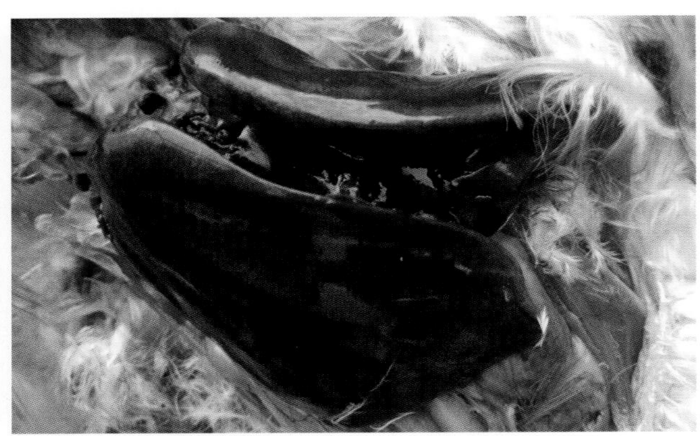

25B-4 禽伤寒沙门氏菌感染，成年鸡肝呈古铜绿色（2）

25B-5 禽伤寒沙门氏菌感染，成年鸡肝呈古铜绿色（3）

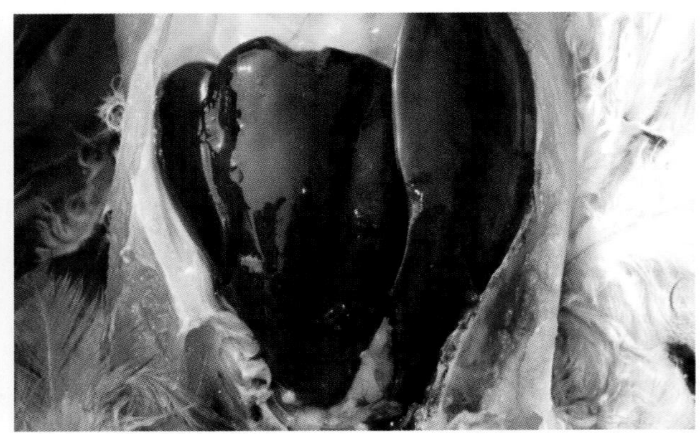

25B-6 禽伤寒沙门氏菌感染，成年鸡肝呈古铜绿色（4）

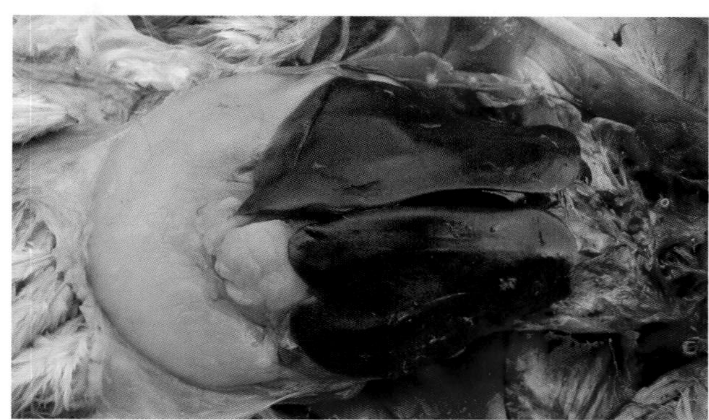
25B-7 禽伤寒沙门氏菌感染，成年鸡肝呈古铜绿色（5）

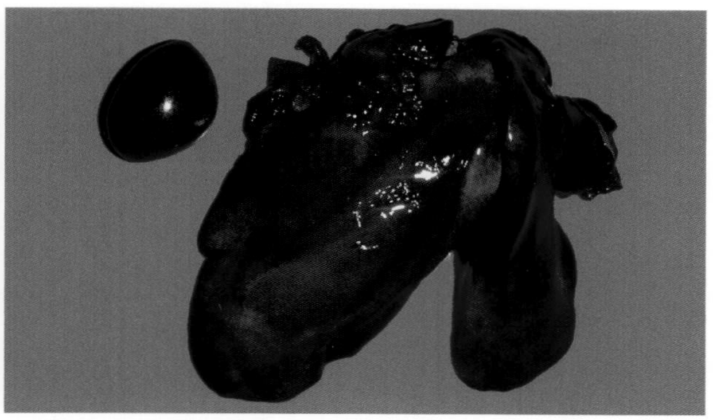
25B-8 禽伤寒沙门氏菌感染，成年鸡肝肿大，呈古铜绿色，脾有灰白色坏死灶

25B-9 禽伤寒沙门氏菌感染，青年鸡肝肿大，呈浅铜绿色，肝有灰黄色坏死灶

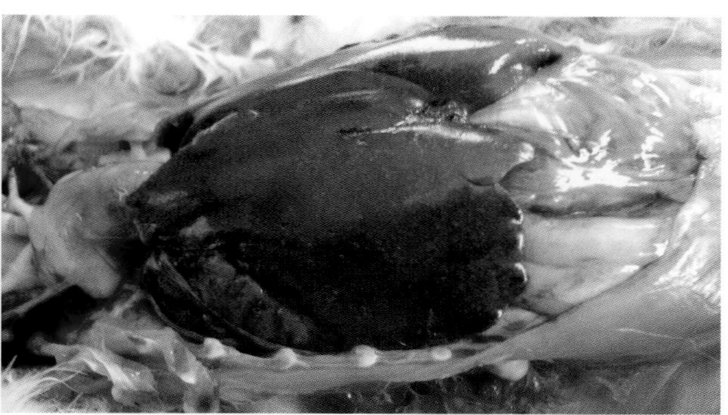
25B-10 禽伤寒沙门氏菌感染，成年鸡肝呈古铜绿色，肝有白色坏死灶

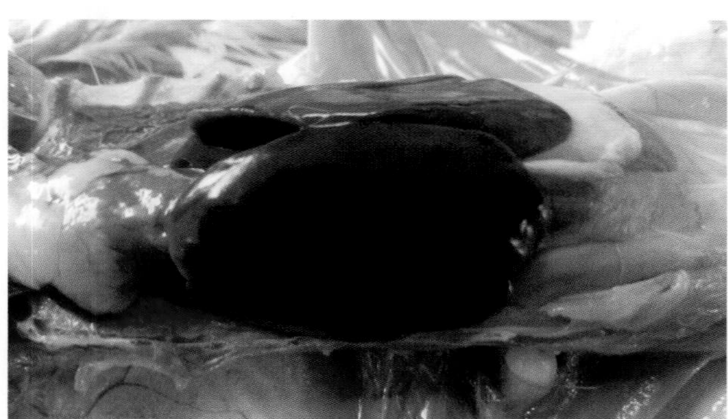
25B-11 禽伤寒沙门氏菌感染，青年鸡肝呈墨绿色

25B-12 禽伤寒沙门氏菌感染，青年鸡脾呈墨绿色（中间），两侧为正常脾

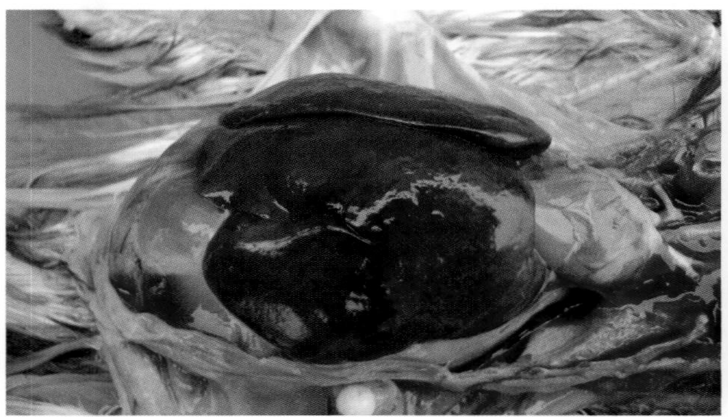
25B-13 禽伤寒沙门氏菌感染，病鸡肝呈铜绿色，肝有出血斑点

25B-14 禽伤寒沙门氏菌感染，病鸡肝呈铜绿色，肝有条状出血和灰白色坏死灶

25B-15 禽伤寒沙门氏菌感染，成年鸡肝肿大，呈浅铜绿色，有灰白色坏死灶

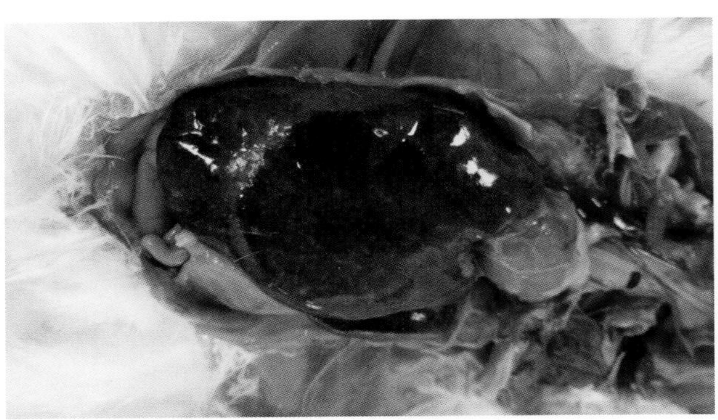
25B-16 禽伤寒沙门氏菌感染，成年鸽肝呈浅铜绿色，有灰白色坏死灶

25B-17 禽伤寒沙门氏菌感染，病鸽肝呈墨绿色

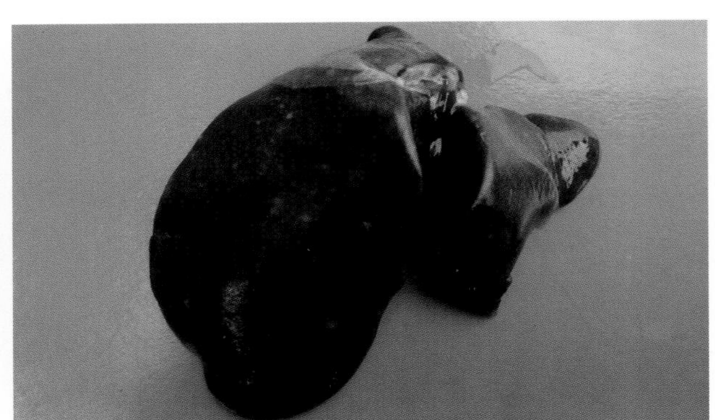
25B-18 禽伤寒沙门氏菌感染，成年鸽肝呈古铜绿色，有灰白色坏死灶

25C. 禽副伤寒（Fowl paratyphoid）

【病原】

本病是由多种能运动的沙门氏菌引起禽类疾病的总称，以鼠伤寒沙门氏菌多见。

【流行特点】

多发生于 1 月龄内雏鸡，青年鸡和成年鸡多表现为慢性和隐性。

【临床症状】

与鸡白痢相似，因怕冷而靠近热源扎堆、拒食、闭眼缩头、姿态异常，排出浅粉红白色粪便附着在泄殖腔周围，排便时发出痛苦的叫声。

【病理变化】

急性死亡时，无肉眼可见的变化。病程长的病例消瘦，脱水，卵黄囊凝固。肝、脾充血并有条纹状或针尖状出血和白色点状坏死灶，或肝边缘有雪花样的坏死灶。肺充血、心包粘连、出血性肠炎，有时盲肠膨大，内有干酪样栓子。

【诊断】

根据流行特点、临床症状和剖检病变做出初步诊断，确诊须做实验室检验。

【防控措施】

1. 消灭带菌鸡是控制本病的有效方法。种鸡定期检测，检出阳性鸡及时淘汰。

2. 加强雏鸡饲养管理：育雏舍内温度要恒定，第一周 33～35℃，以后每周下降 1～2℃，6 周以后维持在 24～25℃。保持鸡舍清洁卫生和干燥，防止粪便污染饲料和饮水。

3. 微生态制剂防治：可在饲料中添加益生素等微生态制剂，控制有害菌的繁殖。但是要注意益生素不能与抗生素类药物同时使用。

4. 做好孵化场和孵化箱以及种蛋的消毒。

5. 对患病鸡群选择敏感药物使用，注意药物的休药期。

25C-1 禽副伤寒沙门氏菌感染，雏鸡肝呈柿红色，有雪花样坏死点，盲肠膨大内有黄白色干酪样物堵塞

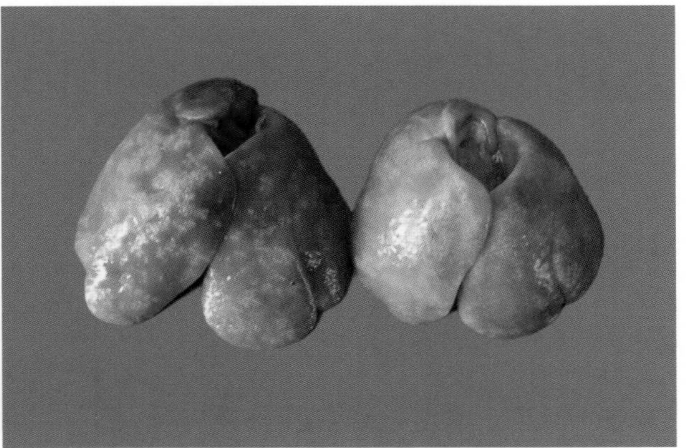

25C-2 禽副伤寒沙门氏菌感染，病鸡肝有雪花样坏死灶

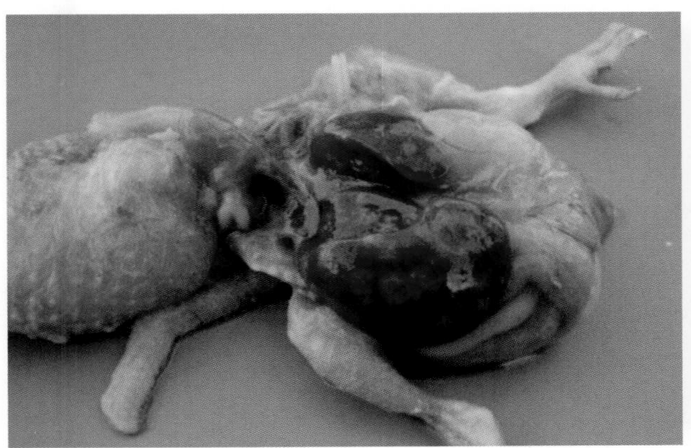

25C-3 禽副伤寒沙门氏菌感染，病鸡肝有雪花样坏死灶（1）

25C-4 禽副伤寒沙门氏菌感染，病鸡肝有雪花样坏死灶（2）

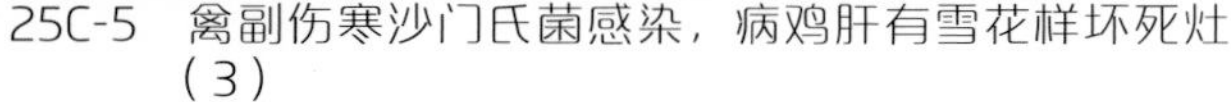
25C-5　禽副伤寒沙门氏菌感染，病鸡肝有雪花样坏死灶（3）

25C-6　禽副伤寒沙门氏菌感染，病鸡肝的横切面有雪花样坏死灶

鸡毒支原体病（Mycoplasma gallisepticum infection）

禽类致病性支原体已发现的有 10 多种，常见的有鸡毒支原体和滑液囊支原体。鸡毒支原体病又称为慢性呼吸道病。

【病原】

本病的病原体为鸡败血支原体，革兰氏染色阴性。

【流行特点】

本病主要发生于鸡和火鸡。此外，鸽、鹌鹑、珍珠鸡也可感染。以 4～8 周雏禽易感。本病通过污染的饲料、饮水、病鸡呼吸道排泄物接触传播，本病也可垂直传播。一年四季都可以发生，但以气候多变和寒冷季节发生较多，特别是寒冬、早春、鸡群密度大、氨气浓度与湿度高、空气质量差的条件下，鸡群易感性增强。但是在夏季，带菌鸡也会常因密度大、舍内空气质量不好、氨气浓度高激发本病发生。饲养管理不良、维生素 A 缺乏等可促进本病的发生。

【临床症状】

本病为慢性经过，病程长，如不加治疗，可长达数月，死亡率低。

1. 病鸡眼流泪，有时眼内有泡沫样液体，采食减少，生长发育迟缓、增重慢。

2. 幼龄鸡病初打喷嚏，流浆液性、黏液性鼻液，咳嗽、有呼吸啰音。

3. 病程长的病鸡眼内有大小不等的干酪样物，严重时压迫眼球，致使两侧颜面肿胀，手感发硬，向外突出，像“金鱼眼”样。

4. 成年鸡隐性感染，产蛋率下降，软壳蛋比例增加，种蛋孵化率降低，弱雏增加。

【剖检病变】

鼻道、气管、支气管表现卡他性炎症，黏膜肿胀（但肉眼观察不明显），黏膜表面有灰白色黏液。病鸡气囊壁增厚混浊，气囊上有珠状小点，腹腔内肠管间有多量气泡，病程长者腭裂处、胸气囊或腹气囊内有黄白色干酪样物。继发大肠杆菌病时，可见心包炎、肝周炎。当病鸡眼睑肿胀（似金鱼眼样）时，眼内积有多少不等的干酪样物，严重者造成失明，有的眶下窦内积有干酪样物。

【诊断】

根据流行特点、临床症状、剖检病变可初步诊断，确诊须进行实验室检验。

【防控措施】

加强饲养管理，改善鸡舍通风条件，要切记："通风换气是个宝，任何药物替不了"，通风不良是百病之源。密度要合理，温度要适宜，勤出粪，鸡舍无刺激性气味，寒冷天气不宜做气雾免疫。

1. 支原体病属垂直感染疾病，应对种鸡进行定期监测，淘汰阳性鸡，做好种蛋入孵前消毒，阻止向雏鸡的传播。

2. 对患病鸡群选择敏感药物使用，注意药物的休药期。

3. 疫苗接种，目前市场上有疫苗销售，接种疫苗能起到一定的保护作用，疫苗使用要严格按照说明书进行。

26-1 鸡毒支原体感染，病鸡眼内有多量小气泡（1）

26-2 鸡毒支原体感染，病鸡眼内有多量小气泡（2）

26-3 鸡毒支原体感染，病鸡眼内有多量泡沫状白色液体

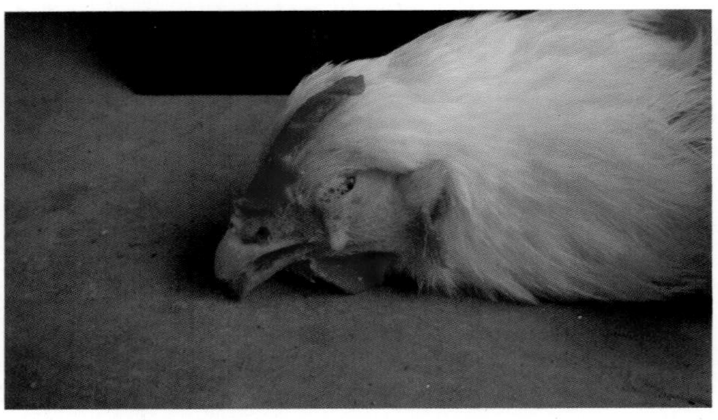

26-4 鸡毒支原体感染，病情严重的病鸡眼内流出带有泡沫样的液体

26-5 鸡毒支原体感染，病鸡鼻腔有多量鼻汁

26-6 鸡毒支原体感染，病鸡眶下窦内蓄积干酪样物，一侧向外突出，手感发硬（1）

26-7　鸡毒支原体感染，病鸡眶下窦内蓄积干酪样物，一侧向外突出，手感发硬（2）

26-8　鸡毒支原体感染，病鸡眶下窦内蓄积干酪样物，一侧向外突出，手感发硬（3）

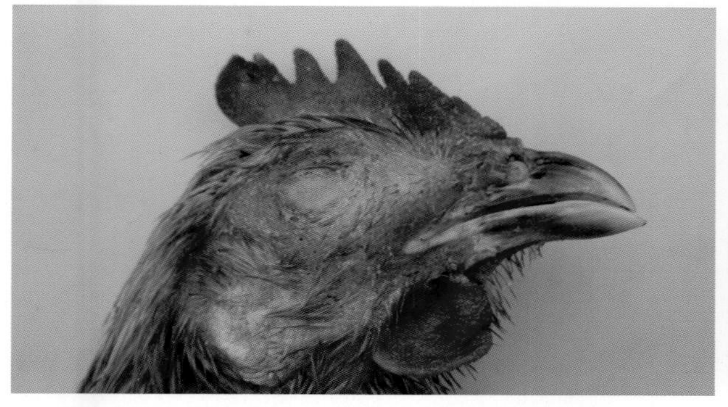

26-9　鸡毒支原体感染，病鸡眶下窦内蓄积干酪样物，一侧向外突出，手感发硬（4）

26-10　鸡毒支原体感染，病鸡眶下窦内有多量黄白色干酪样物

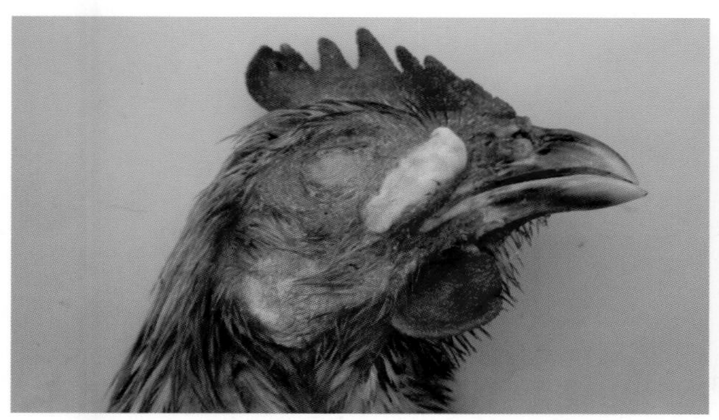

26-11　鸡毒支原体感染，病鸡眶下窦肿胀，剪开眶下窦可见灰白色干酪样物

26-12　鸡毒支原体感染，病鸡眶下窦严重肿胀，一侧向外突出，手感硬

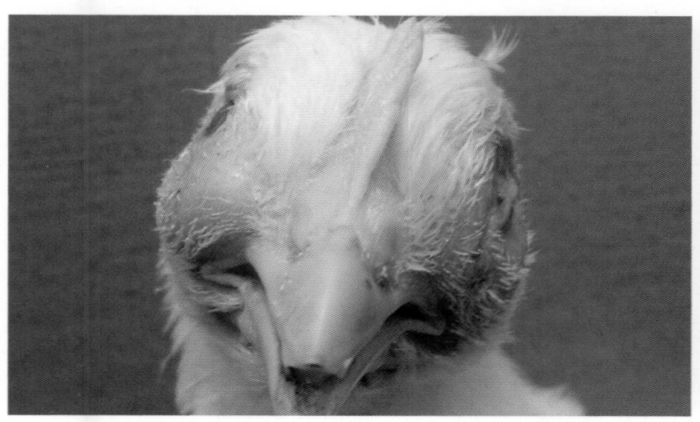

26-13　鸡毒支原体感染，病鸡眶下窦内蓄积干酪样物，一侧向外突出

26-14　鸡毒支原体感染，眼睛向外严重凸出，眼内有干酪样物，造成失明

26-15 鸡毒支原体感染，雉鸡眼睛向外严重凸出，眼内有多量干酪样物，造成失明

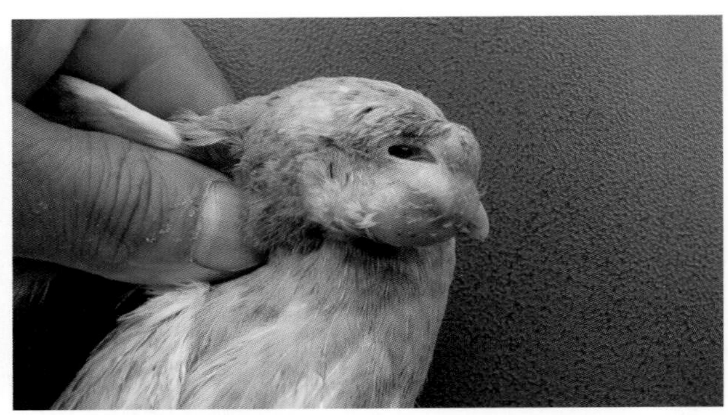

26-16 鸡毒支原体感染，鹌鹑眶下窦、鼻窦严重肿胀，手感发硬

26-17 鸡毒支原体感染，鹌鹑眼睛向外严重凸出，眼内有多量干酪样物，造成失明

26-18 鸡毒支原体感染，病鸡眼睛向外凸出，眼内有大量黄白色干酪样物，造成失明

26-19 鸡毒支原体感染，病程长的病鸡眼内有干酪样物蓄积，致使两侧或一侧颜面肿胀，手感发硬，向外凸出，像“金鱼眼”样（1）

26-20 鸡毒支原体感染，病程长的病鸡眼内有干酪样物蓄积，致使两侧或一侧颜面肿胀，手感发硬，向外凸出，像“金鱼眼”样（2）

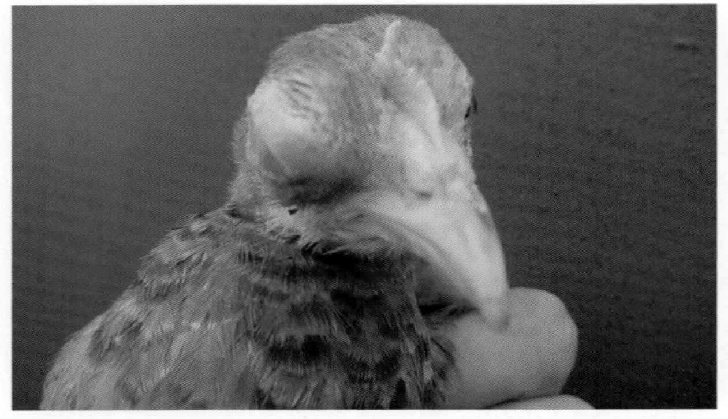

26-21 鸡毒支原体感染，病程长的病鸡眼内有干酪样物蓄积，致使两侧或一侧颜面肿胀，手感发硬，向外凸出，像“金鱼眼”样（3）

26-22 鸡毒支原体感染，病程长的病鸡一侧眼睛极度肿胀，眼内蓄积干酪样物，从侧面看，似“金鱼眼”样（1）

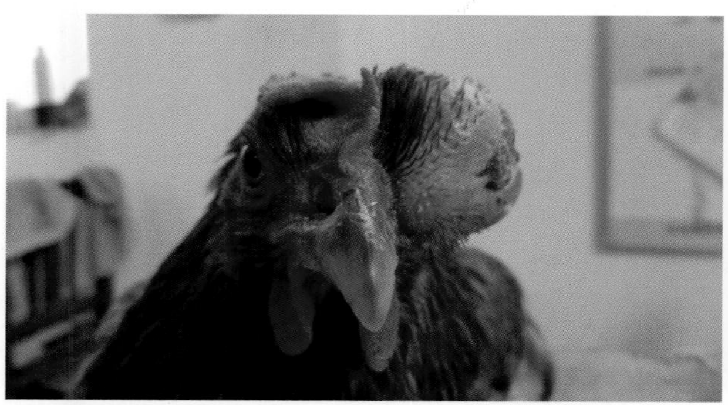

26-23 鸡毒支原体感染，病程长的病鸡一侧眼睛极度肿胀，眼内蓄积干酪样物，从侧面看，似“金鱼眼”样（2）

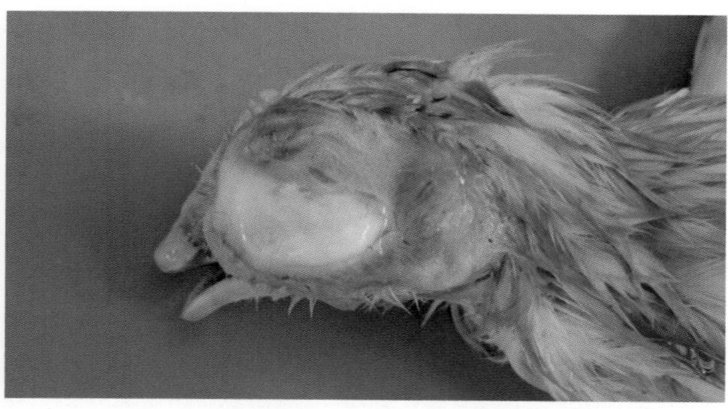

26-24 鸡毒支原体感染，病程长的病鸡眼内有干酪样物将眼球覆盖，造成失明

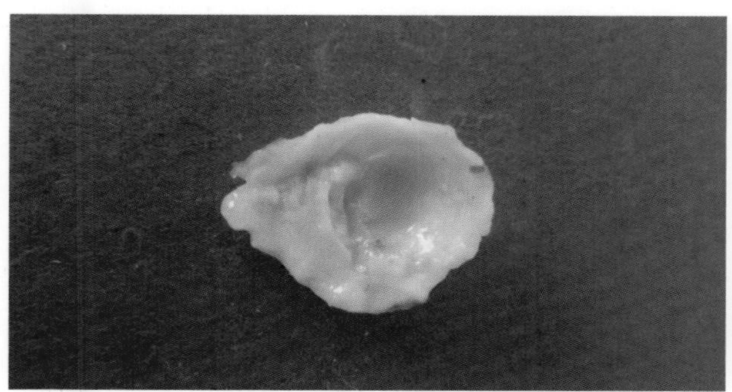

26-25 鸡毒支原体感染，病程长的病鸡眼内有干酪样物将眼球覆盖（1）

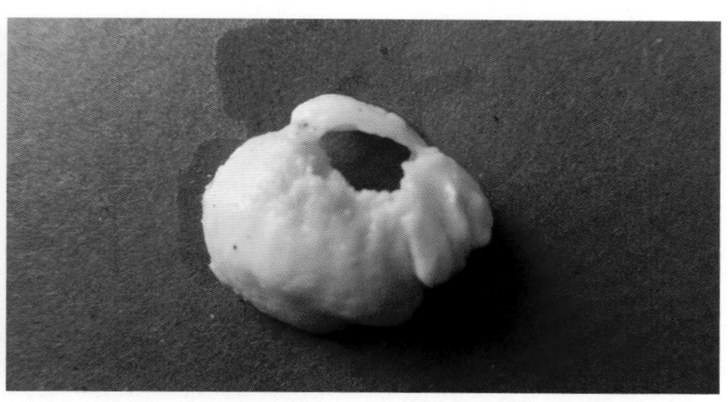

26-26 鸡毒支原体感染，病程长的病鸡眼内有干酪样物将眼球覆盖（2）

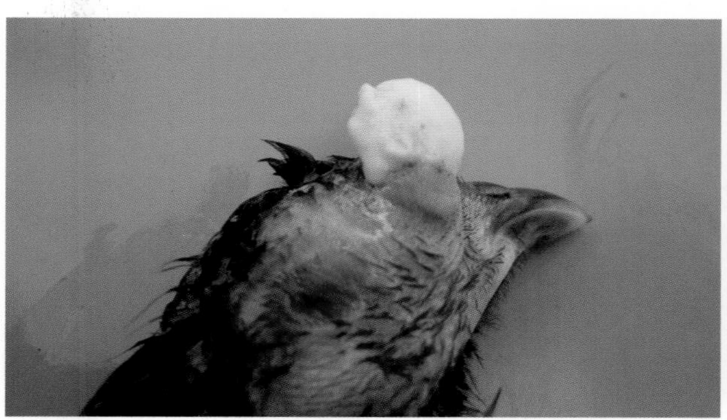

26-27 鸡毒支原体感染，病情严重的病鸡肿胀的眼睛可以挤出灰白色干酪样物

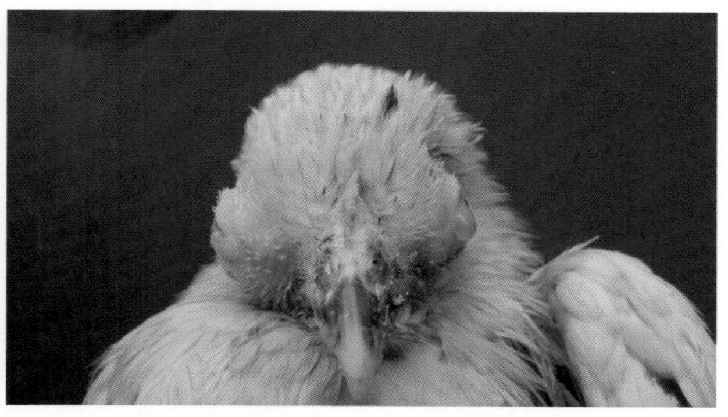

26-28 鸡毒支原体感染，病程长的病鸡眼内有干酪样物，病鸡两侧眼睛肿胀，似“金鱼眼”样

26-29 鸡毒支原体感染，病程长的病鸡眼睛肿胀，眼内有干酪样物蓄积，致使两侧或一侧颜面肿胀，向外凸出，手感发硬

26-30 鸡毒支原体感染，珍珠鸡一侧眼睛极度肿胀，手感硬

26-31 鸡毒支原体感染，珍珠鸡眼内积蓄的大量带血的浅黄色干酪样物

26-32 鸡毒支原体感染，孔雀眶下窦内蓄积干酪样物，一侧向外凸出，手感发硬

26-33 鸡毒支原体感染，幼龄鸵鸟眼内有灰白色干酪样物

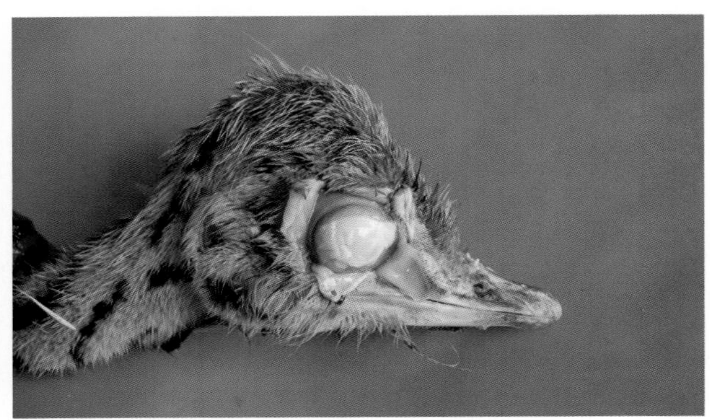

26-34 鸡毒支原体感染，鸵鸟眼球被灰白色干酪样物覆盖

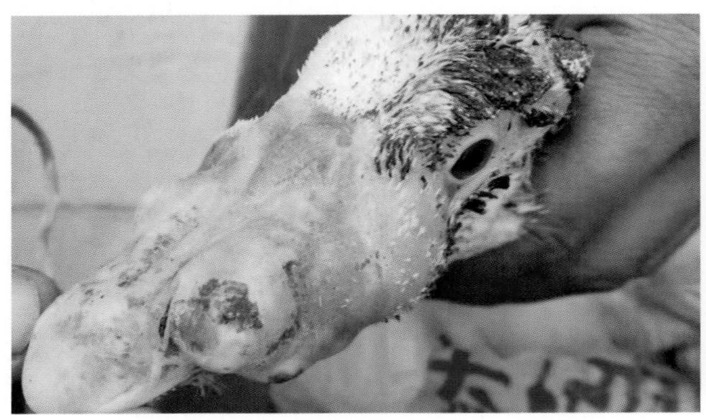

26-35 鸡毒支原体感染，青年鹅鼻窦发炎，极度肿胀（1）

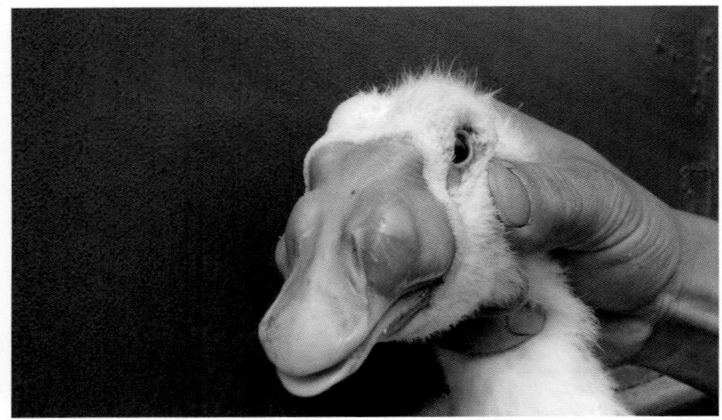

26-36 鸡毒支原体感染，青年鹅鼻窦发炎，极度肿胀（2）

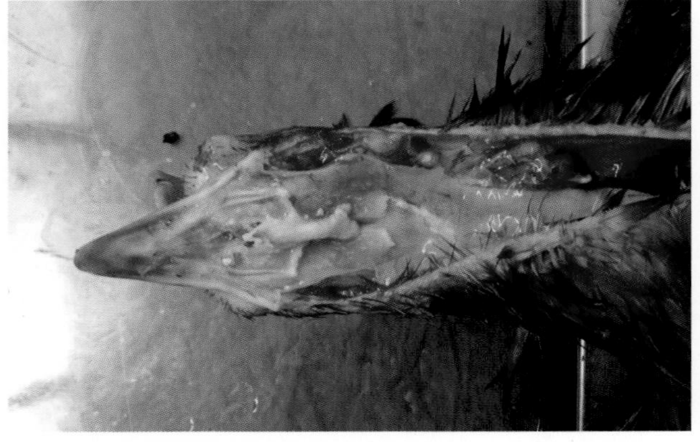

26-37 鸡毒支原体感染，病鸡腭裂处有灰白色干酪样物

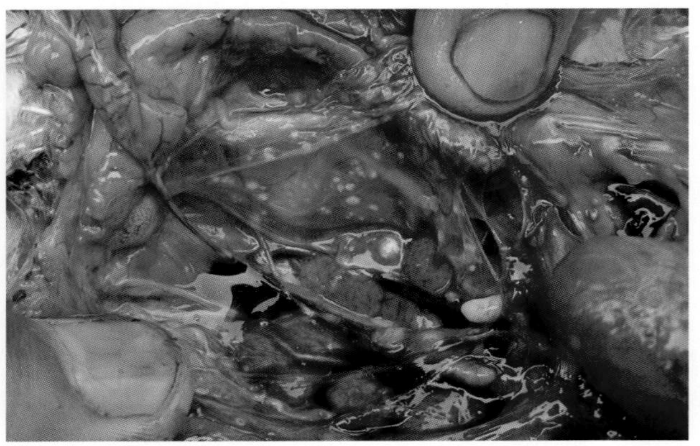

26-38 鸡毒支原体感染，幼鸽气囊上有黄白色珠状小点

26-39　鸡毒支原体感染，病初腹腔内肠管之间有多量气泡

26-40　鸡毒支原体感染，病初腹气囊有多量气泡

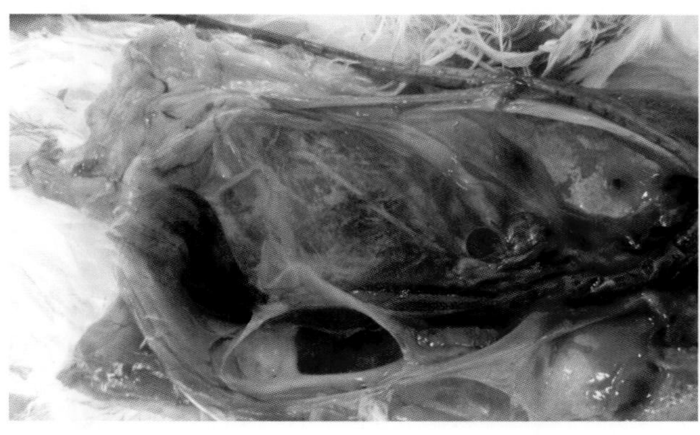

26-41　鸡毒支原体轻度感染，腹气囊混浊，不透明

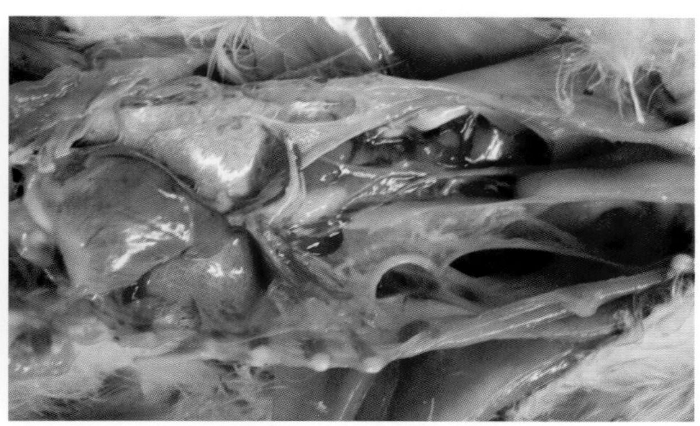

26-42　鸡毒支原体感染，病情较轻者气囊呈云雾状

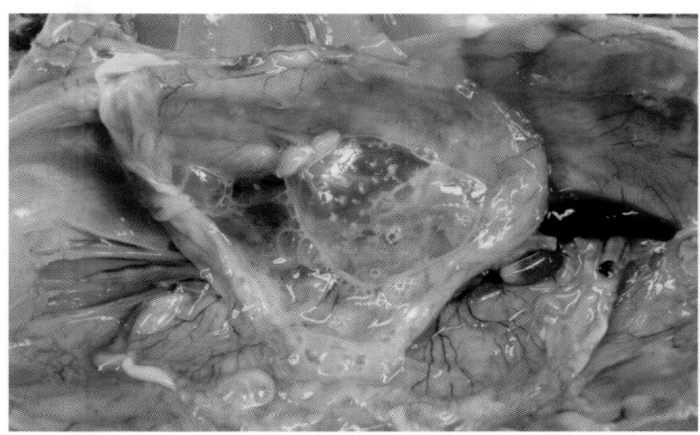

26-43　鸡毒支原体轻度感染，腹气囊混浊，不透明，胸气囊上的毛细血管清晰可见

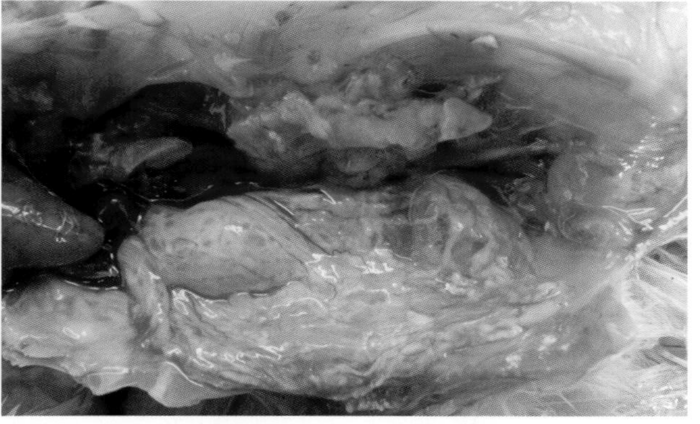

26-44　鸡毒支原体感染，病初腹气囊增厚混浊，内有多量气体

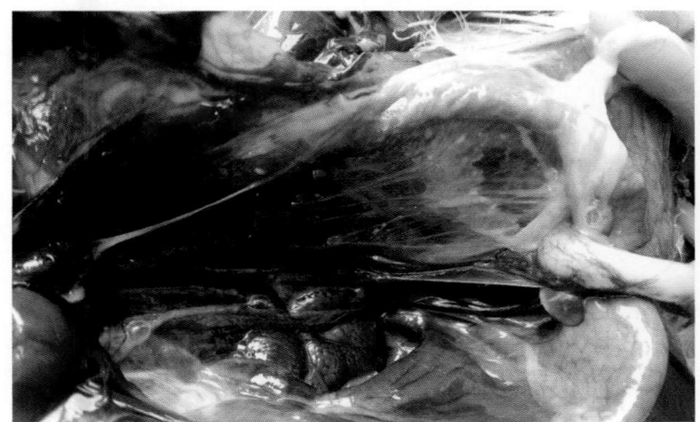

26-45　鸡毒支原体感染，乌鸡气囊呈云雾状

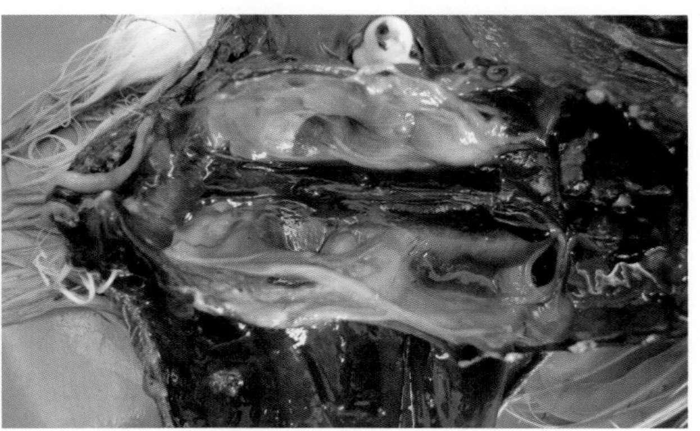

26-46　鸡毒支原体感染，乌鸡胸、腹气囊增厚混浊

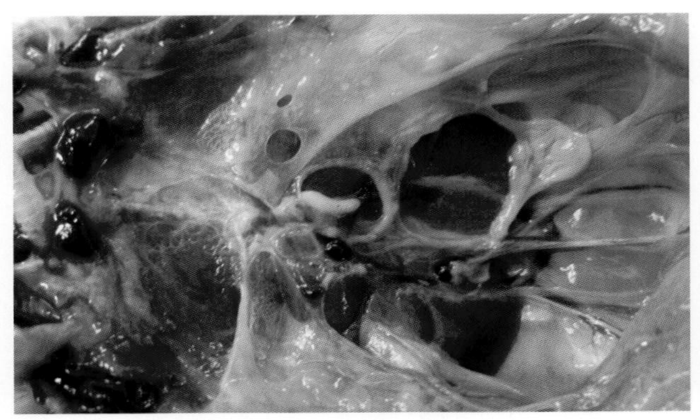
26-47 鸡毒支原体感染，病鸽气囊混浊有珠状小点

26-48 鸡毒支原体感染，幼龄鹅气囊增厚混浊

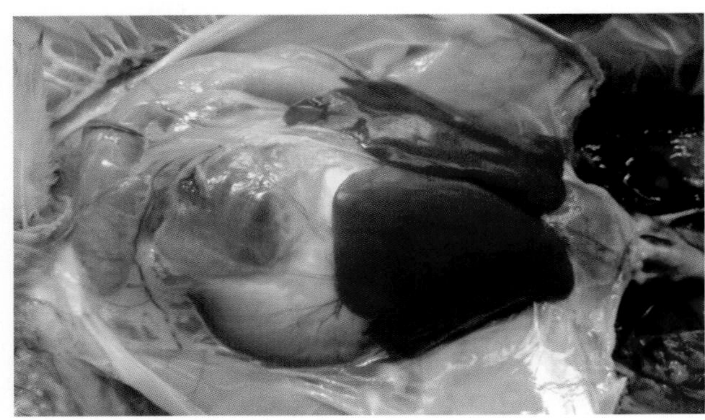
26-49 鸡毒支原体感染，胸气囊增厚混浊呈灰白色

26-50 鸡毒支原体感染，腹气囊下形成干酪样物

26-51 鸡毒支原体感染，病程长者体瘦，一侧腹气囊增厚混浊呈浅黄色

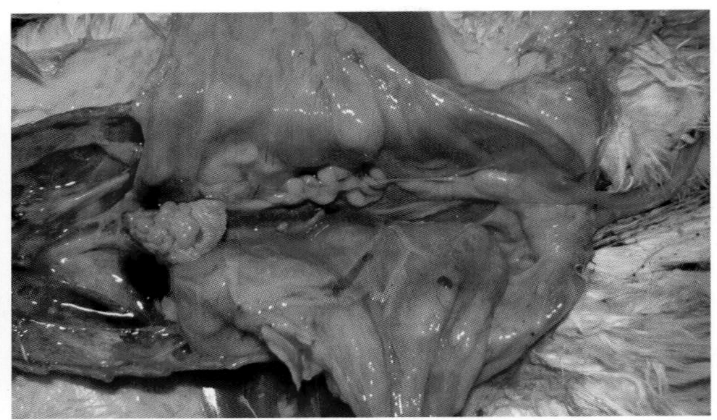
26-52 鸡毒支原体感染，两侧腹气囊增厚混浊呈浅黄色

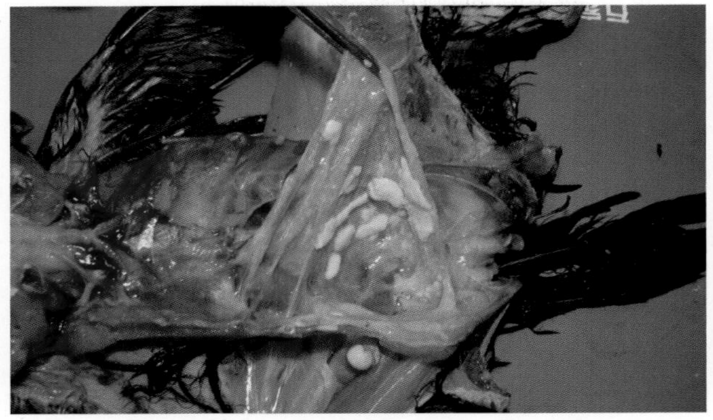
26-53 鸡毒支原体严重感染，病鸡胸、腹气囊增厚，有多量灰白色干酪样物

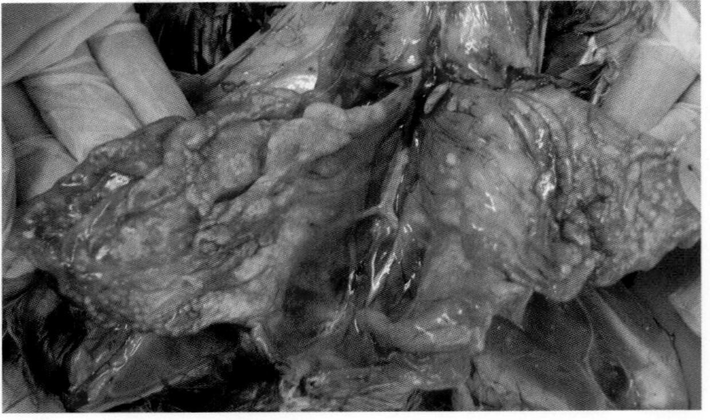
26-54 鸡毒支原体严重感染，病鸡两侧腹气囊增厚，气囊内有多量黄白色干酪样物

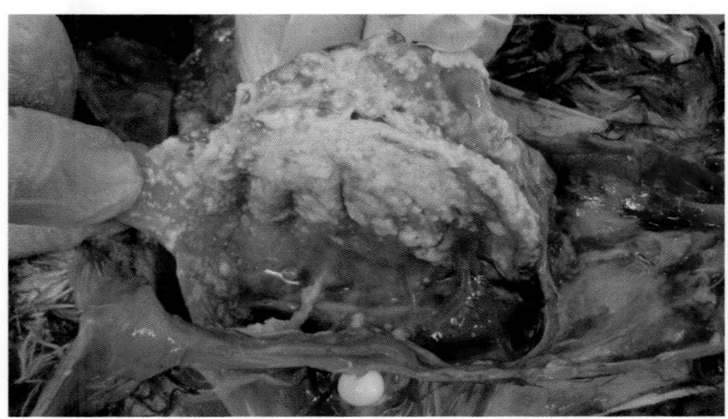

26-55 鸡毒支原体严重感染，病鸡腹气囊增厚，气囊内有多量灰白色干酪样物

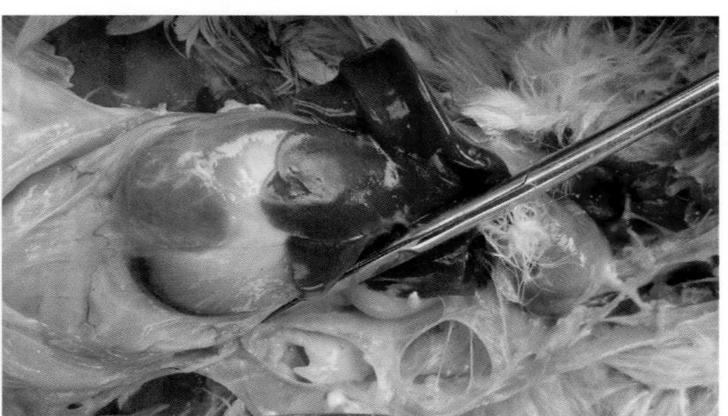

26-56 鸡毒支原体感染，病鸡气囊内有黄白色干酪样物

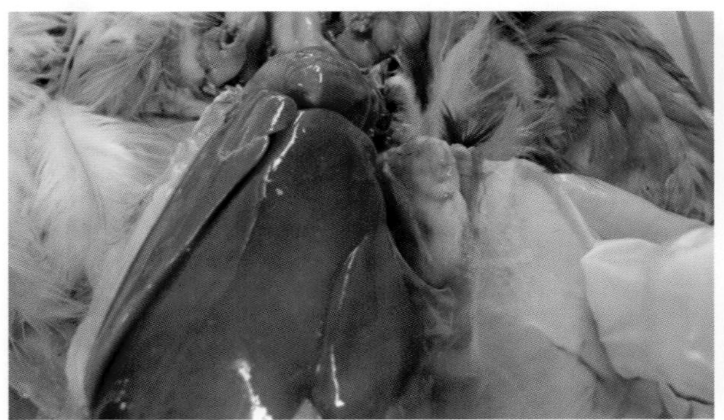

26-57 鸡毒支原体感染，病鸡胸气囊下有黄白色干酪样物

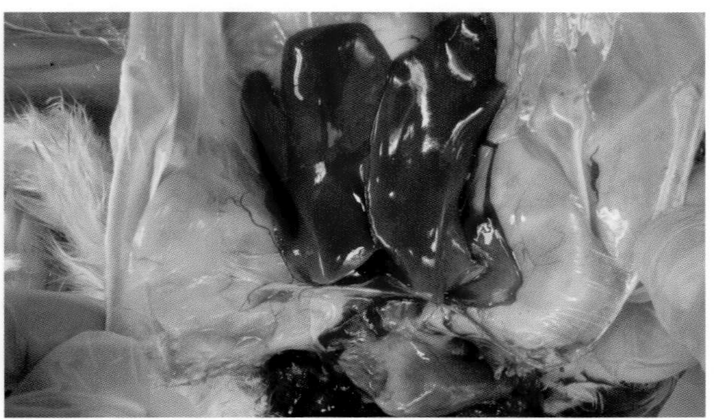

26-58 鸡毒支原体感染，病鸡两侧胸气囊有黄白色干酪样物

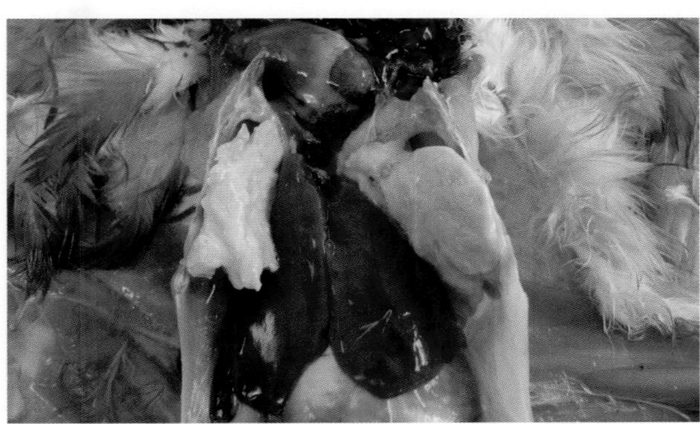

26-59 鸡毒支原体感染，病程长的病鸡两侧胸气囊有似炒鸡蛋样黄白色块状物

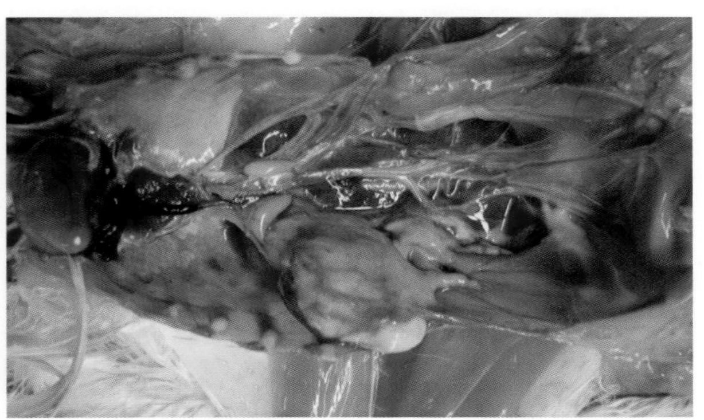

26-60 鸡毒支原体感染，病程长的病鸡胸气囊有大型的黄白色块状物

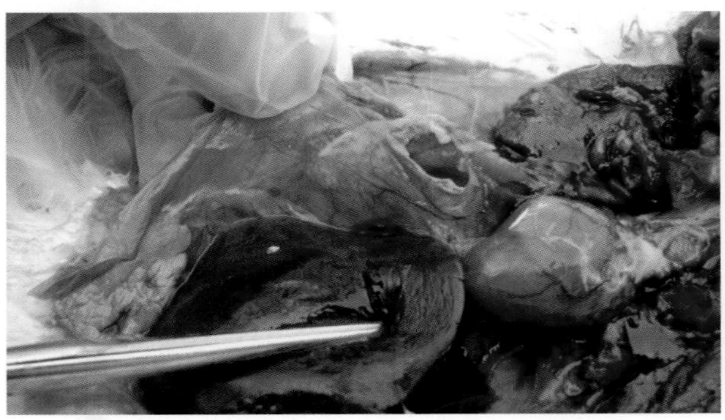

26-61 鸡毒支原体感染，病鸡胸、腹气囊有黄白色干酪样物，毛细血管充血清晰可见

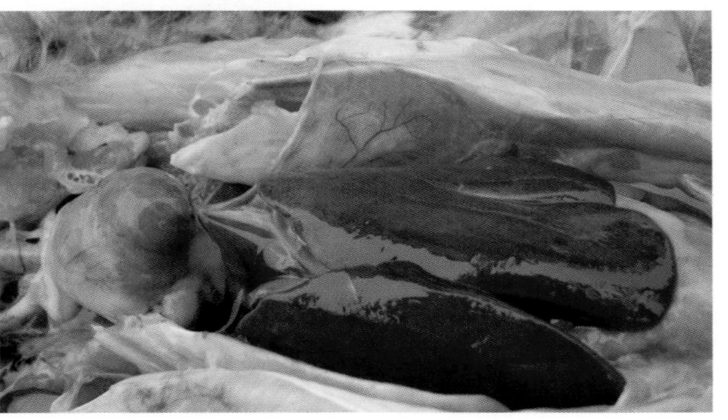

26-62 鸡毒支原体感染，孔雀前胸气囊有黄白色干酪样物，气囊上毛细血管充血清晰可见

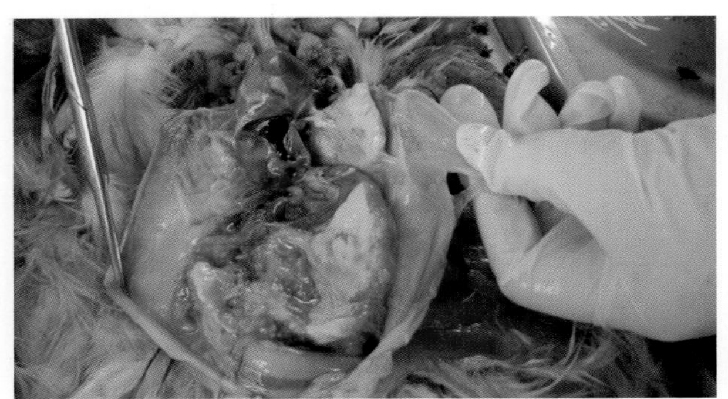

26-63 鸡毒支原体严重感染，病鸡胸、腹气囊有大块黄白色干酪样物

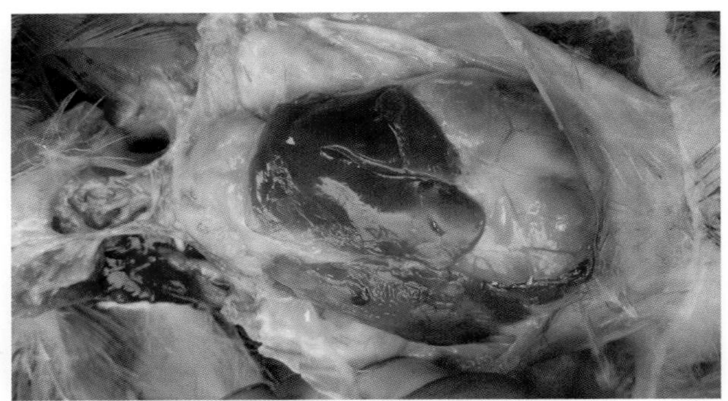

26-64 鸡毒支原体与大肠杆菌合并感染，病鸡不仅胸气囊下有干酪样物，而且心包膜与肝被膜覆盖一层纤维素性渗出物

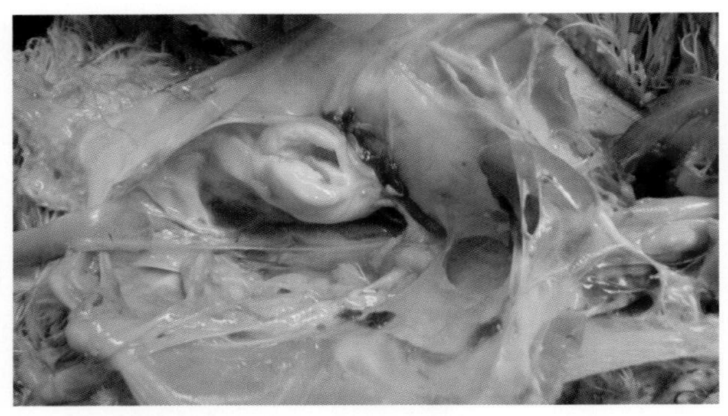

26-65 鸡毒支原体感染，病鸡胸气囊混浊，腹气囊严重增厚，内有黄白色干酪样物

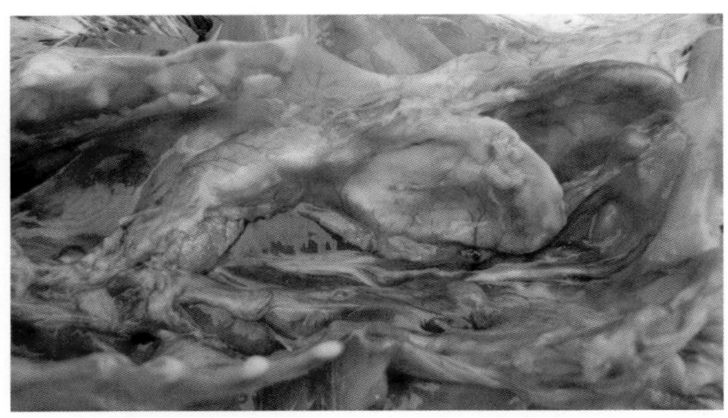

26-66 鸡毒支原体严重感染，病鸡腹气囊有黄白色干酪样物（1）

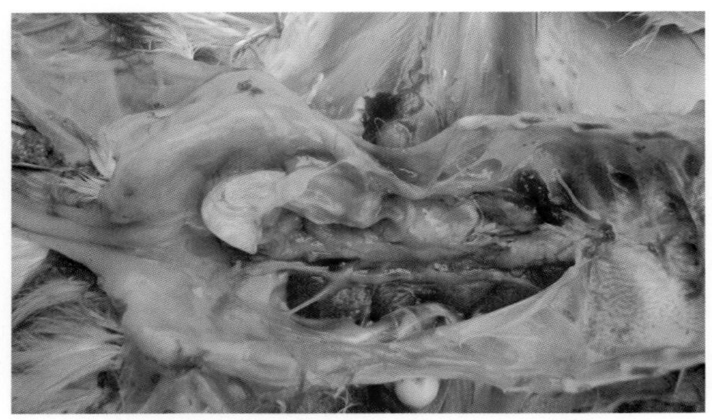

26-67 鸡毒支原体严重感染，病鸡腹气囊有黄白色干酪样物（2）

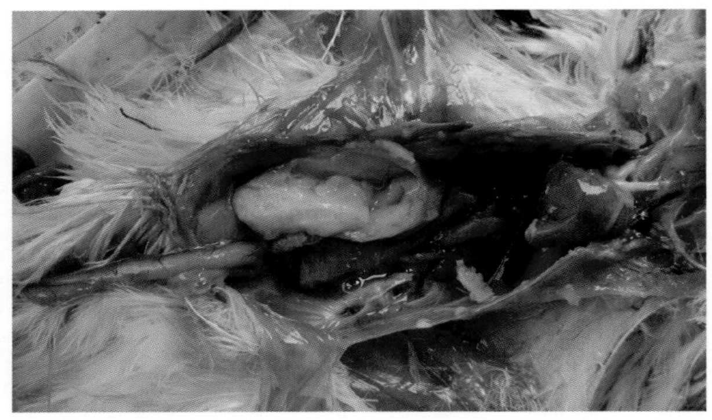

26-68 鸡毒支原体感染，病程长的病鸡腹气囊有黏稠的黄白色干酪样物

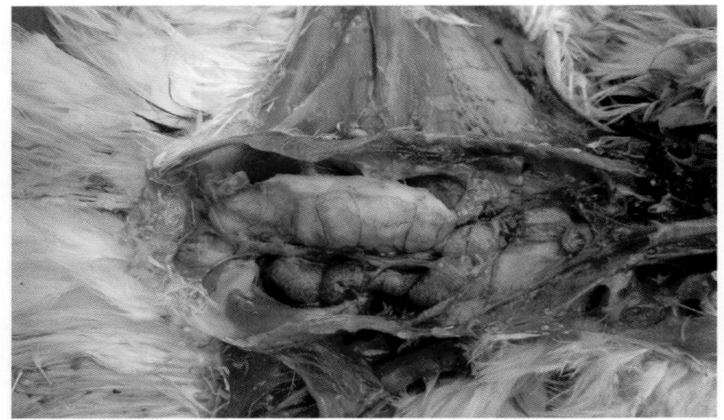

26-69 鸡毒支原体感染，病程长的病鸡腹气囊下有大块的黄白色块状物

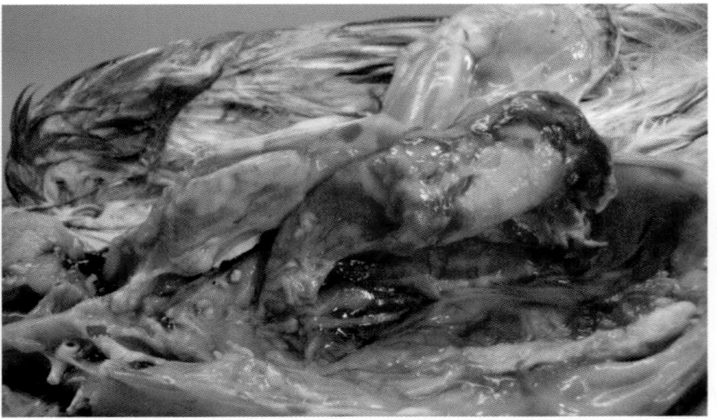

26-70 鸡毒支原体感染，病鸡胸腹气囊均有大块干酪样物

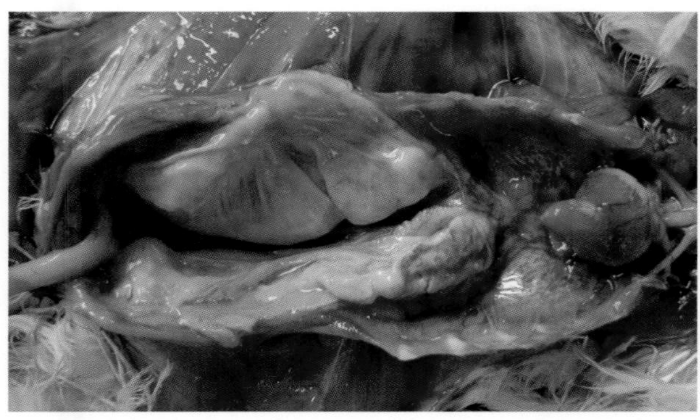
26-71　鸡毒支原体感染，病程长的病鸡两侧腹气囊有大块黄白色干酪样物

26-72　鸡毒支原体严重感染，病程长的病鸡腹气囊有大块黄白色干酪样物

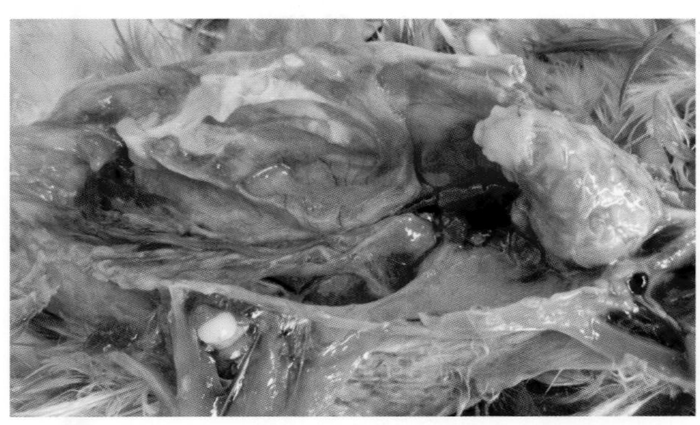
26-73　鸡毒支原体与大肠杆菌混合感染，病鸡心脏周围有纤维素性渗出物，腹气囊有黄白色干酪样物

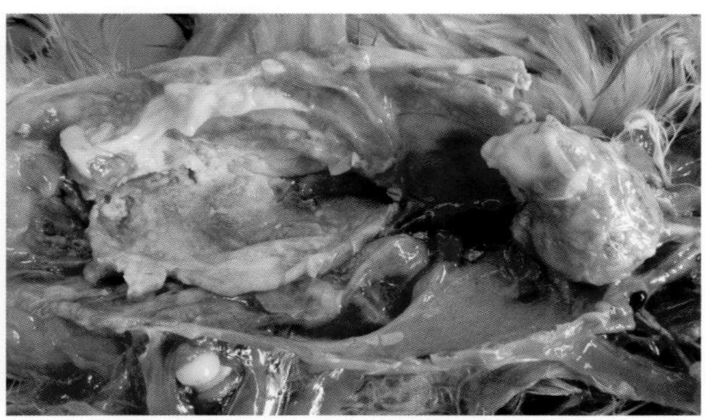
26-74　鸡毒支原体与大肠杆菌混合感染，病鸡心脏周围有纤维素性渗出物，腹气囊内有黄白色干酪样物

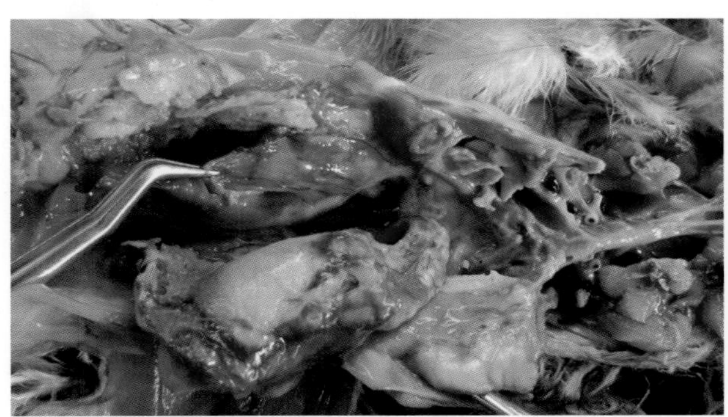
26-75　鸡毒支原体感染，病程长的病鸡胸、腹气囊有大块的黄白色干酪样物

26-76　鸡毒支原体感染，病鸡前胸气囊、后胸气囊、腹气囊均有胶冻样物形成

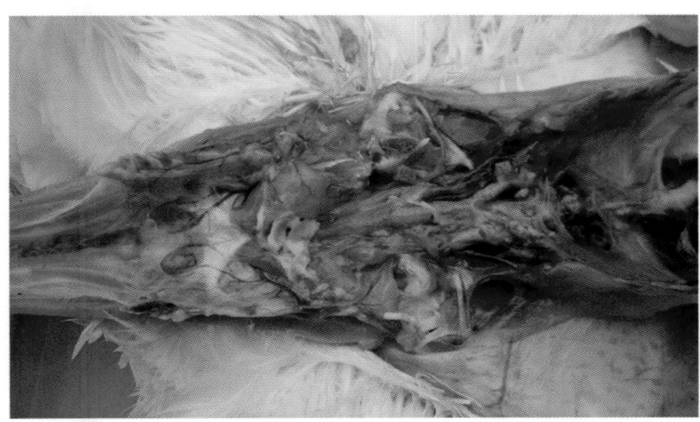
26-77　鸡毒支原体感染，病鸡锁骨气囊有黄白色干酪样物

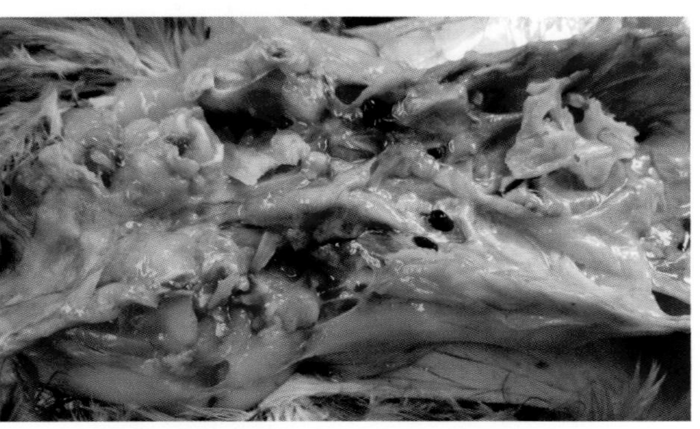
26-78　鸡毒支原体感染，病鸡颈气囊、胸气囊有黄白色干酪样物

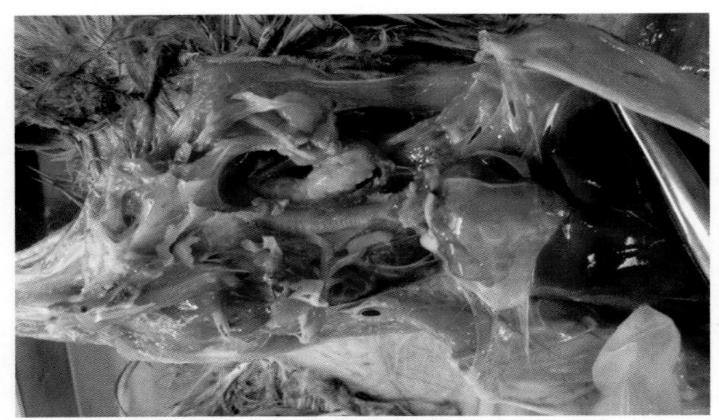

26-79 鸡毒支原体感染，病鸡锁骨气囊、颈气囊有黄白色干酪样物

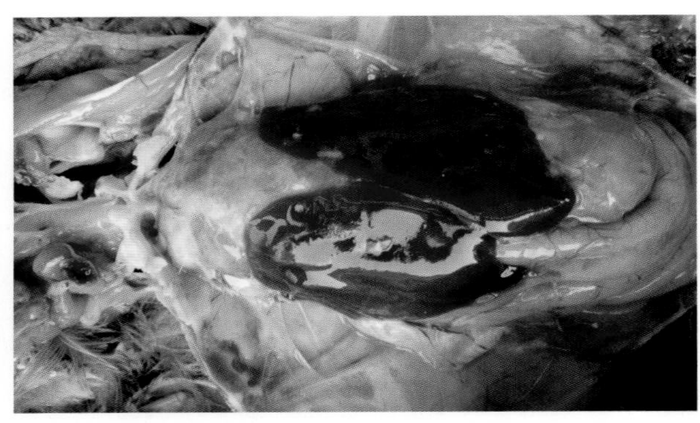

26-80 鸡毒支原体感染，病鸡锁骨气囊、胸气囊有黄白色干酪样物

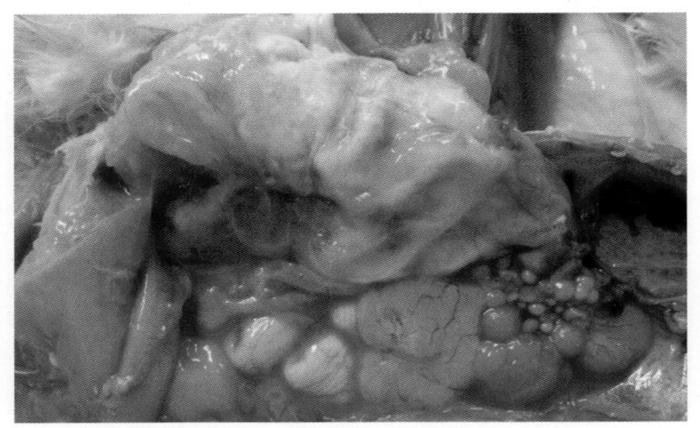

26-81 鸡毒支原体与非典型新城疫混合感染，病鸡腹气囊有大型灰白色干酪样物，卵泡变形呈菜花样

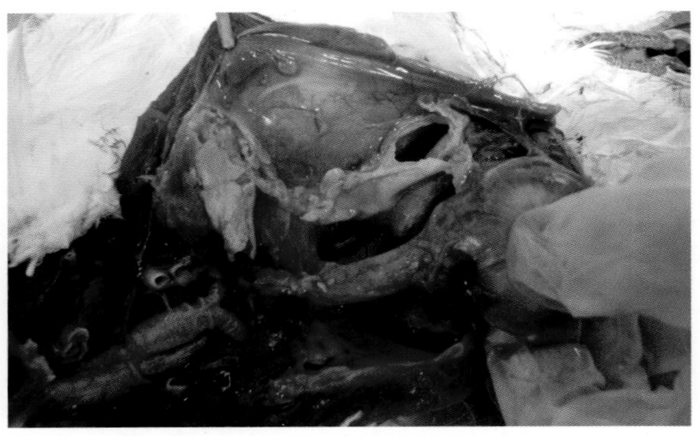

26-82 鸡毒支原体感染，病鸽气囊增厚，内有黄白色干酪样物

26-83 鸡毒支原体感染，柴鸡腺胃右侧气囊增厚、混浊、胀气

26-84 鸡毒支原体感染，柴鸡右侧气囊极度变大，盖住了整个胸腹腔

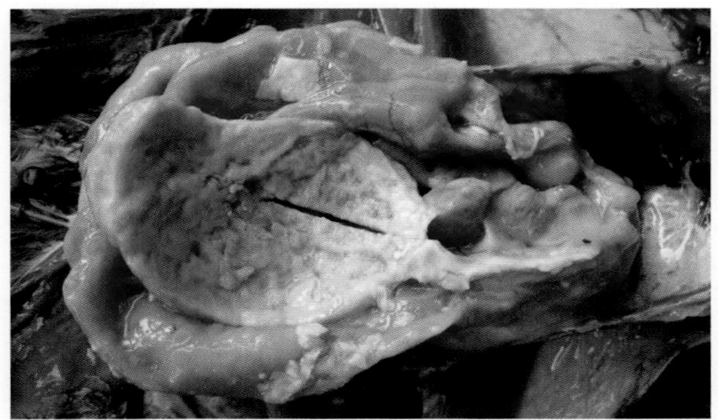

26-85 鸡毒支原体感染，柴鸡气囊下有大片的黄白色干酪样物

26-86 鸡毒支原体感染，柴鸡两侧胸、腹气囊内有大量黄白色干酪样物

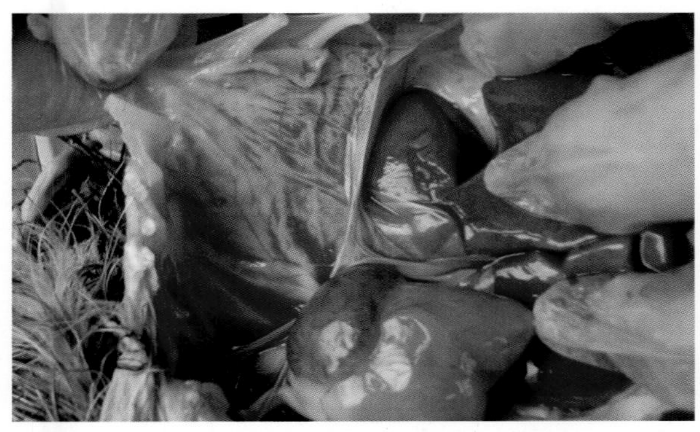

26-87 雏驼鸟支原体感染胸气囊混浊，内有黄白色干酪样物

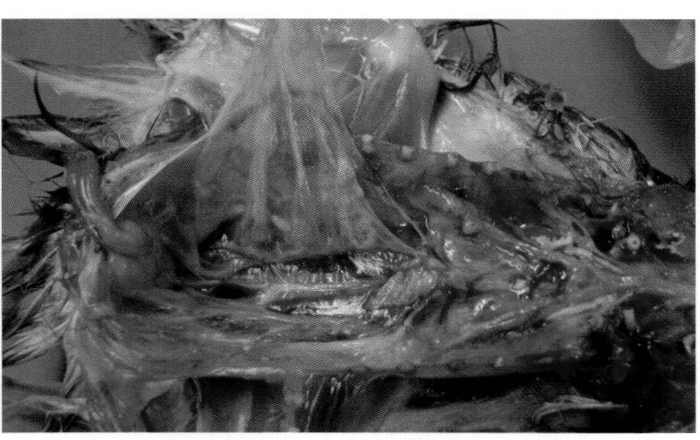

26-88 鸡毒支原体与传染性支气管炎混合感染，病鸡气囊增厚混浊，支气管内有灰白色干酪样物

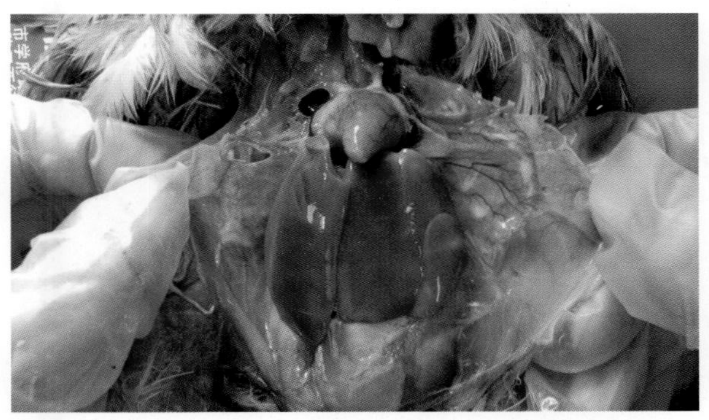

26-89 鸡毒支原体与大肠杆菌混合感染，病鸡气囊混浊，毛细血管充血清晰可见

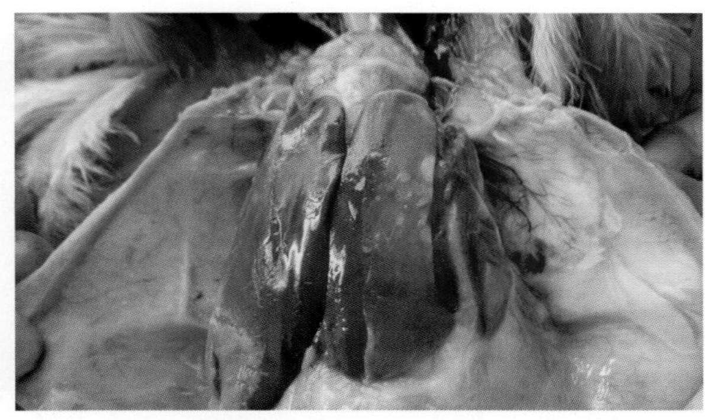

26-90 鸡毒支原体与大肠杆菌混合感染，病鸡心包炎、肝周炎、气囊炎，气囊上的毛细血管充血、淤血清晰可见

26-91 鸡毒支原体与大肠杆菌混合感染，病鸡气囊上的毛细血管充血，气囊下有干酪样物（1）

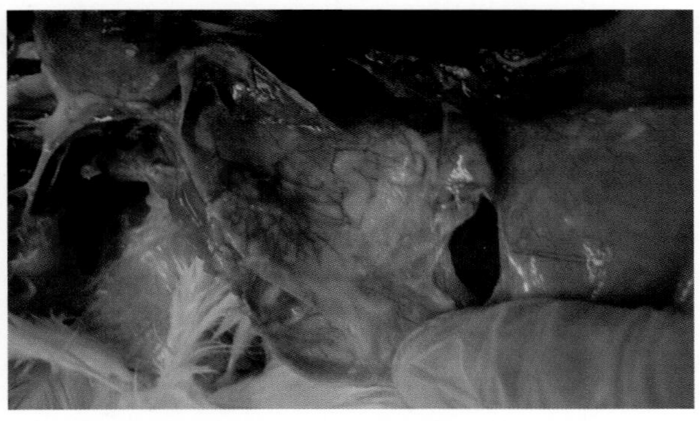

26-92 鸡毒支原体与大肠杆菌混合感染，病鸡气囊上的毛细血管充血，气囊下有干酪样物（2）

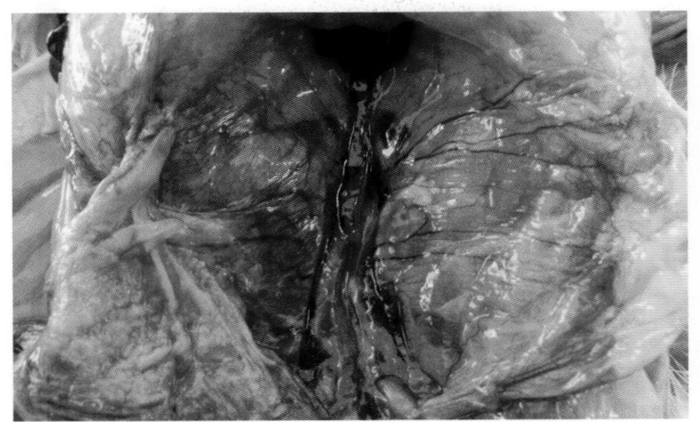

26-93 鸡毒支原体与大肠杆菌混合感染，肉鸡气囊毛细血管充血，气囊下有多量干酪样物

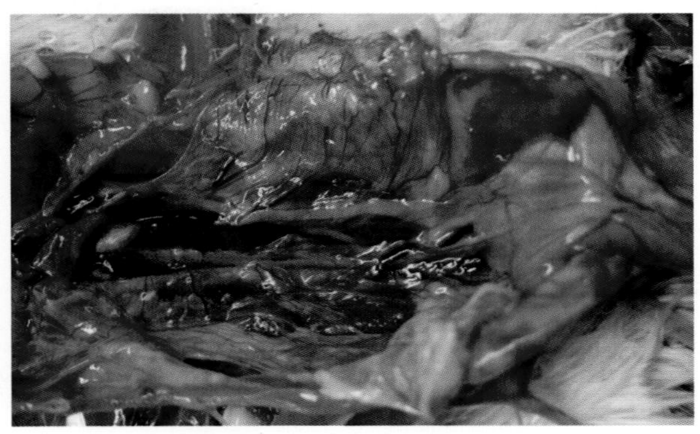

26-94 鸡毒支原体与大肠杆菌混合感染，病鸡气囊混浊，毛细血管充血清晰可见

26-95　鸡毒支原体、大肠杆菌、传染性支气管炎混合感染，乌鸡支气管有黄白色干酪样物，气囊混浊，毛细血管充血清晰可见

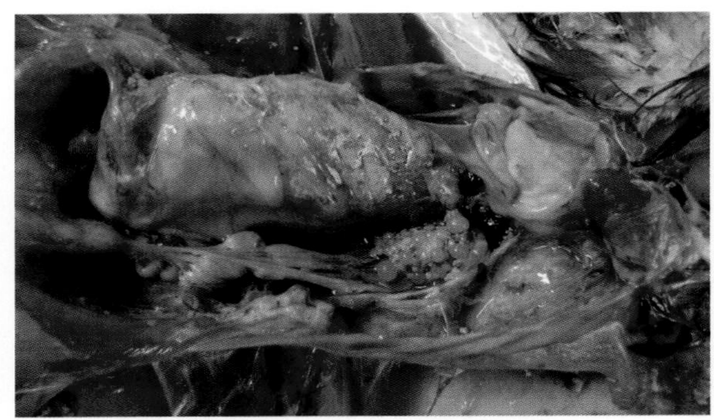

26-96　久治不愈顽固性鸡毒支原体感染，产蛋鸡卵泡不发育

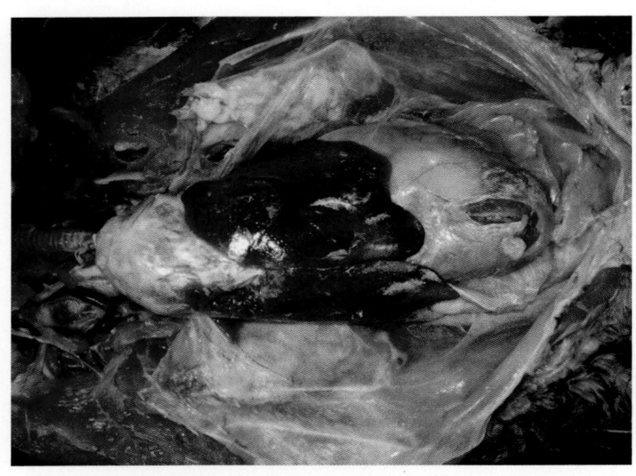

26-97　鸡毒支原体与痛风混合感染，病鸡胸气囊下有黄白色干酪样物，心脏、肝表面有一层灰白色尿酸盐

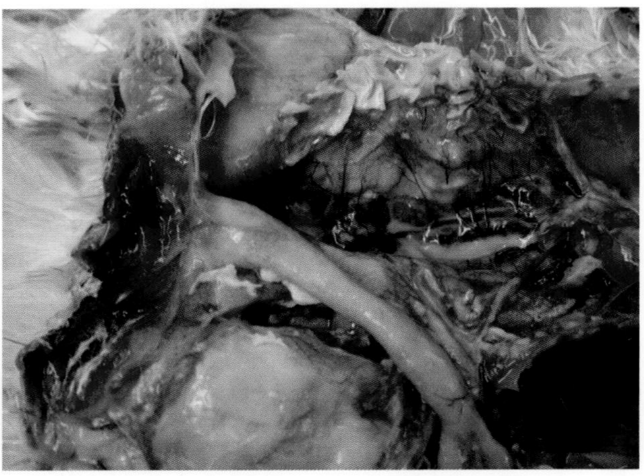

26-98　鸡毒支原体与大肠杆菌、流感混合感染，病鸡腹气囊混浊，有干酪样物，泄殖腔出血，气囊上毛细血管充血清晰可见

滑液囊支原体病（Mycoplasma synouiae infection）

滑液囊支原体病（又称传染性滑膜炎）是鸡和火鸡的一种急性到慢性的疾病，主要涉及关节的滑液囊和腱鞘，引起渗出性滑膜炎、腱鞘炎。

【病原】

本病原是滑液囊支原体。

【流行特点】

本病主要感染鸡、火鸡和珍珠鸡，主要发生于 4～16 周龄的鸡和 10～24 周龄的火鸡，急性感染偶见于成年鸡。急性感染期之后出现的慢性感染可持续终身。

本病可水平传播，也可垂直传播。水平传播主要是通过空气从呼吸道传播，通常感染率可达 100%。垂直传播通过本病原污染的种蛋，感染的雏鸡可在雏鸡群中传播疾病。种母鸡感染之后，通过生殖道排毒长达 14～40 d。

【临床症状】

病鸡冠苍白、缩小，行走困难，跛行，步态呈“八”字，或呈“踩高跷状”。严重者不能站立，食欲减少，体质瘦弱、羽毛粗乱、生长迟缓。有些病例关节周围肿胀，尤其是跗关节和爪垫是主要感染部位，主要表现为跗关节和爪垫肿胀。严重者趾关节也肿大变形。部分病鸡胸骨嵴外侧皮肤手感增厚、肿胀。

【剖检病变】

胸部皮下胸骨嵴出现大水疱，早期病禽可见有淡黄色清亮的胶胨样黏液，以后逐渐变成混浊黏稠的乳酪样黄白色渗出物存在于胸骨滑液囊、跗关节周围腱鞘的滑液囊中，慢性病例的病变关节表面有橘黄色干酪样物。随着病情的发展，不仅在关节甚至关节附近的腱鞘和肌肉之间，出现浅黄色渗出液、黄色糊状或黄白色干酪样物。病程长者，在髋关节、膝关节、跗关节、肘关节以及腕关节也会出现同样的病变。

【诊断】

根据发病日龄、流行情况、临床症状和病变可初步判断，确诊须进行实验室诊断。

【防控措施】

防控措施同鸡支原体病，但较难治愈。病情严重的瘦弱鸡无治疗价值，要淘汰。

药物治疗可选用对滑液囊支原体有效的药物，按照说明书使用，同时注意药物的休药期。

27-1 滑液囊支原体感染，病鸡跗关节肿胀病情严重不能站立，食欲减少，生长迟缓

27-2 滑液囊支原体感染，病鸡腿不能正常站立行走

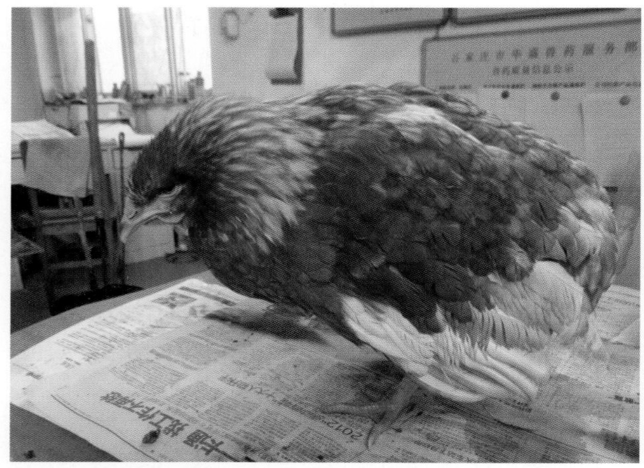

27-3 滑液囊支原体感染，病鸡精神不振，不能正常站立

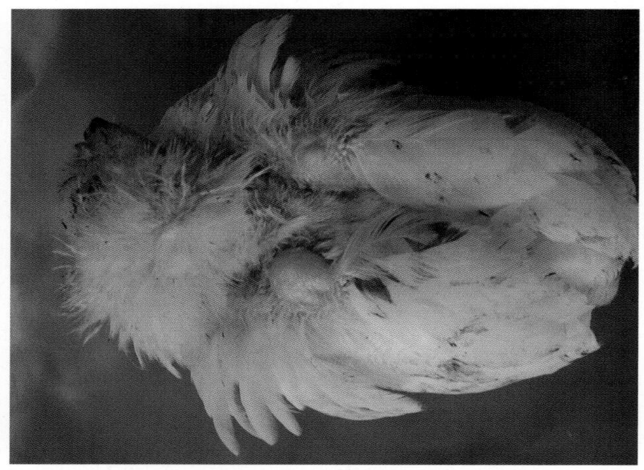

27-4 滑液囊支原体感染，雏鸡的两个肘关节肿胀，长疱变形

27-5 滑液囊支原体感染，肉雏鸡两个肘关节肿胀长疱

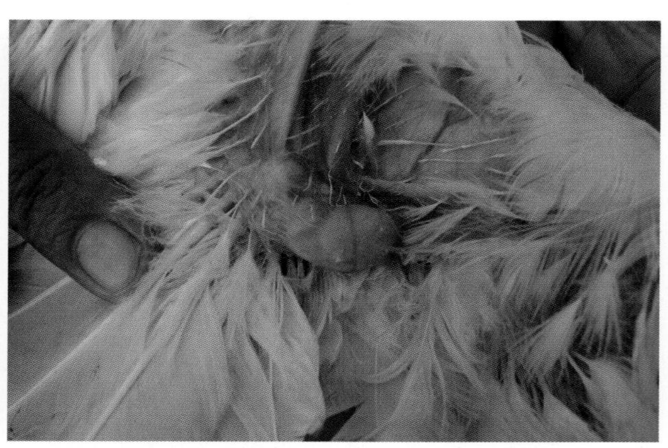

27-6 滑液囊支原体感染，病鸡肘关节的内侧长疱

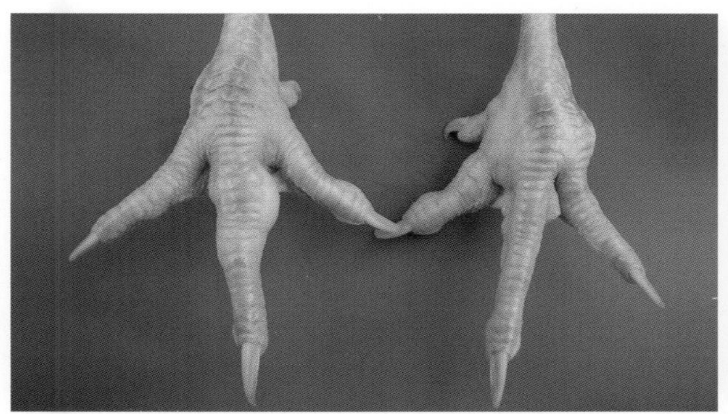

27-7 滑液囊支原体感染，病鸡趾关节肿胀变粗

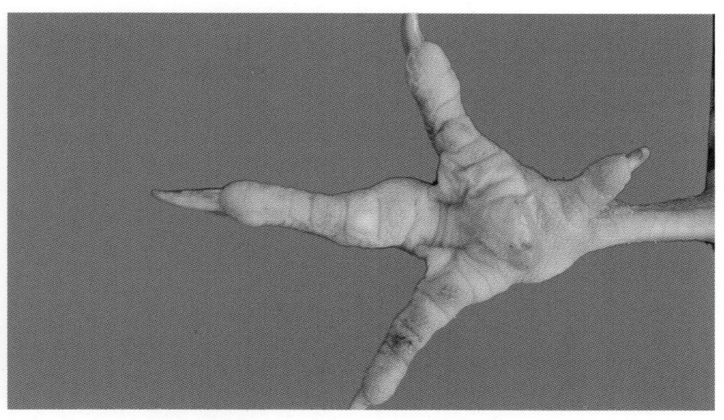

27-8 滑液囊支原体感染，病鸡爪垫肿胀，切开肿胀部位流出黏稠的、浅粉红色渗出物

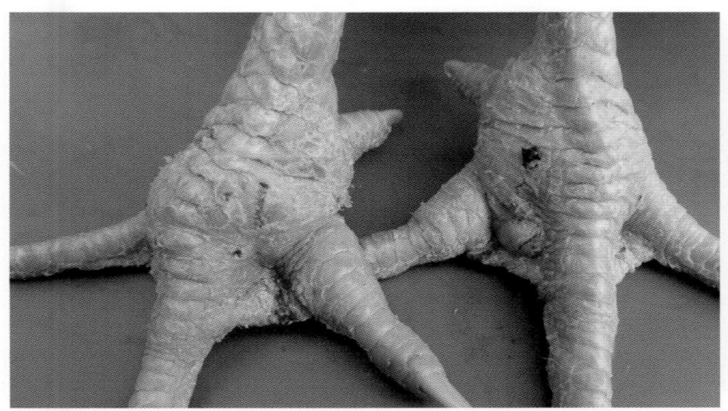

27-9 滑液囊支原体感染，病鸡趾关节肿胀变粗

27-10 滑液囊支原体感染，病鸡趾关节肿胀，切开肿胀部位流出黏稠的黄白色渗出物

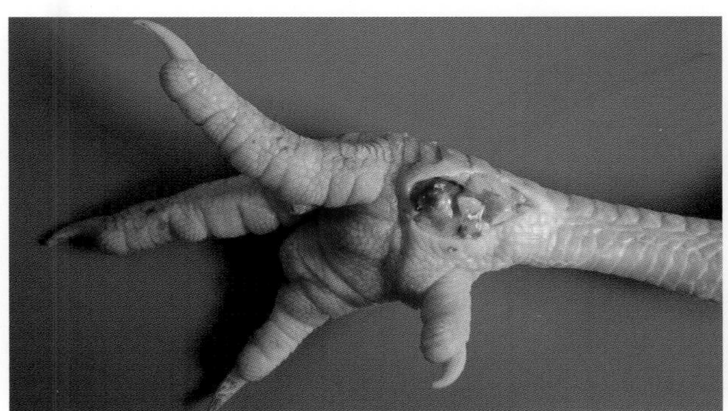

27-11 滑液囊支原体感染，病鸡趾关节肿胀变粗，剪开肿胀部位有黄色干酪样物

27-12 滑液囊支原体感染，病鸡脚趾侧面肿胀，剪开肿胀的皮肤有橘黄色干酪样物

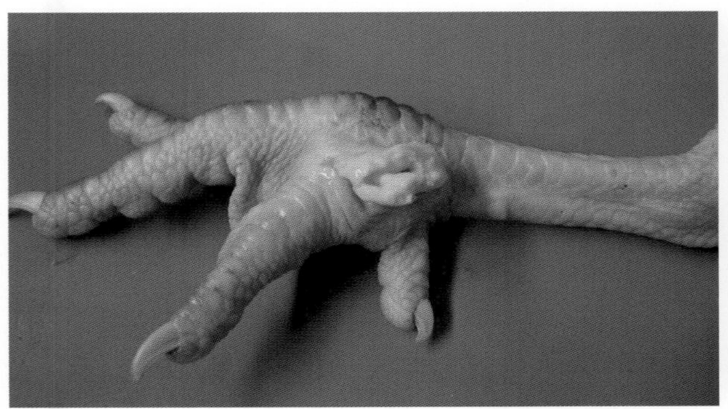

27-13 滑液囊支原体感染，病鸡脚趾肿胀，剪开肿胀的皮肤有黄白色干酪样物

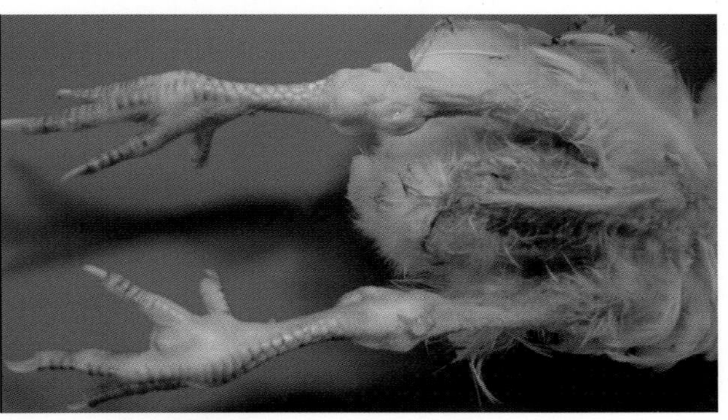

27-14 滑液囊支原体感染，病鸡跗关节、趾关节有大小不等的隆起的疱，内有渗出液

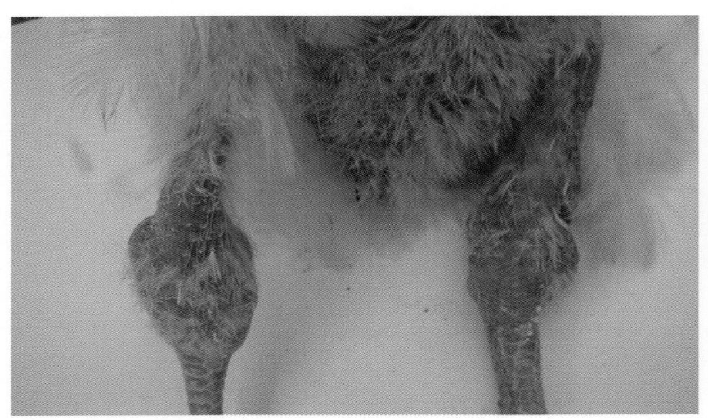

27-15 滑液囊支原体感染，病鸡跗关节肿胀，极度变粗，内有渗出液

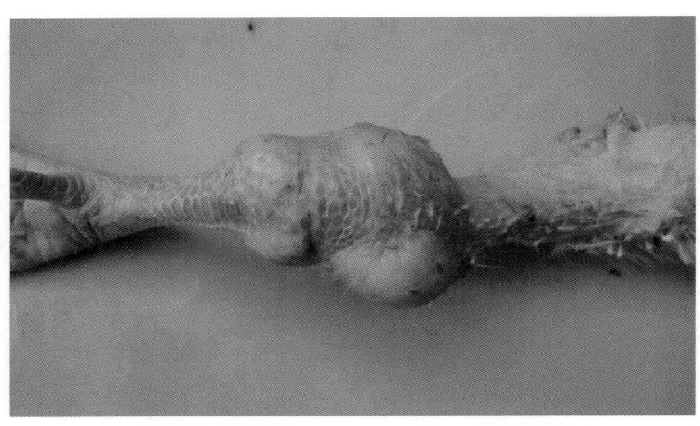

27-16 滑液囊支原体感染，病情严重的病鸡跗关节肿胀、长疱、变形（1）

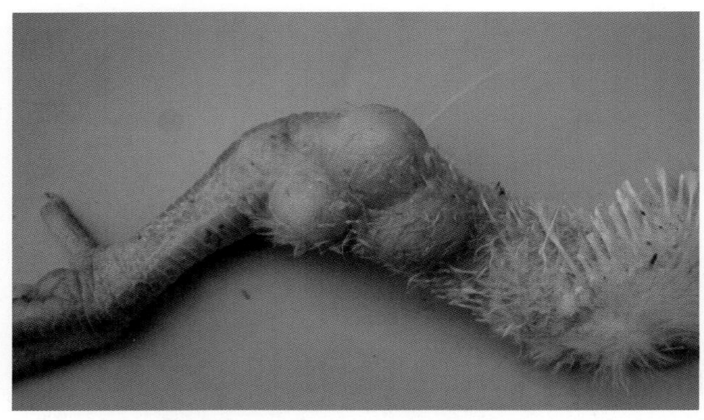

27-17 滑液囊支原体感染，病情严重的病鸡跗关节肿胀、长疱、变形（2）

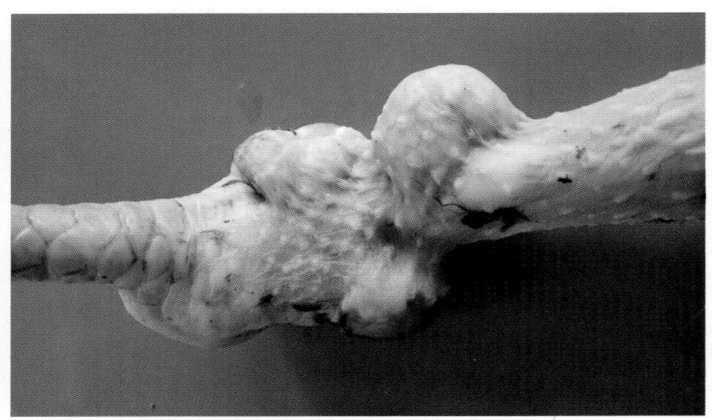

27-18 滑液囊支原体感染，病情严重的病鸡跗关节肿胀、长疱、变形（3）

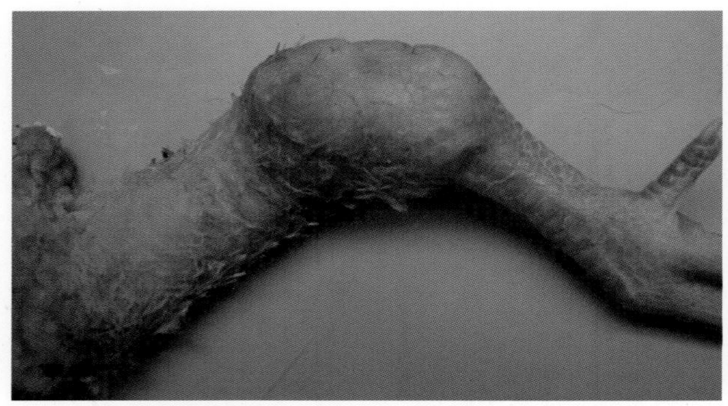

27-19 滑液囊支原体感染，病情严重的病鸡跗关节肿胀、长疱、变形（4）

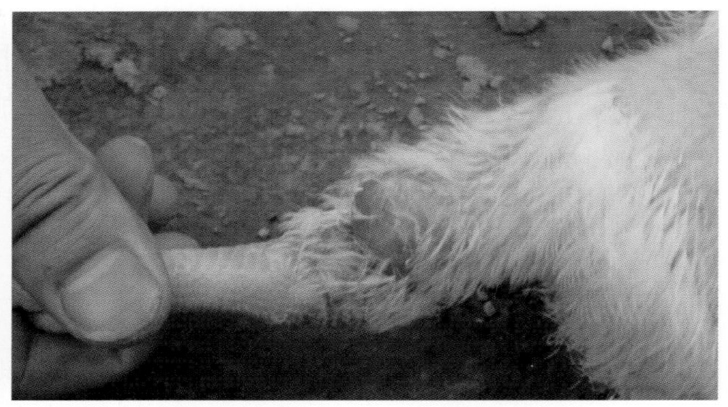

27-20 滑液囊支原体感染，肉鸡跗关节长疱、变形

27-21 滑液囊支原体感染，病鸡跗关节周围长疱、变形

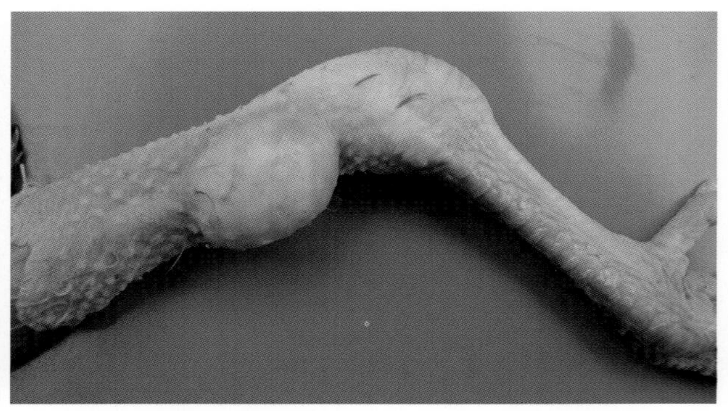

27-22 滑液囊支原体感染，病情严重的病鸡跗关节周围肿胀、长疱、变形

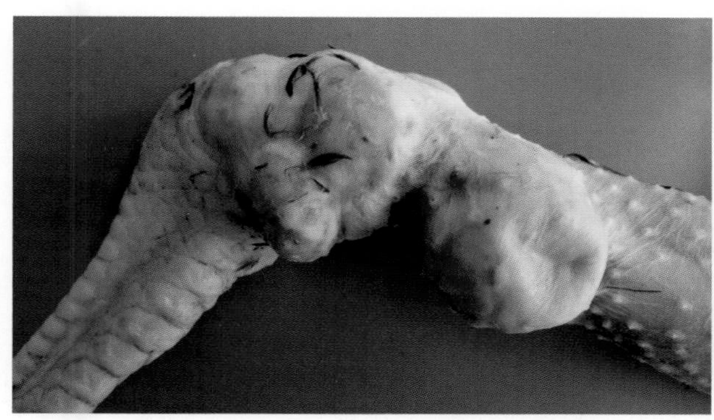

27-23 滑液囊支原体感染，病柴鸡跗关节及其附近长疱

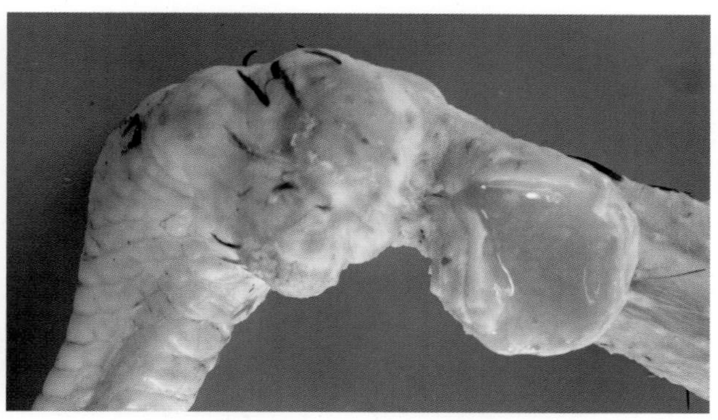

27-24 滑液囊支原体感染，病柴鸡跗关节及其附近长疱，内有灰白色液状分泌物

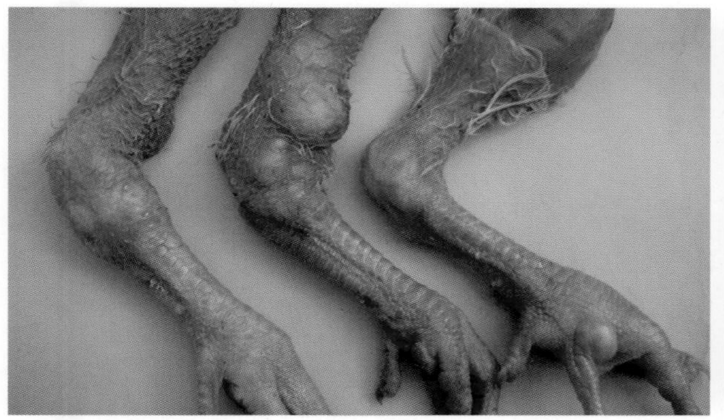

27-25 滑液囊支原体感染，病鸡跗关节、趾关节有大小不等的隆起的疱

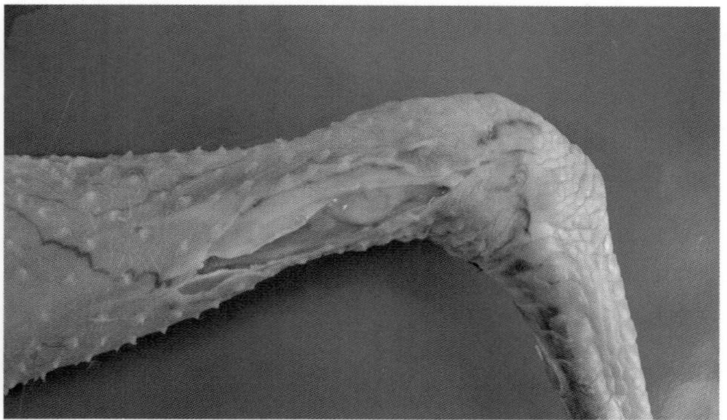

27-26 滑液囊支原体感染，病鸡跗关节附近肌腱之间有黄白色干酪样物

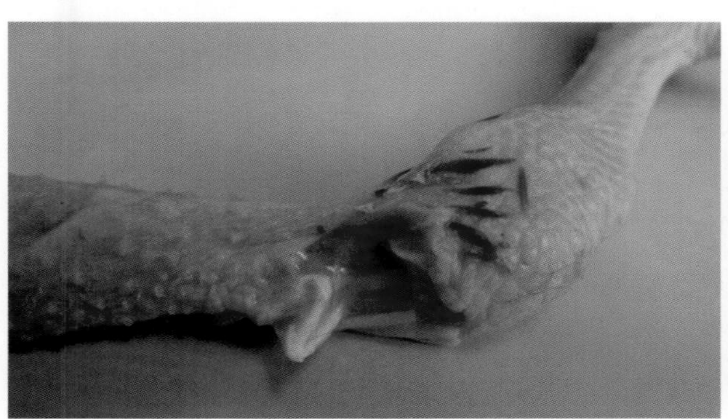

27-27 滑液囊支原体感染，病鸡跗关节附近的肌腱之间有橙黄色渗出物

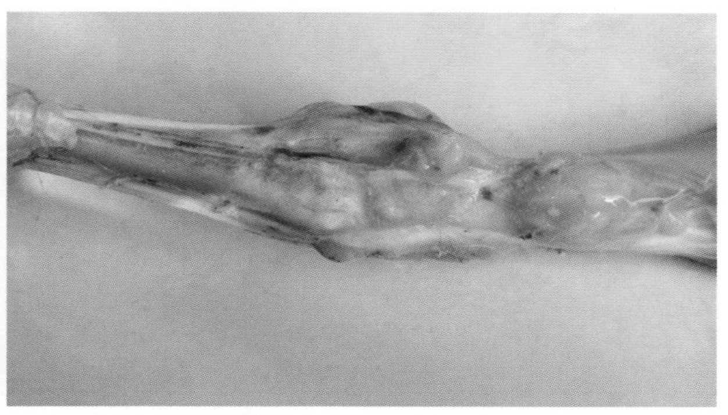

27-28 滑液囊支原体感染，病程长的病鸡在关节周围肌腱之间有黄白色乳酪样分泌物

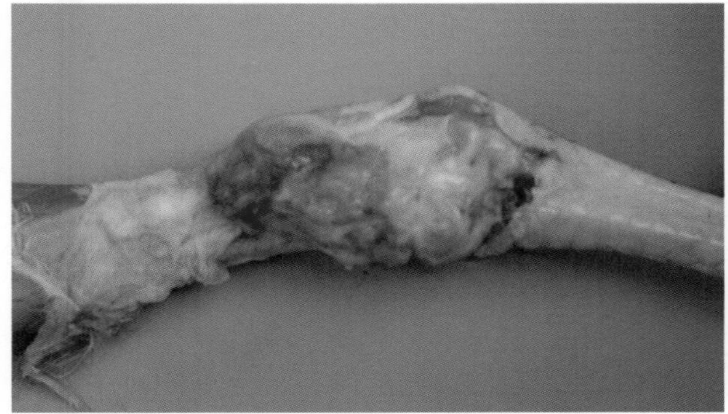

27-29 滑液囊支原体感染，病鸡跗关节肿胀，在跗关节皮下有橙色干酪样物

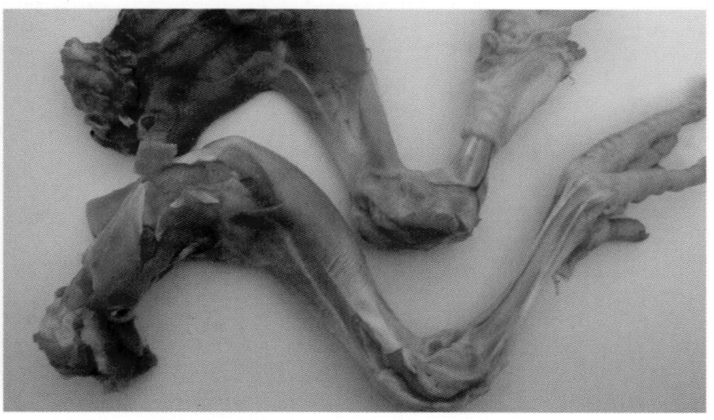

27-30 滑液囊支原体感染，病情严重的病鸡在髋关节、膝关节、跗关节有橙色干酪样物

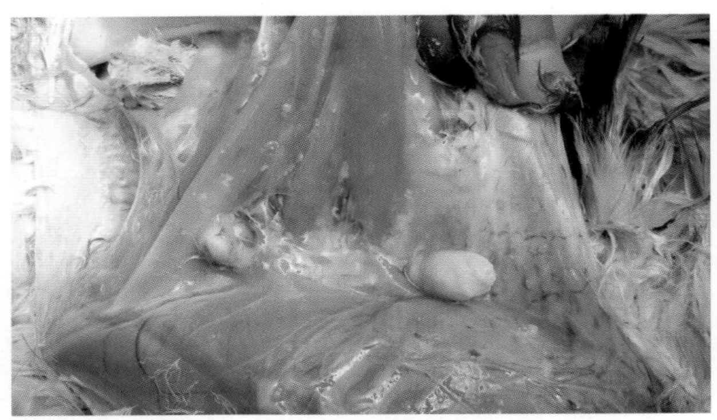
27-31 滑液囊支原体感染，病情严重的病鸡髋关节脱臼时有黄白色干酪样块状物被挤出

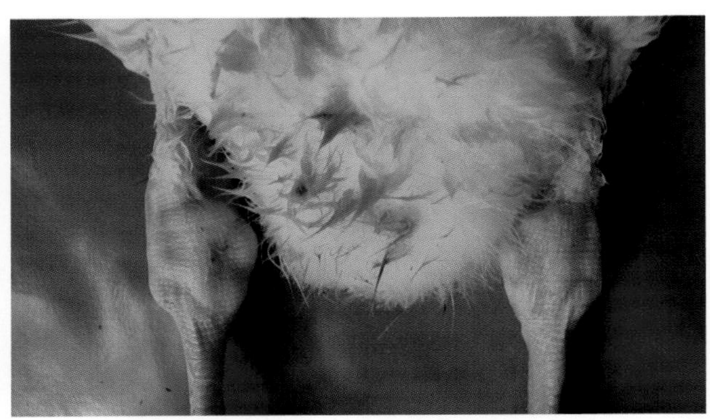
27-32 滑液囊支原体感染，病鹅跗关节极度肿胀，长疱畸形

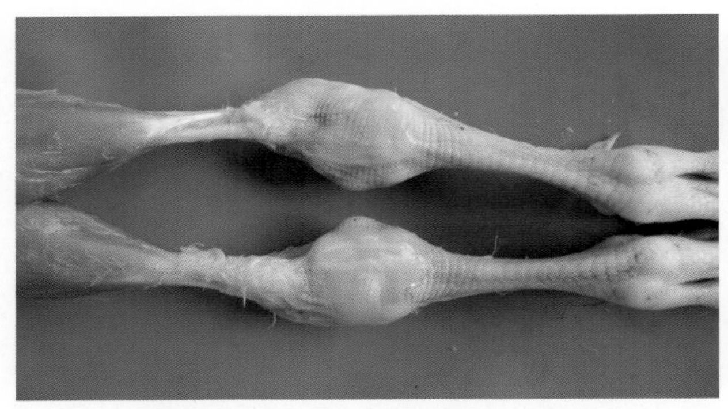
27-33 滑液囊支原体感染，病鹅跗关节极度肿胀，长疱畸形，内有灰白色液状分泌物

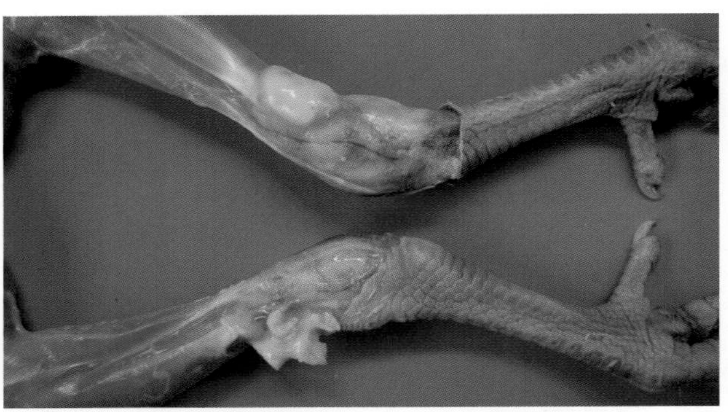
27-34 滑液囊支原体感染，病程长的病鸡在跗关节附近肌腱之间有黄白色乳酪样分泌物

27-35 滑液囊支原体感染，剪开病鸭肿胀的跗关节有黄白色块状干酪样物

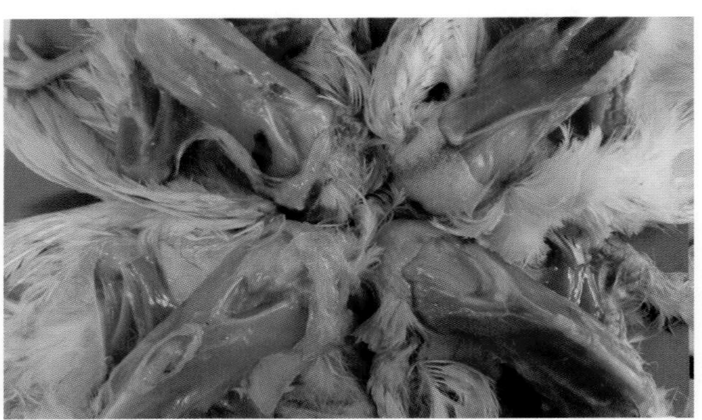
27-36 滑液囊支原体感染，病鸡于十几日龄开始胸骨滑液囊肿胀，内有黄白色干酪样物产生

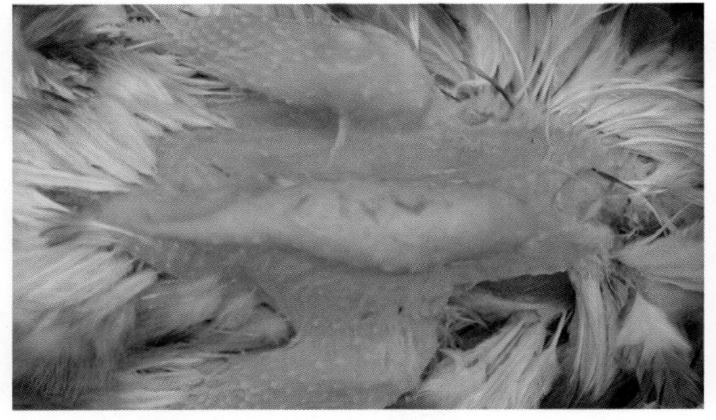
27-37 滑液囊支原体感染，病鸡胸部皮肤增厚肿胀（1）

27-38 滑液囊支原体感染，病鸡胸部皮肤增厚肿胀（2）

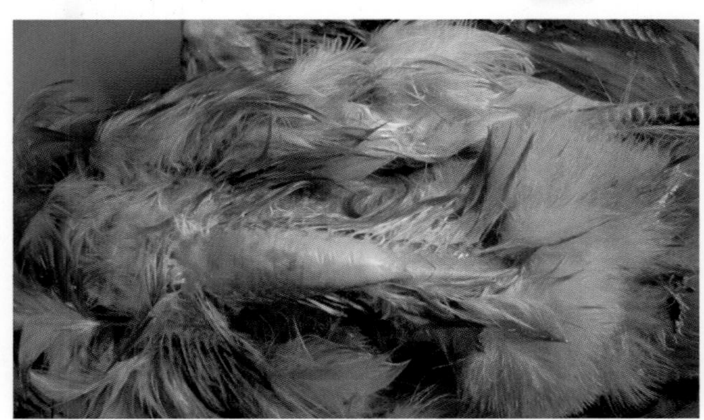
27-39 滑液囊支原体感染，柴鸡胸部皮肤增厚肿胀

27-40 滑液囊支原体感染，90 日龄的病鸡胸部皮肤极度肿胀、增宽、增厚

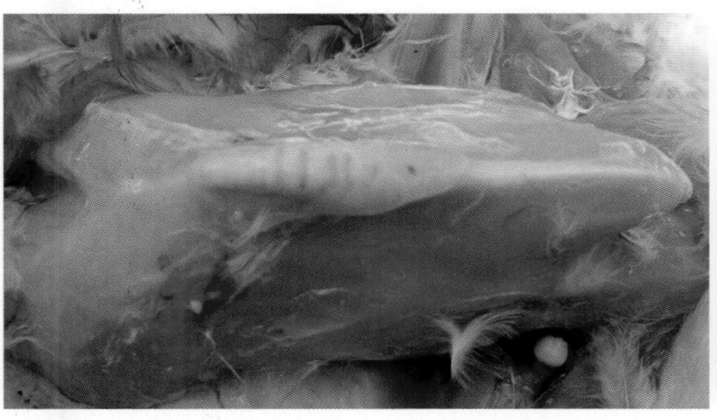
27-41 滑液囊支原体感染，病鸡胸骨嵴出现大水疱，早期可见淡黄色清亮、胶胨样黏液

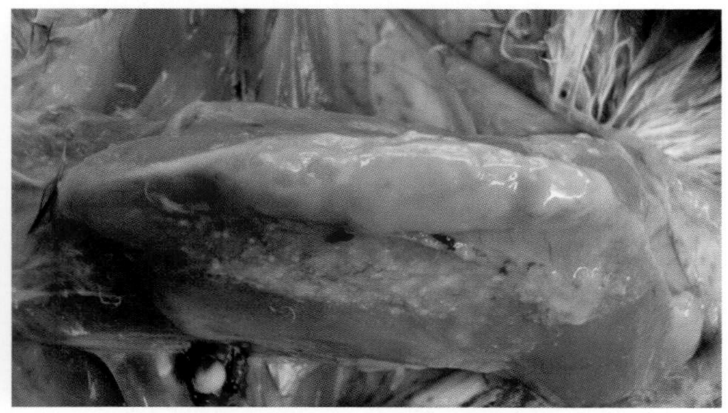
27-42 滑液囊支原体感染，病鸡胸骨嵴滑液囊严重增厚肿胀

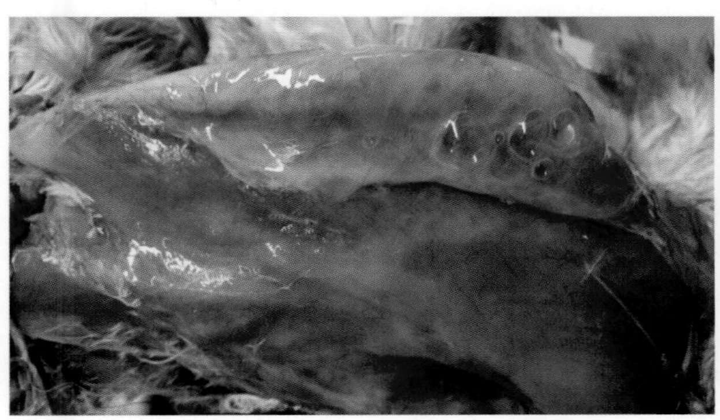
27-43 滑液囊支原体感染，病鸡胸骨嵴滑液囊肿胀，表面有渗出液

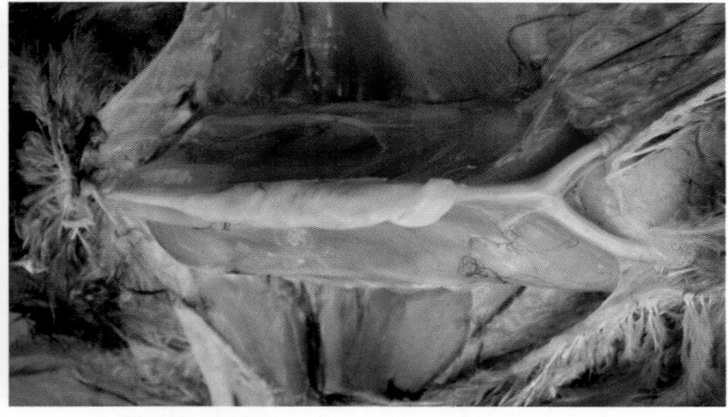
27-44 滑液囊支原体感染，随着病情延长，病鸡胸骨嵴滑液囊分泌物变得不透明

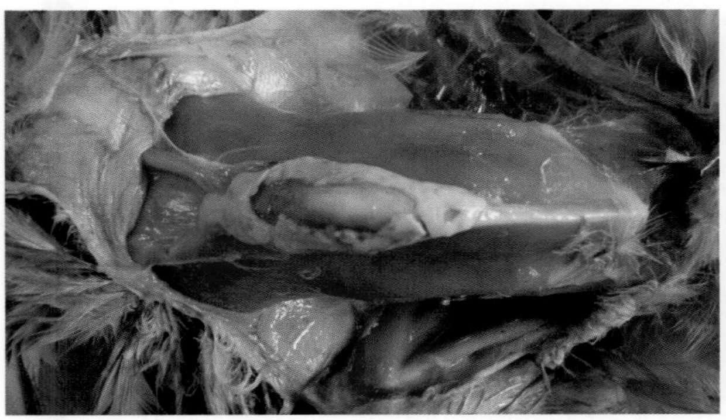
27-45 滑液囊支原体感染，随着病情的延长，病鸡胸骨滑液囊内形成干酪样物

27-46 滑液囊支原体感染，150 日龄鸡胸骨嵴滑液囊有黄白色干酪样块状物滑落

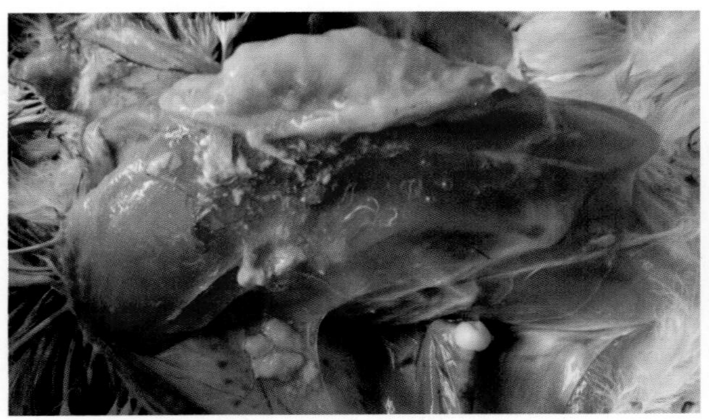
27-47　滑液囊支原体感染，剪开病鸡肿胀的胸骨嵴滑液囊，流出黄色干酪样物

27-48　滑液囊支原体感染，病鸡中后期胸骨嵴滑液囊肿胀，有黄色干酪样物

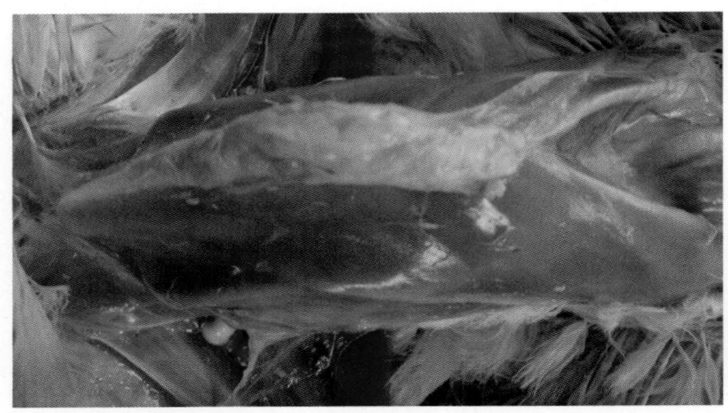
27-49　滑液囊支原体感染，病鸡中后期胸骨嵴覆盖一层黄色干酪样物

27-50　滑液囊支原体感染，病鸡中后期胸骨嵴有黄色似破碎的玉米粒样的干酪样物

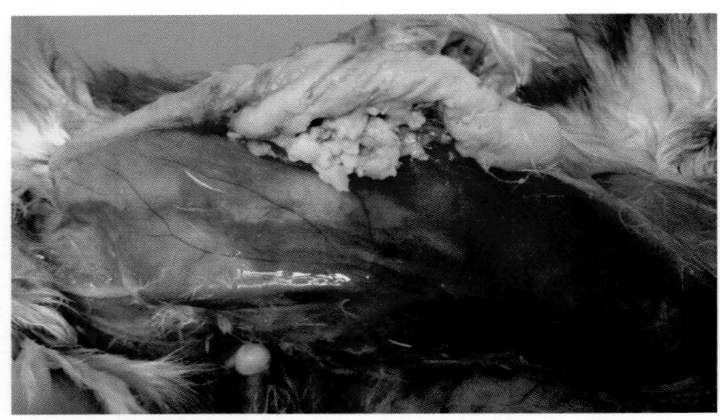
27-51　滑液囊支原体感染，110 日龄鸡胸骨嵴滑液囊内有多量干酪样物

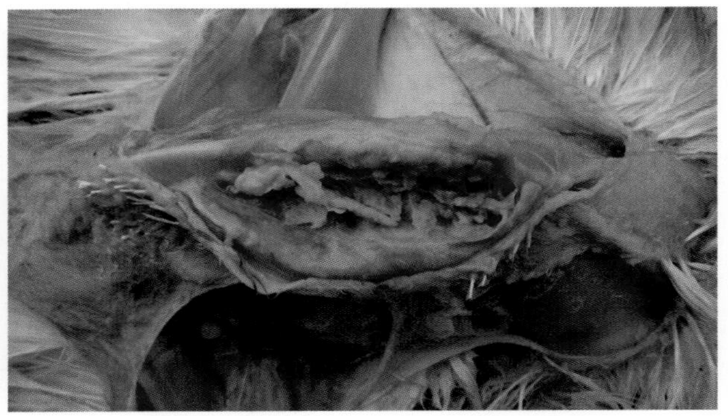
27-52　滑液囊支原体感染，病鸡后期胸骨嵴滑液囊肿胀，有黄色片状干酪样物

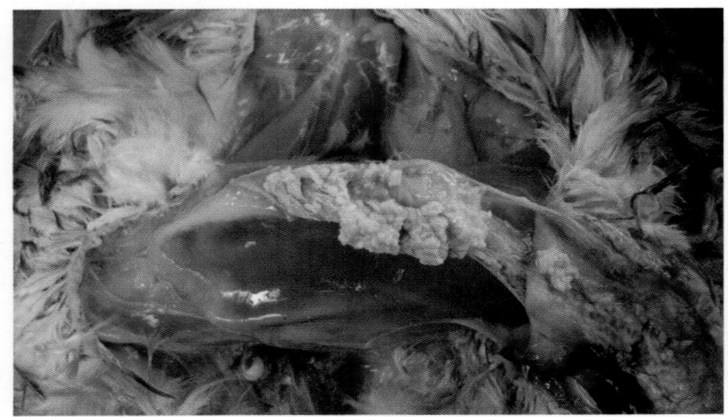
27-53　滑液囊支原体感染，病鸡中后期胸骨嵴滑液囊肿胀，有黄白色似豆腐渣样干酪样物

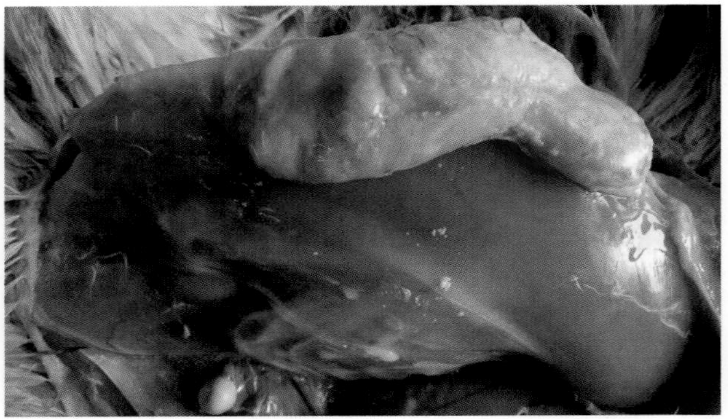
27-54　滑液囊支原体感染，150 日龄的病鸡胸骨嵴滑液囊极度肿胀，内有多量干酪样物

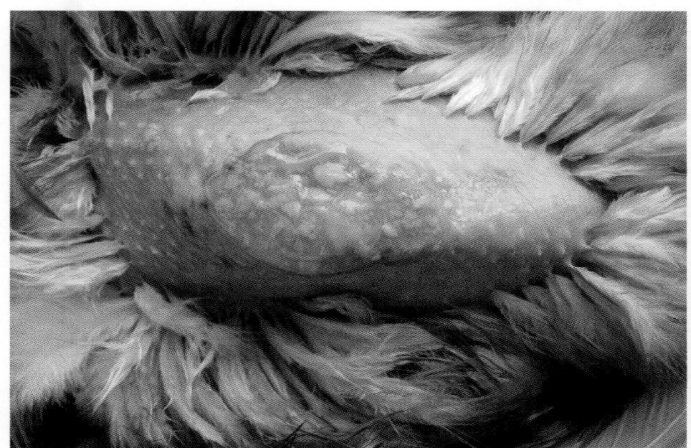

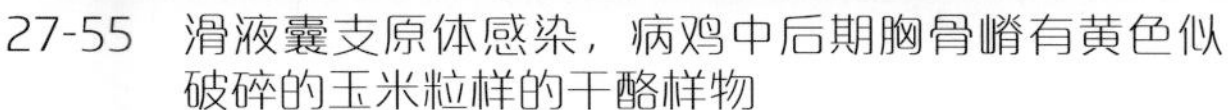

27-55　滑液囊支原体感染，病鸡中后期胸骨嵴有黄色似破碎的玉米粒样的干酪样物

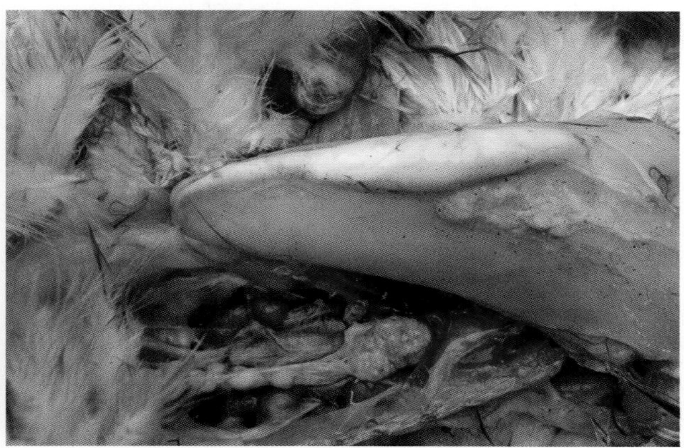

27-56　滑液囊支原体感染，180 日龄未治愈的病鸡卵巢、输卵管未发育

28 传染性鼻炎（Infectious coryza；IC）

传染性鼻炎是由副鸡嗜血杆菌引起的一种急性或亚急性呼吸道传染病。

【病原】

病原为副鸡嗜血杆菌，革兰氏阴性菌。

【流行特点】

各种年龄的鸡均易感，但以 4 周龄以上的鸡易感性增强，育成鸡、产蛋鸡最易感，本病多发生于成年鸡。通过污染的饲料、饮水经过消化道感染。通风不良、氨气浓度高、鸡群密度大、营养不良、气候的变化可加重病情。与其他禽病如支原体、传染性支气管炎、传染性喉气管炎混合感染时加重病程与死亡率。不同日龄的鸡混养，会导致本病暴发。

本病在寒冷的季节多发，秋末和冬季可造成流行，具有来势猛、传播快、发病率高、死亡率低的特点。

【临床症状】

病鸡甩鼻，打喷嚏。最轻的病例鼻腔先流出稀薄的水样液体，严重的病例鼻窦腔发炎，流出先稀后浓稠的黏液，在鼻孔周围凝固成黄色结痂，并有难闻的气味。两侧或一侧眼周围及颜面组织浮肿（手感发软），眼眶周围组织高，像“盆地”样。有时面部水肿可蔓延至肉髯水肿。育成鸡主要表现为生长发育受阻，开产延迟，并发其他疾病时死亡增加。成年鸡闭目似睡，产蛋率明显下降，平均下降 25% 左右。

【剖检病变】

鼻腔、眶下窦发生急性炎症，黏膜肿胀，有多量鼻汁和渗出物凝块。面部和肉髯的皮下组织水肿。病程长的病鸡可见鼻窦、眶下窦和眼结膜内蓄积干酪样物，蓄积过多时常使病鸡的眼向外突出，严重时引起巩膜穿孔和眼球萎缩破损，眼睛失明。

【诊断】

根据流行特点、临床症状、病理变化可做初步判断，确诊须进行实验室诊断。

【防控措施】

预防：接种鸡传染性鼻炎疫苗是防控本病的一项重要措施，疫苗使用严格按照说明书进行。

治疗：磺胺类药物和多种抗生素对该病有良好的治疗效果，治疗时应注意用药剂量和时间并关注药物的休药期。

28-1 传染性鼻炎病鸡，两侧或一侧眼睛周围组织浮肿，眼睛低，眼睛周围组织隆起

28-2 传染性鼻炎病鸡，鼻孔粘料，眼睛低，周围组织浮肿隆起，肉髯肿胀

28-3 传染性鼻炎病鸡，两侧或一侧眼睛周围组织浮肿，眼睛低，周围组织浮肿隆起，肉髯肿胀（1）

28-4 传染性鼻炎病鸡，两侧或一侧眼睛周围组织浮肿，眼睛低，周围组织浮肿隆起，肉髯肿胀（2）

28-5 传染性鼻炎病鸡，眼睛低，两侧眼睛周围组织浮肿隆起

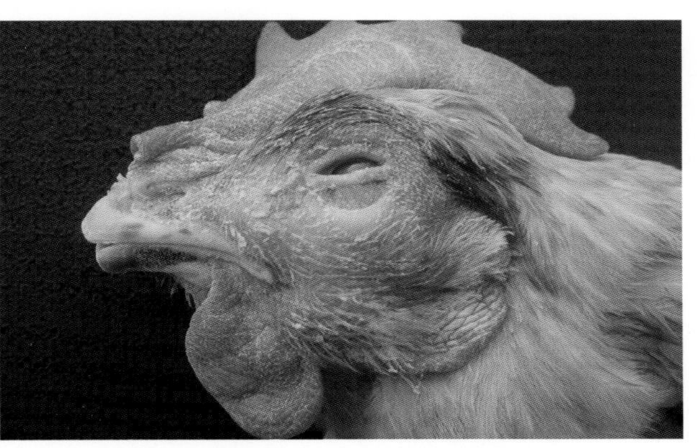

28-6 传染性鼻炎病鸡，鼻窦腔发炎，流出先稀后浓稠的黏液，在鼻孔周围凝固成黄色结痂，肉髯肿胀

28-7 传染性鼻炎病鸡，眼睛低，周围组织浮肿隆起，肉髯肿胀（1）

28-8 传染性鼻炎病鸡，眼睛低，周围组织浮肿隆起，肉髯肿胀（2）

28-9 传染性鼻炎病鸡，眼睛低，周围组织浮肿隆起，肉髯肿胀（3）

28-10 传染性鼻炎病鸡，眼睛低，周围组织浮肿隆起，肉髯肿胀（4）

鸽衣原体病（Pigeon chlamydiosis）

衣原体病是由鹦鹉衣原体引起的一种人畜共患的急性或慢性接触性传染病。本病在鸽最常见，对幼鸽危害大，对成年鸽影响小。此病能在多种禽类中相互感染，人感染后类似流感症状，鸽是衣原体的宿主。

【病原】

病原是鹦鹉衣原体，对外界环境有较强的抵抗力，一般的消毒药能将其杀死。

【流行特点】

本病能在多种禽类中流行，幼鸽、成年鸽均易感，尤其是对2～3周龄的幼鸽危害性最大，死亡率可达20%～30%。衣原体随粪便、泪液、咽喉的黏液和嗉囊等分泌物排出体外，鸽子通过摄食被污染的饲料和饮水，接吻以及母鸽喂仔鸽等途径感染，也可通过呼吸道吸入空气中的病原感染而发病，成年鸽常常是幼鸽的传染源。正常鸽群中约有30%的鸽带有衣原体，一旦受到长途运输、过度繁殖、营养缺乏及饲养环境改变等应激因素的刺激易感染发病。春末夏初是本病的多发季节。

【临床症状】

本病的主要特征眼结膜炎、鼻炎和腹泻。一般发病急，常见于幼鸽，2～3周龄的幼鸽发病时死亡率高。发病4～15 d因消瘦、腹泻而迅速死亡。病鸽表现为精神不振，食欲不佳，饮水减少甚至拒食；呼吸困难，呼吸音粗；腹泻消瘦，排绿色、灰色或黑色稀便，泄殖腔周围羽毛沾有粪便；两爪向内弯曲，站不稳。部分病鸽呈一侧性眼结膜炎，眼睑增厚，流泪畏光，初期流出水样物，然后变成黏性分泌物，严重者分泌物呈脓性，分泌物多时可将整个颜面糊住。病初鼻孔有水样分泌物，后期为黄色黏液性分泌物，个别的还可见单侧鼻孔有干酪样物堵塞。

【剖检病变】

胸腹腔和内脏器官的浆膜以及气囊的表面有白色纤维素性渗出物覆盖；气囊发炎，气囊壁增厚，呈云雾状混浊。整个肠道不同程度出血，小肠最严重，呈红褐色至黑褐色；泄殖腔膨大，内容物呈黄绿色、绿色、灰色或黑色。脾显著肿大，心脏、肝、肾也肿大。口腔、气管有黄白色或暗红色黏液。

【诊断】

根据流行特点、当鸽出现单侧眼结膜炎、鼻炎、腹泻等典型症状，一般可以初步诊断。确诊必须进行实验室诊断。

【防控措施】

1. 关键做好鸽舍内外清洁卫生工作，定期消毒。不随便引入鸽子，必须引进时，一定要隔离2周以上。发现本病，鸽场要及时采取封销、隔离、消毒、深埋尸体等措施。对病鸽应隔离治疗，并加强饲养管理，防止各种应激。

2. 目前禽衣原体没有可靠疫苗使用，药物治疗效果也不理想，且该病亦很难在群体中净化，因此在临床上发生衣原体后，要及时采取果断措施，淘汰病鸽，隔离可疑病鸽，防止疫情蔓延。

29-1 衣原体感染，病鸽呈一侧性眼结膜炎，眼睑红肿增厚（1）

29-2 衣原体感染，病鸽呈一侧性眼结膜炎，眼睑红肿增厚（2）

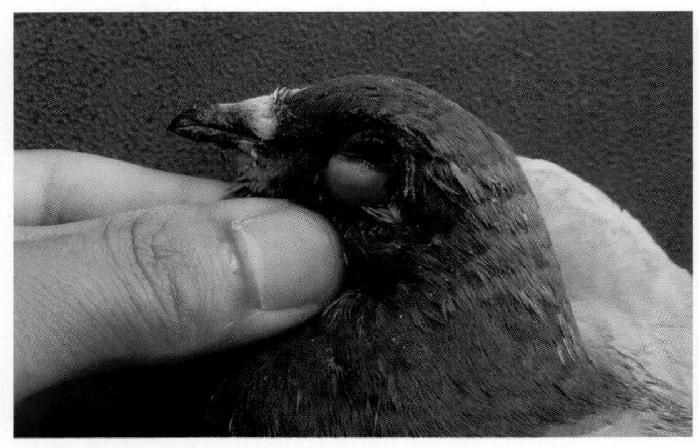

29-3 衣原体感染，病鸽呈一侧性眼结膜炎，眼睑红肿增厚（3）

29-4 衣原体感染，病鸽呈一侧性眼结膜炎，眼睑红肿增厚（4）

29-5 衣原体感染，病鸽呈一侧性眼结膜炎，眼睑红肿增厚（5）

29-6 衣原体感染，病鸽呈一侧性眼结膜炎，眼睑肿胀呈红色（1）

29-7 衣原体感染，病鸽呈一侧性眼结膜炎，眼睑肿胀呈红色（2）

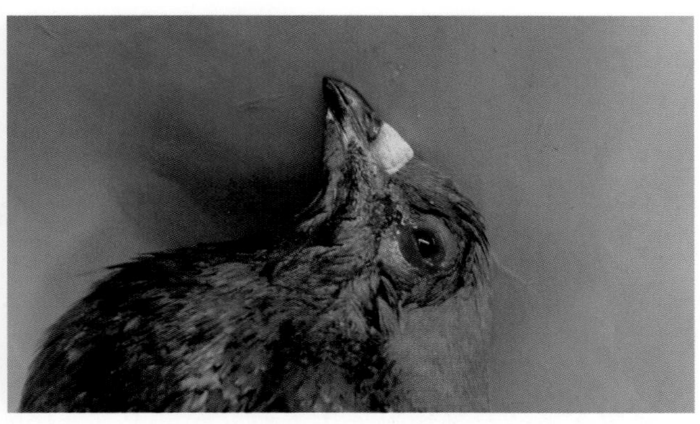

29-8 衣原体感染，病鸽呈一侧性眼结膜炎，眼睑肿胀呈红色（3）

29-9 衣原体感染，病鸽眼睛流出水样物，然后变成黏性分泌物，严重者成脓性分泌物

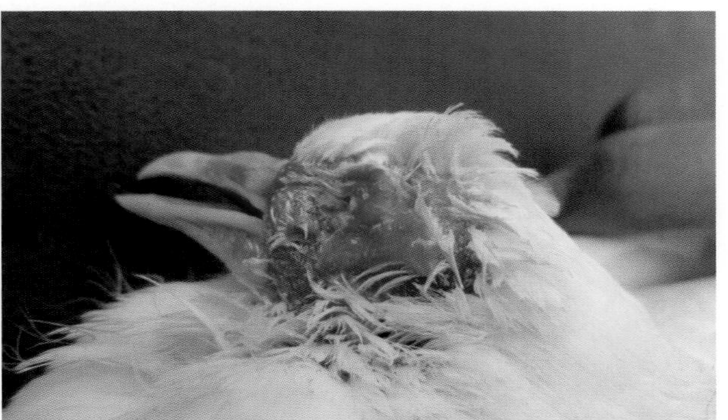

29-10 鸽衣原体感染后期眼睛分泌大量黄色黏稠分泌物，将病眼和整个颜面糊住

30 禽霍乱（Fowl cholera；FC）

禽霍乱又称禽巴氏杆菌病、禽出血性败血症，是由多杀性巴氏杆菌引起的主要侵害鸡、鸭、鹅、火鸡等禽类的一种接触性传染病。在过去，本病的发病率和死亡率都很高，近年来，由于养禽者普遍使用抗菌药，所以禽霍乱的发生较少。

【病原】

多杀性巴氏杆菌是革兰氏阴性菌。易被一般消毒药、阳光、干燥环境而杀死。

【流行特点】

各种家禽和多种野鸟都可感染本病，一般 16 周龄以下的鸡具有较强的抵抗力，大雏和成禽多发，特别是鸡只营养状况良好、高产鸡易发。

病禽的排泄物和分泌物中含有大量细菌，能污染饲料、饮水、用具和场地，一般通过消化道和呼吸道传染，也可以通过吸血昆虫和损伤皮肤黏膜等而感染。本病的发生一般无明显的季节性，但以冷热交替、气候剧变、闷热、潮湿、多雨的时期发生较多，常呈地方性流行。

【临床症状】

1. 最急性型：常发生于本病的流行初期，特别是成年产蛋鸡最易发生，尤其是高产鸡更易感染。病鸡常无明显症状，突然倒地，双翼扑动几下就死亡。

2. 急性型：病禽体温升高达 43～44℃，少食或不食，羽毛蓬松，打瞌睡，缩颈闭眼，翅下垂，呼吸急促，鼻和口中流出混有泡沫的黏液，常有剧烈腹泻，病初粪便灰黄而软，后变为灰绿色或红色液体，鸡冠和肉髯发绀呈黑紫色，肉髯常发生肿胀、发热，最后发生昏迷、衰竭而死亡，病程 1～3 d。

3. 慢性型：有的病鸡一侧或两侧肉髯显著肿大，有的病鸡由于病菌侵入关节，引起足部关节和翼关节肿大和化脓而发生跛行和翼翅下垂，有的病鸡见结膜炎或鼻窦肿胀，鼻和口中流出黏液，喉部蓄积分泌物。

4. 鸭巴氏杆菌病，一般表现精神沉郁，尾翅下垂，打瞌睡，食欲废绝，口渴增加，鼻和口中流出黏液，呼吸困难，口张开，病鸭常常摇头，又称为“摇头瘟”。病鸭发生剧烈腹泻，排出绿色或白色稀便，有时混有血液、恶臭。

【剖检病变】

1. 最急性型：该型死亡快，心外膜和心冠脂肪有大量出血点，其他病理变化不太明显。

2. 急性型：十二指肠的出血最严重，肠内容物中含有血液。特征性的变化为肝肿大，色泽变淡，质地稍硬，表面散布针尖大小的黄色或灰白色坏死点，心外膜和心冠脂肪、冠状沟常见点状或片状出血，肺充血、出血或有实变区。

3. 慢性型：母鸡的卵巢发生明显的变化，卵泡形状不整齐，质地柔软，有时可见到一种淡绿色的卵，卵巢周围有一种坚实、黄色的干酪样物质。

4. 育成鸭肝稍肿，呈土黄色，质地脆弱，特征性的变化为肝表面密布针尖大小的灰黄色或灰白色坏死点，眼角膜下有出血小点和浅表溃疡，心外膜有出血点。

【诊断】

根据流行特点、临床症状与剖检病变做出初步诊断，确诊须进行实验室检验。

【防控措施】

1. 加强饲养管理，由外地引进种禽时，应从无本病的禽场选购，并隔离观察 1 个月。采取全进全出的饲养制度，搞好卫生消毒。

2. 在禽霍乱流行的地区应考虑用菌苗免疫接种。

3. 一旦发生本病时，必须采取有效的防治措施。尸体全部烧毁或深埋，禽舍、场地、用具必须彻底消毒，大群鸡投喂磺胺类药物、抗生素药物有较好的效果。

4. 选用敏感抗生素治疗有良好效果。建议首选低代次的抗生素或通过药敏试验选择有效药物使用。

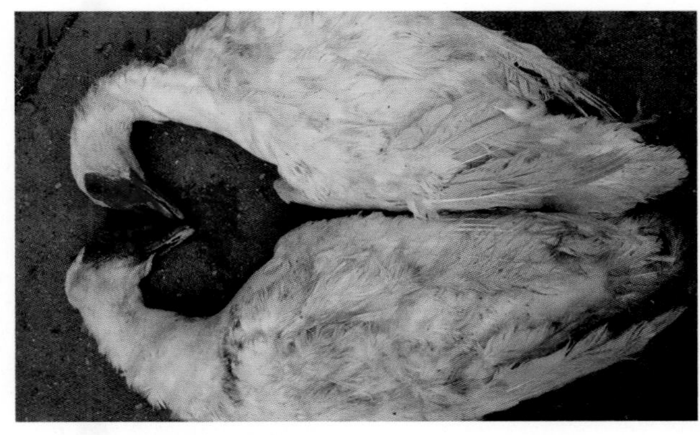

30-1　红头鸭感染禽霍乱死亡

30-2　禽霍乱病鸡两侧肉髯显著肿大

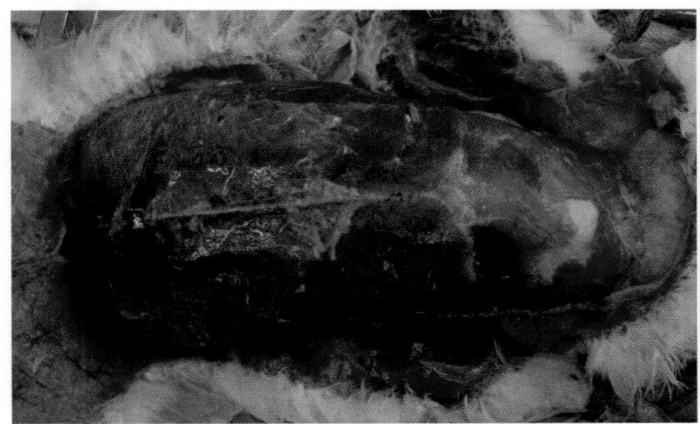

30-3　禽霍乱病鸭胸部肌肉呈深红色

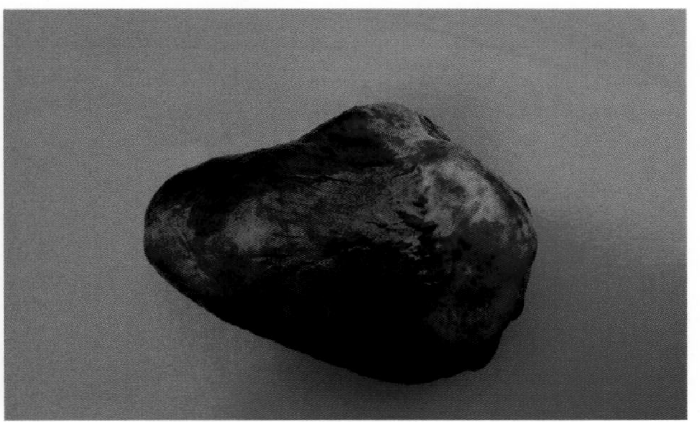

30-4　禽霍乱病鸭心冠脂肪有多量出血点

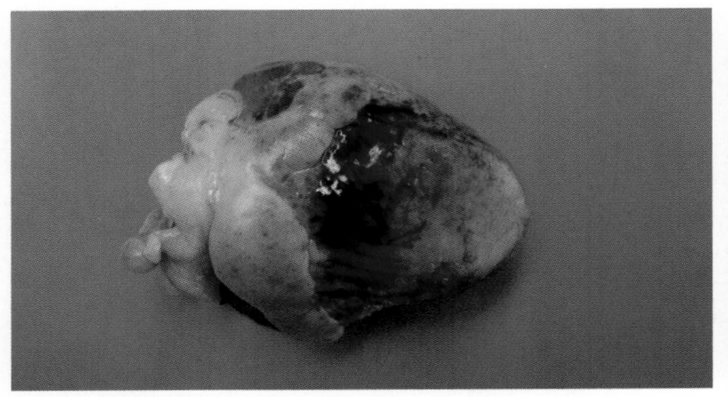

30-5　禽霍乱病鸭心冠脂肪、心肌有多量出血点

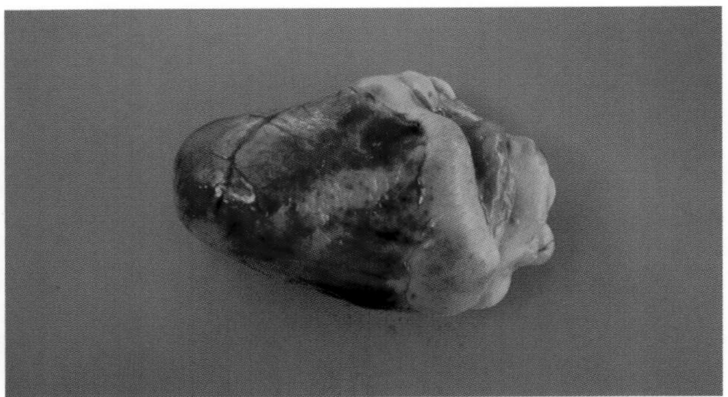

30-6　禽霍乱病鸭心冠脂肪弥漫性出血，心肌有多量出血斑点

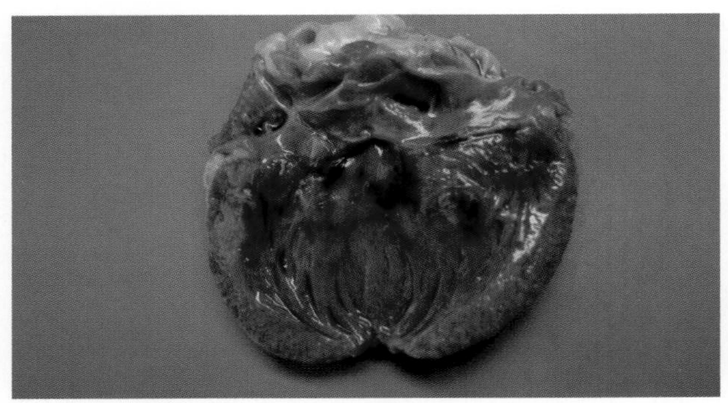

30-7　禽霍乱病鸭心肌内膜有多量出血斑点

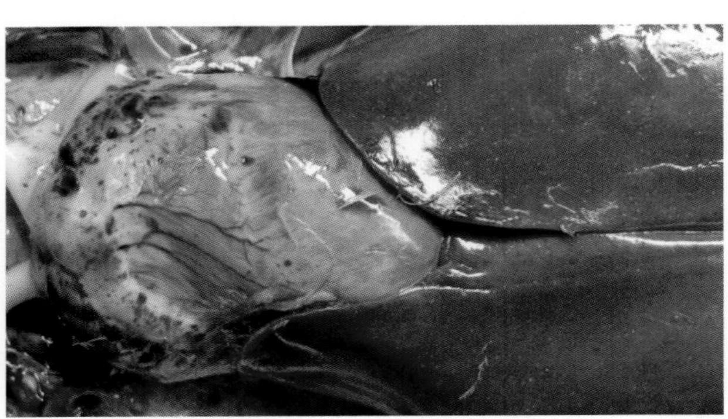

30-8　禽霍乱病鸭心冠脂肪有多量出血斑点，肝肿大，表面散布针尖大小灰白色坏死点

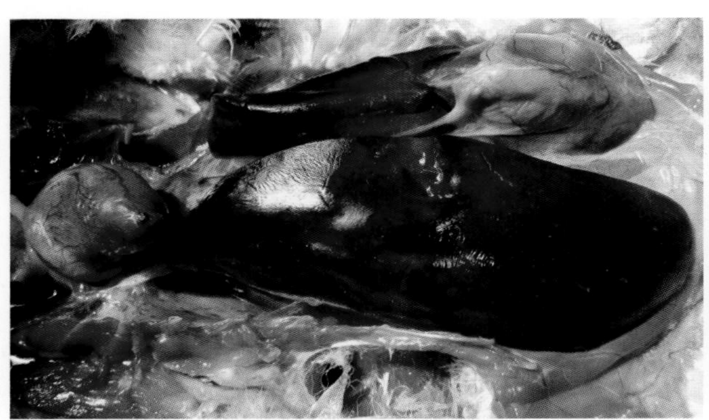

30-9　禽霍乱病鸭肝肿大，表面散布针尖大小灰白色坏死点，心脏毛细血管充血

30-10　禽霍乱病鸭心脏出血，肝肿大，表面散布针尖大小灰白色坏死点

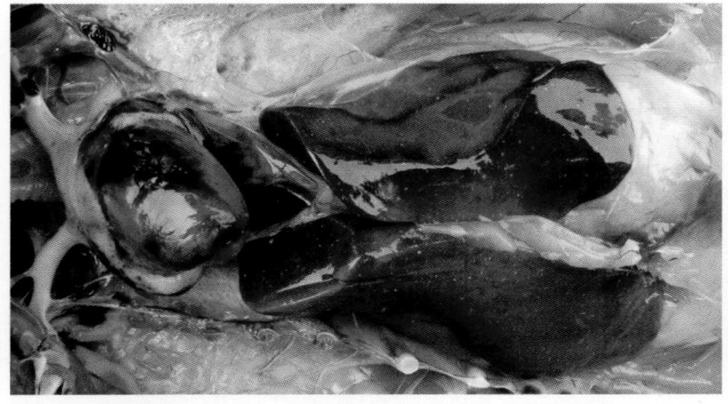

30-11　禽霍乱病鸭心脏大面积出血，肝肿大，表面散布针尖大小灰白色坏死点（1）

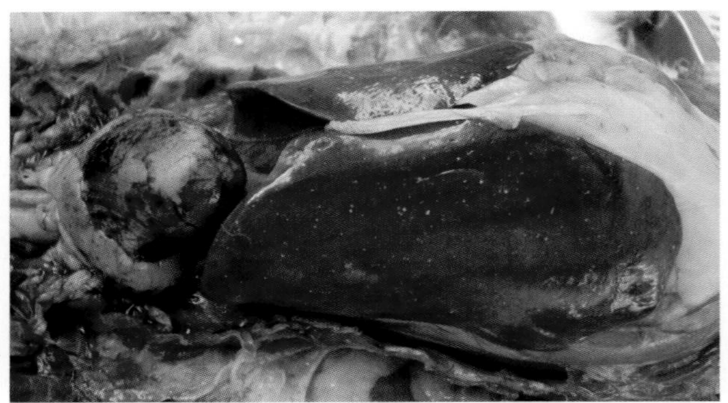

30-12　禽霍乱病鸭心脏大面积出血，肝肿大，表面散布针尖大小灰白色坏死点（2）

30-13 禽霍乱病鸭心脏大面积出血，肝肿大，表面散布针尖大小灰白色坏死点（3）

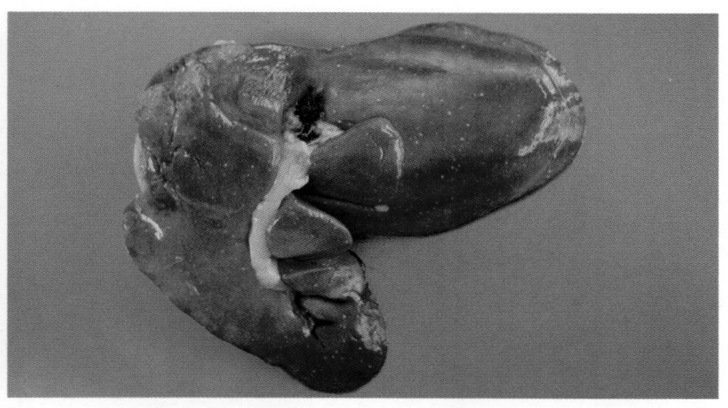

30-14 禽霍乱病鸭肝肿大，表面散布针尖大小灰白色坏死点

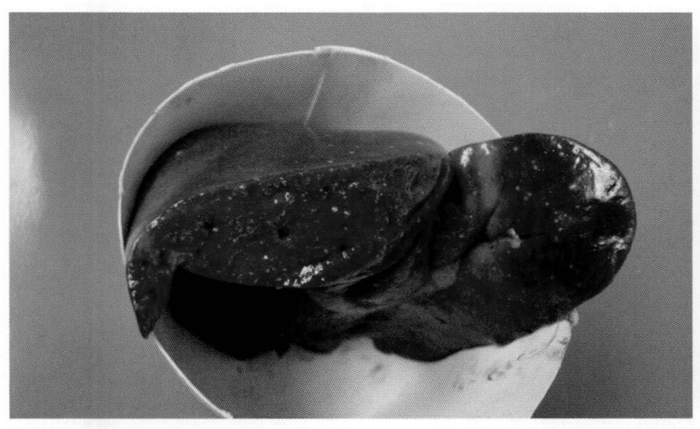

30-15 禽霍乱病鸭肝肿大，无论肝表面还是横切面都有灰白色坏死点

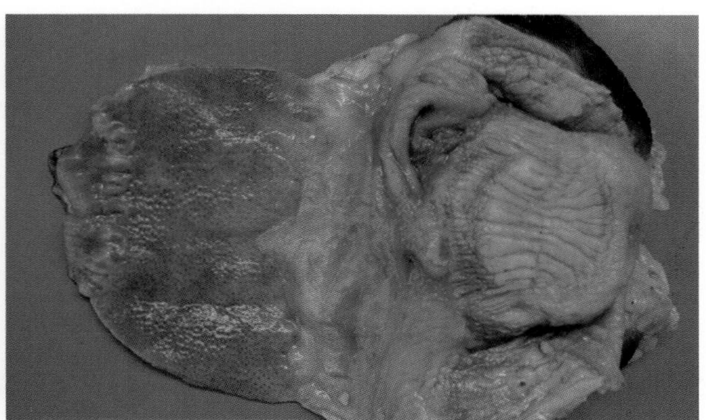

30-16 禽霍乱病鸭腺胃黏膜潮红

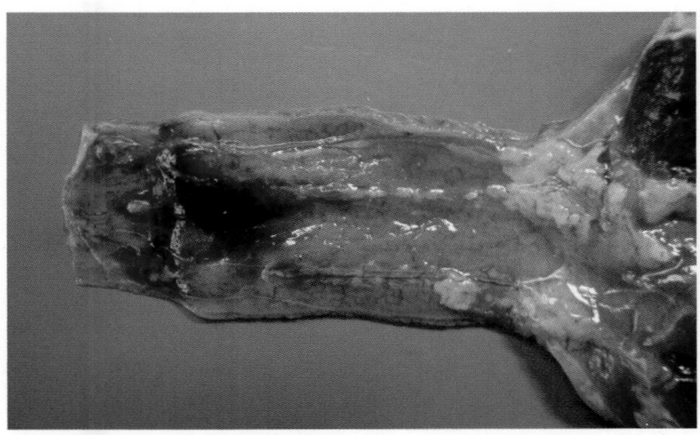

30-17 禽霍乱病鸭腺胃浆膜出血

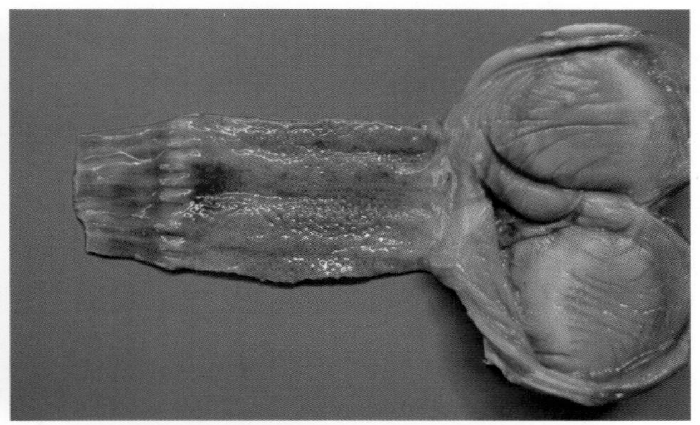

30-18 禽霍乱病鸭腺胃乳头出血

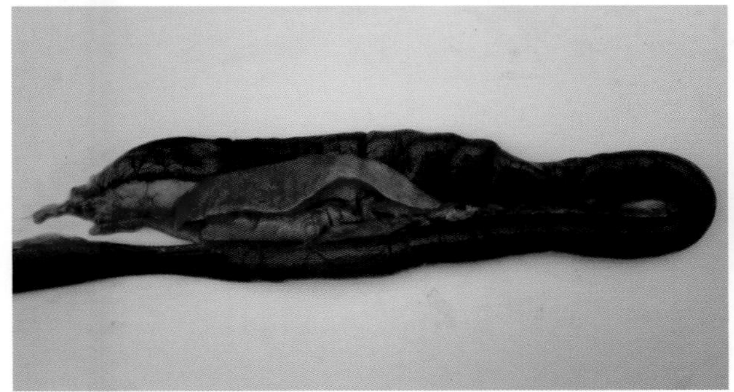

30-19 禽霍乱病鸭胰腺严重充血、出血（1）

30-20 禽霍乱病鸭胰腺严重充血、出血（2）

30-21　禽霍乱病鸭肠道严重充血、出血

30-22　急性禽霍乱病鸭十二指肠出血最严重，肠内容物中含有血液，一侧睾丸极度肿大

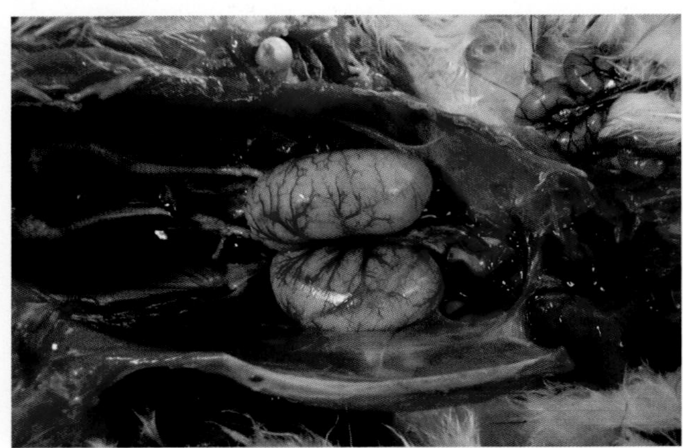
30-23　禽霍乱病鸭睾丸毛细血管充血、出血

30-24　禽霍乱病鸭卵巢充血、出血

30-25　禽霍乱病鸭肠黏膜有大小不等出血斑

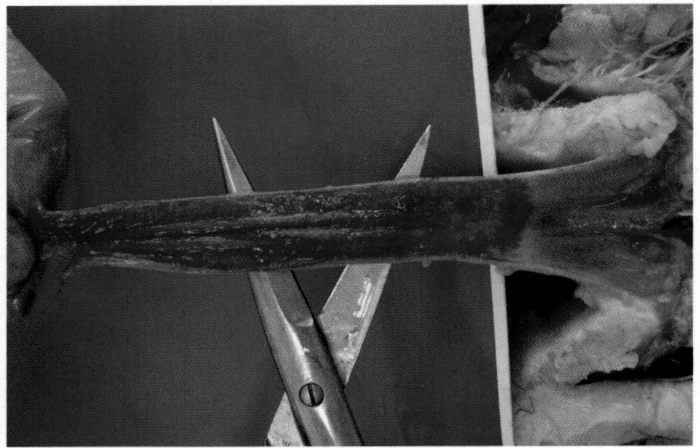
30-26　禽霍乱病鸭直肠弥漫性出血

葡萄球菌病（Staphylococcosis）

葡萄球菌病主要是由金黄色葡球菌引起的鸡的急性败血性或慢性传染病。临床表现有多种类型。雏鸡多表现急性败血症，中雏表现为急性或慢性，成年鸡多表现为慢性。

【病原】

典型的葡萄球菌为圆形或卵圆形，常单个、成对或葡萄状排列，革兰氏阳性菌。葡萄球菌在自然界分布很广，如空气、土壤、水、尘埃等。禽类的皮肤、羽毛、眼睑、黏膜及肠道都有葡萄球菌存在，同时该菌还是家禽孵化、饲养、加工环境中的常在微生物。

【流行特点】

多种禽类对葡萄球菌都敏感。各种年龄的鸡均可感染，但以 40～80 日龄的鸡群易感。本病的发生多与皮肤的损伤有关，凡能造成皮肤、黏膜损伤的因素如戴翅号、断喙、刺种疫苗、网刺刮伤和扭伤、啄伤等都可能成为本病发生的诱因，雏鸡脐带感染也较为常见。此外，当鸡痘发生时常因继发感染，可致本病暴发。急性败血型病鸡多在 1～5 d 内死亡。

【临床症状与剖检病变】

因病原毒力强弱和鸡感染部位不同，表现不一样。

1. 有的病鸡仅见翅膀内侧、翅尖、头部或尾部的皮肤形成大小不等的出血、糜烂和炎性坏死，病程较长者，局部干燥呈红色或呈暗紫红色，无毛。

2. 葡萄球菌败血症病鸡的体表皮肤多见湿润、水肿，相应部位羽毛潮湿易掉，手摸即掉。皮肤颜色呈青紫色或深紫红色，有的皮下蓄积渗出液，触之有波动感。

3. 切开水肿部位皮肤可见皮下有数量不等、似红葡萄酒样紫红色液体，胸腹肌出血、溶血。

4. 有的病死鸡皮肤无明显变化，但胸、腹或大腿内侧皮下肿胀有数量不等的红色胶胨样水肿液。部分病鸡足趾肿大，呈黑紫色。

5. 肝变脆，有出血点和白色坏死点，该型最严重，损失最大。脾肿大出血，或有白色坏死点，严重者脾实质液化。

6. 初生雏鸡感染葡萄球菌可因脐部感染发生脐炎，常在 1～2 d 内死亡。病理变化可见腹部增大，脐孔周围皮肤红肿，皮下有红色渗出液。

7. 成年鸡和肉种鸡的育成阶段多发生葡萄球菌关节炎，常见于跗关节。病鸡跛行、或不能站立，卧地，关节肿痛，皮下水肿，关节液多。

8. 临床上还可见其他类型的疾病，如浮肿性皮炎、胸囊肿、脚垫肿、脊椎炎、化脓性骨髓炎、葡

萄球菌眼炎等。

【诊断】

根据流行特点、临床症状、剖检病变可初步诊断，确诊须进行实验室诊断。

【防控措施】

由于金黄色葡萄球菌广泛存在于自然环境中，因此防控本病的关键是做好平时的预防工作，加强饲养管理。

1. 注意禽舍通风，保持清洁，避免拥挤，光照适当。要经常对鸡舍消毒。

2. 消除致鸡外伤的因素，保持笼、网、禽舍的光滑平整，保证垫料的质量。笼具要经常检修，防止鸡爪垫部损伤。

3. 做好鸡群的鸡痘免疫接种，是防控本病的重要措施。

4. 抗生素对该病有一定疗效，建议有条件者应做药敏试验，选择敏感药物使用。

31-1 葡萄球菌感染，病鸡冠肿胀呈黑红色

31-2 葡萄球菌感染，病鸡翅膀、翅尖、头部或尾部皮肤出现大小不等的溃疡区

31-3 葡萄球菌感染，病鸡翅膀内侧湿润、羽毛易脱落、皮肤出血（1）

31-4 葡萄球菌感染，病鸡翅膀内侧湿润、羽毛易脱落、皮肤出血（2）

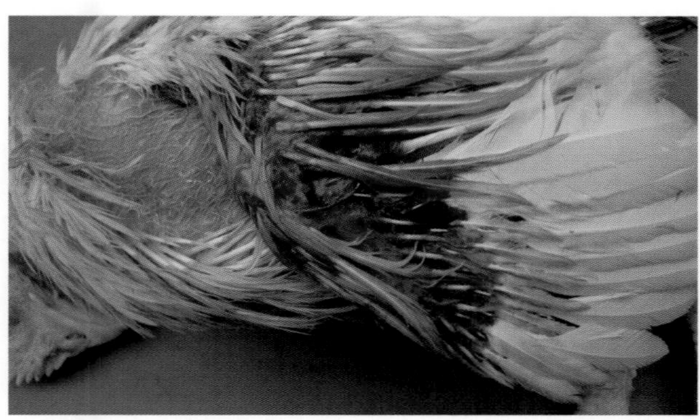

31-5 葡萄球菌感染，病鸡翅膀内侧湿润、羽毛易脱落、皮肤出血（3）

31-6 葡萄球菌感染，病鸡翅膀皮肤湿润、水肿、羽毛易脱落，皮肤颜色呈青紫色，翅尖出血

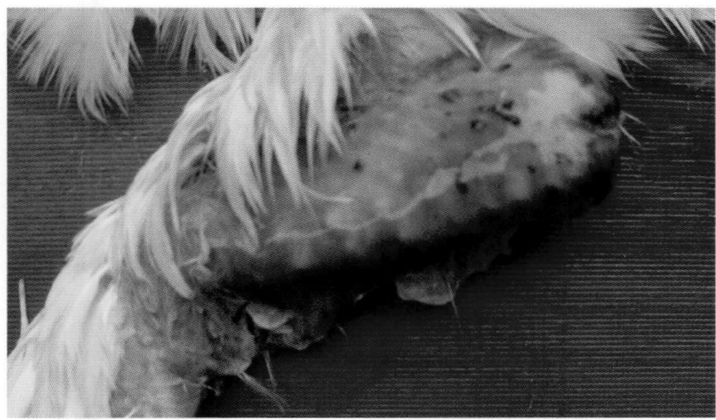

31-7 葡萄球菌感染，病鸡翅膀肿胀，羽毛易脱落，触之有波动感，皮下蓄积渗出液（1）

31-8 葡萄球菌感染，病鸡翅膀肿胀，羽毛易脱落，触之有波动感，皮下蓄积渗出液（2）

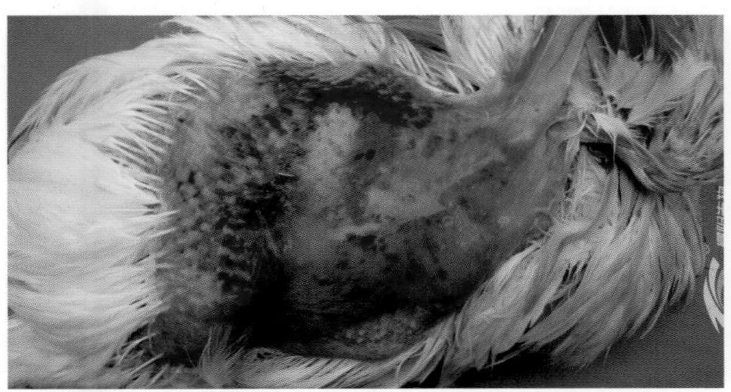

31-9 葡萄球菌感染，病鸡胸腹部皮肤肿胀，羽毛脱落，触之有波动感，皮下蓄积渗出液

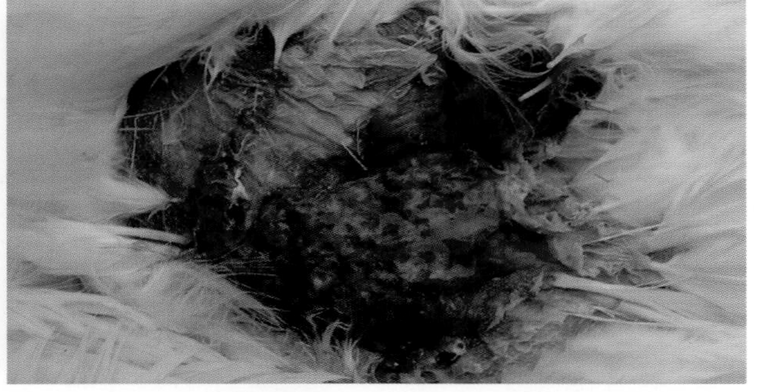

31-10 葡萄球菌败血症，病鸡身体外表皮肤湿润，羽毛脱落，皮肤呈青紫色或深红色

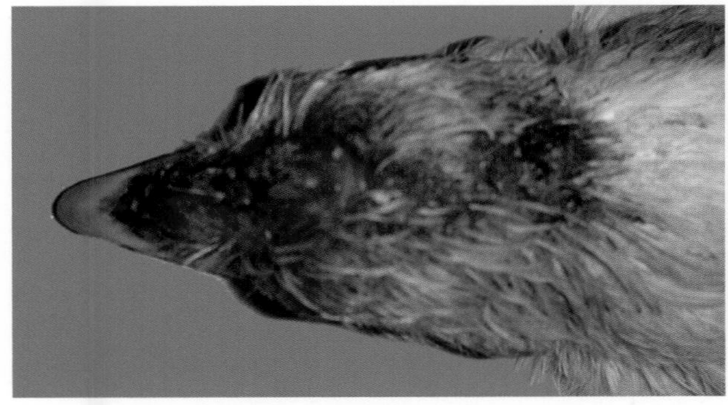

31-11 葡萄球菌感染，病程长的病鸡，头部皮肤干燥呈深红色

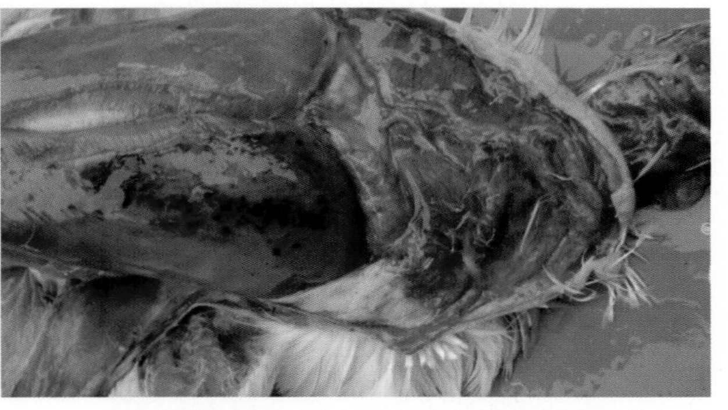

31-12 葡萄球菌感染，病死鸡的皮下有数量不等的红色胶冻样水肿液

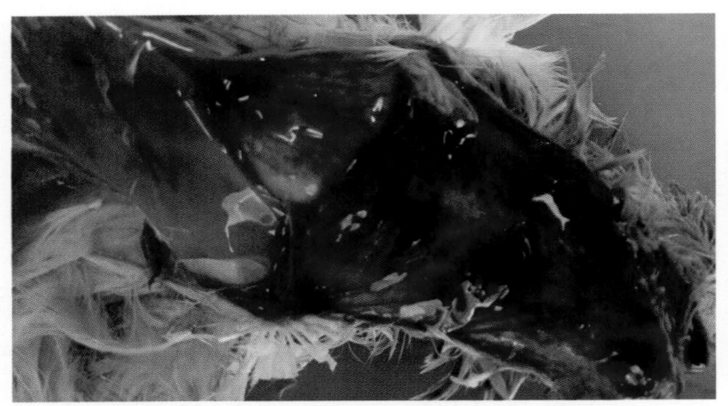
31-13　葡萄球菌严重感染，病鸡胸部皮肤水肿，皮下有多量似葡萄酒样紫红色液体，胸部肌肉出血

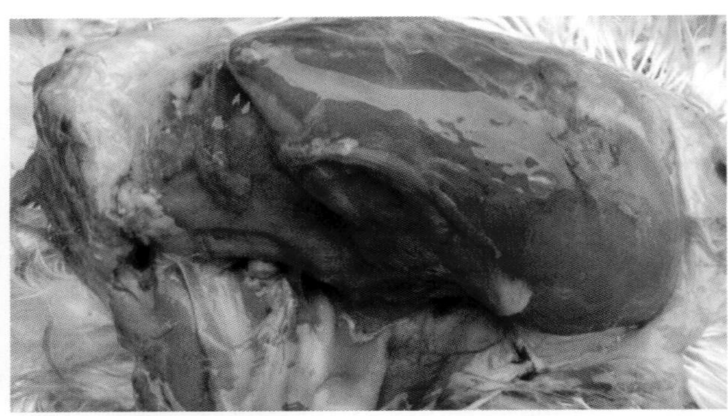
31-14　葡萄球菌严重感染，病鸡皮肤水肿，切开水肿处的皮肤，可见皮下有数量不等似葡萄酒样紫红色液体，胸腹肌肉出血（1）

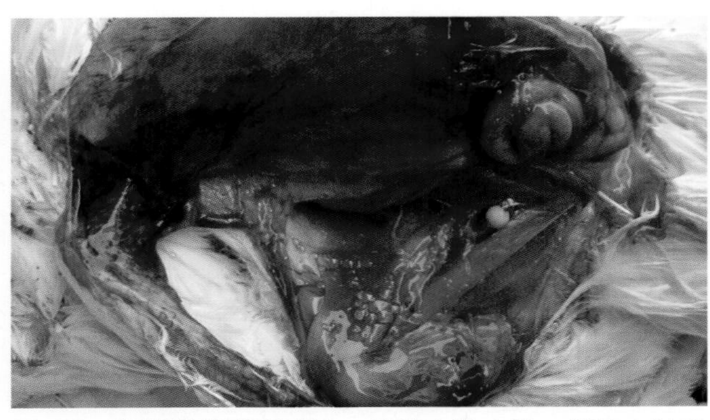
31-15　葡萄球菌严重感染，病鸡皮肤水肿，切开水肿处的皮肤，可见皮下有数量不等似葡萄酒样紫红色液体，胸腹肌肉出血（2）

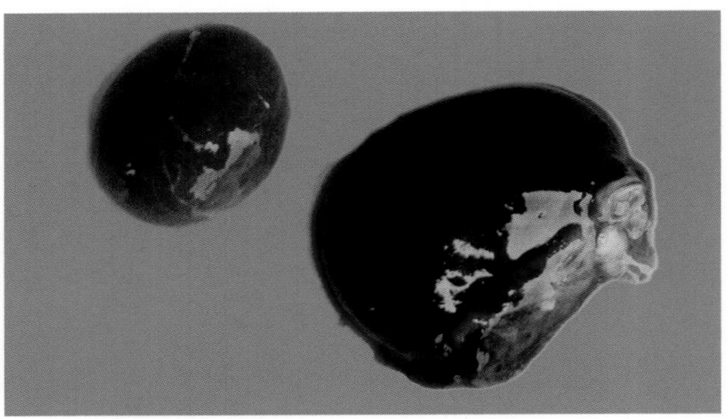
31-16　葡萄球菌感染，病鸡脾变性、液化不成形，左侧为正常脾

31-17　葡萄球菌感染，病鸡肝有灰白色针尖大小的坏死点

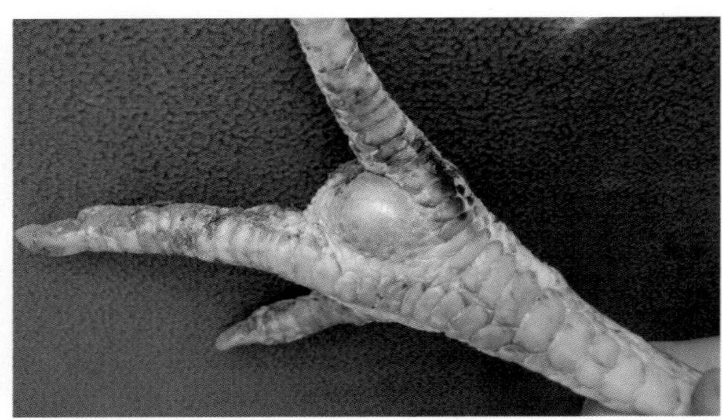
31-18　葡萄球菌感染，病鸡脚趾间有一红肿的疱

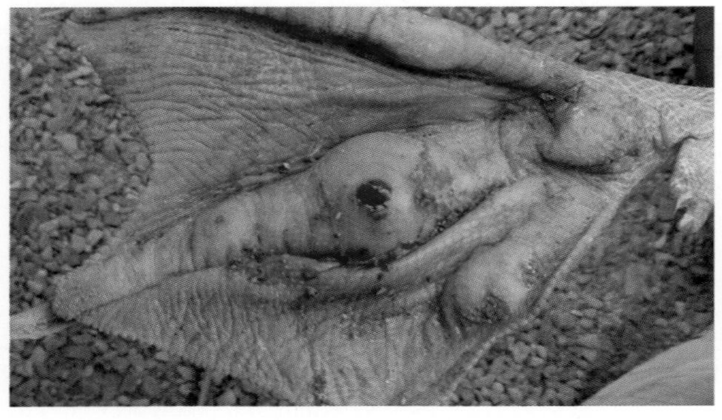
31-19　葡萄球菌感染，病鸭脚趾中部红肿出血

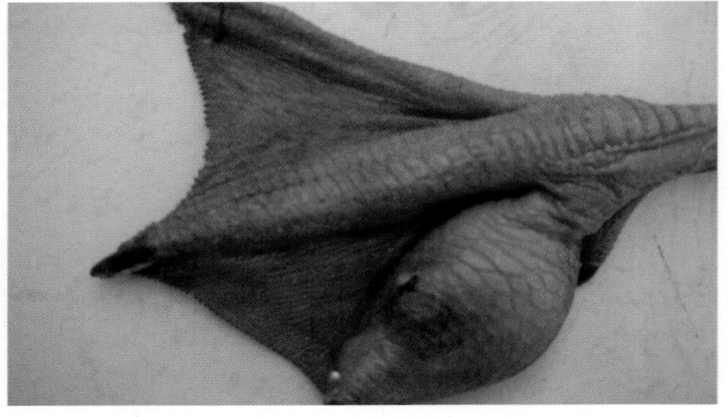
31-20　葡萄球菌感染，病鸭脚趾有一大个的肿疱

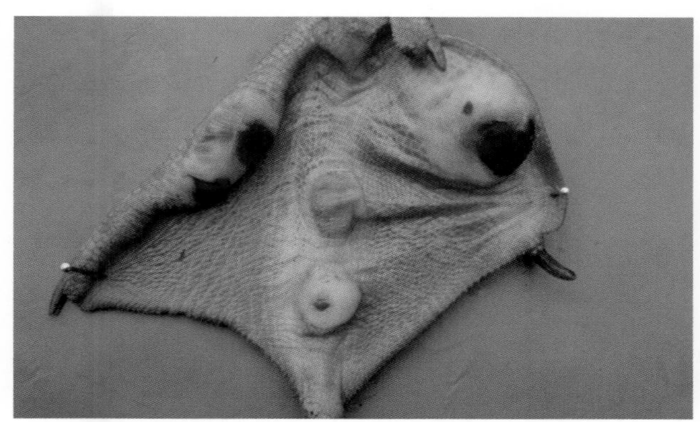

31-21 葡萄球菌感染，病鸭脚趾多处肿胀，溃疡

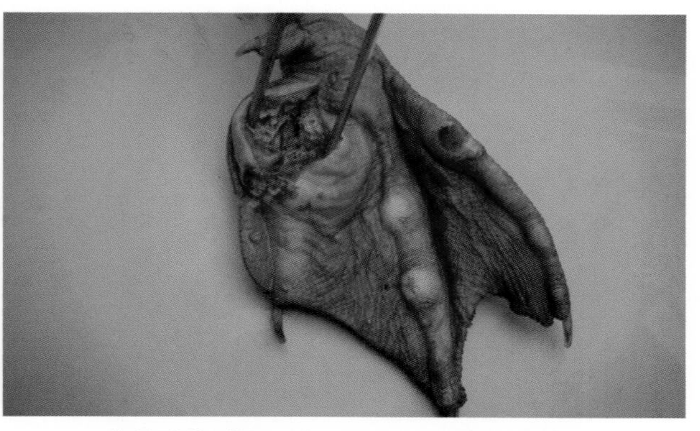

31-22 葡萄球菌感染，病鸭脚趾肿胀深部糜烂（1）

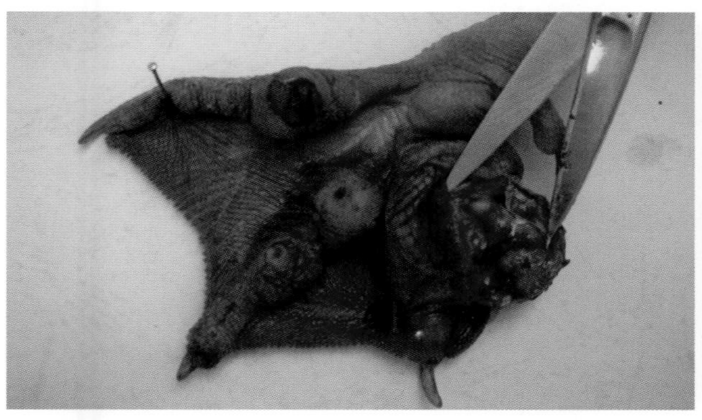

31-23 葡萄球菌感染，病鸭脚趾肿胀深部糜烂（2）

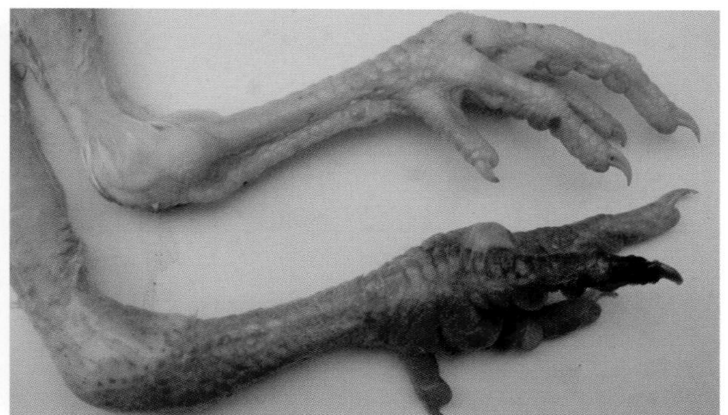

31-24 葡萄球菌感染，病鸡足趾肿大呈紫黑色

32 禽曲霉菌病和霉菌毒素感染（Avian asperillosis）

32A. 曲霉菌病

曲霉菌病是一种真菌性疾病，主要侵害鸡的呼吸器官和肝。

【病原】

病原主要是曲霉菌属的烟曲霉菌和黄曲霉菌。曲霉菌是需氧菌。

【流行特点】

幼禽多发，呈急性、群发性，发病率和死亡率都很高。4～12日龄易感，幼雏呈暴发性，死亡率在10%～50%。成年鸡为散发。

传播途径：曲霉菌广泛存在于自然环境、谷物、饲料、禽体表、鸡舍等。可穿透蛋壳进入蛋内，引起胚胎死亡或雏鸡感染。多经呼吸道和消化道感染。静脉、肌肉注射，眼睛接种疫苗以及气雾免疫、阉割伤口也可感染本病。

【临床症状】

曲霉菌感染幼禽多呈急性经过，病鸡表现为张口喘气，呼吸困难，严重者腹部和两翅随呼吸动作发生明显煽动，有时可听到“呼噜呼噜”的声音，有时有浆液性鼻漏。后期病禽迅速消瘦、发生下痢、精神不振、食欲减少、饮欲增加。若病原侵害眼睛，可出现一侧或两侧发生灰白混浊，也可引起一侧眼肿胀，眼内有干酪样物。若食管黏膜受损时则引起吞咽困难。若病原侵害脑组织，可引起共济失调、角弓反张、麻痹等神经症状。病原感染种蛋及孵化器后常造成孵化率下降。成年鸡患病呈慢性经过，引起产蛋率下降。

【剖检病变】

1. 眼睛感染曲霉菌，上下眼睑肿胀，出现大面积角膜结膜炎。

2. 肺和气囊有米粒至绿豆大小黄白色或灰白色结节。

3. 腹腔内气囊上有大小不等的黄白色、灰白色或盘状灰绿色的菌丝斑块覆盖于肺或其他腹腔器官表面，严重者在肝和肾的表面也会有灰白色小结节。

4. 病程长者气囊增厚，干酪样的斑块增多、增大，有的融合在一起，质硬、有弹性，像橡皮一样。

5. 严重者在肺表面和实质中可见大小不等的灰白色曲霉菌肉芽肿和坏死灶。后期病例可见支气管内形成灰绿色霉菌斑。

【诊断】

根据流行特点、临床症状、剖检病变可做出初步诊断，确诊要依据病菌学检查。

【防控措施】

1. 加强管理，使用清洁干燥和无霉菌污染的饲料。改善通风和控制湿度，减少空气中霉菌含量。防止种蛋被污染，及时收集种蛋，保持蛋库和蛋箱卫生。

2. 夏季和玉米收获的季节如果玉米水分含量高，饲料中要添加防霉剂或霉菌吸附剂，如丙酸钙、山梨酸、苯甲酸、双乙酸钠等及其盐类。

3. 也可在饲料中添加膨润土 0.5%～1% 或沸石粉 0.5%～2%，对霉菌有一定的吸附作用。

4. 移走发霉的饲料和垫料，严重病例捕杀淘汰，轻者用 1 :（2 000～3 000）硫酸铜饮水，或 0.1% 高锰酸钾溶液饮水，连用 3～4 d，可减少新病例的发生。

32A-1 禽曲霉菌感染，病雏鸭张口呼吸，发出明显的“呼噜呼噜”的声音

32A-2 禽曲霉菌感染，病鸡眼睛大面积角膜结膜炎

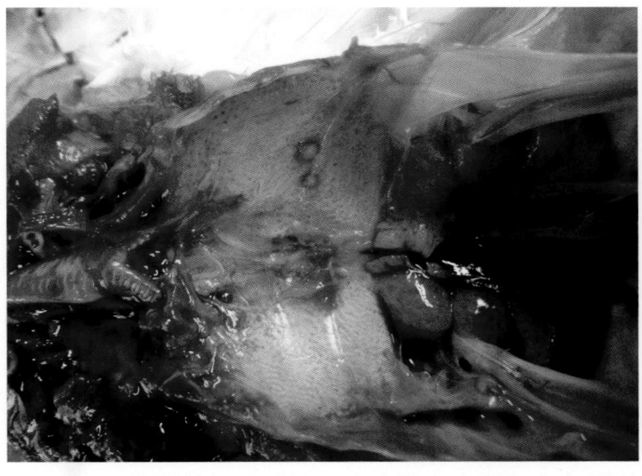

32A-3 禽曲霉菌轻度感染，病鸡肺有少量灰白色霉菌结节

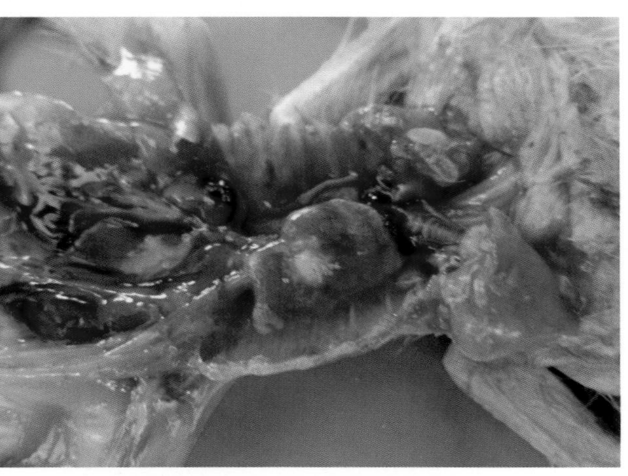

32A-4 禽曲霉菌感染，病乳鸽肺背面有大个的灰白色霉菌结节

32A-5 禽曲霉菌感染，病鸡肺有散在的灰白色霉菌结节

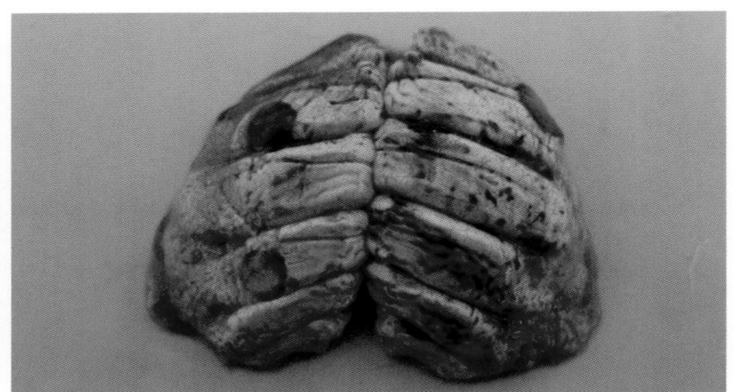
32A-6 禽曲霉菌感染，病鸡肺有灰白色霉菌结节和出血性坏死灶

32A-7 禽曲霉菌感染，病鸡肺上长满了米粒大至绿豆大灰白色霉菌结节（1）

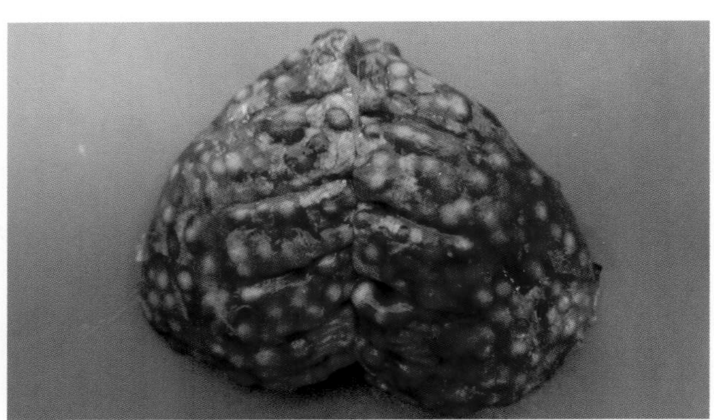
32A-8 禽曲霉菌感染，病鸡肺上长满了米粒大至绿豆大灰白色霉菌结节（2）

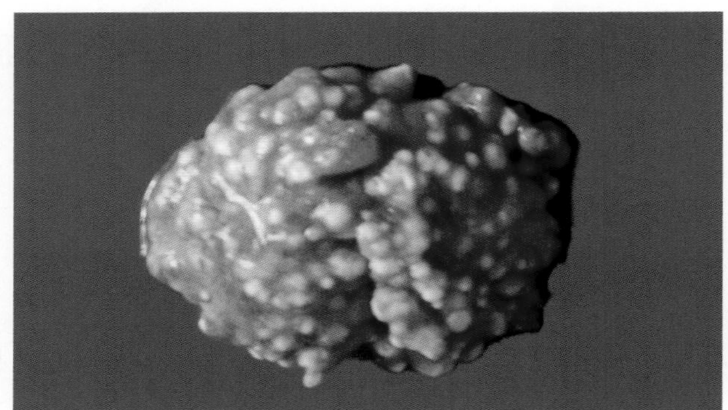
32A-9 禽曲霉菌感染，病鸡肺上长满密密麻麻肉芽肿性曲霉菌结节

32A-10 禽曲霉菌感染，病鸡肺上长满了米粒大至绿豆大小灰白色霉菌结节，肺出血

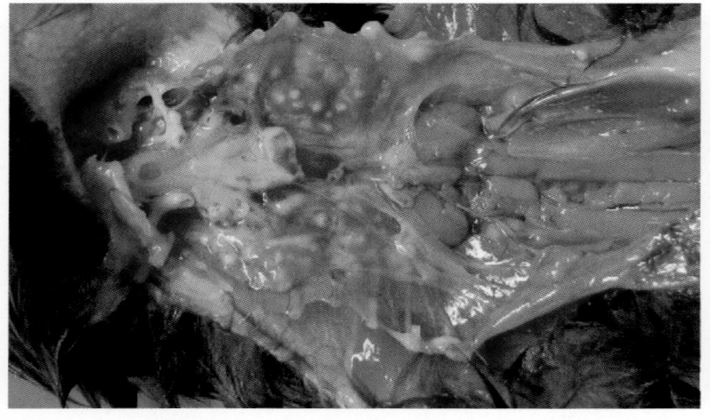
32A-11 禽曲霉菌感染，病雏鸭肺有多量灰白色小米粒大小的霉菌结节

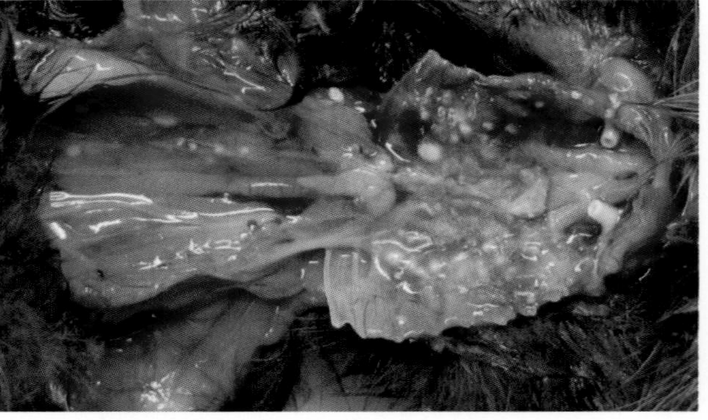
32A-12 禽曲霉菌感染，病雏鸭肺、肾有多量灰白色小米粒大小的霉菌结节

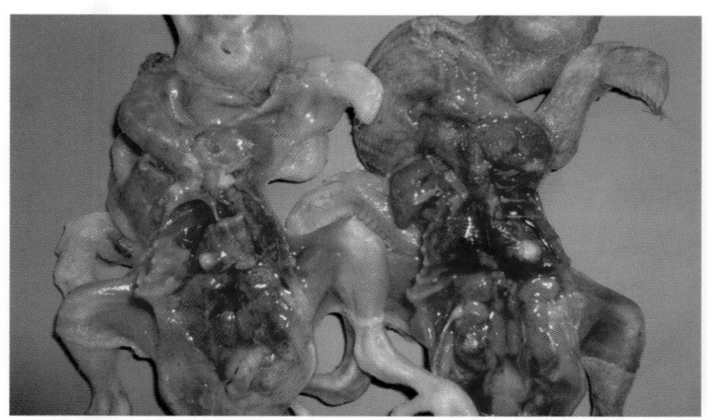

32A-13　禽曲霉菌感染，乳鸽肺有灰白色高梁粒大小的霉菌结节

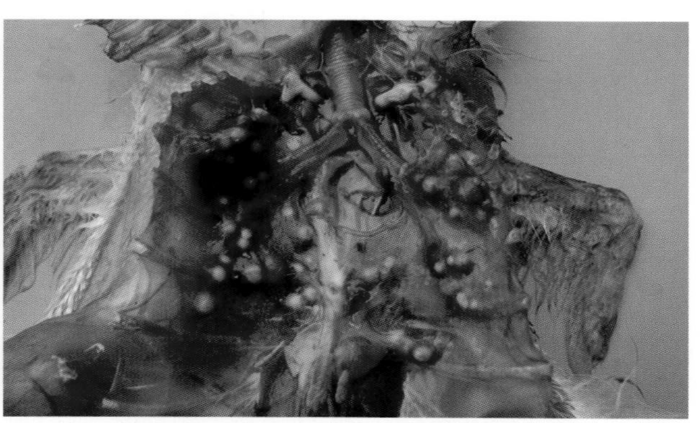

32A-14　禽曲霉菌感染，小鹅肺有多量灰白色的霉菌结节

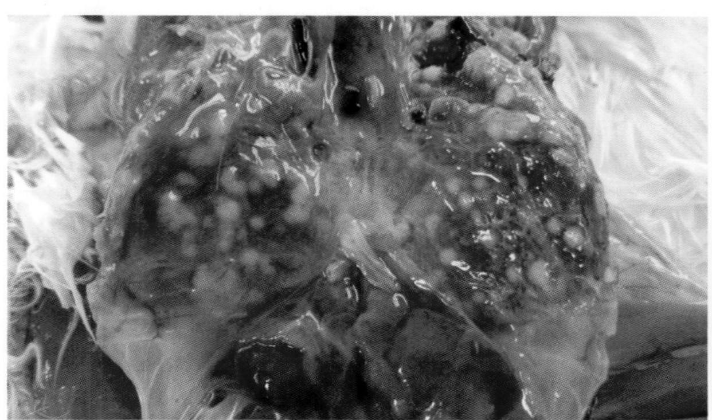

32A-15　禽曲霉菌感染，小鹅肺有多量灰白色高粱粒大小的霉菌结节

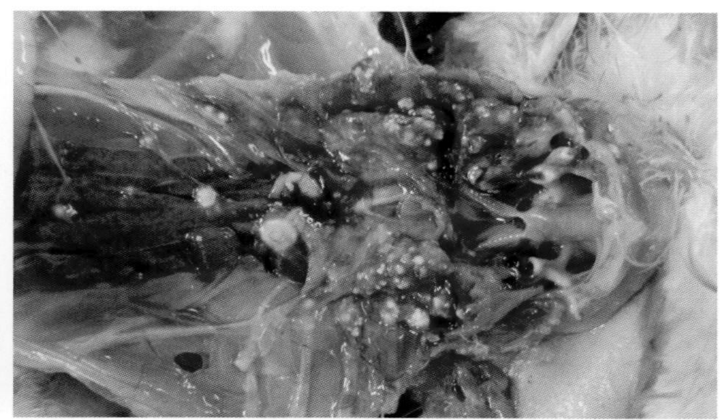

32A-16　曲霉菌感染，小鹅肝、肺、腹腔有霉菌结节和霉菌斑

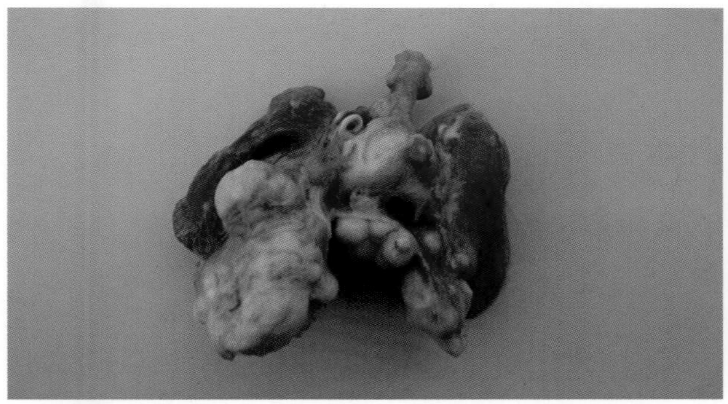

32A-17　禽曲霉菌感染，病鸡肺表面有大小不等的黄白色霉菌结节粘连在一起形成大的团块（1）

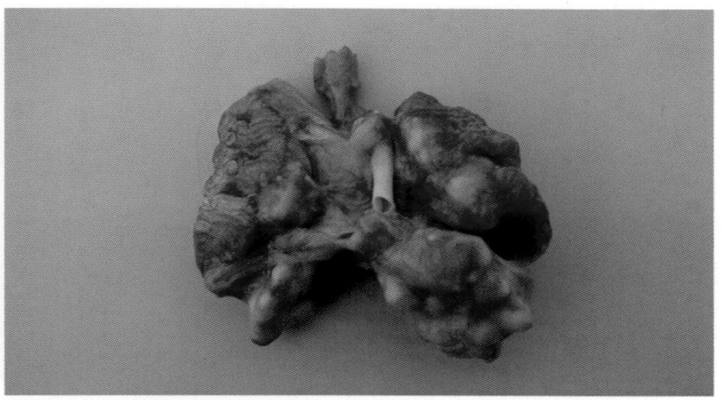

32A-18　禽曲霉菌感染，病鸡肺表面有大小不等的黄白色霉菌结节粘连在一起形成大的团块（2）

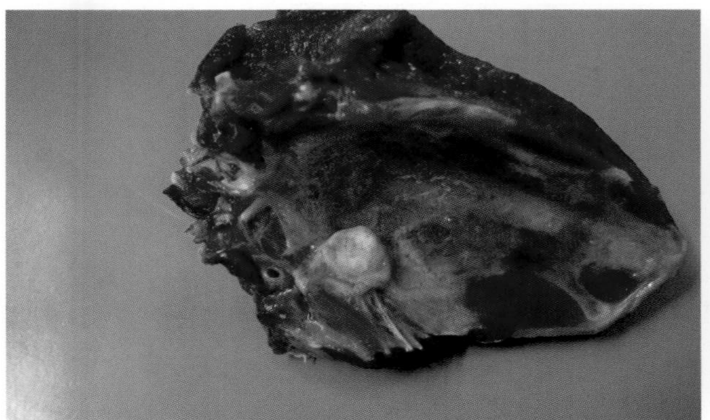

32A-19　禽曲霉菌感染，鸽子胸骨的内侧面有霉菌斑

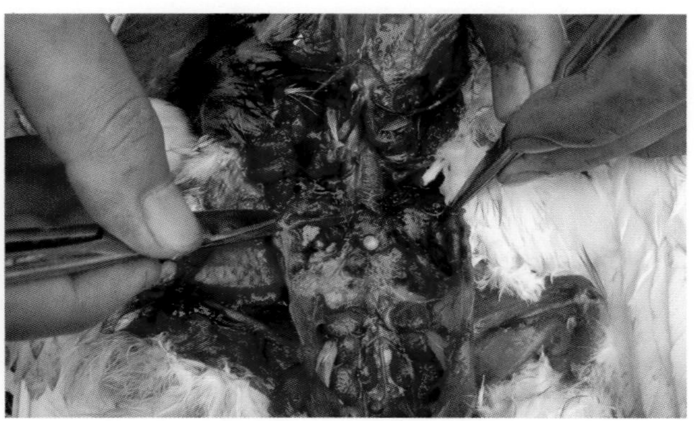

32A-20　禽曲霉菌感染，鸽子两侧支气管内有灰色霉菌斑

32A-21 禽曲霉菌感染，病鸡胸气囊有灰白色霉菌斑

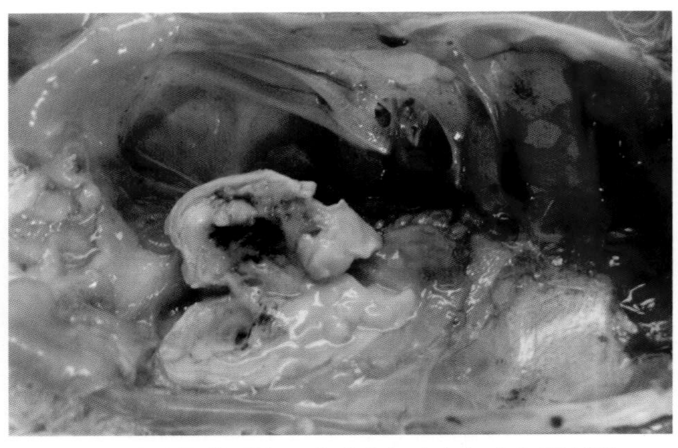
32A-22 禽曲霉菌感染，病鸡腹气囊有灰白色霉菌斑

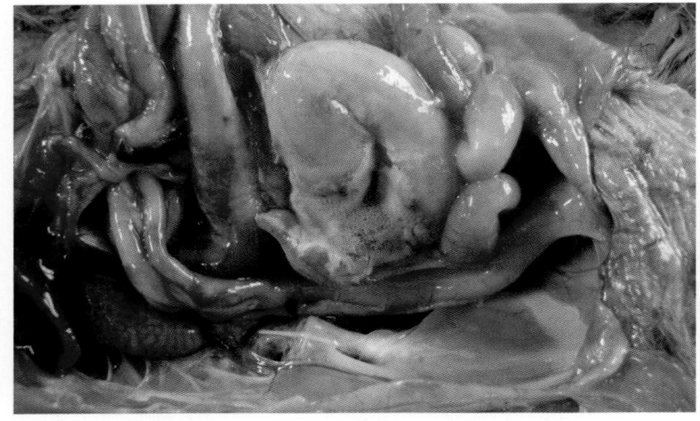
32A-23 禽曲霉菌感染，病鸡肠壁有灰白色霉菌斑

32A-24 禽曲霉菌感染，病鸽肠壁上有大小不等的霉菌斑

32A-25 禽曲霉菌感染，病鸡肺有灰白色霉菌斑

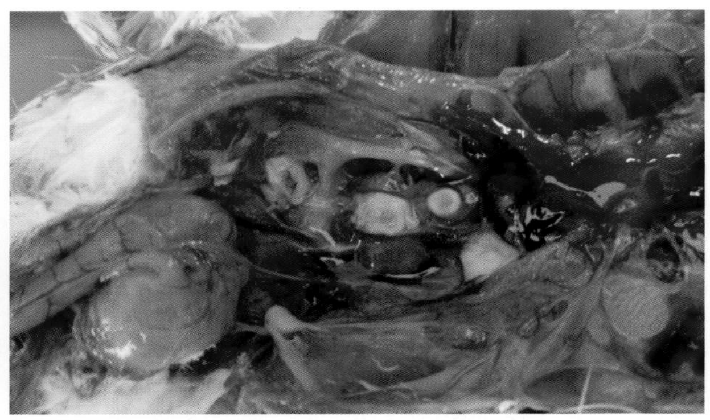
32A-26 禽曲霉菌感染，病鸡腹腔内有盘状黄白色霉菌斑

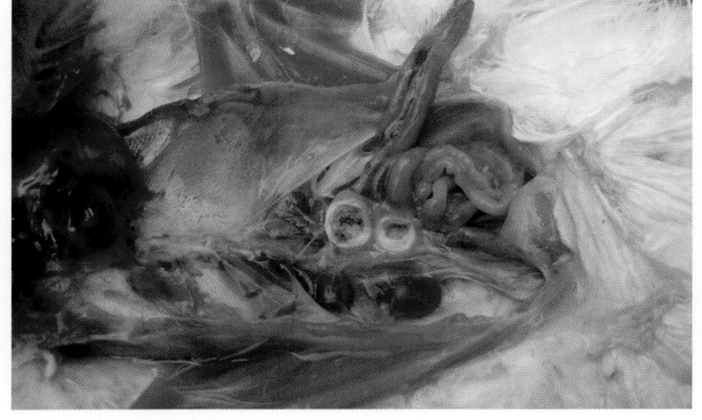
32A-27 禽曲霉菌感染，病鸡腹腔内有盘状灰白色霉菌斑

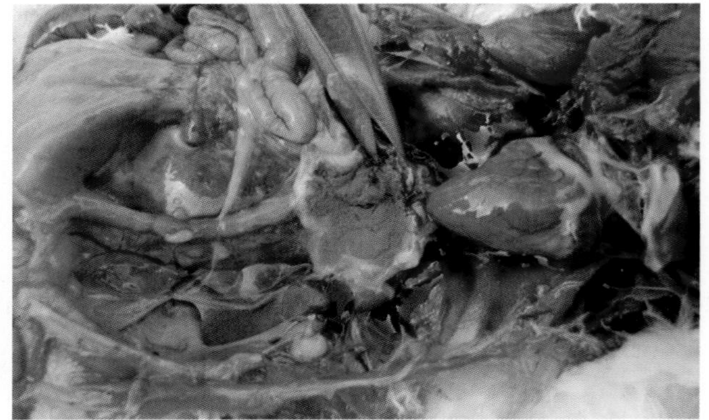
32A-28 禽曲霉菌感染，病鸡胸腹腔有灰色霉菌斑

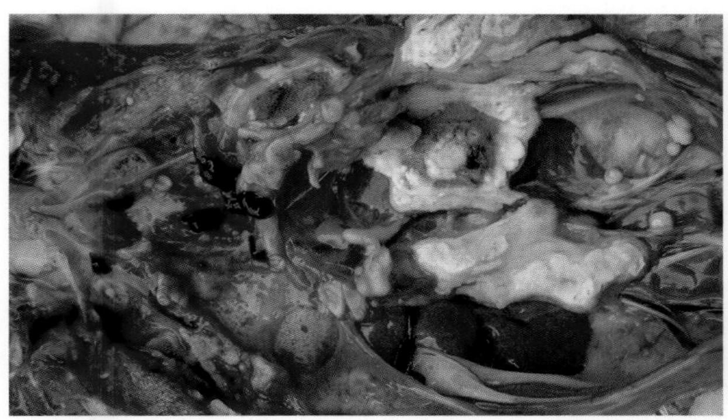

32A-29 禽曲霉菌感染，病鸡腹腔内、气管壁上支气管内形成灰白色霉菌斑

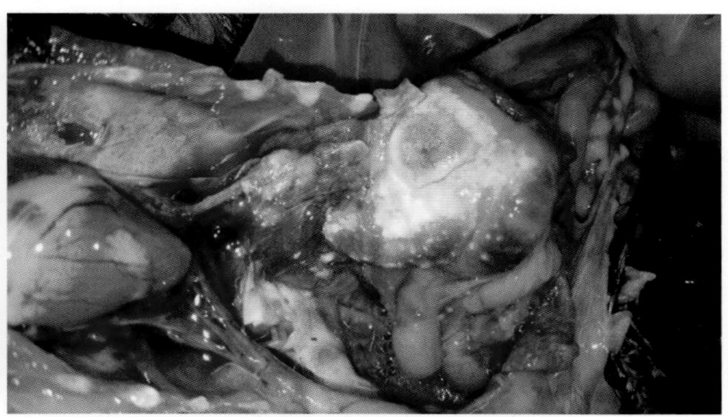

32A-30 禽曲霉菌感染，病鸡肠壁上有较大的灰白色的霉菌斑

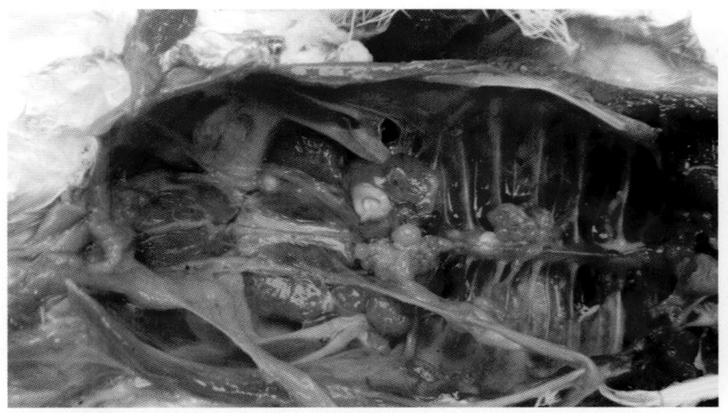

32A-31 禽曲霉菌感染，病鸽腹腔内有盘状灰白色霉菌斑（1）

32A-32 禽曲霉菌感染，病鸽腹腔内有盘状灰白色霉菌斑（2）

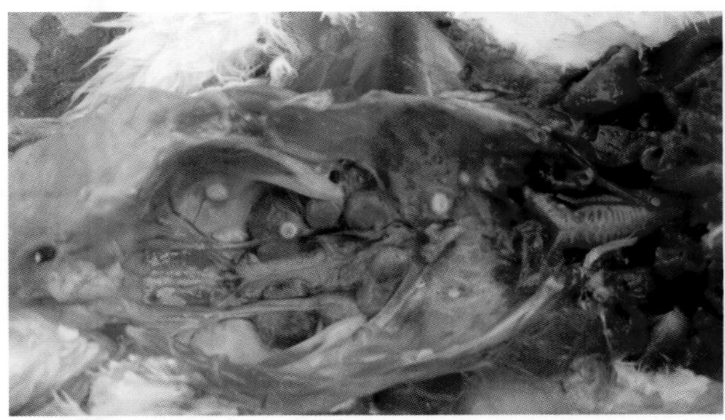

32A-33 禽曲霉菌感染，病鸽肺、腹腔内有盘状灰白色霉菌斑

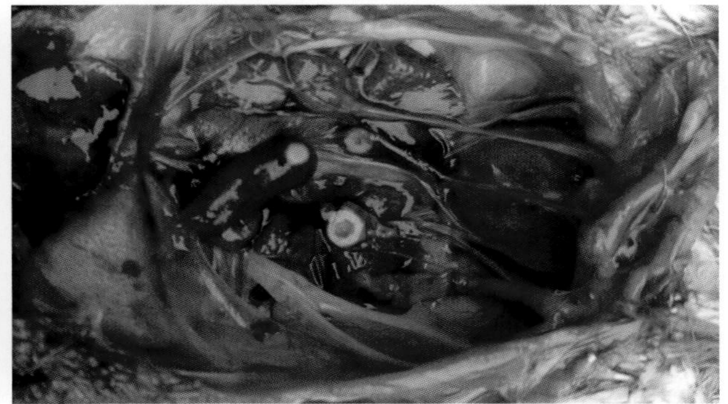

32A-34 禽曲霉菌感染，病鸽腹腔内有盘状黄白色霉菌斑

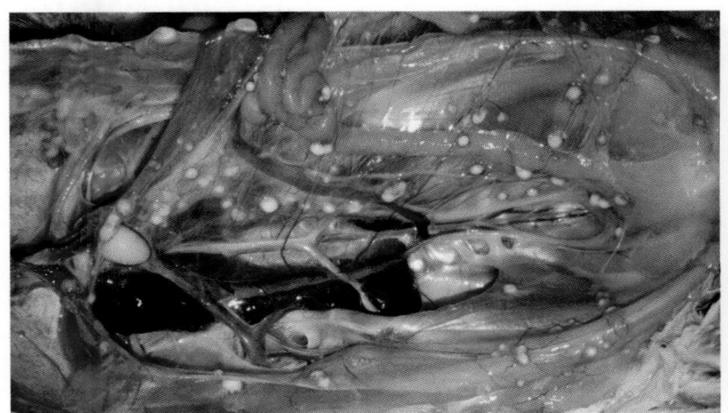

32A-35 禽曲霉菌感染，病鸡胸腔、腹腔气囊上有多量散在性灰白色霉菌斑

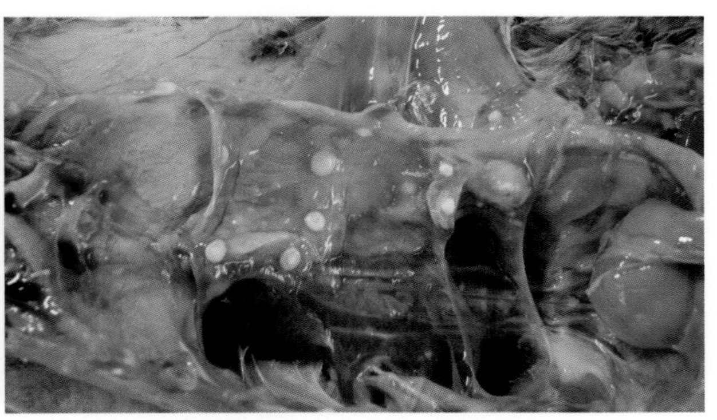

32A-36 禽曲霉菌感染，病鸡胸腔、腹腔气囊上有灰白色霉菌斑

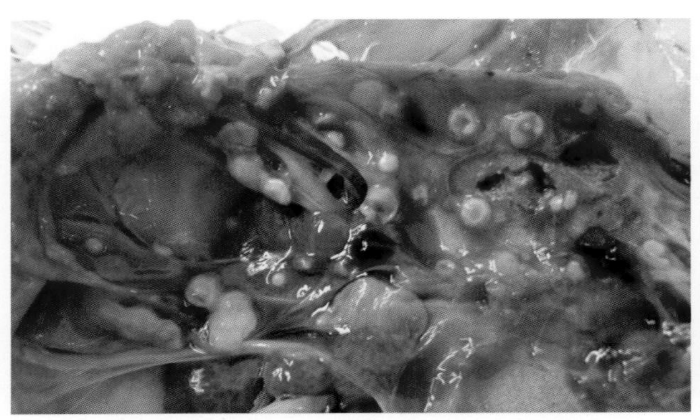
32A-37　禽曲霉菌感染，病鸡胸腔、腹腔气囊上有圆盘状灰白色霉菌斑

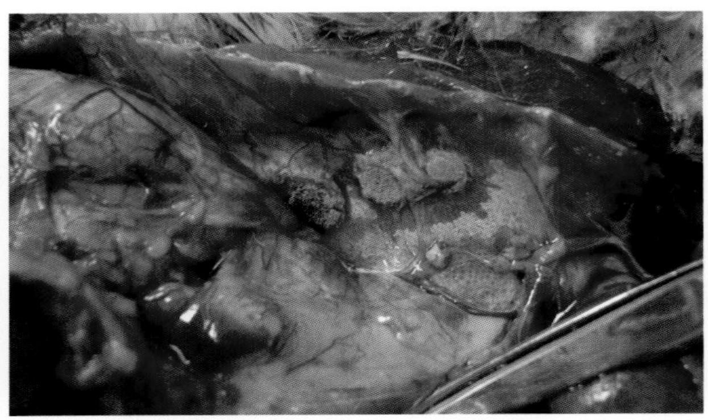
32A-38　禽曲霉菌感染，病鸭胸腔内形成灰色霉菌斑

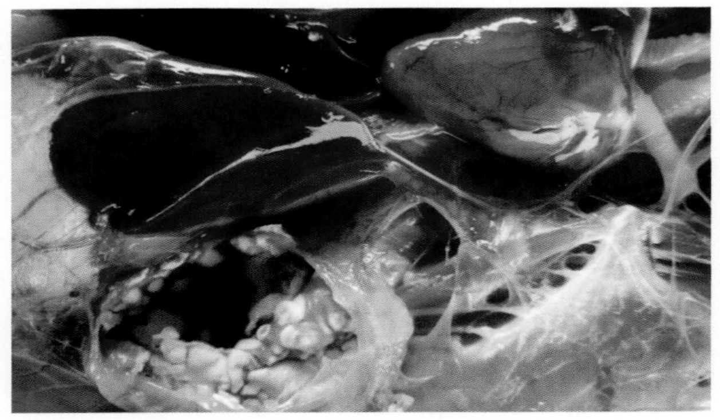
32A-39　禽曲霉菌感染，病鸭腹气囊内多量灰白色霉菌斑

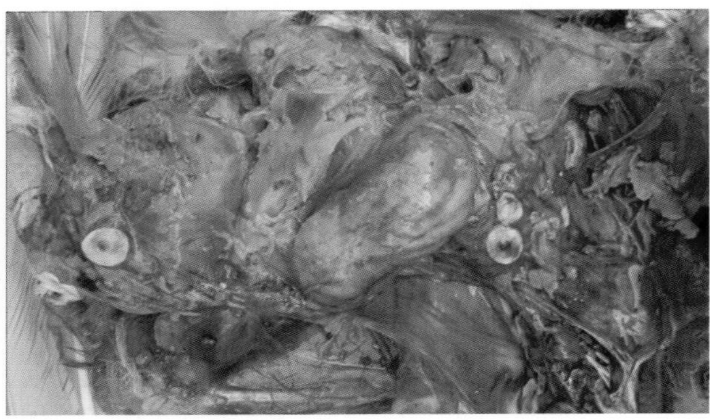
32A-40　禽曲霉菌与大肠杆菌卵黄性腹膜炎混合感染，病鸡腹腔内有圆盘形的霉菌斑

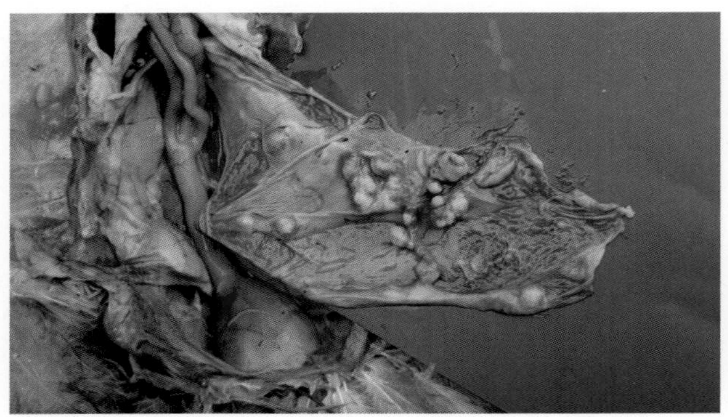
32A-41　禽曲霉菌感染，病鸡腹气囊上有灰白色霉菌结节

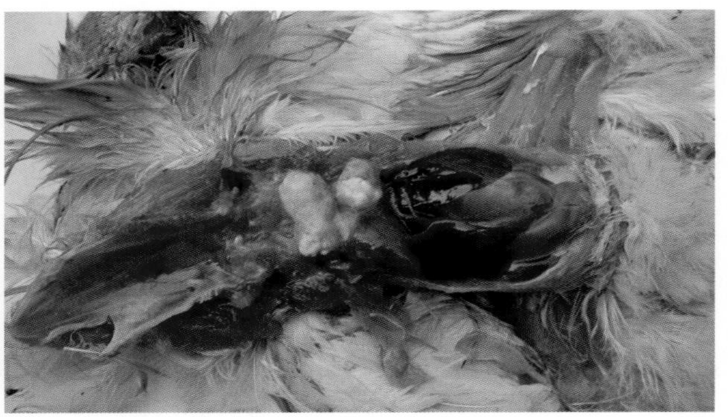
32A-42　禽曲霉菌感染，病鸡胸腔有灰白色霉菌结节

32A-43　禽曲霉菌感染，病鸡胸腔、腹腔气囊上有大小不等的灰白色霉菌结节

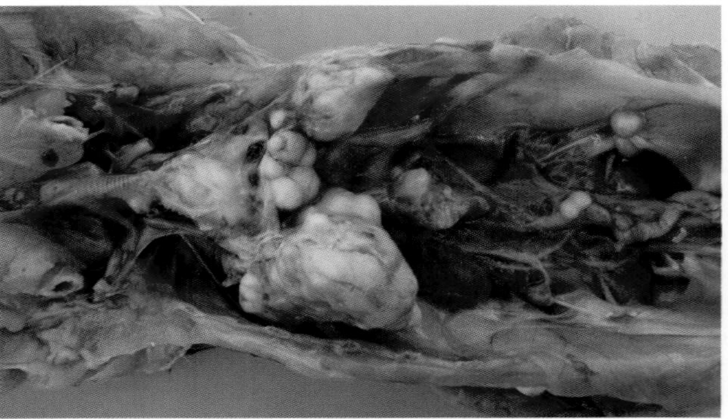
32A-44　禽曲霉菌感染，病鸡胸腔、腹腔有大小不等的干酪样斑块融合在一起

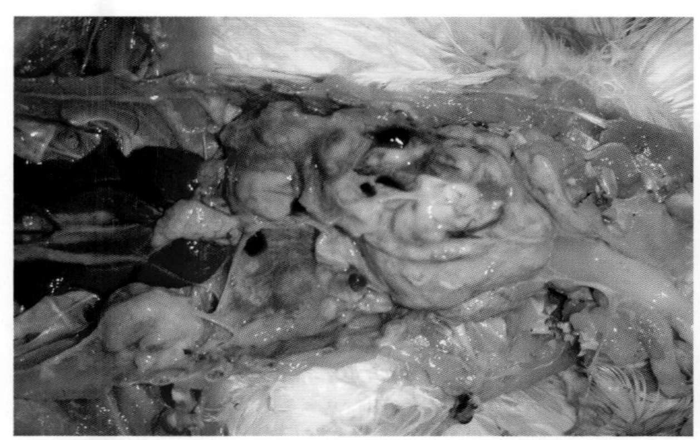

32A-45　禽曲霉菌感染，病鸡胸腔内干酪样斑块增多、增大融合在一起，质硬、有弹性

32A-46　禽曲霉菌严重感染，小鹅不仅肺、而且肝有灰白色霉菌结节

32A-47　禽曲霉菌严重感染，病鸡肺、肝有灰白色霉菌结节

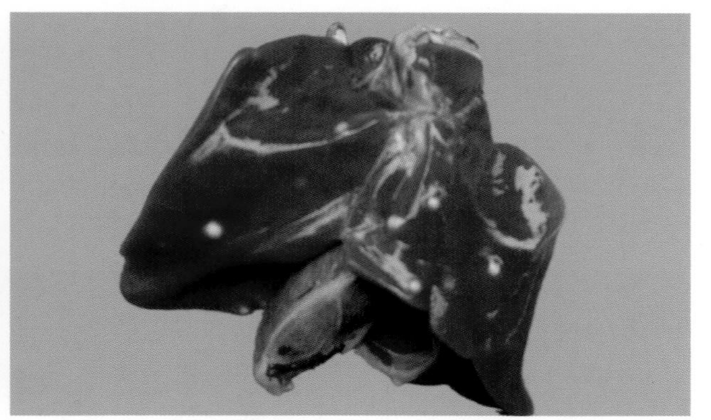

32A-48　禽曲霉菌严重感染，病鸡肝表面有时有灰白色霉菌结节

32B. 霉菌毒素感染

霉菌毒素是霉菌的代谢产物，有 T-2 毒素、橘霉素、卵泡毒素、圆弧酸等。霉菌毒素主要侵害腺胃、肌胃。

1. 镰孢霉菌产生的 T-2 毒素具有腐蚀性，可造成腺胃、肌胃黏膜坏死。

2. 橘霉素是一种肾毒素，能使肌胃出现裂痕。

3. 卵孢毒素能使肌胃、腺胃相连接的峡部环状面变大、坏死，黏膜被假膜性渗出物覆盖。

4. 圆弧酸可造成腺胃、肌胃、肝和脾损伤，腺胃肿大，黏膜增生，溃疡变厚开裂，肌胃黏膜出现坏死。

【临床症状】

霉菌毒素感染造成幼鸡生长发育不良，个体大小相差悬殊，不像同一日龄的鸡，肉鸡出栏时大鸡和小鸡体重能相差 2～3 斤（1 斤 = 500 g），料肉比可由 1.6 升高到 1.7 左右。鸡群粪便颜色发黄，粪便中有未消化的饲料颗粒，用药治疗，症状减轻或消失，停药就复发。

【剖检病变】

霉菌毒素通过消化道与胃黏膜接触，由于霉菌毒素有很大的腐蚀性，造成腺胃肿大，严重时呈球

形，腺胃壁增厚，腺胃乳头扁平甚至消失，严重时腺胃溃疡、乳头凹陷，肌胃角质层增厚溃疡、开裂，严重者像树皮样。

【防控措施】

杜绝使用霉变饲料。如无法回避饲料霉变问题可在饲料或饮水中添加优质的脱霉剂。

32B-1　腺肌胃炎，肉鸡生长发育非常缓慢，体重仅相当于正常鸡的 1/3～1/2（1）

32B-2　腺肌胃炎，肉鸡生长发育非常缓慢，体重仅相当于正常鸡的 1/3～1/2（2）

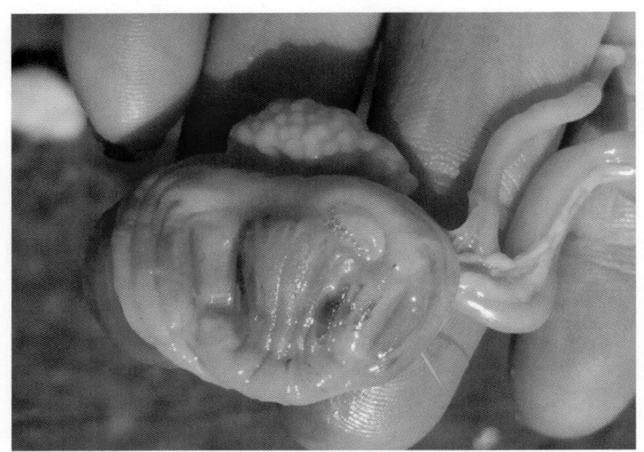

32B-3　1 日龄肉鸡，肌胃角质层溃疡呈棕黄色

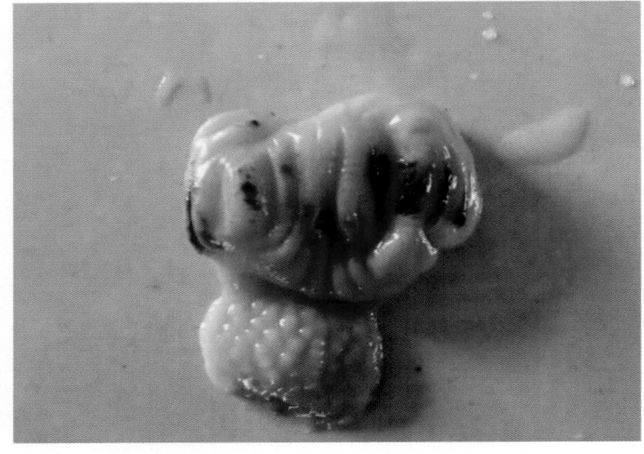

32B-4　1 日龄肉鸡，肌胃角质层严重溃疡呈黄褐色

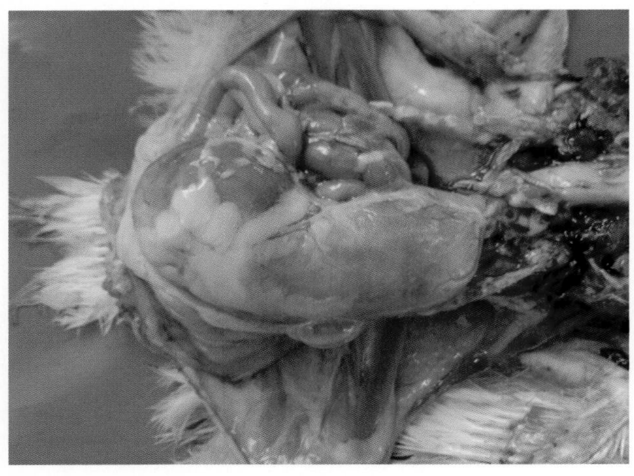

32B-5　肉鸡腺肌胃炎，腺胃体积增大，直径增粗

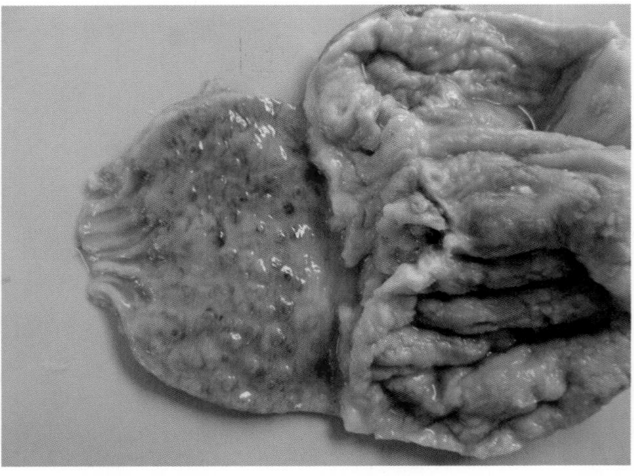

32B-6　肉鸡腺肌胃炎，腺胃壁增厚溃疡，乳头凹陷，肌胃角质层靠近连接处增厚、开裂、溃疡

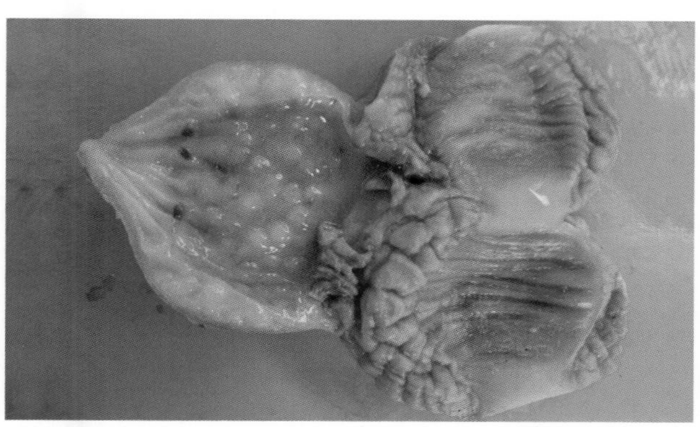

32B-7 肉鸡腺肌胃炎，腺胃壁增厚溃疡，乳头凹陷，肌胃角质层靠近连接处开裂、溃疡

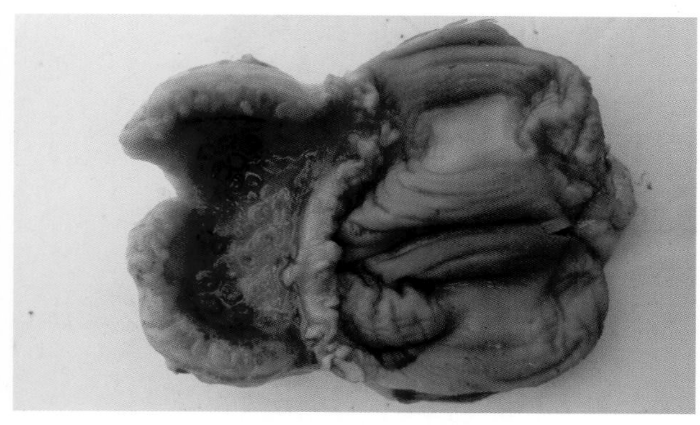

32B-8 肉鸡腺肌胃炎，腺胃壁极度增厚，乳头溃疡凹陷，肌胃角质层靠近连接处边缘增厚、开裂、溃疡

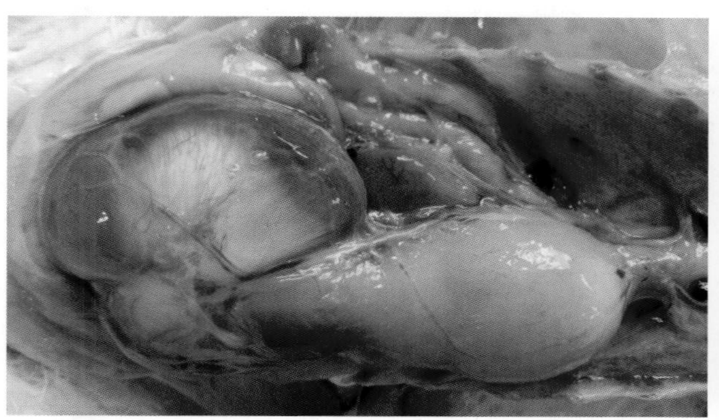

32B-9 蛋鸡腺肌胃炎，腺胃体积极度增大，直径增粗

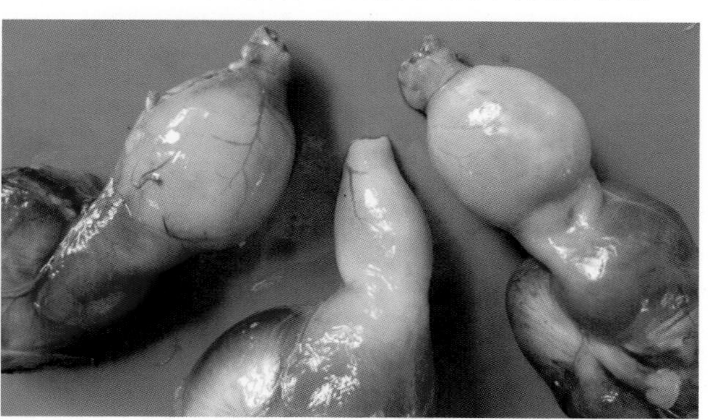

32B-10 蛋鸡腺肌胃炎，腺胃体积极度增大，直径变粗，呈球形，中间为正常腺胃

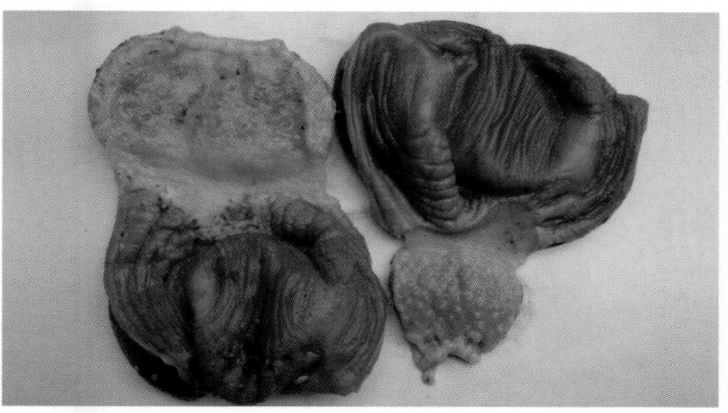

32B-11 腺肌胃炎，病鸡腺胃壁增厚、溃疡，乳头凹陷，右侧为同日龄鸡正常腺胃

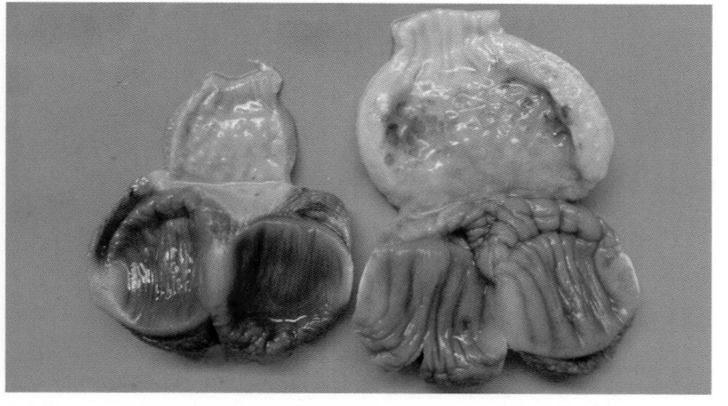

32B-12 腺肌胃炎，病鸡腺胃壁增厚、溃疡，乳头凹陷，左侧为同日龄鸡正常腺胃

32B-13 蛋雏鸡严重的肌胃炎，肌胃角质层增厚、开裂、易脱落（1）

32B-14 蛋雏鸡严重的肌胃炎，肌胃角质层增厚、开裂、易脱落（2）

32B-15 蛋雏鸡严重的肌胃炎，肌胃角质层增厚、开裂、易脱落（3）

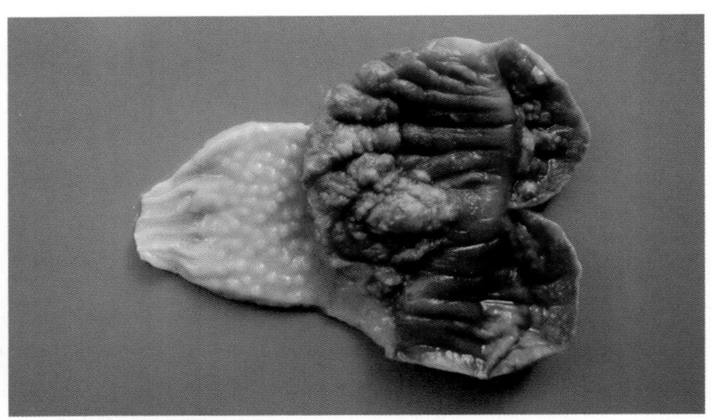
32B-16 蛋雏鸡严重的肌胃炎，肌胃角质层增厚、开裂、溃疡（1）

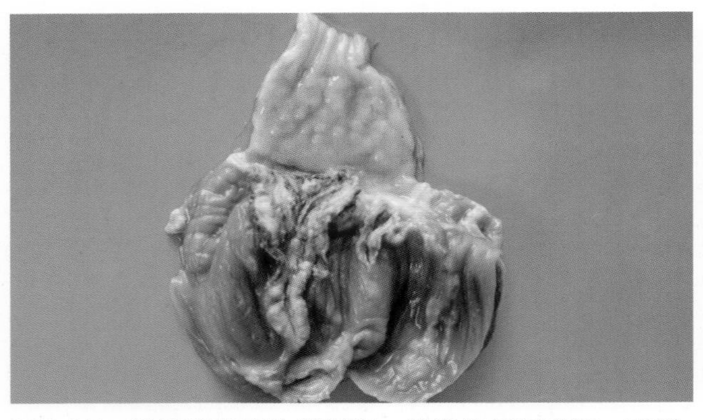
32B-17 蛋雏鸡严重的肌胃炎，肌胃角质层增厚、开裂、溃疡（2）

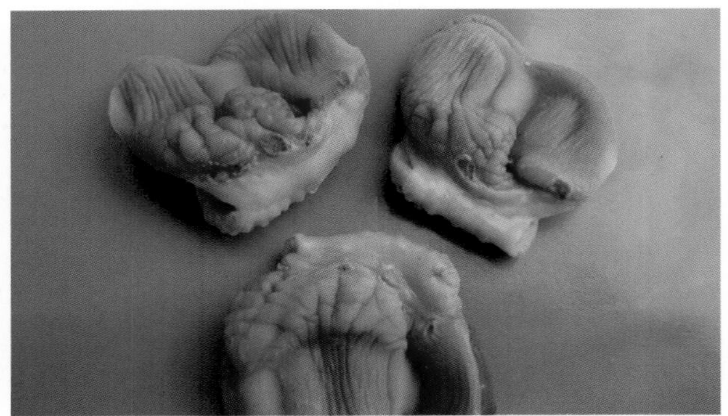
32B-18 青年蛋鸡肌胃炎，肌胃角质层有溃疡灶

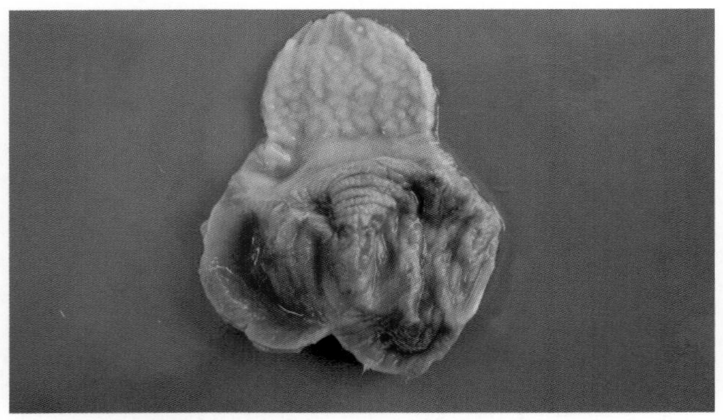
32B-19 青年蛋鸡肌胃炎，肌胃角质层增厚溃疡呈红色

32B-20 蛋鸡严重的肌胃炎，肌胃角质层开裂、像树皮一样

32B-21 蛋鸡严重的肌胃炎，肌胃角质层增厚、开裂

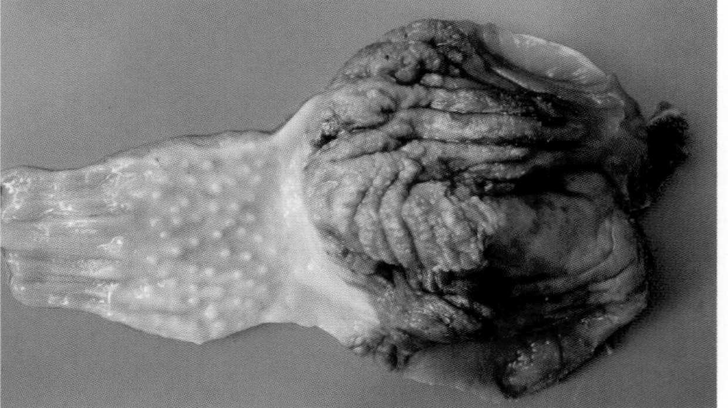
32B-22 蛋鸡严重的肌胃炎，肌胃角质层增厚、开裂、易脱落（1）

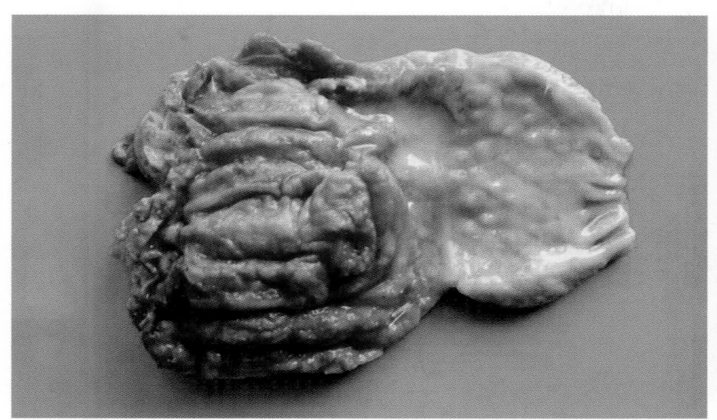

32B-23 蛋鸡严重的肌胃炎，肌胃角质层增厚、开裂、易脱落（2）

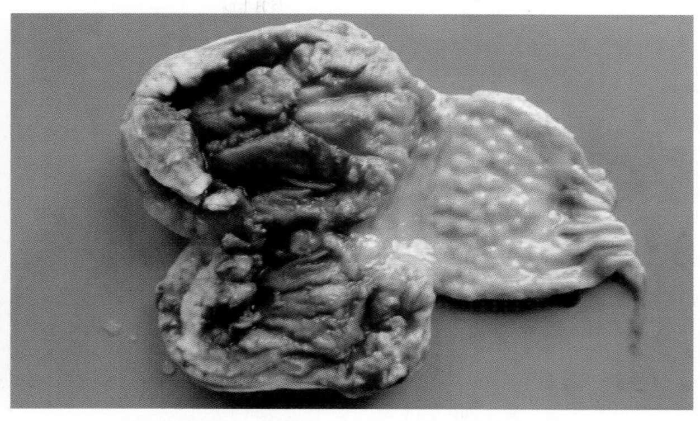

32B-24 蛋鸡严重的肌胃炎，肌胃角质层增厚、开裂、易脱落（3）

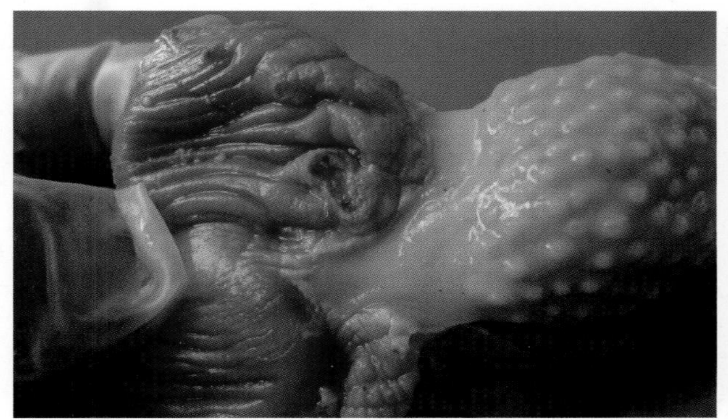

32B-25 蛋鸡肌胃炎，肌胃角质层溃疡出血

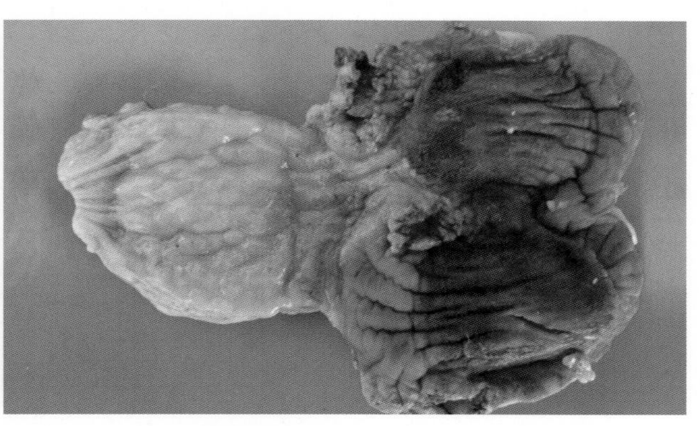

32B-26 蛋鸡肌胃炎，肌胃角质层下有深入肌层的溃疡灶

32B-27 散养鸡肌胃炎，肌胃严重糜烂溃疡

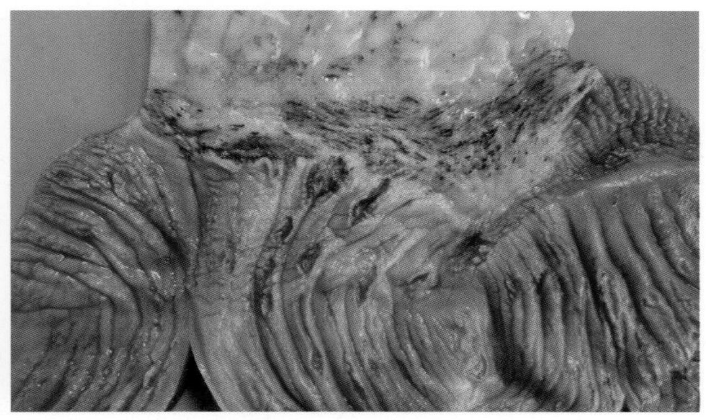

32B-28 孔雀肌胃炎，肌胃角质层严重开裂、出血

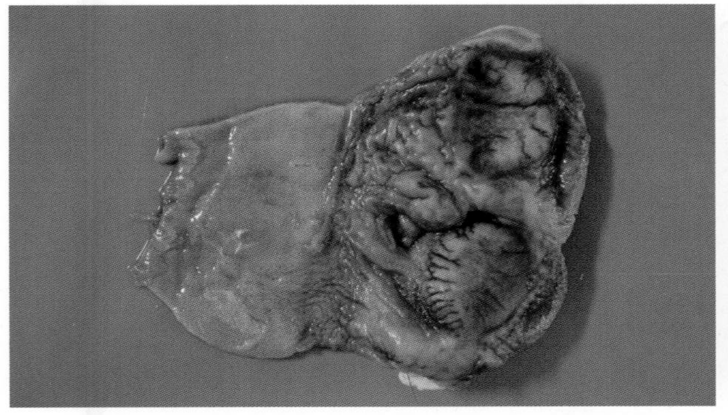

32B-29 鸭肌胃炎，肌胃角质层增厚，颜色变浅

32B-30 乳鸽肌胃炎，肌胃角质层增厚，颜色变浅

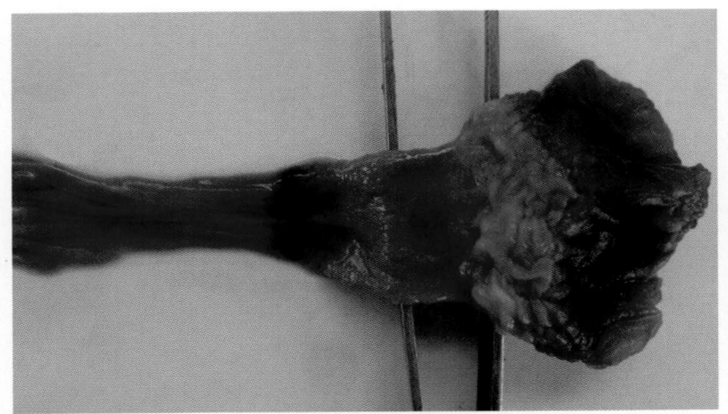

32B-31 鸽肌胃炎，肌胃角质层增厚、颜色变浅

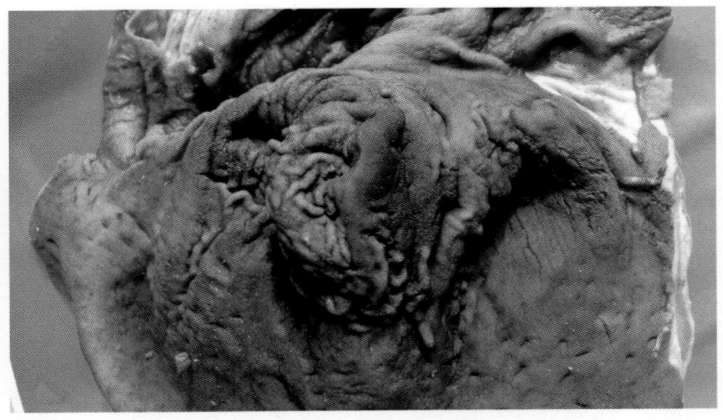

32B-32 鸵鸟肌胃炎，肌胃角质层增厚，颜色变浅，肌胃与腺胃的连接处发生溃疡

念珠菌病（Candidiasis; CD）

本病是由白色念珠菌引起家禽尤其是幼禽的一种真菌性传染病。其主要特征为上消化道黏膜产生白色的假膜和溃疡病变，临床上以鸡、鸽多见。

【病原】

病原为白色念珠菌。

【流行特点】

本菌广泛存在于自然界，在健康家禽的口腔、上呼吸道和肠道等寄生。主要见于幼龄的鸡、鹅、鸽等，一般鸭很少感染。幼禽的易感性和死亡率较成年禽高，成年禽发生本病，诱发本病的重要因素主要是长期使用抗菌药以及维生素缺乏。

【临床症状】

病禽食欲不振，嗉囊积食不下，生长发育迟缓，产蛋鸡的产蛋率下降。

【剖检病变】

病死禽肌体消瘦、鼻腔有分泌物，可见口腔、咽部、有灰白色黏液，嗉囊黏膜有散在的或密集的乳白色菌落斑块，并与黏膜紧密粘连，剥离后露出红色的溃疡面。

【诊断】

根据临床症状、剖检病变可初步诊断，确诊须进行本菌的分离与鉴定。

【防控措施】

加强饲养管理，搞好清洁卫生，确保鸡舍通风良好，保持环境干燥，控制饲养密度，避免拥挤，并应避免长期使用抗菌药，防止消化道正常菌群被破坏，引起双重感染。药物防治可参照禽曲霉菌病。

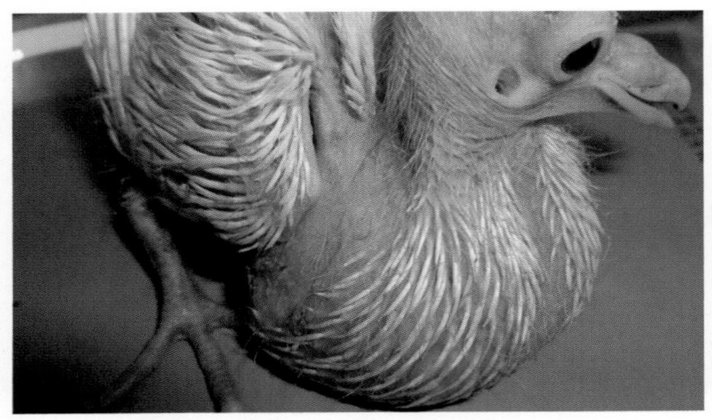

33-1 念珠菌感染，病鸽伏卧，嗉囊极度胀大下垂触地，不能正常站立

33-2 念珠菌感染，病鸽嗉囊极度胀大，相当于躯干的5～6倍（1）

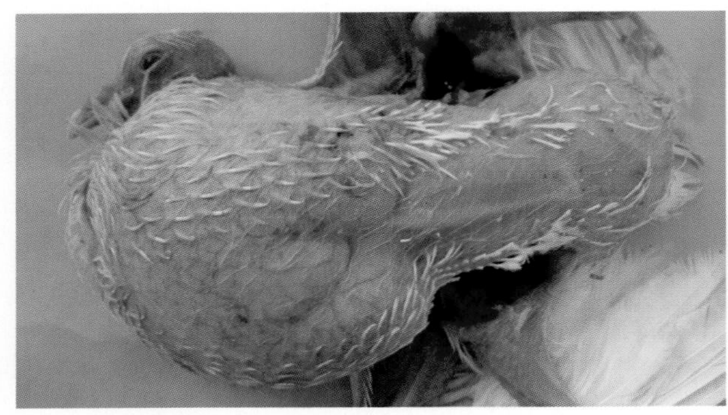

33-3 念珠菌感染，病鸽嗉囊极度胀大，相当于躯干的5～6倍（2）

33-4 念珠菌严重感染，从病鸽嗉囊壁可以看到嗉囊黏膜上的菌落斑块

33-5 念珠菌感染，病鸽嗉囊有散在性乳白色菌落斑块

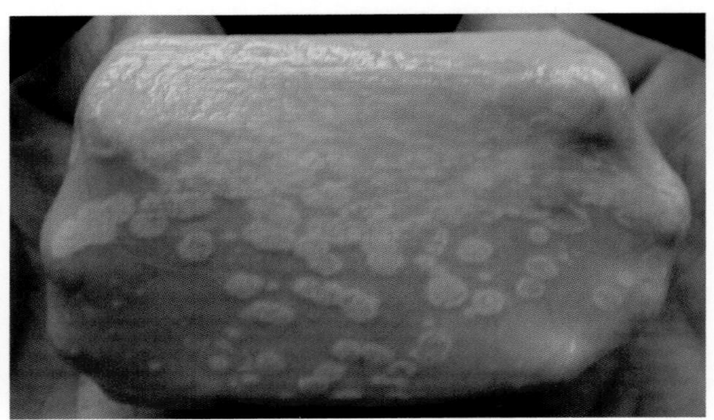

33-6 念珠菌感染，病鸡嗉囊黏膜有散在的乳白色菌落斑点

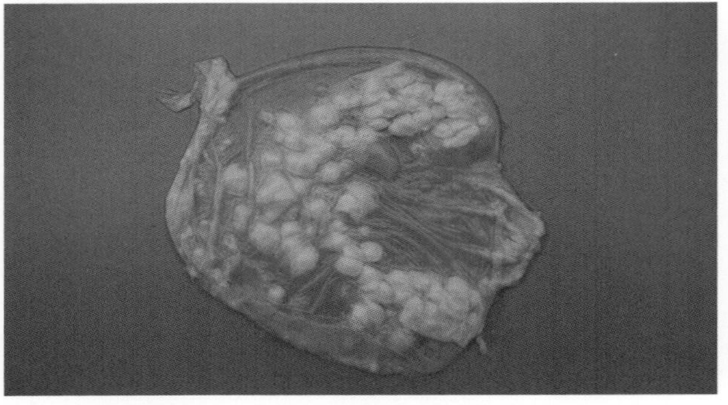

33-7 念珠菌感染，病鸽嗉囊黏膜极度变薄，有散在的较大的乳白色菌落斑

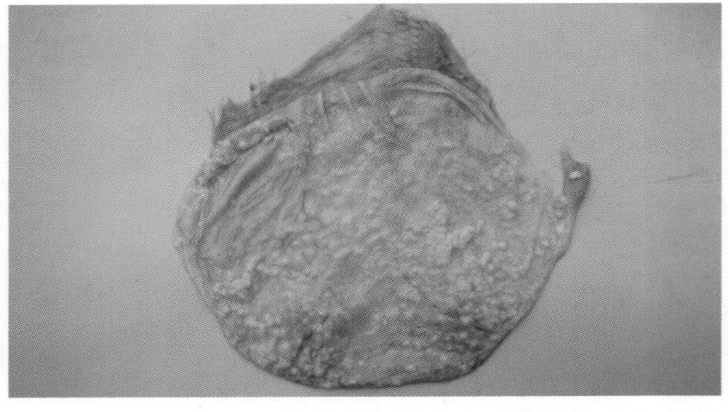

33-8 念珠菌感染，病鸽嗉囊黏膜有密集的灰黄色菌落斑点

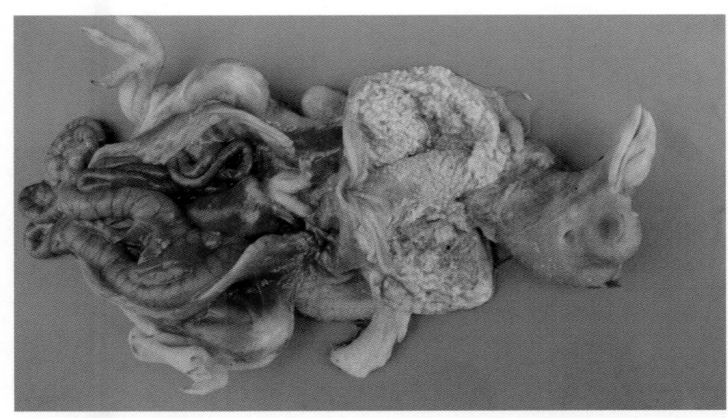

33-9 念珠菌感染，病鸽嗉囊黏膜有密集的乳白色菌落斑块

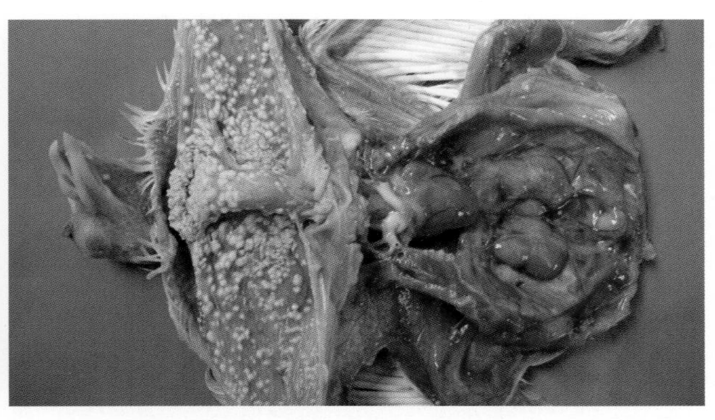

33-10 念珠菌感染，病鸽嗉囊黏膜有散在的乳白色菌落斑点

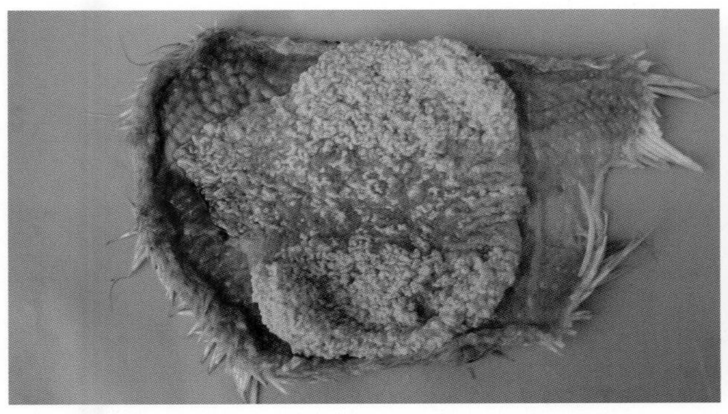

33-11 念珠菌感染，病鸽嗉囊黏膜有密集的乳白色菌落斑块

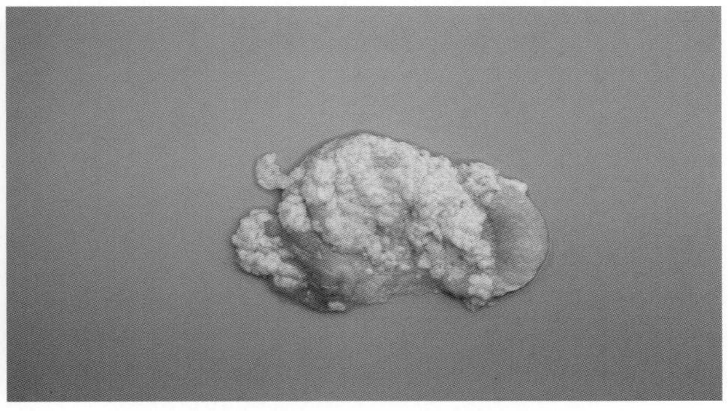

33-12 念珠菌感染，病鸽嗉囊黏膜有密集的乳白色菌落团块

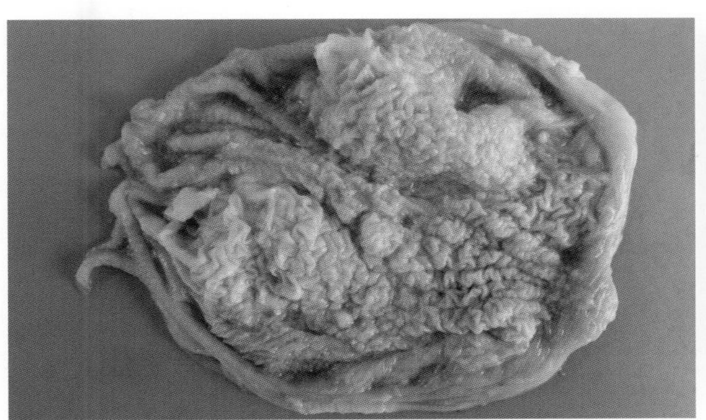

33-13 念珠菌感染，病鸽嗉囊黏膜有密集的乳白色菌落团块，像白色毛巾一样

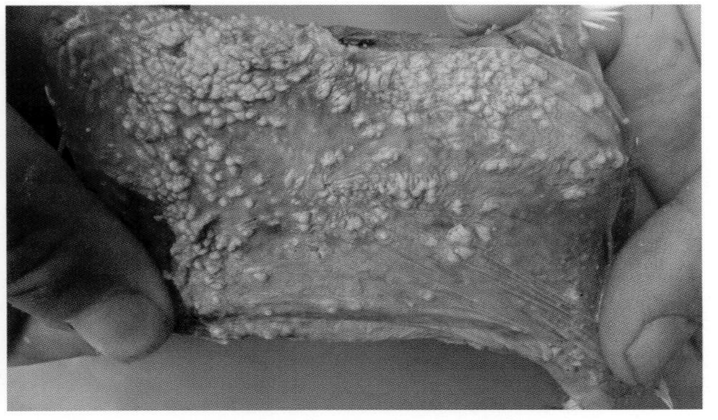

33-14 念珠菌感染，嗉囊黏膜有密集的灰黄色菌落斑点

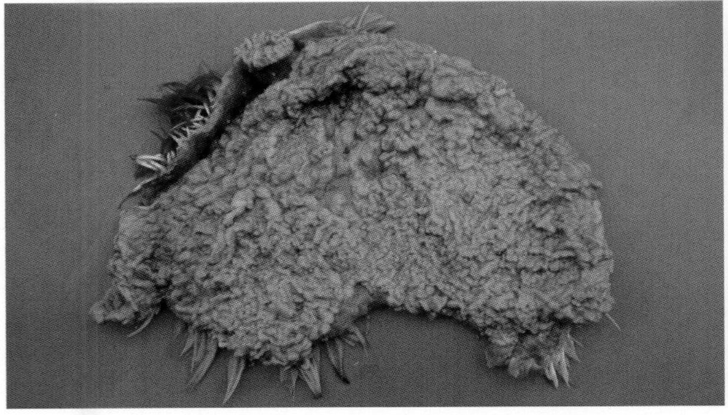

33-15 念珠菌感染，病鸽嗉囊黏膜有密集的土黄色菌落斑块，像旧毛巾一样

33-16 念珠菌严重感染，病鸽嗉囊黏膜出血、溃疡，并有散在的白色菌落斑点

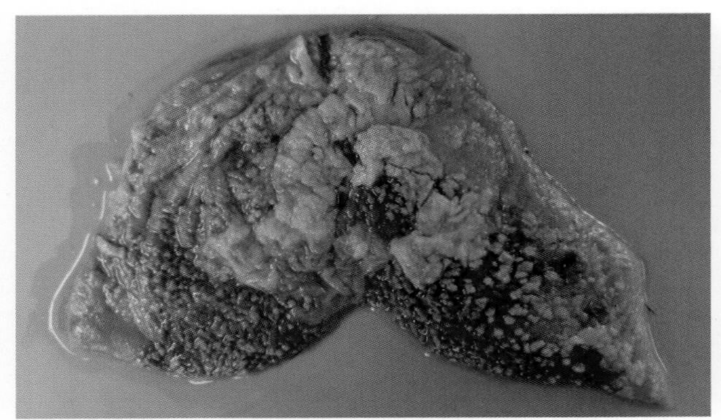

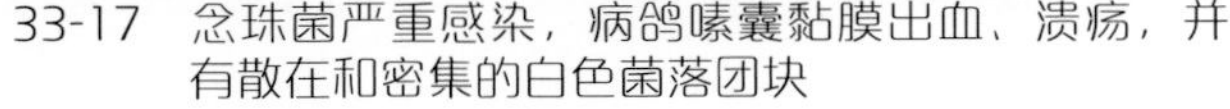
33-17 念珠菌严重感染，病鸽嗉囊黏膜出血、溃疡，并有散在和密集的白色菌落团块

33-18 念珠菌感染，病鸽舌下口腔黏膜有念珠菌斑块，不易剥离

鸭传染性浆膜炎（Infectious serositis of duck）

【病原】

原名鸭疫巴氏杆菌，现名鸭疫里氏杆菌，为革兰氏阴性菌。

【流行特点】

1～8 周龄的鸭易感，但尤以 2～3 周龄的小鸭最易感，一般 1 周龄以内的雏鸭很少有发病者（可能因有母源抗体），7 周龄以上很少发病。严寒季节也有 120～130 日龄感染死亡的病例。小鹅也可以感染。本病在鸭群中感染率很高，有时可达 90% 以上，死亡率在 5%～75% 不等。一年四季都可发生，尤以冬春季发病率高。

【临床症状】

急性病例主要表现为如下症状。

1. 嗜眠、缩颈、腿软弱不愿走动或行动蹒跚，共济失调，不食或少食。

2. 眼和鼻孔有浆液性或黏液性分泌物，粪便呈黄白色或绿色。

3. 特征症状：濒死时出现神经症状，如痉挛点头或摇头，两腿向后伸直，颈向后背，呈角弓反张状，尾部轻轻摇摆，不久抽搐而死，病程一般为 1～3 d。

4. 日龄较大者（4～7 周龄）多呈亚急性或慢性经过。主要表现为缩颈、沉郁、腿软不愿走动、食欲减少，但饮欲增加，伏卧不起。少数病例出现头颈歪斜，遇有惊扰时，不断鸣叫，转圈或倒退，能采食长期存活，但多发育不良，有时易被健康鸭践踏、挤压致死。少数病例有呼吸困难，表现张口呼吸。

【剖检病变】

1. 病程较急的病例，心包液增加，心外膜表面覆盖有纤维素性渗出物。

2. 病程较长者，心包囊有淡黄色纤维素性渗出物填充，使心包膜与心外膜粘连。剖检特征性的病变为：肝表面覆盖一层质地均一、薄而透明呈灰白色或灰黄色的纤维素性假膜，易剥离。此病变虽然与大肠杆菌病的病理变化相似，但是大肠杆菌病在临床症状上没有角弓反张、头颈歪斜、转圈倒退等神经症状。

3. 肝呈土黄色或棕红色，多肿大，实质较脆，病程较长者肝表面渗出物呈淡黄色或灰白色团块。

4. 多数病例气囊增厚、混浊，常与胸腹壁粘连。

5. 脾多肿大，表面也常有纤维素性膜，日龄较大的，脾呈大理石状。

6. 有神经症状的病例，常见脑充血、水肿或有小点出血。

7. 少数病例有输卵管炎，见输卵管肿胀，出血，内有干酪样物蓄积。

【诊断】

根据流行特点、临床症状、剖检病变可做出初步诊断，确诊须进行实验室诊断。

【防控措施】

1. 加强饲养管理，要有较好的育雏设备。冬季防寒、夏季防暑，便于消毒，通风良好，防止潮湿，勤换垫料。要有合理的饲养密度。采用“全进全出”的育雏方法。

2. 抗生素药物的使用对该病有很好的防治效果，建议选择低代次抗生素使用，有条件的最好进行药敏试验，选择敏感药物使用。

34-1 传染性浆膜炎病鸭腿软弱，不愿走动或行动蹒跚，共济失调

34-2 传染性浆膜炎病鸭濒死时出现神经症状，右侧病鸭痉挛点头、摇头，左侧病鸭两腿向后伸直，颈向后背，呈角弓反张状

34-3 传染性浆膜炎病鸭有的两腿向后伸直，颈向后背，呈角弓反张状。有的出现痉挛点头、摇头神经症状

34-4 传染性浆膜炎病鸭濒死时出现神经症状，颈向后背，呈角弓反张状

34-5 传染性浆膜炎病鸭腿软弱，行动蹒跚，共济失调

34-6 传染性浆膜炎病鸭腿软弱，不愿走动、共济失调（1）

34-7 传染性浆膜炎病鸭腿软弱，不愿走动，共济失调（2）

34-8 传染性浆膜炎病鸭濒死时出现神经症状，不能正常站立（1）

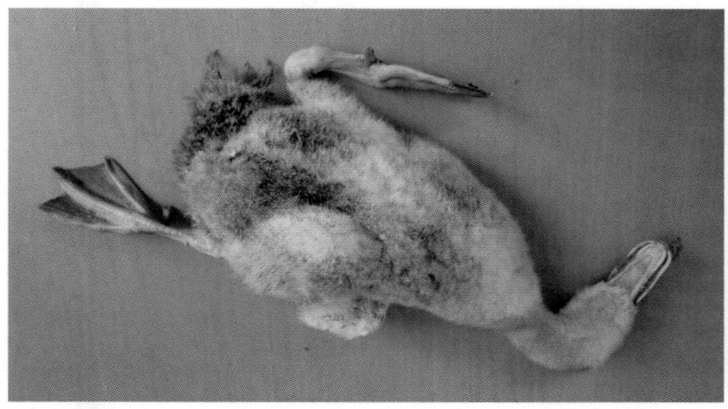
34-9 传染性浆膜炎病鸭濒死时出现神经症状，不能正常站立（2）

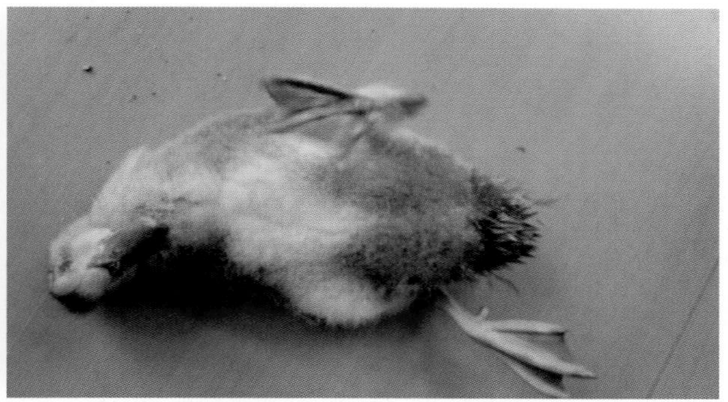
34-10 传染性浆膜炎病鸭濒死时出现神经症状，不能正常站立（3）

34-11 传染性浆膜炎病鸭头颈歪斜，转圈倒退

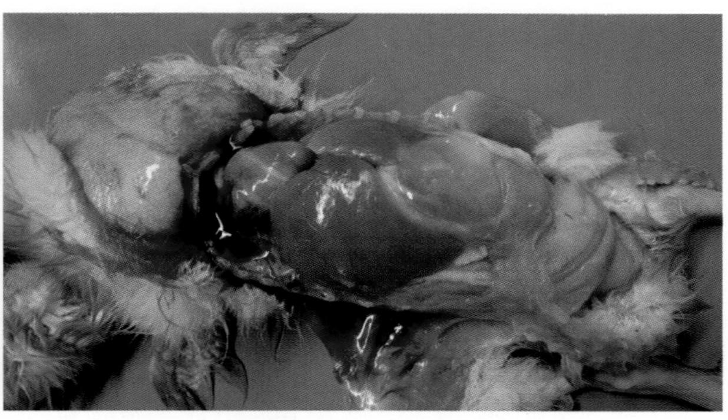
34-12 传染性浆膜炎病鸭肝表面覆盖一层质地均一、薄而透明、呈灰白色纤维素性膜（1）

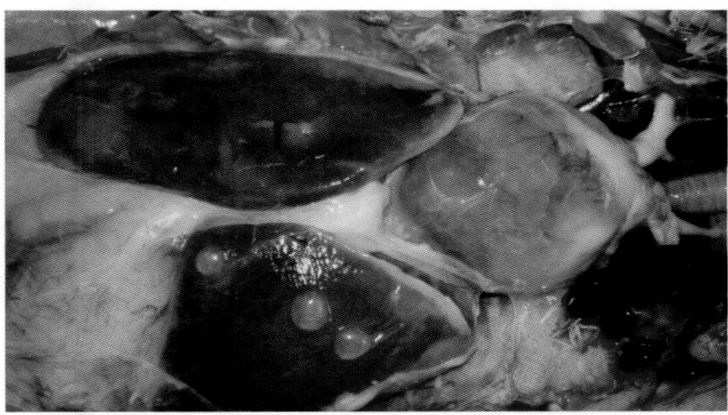
34-13 传染性浆膜炎病鸭肝表面覆盖一层质地均一、薄而透明、呈灰白色纤维素性膜（2）

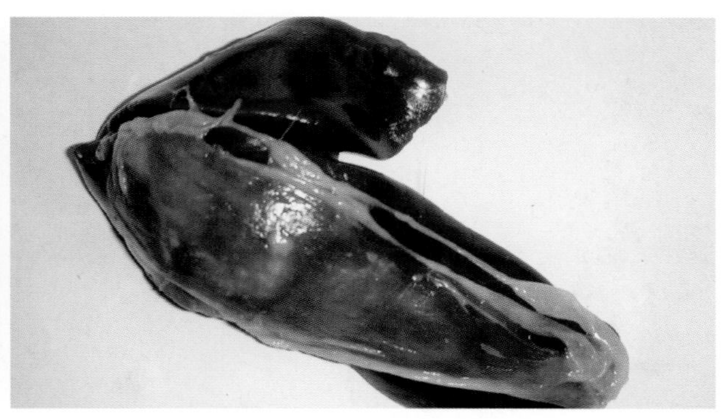
34-14 传染性浆膜炎病鸭肝表面覆盖一层质地均一、薄而透明、呈灰白色纤维素性膜（3）

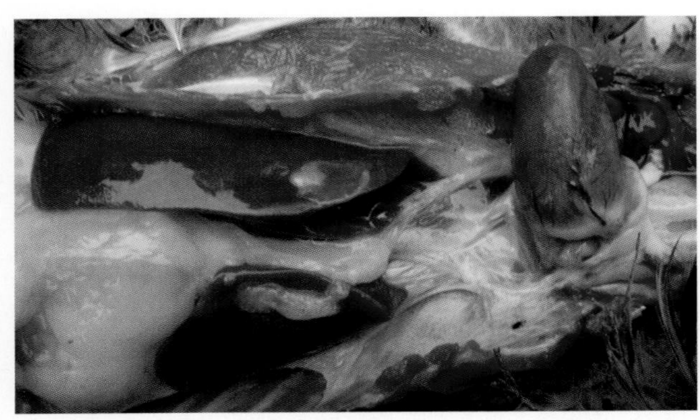

34-15 传染性浆膜炎病鸭肝肿大，肝表面渗出物呈灰白色团块

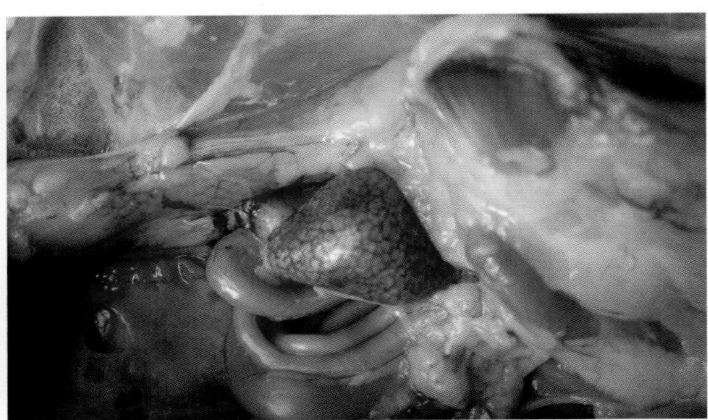

34-16 传染性浆膜炎与大肠杆菌、支原体混合感染，病鸭脾出血，呈斑驳状

鸡坏死性肠炎（Necrotic enteritis；NE）

坏死性肠炎，又称肠毒血症。

【病原】

本病是由A型或C型产气荚膜梭菌引起的急性传染病，病原是革兰氏阳性菌。一般为散发，对育成鸡、产蛋鸡均能构成危害。

【流行特点】

A型和C型荚膜梭菌主要存在于粪便、土壤、灰尘、污染的饲料及垫料中。在正常的动物肠道中广泛存在。该病为散发，无流行性。对育成鸡、产蛋鸡均能构成危害。在热应激状态下鸡体抵抗力下降时更容易发病。

【临床症状】

本病常突然发生，无明显症状就死亡。病程稍长的病鸡，可见精神沉郁、下痢、泄殖腔周围的羽毛常被粪便污染。冠髯苍白，羽毛松乱，食欲减退，排出黑色、混血糊状便，迅速死亡。

【剖检病变】

1. 感染3 d，十二指肠黏膜增厚肿胀，肠黏膜上形成一层厚厚的浅黄绿色纤维素性假膜，像麸皮一样，易剥离。外观肠壁有出血斑点，像花布一样。

2. 小肠中段极度胀大，内有气体，肠黏膜脱落，肠壁薄脆。

3. 感染5 d后肠黏膜发生坏死，打开刚病死鸡体腹腔，即可闻到有腐败臭味。肠道表面呈污灰黑色，或污黑、绿色，肠腔扩张充气。肠黏膜脱落，严重者肠壁上有一层灰黑色致密的假膜，肠腔内有含气泡黑色糊状物，有腥臭味。

4. 肠腔内有未消化的饲料颗粒，小肠的下段、回肠有橙色内容物，其为魏氏梭菌和球虫混合感染，又称作“肠毒综合征”。

【诊断】

根据流行特点、临床症状和剖检病变可做出初步诊断，确诊须进行实验室诊断。

【防控措施】

抗生素有一定的治疗效果，可以选用敏感药物使用。腐殖酸钠、药用木炭、益生素等也能起到一定的预防作用。

35-1 产气荚膜梭菌感染，病鸡排出带泡沫的稀便

35-2 产气荚膜梭菌感染，病鸡常排出稀便，将肛门周围的羽毛污染

35-3 产气荚膜梭菌感染，病鸡常排出未消化的带有饲料颗粒的稀便

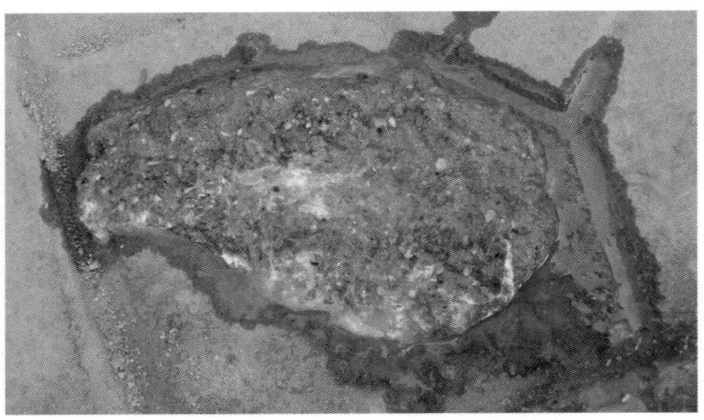

35-4 产气荚膜梭菌感染，病鸡排出黄色带有饲料颗粒的糊状稀便

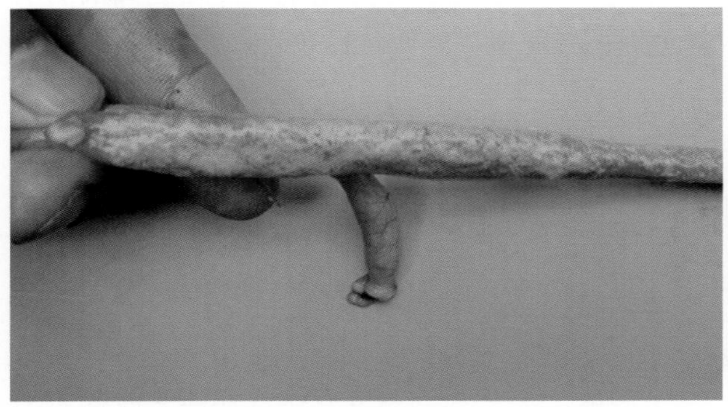

35-5 产气荚膜梭菌感染，病鸡十二指肠黏膜增厚、肿胀，肠黏膜上形成一层厚厚的浅黄绿色纤维素性假膜，像麸皮样

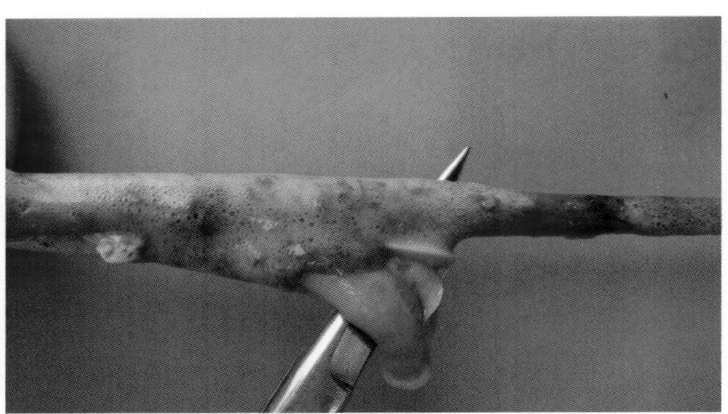

35-6 产气荚膜梭菌感染，肠腔内有多量气泡（1）

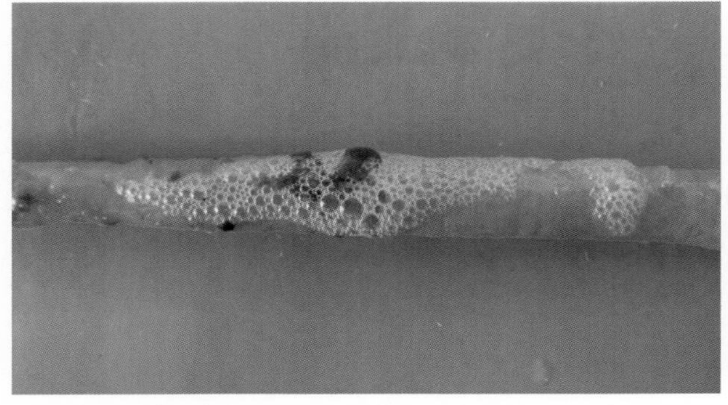

35-7 产气荚膜梭菌感染，肠腔内有多量气泡（2）

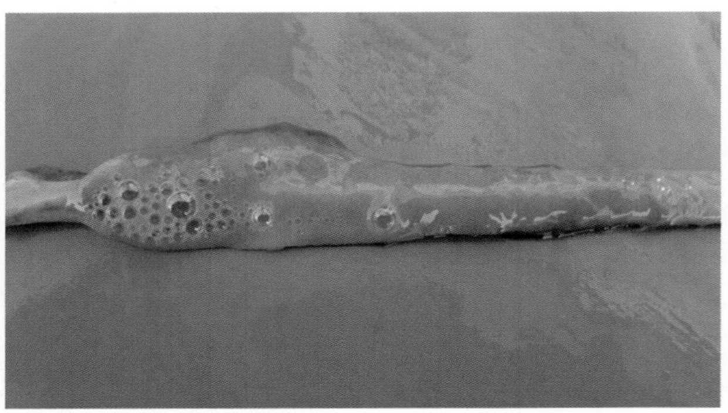

35-8 产气荚膜梭菌感染，肠腔内有多量气泡（3）

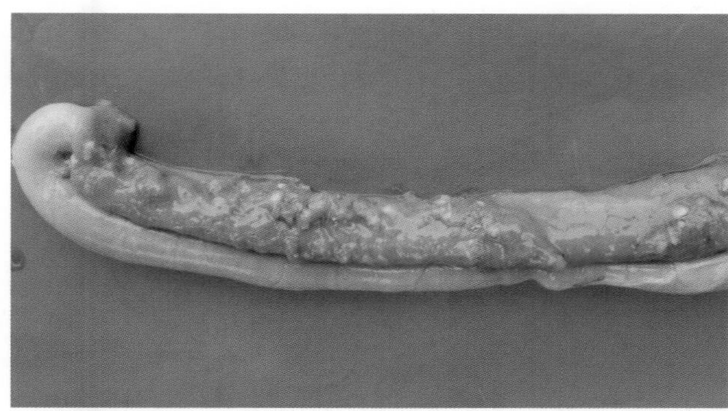

35-9 产气荚膜梭菌感染，肠腔内有多量未消化的饲料颗粒

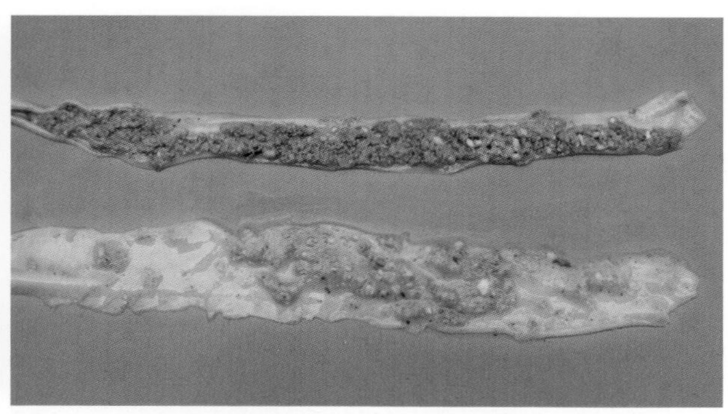

35-10 产气荚膜梭菌感染，病鸡肠道内有未消化的饲料颗粒

35-11 产气荚膜梭菌感染，肠道有大量未消化的饲料颗粒

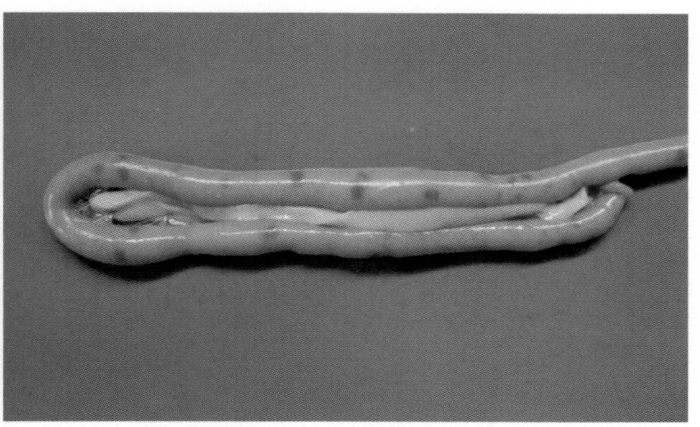

35-12 产气荚膜梭菌感染，肠壁有多量散在性出血斑点

35-13 产气荚膜梭菌感染，病鸡肠壁有散在的大小不等的出血斑点（1）

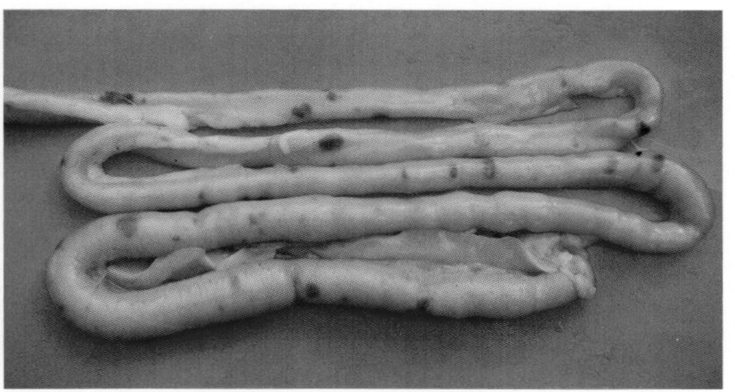

35-14 产气荚膜梭菌感染，病鸡肠壁有散在的大小不等的出血斑点（2）

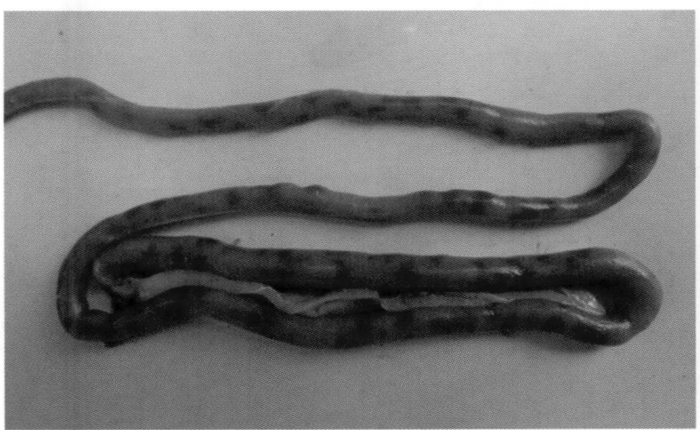

35-15 产气荚膜梭菌感染，病鸡肠壁有散在的大小不等的出血斑点（3）

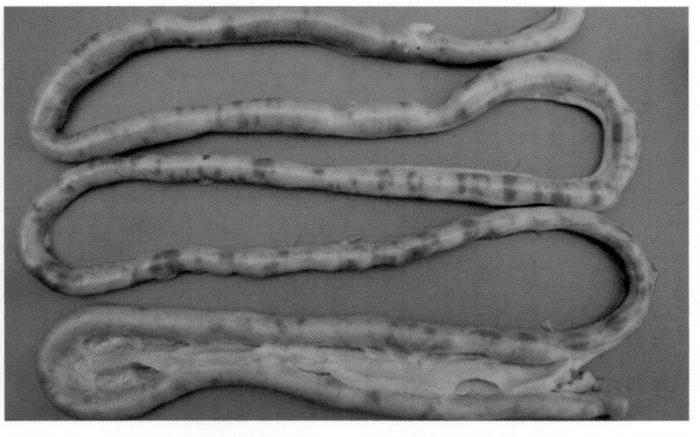

35-16 产气荚膜梭菌感染，病鸡肠壁有散在的大小不等的出血斑点（4）

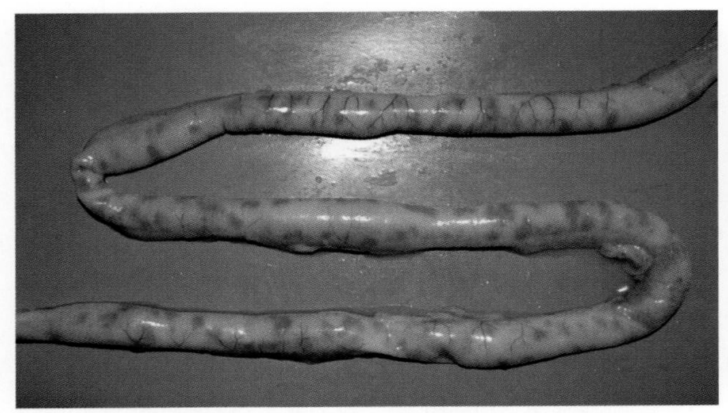

35-17 产气荚膜梭菌感染，病鸡肠壁有散在的大小不等的出血斑点（5）

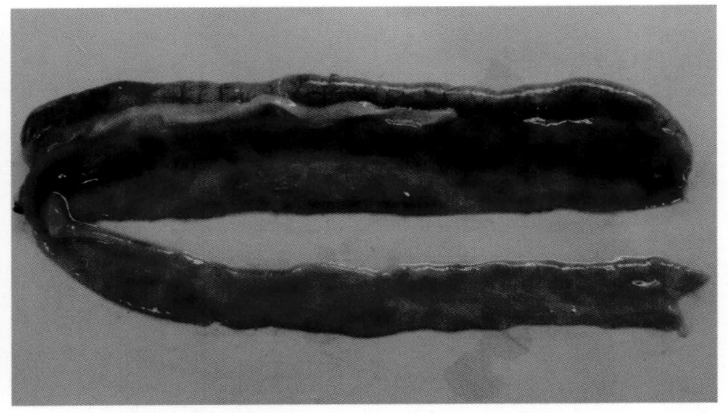

35-18 产气荚膜梭菌感染，病情严重的病鸡肠黏膜出血斑点连成一片（1）

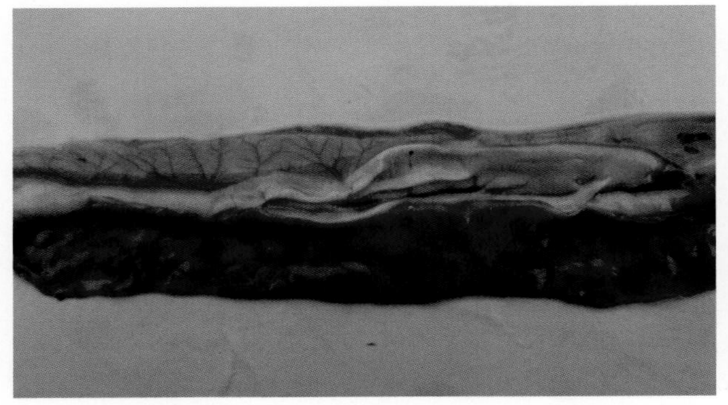

35-19 产气荚膜梭菌感染，病情严重的病鸡肠黏膜出血斑点连成一片（2）

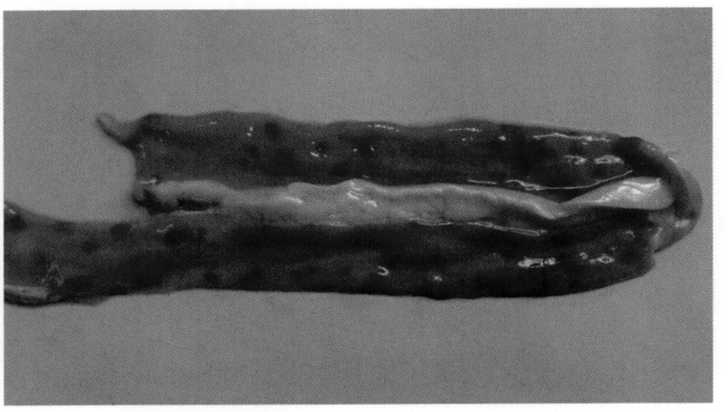

35-20 产气荚膜梭菌感染，病鸡肠黏膜有散在的大小不等的出血斑点（1）

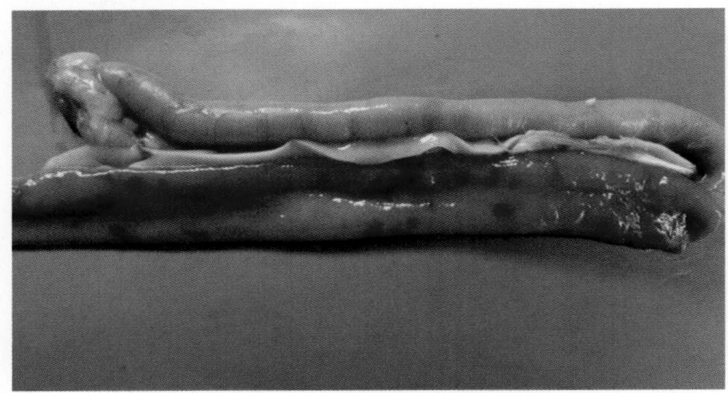

35-21 产气荚膜梭菌感染，病鸡肠黏膜有散在的大小不等的出血斑点（2）

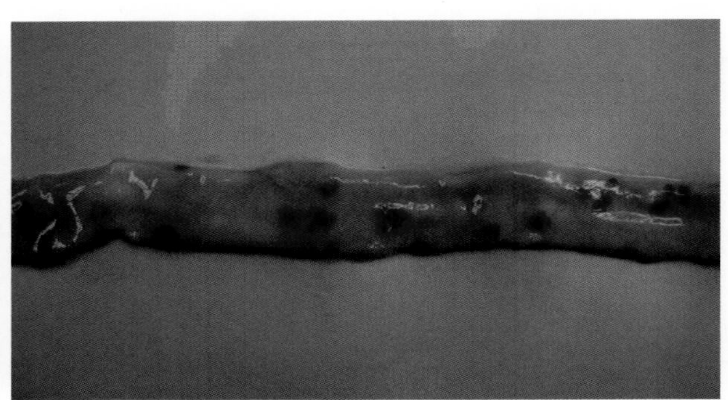

35-22 产气荚膜梭菌感染，病鸡肠黏膜有散在的大小不等的出血斑点（3）

35-23 产气荚膜梭菌感染，病鸡肠黏膜有散在的大小不等的出血斑点（4）

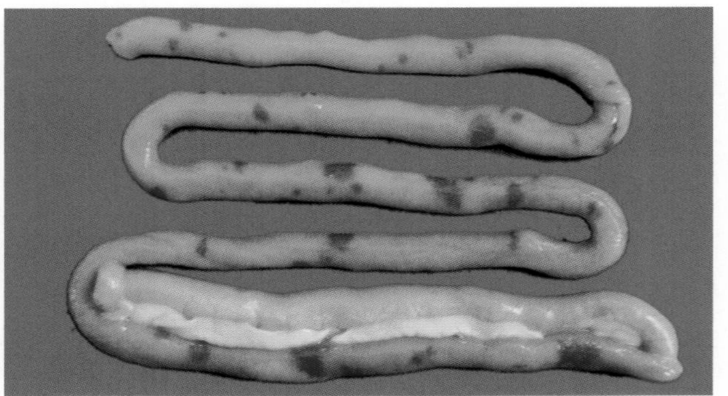

35-24 产气荚膜梭菌感染，病鸡肠黏膜有散在的大小不等的出血斑点（5）

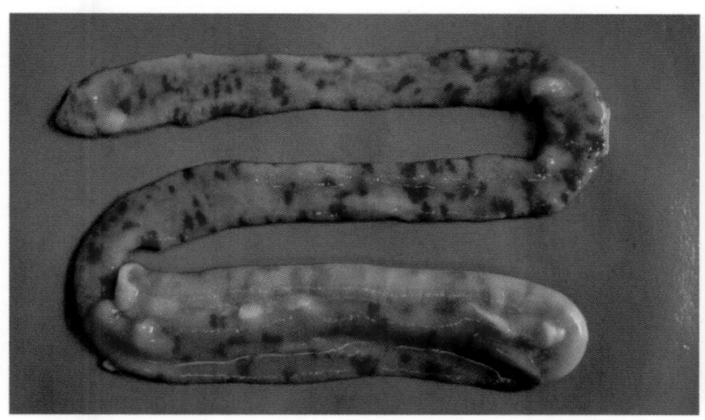

35-25　产气荚膜梭菌感染，病鸡肠黏膜有散在的大小不等的出血斑点（6）

35-26　产气荚膜梭菌感染，病鸡肠黏膜有散在的大小不等的出血斑点（7）

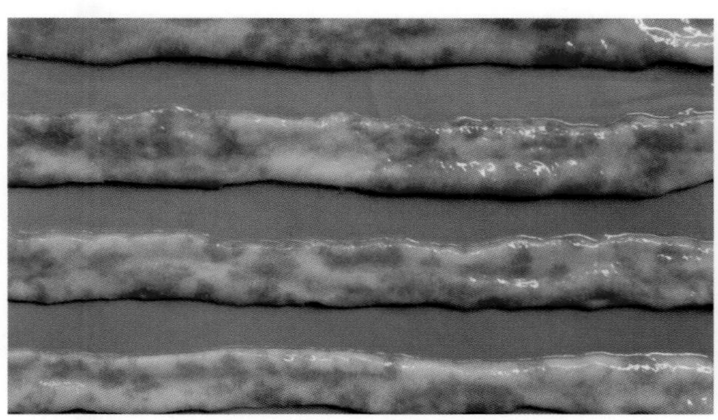

35-27　产气荚膜梭菌感染，病鸡肠黏膜有散在的大小不等的出血斑点（8）

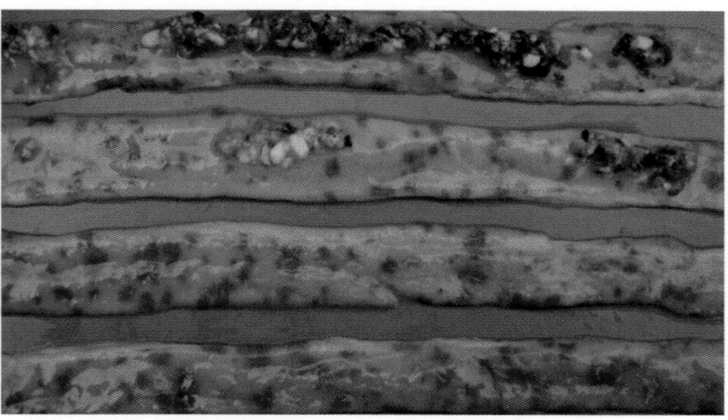

35-28　产气荚膜梭菌感染，病鸡肠黏膜有火柴头大小弥散性出血斑和未消化的饲料颗粒

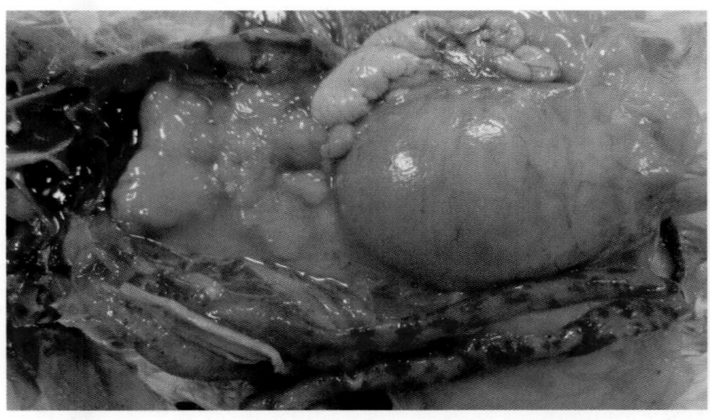

35-29　产气荚膜梭菌与非典型新城疫混合感染，病鸡肠黏膜有多量出血斑点，卵泡呈菜花样

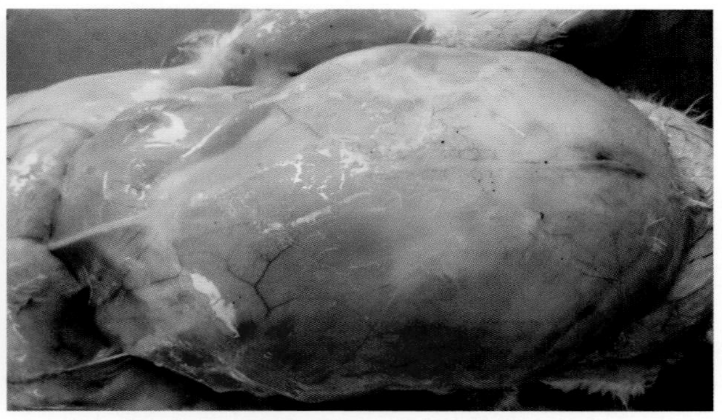

35-30　产气荚膜梭菌严重感染，肠道充满气体，致使腹部呈充气的青蛙状

35-31　产气荚膜梭菌感染，病鸡整个肠道极度膨大，内有气体，肠黏膜脱落，肠壁薄脆

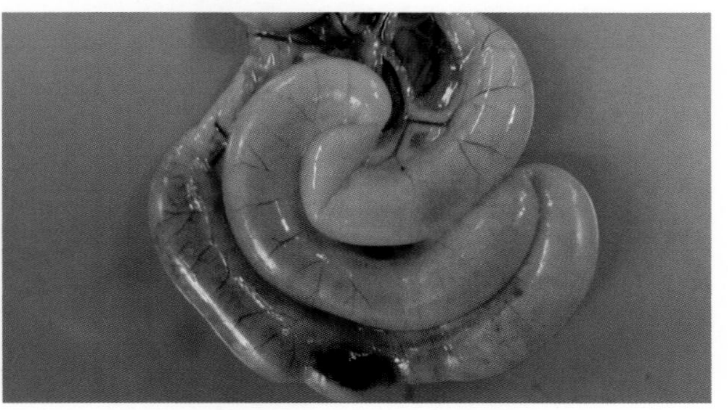

35-32　产气荚膜梭菌感染，病程长的病鸡，肠道充满了气体，肠壁薄脆

35-33 产气荚膜梭菌感染，病鸡小肠中段、盲肠极度膨大，内有多量气体，肠黏膜脱落，肠壁薄脆

35-34 产气荚膜梭菌感染，病鸡小肠中段极度膨大，内有气体，肠黏膜脱落，肠壁薄脆（1）

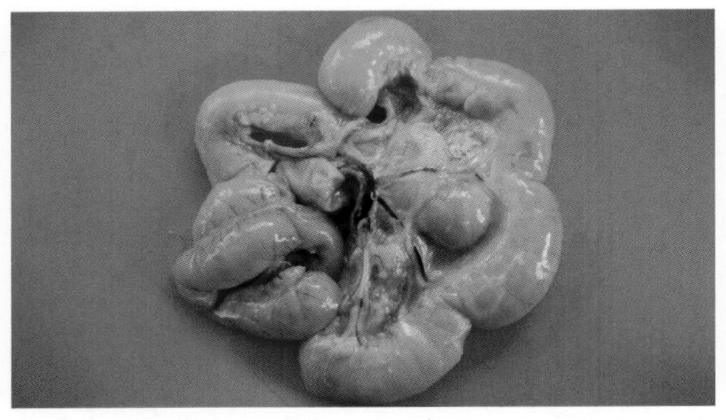
35-35 产气荚膜梭菌感染，病鸡小肠中段极度膨大，内有气体，肠黏膜脱落，肠壁薄脆（2）

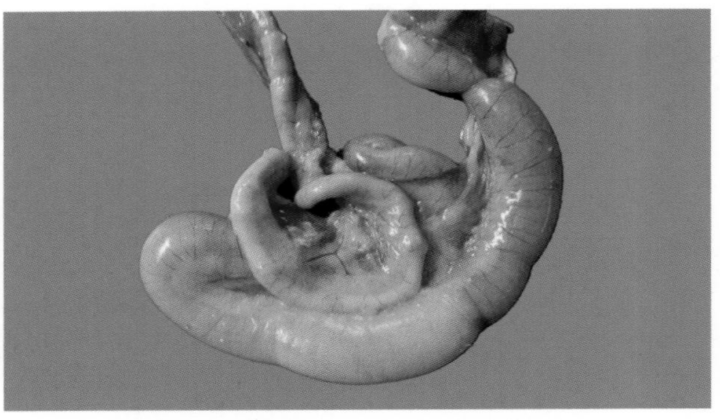
35-36 产气荚膜梭菌感染，病鸡小肠中段极度膨大，内有气体，肠黏膜脱落，肠壁薄脆（3）

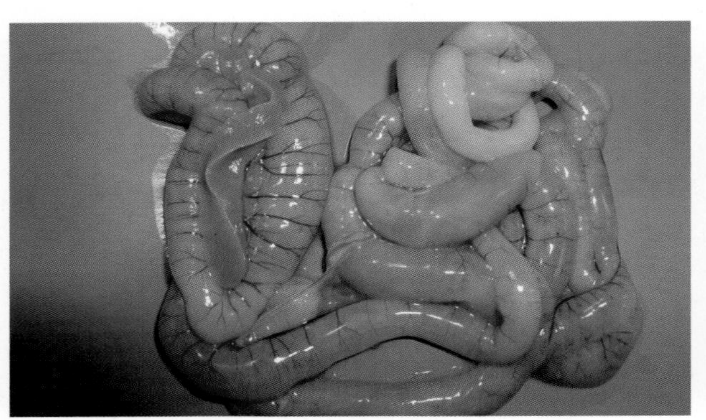
35-37 产气荚膜梭菌感染，病鸽肠道严重胀气（1）

35-38 产气荚膜梭菌感染，病鸽肠道严重胀气（2）

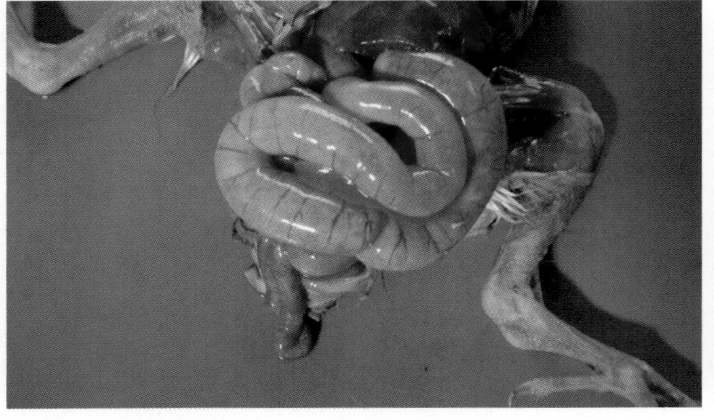
35-39 产气荚膜梭菌感染，病鸽肠道极度膨大，内有气体，肠黏膜脱落，肠壁薄脆

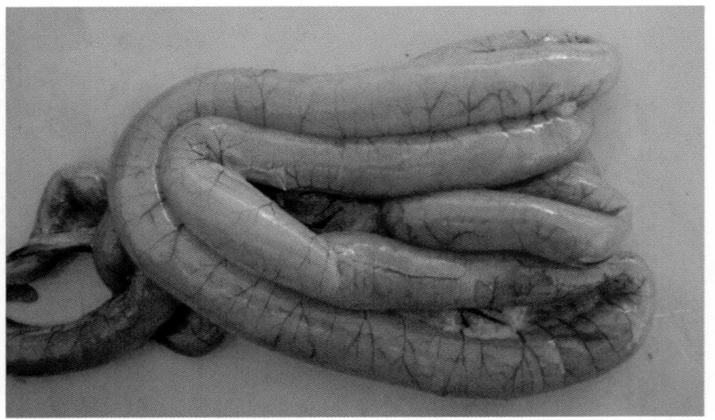
35-40 产气荚膜梭菌感染，病鸭肠道胀气

35-41 产气荚膜梭菌感染，15 日龄鸵鸟肠道胀气，比正常肠道粗 4～5 倍

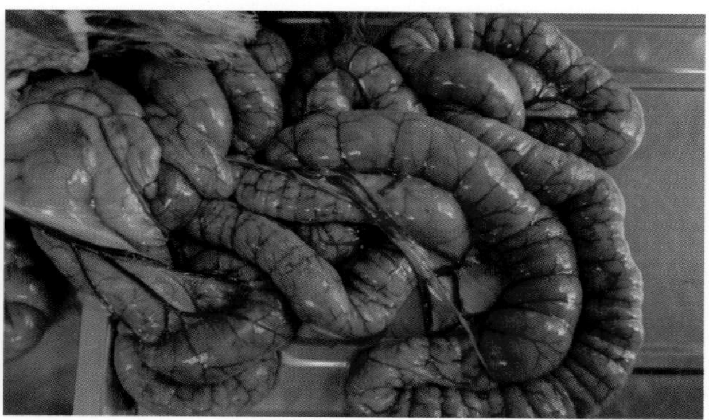

35-42 产气荚膜梭菌感染，鸵鸟肠管胀气，肠管增粗、充血

35-43 产气荚膜梭菌和大肠杆菌混合感染，病鸡心脏有纤维素性渗出物，肠道严重胀气

35-44 产气荚膜梭菌和大肠杆菌混合感染，病鸡卵黄性腹膜炎、肠道胀气

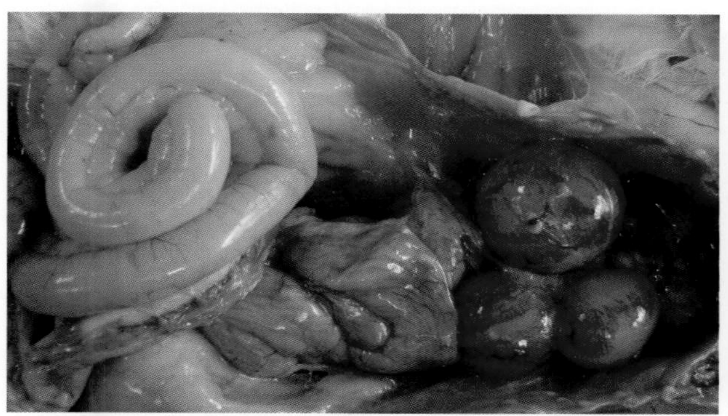

35-45 产气荚膜梭菌与流感混合感染，病鸡卵泡出血，肠道胀气

35-46 产气荚膜梭菌感染，病鸡小肠中段极度膨大，内有多量气体，肠黏膜脱落，肠壁薄脆

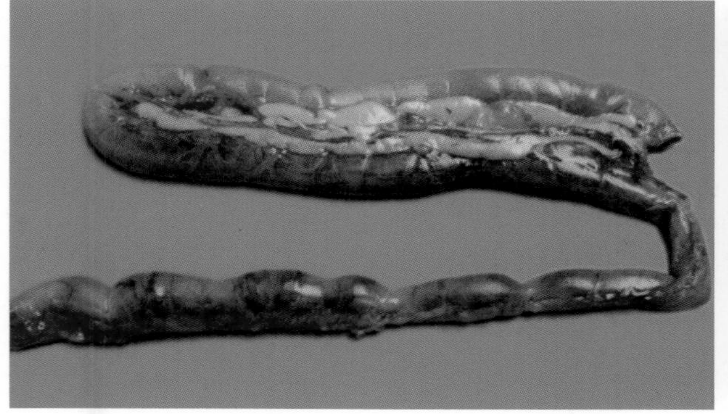

35-47 产气荚膜梭菌感染，病鸡病程后期肠道呈灰黑色，肠管内有气体（1）

35-48 产气荚膜梭菌感染，病鸡病程后期肠道呈灰黑色，肠管内有气体（2）

35-49 产气荚膜梭菌感染，病鸡病程后期肠道浆膜呈黑褐色、蓝青色，肠道内充满了黑褐色糊状物

35-50 产气荚膜梭菌感染，病鸡病程后期肠道呈蓝灰色，肠腔内充满了黑褐色糊状物

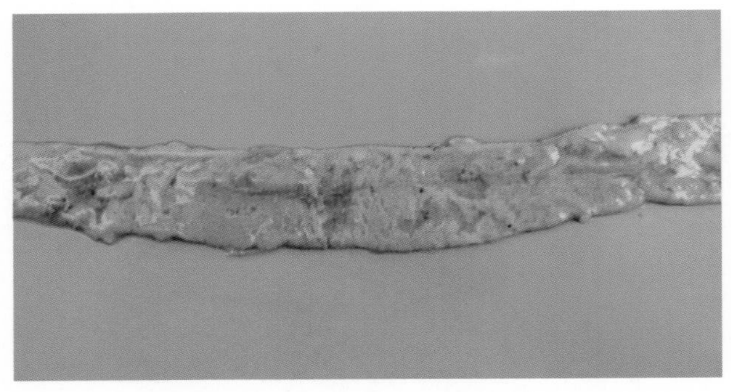

35-51 产气荚膜梭菌感染，病程长的病鸡，肠管变粗，剪开肠管，先流出大量黄褐色内容物，肠黏膜脱落形成一层黄褐色假膜

35-52 产气荚膜梭菌感染，病程长的病鸡，肠腔内有饲料颗粒，肠黏膜坏死脱落

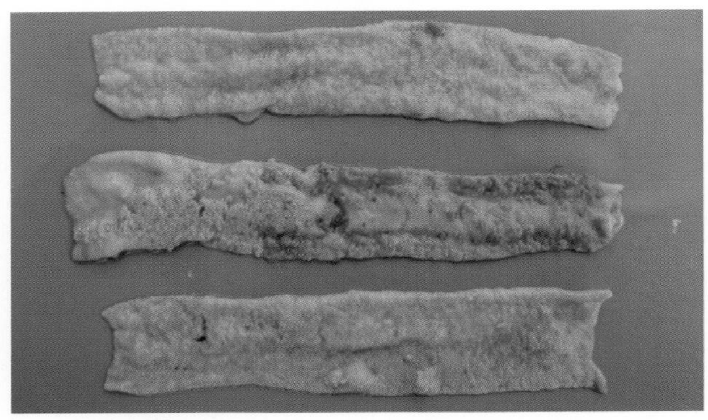

35-53 产气荚膜梭菌感染，病程长的病鸡，肠黏膜坏死脱落

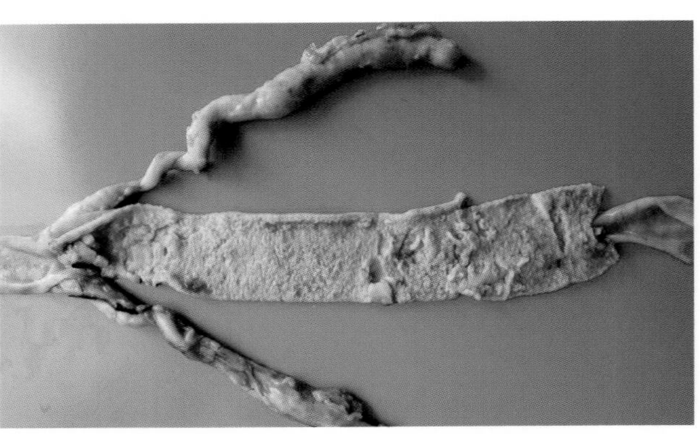

35-54 产气荚膜梭菌感染，病程长的病鸡，肠黏膜增厚坏死易脱落

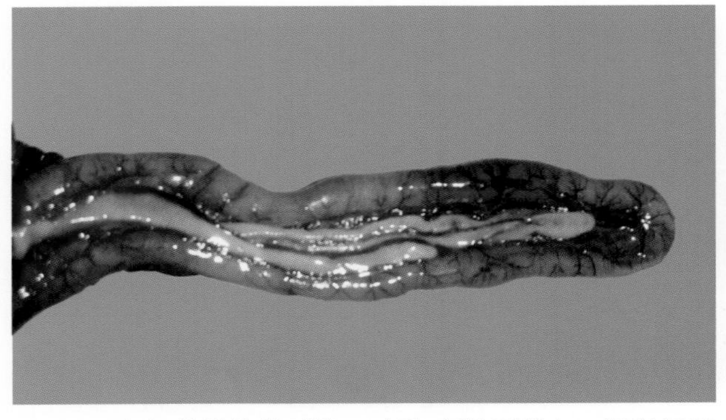

35-55 产气荚膜梭菌感染，病鸡病程后期十二指肠呈蓝灰色

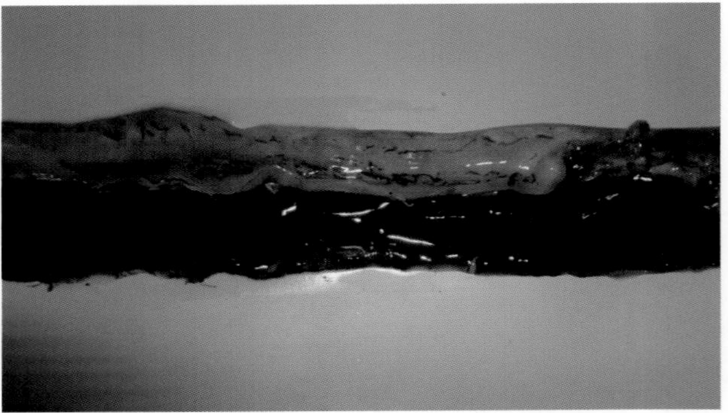

35-56 产气荚膜梭菌感染，病鸡病程后期十二指肠呈蓝灰色，肠黏膜呈黑色

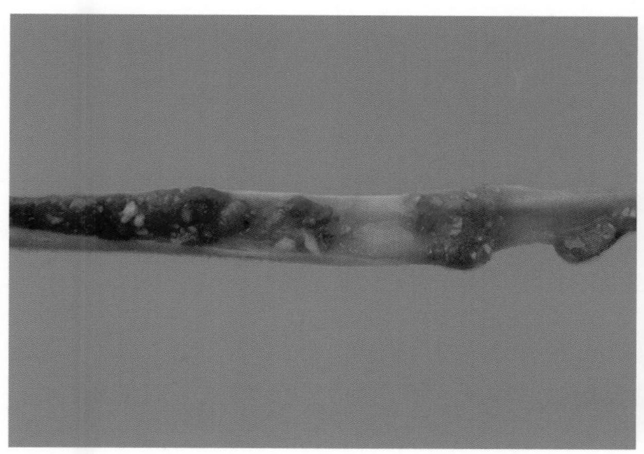

35-57 产气荚膜梭菌与巨型艾美耳球虫混合感染，病鸡肠腔内有未消化的饲料颗粒和柿红色内容物，此型又称“肠毒综合征”

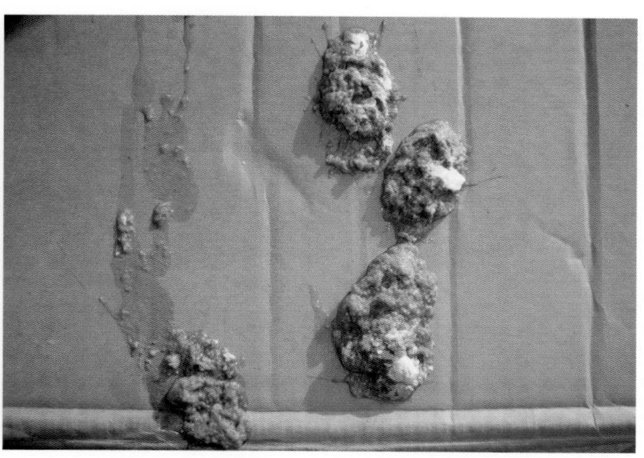

35-58 产气荚膜梭菌感染，病鸡排出饲料粪，并带有粉红色肉团，称之为“肠毒综合征”

弧菌性肝炎（Vibrionic nepatitis）

弧菌性肝炎，主要是由空肠弯曲杆菌引起的幼鸡或成年鸡的一种传染病。近年来，无论是肉仔鸡还是产蛋鸡的发病率均有增加的趋势，本病急性病例常见肝被膜脱落、肝出血，从而增加了鸡的死亡率。

【病原】

病原是空肠弯曲杆菌，呈螺旋形或弧形菌体。

【流行特点】

该菌广泛分布于各种动物的肠道内，经粪便污染环境。本病主要通过被污染的饲料和饮水经消化道而感染，在受到应激（如防疫）或其他疾病感染时，易使本病由潜伏感染变为暴发流行。该病多发生于青年鸡或新开产母鸡，死亡率不高，可引起产蛋下降，近年来在肉仔鸡中也时有发生。当急性暴发时，无论是肉鸡还是产蛋鸡均可造成较高的死亡率。

【临床症状】

病鸡精神不振，有的腹泻，急性病例常见突然死亡，死亡鸡腹部皮肤常因腹腔内充满了血液而呈黑红色，且有波动感。鸡冠萎缩苍白。大群鸡在这期间采食量与外观精神正常。

【剖检病变】

1. 急性型：肝稍肿、淤血、呈淡红褐色，肝切面下有较多针尖样出血点，典型病例出现血肿或肝破裂，肝破裂病例则使肝苍白或呈土黄色，无光泽，病灶与周围组织界限明显，表面覆盖大量血凝块，腹腔常有多量血水或血凝块。

2. 慢性型：肝肿大，肝表面和实质内有黄色、星芒状的小坏死灶，或布满菜花样的坏死区。肝被膜下有出血或血肿。

【诊断】

根据流行特点、临床症状和剖检病变可做出初步诊断，确诊须实验室诊断。与脂肪肝的鉴别诊断在于脂肪肝肝破裂后血液易凝固，而且腹部积蓄大量的脂肪。

【防控措施】

加强饲养管理，改善鸡舍卫生条件，做到全进全出，对鸡舍进行彻底消毒后方可进雏鸡。做好防治寄生虫的工作，提高鸡群抵抗力和抗应激能力。

治疗：抗生素有一定效果。选用敏感药物按说明书使用。

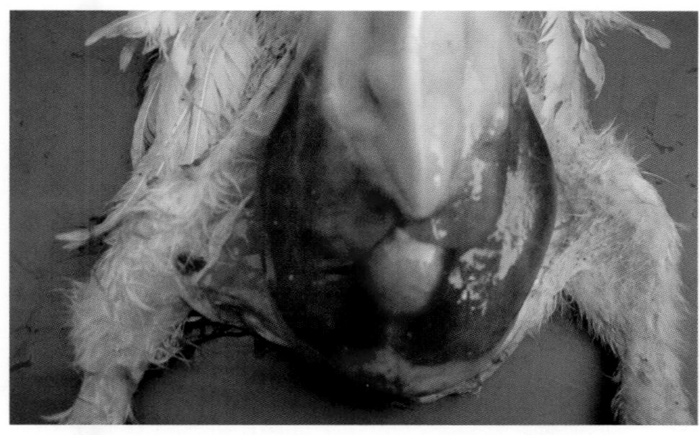
36-1 弧菌性肝炎病鸡腹腔充满了大量的血水（1）

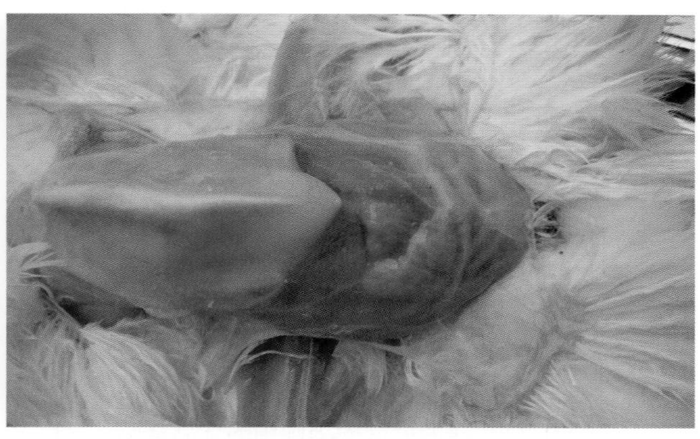
36-2 弧菌性肝炎病鸡腹腔充满了大量的血水（2）

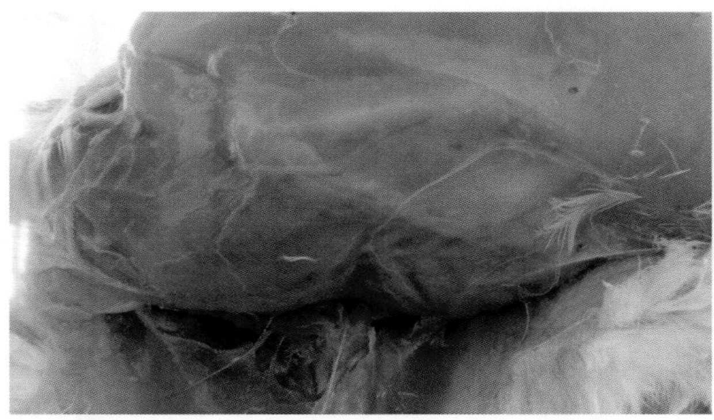
36-3 弧菌性肝炎病鸡腹腔充满了大量的血水（3）

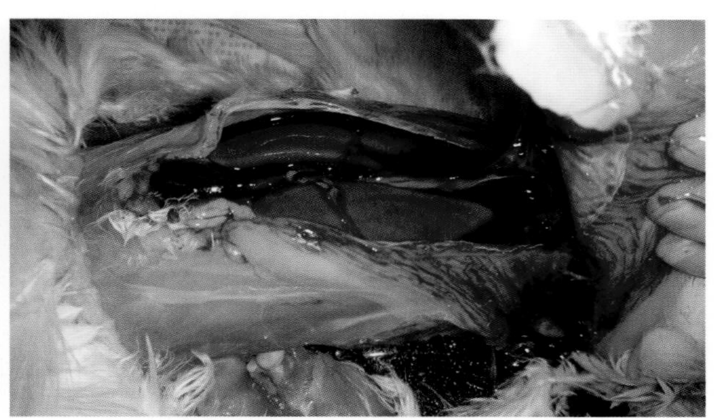
36-4 弧菌性肝炎病鸡胸、腹腔充满了大量的血水

36-5 弧菌性肝炎病鸡肝出现血肿和肝破裂

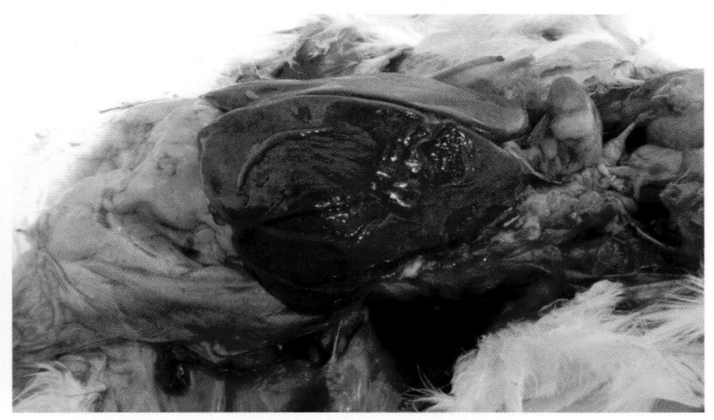
36-6 弧菌性肝炎病鸡肝被膜破裂出血，肝无光泽，肝被膜下和腹腔内有大量血水

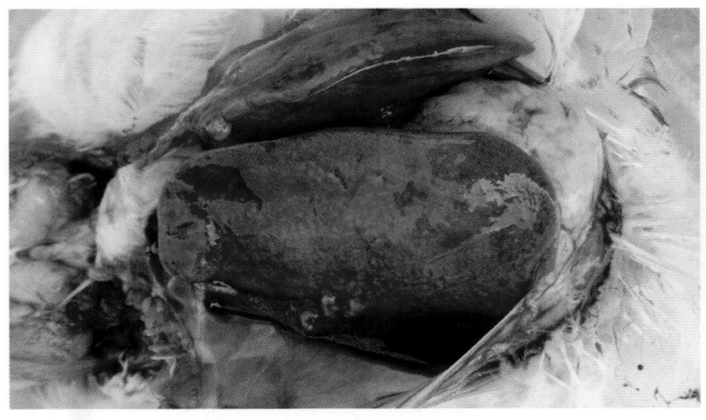
36-7 弧菌性肝炎病鸡肝被膜破裂出血，肝被膜下和腹腔内有大量血水（1）

36-8 弧菌性肝炎病鸡肝被膜破裂出血，肝被膜下和腹腔内有大量血水（2）

36-9 弧菌性肝炎病鸡肝被膜破裂出血，肝被膜下和腹腔内有大量血水（3）

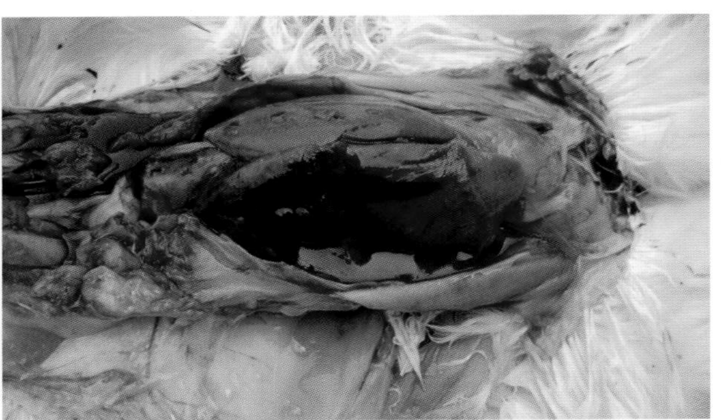

36-10 弧菌性肝炎病鸡肝被膜破裂出血，肝被膜下和腹腔内有大量血水（4）

36-11 弧菌性肝炎病鸡肝被膜破裂出血，肝被膜下和腹腔内有大量血水（5）

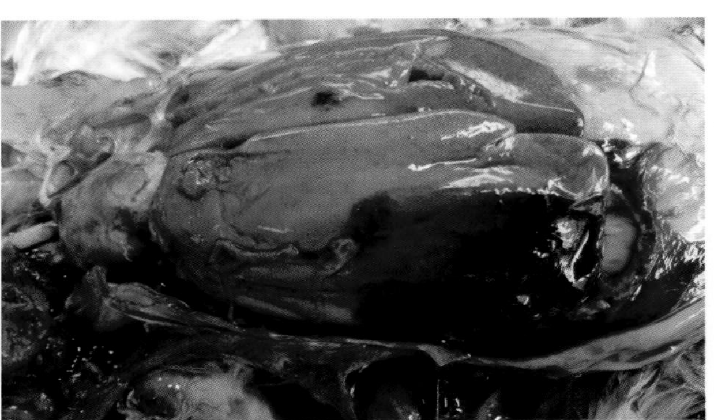

36-12 弧菌性肝炎病鸡肝被膜破裂出血，肝被膜下和腹腔内有大量血水（6）

36-13 弧菌性肝炎病鸡肝被膜破裂出血，肝被膜下和腹腔内有大量血水（7）

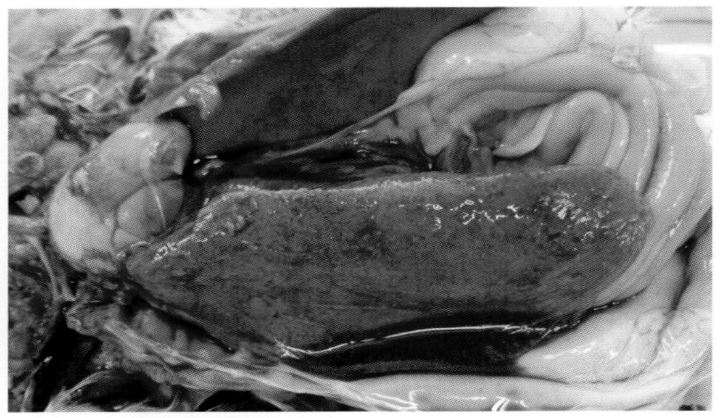

36-14 弧菌性肝炎病鸡肝被膜破裂出血，肝被膜下和腹腔内有大量血水（8）

36-15 弧菌性肝炎病鸡肝被膜破裂出血，肝被膜下和腹腔内有大量血水（9）

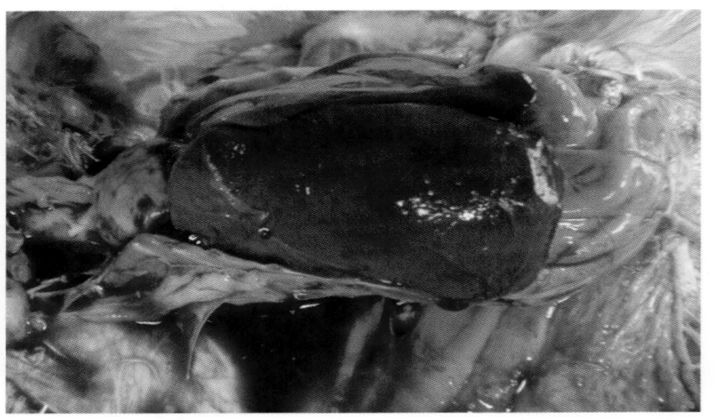

36-16 弧菌性肝炎病鸡肝被膜破裂出血，肝被膜下和腹腔内有大量血水（10）

36-17 弧菌性肝炎病鸡肝被膜破裂出血，肝被膜下和腹腔内有大量血水（11）

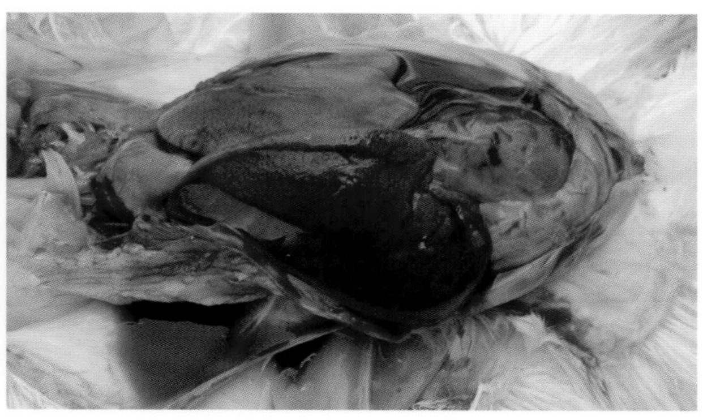

36-18 弧菌性肝炎病鸡肝被膜破裂出血，肝被膜下和腹腔内有大量血水（12）

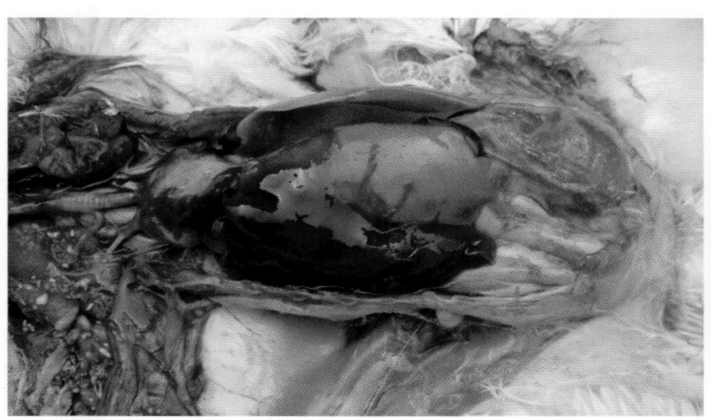

36-19 弧菌性肝炎病鸡肝被膜破裂出血，肝呈土黄色无光泽，肝被膜下和腹腔内有大量血水（13）

36-20 弧菌性肝炎病鸡肝被膜破裂出血，有时也有血凝块

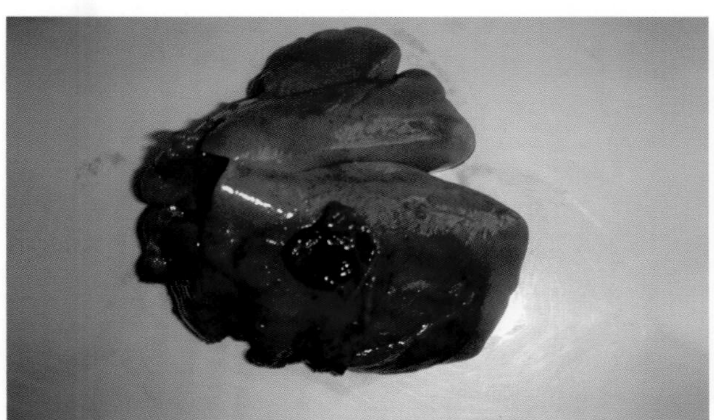

36-21 弧菌性肝炎病鸡肝被膜破裂出血

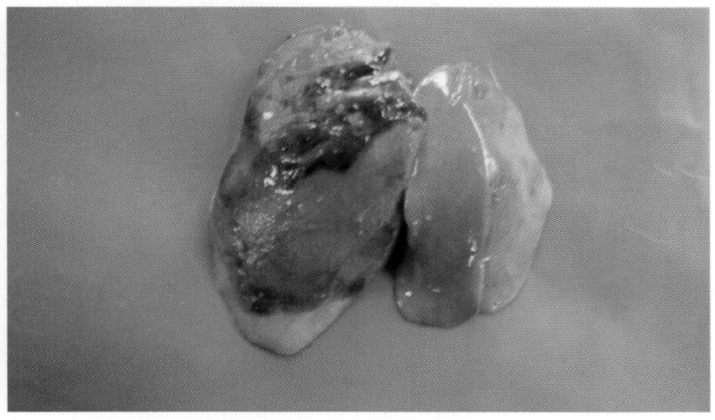

36-22 弧菌性肝炎病鸡肝被膜破裂出血，肝呈苍白色或呈土黄色无光泽

36-23 慢性弧菌性肝炎病鸡肝被膜下有血肿

36-24 慢性弧菌性肝炎病鸡肝肿大，有黄色星芒状坏死灶，坏死灶中间有小出血点（1）

36-25 慢性弧菌性肝炎病鸡肝肿大，有黄色星芒状坏死灶，坏死灶中间有小出血点（2）

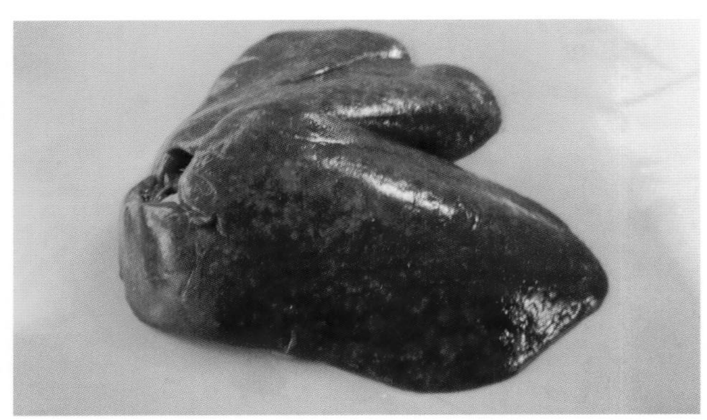

36-26 慢性弧菌性肝炎病鸡肝肿大，有黄色星芒状坏死灶，坏死灶中间有小出血点（3）

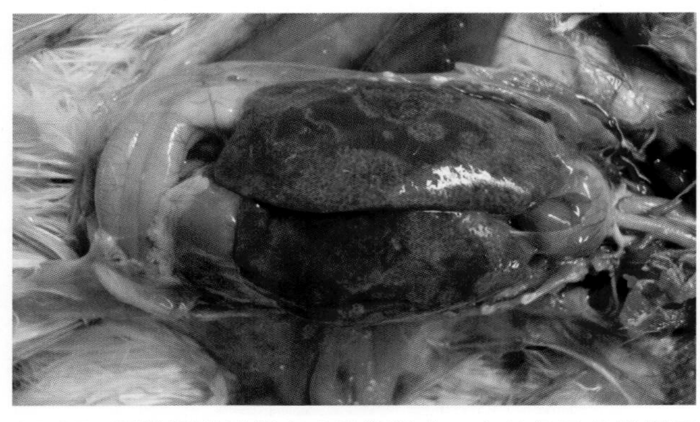

36-27 慢性弧菌性肝炎病鸡肝肿大，有黄色星芒状坏死灶，坏死灶中间有小出血点（4）

36-28 慢性弧菌性肝炎病鸡肝肿大，有黄色星芒状坏死灶，坏死灶中间有小出血点（5）

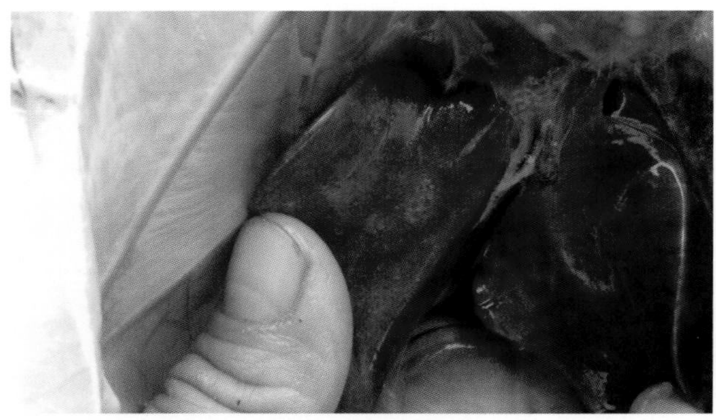

36-29 慢性弧菌性肝炎病鸡肝肿大，有黄色星芒状坏死灶，坏死灶中间有小出血点（6）

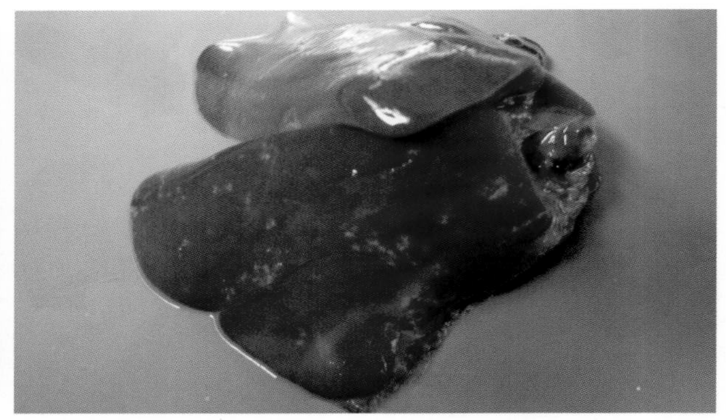

36-30 慢性弧菌性肝炎病鸡肝肿大，有黄色星芒状坏死灶，坏死灶中间有小出血点（7）

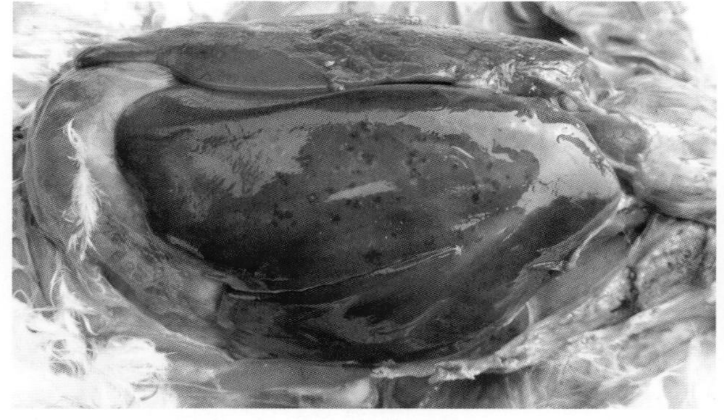

36-31 慢性弧菌性肝炎病鸡肝肿大，有黄色星芒状坏死灶，坏死灶中间有小出血点（8）

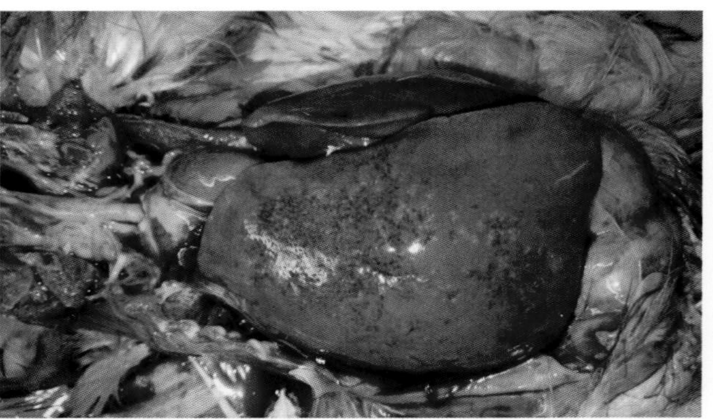

36-32 慢性弧菌性肝炎病鸡肝肿大，有黄色星芒状坏死灶，坏死灶中间有小出血点（9）

36-33　慢性弧菌性肝炎病鸡肝被膜有黄色星芒状坏死灶和小出血点

36-34　慢性弧菌性肝炎病鸡肝肿大，肝表面有黄色星芒状坏死灶

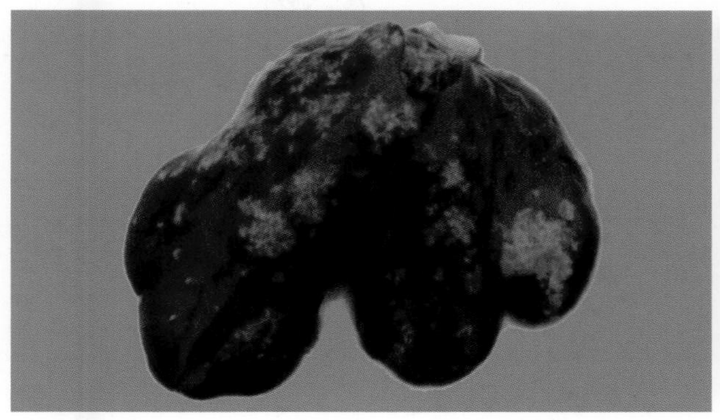

36-35　慢性弧菌性肝炎病鸡肝上有大片似“菜花样”坏死区

36-36　弧菌性肝炎与沙门氏菌混合感染

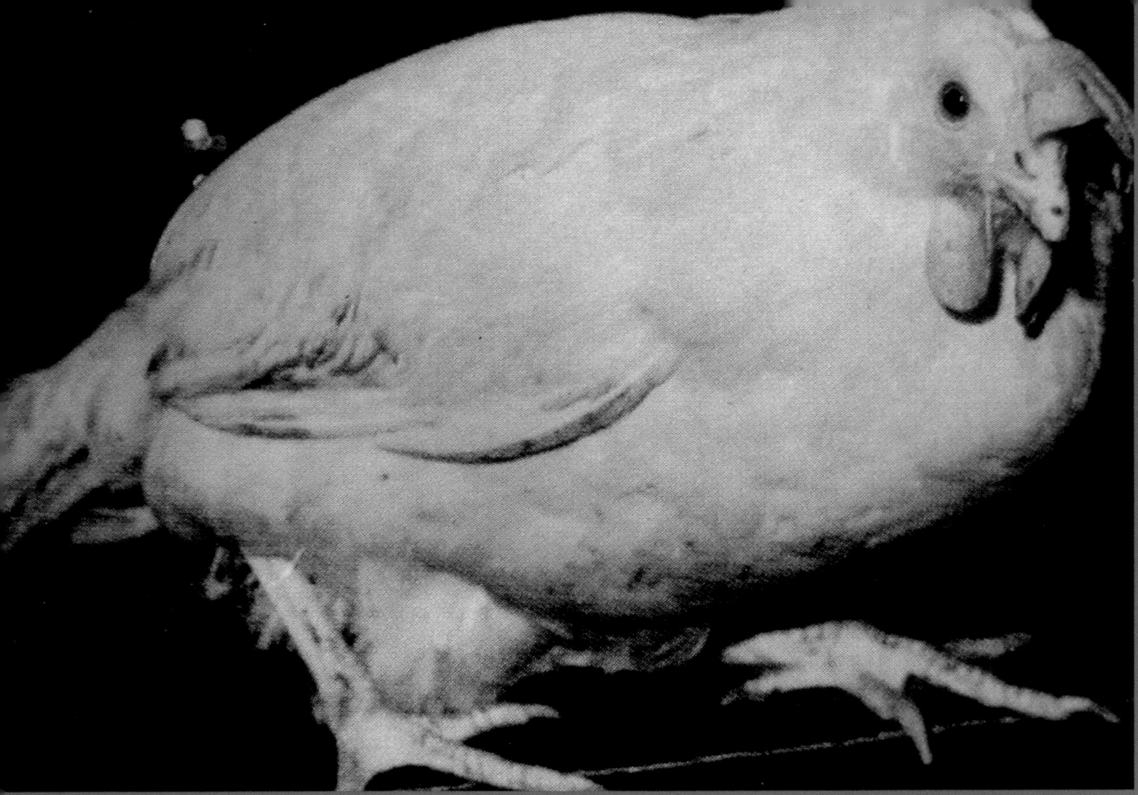

寄生虫病

PARASITIC DISEASE

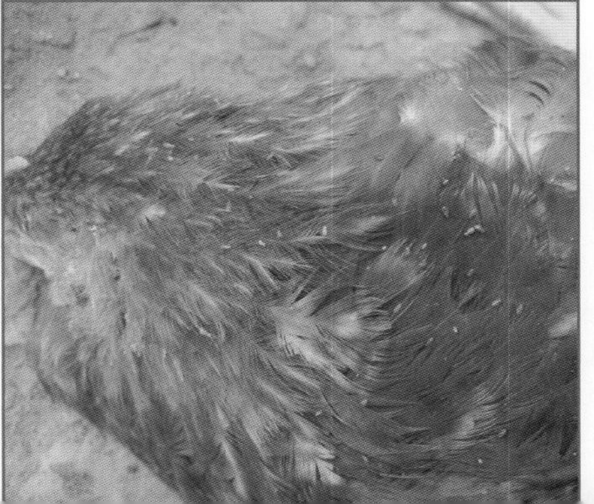

37 鸡球虫病（Coccidiosis in chicken）

鸡球虫病是危害严重的肠道寄生虫病。

【病原】

鸡球虫病是由艾美耳科、艾美耳属的多种球虫寄生在小肠、盲肠黏膜上皮细胞内的一种原虫病。

【流行特点】

1. 本病的传染原是病鸡和带虫鸡，主要通过食入球虫卵囊而感染。

2. 被病鸡或带虫鸡粪便污染的饲料、饮水、用具及饲养管理人员都是本病的传播媒介。

3. 发病日龄：7～40 日龄，发病死亡率很高；3 月龄以上较少发病；成年鸡几乎不发病，但偶尔也有零星发生。

4. 球虫病多在温暖的季节流行：北方 4～9 月，7～8 月最严重；南方 3～9 月，5～8 月是高峰。另外，温暖、潮湿、拥挤的环境、地面散养，卫生条件差都易引起本病。

【致病作用】

当球虫在肠黏膜上皮细胞内进行裂体增殖时，破坏肠黏膜，造成大量的肠上皮细胞崩解和肠道发炎，肠道炎性变化和毛细血管破裂，致使大量的体液和血液流入肠腔，造成贫血、消瘦、血痢。

【临床症状】

1. 小肠球虫病鸡身体消瘦，肉髯与冠苍白。精神萎靡，脚无力，瘫倒不起。排棕褐色血便。

2. 盲肠球虫病鸡羽毛蓬松、翅下垂、嗜睡、可视黏膜、冠、髯苍白，排鲜红色血便，若治疗不及时，死亡率达 50% 以上。

3. 慢性球虫病（如巨型艾美耳球虫）排出橙色软便，有的含有泡沫；有的粪便带有少量血丝。

【剖检病变】

1. 哈氏艾美耳球虫侵害十二指肠和小肠前段，特征性变化是肠浆膜出现针尖大小的红色圆形出血点。

2. 毒害艾美耳球虫侵害小肠中段，肠管暗红色肿胀，肠壁扩张、松弛、肥厚和严重坏死，肠腔中有凝固的血液，肠浆膜上有明显的球虫增殖的白色小点和密密麻麻针尖样小出血点相间在一起，在上皮细胞再生不完全的部位可出现疤痕组织。肠腔中有凝固的血液，该型会造成雏鸡的大批死亡。

毒害艾美耳球虫可引起肠黏膜增厚，出现黄白色裂殖体斑块，即使在球虫消失后还仍然存在。

3. 柔嫩艾美耳球虫主要侵害盲肠一侧或两侧，盲肠显著肿大，比正常大 3～4 倍，外观呈酱油色或暗红色，有时肠壁有出血点，盲肠内充满凝固的或新鲜的血液，盲肠壁变厚，有严重的糜烂和坏死溃疡灶。病情严重时，坏死脱落的肠黏膜与盲肠内容物、血液凝固结合形成坚硬的“肠栓”，有时回肠也会有同样的病变。该型同样会造成雏鸡大批死亡。

柔嫩艾美耳球虫病后期，血便减少，肠腔内凝固物或混有干酪样物被排泄体外，盲肠呈一时性萎缩，整个盲肠颜色呈白色，部分掺杂红色。

4. 巨型艾美耳球虫侵害小肠中段，肠内有橙色黏液，严重感染时扩散到整个小肠。

5. 布氏艾美耳球虫主要侵害回肠，肠管明显增粗，表面粗糙，呈灰褐色。剪口外翻，肠壁明显增厚，肠黏膜粗糙，有严重的糜烂和坏死脱落，与肠内容物、血液结合形成坚硬的肠栓，或松散的深褐色的渣状物，此种病变偶有发生。

6. 堆型艾美耳球虫侵害十二指肠和小肠前段，特征性变化是肠黏膜出现针尖样坏死灶，横向排列，成梯状；严重感染时肠壁增厚，病灶融合成片，肠管明显肿大，肠黏膜增厚，有时有稀疏的小出血点，肠管内有水样液体。

7. 多种球虫混合感染时，小肠会极度胀满，内容物呈黏液状、腥臭，肠黏膜表面附着厚层的黄白色假膜，假膜下可见出血点，有些病例在肠管中含有鲜血或橙色的内容物。

8. 慢性球虫病鸡肠壁增厚、苍白，内有脓性内容物。

【诊断】

根据流行病学的特点、临床症状和剖检变化，即可初步确诊。

【防控措施】

在易感染日龄和易感季节注意投药预防。选择敏感的抗球虫药物按照说明书使用，注意药物的禁用和休药期。

辅助治疗：鸡患球虫病时，常引起食欲下降，消化机能紊乱，对营养的物质吸收减少，从而增加了对营养物质需求量；应用磺胺类球虫药时也会抑制维生素 B 和维生素 K 在肠道内的合成，所以应在饲料中给予补充。因此，在治疗时，可补充维生素 A、维生素 B、维生素 K、维生素 E 或多种维生素、微量元素等营养物质，以加速肠上皮细胞的修复、止血及提高机体抗病力的作用，但在用氨丙啉治疗时，不宜添加维生素 B_1。

37-1　球虫病血便严重的病死鸡冠呈黄白色（1）

37-2　球虫病血便严重的病死鸡冠呈黄白色（2）

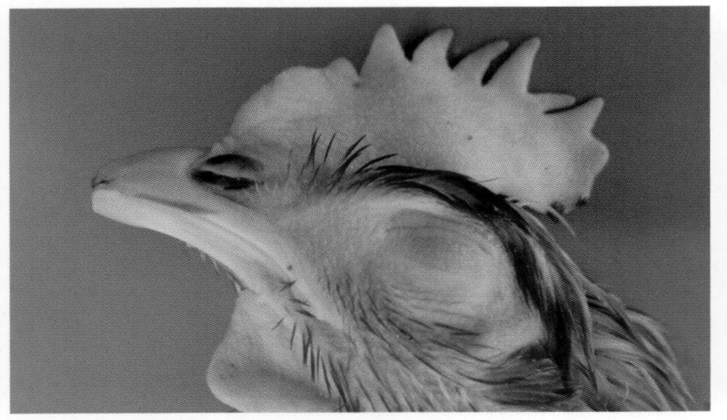
37-3　球虫病血便严重的病死鸡冠呈苍白色（1）

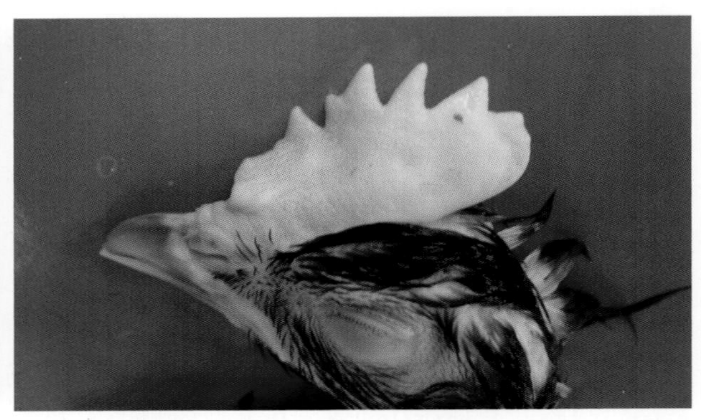
37-4　球虫病血便严重的病死鸡冠呈苍白色（2）

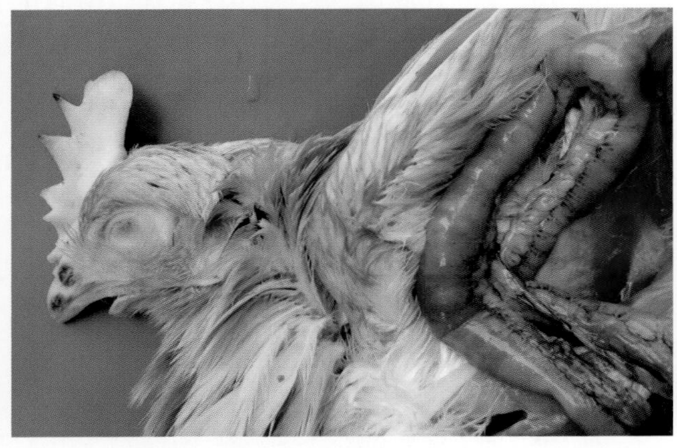
37-5　成年鸡小肠球虫感染，肠道变粗、红肿，鸡冠苍白

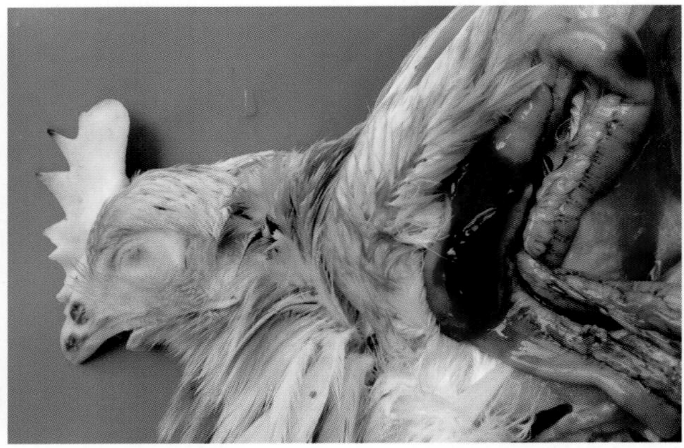
37-6　成年鸡小肠球虫感染，肠腔内有多量的血液，鸡冠苍白

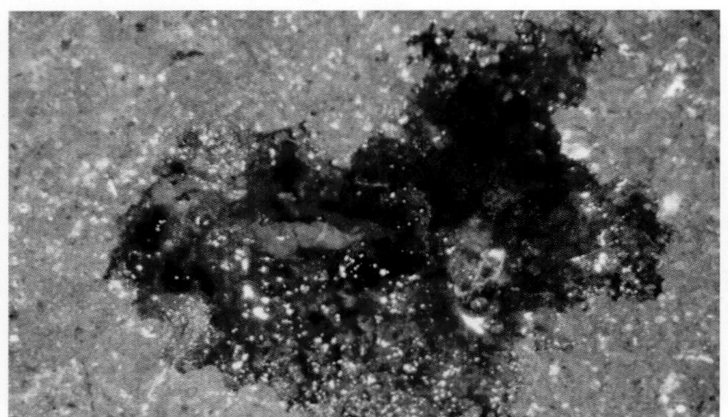
37-7　严重感染球虫的病鸡排出大量血便

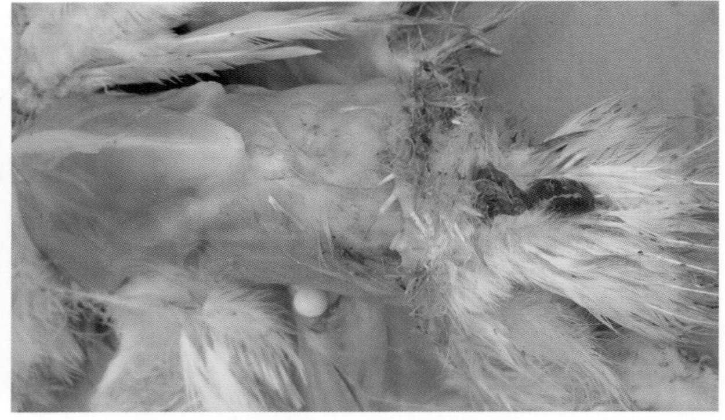
37-8　感染球虫的病鸡排出红色血便（1）

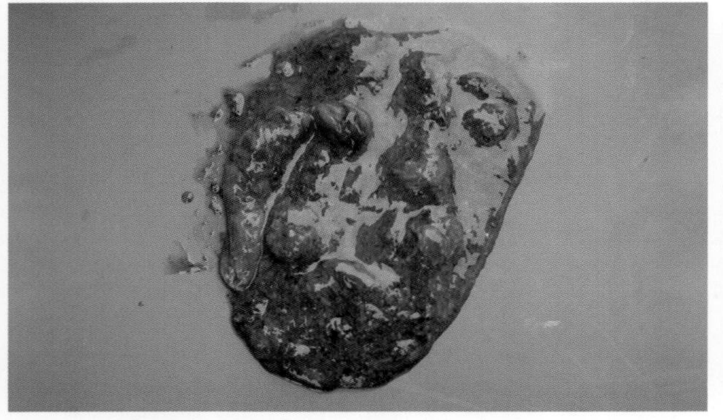
37-9　感染球虫的病鸡排出红色血便（2）

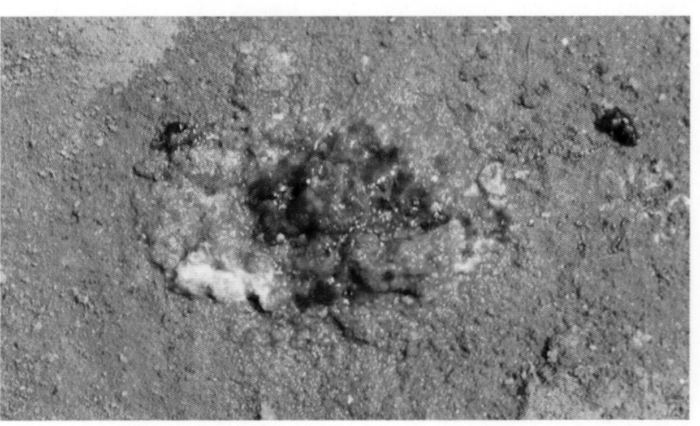
37-10　感染球虫的病鸡排出红色血便（3）

37-11　感染球虫的病鸡排出红色血便（4）

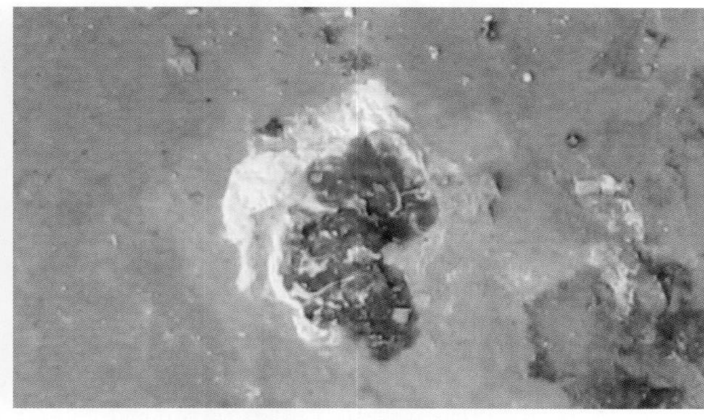

37-12　感染球虫的病鸡排出红色血便（5）

37-13　被巨型艾美耳球虫感染的病鸡排出橙黄色粪便

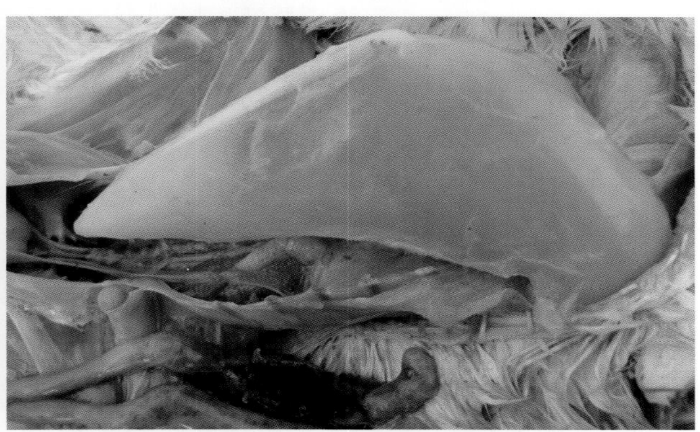

37-14　严重的球虫感染，胸肌呈苍白色（1）

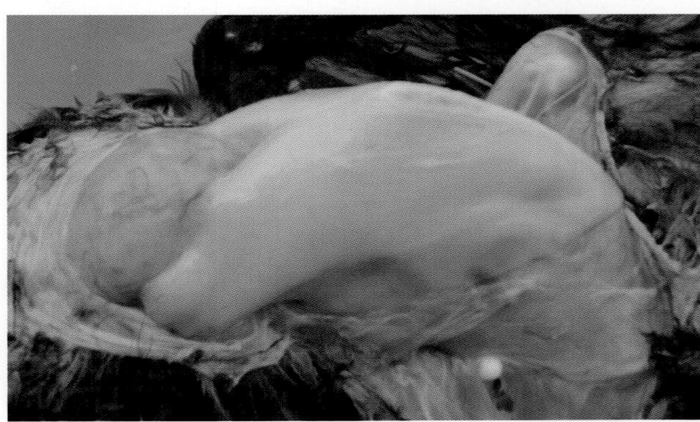

37-15　严重的球虫感染，胸肌呈苍白色（2）

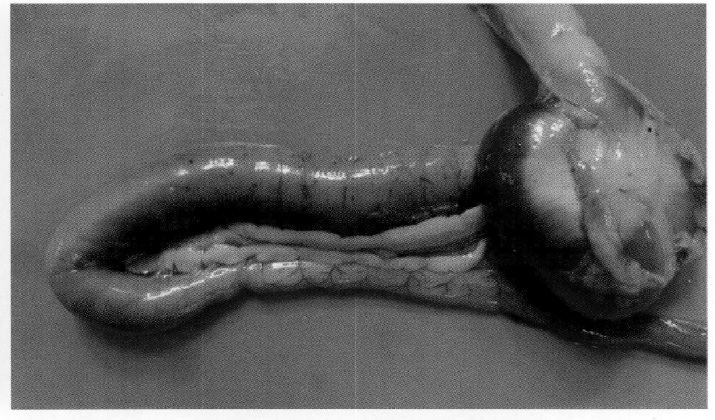

37-16　十二指肠球虫感染，病鸡肠管极度肿胀，相当于正常肠道的 4～5 倍

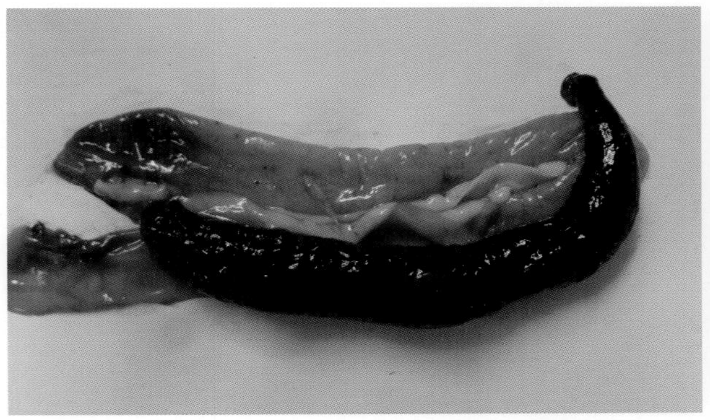

37-17　十二指肠球虫感染，肠腔内有长条状血凝块

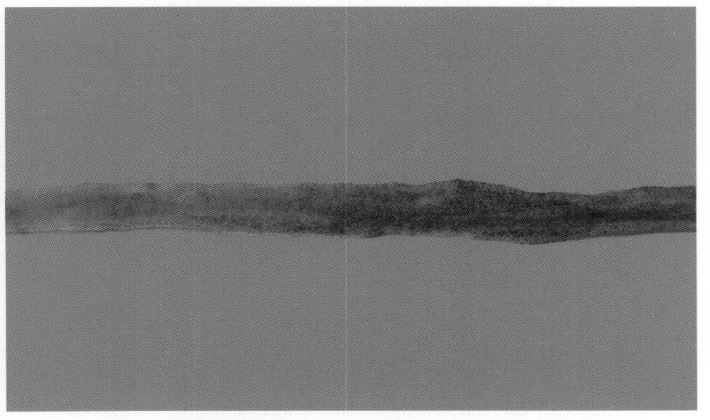

37-18　哈氏艾美耳球虫侵害小肠的前段，肠黏膜出现针尖大小圆形出血点

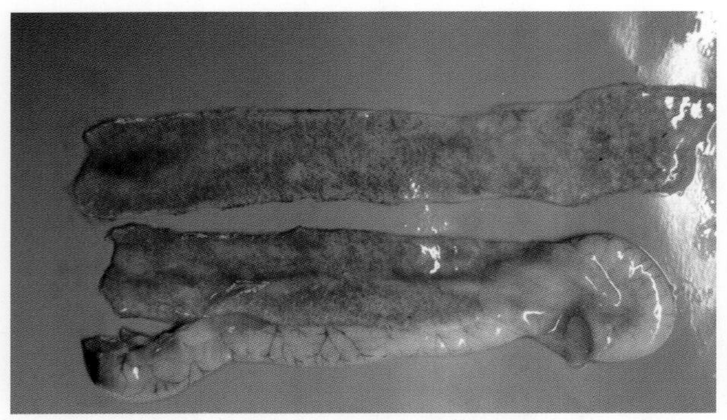

37-19 哈氏艾美耳球虫侵害十二指肠和小肠的前段，肠黏膜出现圆形的针尖大小出血点

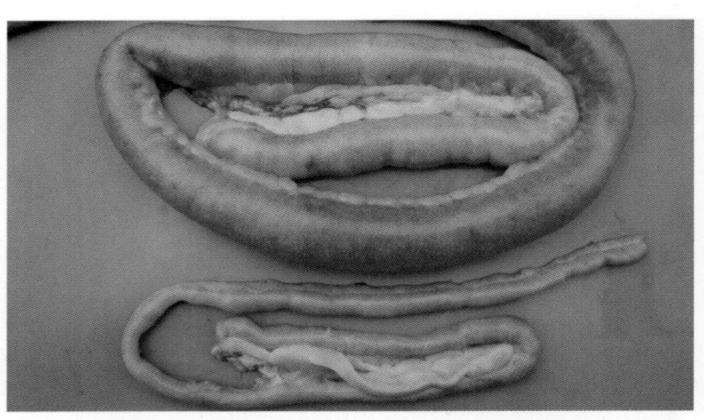

37-20 毒害艾美耳球虫侵害小肠中段，肠管肿胀，肠壁扩张、松弛、肥厚，肠浆膜有针头样出血点。图的下部为同日龄鸡正常肠道

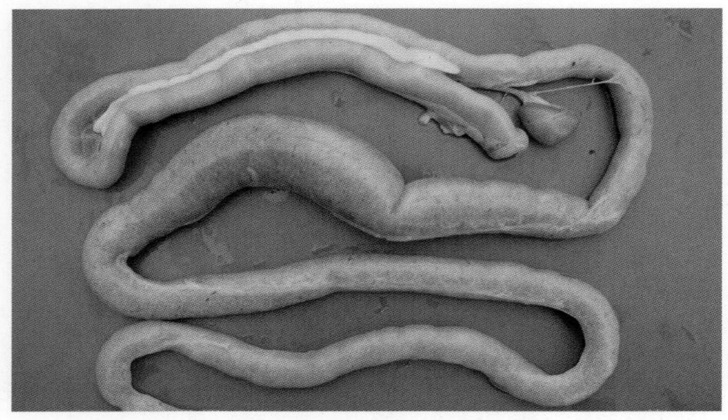

37-21 毒害艾美耳球虫侵害小肠中段，肠管肿胀，肠壁扩张、松弛、肥厚，肠浆膜有针头样出血点（1）

37-22 毒害艾美耳球虫侵害小肠中段，肠管肿胀，肠壁扩张、松弛、肥厚，肠浆膜有针头样出血点（2）

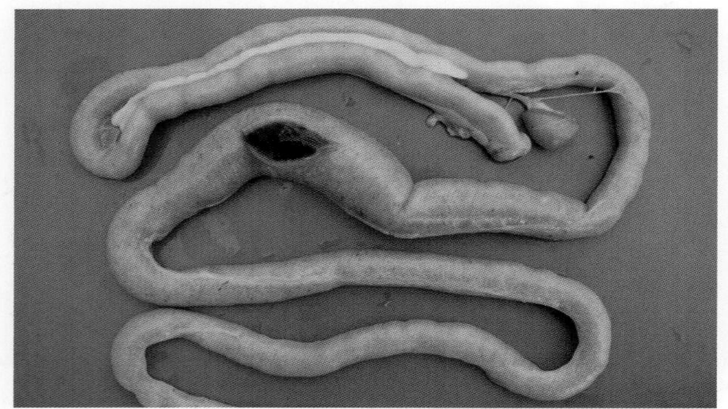

37-23 毒害艾美耳球虫侵害小肠，肠壁扩张内有深红色内容物

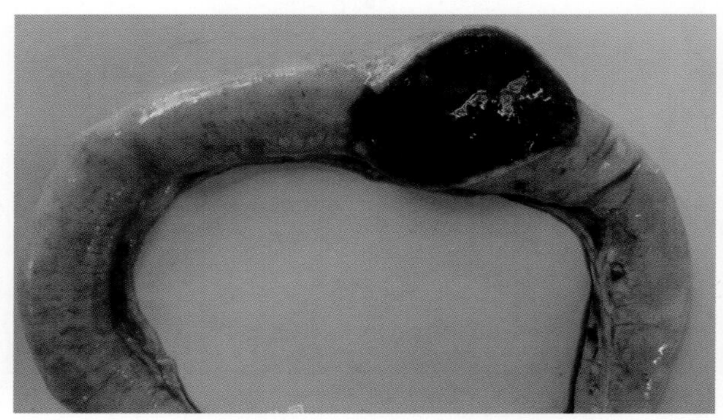

37-24 毒害艾美耳球虫侵害小肠中段，肠腔内有凝固的血液（1）

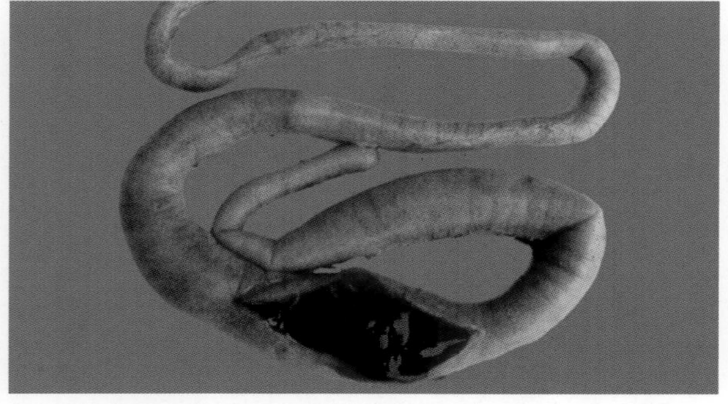

37-25 毒害艾美耳球虫侵害小肠中段，肠腔内有凝固的血液（2）

37-26 毒害艾美耳球虫侵害小肠中段，肠腔内有凝固的血液（3）

37-27　毒害艾美耳球虫侵害小肠中段，肠管暗红肿胀，肠壁扩张、松弛、肥厚和严重坏死，肠浆膜淤血有针尖样小出血点（1）

37-28　毒害艾美耳球虫侵害小肠中段，肠管暗红肿胀，肠壁扩张、松弛、肥厚和严重坏死，肠浆膜淤血有针尖样小出血点（2）

37-29　毒害艾美耳球虫侵害小肠中段，肠管暗红肿胀，肠壁扩张、松弛、肥厚和严重坏死，肠浆膜淤血有针尖样小出血点（3）

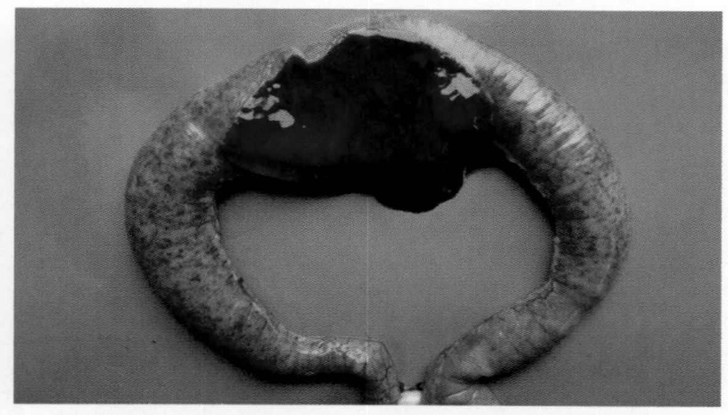

37-30　毒害艾美耳球虫侵害小肠中段，肠管暗红肿胀，肠壁扩张、松弛、肥厚和严重坏死，肠浆膜淤血有针尖样小出血点，肠腔内有深红色血液

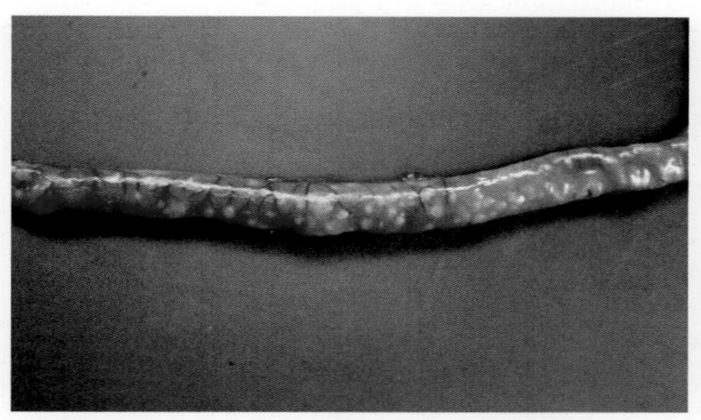

37-31　毒害艾美耳球虫感染可引起肠壁扩张、增厚，在裂殖体繁殖部位，有明显的淡白色斑点

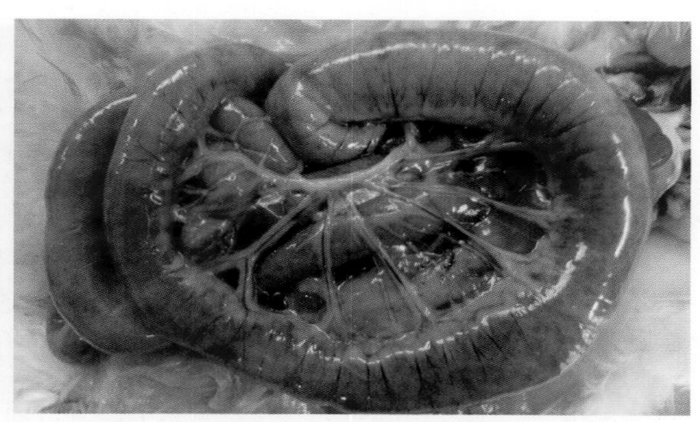

37-32　成年蛋鸡感染小肠球虫，肠壁肿胀，肠壁充血

37-33　成年蛋鸡感染小肠球虫，肠壁肿胀，肠壁充血，肠腔内充满血液

37-34　毒害艾美耳球虫侵害成年鸡小肠中段，肠管暗红肿胀，肠壁扩张、松弛、肥厚和严重坏死，肠浆膜淤血有针尖样小出血点（1）

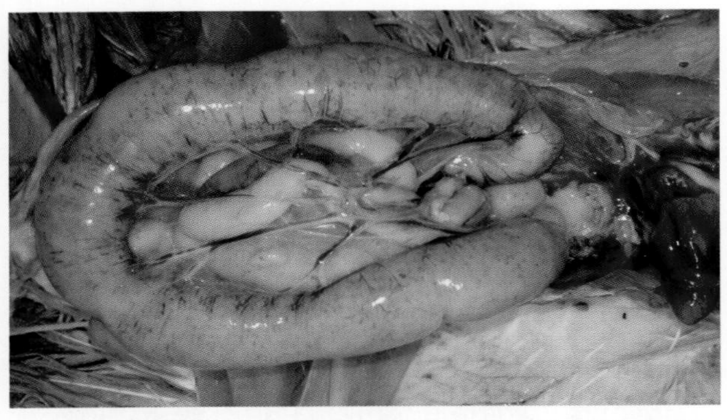

37-35 毒害艾美耳球虫侵害成年鸡小肠中段，肠管暗红肿胀，肠壁扩张、松弛、肥厚和严重坏死，肠浆膜淤血有针尖样小出血点（2）

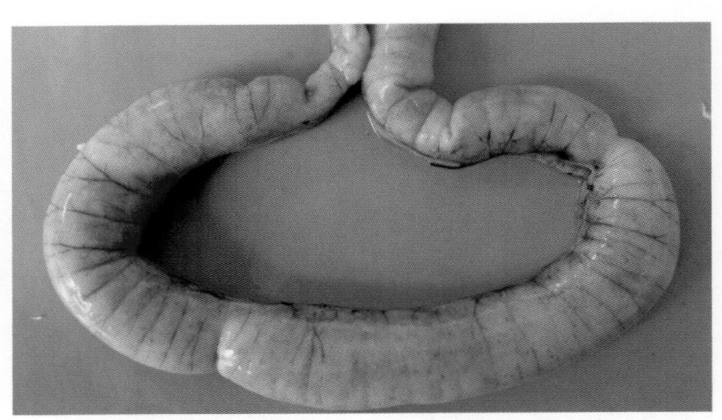

37-36 毒害艾美耳球虫侵害成年鸡小肠中段，肠管肿胀，肠壁扩张、松弛、肥厚，未见针尖样出血点

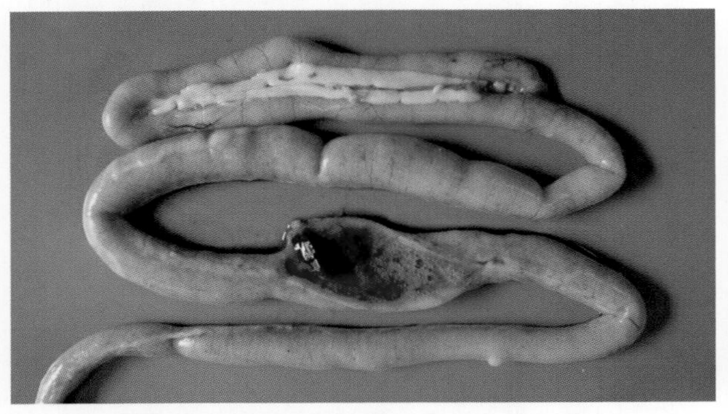

37-37 小肠球虫与产气荚膜梭菌混合感染，肠腔内有气泡和血凝块

37-38 成年鸡感染小肠球虫，肠腔内有浓稠的血液，鸡冠苍白

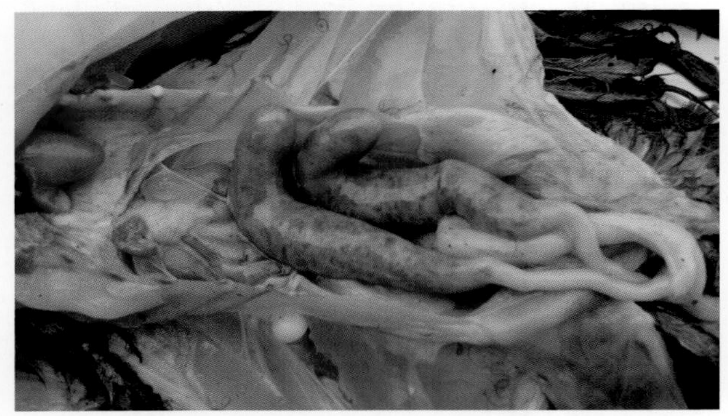

37-39 柔嫩艾美耳球虫侵害盲肠，盲肠极度变粗，肠壁有大小不等的黑红色斑点

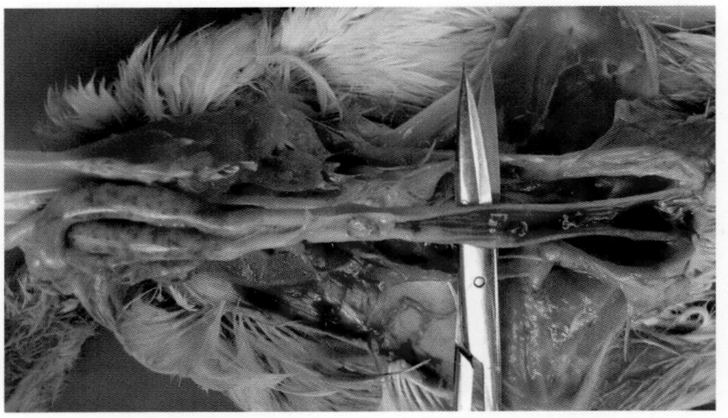

37-40 柔嫩艾美耳球虫侵害盲肠，盲肠极度变粗，有深红色大小不等的黑红色斑点，直肠内有深红色血液

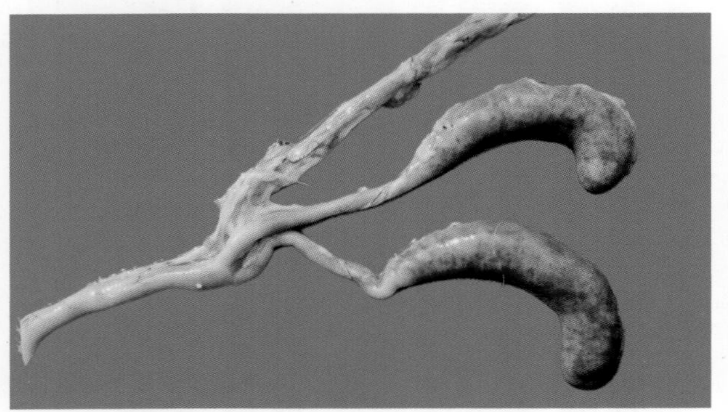

37-41 柔嫩艾美耳球虫侵害两侧盲肠，肠壁上有大小不等的出血斑点

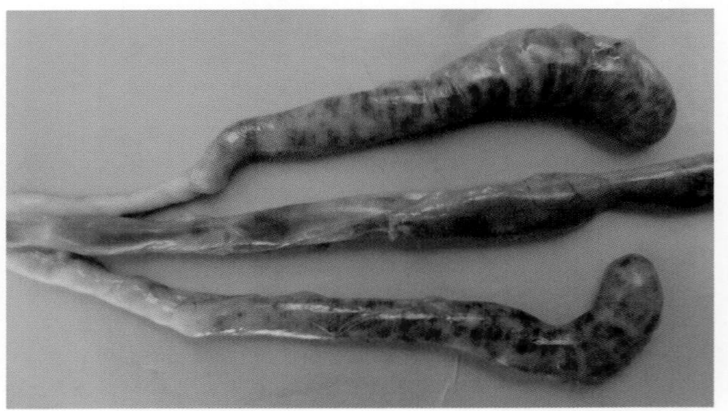

37-42 柔嫩艾美耳球虫侵害盲肠，盲肠变粗，外观有紫红色大小不等的出血斑点

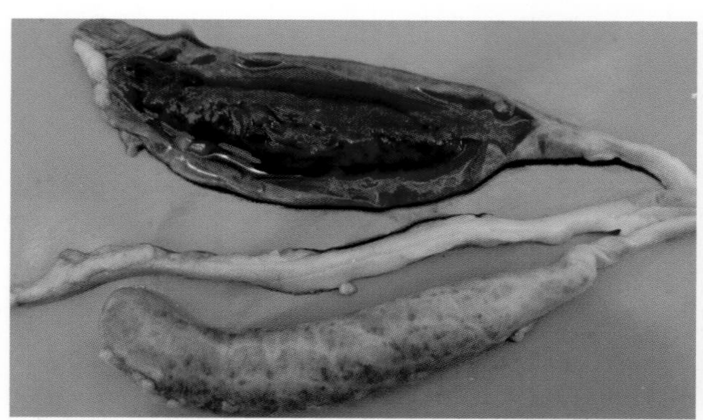

37-43 柔嫩艾美耳球虫侵害盲肠，盲肠变粗，肠壁外观有暗红色的淤点，内容物为血凝块

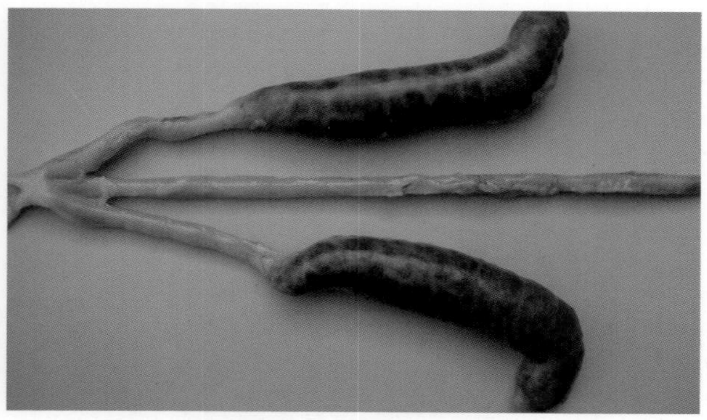

37-44 柔嫩艾美耳球虫侵害盲肠，盲肠变粗，肠壁外观有暗红色的淤点（1）

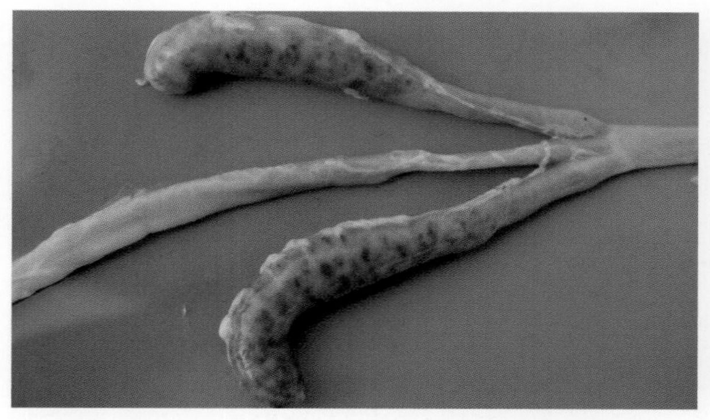

37-45 柔嫩艾美耳球虫侵害盲肠，盲肠变粗，肠壁外观有暗红色的淤点（2）

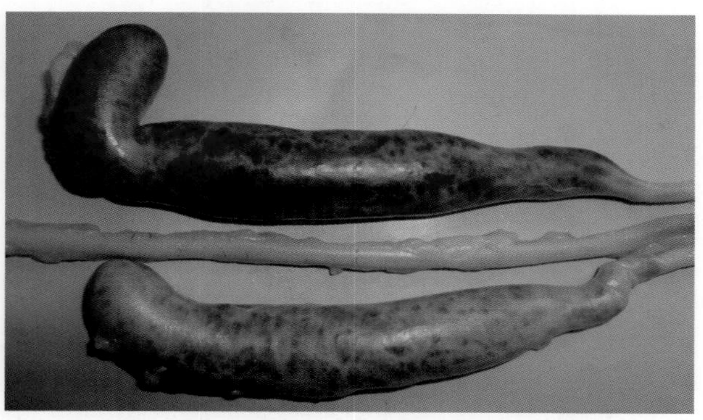

37-46 柔嫩艾美耳球虫侵害盲肠，盲肠变粗，肠壁外观有大小不等的出血斑点和暗红色的淤点

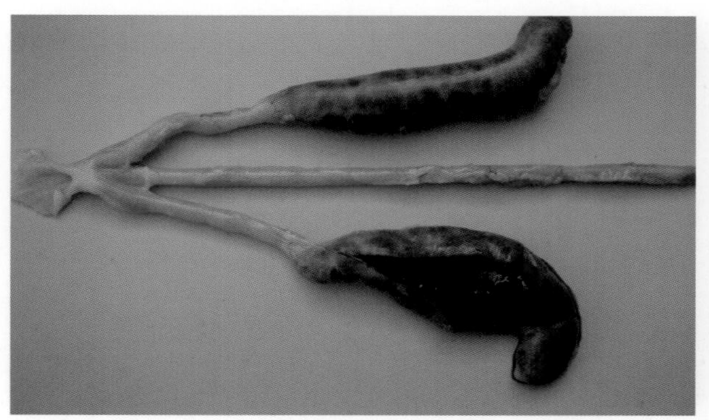

37-47 柔嫩艾美耳球虫侵害盲肠，盲肠变粗，肠壁外观有暗红色淤点，肠腔内有深红色血液（1）

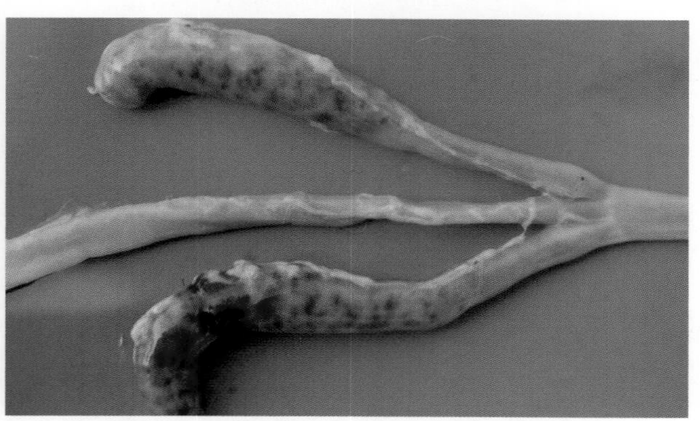

37-48 柔嫩艾美耳球虫侵害盲肠，盲肠变粗，肠壁外观有暗红色的淤点，肠腔内有深红色血液（2）

37-49 柔嫩艾美耳球虫侵害两侧盲肠，盲肠内充满新鲜血液和血液凝块

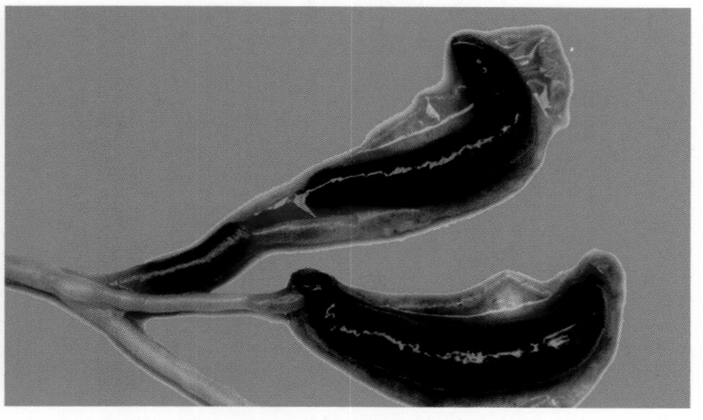

37-50 柔嫩艾美耳球虫侵害两侧盲肠，盲肠内充满凝固的血液

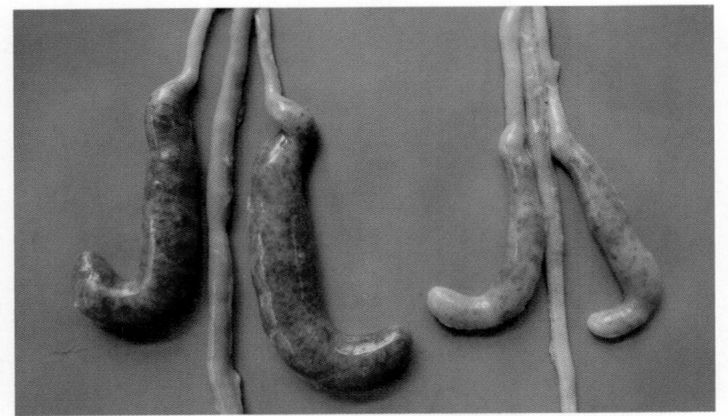

37-51 柔嫩艾美耳球虫侵害盲肠，盲肠变粗，肠壁外观呈深红色，有暗红色的淤点

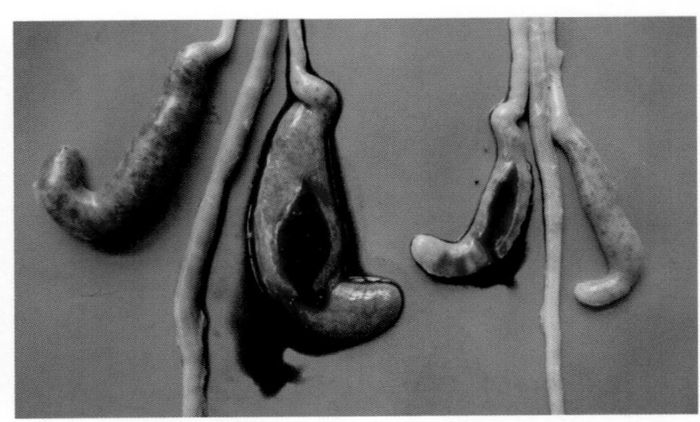

37-52 柔嫩艾美耳球虫侵害盲肠，盲肠变粗，肠壁有较大的出血斑点，肠腔内有深红色血液

37-53 柔嫩艾美耳球虫侵害盲肠，盲肠极度变粗，肠壁呈黑红色，直肠内有深红色血液

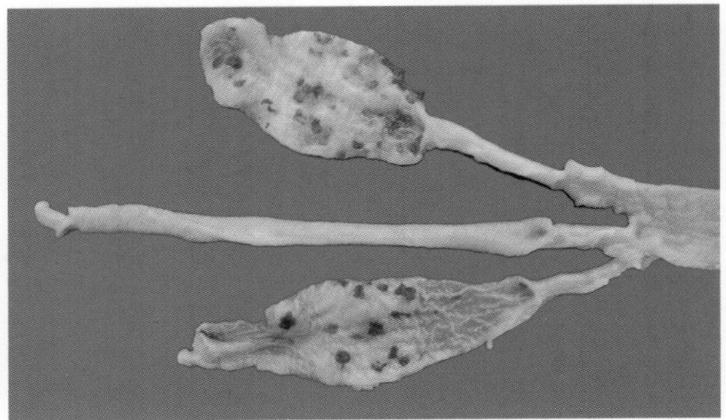

37-54 盲肠球虫病后期，盲肠内容物被排出体外，盲肠一时性萎缩，肠壁增厚，呈白色，有出血斑点

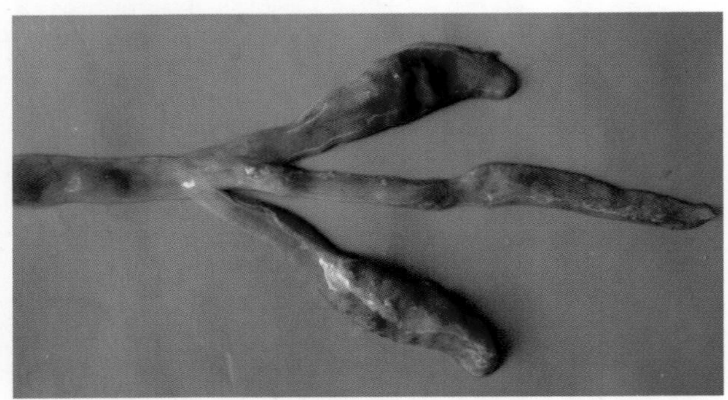

37-55 柔嫩艾美耳球虫侵害孔雀盲肠，盲肠变粗，肠壁呈深红色

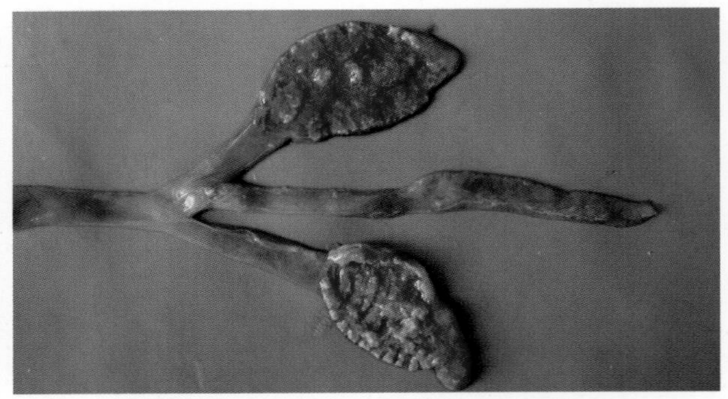

37-56 柔嫩艾美耳球虫侵害孔雀盲肠，肠腔内有红色血液

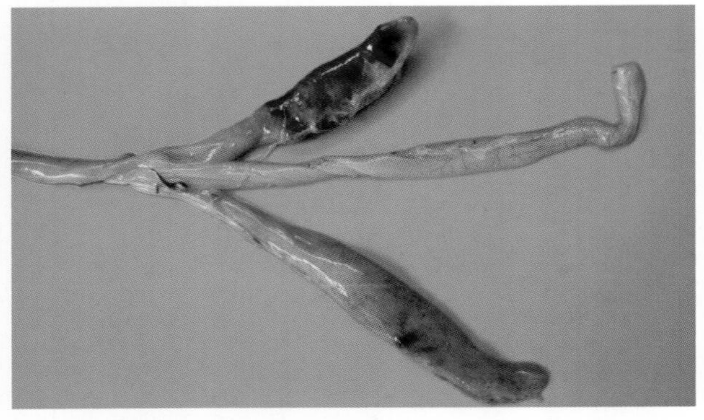

37-57 柔嫩艾美耳球虫侵害 2 月龄孔雀盲肠，盲肠变粗，肠壁呈深红色

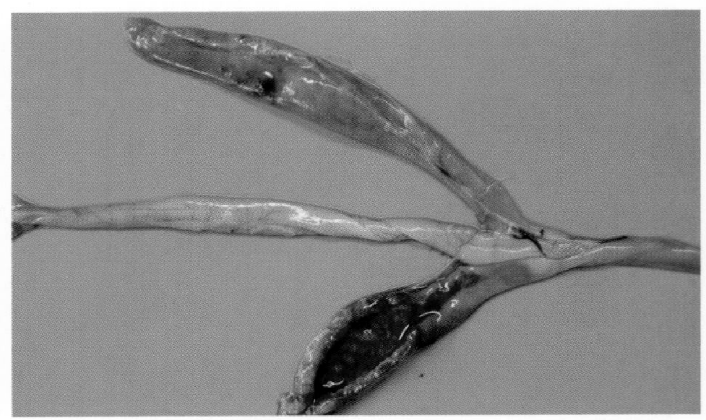

37-58 柔嫩艾美耳球虫侵害 2 月龄孔雀盲肠，肠腔内有深红色的血液

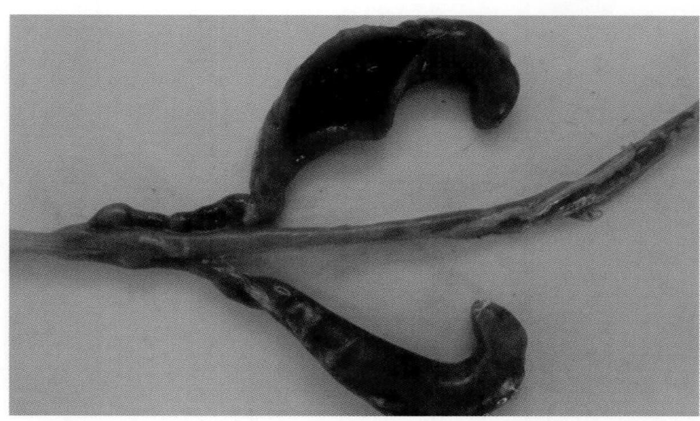

37-59 柔嫩艾美耳球虫感染，病鸡盲肠壁呈红色，肠腔内有深红色的血液

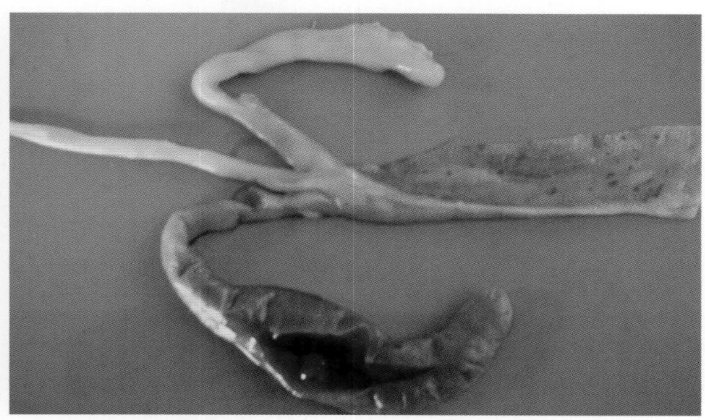

37-60 柔嫩艾美耳球虫感染，病鸡一侧盲肠肿大，肠壁呈红色，肠腔内有鲜艳的血液

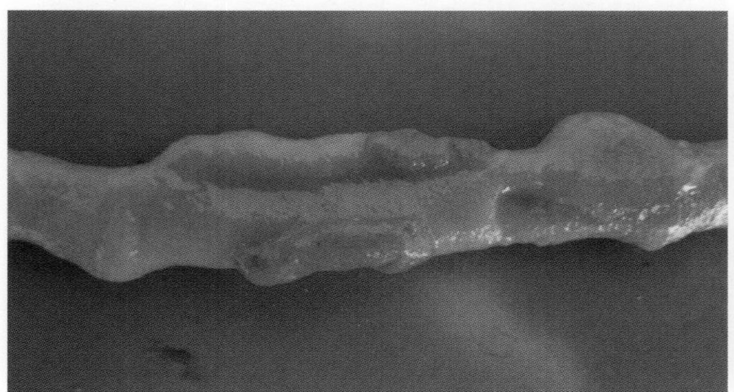

37-61 巨型艾美耳球虫侵害小肠中段，肠腔内有橙色黏液（1）

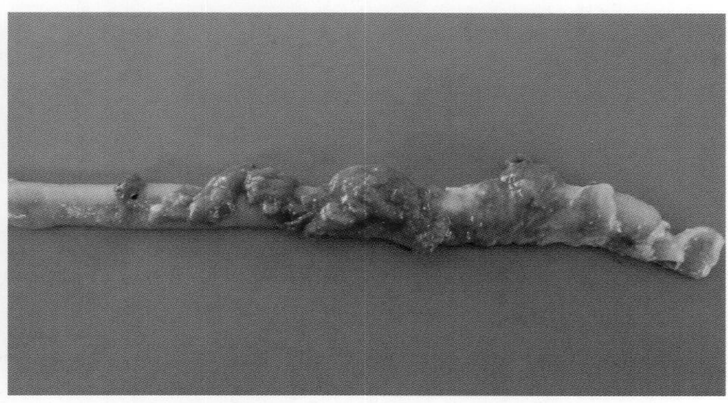

37-62 巨型艾美耳球虫侵害小肠中段，肠腔内有橙色黏液（2）

37-63 巨型艾美耳球虫侵害小肠中段，肠腔内有橙色黏液（3）

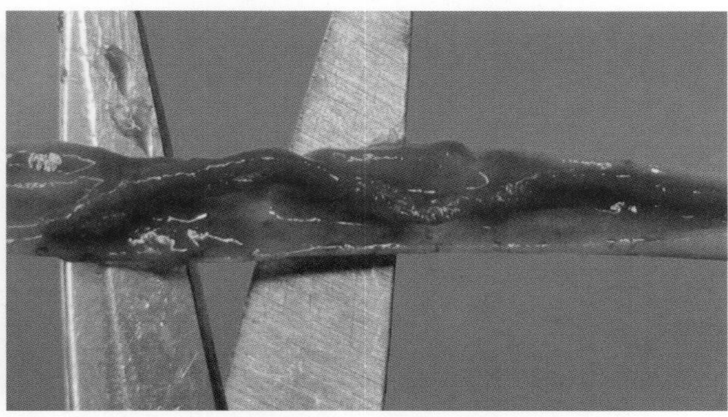

37-64 巨型艾美耳球虫侵害小肠中段，肠腔内有橙色黏液（4）

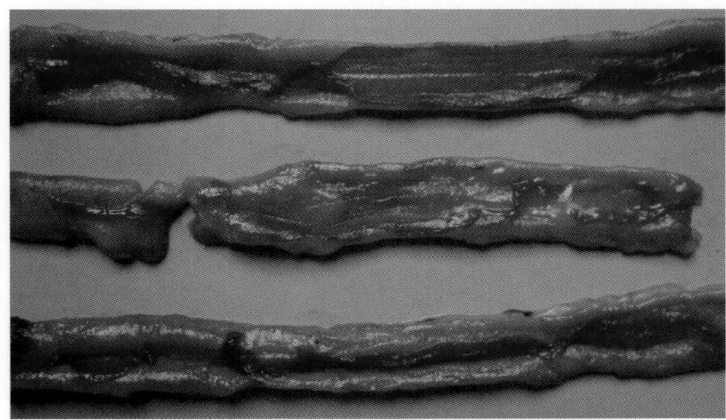

37-65 巨型艾美耳球虫侵害小肠中段，肠腔内有橙色黏液（5）

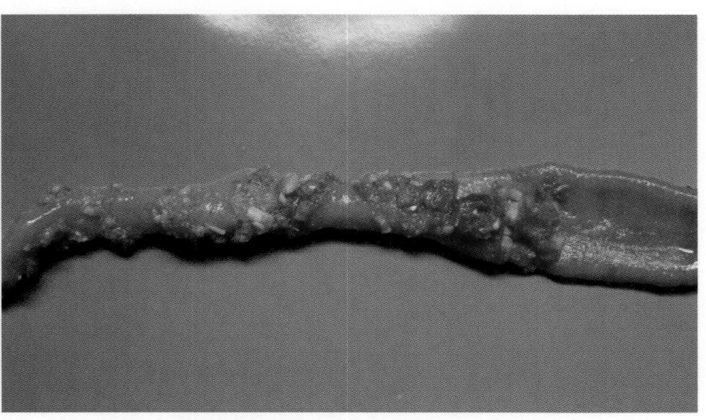

37-66 巨型艾美耳球虫侵害小肠中段，肠腔内有橙色黏液和饲料颗粒，此系球虫与产气荚膜梭菌混合感染

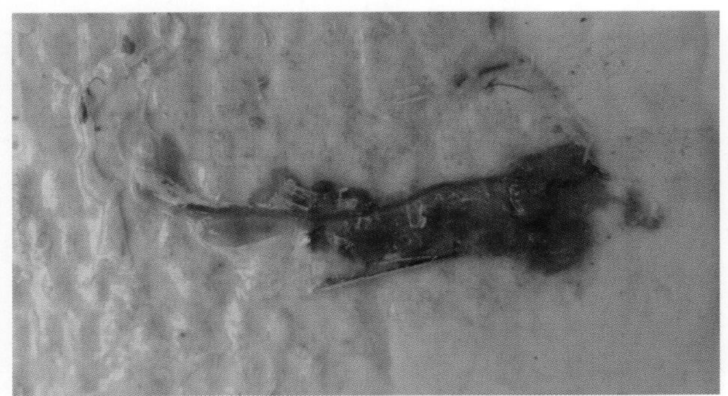

37-67 感染巨型艾美耳球虫的病鸡同时肾肿胀，排出柿黄色和白色稀便

37-68 巨型艾美耳球虫与绦虫混合感染

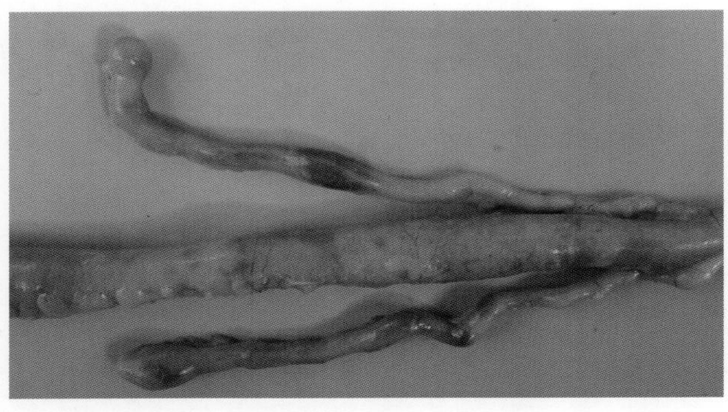

37-69 布氏艾美耳球虫轻度感染，回肠粗细不均，呈灰褐色，手感发硬，该型偶有发生

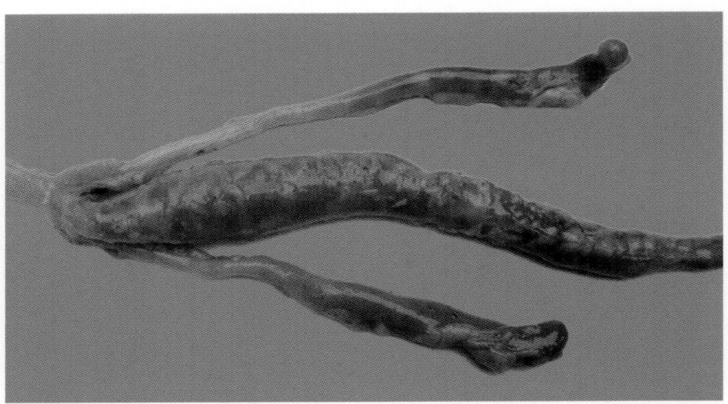

37-70 布氏艾美耳球虫侵害回肠，粗细不均，呈灰褐色，手感发硬，该型偶有发生（1）

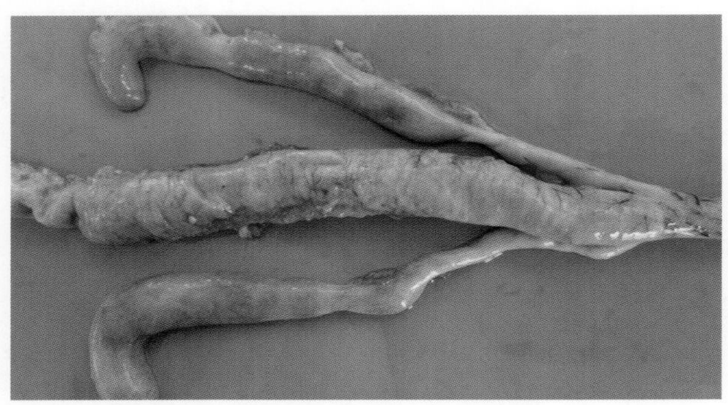

37-71 布氏艾美耳球虫侵害回肠，粗细不均，呈灰褐色，手感发硬，该型偶有发生（2）

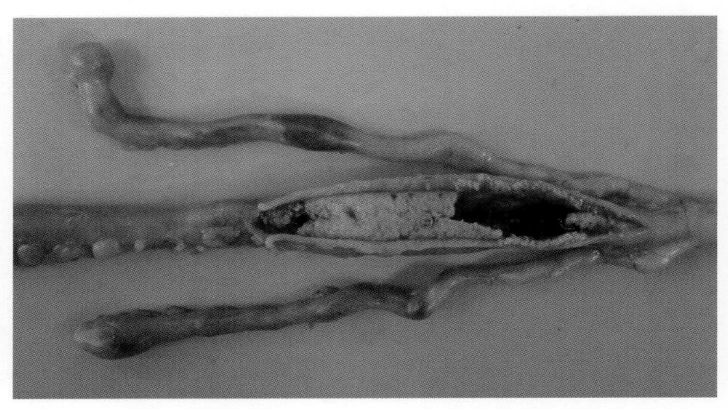

37-72 布氏艾美耳球虫侵害回肠初期，回肠黏膜有严重糜烂、坏死脱落，肠内有血液，该型偶有发生

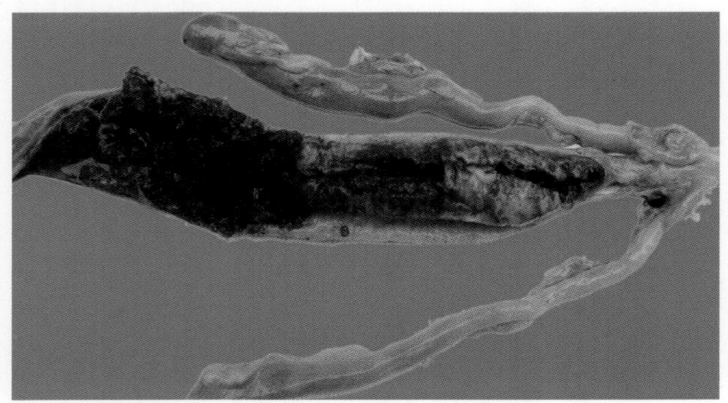

37-73 布氏艾美耳球虫侵害回肠，回肠壁有严重糜烂、坏死脱落，与肠内血液结合形成灰褐色渣状物，该型偶有发生（1）

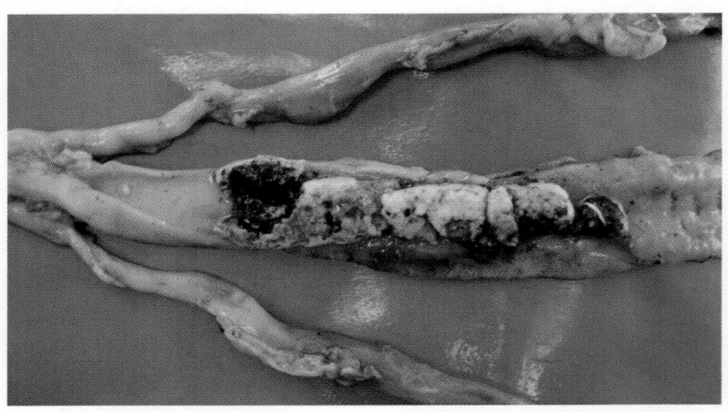

37-74 布氏艾美耳球虫侵害回肠，回肠壁有严重糜烂、坏死脱落，与肠内血液结合形成灰褐色渣状物，该型偶有发生（2）

37-75 堆型艾美耳球虫感染，肠壁增厚

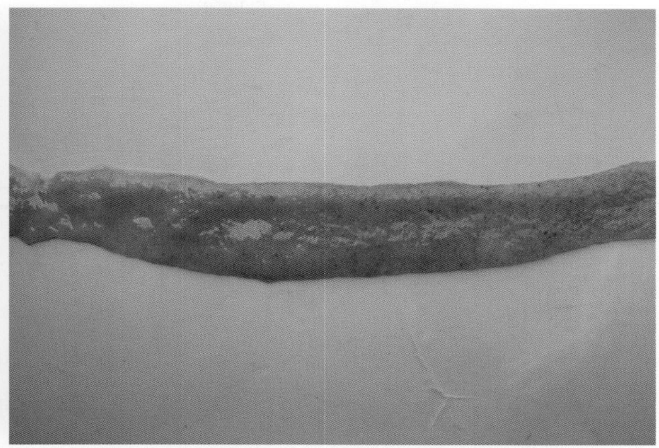

37-76 堆型艾美耳球虫感染，肠黏膜增厚，肠腔内有水样液体（1）

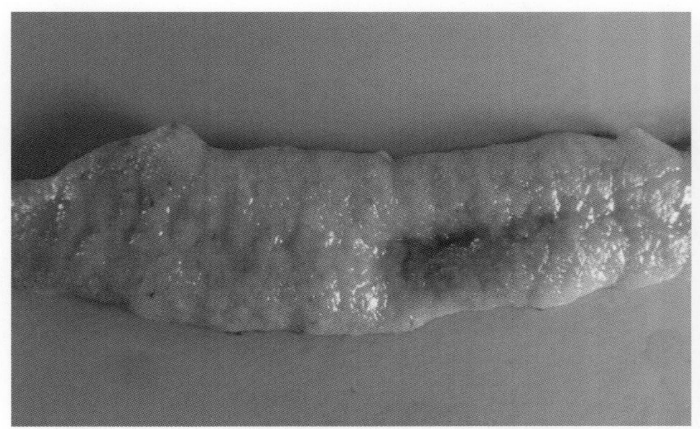

37-77 堆型艾美耳球虫感染，肠黏膜增厚，肠腔内有水样液体（2）

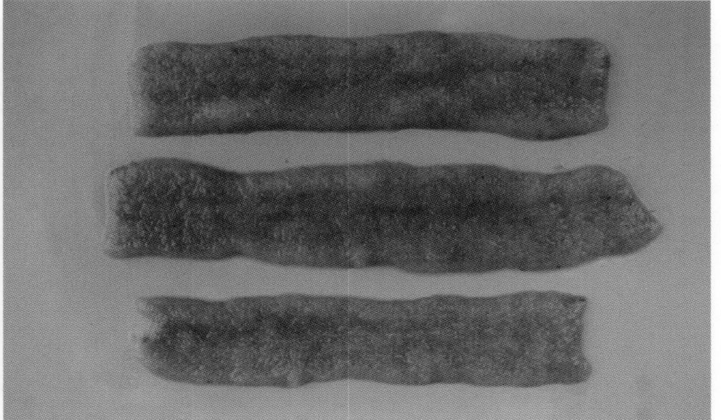

37-78 堆型艾美耳球虫感染，肠黏膜增厚，肠腔内有水样液体（3）

38 鸭球虫病（Coccidiosis in Duck）

鸭球虫病是鸭常见的寄生虫病，以侵害鸭的小肠引起出血性肠炎为特征，发病率和死亡率都很高，尤其对大雏鸭危害严重，常引起急性死亡，耐过的病鸭生长发育受阻，增重缓慢，可对养鸭业造成巨大的经济损失。

【病原】

鸭球虫病是由泰泽属、温扬属和艾美耳属成员球虫引起的一种原虫病。临床上对鸭致病力最强、危害性最大的是毁灭泰泽球虫和菲莱氏温扬球虫，这两种球虫多混合感染。

毁灭泰泽球虫主要寄生于小肠上皮细胞，并逐步侵蚀至盲肠和直肠部位。菲莱氏温扬球虫主要寄生于卵黄蒂前后肠段、回肠和直肠绒毛的上皮细胞内及固有层中。

【流行特点】

球虫感染在鸭群中广泛发生，各种年龄的鸭均可以发生感染。轻度感染通常不表现临床症状，成年鸭感染多呈良性经过，成为球虫的携带者。因此，带虫的成年鸭是引起雏鸭球虫病暴发的重要传染源。鸭球虫病的发生往往是通过病鸭或带虫鸭的粪便污染饲料、饮水、土壤或用具引起传播的。

鸭球虫只感染鸭不感染其他禽类。2～3 周龄的雏鸭对球虫易感性最高，发生感染后通常引起急性暴发，发病率和死亡率一般为 20%～70%，最高可达 80% 以上。随着日龄的增大，发病率和死亡率逐渐降低。6 周龄以上的鸭感染后通常不表现明显的症状。

发病季节与气温和湿度有着密切的关系，以 7～9 月发病率最高。

【临床症状】

该病多见于 10～40 日龄的雏鸭，急性感染 2～3 周雏鸭突然发病，精神沉郁、缩颈嗜睡、扎堆畏寒、经久卧地不起、食欲废绝、渴欲增加、腹泻。最典型的病例排出暗红色或深红色血便，常在发病后 2～3 d 内死亡。能耐过的病鸭发病的第 4 天恢复食欲，但生长发育受阻，增长缓慢。慢性球虫感染，无明显症状，偶尔见有拉稀。

【剖检病变】

剖检急性死亡的病鸭，可见小肠弥漫性出血性肠炎，肠管病变严重，肠壁肿胀，出血；肠道黏膜粗糙，黏膜上覆盖着一层糠麸样或奶酪样黏液，或有淡红色或深红色胶冻样血黏液。

【防控措施】

加强饲养管理，鸭舍经常清扫消毒，及时更换垫草，保持干燥清洁。可以使用市售的常规防治球虫的中西药物进行预防和治疗，使用药物时一定注意休药期。

38-1 鸭球虫感染，小肠极度肿胀变粗，肠壁严重充血呈深红色

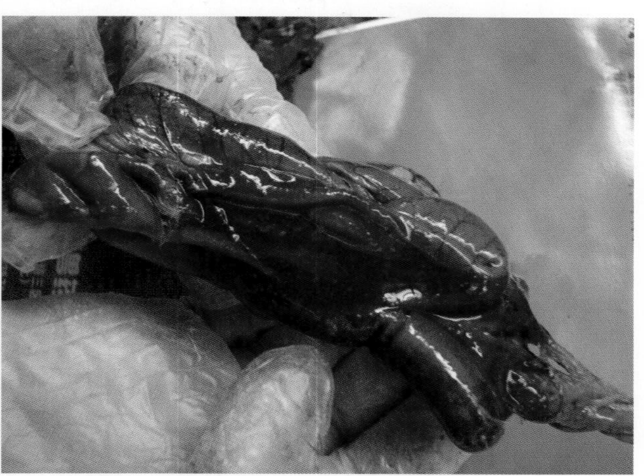

38-2 鸭球虫感染，肠腔内充满了深红色的血液

38-3 鸭球虫感染，直肠有多量血液或血凝块

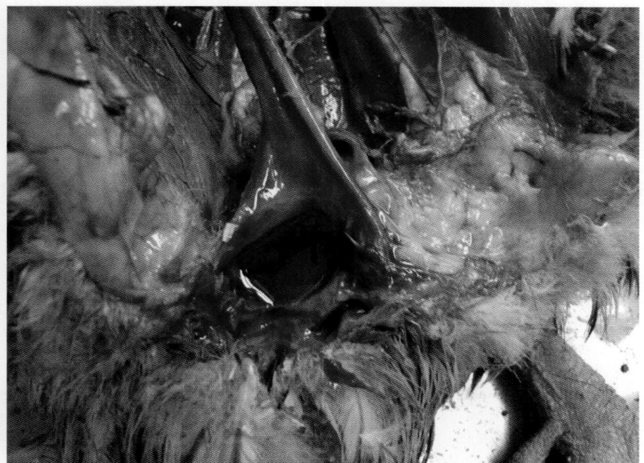

38-4 鸭球虫感染，泄殖腔内有多量的血液

39 鹅球虫病（Coccidiosis in goose）

鹅球虫病主要是由艾美耳属和泰泽属球虫寄生于鹅的肠道以及肾引起的一种寄生性原虫病。各种年龄、品种的鹅均易感，但以幼鹅发病率、死亡率较高。鹅球虫病现已成为危害养鹅业发展的一种重要疾病。

【病原】

目前报道的感染鹅的球虫有 10 多种，其中流行和危害最大的球虫是引起肾球虫病的截形艾美耳球虫和引起肠道球虫病的鹅艾美耳球虫。肾球虫可以造成鹅的肾功能障碍而导致死亡。

【流行特点】

近年来，随着养鹅业的发展，鹅球虫病发病率升高，有的地方感染率可高达 90%～100%，死亡率达 10%～80%。本病在湿热多雨的夏季多发，幼鹅、青年鹅易感，日龄较大的鹅以及成年鹅感染后常呈慢性或良性经过。一般成年鹅感染不表现症状，成为带虫者和传染源。

【临床症状】

肾球虫病表现精神萎靡、衰弱、翅膀下垂，食欲缺乏，极度衰弱和消瘦，腹泻，粪带白色，步态不稳，脖颈频频摇摆扭转，最终由于肾功能衰竭而死亡，重症幼鹅致死率高。但是鹅群能很快产生对再感染的免疫力。

肠道球虫病呈现出血性肠炎症状，食欲缺乏，步态摇摆、精神萎靡，腹泻，粪稀或有红色黏液，重者可因衰竭而死亡。

【剖检病变】

肾球虫病解剖可见肾被入侵且发育的虫体使肾小管膨胀极度肿大，正常的红棕色肾变为灰黑色或灰红色。可见针头大小的灰白色病灶或出血斑，肾内含有大量的卵囊和尿酸盐。

肠球虫病解剖可见十二指肠和小肠肿大，比正常肠道粗 1 倍以上，呈现出血性卡他性炎症，肠腔内有的充满稀薄或浓稠的红棕色的液体，似捣碎的红色豆腐乳，还可出现纤维素性坏死性肠炎。

【防控措施】

保持场地的干燥清洁，粪便及时清除，堆积发酵进行无害化处理，幼鹅与成年鹅分开饲养，在湿热多雨的季节更要做好活动场地的消毒。可以使用市售的常规防治球虫的中西药物进行预防和治疗，使用药物时一定注意休药期。

辅助治疗：在饲料中添加维生素 A、维生素 K 有助于畜禽球虫病的好转。但有资料报道维生素 B 则有助于球虫的无性繁殖，大大减低抗球虫药的效果，故使用球虫药时，应避免使用维生素 B。

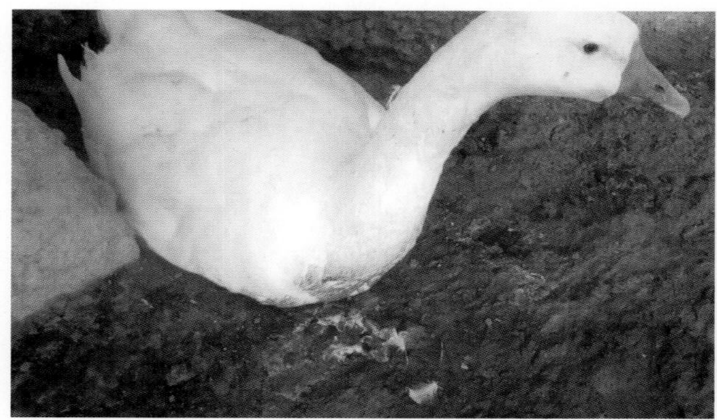

39-1 鹅球虫感染，病鹅排出粉红色血便（1）

39-2 鹅球虫感染，病鹅排出粉红色血便（2）

39-3 鹅球虫感染，病鹅肠道变粗

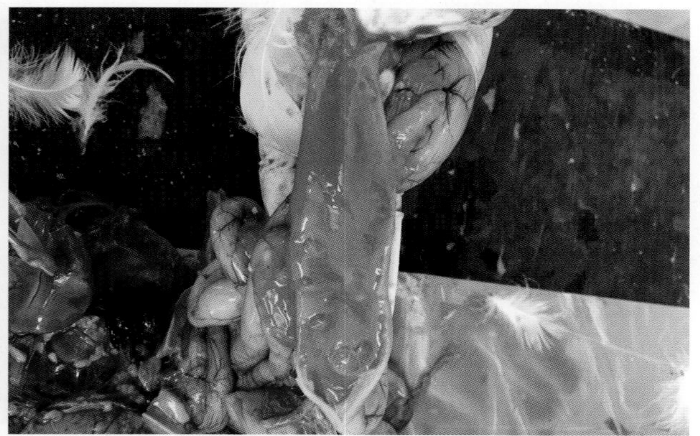

39-4 鹅球虫感染，病鹅肠道内有粉红色黏液

39-5 鹅球虫感染，病鹅肠腔内有多量粉红色似豆腐渣样物

39-6 鹅球虫感染，病鹅直肠有深红色黏稠的血液

40 鸽毛滴虫病（Pigeon trichomoniasis）

鸽毛滴虫病又称口腔溃疡症，亦称为“鸽癀”，是鸽的常见病之一，由毛滴虫引起。最常见的变化是口腔和咽喉黏膜形成粗糙纽扣状的黄色干酪样的沉着物。主要危害幼鸽，可造成其很高的死亡率。成年鸽往往带虫而不表现症状。

【病原】

本病的病原是毛滴虫。

【流行特点】

本病主要是接触性传染，由于成年鸽是无症状的带虫者，常成为乳鸽的传染源。通过成年鸽给幼鸽哺乳而直接传染，6～15 日龄的幼鸽感染后 10 d 左右死亡。成年鸽在婚恋接吻时受到感染；健康的鸽也可通过食入污染的饲料和水而感染。

【临床症状】

乳鸽、童鸽感染后，表现精神萎靡，羽毛松乱，食欲减退，消化紊乱，导致腹泻和消瘦，饮水量大，口腔分泌物增多且黏稠，呈浅黄色。呼吸受阻，发出轻微“咕噜”声。下颌外面有时可见凸出，用手可摸到黄豆大小的硬物。严重感染的幼鸽会很快消瘦，4～8 d 内死亡。根据本病的症状，可分为咽型、内脏型和脐型。

1. 咽型：最为常见，也是危害最大的一型。由于口腔受损，病原侵入黏膜而感染发病。吞咽和呼吸困难，病鸽口流青绿色的涎水，嗉囊塌瘪，伸颈做吞咽姿势，口中散发出恶臭味。

2. 内脏型：鸽食入被污染的饲料和水而被感染。常表现精神沉郁，羽毛松乱，食欲减少，饮水增加，有黄色黏性水样下痢（似硫黄，带泡沫），胸骨似刀，体重下降。随着病情的发展，毛滴虫还侵害鸽的内部组织器官。

3. 脐型：当巢盘和垫料污染时，病原可以侵入乳鸽脐孔而引起脐部皮下形成炎症或肿块，这一类型较少见。

【剖检病变】

1. 咽型：鸽的口腔，有时从嘴角到咽部，甚至食道的上段黏膜上有块状或弥漫性黄白色干酪样物覆盖，也可出现在腭裂上，易剥离。

2. 内脏型：呼吸道受损害的，其病变与咽型类似。肝、脾的表面也可见灰白色或深黄色界限分明的小结节。在肝实质内有灰白色或深黄色的圆形或圆球形病灶。

3. 脐型：切开脐部皮下肿块，其切面呈干酪样或溃疡性病变。这一类型较少见。

【诊断】

根据临床症状和口腔病变可做出初步诊断。肝型毛滴虫病的肝有界限明显、深入肝实质中的结节，这是本病与鸽沙门氏菌病出现的肝病变的不同之处。

【防控措施】

1. 一是加强饲养管理，成年鸽和童鸽应分开饲养，并注意饲料和饮水卫生；二是选用有效药物定期进行预防性治疗，每间隔 15～20 d 投服一次。

2. 发现病鸽和带虫鸽应隔离饲养．可用以下药物治疗。

（1）0.05% 浓度的结晶紫溶液饮水，连用 1 周，可做预防和治疗之用。

（2）硫酸铜泡腾片（非兽药），一片兑 1～2 kg 水，连用 3～4 d。

（3）硫酸铜：按 1∶2 000 水溶液饮水，连用 3～5 d，对鸽的上消化道毛滴虫具有抑制作用。

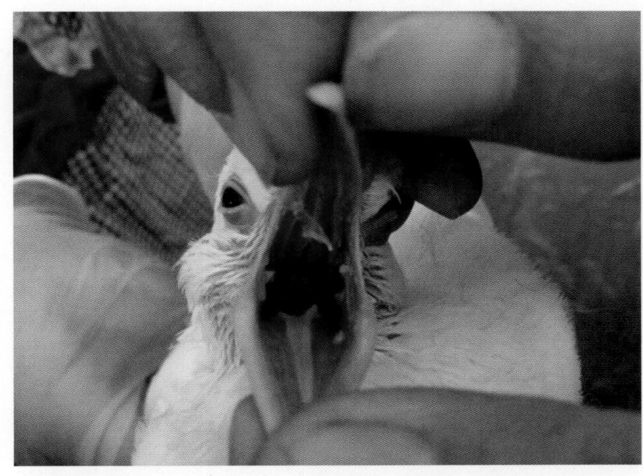

40-1　鸽毛滴虫轻度感染，口腔有少量灰白色干酪样物

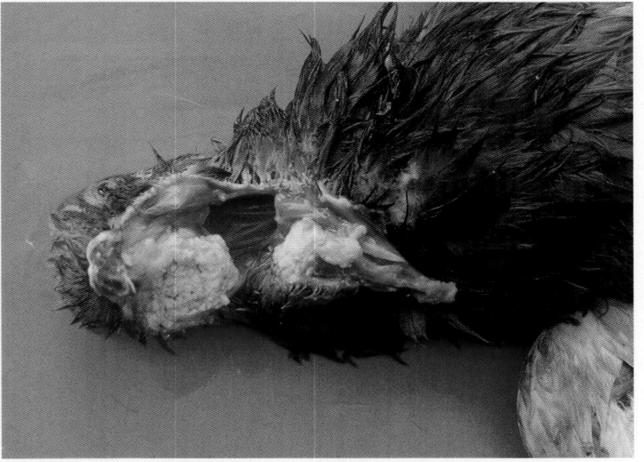

40-2　鸽感染毛滴虫，口腔有大块黄白色干酪样物

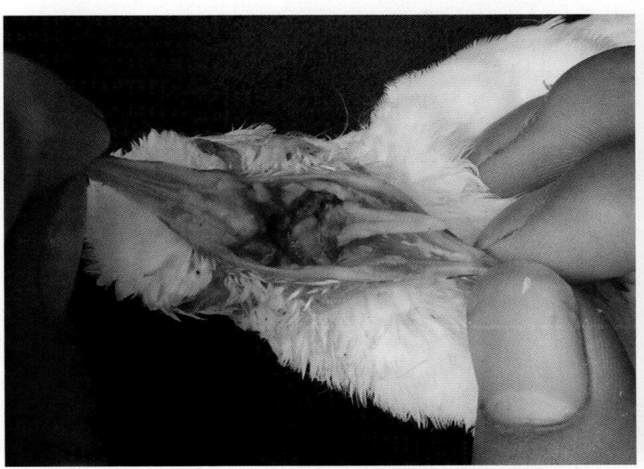

40-3　鸽感染毛滴虫，口腔咽喉有多量黄白色干酪样物（1）

40-4　鸽感染毛滴虫，口腔咽喉有多量黄白色干酪样物（2）

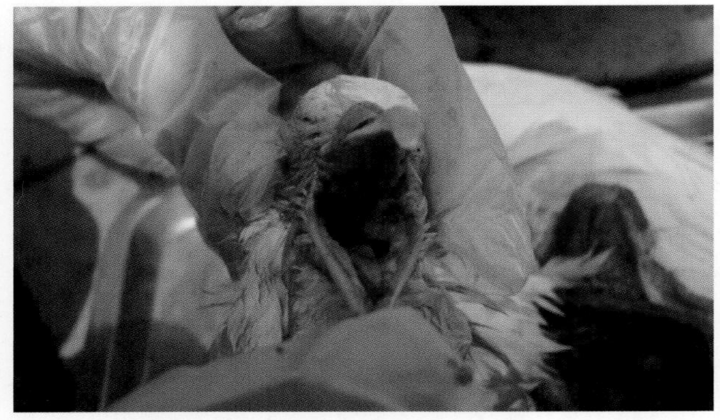

40-5 鸽感染毛滴虫，口腔咽喉有多量黄白色干酪样物（3）

40-6 鸽感染毛滴虫，口腔咽喉有多量黄白色干酪样物（4）

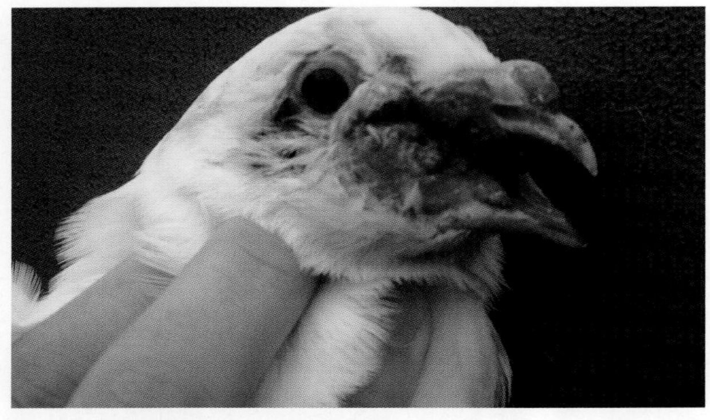

40-7 鸽感染毛滴虫，左侧口角处严重溃疡，有多量干酪样物积蓄

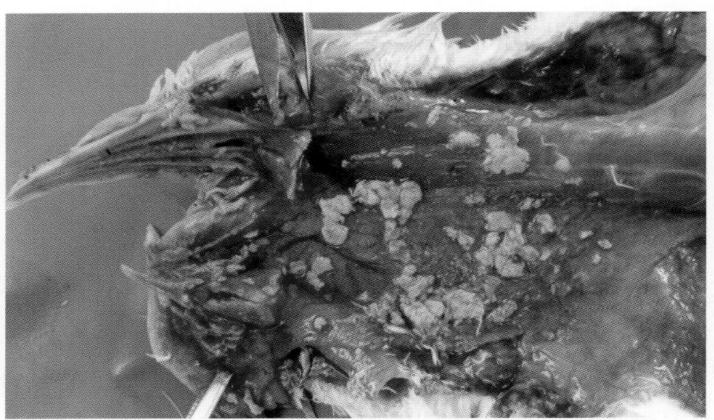

40-8 咽型毛滴虫病鸽在食道上段的黏膜上有弥漫性黄白色干酪样物覆盖（1）

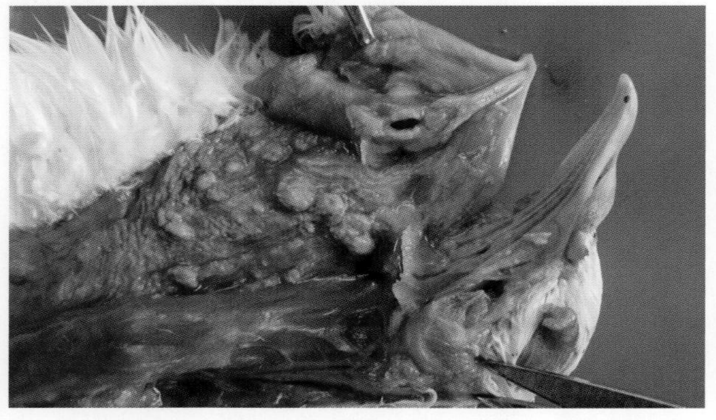

40-9 咽型毛滴虫病鸽在食道上段的黏膜上有弥散性黄白色干酪样物覆盖（2）

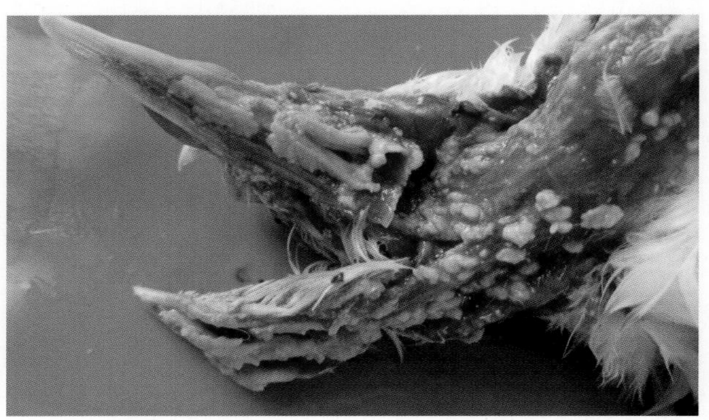

40-10 咽型毛滴虫病鸽在食道上段的黏膜上有弥散性黄白色干酪样物覆盖（3）

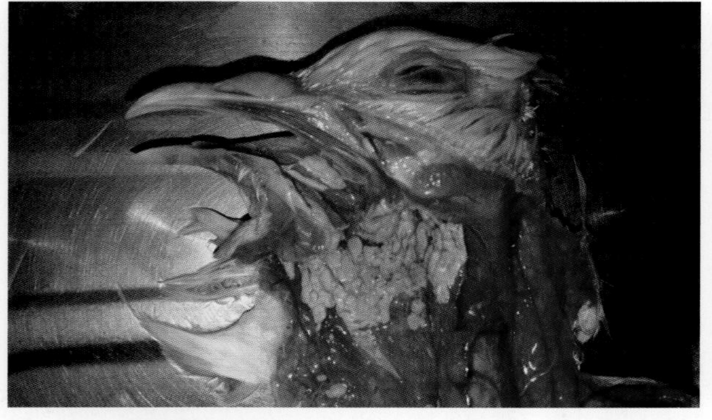

40-11 咽型毛滴虫病鸽在食道上段的黏膜上有成片的黄白色干酪样物覆盖（1）

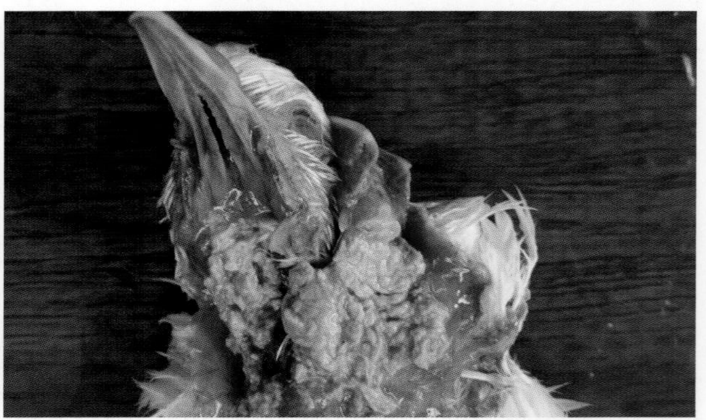

40-12 咽型毛滴虫病鸽在食道上段的黏膜上有成片的黄白色干酪样物覆盖（2）

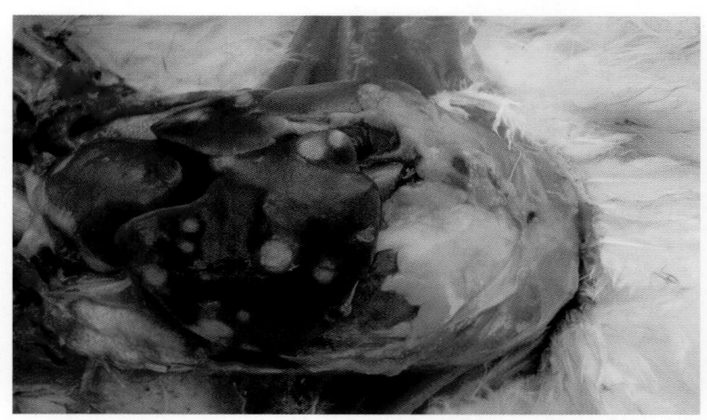
40-13 鸽感染内脏型毛滴虫，肝有深黄色圆形病灶（1）

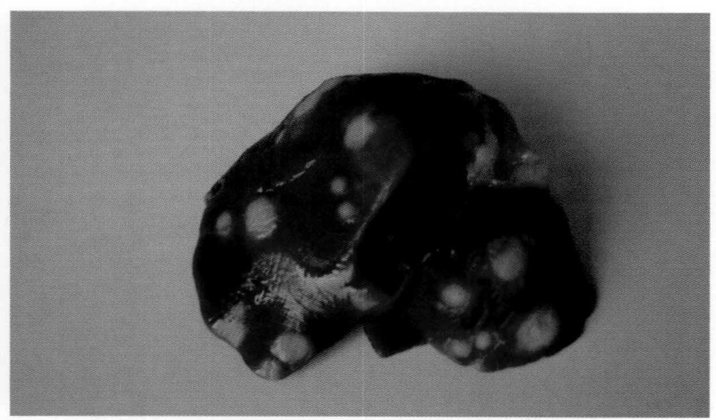
40-14 鸽感染内脏型毛滴虫，肝有深黄色圆形病灶（2）

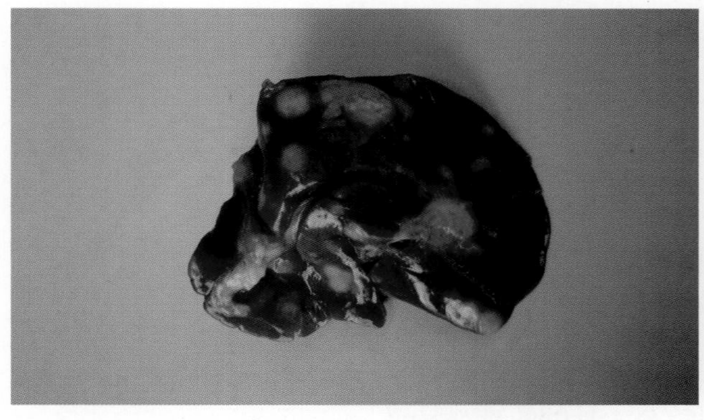
40-15 鸽感染内脏型毛滴虫，肝有深黄色圆形病灶（3）

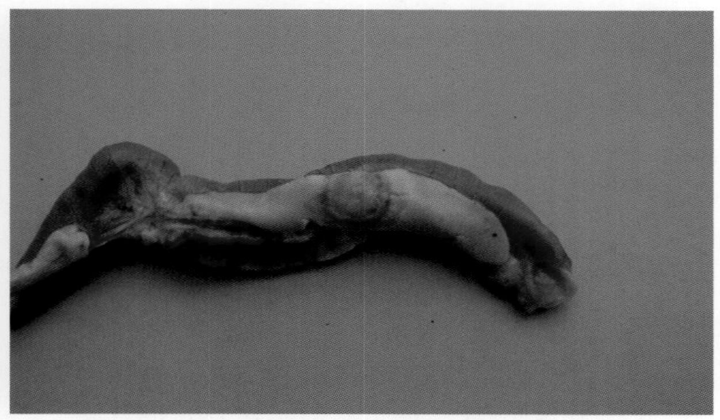
40-16 鸽感染内脏型毛滴虫，胰腺有深黄色圆形病灶

41 禽组织滴虫病（Histomoniasis）

禽组织滴虫病又称盲肠肝炎，俗称“黑头病”，是由组织滴虫寄生于禽类盲肠和肝，引起火鸡、孔雀和鸡的一种急性原虫病。其特征病变是盲肠发炎和肝表面产生一种特征性坏死灶。

【病原】

禽组织滴虫病的病原是火鸡组织滴虫。

【本病特征】

本病是以盲肠炎、溃疡和肝表面有圆形的碟状坏死灶为特征。

【流行特点】

1. 3～12 周龄的幼火鸡对本病的易感性强，8 周龄至 4 月龄的雏鸡易感。
2. 成年鸡感染后的症状不明显，常为带虫者，不断散布病原。
3. 散养禽易感（在果园、田间、山地养禽，与吞食蚯蚓有关，蚯蚓是组织滴虫的中间宿主）。
4. 本病没有明显的季节性，但在温暖潮湿的夏季多发。

【临床症状】

1. 有些鸡特别是火鸡的面部皮肤变成蓝紫色或黑色，所以又称“黑头病”。
2. 排出淡黄色像硫黄样粪便，或淡绿色、或灰褐色粪便。
3. 急性病例排出粪便带血或完全是血液。

【剖检病变】

主要病理变化集中在盲肠和肝。

1. 可见一侧盲肠或两侧盲肠同时发生病变。 最急性病例仅见盲肠发生严重的出血性肠炎，肠腔中含有血液，肠道异常膨大。

典型病例可见盲肠肿大，肠壁增厚紧实，触之坚硬，呈香肠状。肠黏膜发炎出血，形成溃疡，肠道内容物常干酪化，形成干酪样的坏死肠栓，其横切面呈规则的同心圆，中心是黑红色的凝固物，外围是比较干燥的黄白色的渗出物和坏死物质。

2. 肝出现特征性的坏死灶，肝肿大，表面形成一种圆形或不规则的、边缘稍隆起，中央稍凹陷的碟形溃疡灶，表面呈淡黄色或深绿色。也有针尖大小、豆大小、指头肚大小的病灶，散在或密集于整个肝表面，有时连成大片的溃疡区。

【诊断】

在一般情况下，根据盲肠和肝特征性的病变和临床症状便可做出初步诊断。

【防控措施】

1. 实行成年鸡与幼鸡分开饲养。
2. 定期给鸡群驱除异刺线虫（因组织滴虫是通过异刺线虫的卵传播的）。
3. 左旋咪唑以 36～40 mg/kg 体重，口服，1 次 /d，连用 2 d。
4. 丙硫咪唑以 30 mg/kg 体重，口服，1 次 /d，连用 2 d。

本病易造成盲肠出血、排血便，在治疗时补充维生素 K_3、鱼肝油，有利于康复。

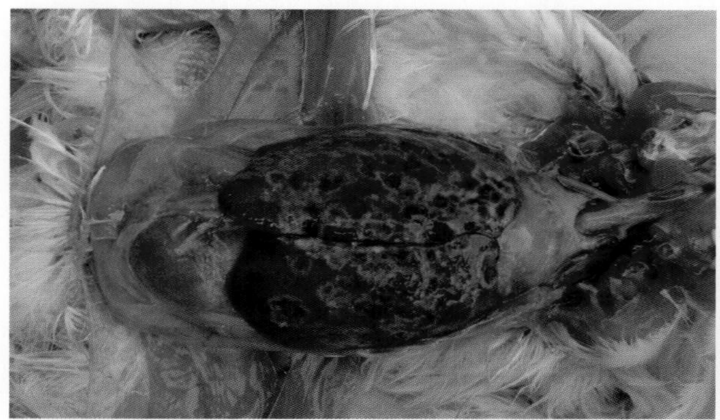

41-1 鸡组织滴虫病，肝肿大、表面形成圆形或不规则的边缘稍微隆起、中间凹陷的溃疡灶，溃疡灶的边缘呈淡黄绿色，中间为黑褐色

41-2 鸡组织滴虫病，肝有个体较大呈不规则形状、边沿为浅黄色、中间为深红色的溃疡灶

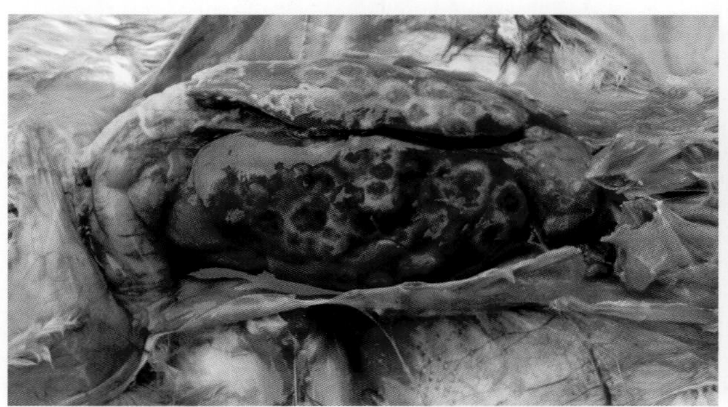

41-3 鸡组织滴虫病，肝表面有密集的、周围呈黄白色中间略显凹陷的深红色溃疡灶

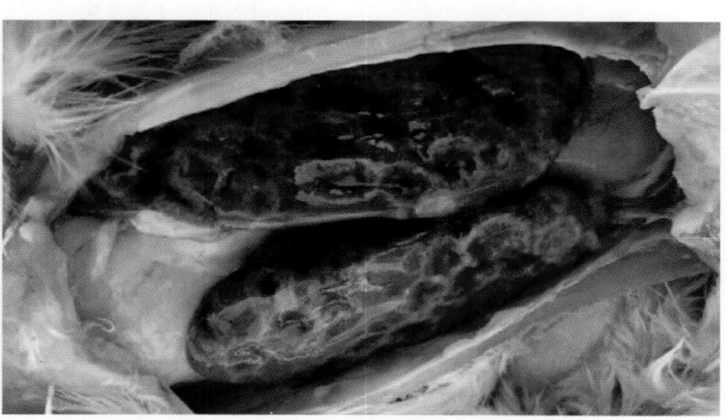

41-4 鸡组织滴虫病，肝呈黑红色，表面有密集的、周围呈黄白色中间略显凹陷的褐色溃疡灶

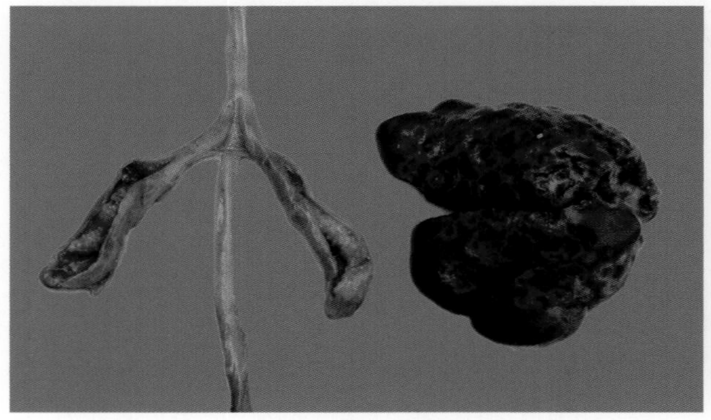

41-5 鸡组织滴虫病，盲肠肿大，肠壁增厚，内有黄白色干酪样物，肝有密密麻麻的溃疡灶

41-6 鸡组织滴虫病，盲肠内容物形成干酪样坏死物质，横切面呈同心圆

41-7 孔雀组织滴虫病，肝有个体较大的溃疡灶，呈圆形或椭圆形（1）

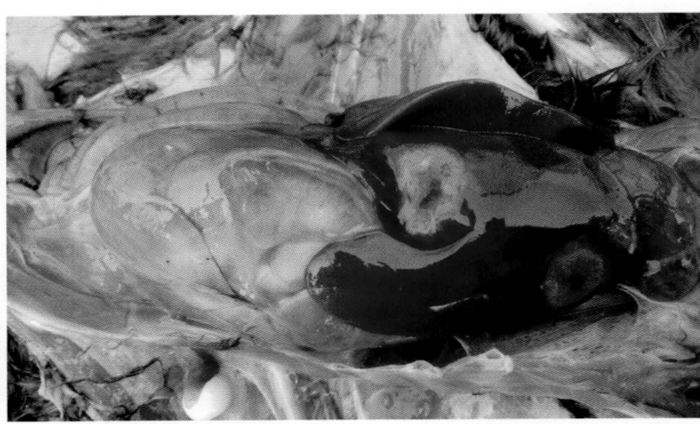

41-8 孔雀组织滴虫病，肝有个体较大的溃疡灶，呈圆形或椭圆形（2）

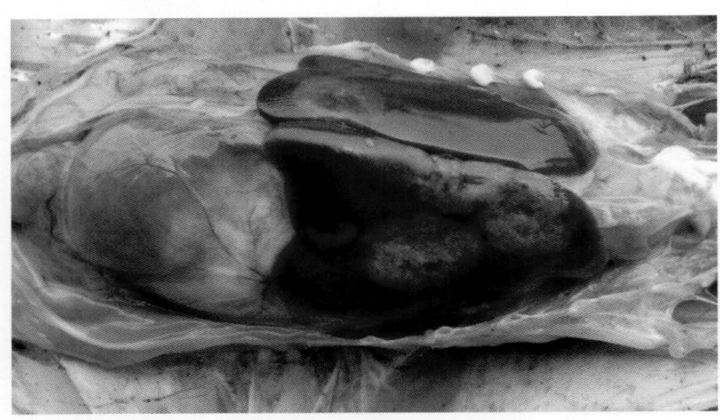

41-9 孔雀组织滴虫病，肝有个体较大的溃疡灶，呈圆形或椭圆形（3）

41-10 孔雀组织滴虫病，肝有个体较大的溃疡灶，呈圆形或椭圆形（4）

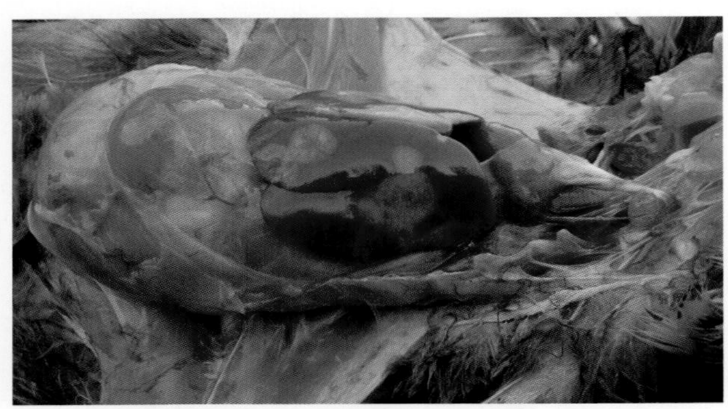

41-11 孔雀组织滴虫病，肝有个体较大的溃疡灶，呈圆形或椭圆形（5）

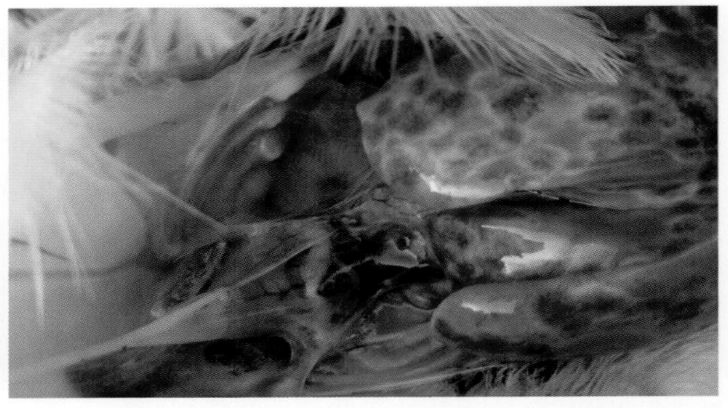

41-12 孔雀组织滴虫病，肝呈粉红色，表面有密集的、周围呈黄白色中间略显凹陷的红色溃疡灶

41-13 孔雀组织滴虫病，肝呈粉红色，表面有密集的、周围呈黄白色中间略显凹陷的深红色溃疡灶（1）

41-14 孔雀组织滴虫病，肝呈粉红色，表面有密集的、周围呈黄白色中间略显凹陷的深红色溃疡灶（2）

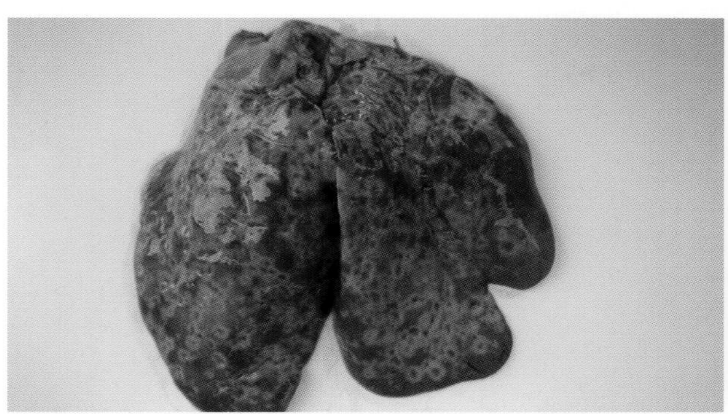
41-15　孔雀组织滴虫病，肝呈浅黄色，表面有密密麻麻的、中间略显凹陷的、周围灰黄色中间呈褐色溃疡灶

41-16　孔雀组织滴虫病，肝呈浅粉红色，表面有密密麻麻的、中间略显凹陷的深红色溃疡灶（1）

41-17　孔雀组织滴虫病，肝呈浅粉红色，表面有密密麻麻的、中间略显凹陷的深红色溃疡灶（2）

41-18　孔雀组织滴虫病，肝表面有连片的粉红色、中间呈白色或深红色溃疡灶

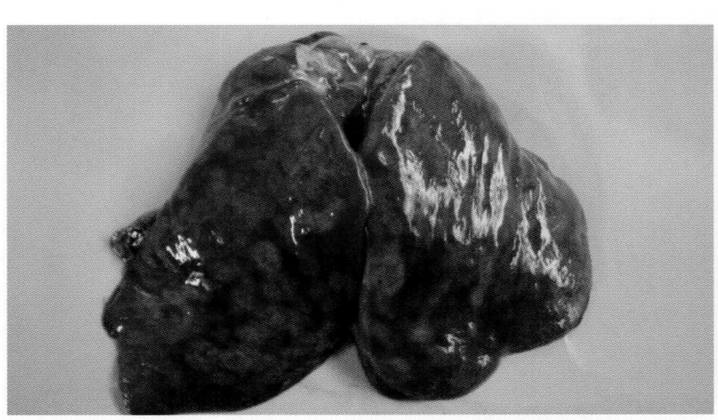
41-19　孔雀组织滴虫病，肝呈紫红色，表面有密密麻麻的、中间略显凹陷的粉红色溃疡灶

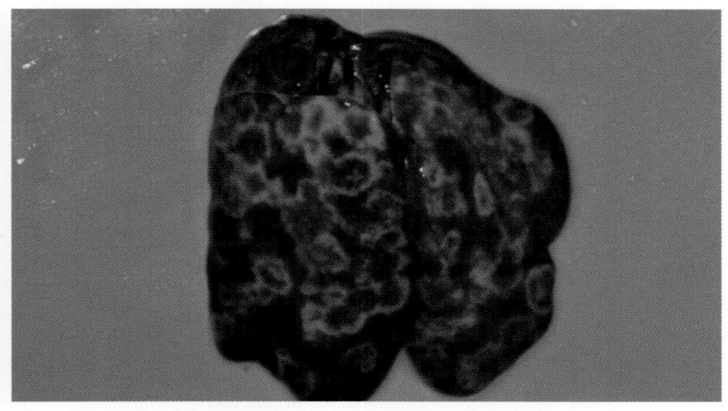
41-20　孔雀组织滴虫病，肝呈粉红色，表面有密集的、周围呈黄白色中间略显凹陷的棕褐色的溃疡灶

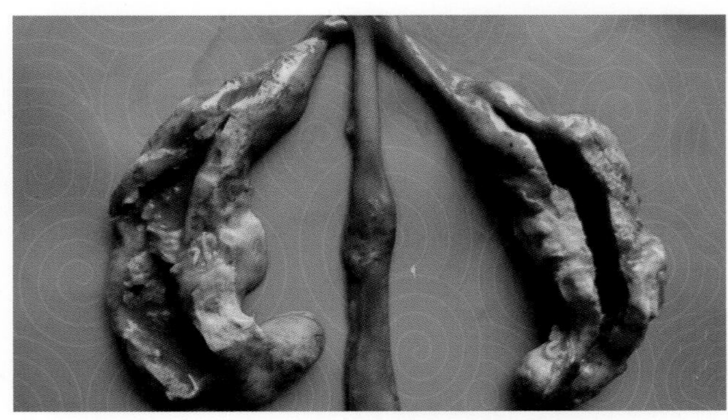
41-21　孔雀组织滴虫病，盲肠壁增厚，内有黄色干酪样物和灰褐色恶臭液体（1）

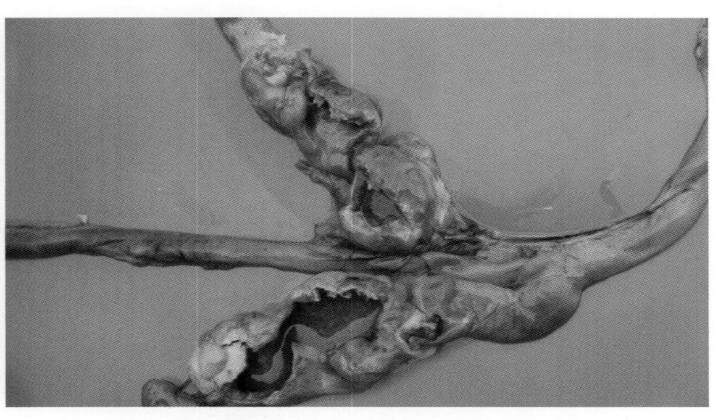
41-22　孔雀组织滴虫病，盲肠壁增厚，内有黄色干酪样物和红褐色恶臭液体（2）

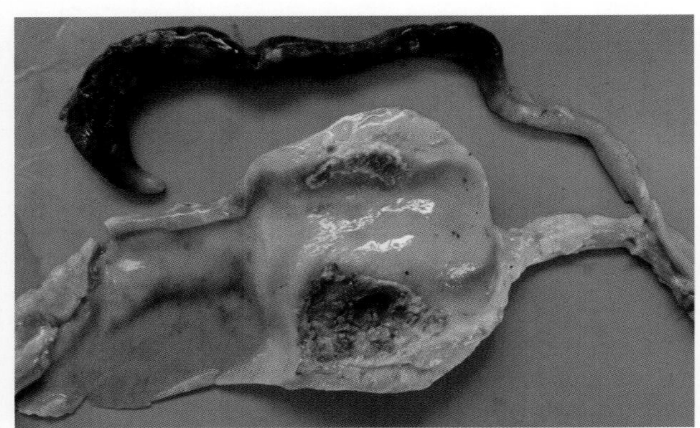
41-23　孔雀组织滴虫病，一侧盲肠壁极度增厚溃疡

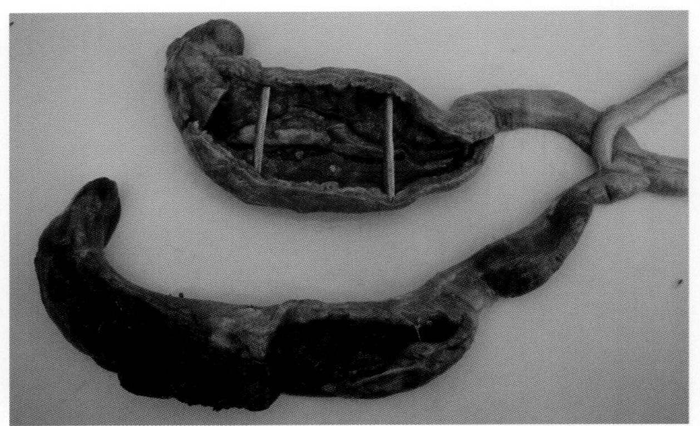
41-24　孔雀组织滴虫病，盲肠壁增厚，内有黄色干酪样物和红褐色恶臭的液体

鸡住白细胞原虫病（Chicken leucocytozoonosis）

鸡住白细胞原虫病又称白冠病，主要危害幼雏鸡和中雏鸡，致幼雏出血死亡或生长发育受阻。成年鸡处于隐性感染状态，造成贫血，产蛋下降，影响养鸡业的发展。

【病原】

目前在世界上已发现的鸡住白细胞虫有 5 种，我国常见的是由沙氏住白细胞虫和卡氏住白细胞虫寄生在鸡的血液中而发病。

【本病特征】

本病以出血、贫血、绿便、发育迟缓和产蛋率降低、各脏器有大小不等的广泛性出血点为特征。

【流行特点】

1. 本病主要危害雏鸡和育成鸡，呈地方性流行。
2. 1～3 月龄鸡感染死亡率最高，随着日龄的增长，死亡率降低。一年以上鸡感染，多为带虫者。
3. 本病主要通过库蠓（俗称小黑蚊）和蚋的叮咬而传播，故发生与流行有明显的季节性，北方主要发生于 7～9 月，南方主要发生于 4～10 月。

【临床症状】

1. 鸡冠苍白，有的鸡冠上有散在的针尖大小的出血点。成年鸡表现为贫血和产蛋量下降，排出白色水样或绿色稀便。
2. 幼鸡和青年鸡症状明显，初期病鸡表现为发呆、贫血，冠苍白、食欲不振、羽毛蓬乱、卧地不起、口中流涎，粪便呈绿色，严重病例死前吐血、口鼻内有新鲜或凝固的血液、活动困难、拍打翅膀而突然死亡。病程急促，有 1～2 d，死前口流鲜血是特征症状。

【剖检病变】

特征变化是口腔中有血凝块，全身广泛性出血，肌肉及一些器官出现大小不等的点状出血。

1. 全身皮下出血，肌肉特别是胸肌和腿肌有散在出血斑点，肌肉苍白。
2. 肺、肾和肝广泛出血，甚至整个肾被血凝块覆盖。
3. 本病特征性的病变是：心脏、脾、胰腺及胸腺有出血点或小血肿凸出于表面，常见脂肪上有点状血肿，并且与周围组织有明显的界限。

4. 病程稍长的病鸡可见心肌、肝、脾、胸部肌肉有凸出于器官表面的白色结节。产蛋鸡腹部脂肪上有小血肿。有时肠系膜散在多量的小血肿。

5. 口腔及腭裂处有血样黏液阻塞。

6. 气管、嗉囊、腺胃、肌胃及肠黏膜有出血点。

【诊断】

根据流行病学、临床症状和剖检病变即可做出初步诊断。

【防控措施】

1. 搞好鸡舍周围环境卫生，清除鸡舍周围杂草，消灭吸血昆虫库蠓和蚋是预防本病的主要手段。发现病鸡，立即隔离治疗。

2. 磺胺类药物对该病有一定疗效，早期病禽可以选用药物进行治疗，注意药物的禁用和休药期。同时注意补充维生素 K_3、维生素 B_{12} 进行止血造血，利于康复。

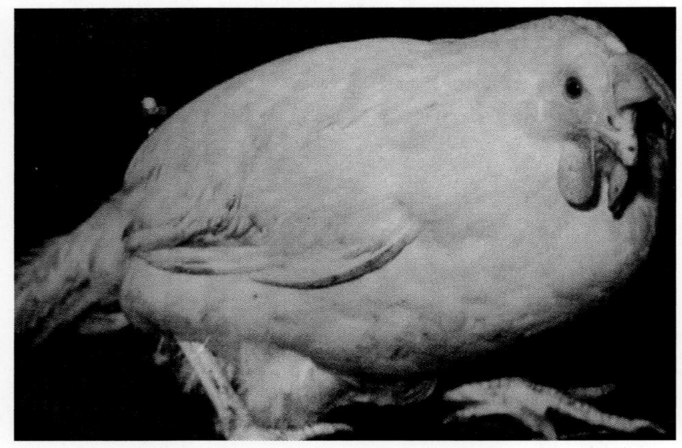

42-1　鸡住白细胞原虫病，病鸡冠苍白，萎缩

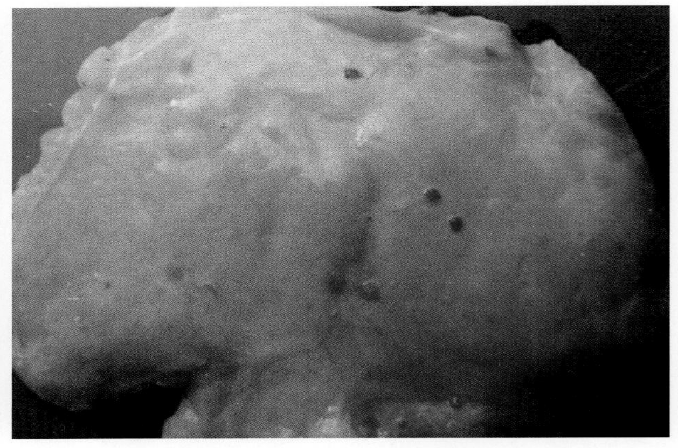

42-2　鸡住白细胞原虫病，病鸡腹部脂肪上有凸出于表面的小血肿

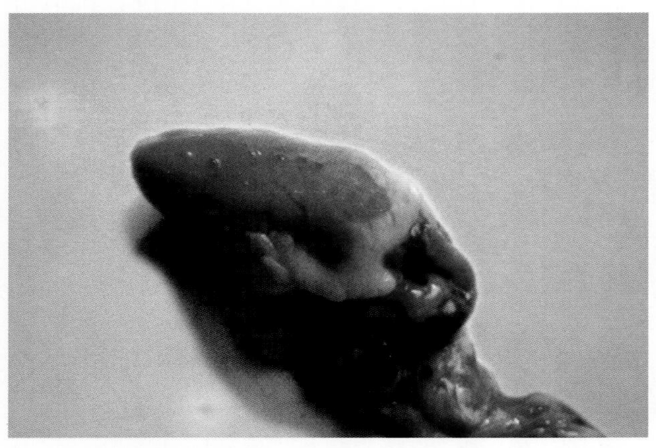

42-3　鸡住白细胞原虫病，病鸡心脏有凸出表面的散在的出血点

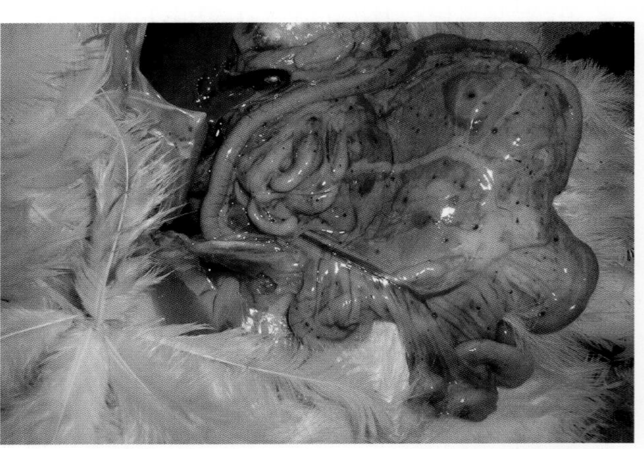

42-4　鸡住白细胞原虫病，病鸡肠系膜有散在的小血肿

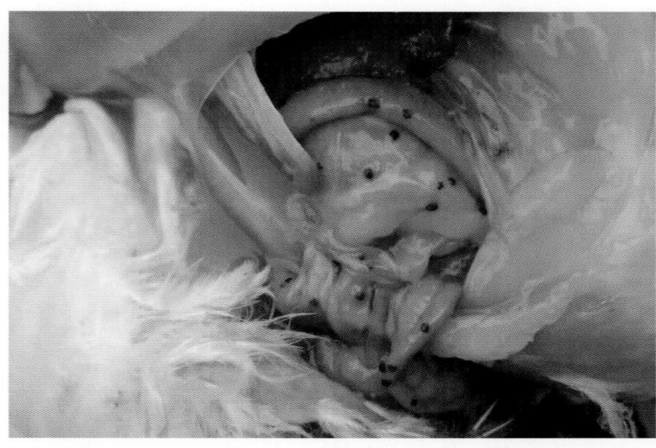

42-5 鸡住白细胞原虫病，病鸡肠壁和肠系膜脂肪有散在的小血肿

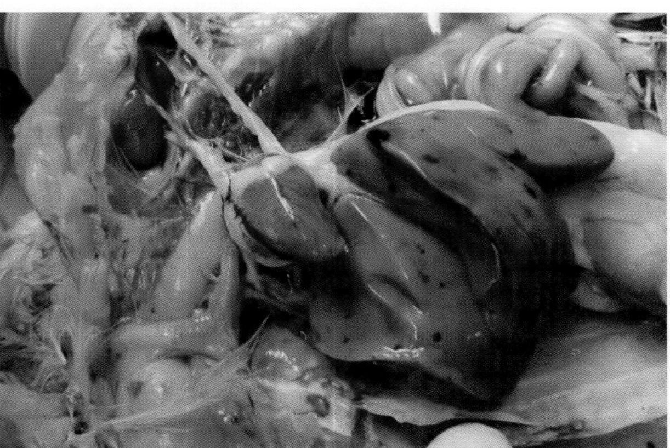

42-6 鸡住白细胞原虫病，病鸡肝上散在性小血肿

42-7 鸡住白细胞原虫病，病鸡全身肌肉表面有散在的小血肿

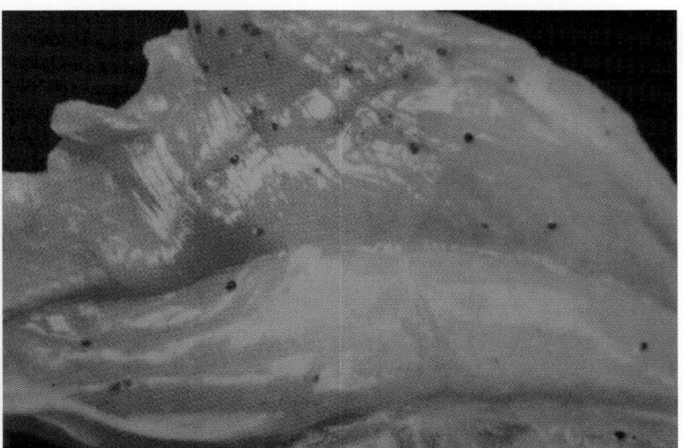

42-8 鸡住白细胞原虫病，病鸡胸肌有散在的小血肿

43 绦虫病（Cestodiasis）

【病原及生活史】

绦虫病是由绦虫寄生在禽的小肠引起的一类寄生虫病，绦虫是雌雄同体，绦虫呈乳白色、扁平、带状、分节、前部节片细小，后部节片较宽。绦虫种类很多，常见的有节片戴文绦虫、有轮赖利绦虫、四角赖利绦虫、棘沟赖利绦虫等，体长在 0.5～34 cm 不等。

禽绦虫的生活史比较复杂，常需要一个或两个中间宿主（蚂蚁、甲壳虫、家蝇及一些软体动物）的参与。成虫寄生在禽的消化道内，经 2～3 周成熟，并随粪便排出孕卵节片被中间宿主吞食后，卵在中间宿主的肠道孵化出六钩蚴，随后发育成似囊尾蚴；禽类吞食含有囊尾蚴的中间宿主后，经 2～3 周，似囊尾蚴发育为成熟的绦虫。

【流行特点】

本病可发生于各种家禽的各年龄段，特别是环境不卫生以及地面散养禽易感。

【临床症状】

1. 病鸡排出粪便中可见多少不等的白色、大米粒大、长方形的绦虫节片，成熟的卵节片中含有许多虫卵。
2. 病鸡生长发育不良、消瘦、精神不振、食欲下降、不愿活动、呆立、羽毛松乱。
3. 病程长的可出现贫血，颜面、鸡冠、肉垂及眼结膜苍白或轻度黄染。
4. 白色水样下痢，有时混有血痢。
5. 当绦虫代谢产物引起鸡体中毒时，病鸡则精神萎靡不振、衰弱、最后常因机体衰竭或并发其他感染而死亡。

【剖检病变】

1. 十二指肠降部向下进入空肠 10 cm 左右处可发现虫体，数量多时，堵塞肠管，形成肠梗阻。病死鸡绦虫则进入到回肠和直肠，体态紧缩呈挂面条样。
2. 小肠黏膜肥厚、肠腔有大量恶臭的黏液，肠黏膜出血、坏死、溃疡。
3. 病程长的病鸡，当绦虫头节深入到肠黏膜内时，可见到肠壁凸起，呈芝麻粒大的灰黄色结节。结节中央凹陷，凹陷内含有黄褐色凝乳状物。

【防控措施】

定期驱虫减少发病。常用药物有丙硫咪唑、吡喹酮、灭绦灵（氯硝柳胺）及中药如槟榔等。注意药物的禁用及休药期。

43-1　禽绦虫呈乳白色、带状、分节（1）

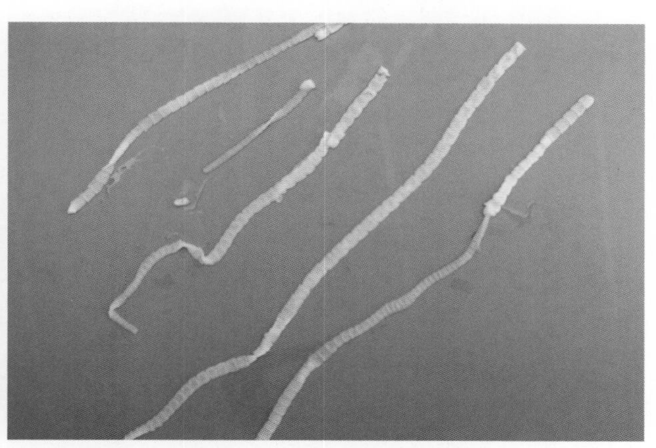

43-2　禽绦虫呈乳白色、带状、分节（2）

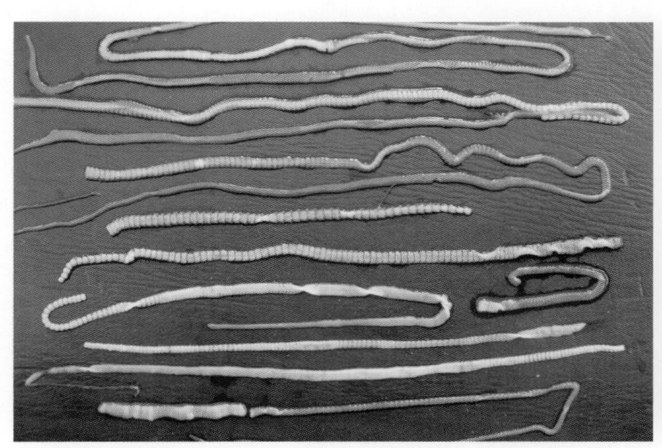

43-3　禽绦虫呈乳白色、带状、分节（3）

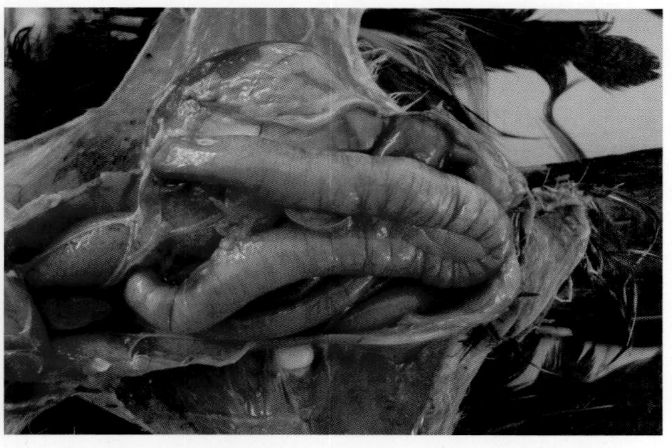

43-4　大量绦虫聚集，病鸡肠腔极度胀大变粗，肠壁充血呈红色

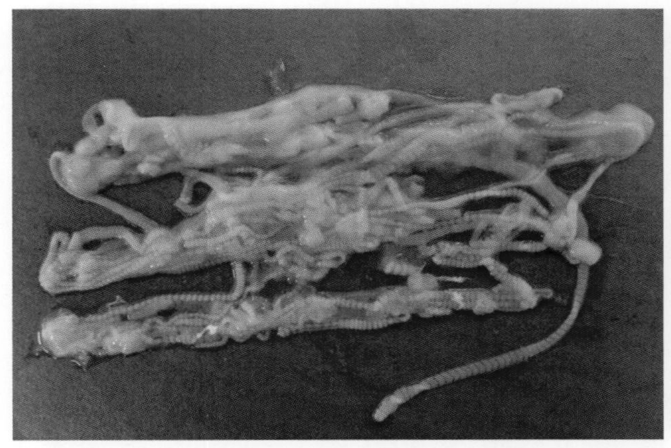

43-5　禽绦虫严重感染，肠道内大量的绦虫聚集堵塞肠腔

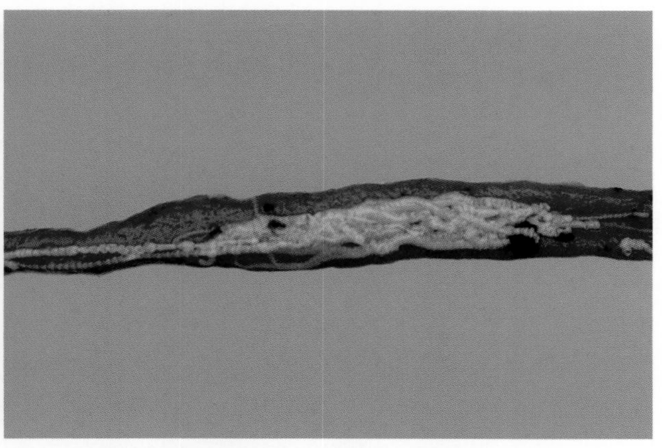

43-6　禽绦虫在肠道寄生的数量多时造成肠道堵塞

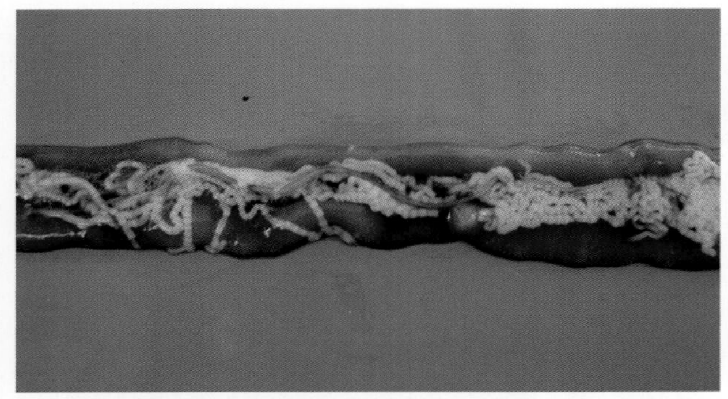

43-7　禽肠道内密集的绦虫与蛔虫混合感染

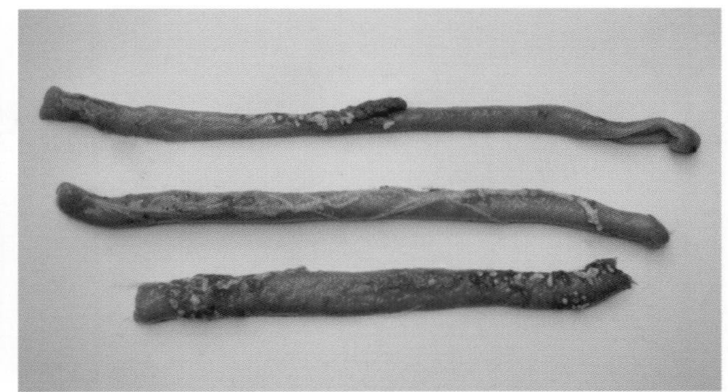

43-8　禽肠道内绦虫与巨型艾美耳球虫混合感染

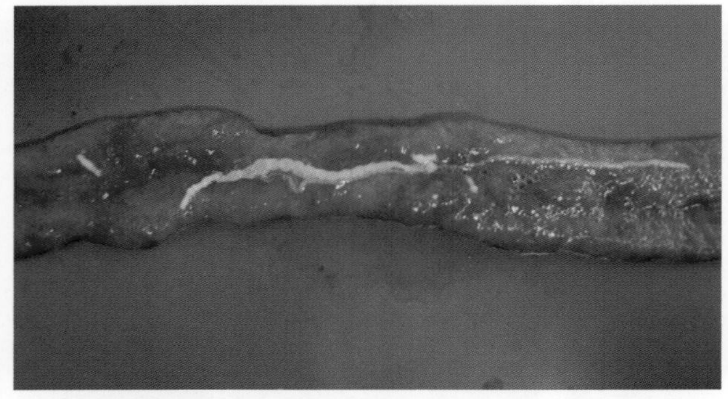

43-9　绦虫与巨型艾美耳球虫混合感染

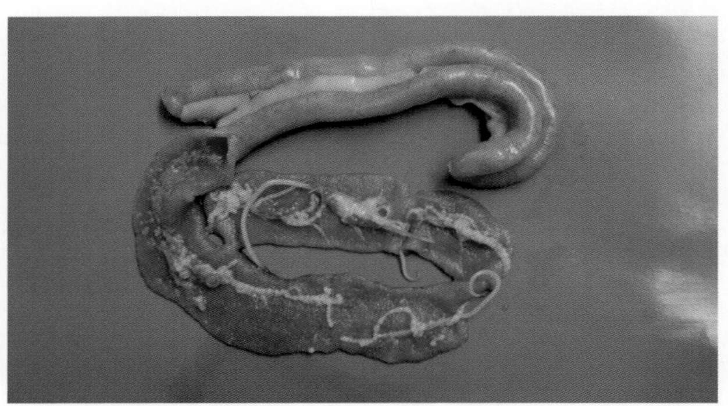

43-10　绦虫、蛔虫、巨型艾美耳球虫混合感染

43-11　病死鸡绦虫进入回肠、直肠，体态紧缩呈挂面条样（1）

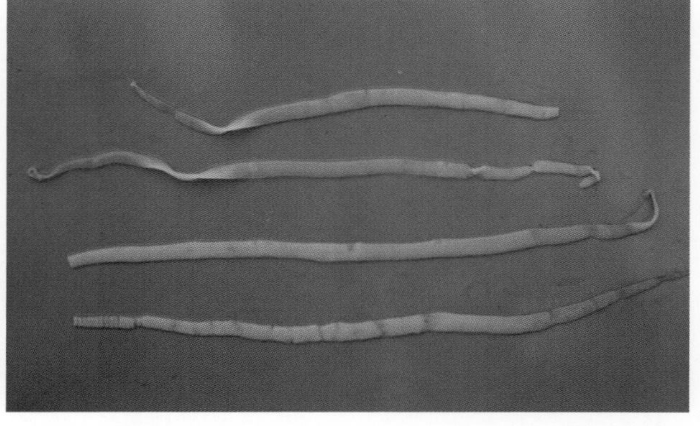

43-12　病死鸡绦虫进入回肠、直肠，体态紧缩呈挂面条样（2）

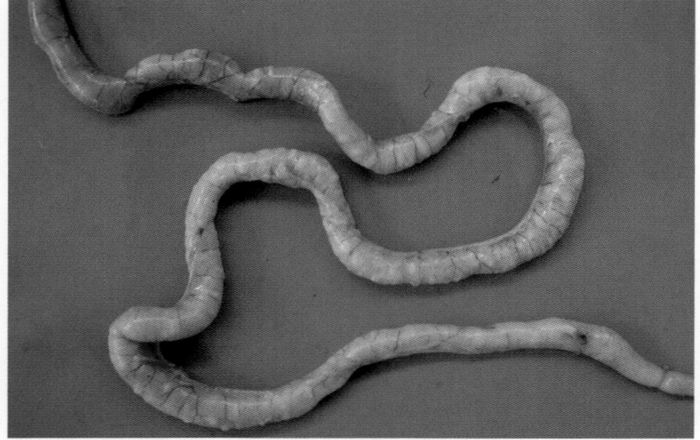

43-13　绦虫感染时间长的病鸡，当绦虫头节深入到肠黏膜时，可见肠壁凸起，呈芝麻粒大的灰白色结节

43-14　直肠内绦虫的孕卵节片，呈白色似大米粒样

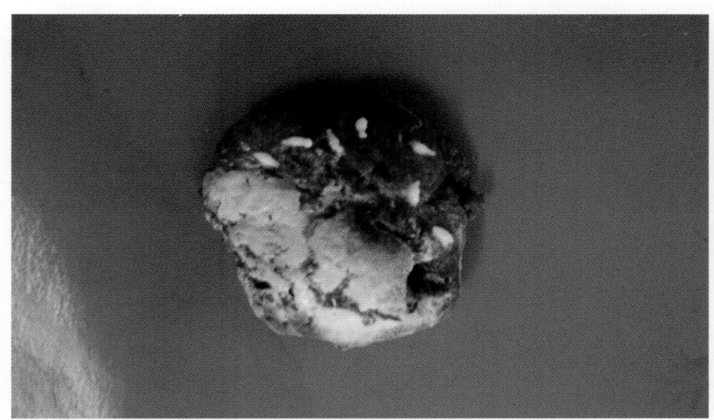

43-15　鸡的粪便上排出的白色绦虫孕卵节片

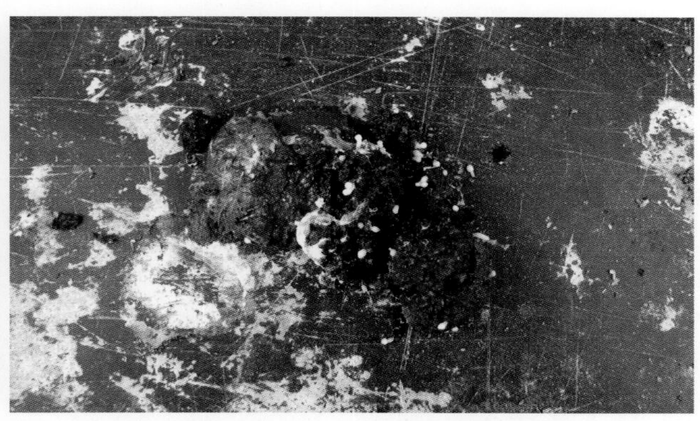

43-16　鸡的粪便上排出白色的绦虫孕卵节片

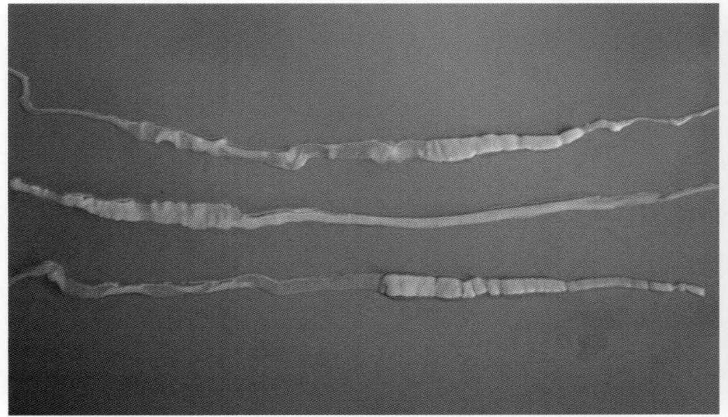

43-17　鸭矛形剑带绦虫（1）

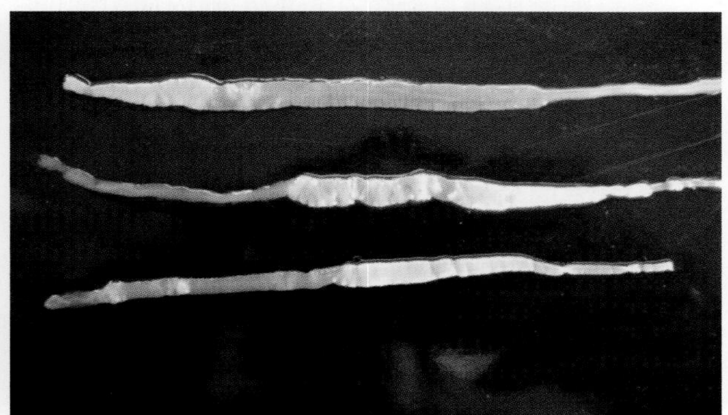

43-18　鸭矛形剑带绦虫（2）

44 蛔虫病（Ascariasis）

【病原】

蛔虫病是由蛔虫寄生在禽的小肠内而引起的。鸡蛔虫呈淡黄色，形如豆芽柄状，故称线虫，体长 2.6～11 cm。虫卵呈椭圆形，随粪便排出体外，发育成感染性虫卵，当鸡食入消化道后即感染。

【临床症状】

1. 病鸡精神沉郁，食欲不振，营养不良，进行性消瘦，冠、眼结膜苍白，羽毛松乱，啄食羽毛或异物，生长迟缓或停滞，下痢及便秘交替。稀便中常混有血液，最后衰竭死亡。

2. 成年鸡感染后症状不明显。少数严重感染病鸡消瘦、贫血、白色下痢，产蛋量下降，死亡率增高。

【剖检病变】

1. 严重感染时，成虫大量聚集，相互缠结阻塞肠腔，甚至引起肠破裂和腹膜炎，腹腔积有较多混浊液体。

2. 幼虫进入肠黏膜时，破坏肠黏膜及肠绒毛，造成出血和发炎，并易招致病菌继发感染，在肠壁上常见有颗粒状化脓灶和结节形成，肠壁粗糙，有出血点。

3. 成年鸡一般不表现病状，但较严重的有下痢、产蛋量下降和贫血等。

【防控措施】

1. 加强饲养管理，搞好清洁卫生：成年禽与雏禽分开饲养，能采用笼养或网上平养的禽类，不要散养。散养家禽要保持场地干燥清洁，减少与粪便接触，而且粪便要集中堆积发酵，以杀灭虫卵。

2. 定期驱虫：在有蛔虫病史的禽场，选用驱虫药物左旋咪唑、丙硫咪唑、阿维菌素或伊维菌素等定期驱虫。每年进行 2 次驱虫，分别于 2 月龄和冬初进行；成年禽分别于每年秋季驱虫一次，散养鸡每月驱虫一次。预防及治疗驱虫首次用药后间隔 7～8 d 再用一次效果更好。散养鸡驱虫时间，最好安排在下午一次拌料，第二天早上清除粪便，堆积发酵杀灭虫卵。

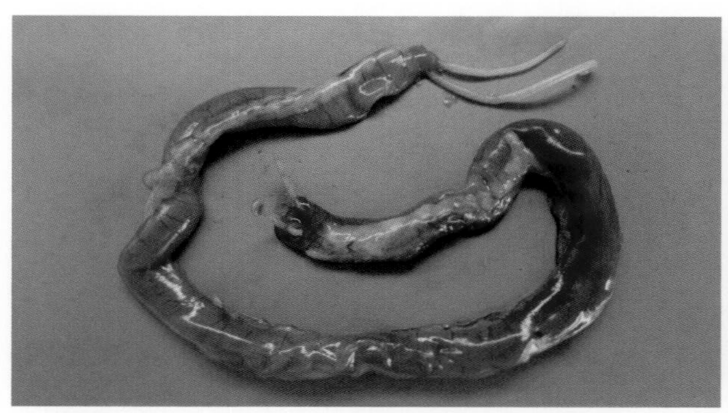

44-1 蛔虫严重感染，可见肠道增粗，粗细不均，手感硬，透过肠壁可以隐约看到虫体

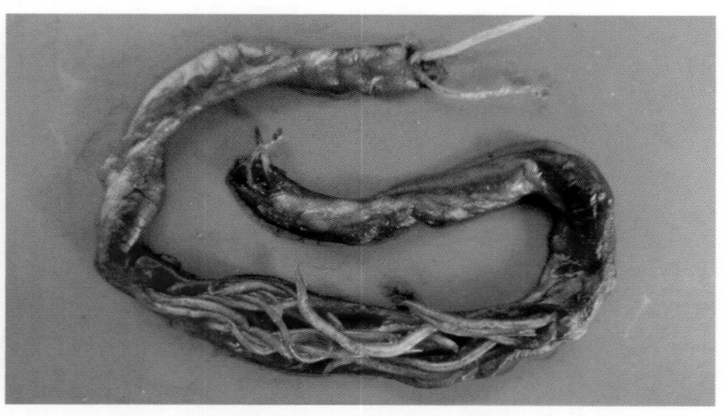

44-2 蛔虫严重感染时，剪开增粗的肠壁，涌现出密集的蛔虫

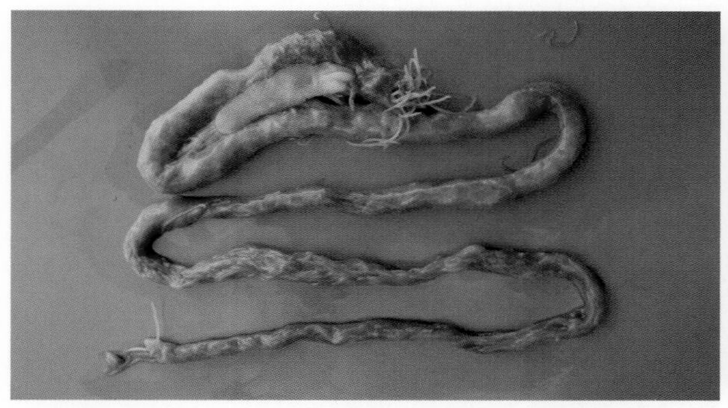

44-3 蛔虫严重感染时，虫体大量聚集，造成肠道变形，粗细不均，透过肠壁可看到虫体

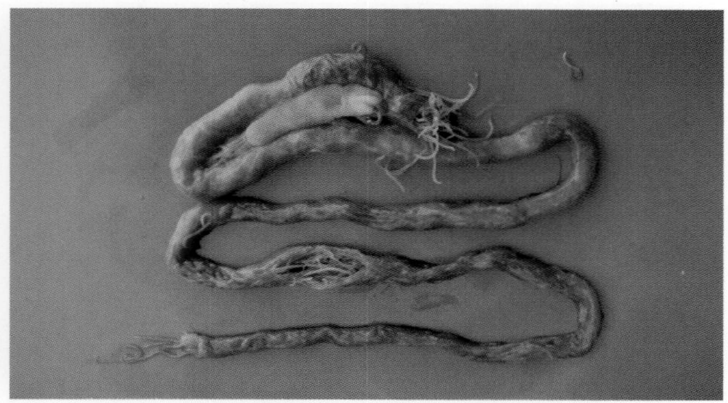

44-4 蛔虫严重感染时，剪开肠壁，可见大量蛔虫聚集在一起，造成肠道堵塞

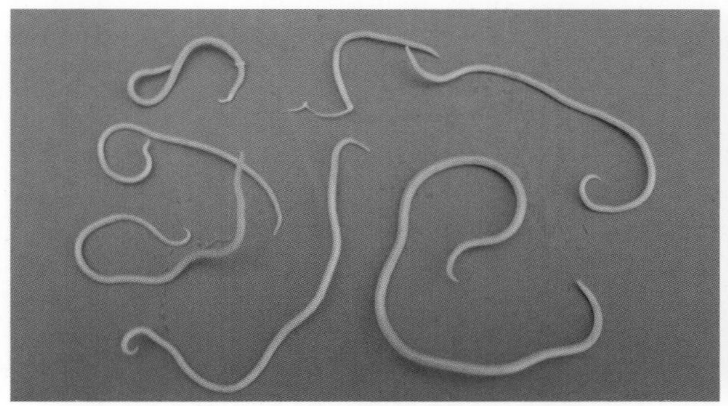

44-5 鸡的蛔虫呈黄白色，形如豆芽柄状，体长 6～11 cm

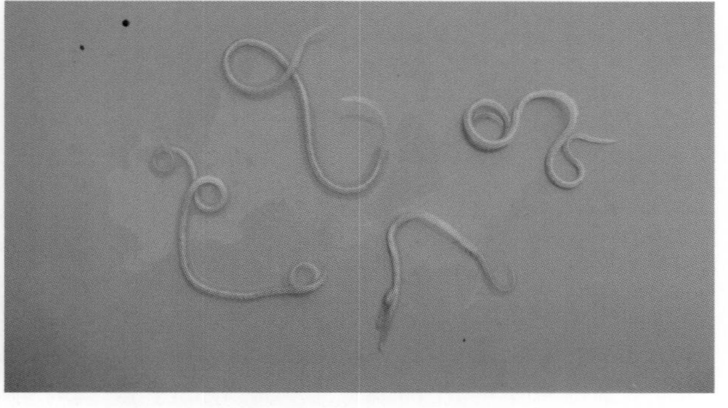

44-6 解剖活鸡肠道内活的蛔虫呈黄白色，离开肠道后不停地运动

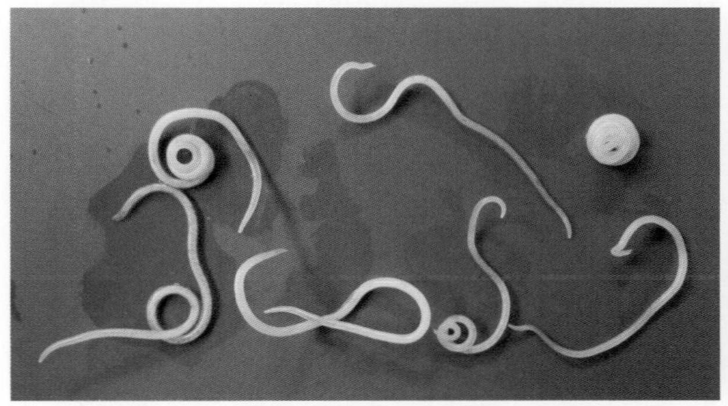

44-7 解剖活鸡肠道内活的蛔虫呈乳白色，离开肠道后不停地运动

44-8 蛔虫与巨型艾美耳球虫混合感染

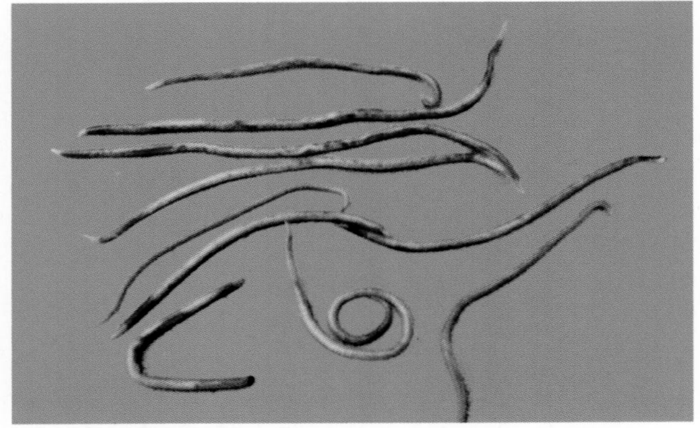
44-9 鹅体内的蛔虫

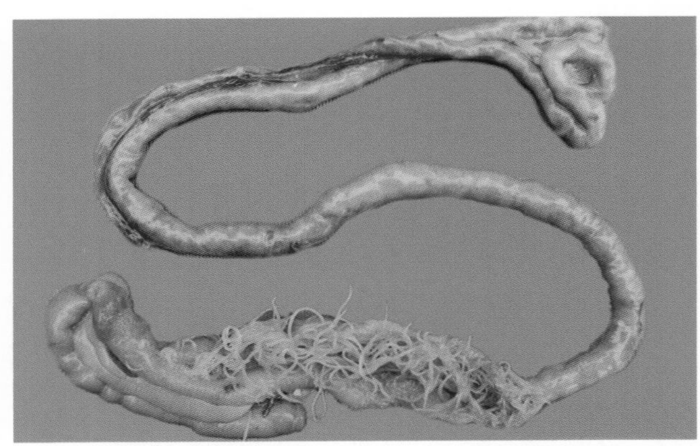
44-10 鸽的蛔虫呈淡黄色，细长，一般长 3～5 cm（1）

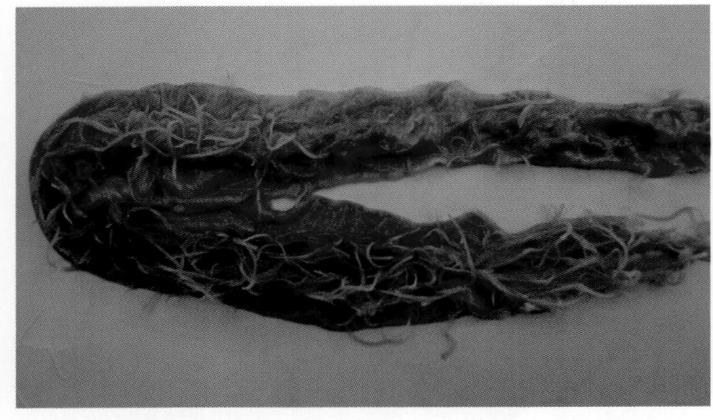
44-11 鸽的蛔虫呈淡黄色，细长，一般长 3～5 cm（2）

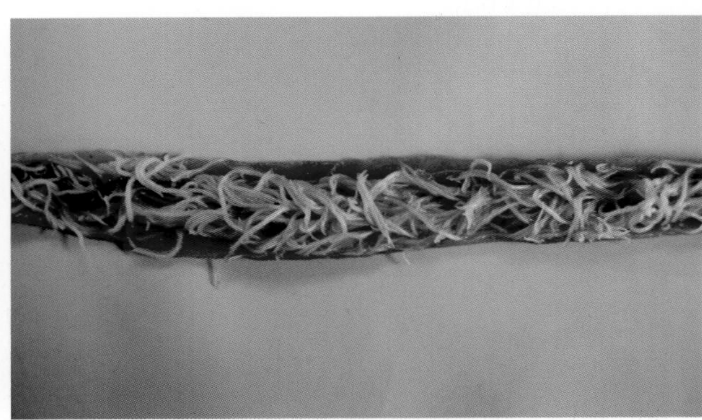
44-12 珍珠鸡的蛔虫较鸽的蛔虫粗，一般长 3～5 cm

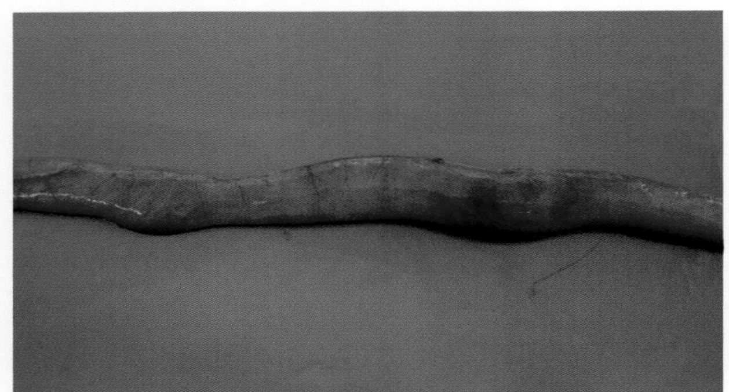
44-13 肠道内蛔虫数量聚集众多的地方造成肠道变粗，肠壁变薄，透过肠壁可以清楚地看到肠腔内的蛔虫

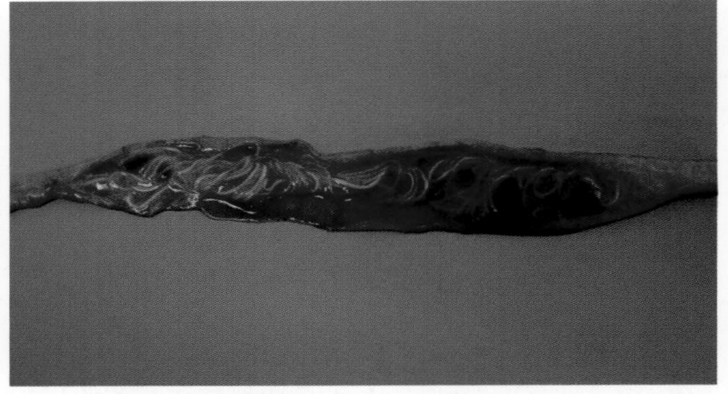
44-14 剪开肠壁可见肠腔内大量幼龄蛔虫

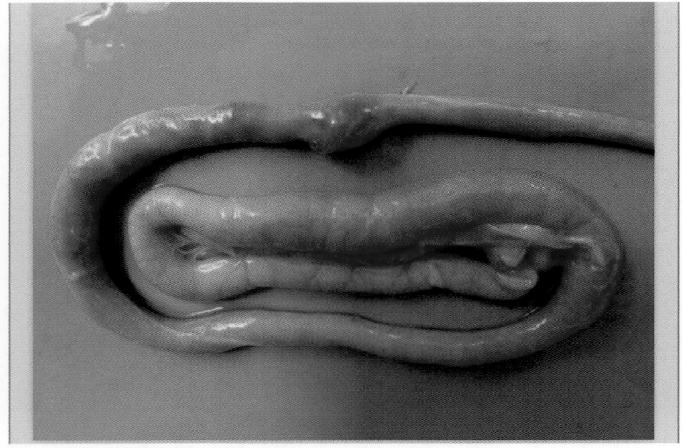
44-15 寄生大量蛔虫的肠道红肿变粗，粗细不均匀

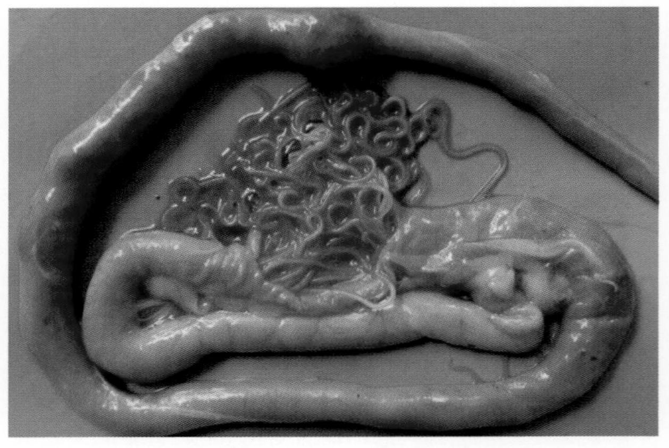
44-16 剪开肿胀的肠壁可见多量线头样的蛔虫

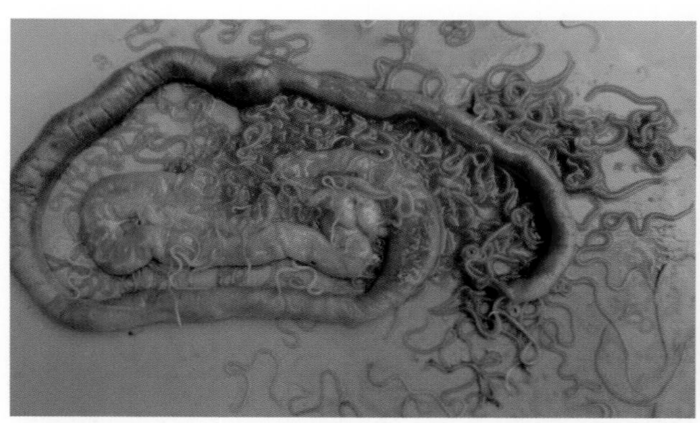

44-17 剪开感染蛔虫的鸡的肠道，溢出密密麻麻的幼龄蛔虫

44-18 蛔虫在孔雀肠道多量寄生时，蛔虫上行通过胃进入口腔，孔雀死亡后，蛔虫从口腔外逃，形成口衔蛔虫现象

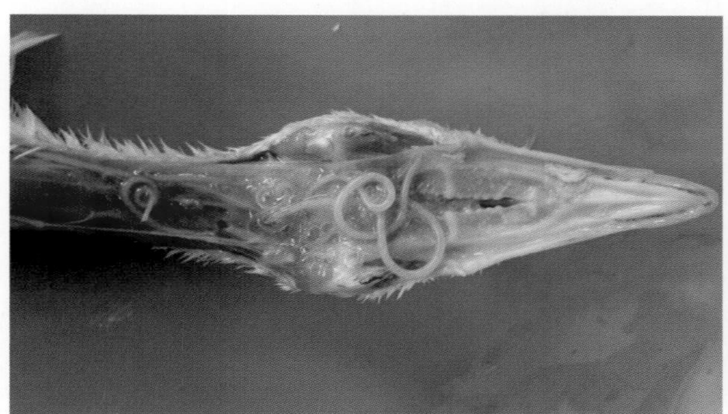

44-19 孔雀口腔内的蛔虫

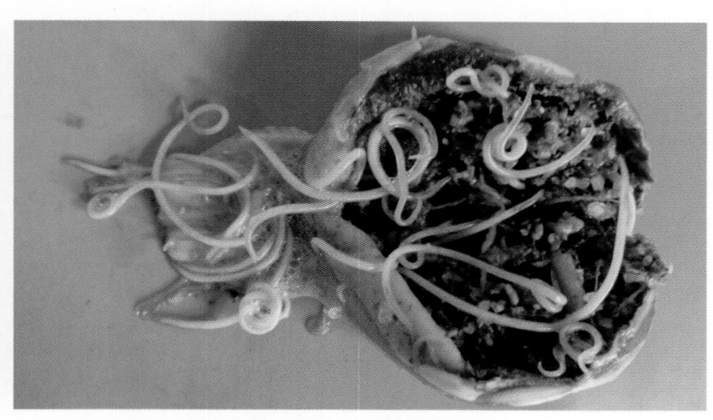

44-20 孔雀腺胃、肌胃内的蛔虫

44-21 鸡胃内的蛔虫（1）

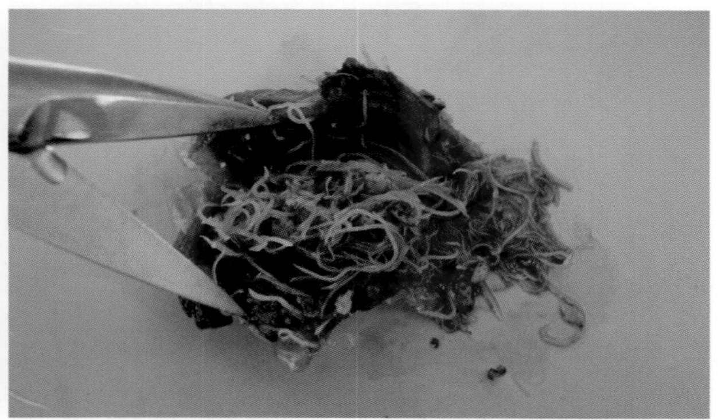

44-22 鸡胃内的蛔虫（2）

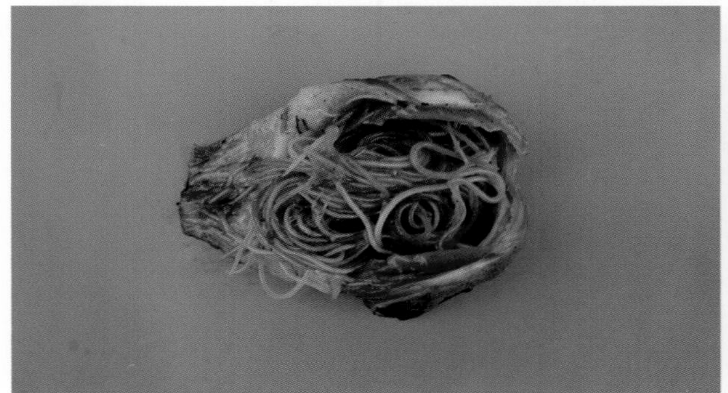

44-23 鸡胃内的蛔虫（3）

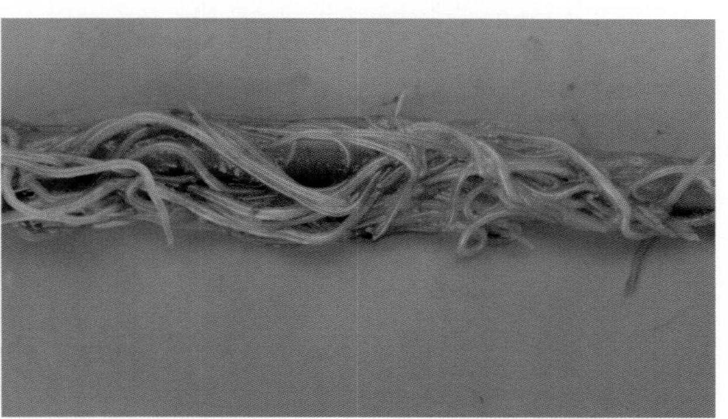

44-24 成年鸡肠道内的蛔虫

44-25 散养鸡肠道内的蛔虫，肠壁充血

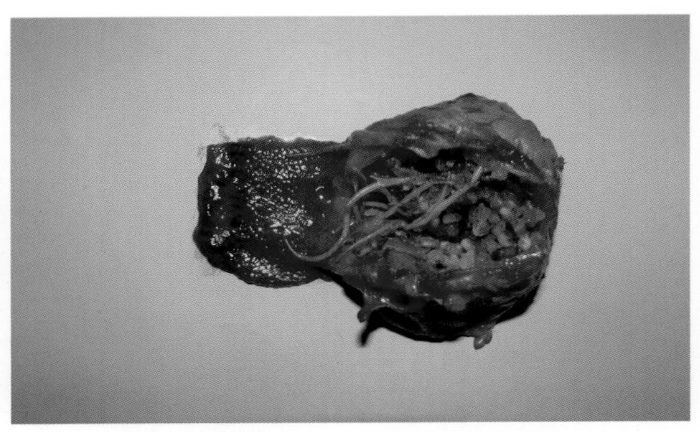

44-26 鸽胃内的蛔虫（1）

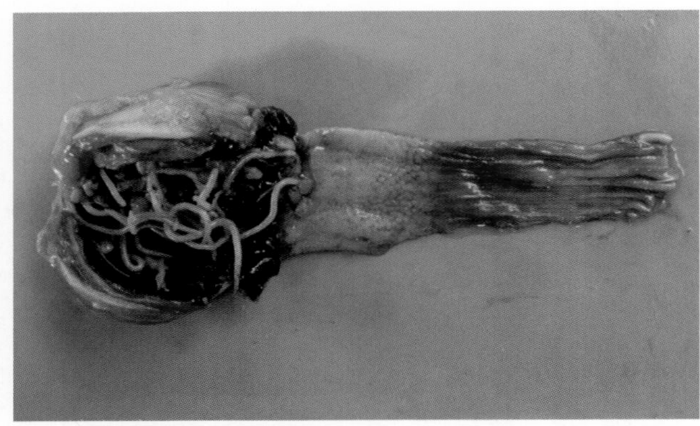

44-27 鸽胃内的蛔虫（2）

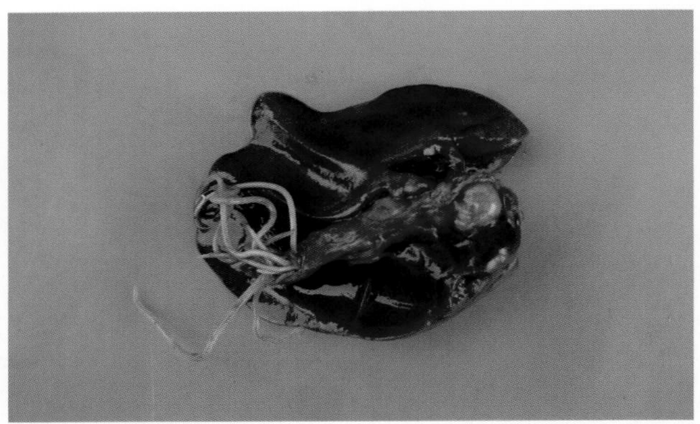

44-28 鸽胆道内的蛔虫

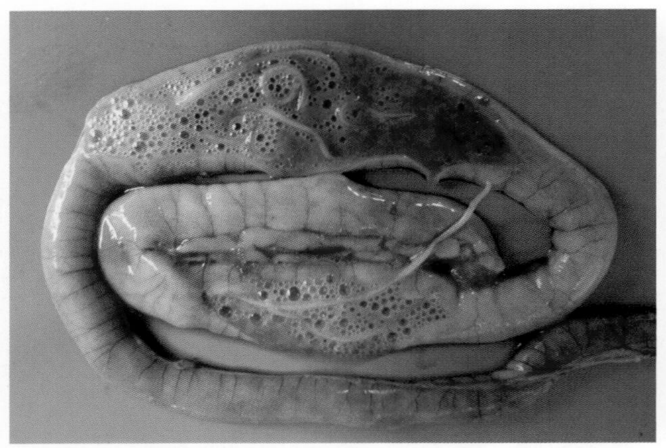

44-29 孔雀肠腔内的蛔虫和泡沫状内容物，此系蛔虫与产气荚膜梭菌混合感染

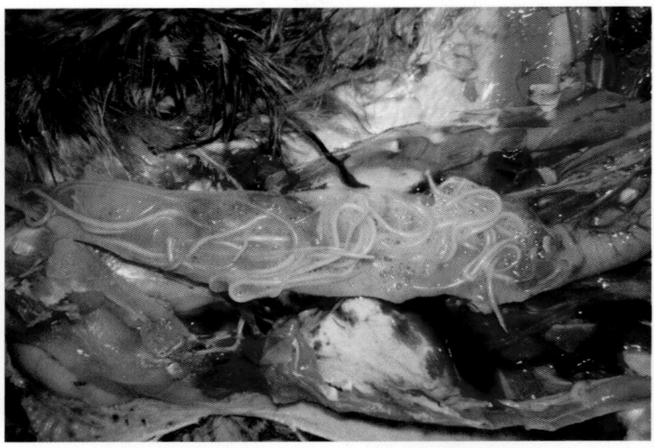

44-30 散养鸡肠腔内的蛔虫和泡沫状内容物，此系蛔虫与产气荚膜梭菌混合感染

羽虱（Feathers Lice）

家禽常见的是羽虱。羽虱多寄生于禽背部、臀部、腋下等羽干、绒毛基部，以羽毛和鳞屑为食。

【流行特点】

羽虱在鸡、鸭、鹅、鸽中都有发生。秋冬季节较多，夏季较少。传播途径主要是健康禽与患禽接触感染，其次是通过用具、垫料等传播。雏禽、成禽均可感染。禽舍卫生条件差，则羽虱严重。

【临床症状】

羽虱在吸血的同时，分泌有毒素的唾液，刺激家禽神经末梢，引起发痒不安，影响采食和休息。有时皮肤上出现小结节、小出血点及小坏死灶。严重感染时，羽虱过多，可引起化脓性皮炎，出现脱皮、脱毛现象。禽体消瘦、体重减轻、生产性能下降甚至造成雏禽死亡。

【防控措施】

加强饲养管理，搞好卫生消毒。要经常打扫禽舍，保持舍内清洁、干燥、通风，勤换垫草、垫料，对禽舍、用具要定期消毒。

发病后治疗可使用以下药物：对于饲养期较长的鸡，可在饲养场内设置沙浴箱，沙浴箱中放置含10% 硫黄粉，或将 1% 阿维菌素 10 g，拌入 20～30 kg 沙中，任禽自行沙浴；或注射伊维菌素，按每千克体重用量 0.1 mg；也可用 0.05% 二氯苯醚菊酯，对病禽全身喷雾；还可用 0.01% 的溴氰菊酯或 0.03% 的杀灭菊酯喷洒鸡舍和鸡羽，一周后重复使用一次。

药物使用过程中的鸡肉及其产品应该无害化处理。

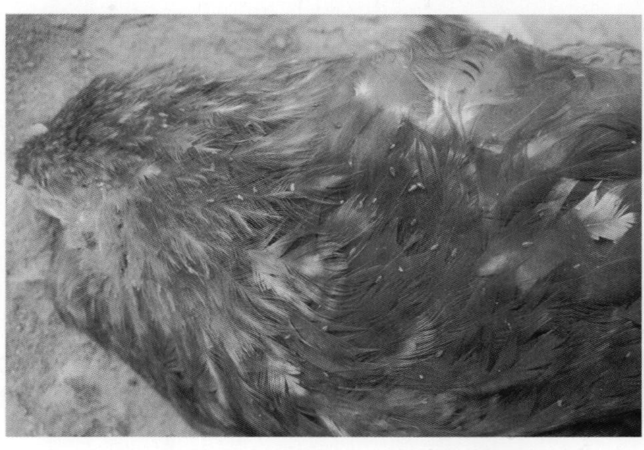

45-1　羽虱大量寄生的鸡窒息死亡后，羽虱附着在死亡鸡的羽毛表面

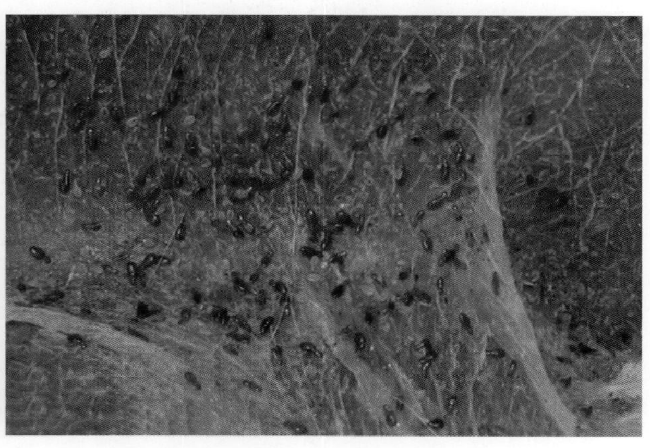

45-2　鸡的腋下皮肤上有大量的羽虱

45-3 鸡的颜面、下颌羽毛上有密集的灰白色的虱卵

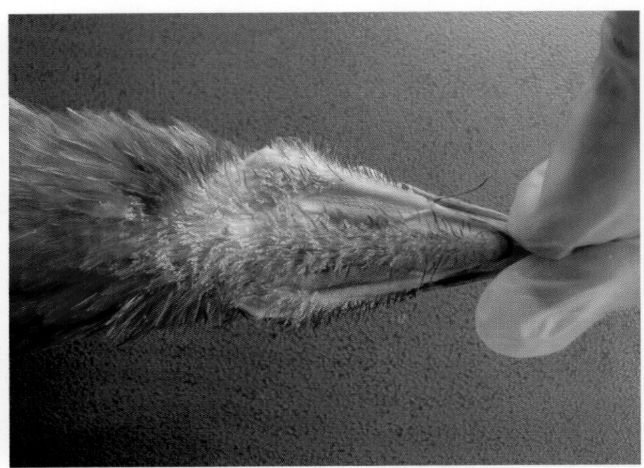
45-4 鸡的下颌羽毛上有密集的虱卵

螨（Mites）

蛎又叫疥癣虫，常见的鸡螨虫有刺皮螨、脱羽螨、突变膝螨、新勋恙螨。

46A. 刺皮螨

刺皮螨也叫鸡螨。对鸡的伤害主要是吸血，吸血后螨外观呈红色，所以又称红螨。在皮肤和羽毛上跑得很快，不易被发现，对鸡的危害很大。

【流行特点】

鸡螨的宿主是鸡，也可寄生于火鸡、鸽及一些野禽。鸡螨白天隐匿于墙壁、笼架、干粪或一些用具的缝隙里，夜间爬到鸡体上叮咬吸血，吸饱后迅速离开。患鸡和野禽是主要的传染源，夏、秋温暖潮湿的季节感染率较高。环境卫生条件差如杂草丛生等，是发病的诱因。

【临床症状】

当少量虫体寄生时，因无症状，不被引起注意。但当大量螨虫感染时，病鸡不安，出现贫血、消瘦、生产性能下降，雏鸡甚至因失血过多而死亡。

【防控措施】

搞好环境卫生消毒：禽舍及运动场要经常打扫，清除污水、杂物，保持禽舍干燥。用具经常置于阳光下暴晒，并定期对禽舍、运动场进行消毒。发病后可使用以下药物治疗。

1. 按每千克体重注射 0.1% 的伊维菌素液 0.25 mL，每月注射一次。

2. 0.03% 蝇毒磷水乳剂、0.1% 敌百虫溶液或 4 000～5 000 倍稀释的杀灭菊酯溶液，喷雾鸡体、地面、墙壁、垫料、用具等。

3. 用阿福丁乳液稀释至 500～1 000 倍，在中午无风天暖时对鸡舍、笼具、用具、鸡体进行彻底喷雾。间隔 5～6 d 再喷雾一次，连续 2～3 次能彻底杀灭刺皮螨。

46B. 脱羽螨

脱羽螨又称鸡膝螨。

【流行特点】

脱羽螨在春、夏较为盛行，寄生在鸡羽毛的根部，在头颈部最多，逐渐蔓延至背部、羽翼。脱羽螨在鸡、鸽及雉鸡的表皮羽毛的基部掘洞。

【临床症状】

受害部位因为强烈的刺激形成毛囊肿胀至丘疹样炎症，病情严重的鸡皮肤上被黄褐色结痂覆盖。颜面皮肤肿胀，高低不平与鸡痘有些相似。病鸡瘙痒不安、啄羽，形成一种“脱羽病”，严重时除了羽翼和尾部大羽之外，身上的羽毛几乎全部掉落，干扰体温调节，患鸡体重降低，产蛋减少。

【防控措施】

脱羽螨不易控制，必须对禽舍内外及设备进行彻底的清洁消毒，必要时将鸡撤出后再进行处置。

参照鸡刺螨的治疗方法。

临床经验：浓度为 0.05% 的苄氯菊脂喷雾，其效能可持续 9 周。

46C. 突变膝螨

鸡突变膝螨也叫鳞足螨，常寄生于年龄较大的鸡。

【流行特点】

突变膝螨寄生在鸡腿脚的鳞片无毛处，有时也见于鸡冠和肉髯上。虫体很小，几乎呈球形。螨在患部深层产卵繁殖，成虫可在鸡脚皮下穿行，在皮下组织中形成隧道，并在隧道中产卵，幼虫孵出后，经过蜕皮发育为成虫，隐匿于鸡脚皮肤的鳞片下面，其整个生活史不离开患部。

【临床症状】

病鸡患部先起鳞片，接着皮肤增生而变粗糙、裂缝，流出大量渗出液，干燥后形成白色痂皮，似涂上一层石灰样，因而这种寄生虫病又叫石灰脚，寄生部位肿胀发痒，常被啄伤出血。如不及时治疗，可引起关节炎，趾骨坏死而发生畸形，鸡只行走困难，采食、生长、产蛋都受到影响。鸡足螨的传染力不强，通常是一部分鸡受害较严重。

【防控措施】

发现患鸡应隔离治疗，鸡舍彻底消毒。治疗时先将病鸡脚泡入温肥皂水中，使痂皮变软，除去痂皮，涂上复方硫黄乳膏每天 2 次，连用 3～5 d。也可将鸡脚浸泡在 0.2% 三氯杀螨醇溶液中 4～5 min，用小刀刮去结痂，同时用小刷子刷脚，使药液能渗入组织内以杀死虫体。间隔 2～3 周后，可再药浴一次。也可用 10% 的灭虫丁软膏或 2% 的石碳酸软膏，间隔数日再涂一次。大群治疗时，可采用药浴法，常用 0.03% 蝇毒磷溶液，先将病鸡的脚浸放在药液中 4～5 min，刮去痂皮，再用小刷子刷洗患部。

46D. 鸡新勋恙螨

鸡新勋恙螨又名鸡奇棒恙螨。

【流行特点】

鸡新勋恙螨属于恙螨科。新勋恙螨的幼虫寄生于鸡或其他鸟类的翅膀内侧、胸部两侧和腿内侧皮肤。该病分布于全国各地，为鸡的重要外寄生虫病之一，尤以放养的雏鸡体表最易感染。

新勋恙螨幼虫很小，不易发现，饱食后呈橘黄色。新勋恙螨在发育过程中，仅幼虫营寄生生活，成虫多生活于潮湿的草地上，以植物叶汁和其他有机物为食。雌虫受精后将卵产于泥土上，约经2周时间孵化出幼虫，幼虫遇到鸡或其他鸟类时，便爬至其体上，刺吸体液和血液，寄生在机体上的时间可达5周以上。幼虫饱食后落地，由卵发育为成虫需1～3个月。

【临床症状】

病鸡患部奇痒，背部、腹部、头颈部等处的羽毛脱落，并出现痘疹病灶，有的形成脓肿。病灶周围隆起，中间凹陷，中央可见一小红点，即恙螨幼虫。大量虫体寄生时，腹部和翼下布满此种痘疹状病灶。由于皮肤不断受到刺激，引起发痒和不安，造成鸡发育受阻，病鸡贫血、消瘦，精神不振、不食，如果治疗不及时，可致鸡死亡。

【防控措施】

1. 搞好鸡舍、运动场周围环境的清洁卫生，勤换垫料，对粪便垫料等进行无害化处理。运动场应保持干燥、无积水，及时除去杂草。

2. 进鸡前及饲养期间每10 d对鸡舍、运动场应用敌百虫、灭虫菊脂等杀虫药物杀虫一次。放养期间应定期检查鸡只体表，发现本病后及时处理。

3. 病鸡群也可使用阿维菌素或伊维菌素进行治疗，但要注意休药期。

4. 有条件的运动场可建沙浴池，池中按1：（10～20）体积比放入硫黄和沙，也有较好作用。

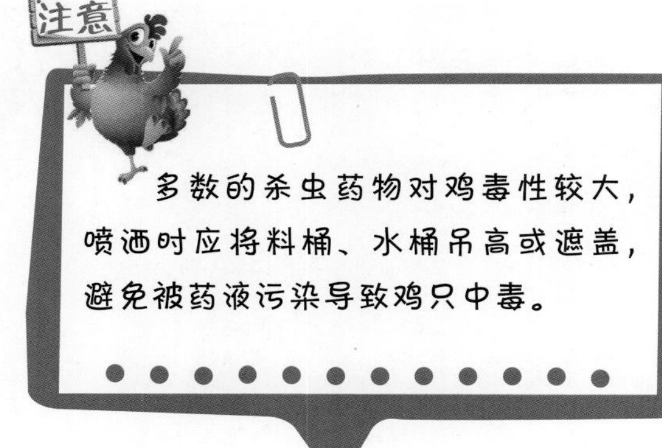

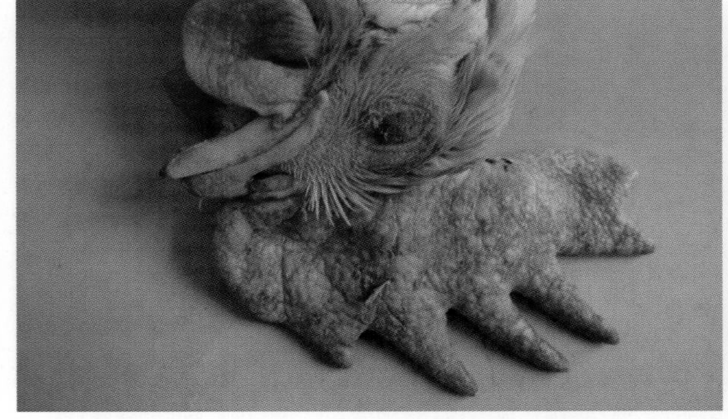

46-1　螨寄生在鸡冠、肉髯，被侵害的皮肤有疏松、隆起的白斑

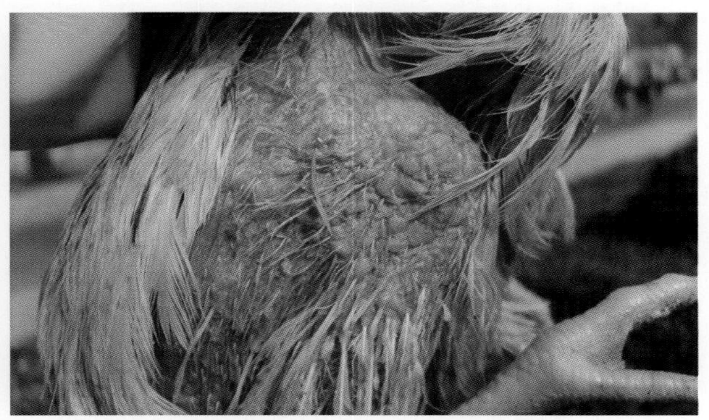

46-2　鸡螨严重寄生时，刺激皮肤引起发痒和不安，身体大片羽毛被啄光，毛囊隆起似丘疹样

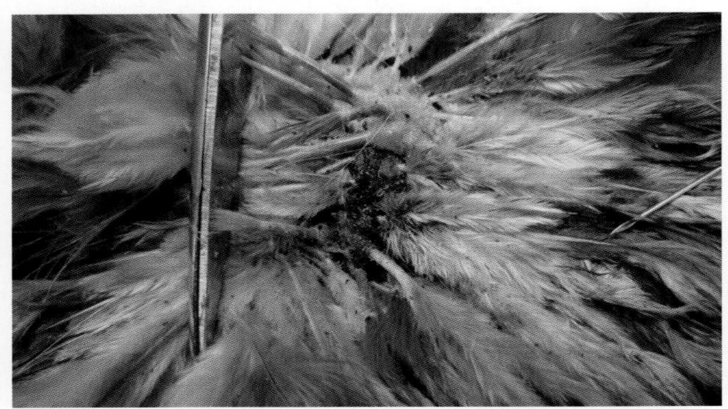

46-3 红螨夜间在鸡的身上吸血，特别在鸡肛门周围的羽毛上形成聚集

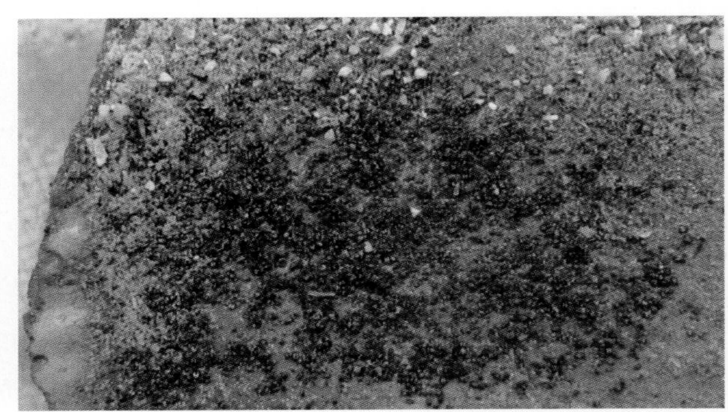

46-4 红螨夜间爬到鸡的身上吸血，白天藏身到笼、网、支架、砖等缝隙里

46-5 螨虫严重感染且数量多的时候，在粪便上可以看到红色螨虫

46-6 脱羽螨首先侵害颜面皮肤，由于强烈的刺激，毛囊肿胀，羽毛脱落，形成脱羽病

46-7 脱羽螨首先侵害颜面，由于强烈的刺激，毛囊肿胀，羽毛脱落，形成脱羽病

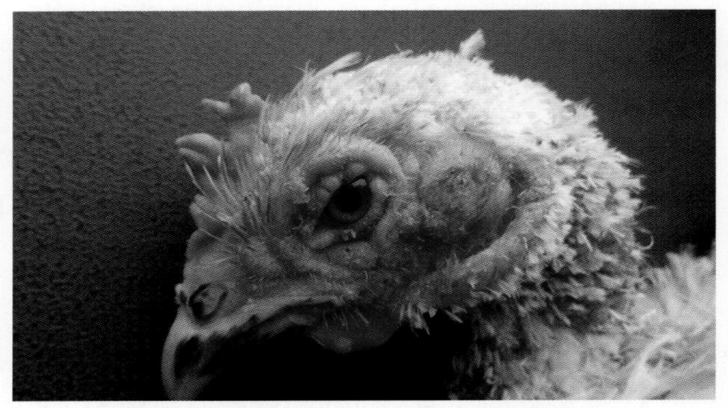

46-8 脱羽螨首先侵害颜面，而后向颈部蔓延。由于强烈的刺激，毛囊肿胀，羽毛脱落，形成脱羽病

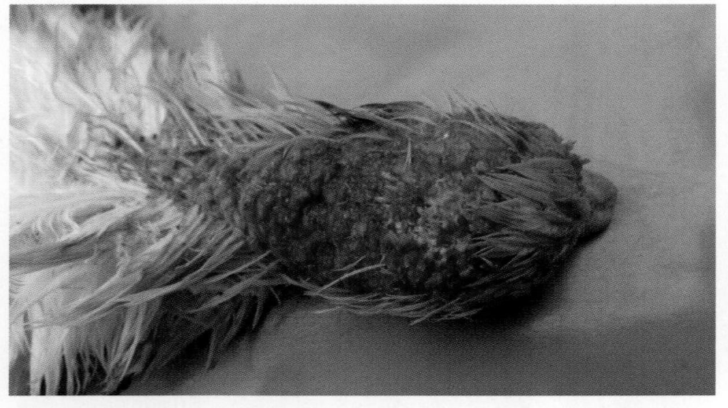

46-9 脱羽螨蔓延至头顶，由于强烈的刺激，毛囊肿胀，羽毛脱落，形成脱羽病

46-10 脱羽螨从头部蔓延至颈部、胸部、翅膀内侧，由于强烈的刺激，毛囊肿胀，羽毛脱落，形成严重的脱羽病

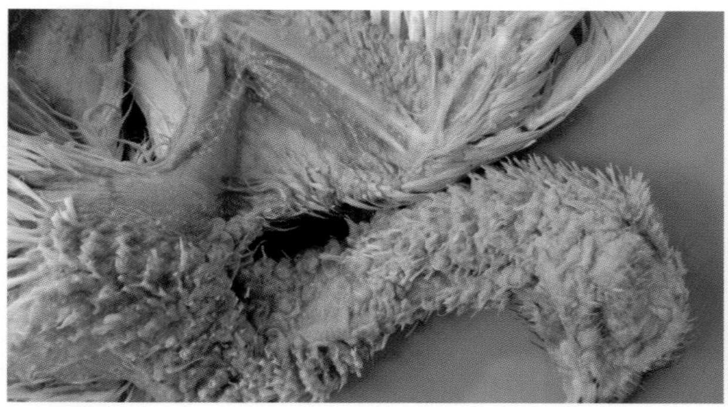

46-11 由于脱羽螨强烈的刺激，鸡的毛囊肿胀，羽毛脱落，致使头、颈、翅膀内侧羽毛几乎全部脱落

46-12 由于脱羽螨强烈的刺激，毛囊肿胀，羽毛脱落，脱羽病致使头、颈部羽毛几乎全部脱落

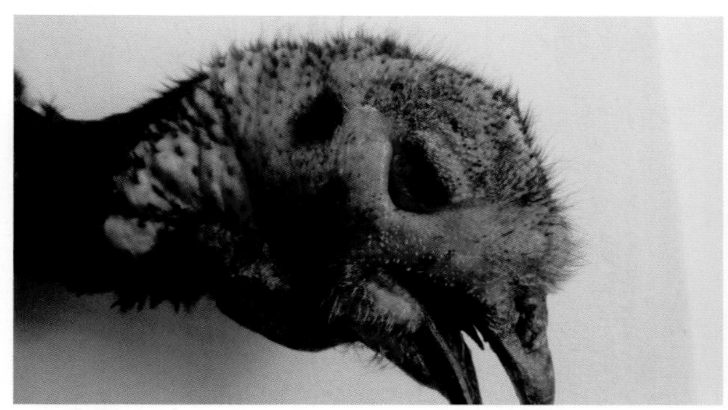

46-13 由于脱羽螨强烈的刺激，毛囊肿胀，羽毛脱落，形成严重的脱羽病

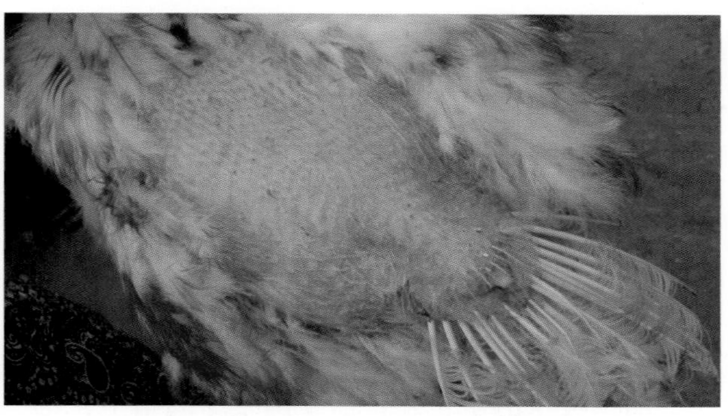

46-14 脱羽螨吃食羽毛，将正常健康鸡的背部羽毛吃光（1）

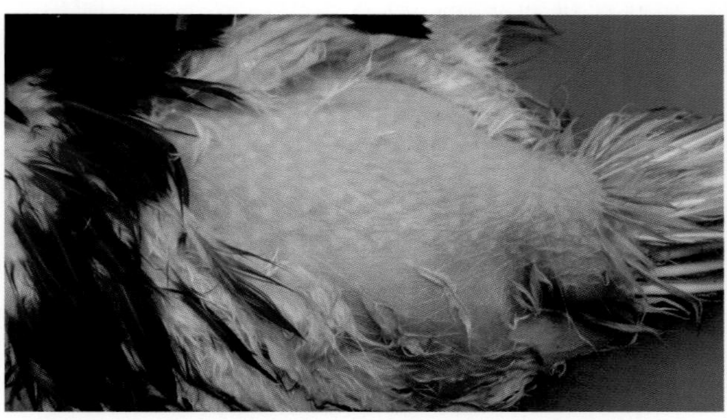

46-15 脱羽螨吃食羽毛，将正常健康鸡的背部羽毛吃光（2）

46-16 突变膝螨病鸡患部皮肤增生而变粗糙、裂缝，流出大量渗出液，干燥后形成白色痂皮，似涂上一层石灰样

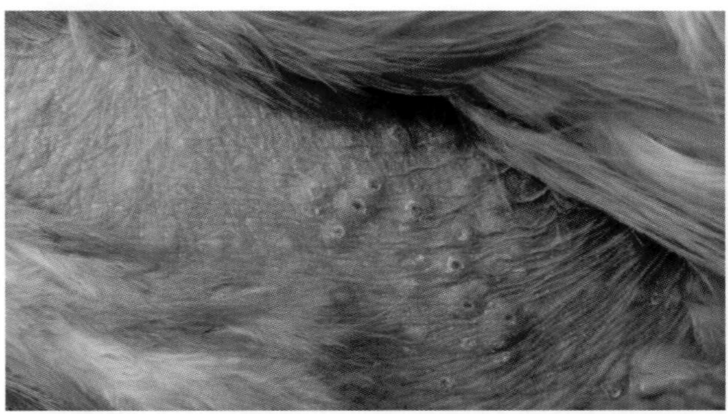

46-17 新勋恙螨侵害腹部皮肤，羽毛脱落并出现痘疹病灶，病灶周围隆起，中间凹陷，中央可见一小红点，即恙螨幼虫（1）

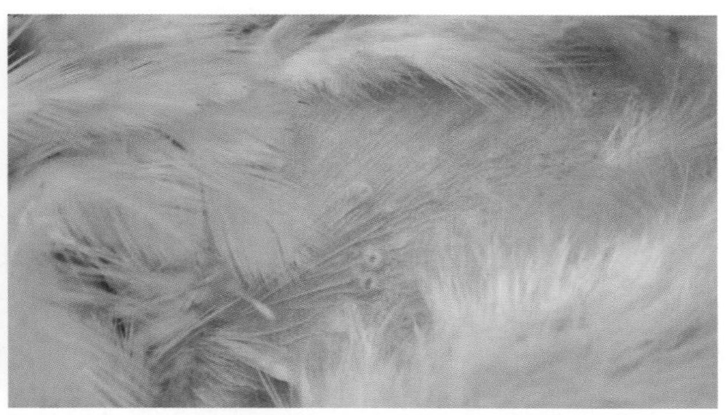

46-18 新勋恙螨侵害腹部皮肤，羽毛脱落并出现痘疹病灶，病灶周围隆起，中间凹陷，中央可见一小红点，即恙螨幼虫（2）

47 禽前殖吸虫病

禽前殖吸虫病是由前殖科、前殖属的一些前殖吸虫寄生于禽类的输卵管、法氏囊和泄殖腔内而引起的疾病。本病是以输卵管炎、产蛋功能紊乱、腹膜炎为特征。

【病原体】

前殖属吸虫呈梨形或椭圆形，体表有小刺，口吸盘在虫体前端，腹吸盘在肠道分叉之后。虫卵较小，呈椭圆形，棕褐色，前端有卵盖，后端有一个小突起，内含一个胚细胞和许多卵黄细胞。其中在鸡中比较常见的为卵圆前殖吸虫和楔形前殖吸虫两种。

【生活史】

前殖吸虫的生长发育需要两个中间宿主，第一中间宿主为淡水螺，第二中间宿主为蜻蜓及其幼虫，终末宿主为家禽。

成虫在终末宿主体内的输卵管或法氏囊内产卵，随粪便排到外界，进入水中，被第一中间宿主淡水螺所吞食，在其体内孵化出毛蚴，并进一步发育为胞蚴和尾蚴，无雷蚴阶段。成熟的尾蚴离开螺体进入水中，遇到第二中间宿主——蜻蜓的幼虫或若虫时，尾蚴即进入体内，在肌肉内形成囊蚴，当蜻蜓幼虫过冬或发育为成虫时，囊蚴均能保持生命力，禽类吃食了含有囊蚴的蜻蜓稚虫或成虫而被感染，幼虫在禽类肠道脱囊而出，经小肠进入泄殖腔，再转入法氏囊和输卵管，经过 1～2 周发育为成虫。

【流行特点】

本病主要发生于 5～6 月，与蜻蜓出现的季节相一致。前殖吸虫除寄生于鸡外，火鸡、鸭及其某些野禽中亦有寄生。

【致病作用与症状】

前殖吸虫寄生于家禽的直肠、法氏囊、输卵管内，而寄生在输卵管最常见。由于虫体的机械刺激，破坏输卵管黏膜，同时破坏腺体的生理机能。最初破坏壳腺，引起形成蛋壳的石灰质增加或减小，以后虫体进入输卵管的蛋白分泌部，刺激蛋白分泌部的功能，引起蛋白质分泌过多。由于输卵管受到虫体机械刺激，扰乱输卵管的收缩，影响卵通过而产畸形蛋、软壳蛋，有时输卵管的机能完全被破坏的情况下，蛋白质和蛋黄直接进入腹腔，导致腹膜炎而死亡。

禽病初期症状不明显，不时排出无壳蛋或薄壳蛋，畸形蛋的比例随病情加重逐渐增多，产蛋率严重下降，甚至停止产蛋。病禽表现为食欲减退，精神不振，消瘦，羽毛脱落，腹部增大，步态失常，活动减少做企鹅式步伐。有时产畸形蛋或在泄殖腔流出石灰样液体。后期体温升高，渴欲增加，泄殖腔凸出，肛门边缘高度潮红，严重时导致死亡。

【诊断】

根据临床症状，剖检病禽时，主要在输卵管可见黏膜充血、增厚、有散在性灰白色石灰样颗粒，刮下输卵管和法氏囊黏膜，用洗涤法或压于两载玻片间做镜检，找到虫体即可确诊。

【防控措施】

预防本病可进行预防性驱虫，在发病季节经常检查，发现患禽进行隔离驱虫，加强平时的饲养管理，变散养为舍饲，在清晨、傍晚或雨后不到池塘边放牧。用物理或化学的方法消灭中间宿主淡水螺，切断其发育环节，防止家禽感染。

本病可用四氯化碳、六氯乙烷、硫双二氯酚及氯硝柳胺等药物进行治疗，早期效果良好，而后期疗效不大。

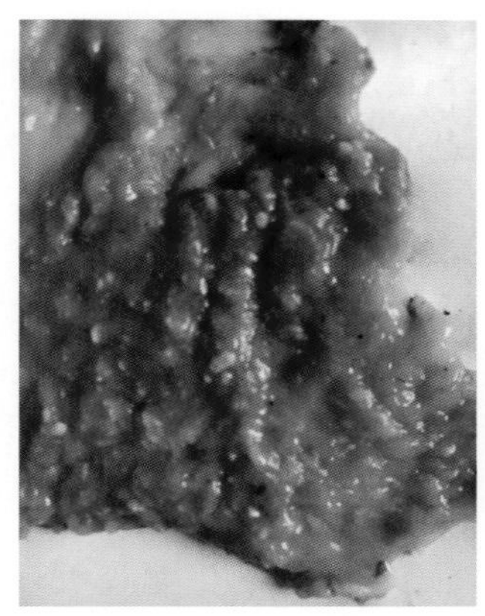

47-1　前殖吸虫病鸡输卵管黏膜充血、增厚，有散在性灰白色颗粒（1）

47-2　前殖吸虫病鸡输卵管黏膜充血、增厚，有散在性灰白色颗粒（2）

47-3　前殖吸虫病鸡输卵管黏膜水肿、增厚，有散在性灰白色颗粒

47-4　前殖吸虫病鸡直肠黏膜有散在性灰白色颗粒

常见维生素缺乏症

COMMON VITAMINS DEFICIENCY

48 维生素A缺乏症（Vitamin A deficiency）

本病主要表现黏膜与皮肤上皮角化变质，干眼病与夜盲症，生长发育障碍等。

【病因】

因禽体内没有合成维生素A的能力，当外界供给不足或因饲料贮存太久、烈日暴晒、高温处理导致维生素A的氧化分解，以及饲料中蛋白质和脂肪不足而影响维生素A的运送和在肠中的溶解吸收，均可导致维生素A的缺乏。

【临床症状】

1. 幼禽和初开产的母鸡，常易发生维生素A缺乏症。鸡一般发生在1～7周龄。若1周龄的鸡发病，则与母鸡缺乏维生素A有关。其表现如下。

（1）病雏鸡消瘦，鸡喙和爪部皮肤的黄色消退。眼流泪，眼睑内有干酪样物积聚，常将上下眼睑粘在一起，角膜混浊不透明。严重的角膜软化或穿孔、失明。

（2）咽和食管黏膜上有小米粒大小隆起的白色结节或覆盖一层白色的豆腐渣样的白膜，但剥离后黏膜完整并无出血溃疡现象。

（3）病情严重者食道黏膜上皮增生和角化，有些病鸡当受到外界刺激即可引起阵发性的神经症状。

2. 成年鸡发病通常在2～5个月内出现症状，呈慢性经过。冠髯苍白有皱褶，喙色淡；母鸡产蛋量和孵化率降低；公鸡性机能降低，精液品质退化；鸡群的呼吸道和消化道抵抗力降低，易诱发传染病。

3. 若继发或并发家禽痛风或骨髓发育障碍，病禽出现运动无力、两脚瘫痪。

【诊断】

根据发病特点和临床症状即可做出初步诊断。

【防治措施】

1. 美国NRC标准配合饲料中维生素A的含量：雏鸡和肉鸡为每千克饲料1 500 IU，产蛋鸡、种鸡及火鸡为每千克饲料4 000 IU，鹌鹑为每千克饲料4 000 IU。

2. 对病禽须用维生素A治疗。临床经验：治疗剂量可比日常维持需求量加倍，有的可以加到10～20倍。

3. 在短时间内给予大剂量的维生素A，对急性病例疗效迅速而安全，但慢性病例不可能康复。由于维生素A不易从体内迅速排出，长期过量使用会引起中毒。

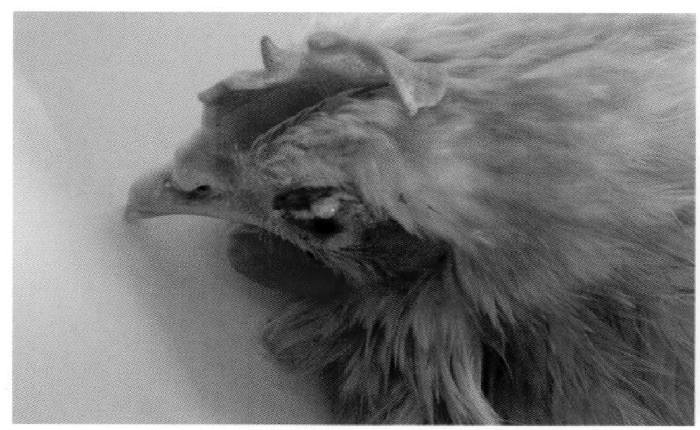

48-1 维生素 A 缺乏，病鸡眼流泪，眼睑内有干酪样物蓄积，常将上下眼睑粘在一起（1）

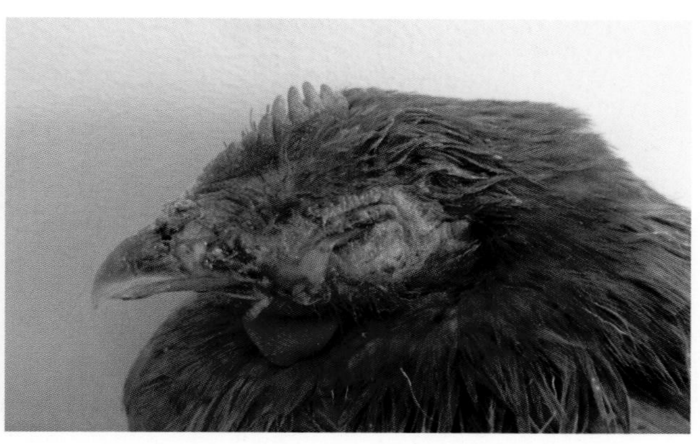

48-2 维生素 A 缺乏，病鸡眼流泪，眼睑内有干酪样物蓄积，常将上下眼睑粘在一起（2）

48-3 维生素 A 缺乏，病鸡食道上皮细胞增生和角化，食道有大量细小结节，凸出于食道的表面（1）

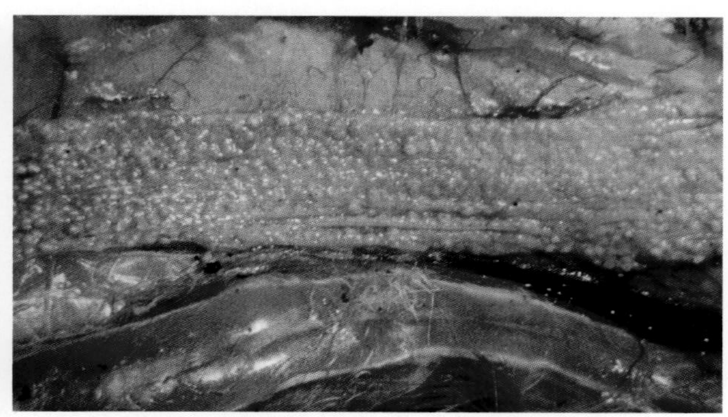

48-4 维生素 A 缺乏，病鸡食道上皮细胞增生和角化，食道有大量细小结节，凸出于食道的表面（2）

维生素 D_3、钙、磷缺乏症（Vitamin D deficiency）

维生素 D_3 是家禽的血钙浓度、正常骨骼、喙和蛋壳形成等所必需的物质。当饲料中维生素 D 供应不足、光照不够或消化吸收障碍等皆可发生维生素 D 缺乏症，使家禽的钙、磷吸收和代谢障碍，发生佝偻病、骨软症，产蛋鸡疲劳综合征，喙和蛋壳形成受阻等。

【病因】

1. 常见的是饲料中维生素 D_3 缺乏或消化吸收功能障碍。
2. 患有肾、肝疾病。
3. 日照不足，维生素 D_3 在禽类体内易缺乏，所以应注意给家禽补充维生素 D_3。
4. 饲料中钙、磷比例失调或不足。

【症状及剖检病变】

1. 雏鸡、雏火鸡呈现生长迟缓、骨骼发育不全为特征的佝偻病、骨软症，其喙与爪变柔软弯曲，行走困难，以跗关节着地移步。

2. 产蛋鸡则出现产薄壳蛋和软壳蛋的数量显著增多，随后产蛋量明显减少，种蛋孵化率明显下降。

3. 病重母鸡瘫痪，以发生胸骨弯曲、肋骨向内陷特征。死后剖检可见肋骨与脊柱连接处、肋骨与肋软骨结合部出现局限性肿大，呈珠球状结节，胸骨嵴呈“S”形或“V”形。翅、腿骨骼变脆易折断。

【诊断】

根据发病特点、临床症状和病理剖检变化即可做出初步诊断。

【防治措施】

1. 饲料中维生素 D_3 的加量要充足。按 NRC 标准，每克饲料需维生素 D_3：肉鸡为 400 IU，蛋鸡为 200 IU，种用鸡为 500 IU，火鸡为 900 IU。1 IU 相当于 0.25 μg 结晶维生素 D_3，10 μg 结晶维生素 D_3 相当于 400 IU 维生素 D_3。以上需要维生素 D_3 量应根据饲料中钙、磷总量与比例，以及直接照射日光时间的长短来确定，否则，也易造成缺乏症或过多症。

2. 保持饲料中钙、磷比例平衡，满足不同种类的禽对钙、磷的需要量，同时供给充足的优质维生素 D_3。

3. 对发病家禽一般在饲料中补充骨粉或鱼粉治疗本病效果较好。若饲料中钙多磷少，则重点以优质磷酸氢钙补磷。若饲料中磷多钙少，则主要补钙。另外，对病禽补充优质鱼肝油或维生素 A 、维生素 D_3 以及贝壳粉、乳酸钙、葡萄糖酸钙等效果显著。

4. 临床上还可以采取治疗性诊断的方法：即将精神状态好尚未骨折的瘫痪病鸡放在室外 4～5 d，经日光照射好转则说明维生素 D_3 缺乏，否则说明钙缺乏，以便对症治疗见效快。

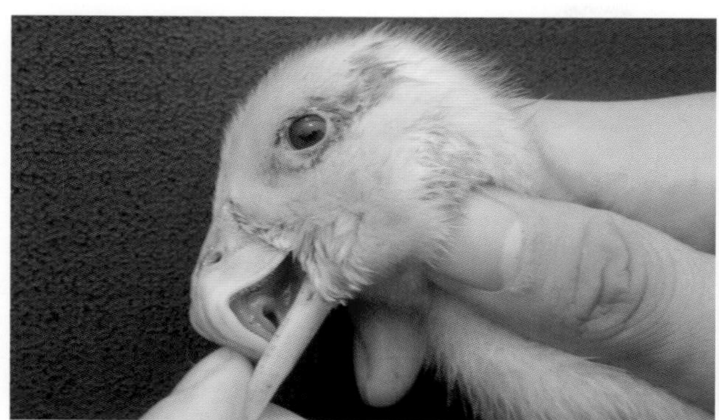
49-1 维生素 D_3、钙、磷缺乏或比例失调，禽喙变软，易弯曲

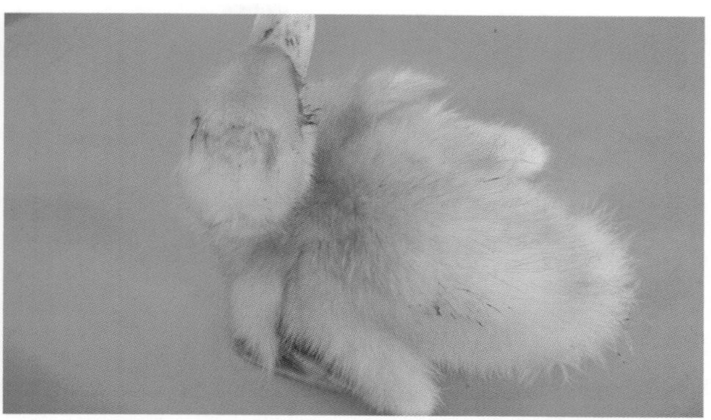
49-2 维生素 D_3、钙、磷缺乏或比例失调，鸭发育不良呈骨软症，行走站立困难（1）

49-3 维生素 D_3、钙、磷缺乏或比例失调，鸭发育不良呈骨软症，行走站立困难（2）

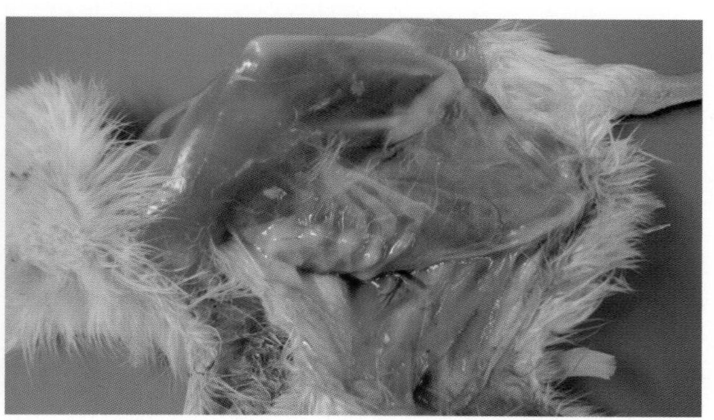
49-4 维生素 D_3、钙、磷缺乏或比例失调，幼龄鸡肋骨塌陷（1）

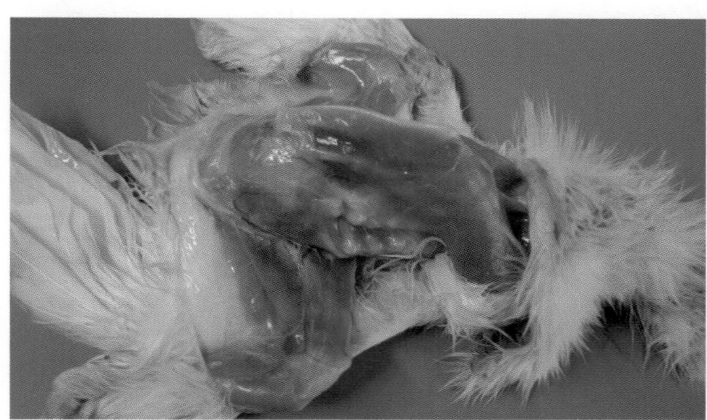
49-5 维生素 D_3、钙、磷缺乏或比例失调，幼龄鸡肋骨塌陷（2）

49-6 维生素 D_3、钙、磷缺乏或比例失调，病鸡肋骨塌陷

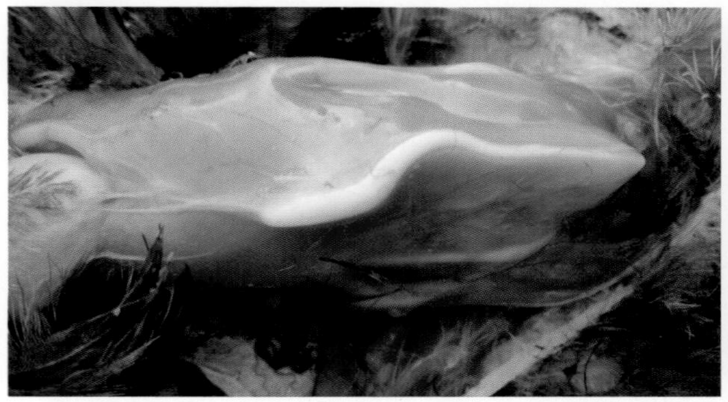
49-7 维生素 D_3、钙、磷缺乏或比例失调，病鸡胸骨嵴呈“S”形或“V”形弯曲（1）

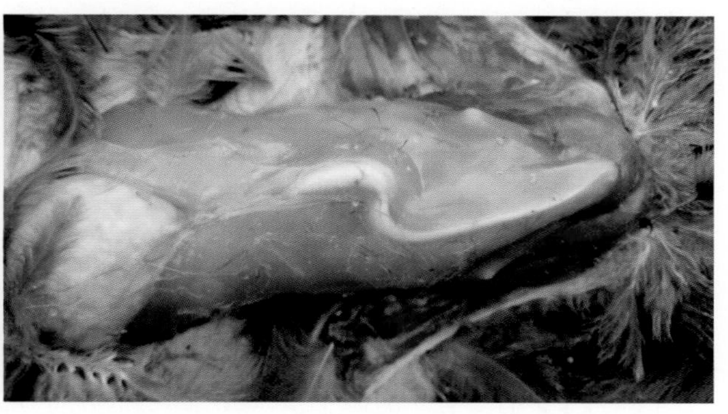
49-8 维生素 D_3、钙、磷缺乏或比例失调，病鸡胸骨嵴呈“S”形或“V”形弯曲（2）

49-9 维生素 D_3、钙、磷缺乏或比例失调，病鸡胸骨嵴呈"S"形或"V"形（3）

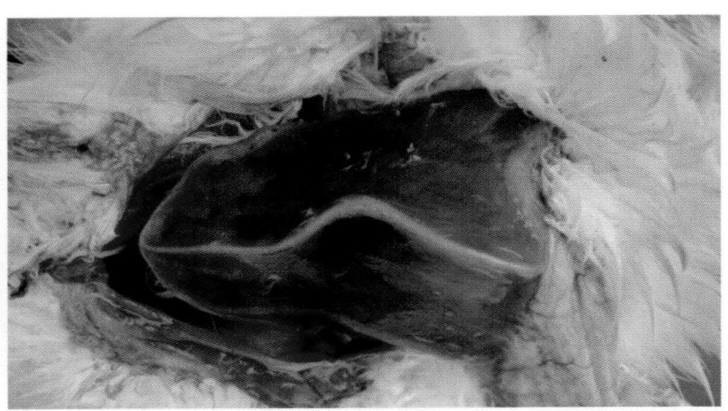

49-10 维生素 D_3、钙、磷缺乏或比例失调，鸽胸骨嵴呈"S"形或"V"形

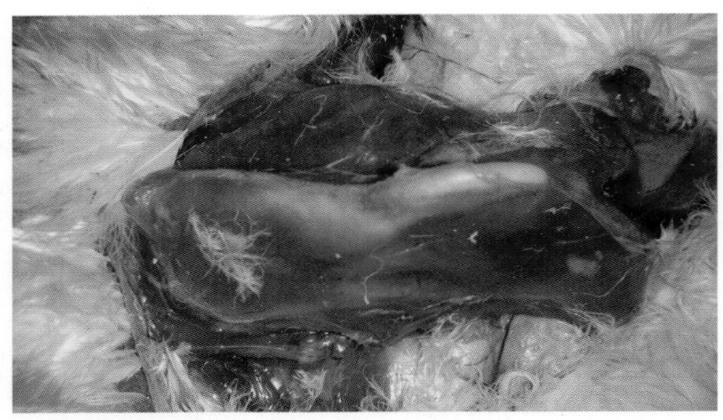

49-11 维生素 D_3、钙、磷缺乏或比例失调，病鸡胸骨嵴凹陷、弯曲，变形

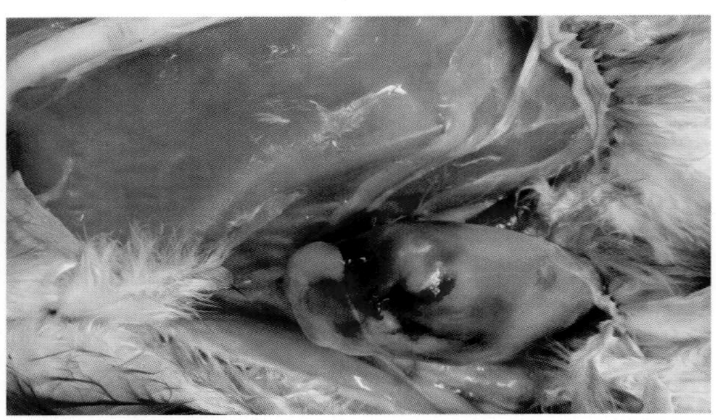

49-12 维生素 D_3、钙、磷缺乏或比例失调，病鸡膝关节骨折

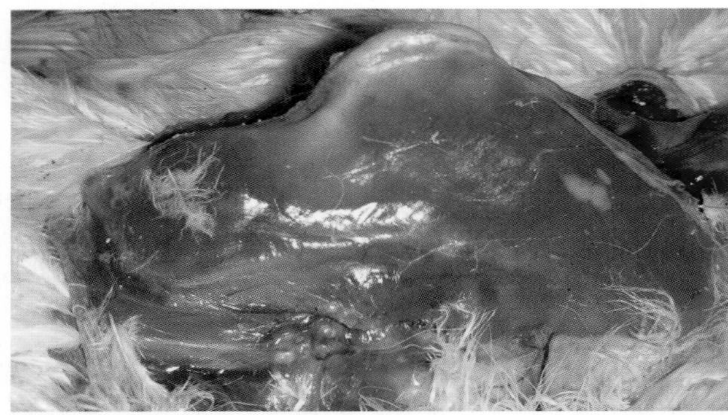

49-13 维生素 D_3、钙、磷缺乏或比例失调，病鸡胸骨嵴塌陷、畸形

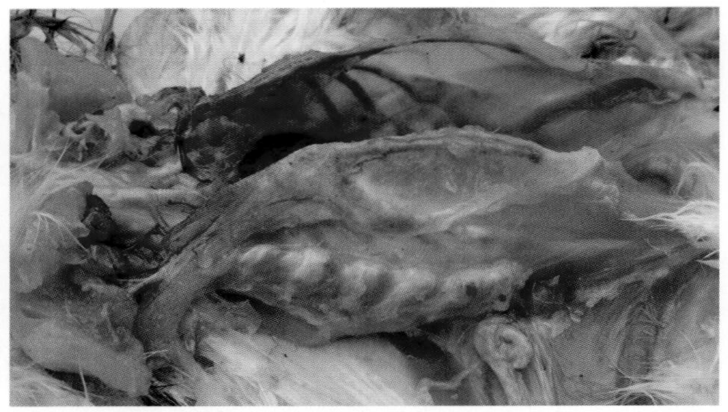

49-14 维生素 D_3、钙、磷缺乏或比例失调，病母鸡瘫痪，肋骨向内陷

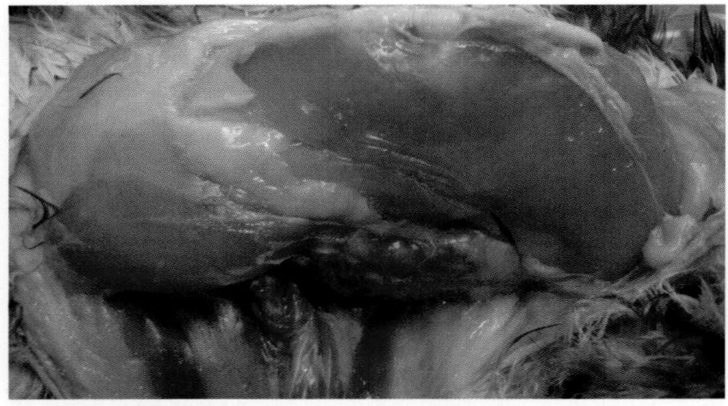

49-15 维生素 D_3、钙、磷缺乏或比例失调，病鸡肋骨塌陷

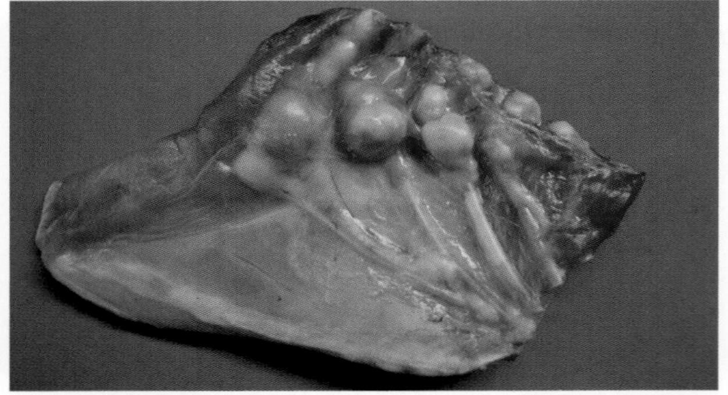

49-16 维生素 D_3、钙、磷缺乏或比例失调，病鸡肋骨与肋软骨结合部出现局限性肿大，呈珠球状结节

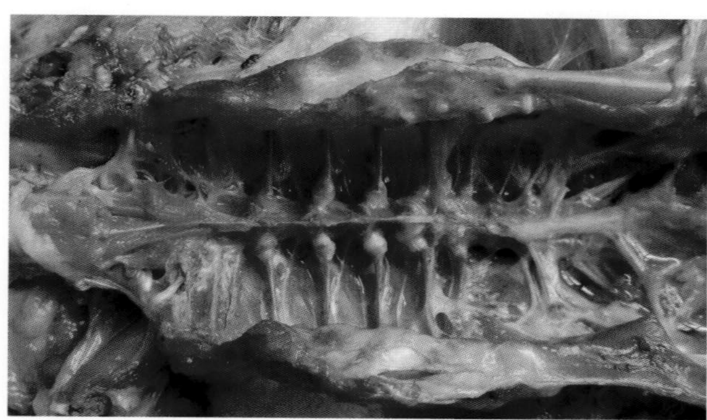
49-17　维生素 D_3、钙、磷缺乏或比例失调，病鸡肋骨与脊柱连接处出现珠球状变化

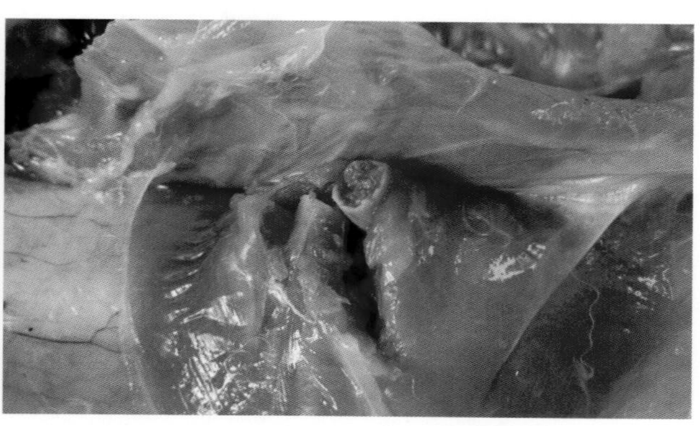
49-18　维生素 D_3、钙、磷缺乏或比例失调，病鸡股骨头易折断（1）

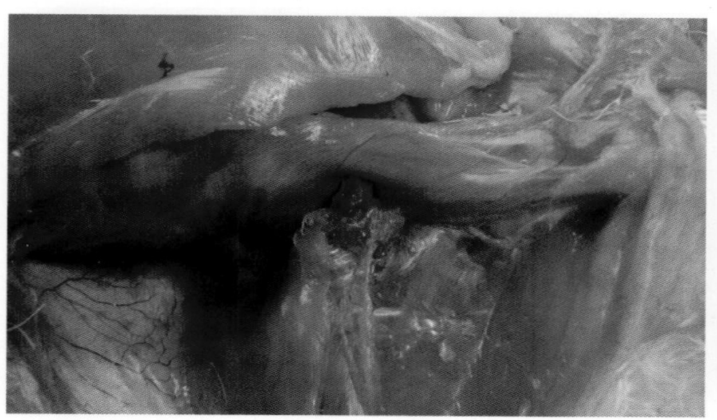
49-19　维生素 D_3、钙、磷缺乏或比例失调，病鸡股骨头易折断（2）

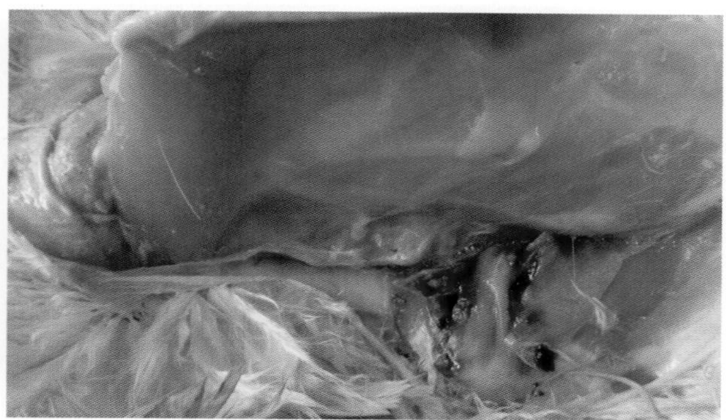
49-20　维生素 D_3、钙、磷缺乏或比例失调，病鸡股骨头易折断（3）

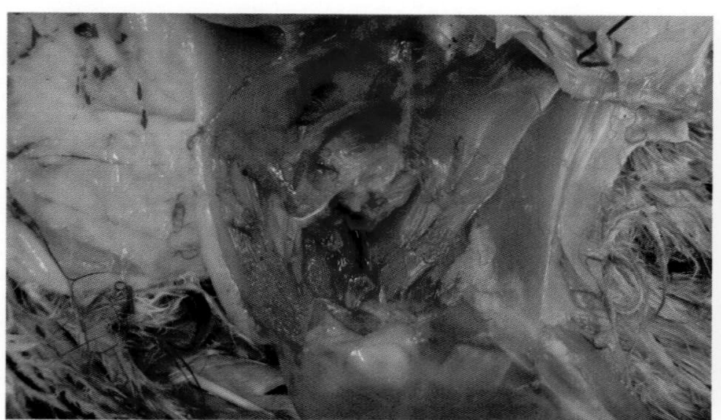
49-21　维生素 D_3、钙、磷缺乏或比例失调，病鸡腿骨易折断

49-22　维生素 D_3、钙、磷缺乏或比例失调，蛋鸡产薄壳蛋和软壳蛋，蛋壳易破损（1）

49-23　维生素 D_3、钙、磷缺乏或比例失调，蛋鸡产薄壳蛋和软壳蛋，蛋壳易破损（2）

49-24　维生素 D_3、钙、磷缺乏或比例不调，蛋鸽产薄壳蛋和软壳蛋，蛋壳易破损（3）

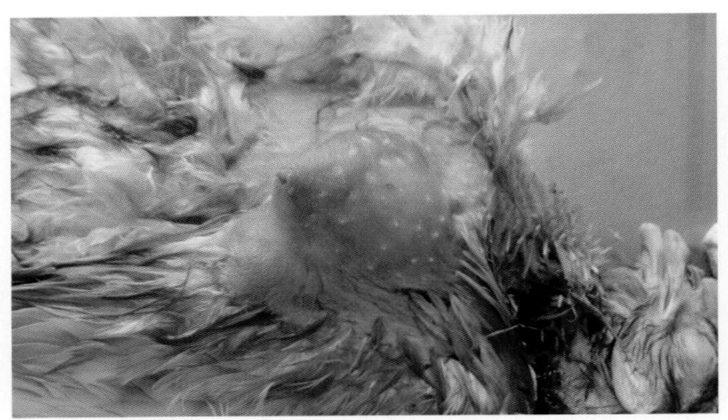

49-25 维生素 D_3、钙、磷缺乏或比例失调，病鸡骨骼断裂处周围皮下淤血

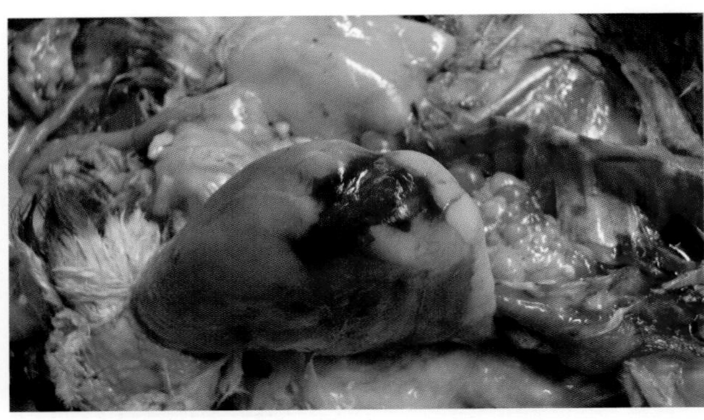

49-26 维生素 D_3、钙、磷缺乏或比例失调，病鸡膝关节附近骨骼折断

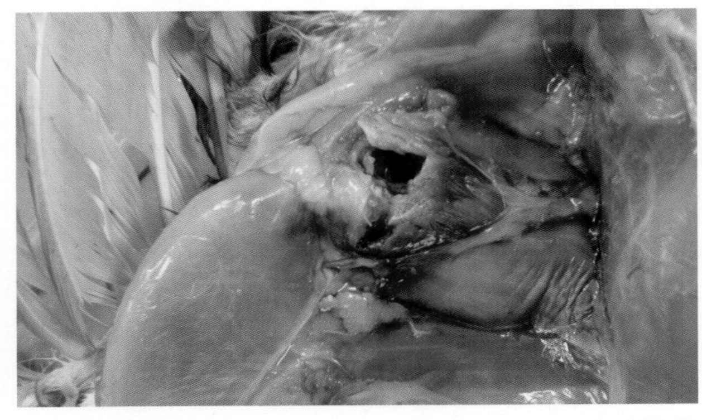

49-27 维生素 D_3、钙、磷缺乏或比例失调，病鸡股骨折断

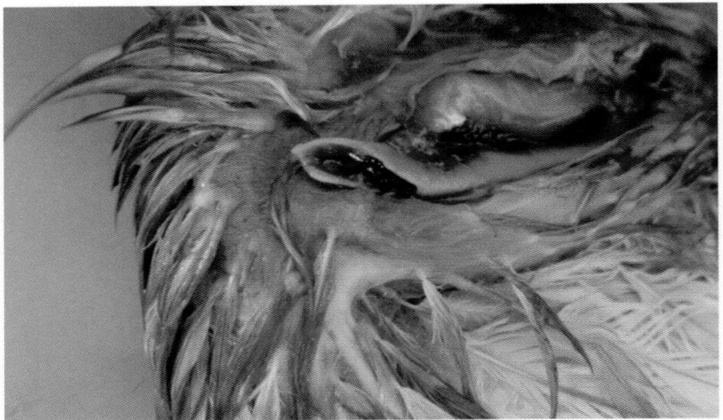

49-28 维生素 D_3、钙、磷缺乏或比例失调，病鸡肱骨折断

维生素 E- 硒缺乏症（Vitamin E and selenium deficiency）

鸡维生素 E 缺乏能引起小脑软化症、渗出性素质和肌肉萎缩症，还可抑制腔上囊、胸腺及脾的生长，循环淋巴细胞减少，影响免疫后抗体的产生。维生素 E 能通过脑垂体前叶分泌促性腺激素，调节鸡性功能。公鸡缺乏维生素 E 时睾丸变性萎缩、精子运动异常，甚至不能产生精子。母鸡缺乏维生素 E 时卵巢机能下降致使产蛋率下降、种蛋的孵化率下降。种蛋所含的维生素 E 对于胚胎正常发育是必需的。种鸡可通过受精卵向雏鸡转移维生素 E，供给 1～5 日龄雏鸡生长发育所需的维生素 E。维生素 E 还可有效地增强体液免疫反应，从而增强机体抗病力。维生素 E 还可促进维生素 C 的合成。但它的缺乏和硒缺乏有着密切的联系，而且缺乏微量元素硒时和缺乏维生素 E 时均导致小鸡渗出性素质和肌营养不良同样的病变。

【病因】

1. 多因饲料中供给量不足或饲料贮存时间过长。各种植物种子的胚乳中含有比较丰富的维生素 E，但籽实饲料在一般条件下保存 6 个月维生素 E 损失 30%～50%。

2. 若被饲料中无机盐和不饱和脂肪酸所氧化，或被其拮抗物质（饲料酵母曲、硫酸铵制剂等）刺激脂肪氧化，可使饲料中维生素 E 损失。

3. 发病地区属于缺硒地区或是饲料中含硒量低于 0.05 mg/kg 的鸡场。

4. 寒冷等因素也是肌肉营养不良的诱因。

【症状及剖检病变】

1. 小鸡的脑软化症：通常在 15～30 日龄发病，呈共济失调、头向后或向下挛缩，有时伴有侧方扭转、向前冲、两腿急收缩与急放松等神经紊乱症状（与脑脊髓炎的区别在于后者除具有前者部分症状外还会在共济失调之后出现肌肉震颤，在腿、翼、尤其是头颈部可见到明显的阵发性的音叉式震颤，在病鸡受刺激或惊扰时更加明显）。

2. 小鸡的渗出性素质：是雏鸡或育成鸡因维生素 E 和硒同时缺乏而引起的一种、伴有毛细血管通透性异常的皮下组织水肿。当腹部皮下水肿积液后，鸡两腿向外叉开，水肿处呈蓝绿色，若穿刺或剪开水肿处可流出较黏稠的蓝绿色液体。剖检可见心包积液、心脏扩张等变化。

3. 肌营养不良：病鸡胸肌、骨骼肌和心肌等肌肉苍白，并有灰白色条纹，故又称白肌病。

4. 营养性胚胎病：饲料中维生素 E 不足时，成鸡不表现外观症状，只是产蛋率和蛋的孵化率降低，孵化的前 7 d 胚胎死亡率最高。

【诊断】

根据发病特点、临床症状和剖检病变可做出初步诊断。

【防治措施】

1. 防止饲料贮存时间过长，供给足量的维生素 E、硒。

2. 治疗维生素 E 缺乏的临床经验：每千克饲料中添加维生素 E20 IU 或 0.5% 植物油，连用 14 d；或每只雏鸡单独 1 次口服维生素 E 300 IU，同时在每千克饲料内加入亚硒酸钠 0.2 mg、蛋氨酸 2～3 g，疗效很好。

50-1 维生素 E 缺乏的病雏鸡，不能站立，常倒于一侧

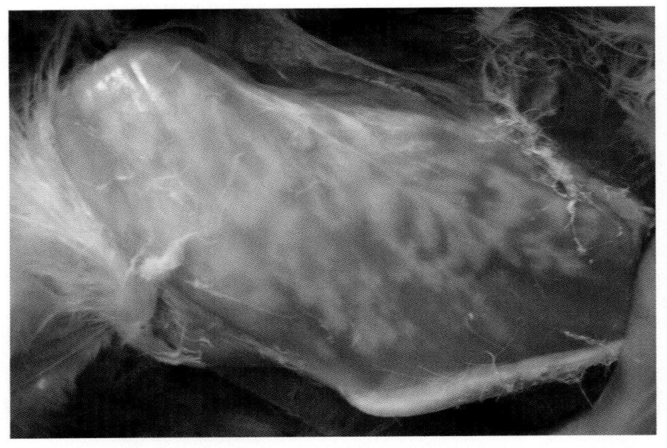

50-2 维生素 E、硒缺乏造成鸡白肌病，胸肌有白色条纹（1）

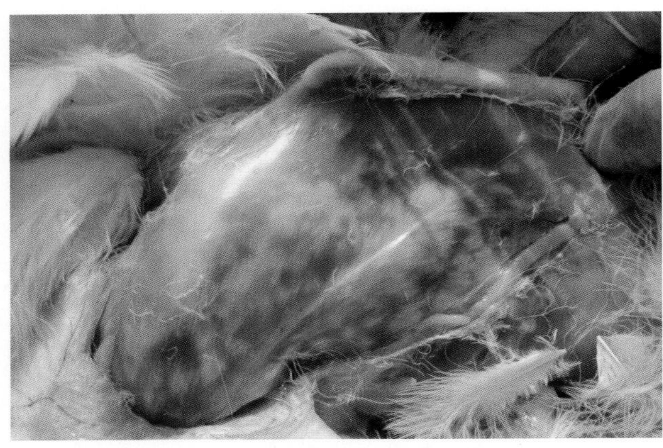

50-3 维生素 E、硒缺乏造成鸡白肌病，胸肌有白色条纹（2）

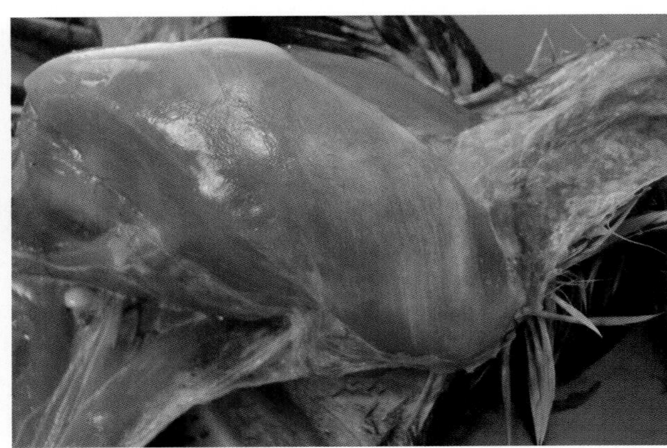

50-4 维生素 E、硒缺乏造成鸡白肌病，胸肌有白色条纹（3）

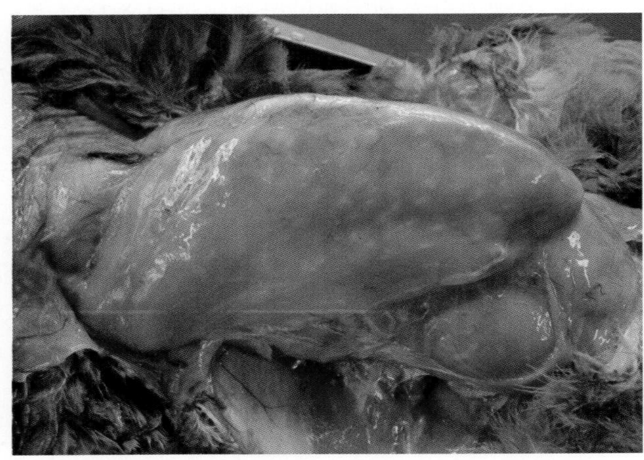

50-5 维生素 E、硒缺乏造成鸡白肌病，胸肌有白色条纹（4）

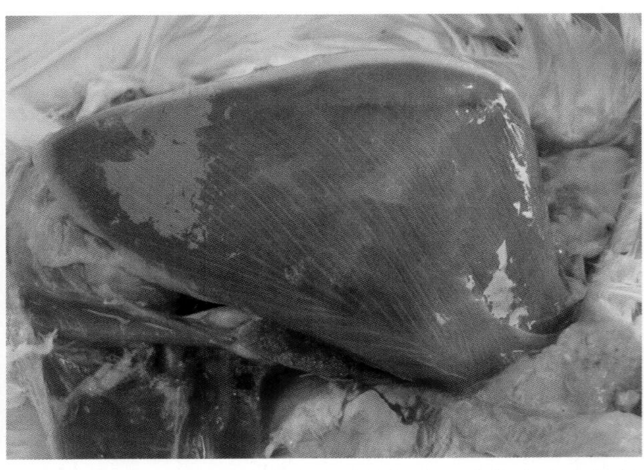

50-6 维生素 E 、硒缺乏造成鸽白肌病，胸肌有白色条纹（5）

维生素 B_1 缺乏症（Vitamin B_1 deficiency）

维生素 B_1 又称为硫胺素，硫胺素是家禽碳水化合物代谢所必需的物质。

【病因】

1. 饲料中硫胺素不足。
2. 饲料发霉或贮存时间太长，维生素 B_1 损失。
3. 抗生素和抗球虫药，对维生素 B_1 有拮抗作用。

【临床症状】

1. 雏禽缺乏硫胺素约 10 d 后即可出现特征性的多发性神经炎症状。雏禽突然发病，厌食、消化障碍，体质衰弱，坐地不起，呈现“观星”姿势，头向背后极度弯曲，角弓反张。由于腿麻痹不能站立和走路，病鸡的跗关节和尾部着地，或倒地侧卧，严重时衰弱死亡。

2. 成禽硫胺素缺乏约 3 周后出现临床症状。病初食欲减退，生长缓慢，羽毛松乱无光泽，腿软无力和步态不稳，鸡冠常呈蓝色，之后神经症状明显，开始是脚趾的屈肌麻痹，接着向上发展，腿、翅膀和颈部的伸肌明显地出现麻痹。有些病鸡出现贫血和拉稀。

【诊断】

根据临床症状和雏鸡阶段发生特征性的“观星”症状即可做出诊断。

【防治措施】

1. 育雏阶段饲料中要添加复合维生素 B 或维生素 B_1 粉。
2. 出现症状后给予足够的维生素 B_1 后会见到明显的疗效。不过要注意防止病禽厌食而吃不到拌在饲料内的药。
3. 应用硫胺素给病禽肌肉或皮下注射，只要诊断正确，数小时后即显疗效。

51-1 维生素 B_1 缺乏，病鸭呈“观天”姿势，头向后极度弯曲，呈角弓反张状

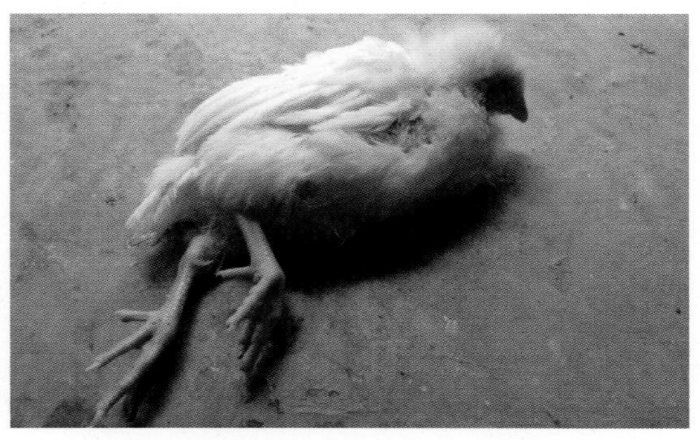

51-2 维生素 B_1 缺乏，病鸡腿麻痹不能站立和走路，倒地侧卧

52 维生素 B_2 缺乏症（Vitamin B_2 deficiency）

维生素 B_2 又称核黄素，是动物体内 10 多种酶系统的活性部分，缺乏后，体内生物氧化过程中酶系统受影响，使整个新陈代谢降低而发病。

【病因】

1. 常用的禾谷类饲料中核黄素特别贫乏，又易被紫外线、碱或重金属破坏。
2. 饲喂高脂肪、低蛋白质饲料时，核黄素需要量增加。
3. 种鸡比普通鸡的需要量提高 1 倍。
4. 低温时供给量应增加。
5. 患有胃肠道疾病时影响核黄素的转化和吸收。

不注意以上因素，皆可能引起核黄素缺乏症。

【临床症状】

1～2 周龄雏鸡发生腹泻之后，足趾爪向内卷曲，两腿发生瘫痪。育成鸡病至后期，腿劈开而瘫痪。母鸡的产蛋量下降，蛋白稀薄，蛋的孵化率降低，死胚呈现皮肤结节、颈部弯曲、躯体短小、关节变形、水肿、贫血和肾变性等病理变化。有时也能孵出雏鸡，但多数带有先天性麻痹症状、体小、浮肿。

【剖检病变】

病死雏鸡肠壁变薄，肠内充满泡沫状内容物。病死成年鸡的坐骨神经和臂神经呈现明显肿大和变软，尤其是坐骨神经的变化更为显著，其直径比正常神经粗 4～5 倍。

【诊断】

根据发病日龄、特征性的临床症状即可做出诊断。

【防治措施】

1. 对雏鸡一开食就喂给标准配合饲料，或在每吨饲料中添加 2～3 g 核黄素即可预防本病的发生。

2. 可在每千克饲料加入核黄素 20 mg，治疗 1～2 周，有些疗效。对足已卷缩、坐骨神经损伤的病鸡，使用核黄素治疗也无效。

52-1 维生素 B_2 缺乏，病雏鸡足趾爪向内卷曲，两腿发生瘫痪（1）

52-2 维生素 B_2 缺乏，病雏鸡足趾爪向内卷曲，两腿发生瘫痪（2）

52-3 维生素 B_2 缺乏，病雏鸡足趾爪向内卷曲，两腿发生瘫痪（3）

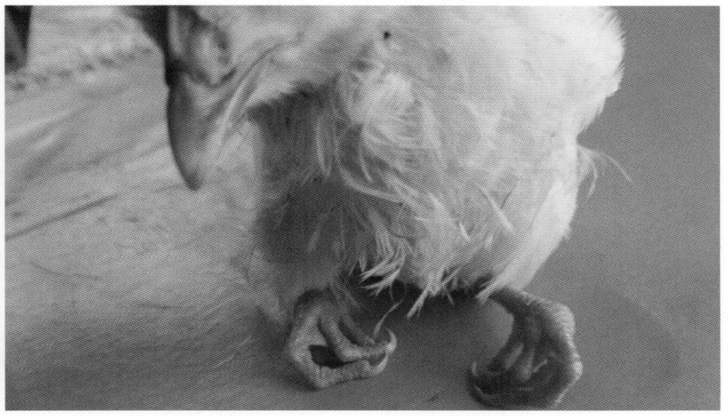

52-4 维生素 B_2 缺乏，病雏鸡足趾爪向内卷曲，两腿发生瘫痪（4）

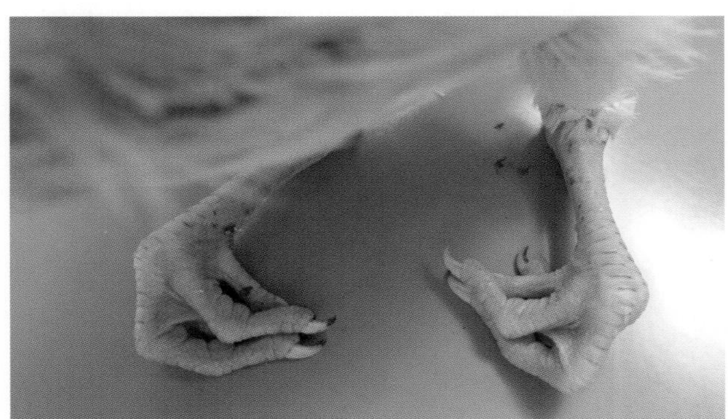

52-5 维生素 B_2 缺乏，青年鸡足趾爪向内卷曲，两腿发生瘫痪

52-6 维生素 B_2 缺乏，成年鸡足趾爪向内卷曲，两腿发生瘫痪

52-7 维生素 B_2 缺乏，病鸡足趾爪向内卷曲，两腿发生瘫痪（1）

52-8 维生素 B_2 缺乏，病鸡足趾爪向内卷曲，两腿发生瘫痪（2）

53 烟酸缺乏症（Nicotinic acid deficiency）

家禽体内色氨酸可以转变为烟酸，但合成量不能满足体内需要。

【特征】

患病禽以口舌发炎，形成黑舌、下痢、腿部关节肿大等为主要特征。

【病因】

1. 家禽饲喂以玉米为主的饲料后，其体内缺乏色氨酸（玉米含色氨酸量很低）。

2. 当饲料中维生素 B_2 和吡哆醇（即维生素 B_6）缺乏时，也影响烟酸合成，易引起缺乏症。

3. 长期用抗生素，长期在饲料中添加土霉素渣，也易出现黑舌病。或由于鸡的生产性能高，对烟酸需求量大大增加。

4. 在鸡群患有热性病、寄生虫、腹泻症以及胰腺和消化机能障碍，皆可致病。

【症状与病变】

1. 多见于幼雏发病。病鸡舌和口腔呈深红色的炎症，形成“黑舌病”。消化不良，下痢。生长停滞，羽毛稀少，皮肤角化过度（即足和皮肤有鳞片状皮炎），有时皮肤发炎有化脓性结节。

2. 腿部关节肿大、骨短粗、腿骨弯曲，与滑腱症有些相似，但是其跟腱极少滑脱。

3. 产蛋鸡引起脱毛症时能看到足和皮肤有鳞状皮炎。

【诊断】

根据病因调查、临床症状和病理变化即可做出初步诊断。

【防治措施】

1. 玉米的比例占 56%～60% 为宜，适量添加色氨酸、啤酒酵母、米糠、麸皮、豆类、鱼粉等富含烟酸的饲料。

2. 对病雏在每吨饲料中添加 15～20 g 烟酸。

53-1 烟酸缺乏病鸽口舌发炎，形成黑舌（1）

53-2 烟酸缺乏病鸽口舌发炎，形成黑舌（2）

54 泛酸缺乏症（Pantothenic acid deficiency）

泛酸又称遍多酸、维生素 B_5、抗皮炎因子。泛酸遍布于一切植物性饲料中，在一般饲料中不易缺乏。但饲料经热、酸、碱加工处理，其中的泛酸很容易被破坏，长期饲喂玉米，可引起泛酸缺乏症。

【临床症状】

1. 特征性皮炎：病鸡头部羽毛脱落，头部、趾间和脚底发炎，外层皮肤有脱落现象，并产生裂缝，以致行走困难；有时可见脚部皮肤增生角化，有的形成疣状（小疙瘩）隆起物。幼鸡羽毛松乱，眼睑常被粘着，口角、肛门周围有痂皮，口内有脓样物质。

2. 种蛋的营养性胚胎病：有人证实，当母鸡饲喂泛酸含量低的饲料时，所产的蛋在孵化期的最后 2～3 d 大多数胚胎死亡，鸡胚短小、皮下出血和严重水肿，肝有脂肪变性。也有学者指出，种鸡的饲料缺乏泛酸时，产蛋量和受精蛋的孵化率都属于正常范围，但孵出的小鸡体重不足和衰弱，并且在孵化后的最初 24 h，死亡率可达 50%。

【诊断】

根据临床症状和特征性病变可做出初步诊断。

【防治措施】

1. 缺乏泛酸的母鸡所孵出的雏鸡虽然极度衰弱，但立即腹腔注射 200 μg 泛酸可见明显疗效，否则不易存活；育雏期间注意添加复合维生素 B 粉进行预防，效果很好。

2. 添加酵母粉或按每千克饲料补充 10～20 mg 泛酸钙，有防治泛酸缺乏的效果。啤酒酵母中含泛酸最多。必须引起足够重视的是泛酸极不稳定，易受潮分解，因而在与饲料混合时，常常用其钙盐。新鲜青绿饲料，苜蓿粉、谷糠、麸皮、向日葵饼、酵母粉富含泛酸，经常饲喂也可预防本病的发生。

54-1　泛酸缺乏病鸡趾间裂缝出血（1）

54-2　泛酸缺乏病鸡趾间裂缝出血（2）

54-3　泛酸缺乏病鸡趾间裂缝出血（3）

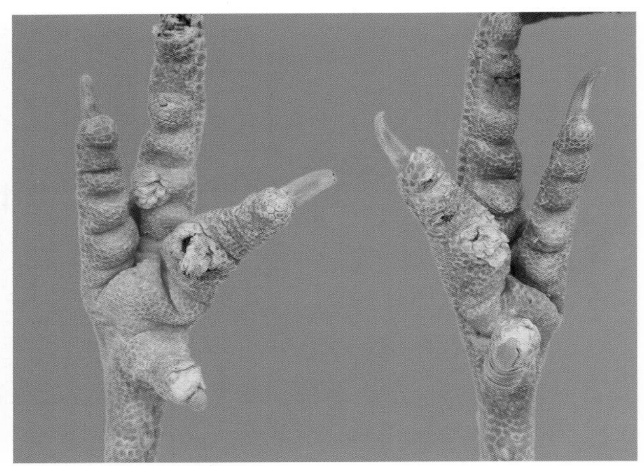

54-4　泛酸缺乏病鸡脚底发炎，外层皮肤角化并产生裂缝（1）

54-5　泛酸缺乏病鸡脚底发炎，外层皮肤角化并产生裂缝（2）

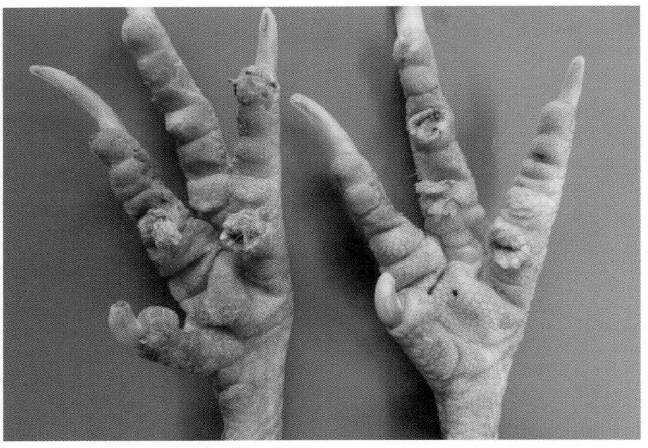

54-6　泛酸缺乏病鸡脚底发炎，外层皮肤角化并产生裂缝（3）

胆碱缺乏症（Choline deficiency）

本病是由于胆碱缺乏而引起的脂肪代谢障碍，使大量的脂肪在家禽肝内沉积所致的脂肪肝或称脂肪肝综合征。

【病因】

1. 饲料中胆碱供给不足（按照NRC标准，雏鸡和肉仔鸡的最小需要量为1 300 mg/kg，其他阶段均为500 mg/kg，鹌鹑生长期为2 000 mg/kg，种用期为1 500 mg/kg）。

2. 由于维生素B_{12}、叶酸、维生素C和蛋氨酸等都可参与胆碱的合成，它们的缺乏也易影响胆碱的合成。

3. 饲料中维生素B_1和胱氨酸增多时，能促进胆碱缺乏症发生。饲料中长期应用抗生素和磺胺类药物能抑制胆碱在体内的合成，引起本病的发生。

【临床症状】

雏鸡表现为生长停滞，腿关节肿大。病理变化为胫骨和跗骨变形，跟腱滑脱。病鸡后期跗关节变扁平、弯曲成弓形。成年鸡肝中脂肪酸增加，母鸡明显高于公鸡。母鸡产蛋量下降，蛋的孵化率降低。有的生长期的鸡出现脂肪肝．病后期容易因肝破裂而发生急性内出血死亡。

【剖检病变】

可见肝肿大，色泽变浅或呈黄色油腻状，严重时肝表面有出血斑点，质地脆弱如泥。肝易破裂，肝周围、腹腔内有血凝块。肾及其他器官也有脂肪浸润和变性。胫骨、跗骨变形，跟腱脱出外侧。

【诊断】

根据发病特点、临床症状和剖检病变综合分析做出诊断。

【防治措施】

治疗上可在每千克饲料中加50%氯化胆碱1 g、维生素E 10 IU、肌醇1 g、维生素B_{12}适量，连续饲喂；或给每只鸡氯化胆碱0.1～0.2 g，连用10～15 d，疗效尚好。但已经发生跟腱滑脱时，则治疗无效。

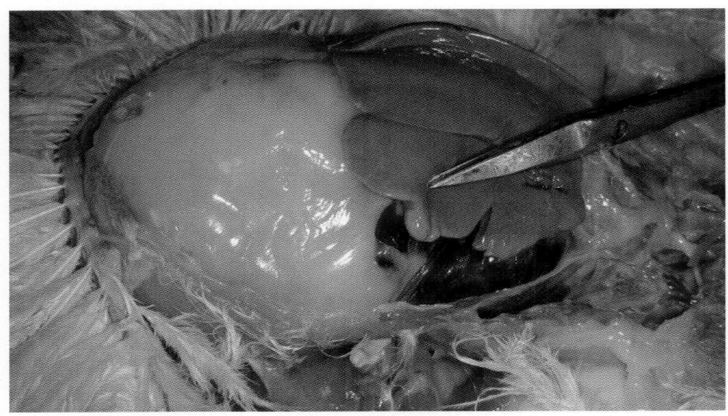

55-1 胆碱缺乏病鸡肥胖，腹部蓄积多量脂肪，肝色泽变浅，肝下有血凝块

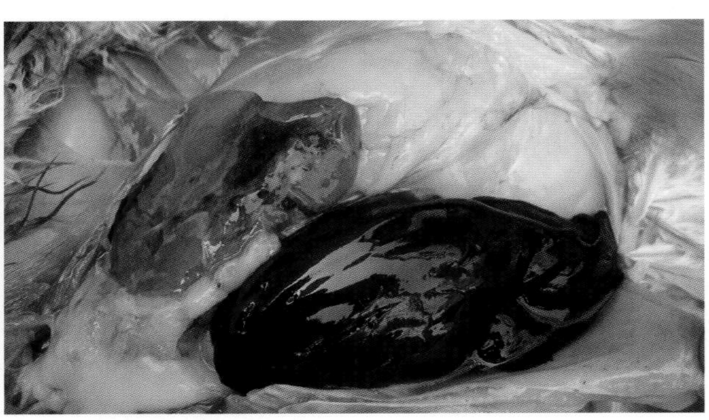

55-2 胆碱缺乏病鸡左侧肝被膜下出血，右侧肝破裂出血，表面附着大的血凝块

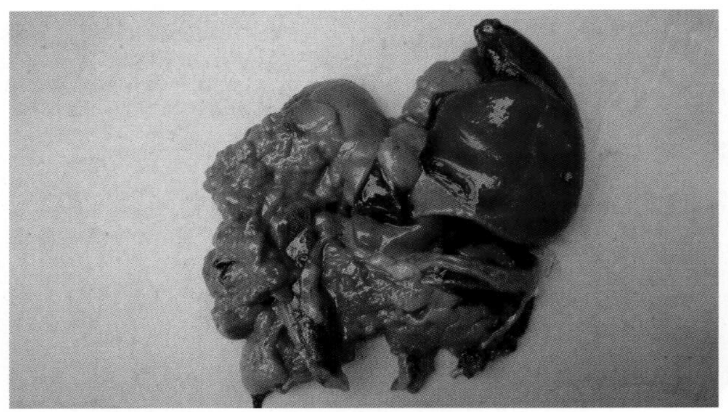

55-3 胆碱缺乏病鸡肝易碎如泥样

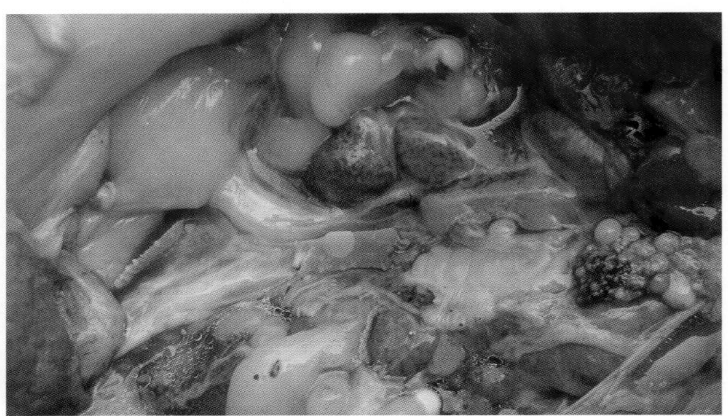

55-4 胆碱缺乏症，肉鸡肾脂肪浸润呈黄褐色，同时肾周围蓄积大量脂肪

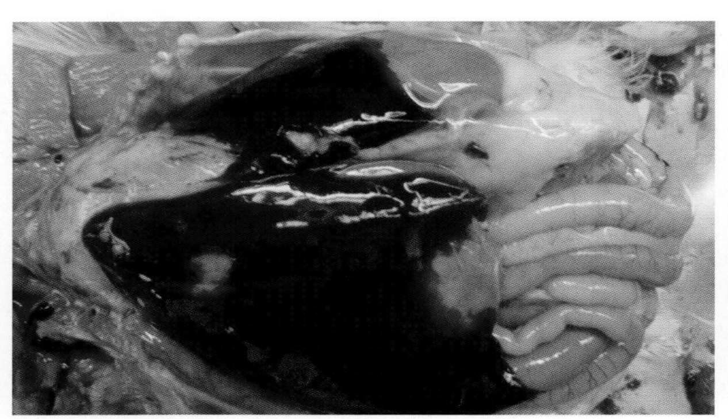

55-5 胆碱缺乏症，肉鸡脂肪肝，肝破裂出血，肝表面附着血凝块

55-6 胆碱缺乏症，肉鸡脂肪肝，肝破裂出血，腹腔有多量血凝块

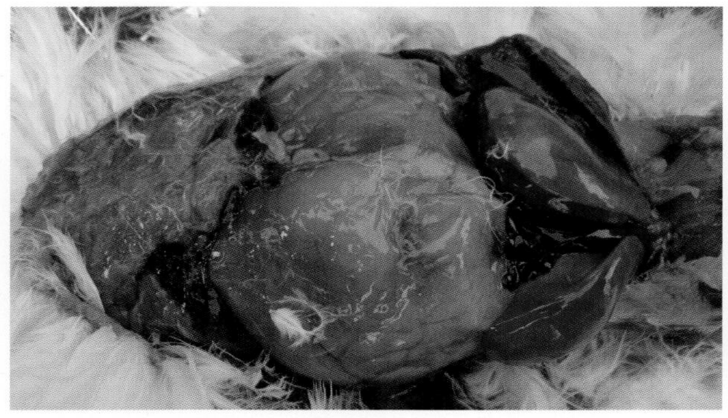

55-7 胆碱缺乏症，乌鸡肥胖，腹部蓄积多量脂肪，肝色泽变浅，肝下有血凝块

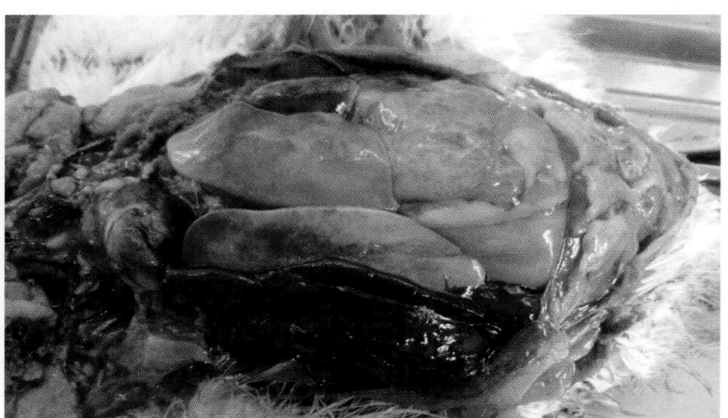

55-8 胆碱缺乏症，乌鸡肥胖，腹部蓄积多量脂肪，肝色泽变浅，肝表面覆盖有血凝块

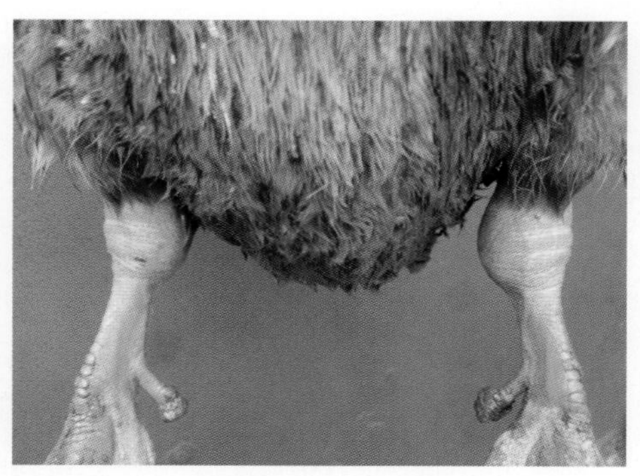
55-9　胆碱缺乏症，腿短粗、跗关节肿大（1）

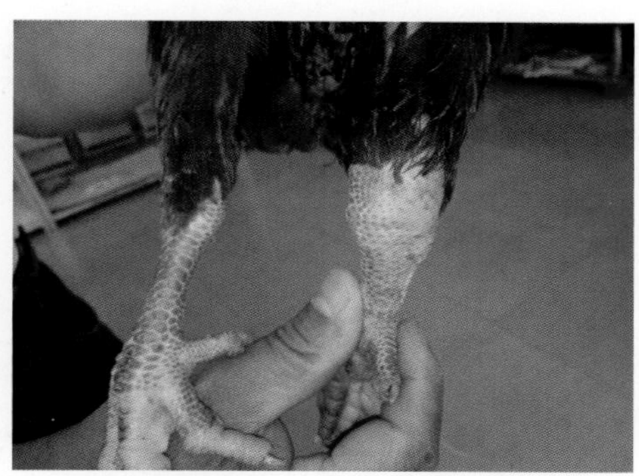
55-10　胆碱缺乏症，腿短粗、跗关节肿大（2）

营养代谢病

NUTRITION METABOLIC DISEASE

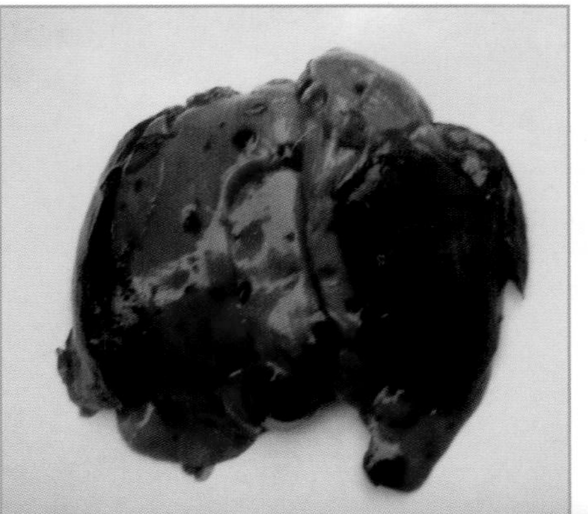

56 锰缺乏症（Manganese deficiency）

锰是动物体必需的微量元素，家禽对锰的需要量相当高，对锰缺乏最为敏感，易发生锰缺乏症。

【病因】

主要是饲料中缺锰，玉米和大麦含锰量最低。

【症状与病变】

1. 生长停滞、骨短粗症、跗关节增大，严重时弯曲扭转，使腓肠肌腱从跗关节的骨槽中滑出而呈现脱腱症状，或病禽腿部变扁、弯曲或扭曲，不能行动，导致饿死。产蛋鸡缺锰还可致蛋壳质量下降，易患脂肪肝（以上症状同胆碱缺乏症）。

2. 剖检病变，骨骼粗短，管骨变形，骨板变薄，骨骺变厚、多孔，但质硬度很好。

3. 病母鸡所产的蛋孵化率显著下降，鸡胚呈现短肢性营养性不良症，多数在快要出壳时死亡。胚胎躯体短小，骨骼发育不良，翅短，头呈圆球样，喙变短呈现特征性的“鹦鹉嘴”。

【诊断】

根据发病史、临床症状和剖检病变综合分析做出判断。

【防治措施】

对于发病鸡群可于每吨饲料中添加 120～240 g 硫酸锰，长期添加效果很好。也可饮用高锰酸钾水，水溶液颜色呈桃花瓣颜色即可，每天饮用 3～4 h，连饮 3 d。

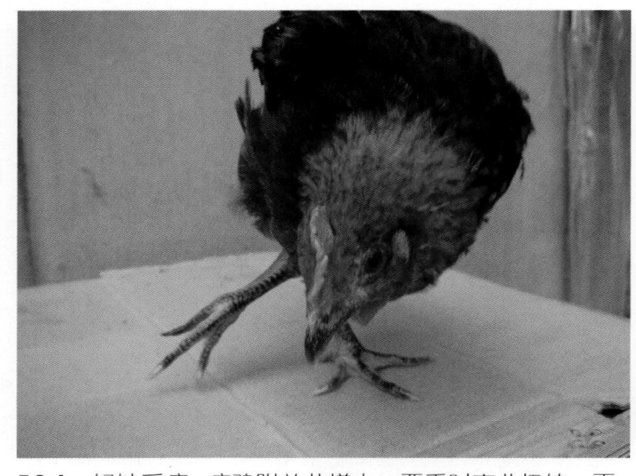

56-1　锰缺乏症，病鸡跗关节增大，严重时弯曲扭转，不能正常站立

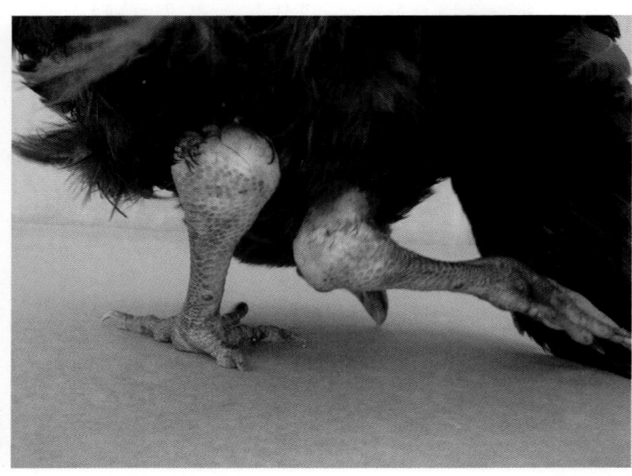

56-2　锰缺乏症，病鸡跗关节变宽，弯曲扭转，不能行走

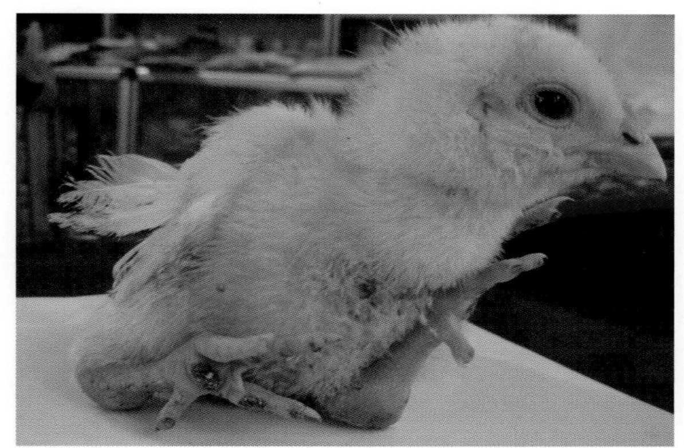

56-3　锰缺乏症，病雏鸡跗关节着地，不能站立

56-4　锰缺乏症，病鸭关节弯曲不能站立，以跗关节着地，似镰刀割庄稼样向前行走

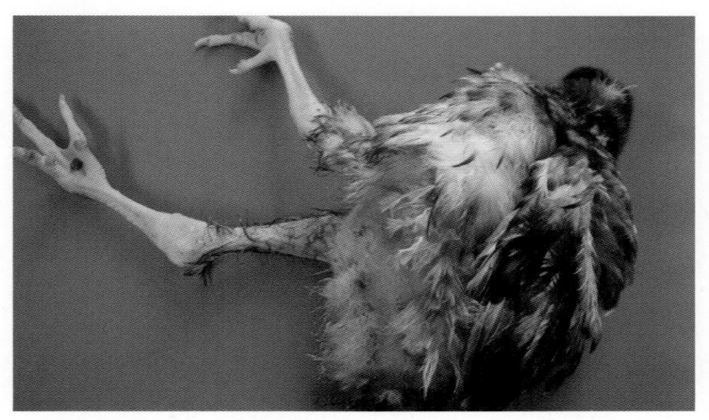

56-5　锰缺乏症，病鸡跗关节变宽，弯曲扭转，不能正常行走（1）

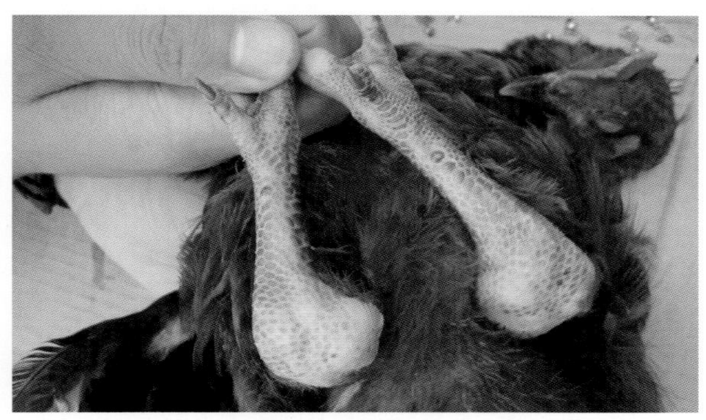

56-6　锰缺乏症，病鸡跗关节变宽，弯曲扭转，不能正常行走（2）

56-7　锰缺乏症，病鸡跗关节变宽，弯曲扭转，不能正常行走（3）

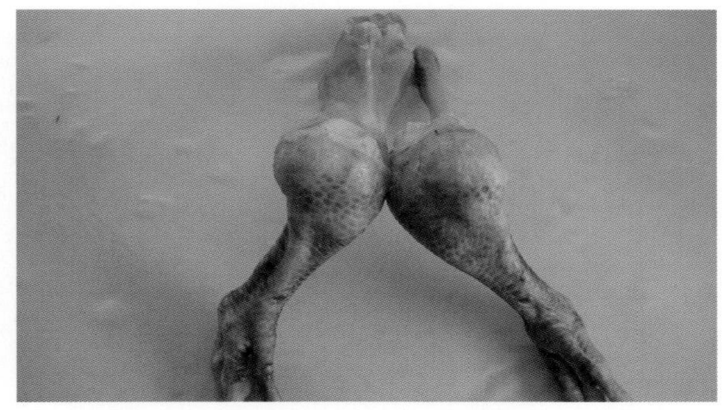

56-8　锰缺乏症，病鸡跗关节变宽，弯曲扭转，不能正常行走（4）

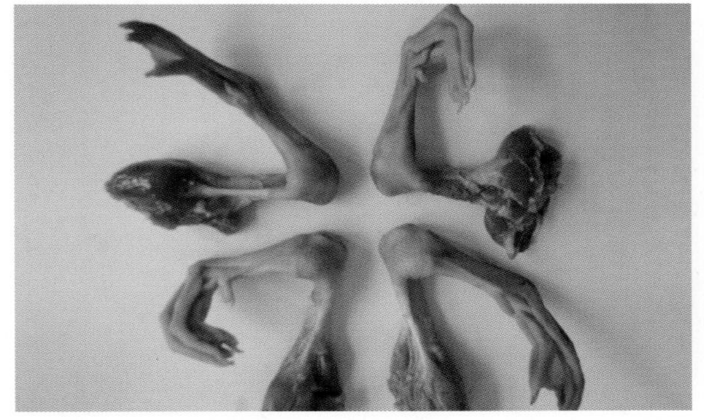

56-9　锰缺乏症，病雏鸭跗关节增大、变宽，弯曲扭转

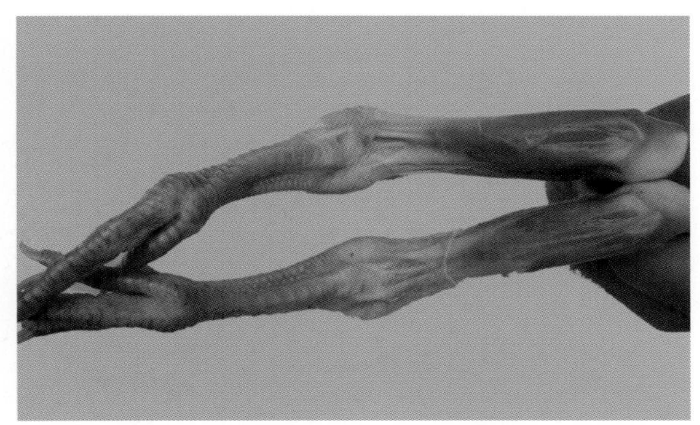

56-10　锰缺乏症，病鸡跗关节变宽、变扁、弯曲，不能站立

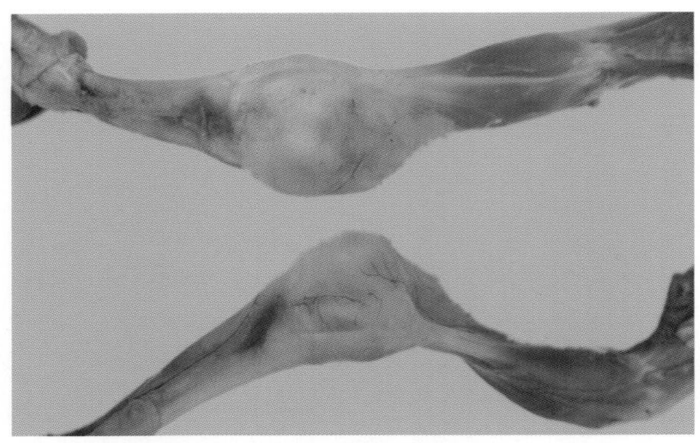

56-11　锰缺乏症，病鸡腓肠肌腱从跗关节的骨槽中滑出而呈现脱腱症（1）

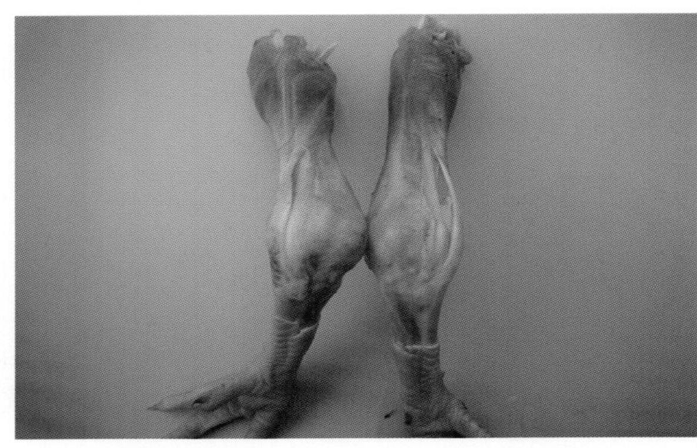

56-12　锰缺乏症，病鸡腓肠肌腱从跗关节的骨槽中滑出而呈现脱腱症（2）

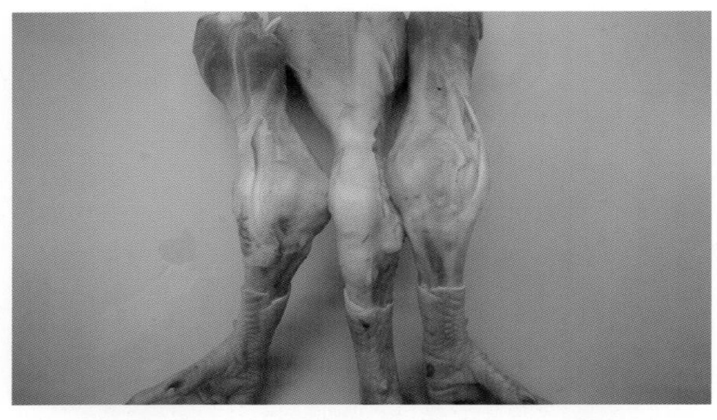

56-13　锰缺乏症，病鸡腓肠肌腱从跗关节的骨槽中滑出而呈现脱腱症，中间为正常对照

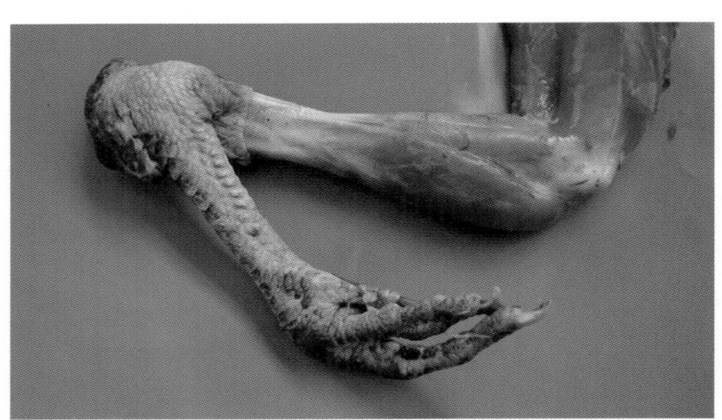

56-14　锰缺乏症，孔雀跗关节扭曲变形

56-15　锰缺乏症，鸵鸟跗关节增大，严重时弯曲扭转，不能正常站立

56-16　锰缺乏症，鸵鸟跗关节变宽、变扁，弯曲扭转，不能正常行走

56-17　产蛋鸡缺锰可造成蛋壳质量下降，蛋皮脆，易破损（1）

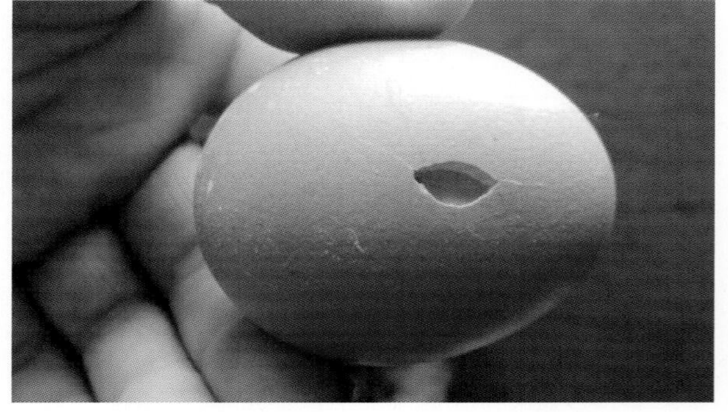

56-18　产蛋鸡缺锰可造成蛋壳质量下降，蛋皮脆，易破损（2）

痛风（Gout）（含小鹅痛风）

家禽痛风是一种与体内蛋白质、高钙代谢障碍以及肾功能障碍有关的高尿酸盐症。其特征是血液中尿酸水平增高，尿酸以钠盐的形式在关节囊、关节软骨、内脏的表面、肾小管及输尿管中沉积。

【病因】

1. 饲料中钙含量过高。

2. 饲料中钙含量过高，如没有经验的养殖户用产蛋鸡饲料或产蛋鸡预混料喂雏鸡、雏鸭，可引起痛风。

3. 饲料中长期缺乏维生素 A，可发生痛风性肾炎而呈现痛风症状。

4. 用病种鸡蛋孵化出的雏鸡往往易患痛风，在 20 日龄时即提前出现病症。

5. 育雏室温度偏低，饮水不足时，以及使用含有尿素的饲料也会引起痛风。

6. 肾功能不全的因素如磺胺药中毒、霉玉米中毒、肾型传染性支气管炎、鸡传染性法氏囊病等都可能继发或并发痛风。

7. 鹅是草食家禽，育雏阶段饲喂蛋雏鸡或肉雏鸡饲料容易引发小鹅痛风。

【临床症状】

病禽食欲减退，冠苍白，腹泻，排白色半黏液状稀便，或呈现蹲坐、独肢站立姿势。

【剖检病变】

1. 内脏型痛风在胸、腹气囊，肺、心包膜、肝、脾、肾、肠及肠系膜的表面散布许多石灰样的、白色尘屑样或絮状物质，输尿管增粗，内充满多量白色的黏液，病情严重者含有不规则的结石，有时可见肾一侧高度肿胀而另一侧萎缩。

2. 关节型痛风多在趾关节周围肿胀，严重时腕关节及肘关节肿胀，肿胀的皮肤下形成多个结节状隆起，切开肿胀的皮肤内有灰白色或灰黄色黏稠液状物。

【诊断】

根据病因、病史、临床症状和剖检病变综合分析做出诊断。

【防治措施】

1. 饲料中蛋白质含量雏鸡的一般不超过 21%，蛋鸡料不超过 19%。

2. 饲料中钙、磷比例要适当，切忽然造成高钙条件；雏鸡、雏鸭不要饲喂产蛋鸡、产蛋鸭饲料或产蛋鸡、产蛋鸭的预混料。

3. 用含有乌洛托品成分的药物治疗痛风，效果显著，因为乌洛托品能够和尿酸盐结合形成可溶性盐，通过肾排出体外。

4. 调整饲料配方，做到科学合理。

5. 鹅是草食家禽，从饲喂幼雏鹅开始，长期在饲料中添加 50% 左右的青绿饲料就能很好的预防小鹅痛风。

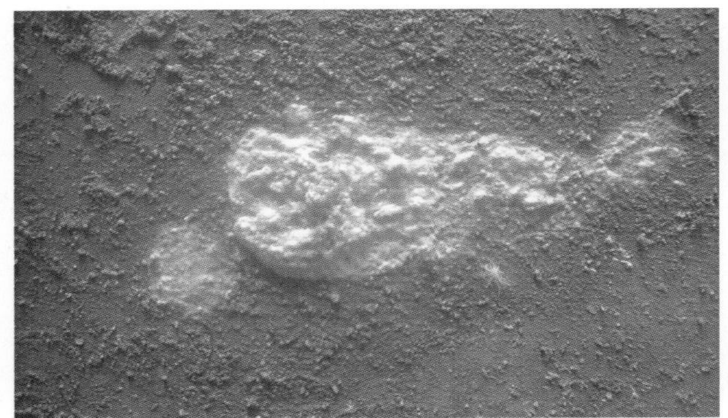

57-1　痛风病鸡腹泻，排出白色半黏液状稀便

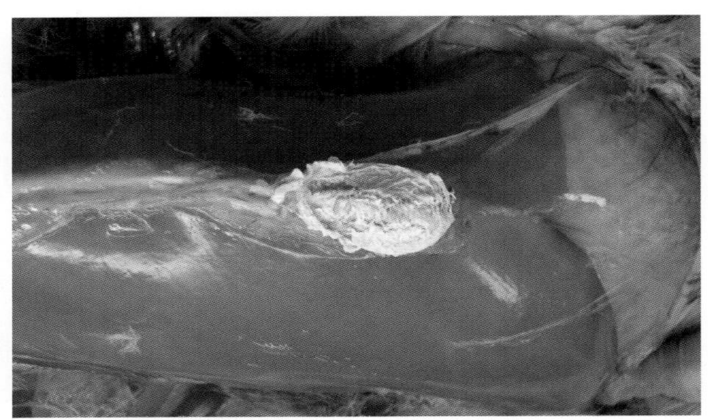

57-2　痛风病鸡胸骨嵴滑液囊有多量灰白色尿酸盐

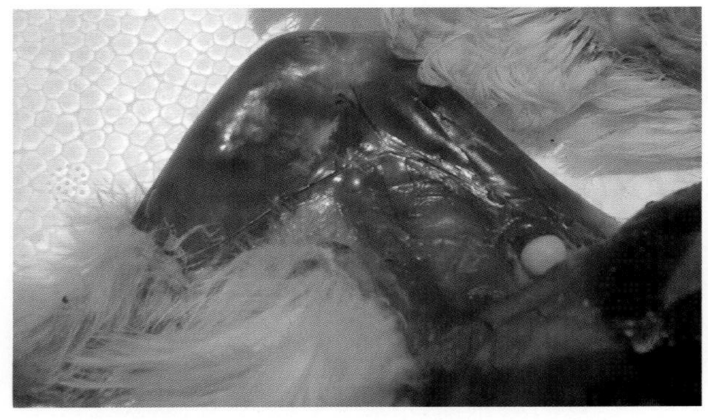

57-3　痛风病情严重的病鸡膝关节周围肌肉表层有白色尿酸盐

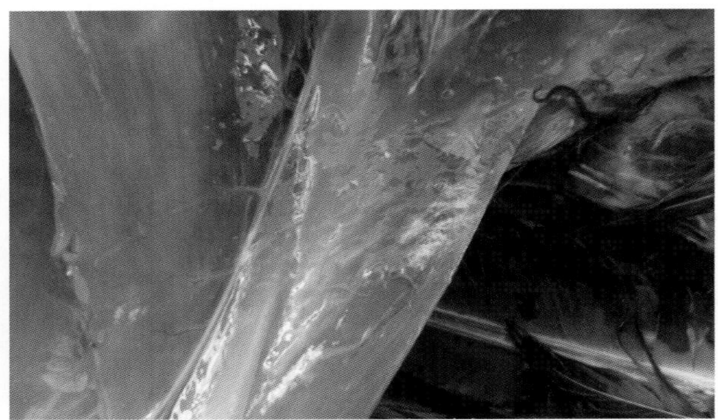

57-4　痛风病情严重的病鸡大腿肌肉表层有灰白色尿酸盐（1）

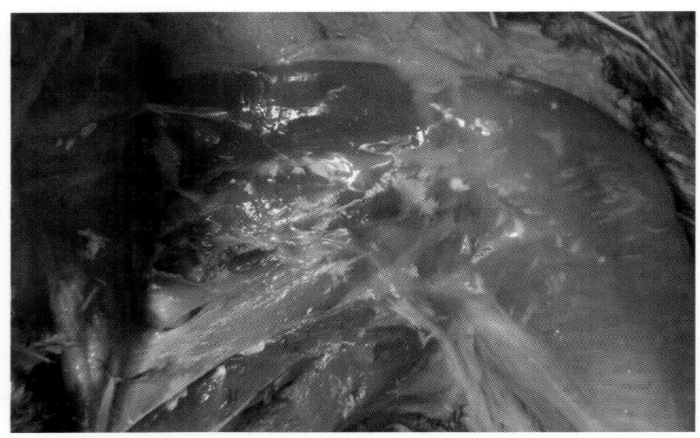

57-5　痛风病情严重的病鸡大腿肌肉表层有灰白色尿酸盐（2）

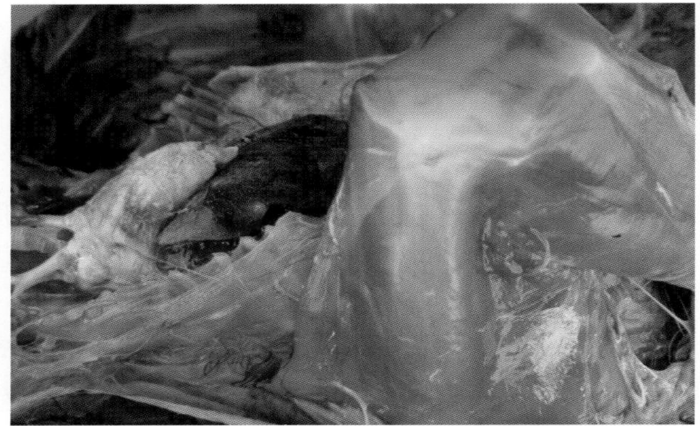

57-6　痛风病情严重的病鸡大腿肌肉表层有白色尿酸盐

57-7　痛风病情严重的病鸡胸骨内侧面散布一层灰白色尿酸盐

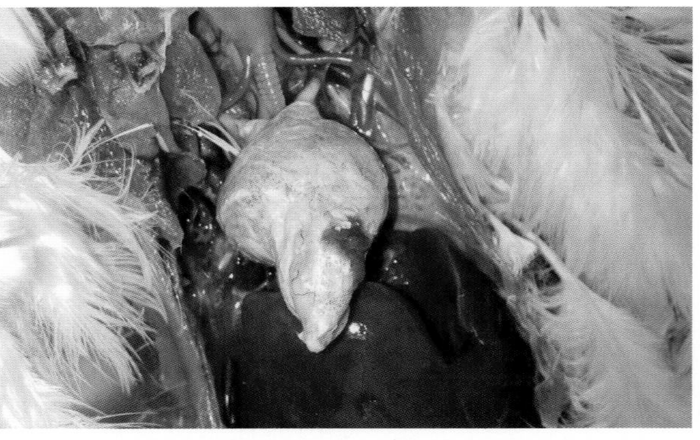

57-8　家禽痛风，病初打开腹腔首先看到心包膜表面散布一层石灰样尿酸盐

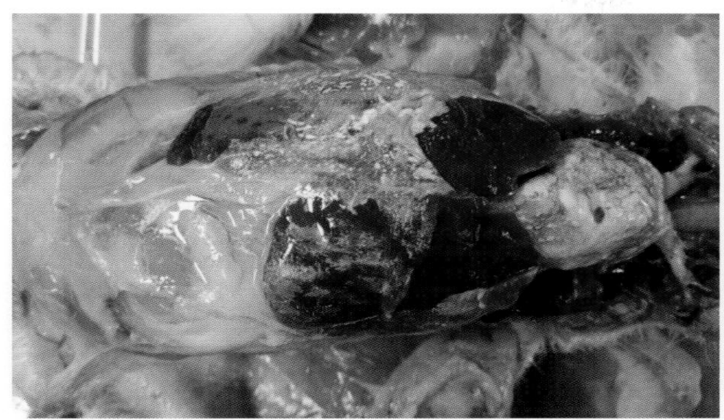

57-9 家禽痛风，心包膜和肝的大部表面散布一层石灰样尿酸盐

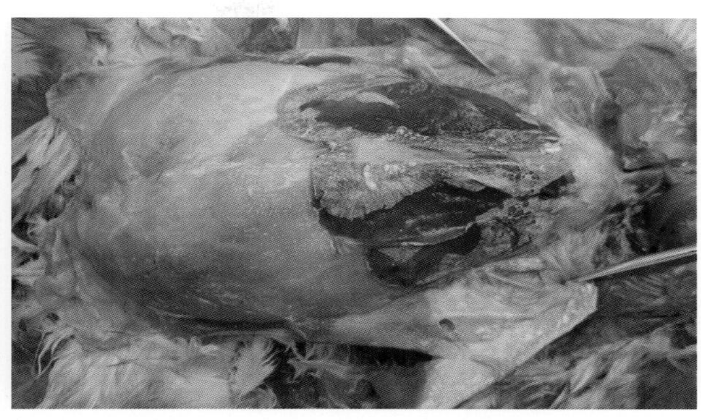

57-10 家禽痛风，禽腹部脂肪、心包膜和肝的表面散布一层石灰样的尿酸盐

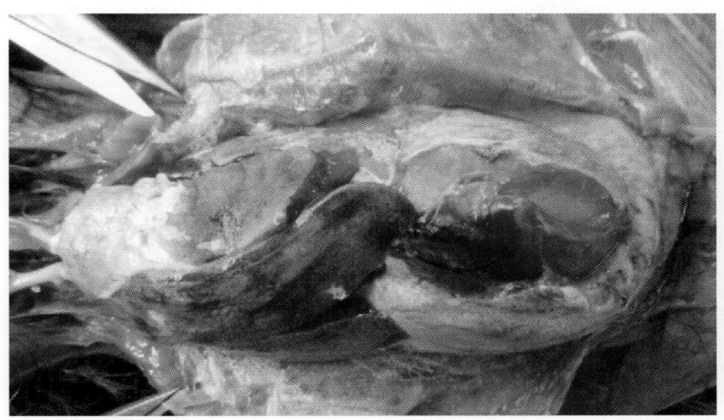

57-11 家禽痛风，心脏、肝、腹部脂肪的表面附着白色尿酸盐（1）

57-12 家禽痛风，心脏、肝、腹部脂肪的表面附着白色尿酸盐（2）

57-13 家禽痛风，病鸡的胸腹气囊、心脏、腺胃的表面附着白色尿酸盐

57-14 家禽痛风，病鸡脾的表面附着白色尿酸盐

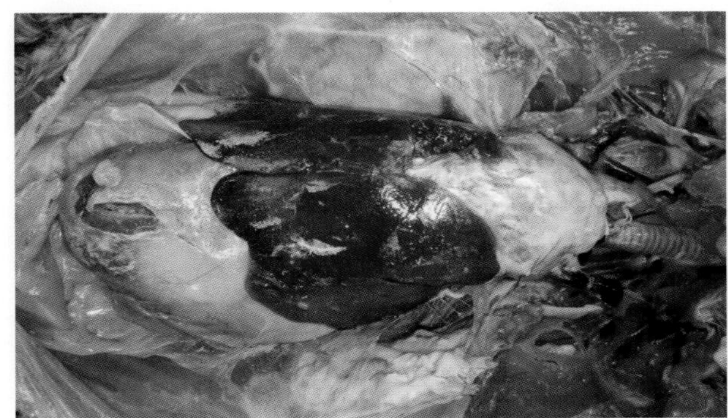

57-15 痛风与支原体混合感染，内脏器官的表面附着白色的尿酸盐，气囊有黄白色干酪样物

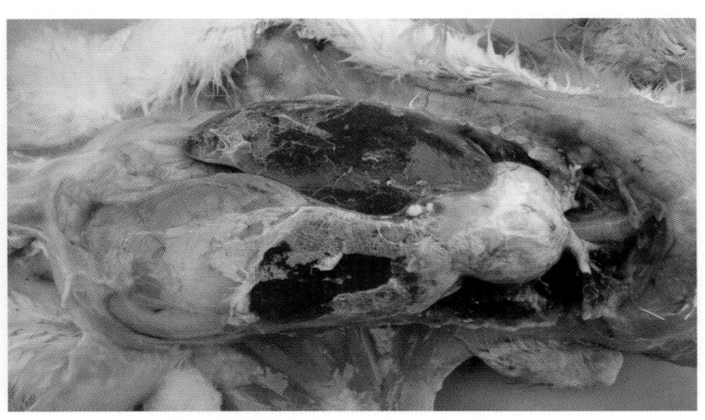

57-16 鹅吃高蛋白质饲料形成痛风，内脏器官表面附着白色尿酸盐

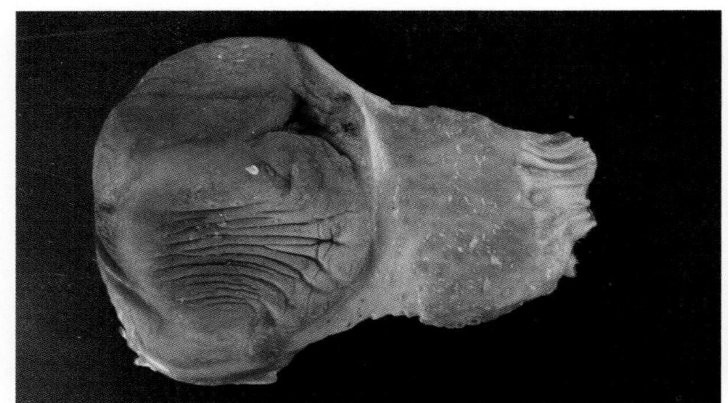
57-17　家禽痛风，病鸡腺胃黏膜表面附着白色尿酸盐（1）

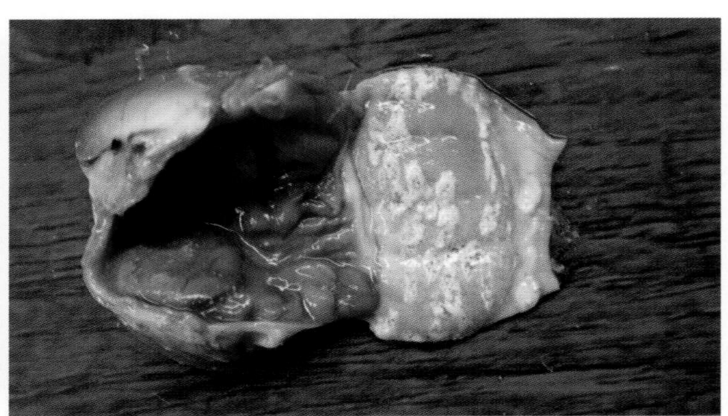
57-18　家禽痛风，病鸡腺胃黏膜附着白色尿酸盐（2）

57-19　家禽痛风，病鸡肠道表面附着白色尿酸盐

57-20　家禽痛风，病鸡肠系膜附着白色尿酸盐

57-21　家禽痛风，病鸡肠黏膜附着白色尿酸盐

57-22　家禽痛风，病鸡肺表面附着白色尿酸盐，肾极度肿胀，色淡，输尿管增粗

57-23　家禽痛风，病鸡肾极度肿胀，色淡花斑，肾的中、后叶散布一层尿酸盐，输尿管增粗

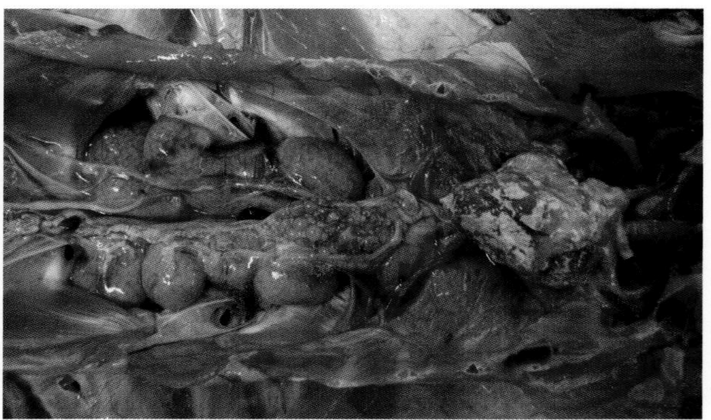
57-24　家禽痛风，肾极度肿胀，呈浅粉红色，心脏表面的尿酸盐颗粒清晰可见（1）

57-25 家禽痛风，肾极度肿胀，呈浅粉红色，心脏表面的尿酸盐颗粒清晰可见（2）

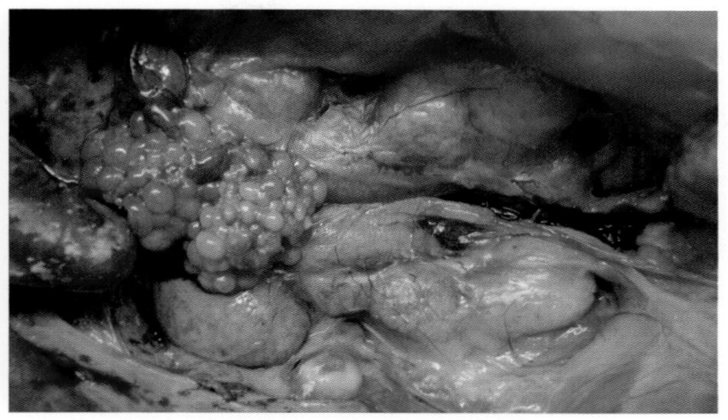

57-26 家禽痛风，肾极度肿胀，呈浅粉红色，心脏表面的尿酸盐清晰可见（3）

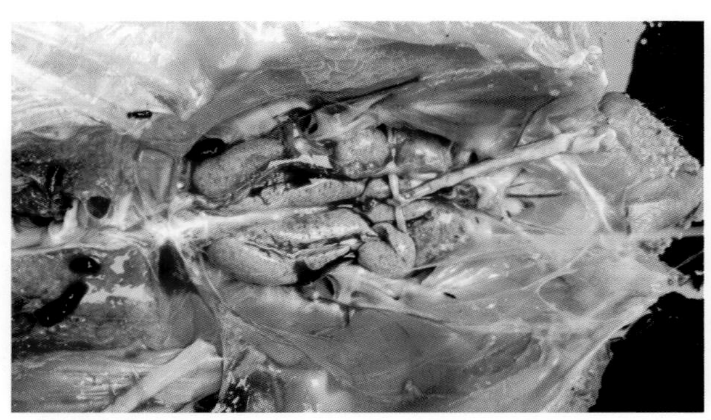

57-27 家禽痛风，肾极度肿胀，呈黄白色

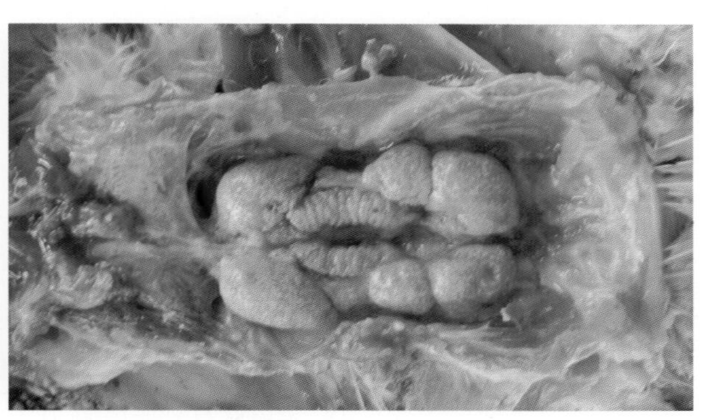

57-28 家禽痛风，肾极度肿胀，呈浅粉红色，肾表面的尿酸盐颗粒清晰可见

57-29 家禽痛风，病禽一侧肾极度肿胀，另一侧萎缩，输尿管内有多量白色尿酸盐（1）

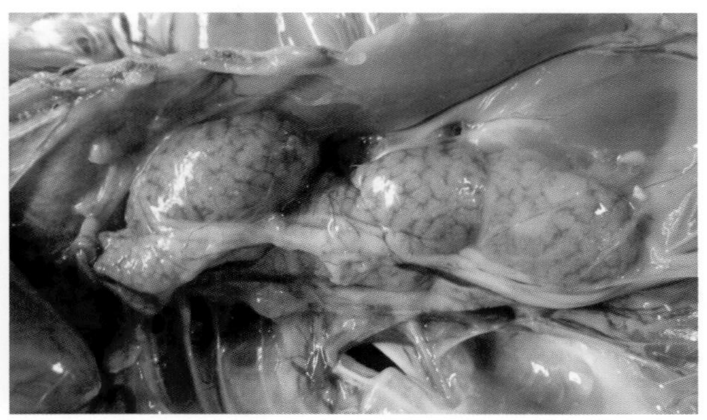

57-30 家禽痛风，病禽一侧肾极度肿胀，另一侧萎缩，输尿管内有多量白色尿酸盐（2）

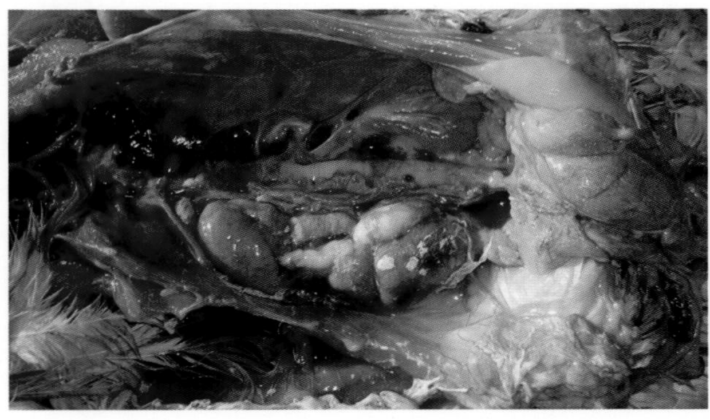

57-31 家禽痛风，病禽一侧肾极度肿胀，另一侧萎缩，输尿管内有多量白色尿酸盐（3）

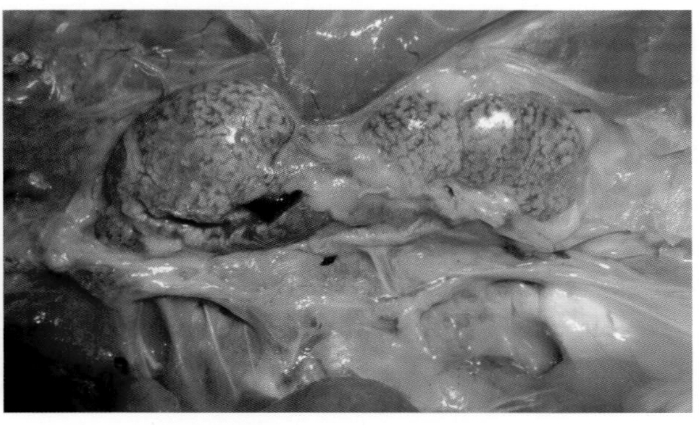

57-32 家禽痛风，病禽一侧肾极度肿胀，另一侧萎缩，输尿管内有多量灰白色尿酸盐

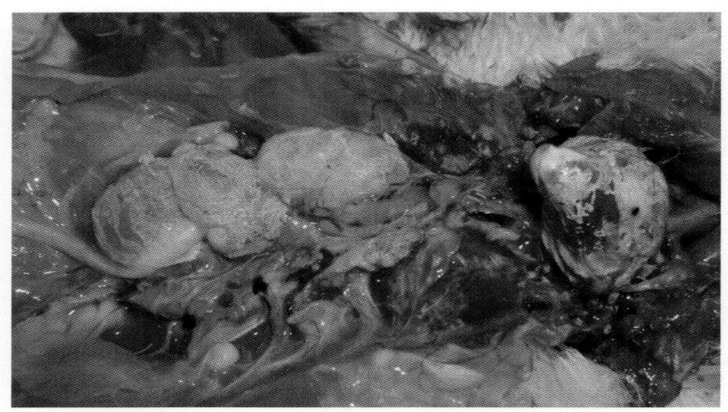

57-33　因病长期不产蛋的母禽，长时间吃产蛋禽的饲料造成痛风，一侧肾脏极度肿胀，另一侧萎缩

57-34　家禽痛风，病程长者肾前叶、中叶极度萎缩，后叶极度肿胀，呈浅粉红色、斑驳状，输尿管明显增粗呈灰白色

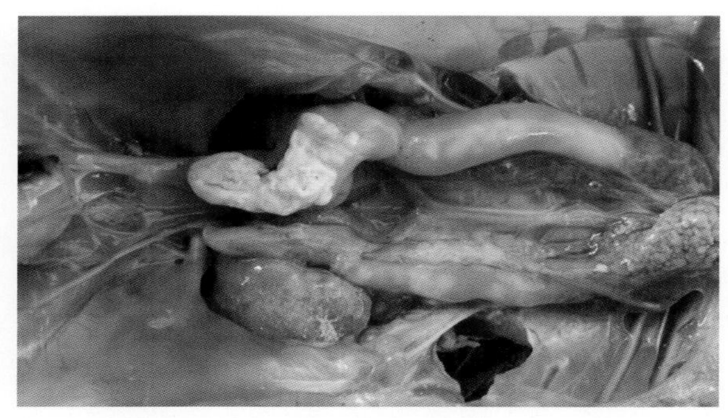

57-35　家禽痛风，肾前叶、中叶极度萎缩，后叶极度肿胀，呈浅粉红色、斑驳状，输尿管内有灰白色结石

57-36　家禽痛风，肾前叶极度萎缩，中、后叶极度肿胀，呈浅粉红色、斑驳状，输尿管明显增粗，内有大量灰白色黏液

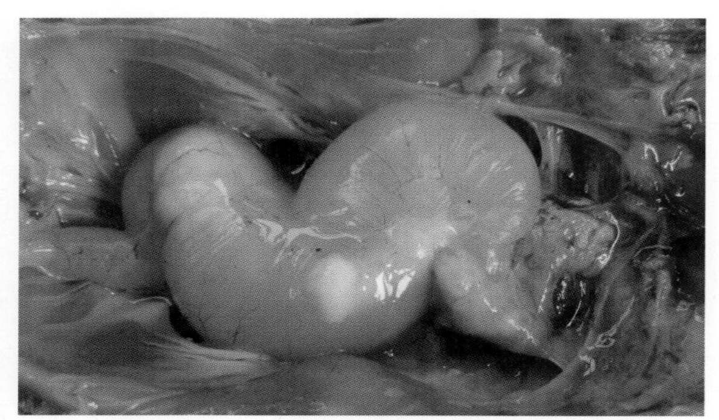

57-37　家禽痛风，大部分肾叶萎缩，输尿管增粗 10 多倍，里面充满灰白色黏液

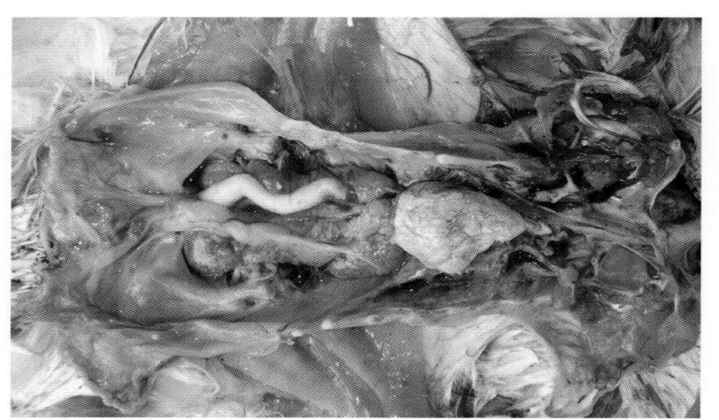

57-38　家禽痛风，病禽心脏表面呈白色，肾极度肿胀，呈浅粉红色、斑驳状，输尿管明显增粗呈白色，内有多量尿酸盐

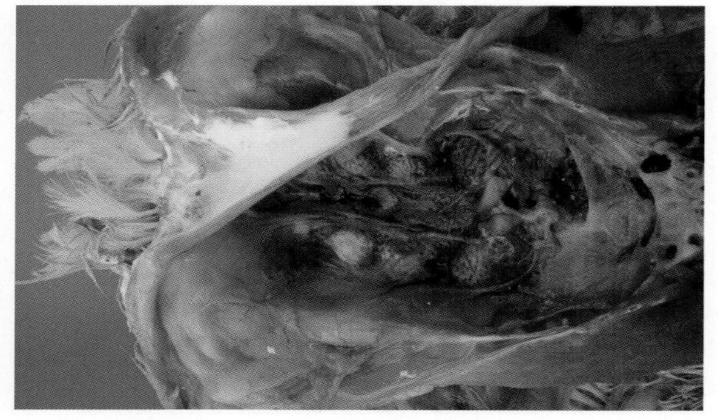

57-39　家禽痛风，病情严重的病鸡泄殖腔内有白色的尿酸盐

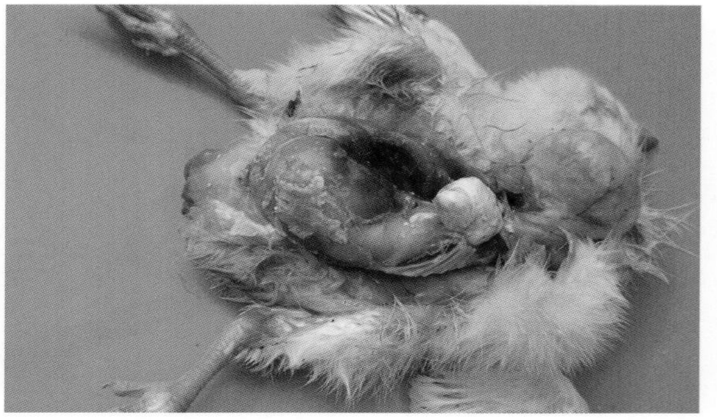

57-40　家禽痛风，病鸡趾关节肿胀，变形，呈白色，内有尿酸盐

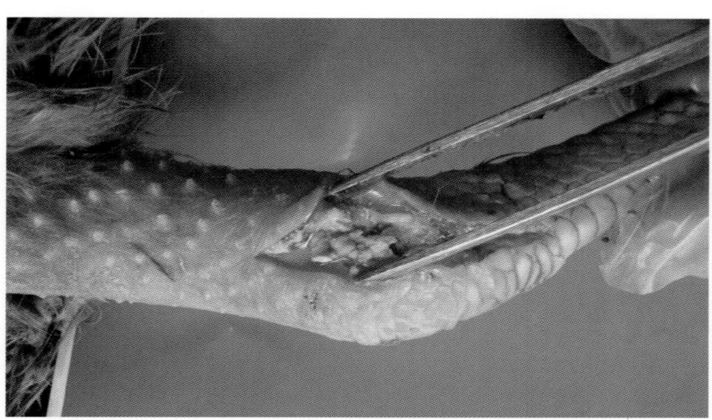

57-41 痛风病情严重的病鸡跗关节皮下有白色尿酸盐

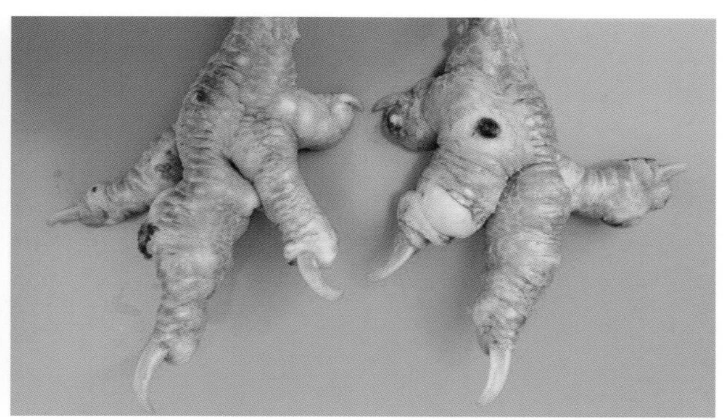

57-42 成年柴鸡长期停产，仍吃产蛋鸡的饲料形成痛风，脚趾粗细不均畸形

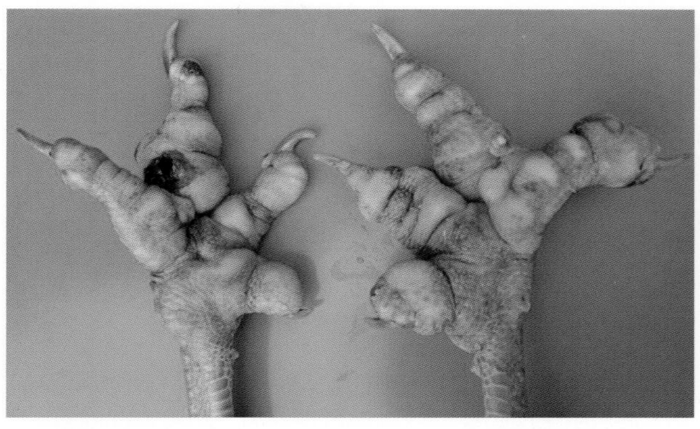

57-43 成年柴鸡长期停产，仍吃产蛋鸡的饲料形成痛风，脚趾粗细不均，畸形

57-44 成年柴鸡长期停产，仍吃产蛋鸡的饲料形成痛风，脚趾粗细不均，畸形，皮下有白色尿酸盐

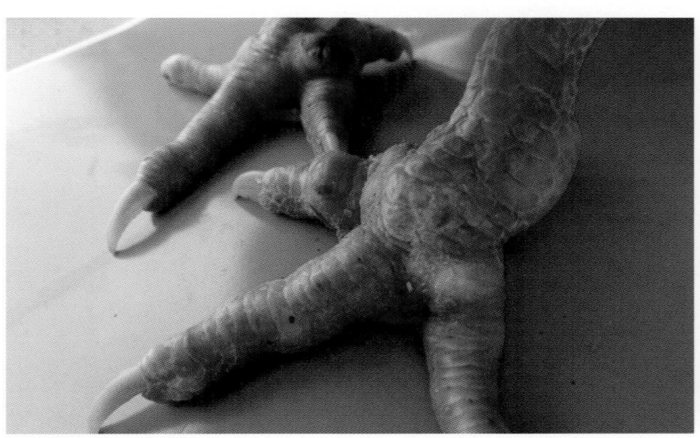

57-45 家禽痛风，病鸡趾关节肿胀，呈白色，严重变形

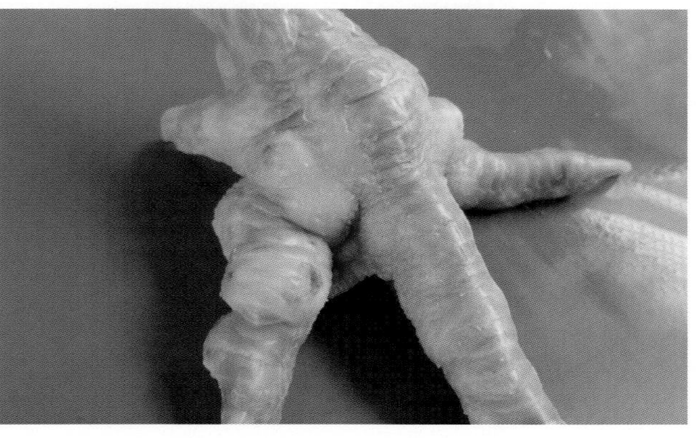

57-46 家禽痛风，病鸡趾关节肿胀，粗细不均，畸形

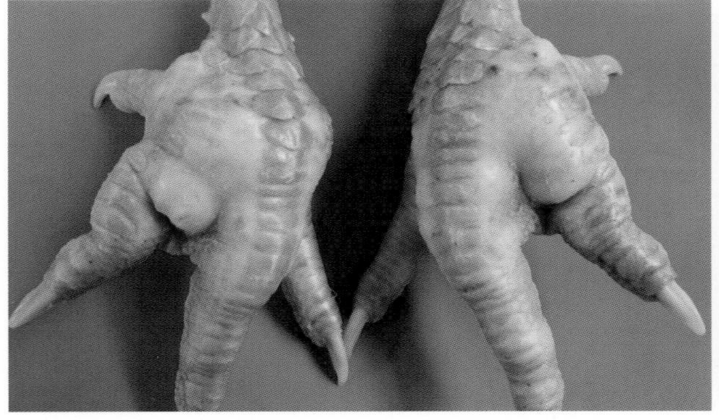

57-47 家禽痛风，病鸡趾关节肿胀，畸形（1）

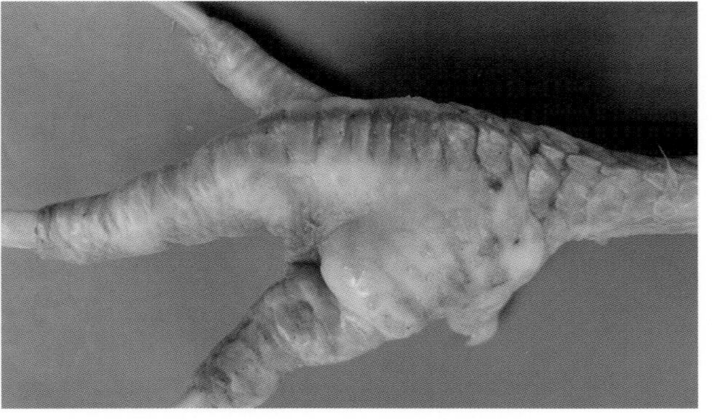

57-48 家禽痛风，病鸡趾关节肿胀，畸形（2）

57-49 家禽痛风，病鸡趾关节肿胀，严重变形，剪开肿胀部位流出似奶油样黏液

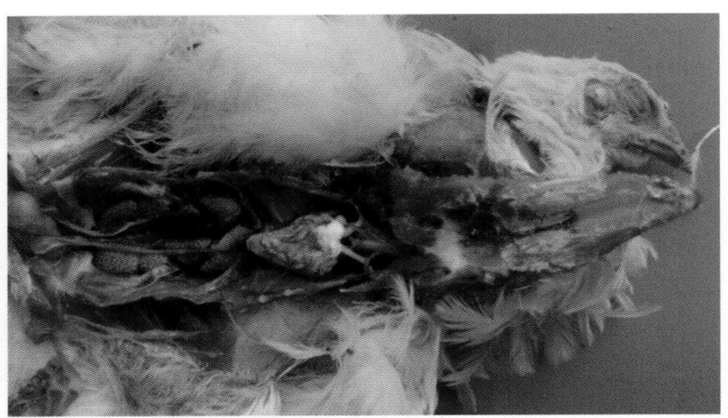

57-50 磺胺类药物超量使用，胸骨内侧面、心脏覆盖一层白色尿酸盐，肾肿胀呈花斑状

57-51 鸽子饲喂高蛋白质饲料患痛风，心脏、肝表面有一层灰白色尿酸盐附着

57-52 鸽子饲喂高蛋白质饲料患痛风，心脏表面附着一层灰白色尿酸盐

57-53 鸽子饲喂高蛋白质饲料患痛风，肾极度肿大呈花斑肾，肾表面附着一层灰白色尿酸盐

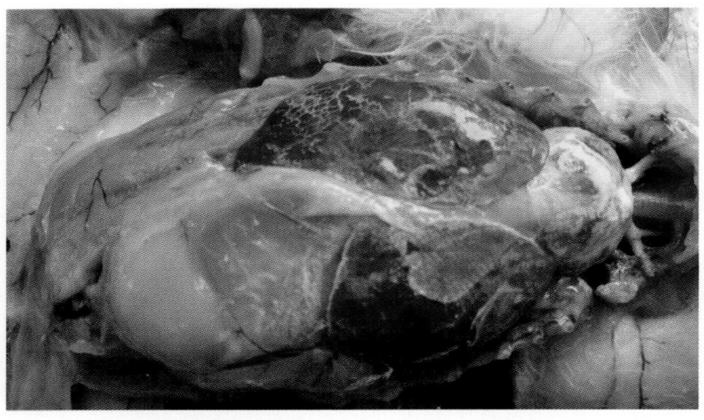

57-54 小鹅吃蛋雏鸡饲料，13 日龄得痛风，心脏、肝表面有一层灰白色尿酸盐

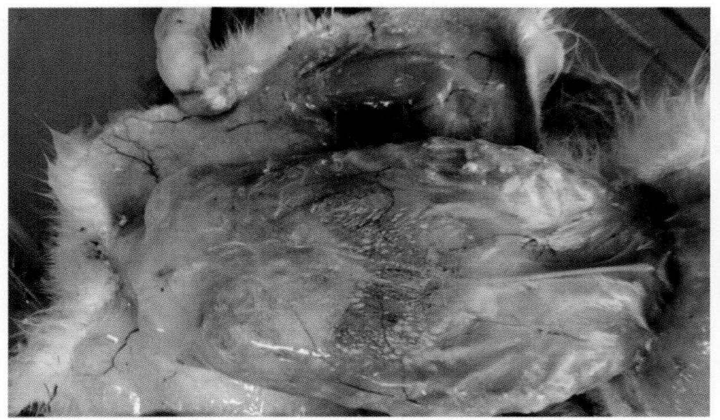

57-55 小鹅痛风，剪开皮肤透过腹肌即可看到肝脏上沉积的灰白色尿酸盐颗粒

57-56 小鹅痛风肾脏极度肿胀，呈花斑状，肾表面覆盖一层灰白色尿酸盐

家禽脂肪肝综合征（Poultry fatty liver syndrome）

本病常见于产蛋母鸡，为笼养鸡常见的一种营养代谢病。

【病因】

1. 笼养蛋鸡活动空间少，加上采食过高，摄入能量过多，导致脂肪沉积增加。因为脂肪是在肝内合成，并且脂肪与蛋白质结合形成脂蛋白，才能从肝中运出。如长期饲喂高能量低蛋白质的饲料，则使大量脂肪沉积在肝内。

2. 胆碱、蛋氨酸、维生素 B_{12}、维生素 E 等参与蛋白质的合成，如果饲料中缺乏这些营养物质，就影响了脂肪的运送，也造成了大量脂肪在肝内的沉积。

3. 霉菌易使肝受损，引起肝功能障碍。如采食了发霉的饲料，会造成脂蛋白减少。

【发病规律和病理变化】

发病鸡和死亡鸡多是过度肥胖的产蛋母鸡。产蛋量明显下降，病鸡喜卧，腹部凸起而绵软下垂，严重者嗜眠，瘫痪。一般从出现明显症状到死亡才 1～2 d，有的在数小时内死亡，急性死亡时鸡冠和肉髯以及可视黏膜苍白。

【剖检病变】

病死鸡的皮下、腹腔及肠系膜以及腺胃、肌胃的周围均有大量的脂肪沉积。肝肿大、边缘钝圆，有出血点或出血斑，切面呈黄色油腻状，严重时肝破裂出血，有的病例呈血饼状被覆在肝表面，多数病例在腹腔内有多量的血凝块，肝质地极脆，易破碎如泥样。

【诊断】

根据病因、发病特点、临床症状和剖检病变综合分析做出诊断。

【防治措施】

1. 对已发病的鸡群，在每千克饲料中添加胆碱 1.1～2.2 g，治疗 1 周有效。严重病鸡无治疗价值，应淘汰。美国有资料曾介绍，在每吨饲料中加氯化胆碱 1 000 g、维生素 E 200 g、维生素 B_{12} 12～200 mg 和肌醇 900 g，连续饲喂。或每只鸡喂服氯化胆碱 0.1～0.2 g，连服 10 d。

2. 调整饲料配方，或实行限饲，或降低饲料代谢能量，以适应环境变化下鸡群的需要：一是在饲料中添加富含亚油酸的脂肪（如葵花籽粕），而减少糖类和能量饲料的添加量；二是寒冷时提高饲料中的能量，温暖时降低饲料中的能量。但是要注意玉米的添加量以不超过 60% 为宜。

58-1 脂肪肝病鸡身体过度肥胖，喜卧，腹部凸起而绵软下垂

58-2 患脂肪肝急性死亡的鸡冠、髯苍白

58-3 脂肪肝病鸡肝出血，冠、髯苍白

58-4 患脂肪肝死亡的鸡，透过腹肌可以看到腹腔内黑红色血凝块（1）

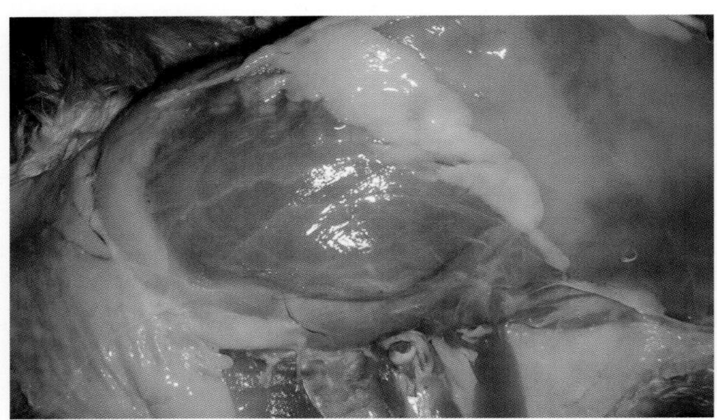

58-5 患脂肪肝死亡的鸡，透过腹肌可以看到腹腔内黑红色血凝块（2）

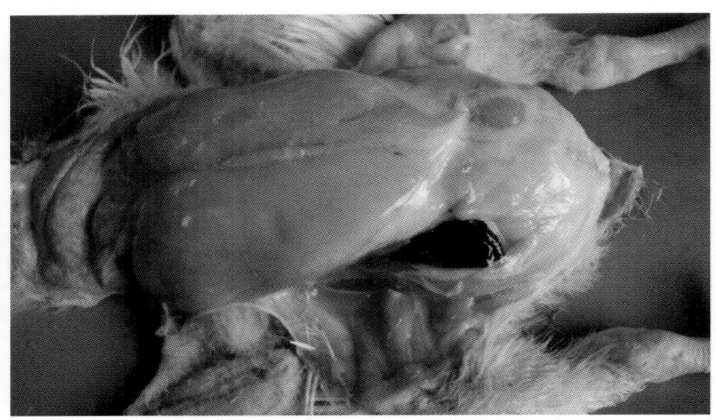

58-6 肉鸡患脂肪肝死亡，腹腔内有血凝块

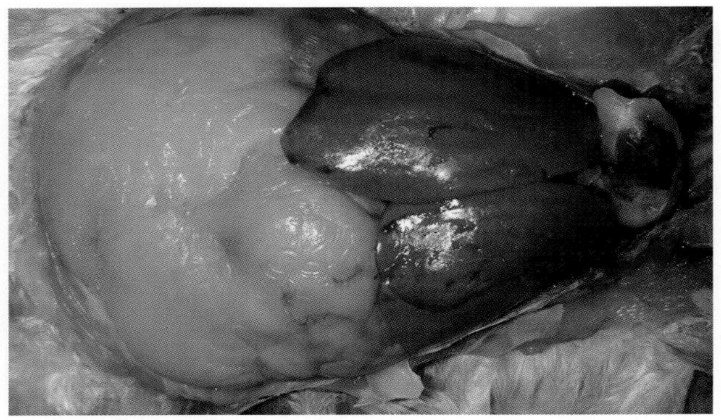

58-7 脂肪肝病鸡腹部脂肪增多，肝呈黄色油腻状（1）

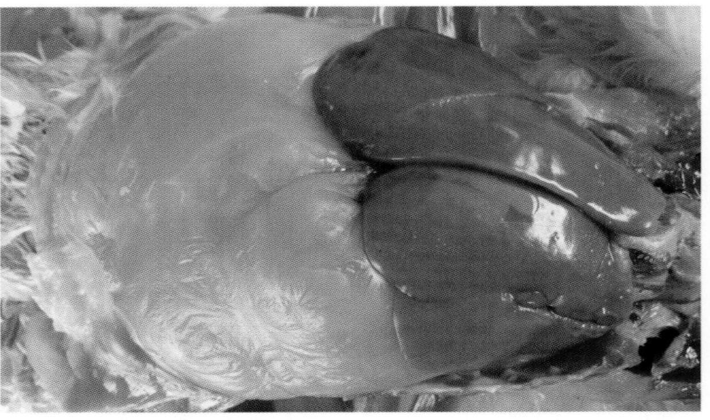

58-8 脂肪肝病鸡腹部脂肪增多，肝呈黄色油腻状（2）

58-9 脂肪肝病鸡肝呈黄色油腻状，慢性死亡者肝有小出血点

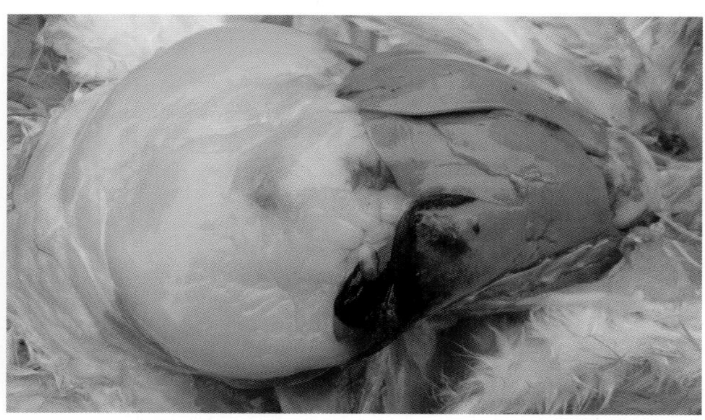

58-10 脂肪肝病鸡肝呈黄色油腻状，急性死亡者肝破裂出血（1）

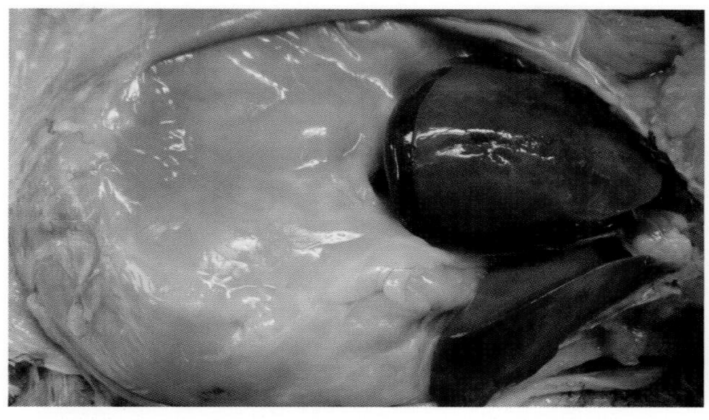

58-11 脂肪肝病鸡肝呈黄色油腻状，急性死亡者肝破裂出血（2）

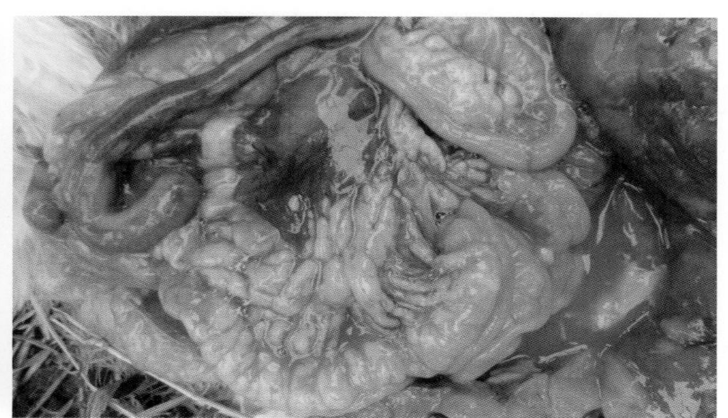

58-12 乌鸡脂肪肝，肠系膜上沉积了大量脂肪

58-13 乌鸡脂肪肝，腹部沉积的脂肪呈暗黄色

58-14 乌鸡脂肪肝，腹部沉积大量脂肪，呈灰黄色

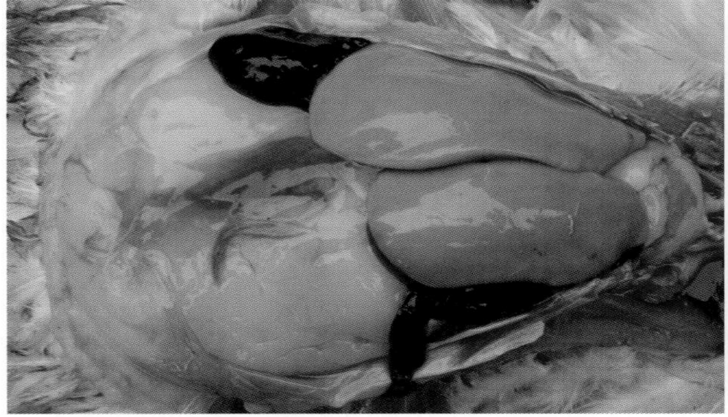

58-15 脂肪肝病鸡肝色黄易破裂，在肝下有血凝块

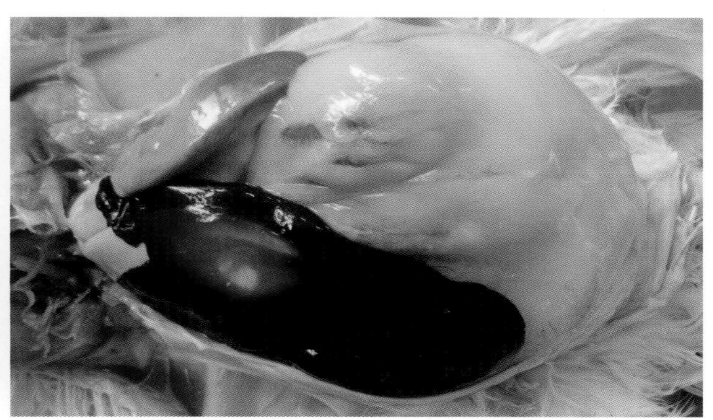

58-16 脂肪肝病鸡一侧肝出血，另一侧肝色淡（1）

58-17 脂肪肝病鸡一侧肝出血，另一侧肝色淡（2）

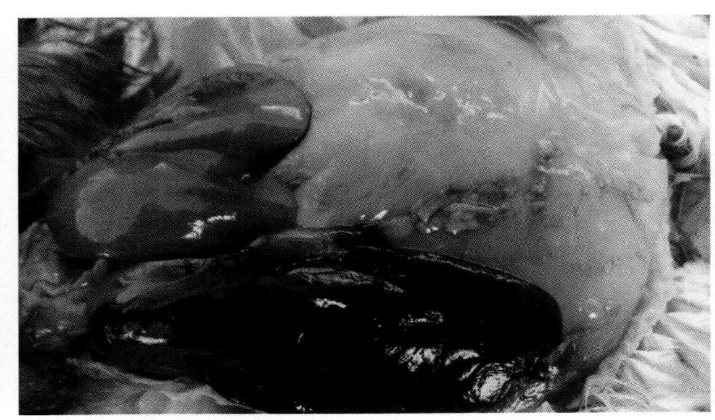

58-18 脂肪肝病鸡一侧肝出血，另一侧肝色淡（3）

58-19 脂肪肝病鸡腹部脂肪蓄积，肝破裂出血

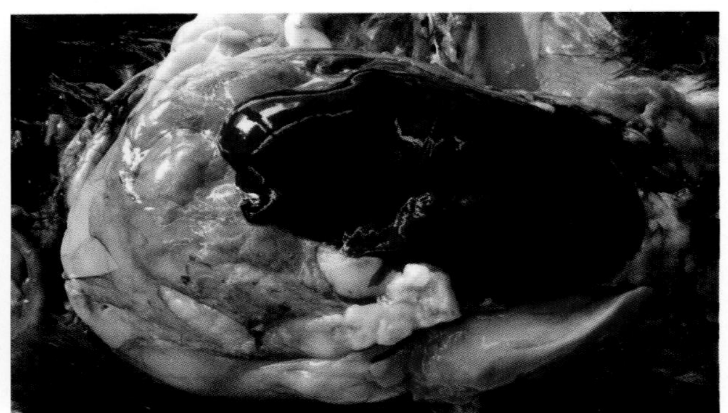

58-20 绿壳蛋鸡脂肪肝，一侧肝出血，另一侧肝色淡

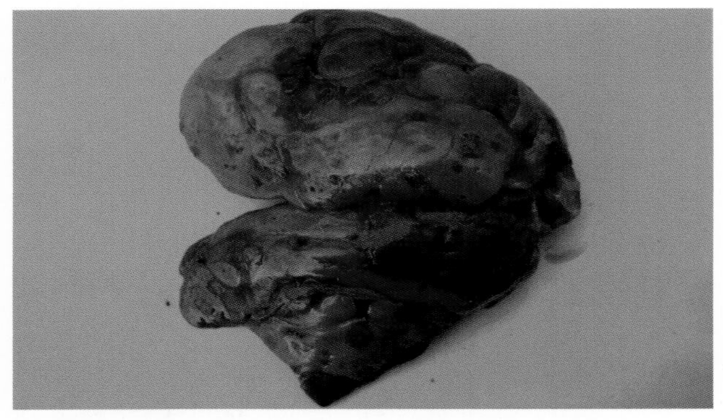

58-21 脂肪肝病鸡肝破裂，在肝表面有血凝块（1）

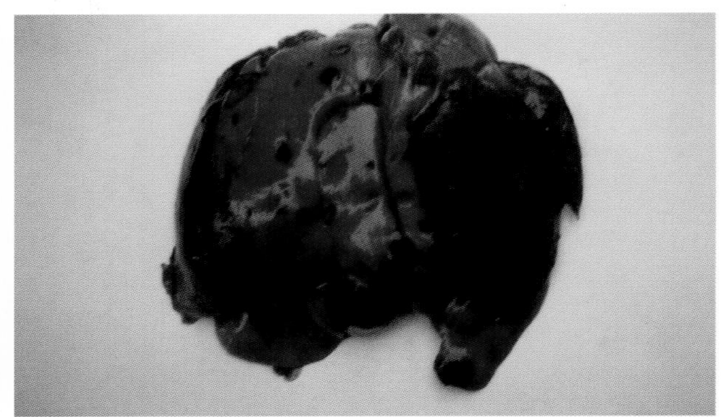

58-22 脂肪肝病鸡肝破裂，在肝表面有血凝块（2）

58-23 过度肥胖的鸡卵巢卵泡不发育

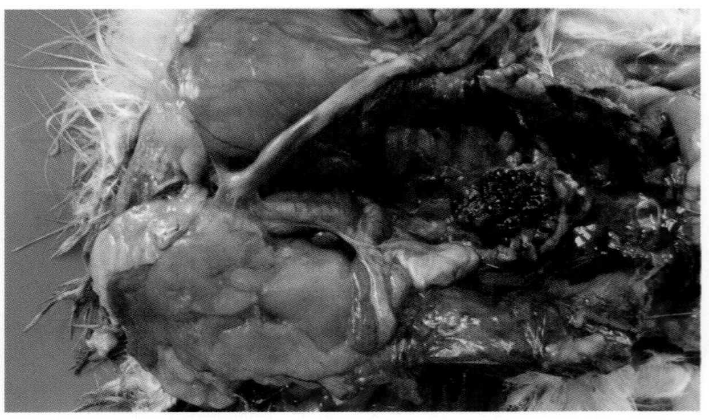

58-24 乌鸡严重脂肪肝，影响卵泡的发育，没有大卵泡

58-25　乌鸡脂肪肝，两侧肝严重出血，呈苍白色

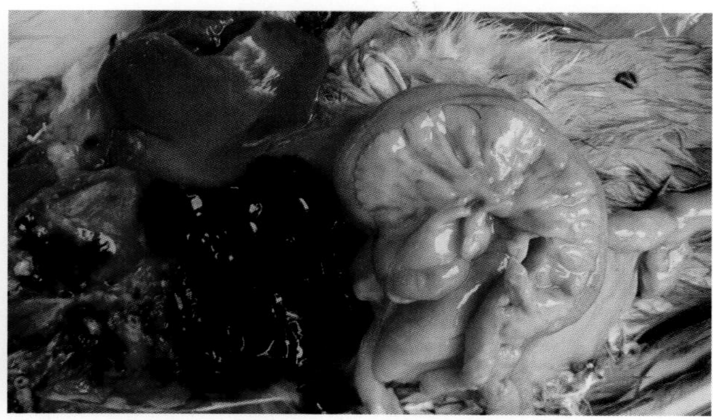

58-26　鸽脂肪肝，肝呈黄色，肠系膜有多量脂肪，腹腔有多量血凝块

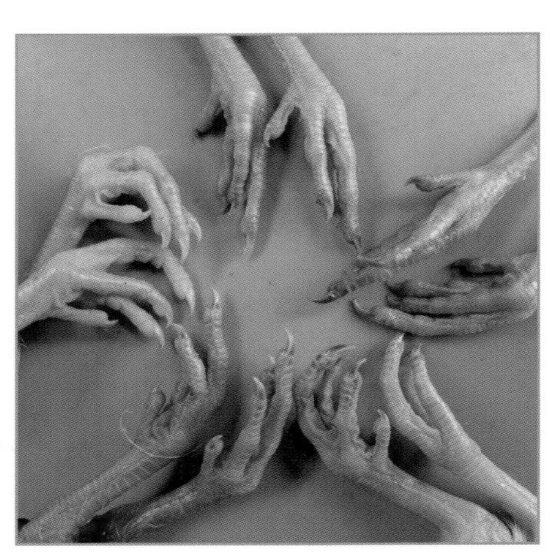

中毒性疾病

INTOXICATING DISEASE

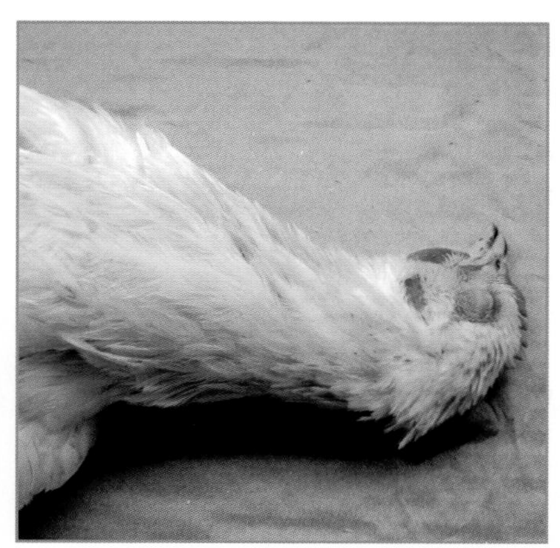

59 磺胺类药中毒（Sulfa drugs poisoning）

磺胺类药物有比较好的抗菌和抗原虫的作用。但副作用比其他抗生素较大，易伤害肾。

磺胺类药物有的治疗量与中毒量接近，尤其在防治家禽寄生原虫病中，必须使用足够的剂量和连续用药，才能收效，否则原虫容易产生抗药性。因此，用药量大或持续时间长、添加饲料内混合不均匀等都可能引起中毒。

【病因】

多因应用磺胺类药物的种类、剂量、添加方式、用药天数或供水不足引起发病。

【临床症状】

1. 病禽具有全身性的出血变化。
2. 病鸡表现抑郁，厌食，饮欲增加，腹泻，冠髯苍白。
3. 有的病禽头部肿大呈深紫色，这是由于局部出血造成的。
4. 凝血时间延长，血液颗粒性白细胞减少，溶血性贫血。
5. 有的病禽发生痉挛、麻痹等症状。
6. 母鸡产蛋量明显下降，蛋壳变薄且粗糙。棕色蛋壳呈浅褐色，或下软蛋。

【剖检病变】

急性死亡的鸡嗉囊内充满了食物，肾、肝肿大，严重时造成痛风即尿酸盐沉积。

【防治措施】

不超量、不长期使用磺胺类药物，若发生中毒，立即停药，及时饮用 0.5%～1% 小苏打水 2～3 d。

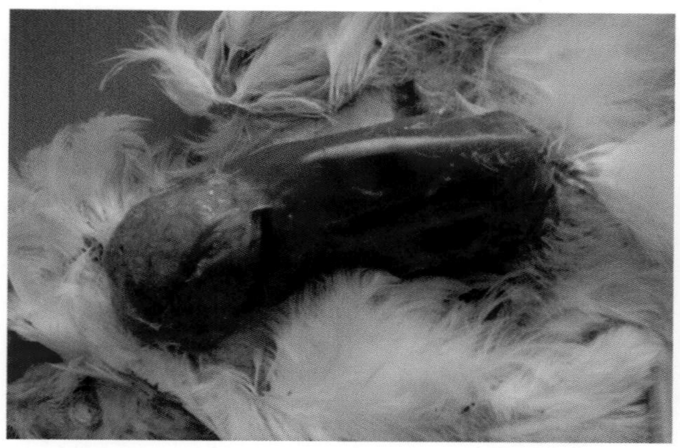

59-1 磺胺类药物急性中毒死亡的家禽，嗉囊内充满了食物

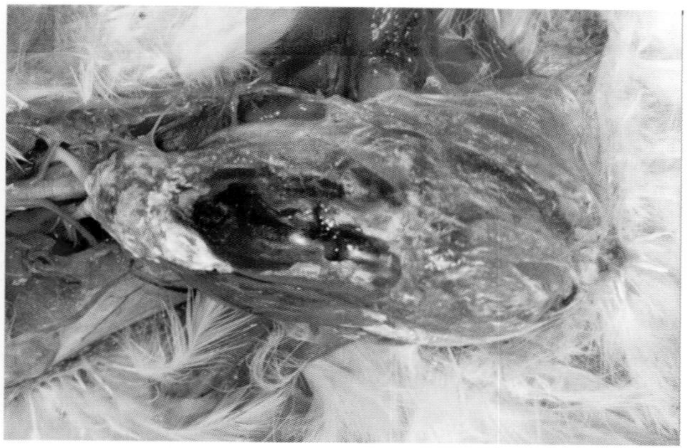

59-2 磺胺类药物中毒，心脏、肝、肌胃周围及胸骨内侧面覆盖多量石灰样尿酸盐

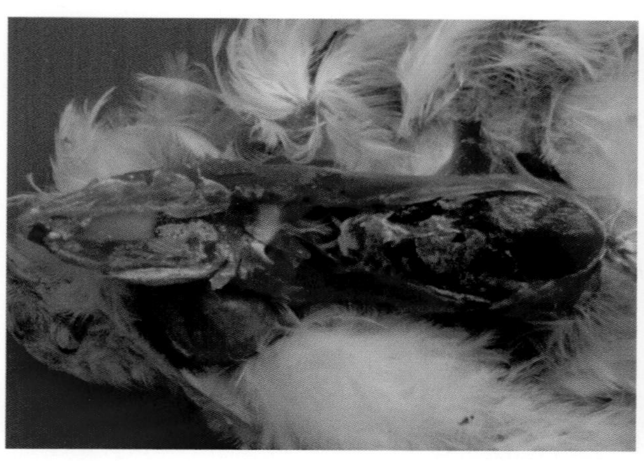

59-3 磺胺类药物中毒，心脏、肝、肌胃周围及胸骨内侧面覆盖一层石灰样尿酸盐

59-4 磺胺类药物中毒，病情严重时死亡率高，中毒鸡的心脏在四周，中间为正常心脏

59-5 磺胺类药物中毒，病鸡心脏周围有一层尿酸盐沉积，肾肿胀花斑，输尿管增粗，内有多量白色尿酸盐

59-6 成年蛋鸡连续使用磺胺类药物 15 d 后，形成痛风。一侧肾肿胀花斑，另一侧肾萎缩，输尿管增粗内有结石

60 黄曲霉毒素中毒（Aflatoxicosis）

黄曲霉毒素中毒是人、畜、禽共患的中毒病，是由黄曲霉菌和寄生曲霉菌产生的毒素引起的。这两种曲霉菌广泛存在自然界，在谷物粮食、玉米、花生、黄豆、大麦、小麦、饼粕、饲草等鸡、鸭饲料的原料中。这两种菌产生的毒素有10多种，并不易破坏，鸭尤为敏感。它主要损害家禽的肝、血管、中枢神经等。病程长时，可致肝癌。

【临床症状】

本病发生于雏鸡，多为急性中毒。表现为嗜眠、食欲不振，生长发育缓慢，贫血、体弱，冠白，腹泻，便中混血，呼吸困难，张口喘气、呼噜。有时出现神经症状，盲目乱跑或转圈，角弓反张，运动失调，最后抽搐死亡。

成年鸡、鸭多为慢性中毒，上述症状出现缓慢。产蛋率和种蛋孵化率低。鸡体逐渐瘦弱，常呈现腹水症状，腹部胀满，滚瓜溜圆，皮肤变薄呈半透明状，有波动感。

【剖检病变】

病死家禽肝肿大，色变浅，弥漫性充血、出血和变性坏死，胆囊肿大。心包与腹腔积水，或呈胶胨样的黄绿色纤维蛋白渗出物，肾肿大、色淡、实质变脆。腿、胸部肌肉出血。慢性病例肝体积缩小、变硬，呈黄色或土黄色，有的出现大小不等灰白色的肝癌结节。

【诊断】

根据临床症状和剖检变化，检查饲料及原料有无霉变可做出诊断。

【防治措施】

一是饲料中添加防霉剂，如丙酸钙、双乙酸钠、山梨酸等；二是发现中毒后，立即停喂霉变的饲料，换成优质全价饲料；三是供给5%葡萄糖水自由饮用，水中加入0.05%维生素C和电解质以解毒保肝等。

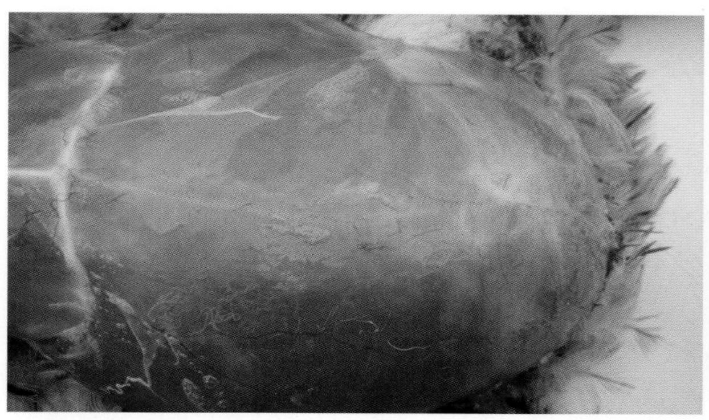

60-1　黄曲霉毒素中毒，病鸭腹水，腹部胀满呈“滚瓜溜圆”状

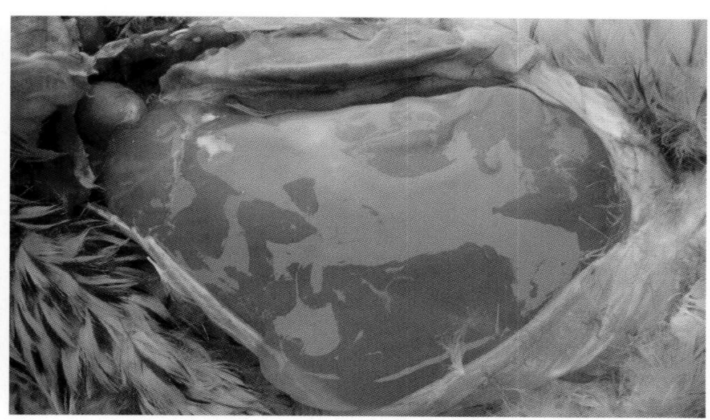

60-2　黄曲霉毒素中毒，腹腔内有多量黄绿色胶胨样物

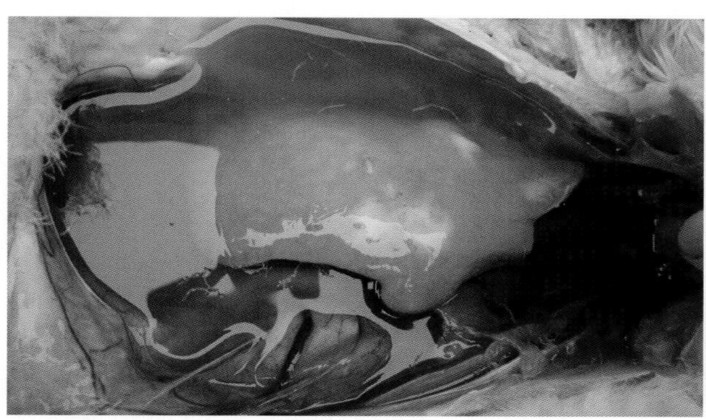

60-3　黄曲霉毒素中毒，病鸭腹水，肝体积缩小硬变呈黄色，有灰白色大小不等的坏死灶

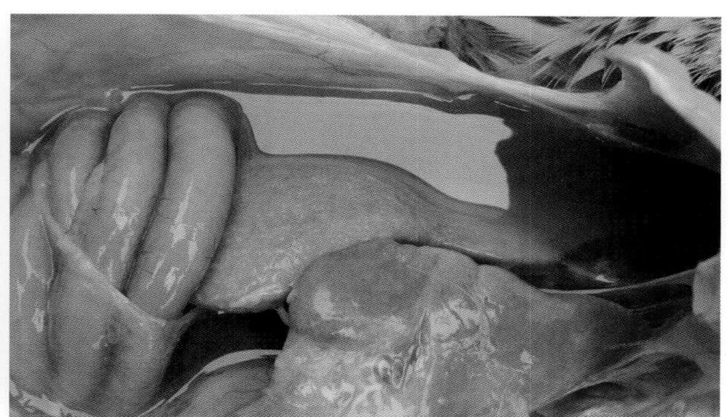

60-4　黄曲霉毒素中毒，病鸭腹水，肝体积缩小、硬变呈黄色，继发大肠杆菌、产气荚膜梭菌感染，肝有一层灰白色纤维素性膜，肠道胀气

60-5　黄曲霉毒素中毒，肝肿大呈黄色，有弥漫性充血、出血

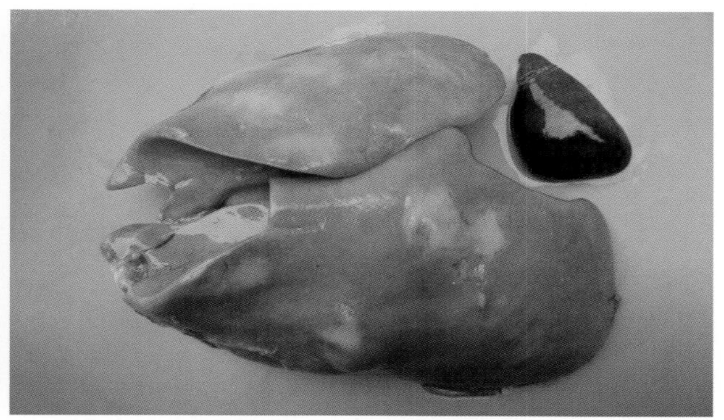

60-6　黄曲霉毒素中毒，病死鸭肝硬变呈黄色，肝表面有大小不等灰白色坏死灶

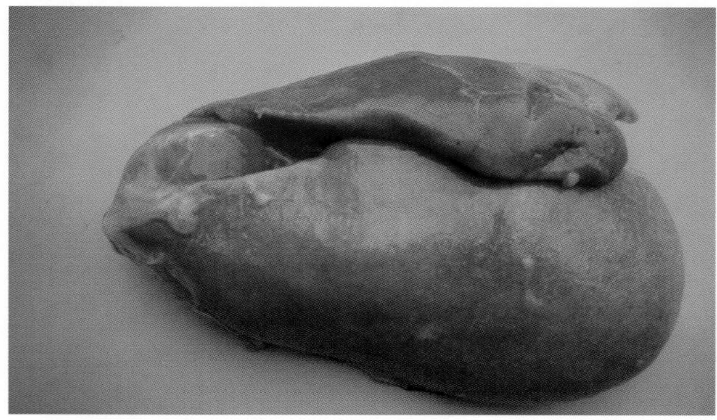

60-7　黄曲霉毒素中毒，病死鸭肝肿大，质地硬、有针头大小的灰白色坏死灶

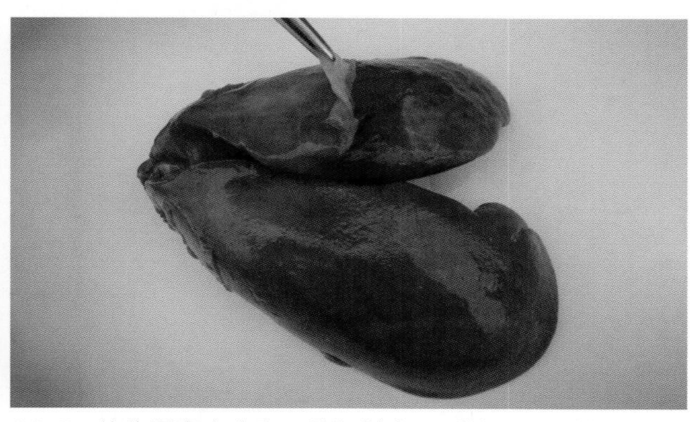

60-8　黄曲霉毒素中毒，鸭肝肿大、质地硬、有针头大小灰白色坏死点和灰白色纤维素性膜

61 一氧化碳中毒（Carbon monoxide poisoning）

一氧化碳中毒即煤气中毒，是由于禽吸入了异常量一氧化碳气体所引起的、以血液中形成多量碳氧血红蛋白所造成的全身组织缺氧为主要特征的中毒性疾病。

【临床症状】

鸡群中普遍出现呼吸困难、不安，腿软瘫，不久即转入昏睡，窒息死亡。有的死前发生痉挛和惊厥。

【剖检病变】

可视黏膜和各内脏器官及腹腔内的血液呈樱桃红色，不易凝固，明显可见肺出血呈紫红色，气管内可见少量的血液。10日龄内正常黄色的肝出血呈黄红色，喙、爪呈暗紫色。全身肌肉呈浅紫红色。

【防治措施】

1. 育雏室采用煤火取暖的装置应注意通风条件，看管好火炉，装好烟囱，以保持通风良好，温度适宜。尽量做到有专人管理，只要思想上不麻痹，是可以预防一氧化碳中毒的。

2. 一旦出现中毒现象，应立即开窗通风换气2～3 h。补充口服补液盐、电解质等。

61-1 一氧化碳中毒，死亡鸡的喙呈暗黑色

61-2 一氧化碳中毒，死亡鸡的喙与爪呈暗黑色

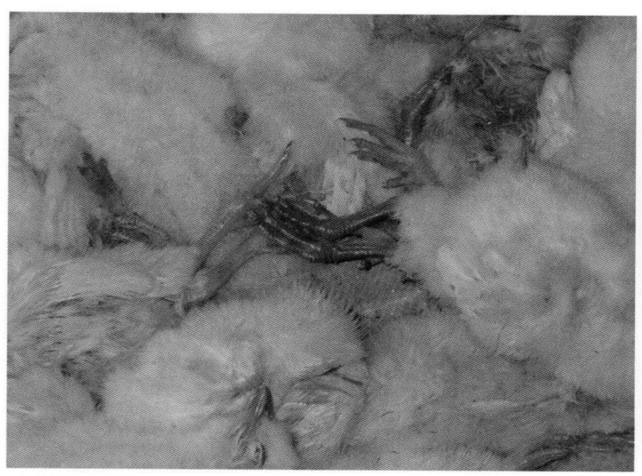

61-3　一氧化碳中毒，鸡死亡率升高，趾爪呈紫红色

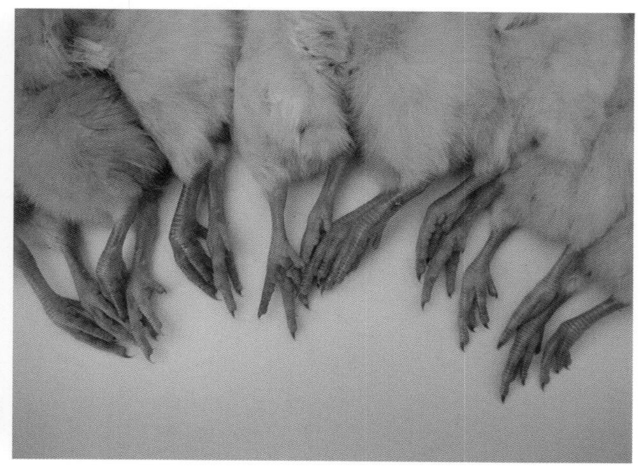

61-4　一氧化碳中毒，趾爪呈紫黑色，脚趾皮肤呈间断性环状出血

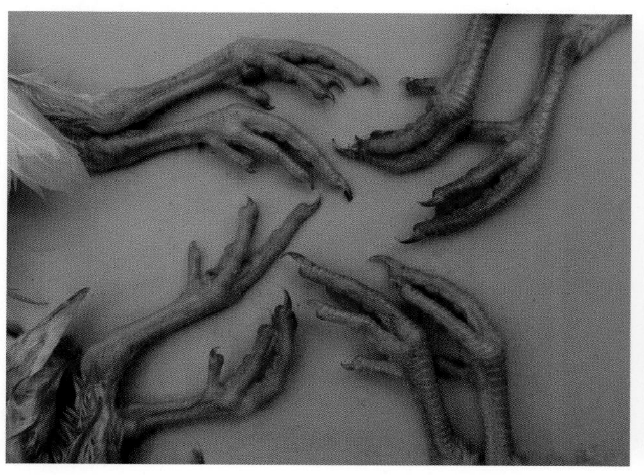

61-5　一氧化碳中毒，死亡鸡的爪呈暗黑色

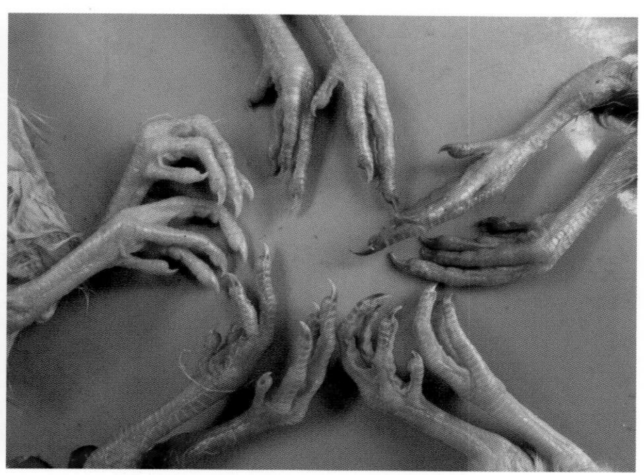

61-6　一氧化碳中毒，死亡鸡的爪呈暗黑色，左侧两趾爪为正常对照

61-7　一氧化碳中毒，死亡鸡的胸部肌肉呈浅紫红色

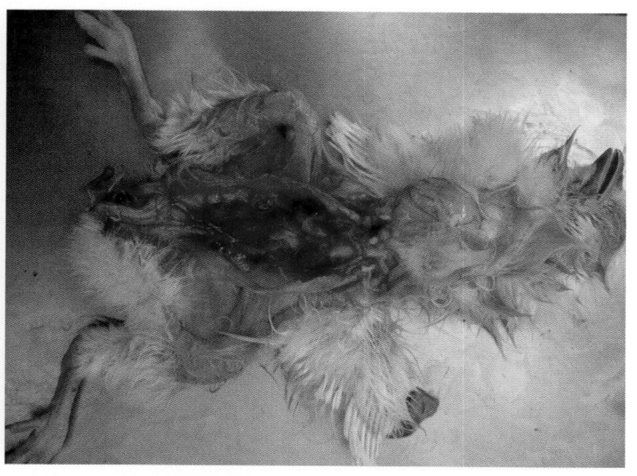

61-8　一氧化碳急性中毒，死亡鸡的血液和肺呈樱桃红色，血液不易凝固（1）

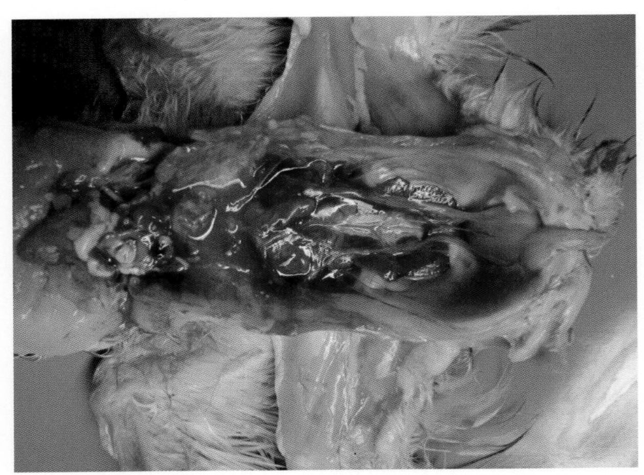

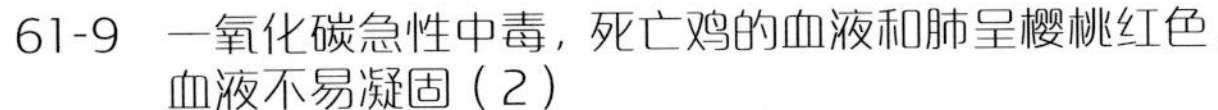

61-9　一氧化碳急性中毒，死亡鸡的血液和肺呈樱桃红色，血液不易凝固（2）

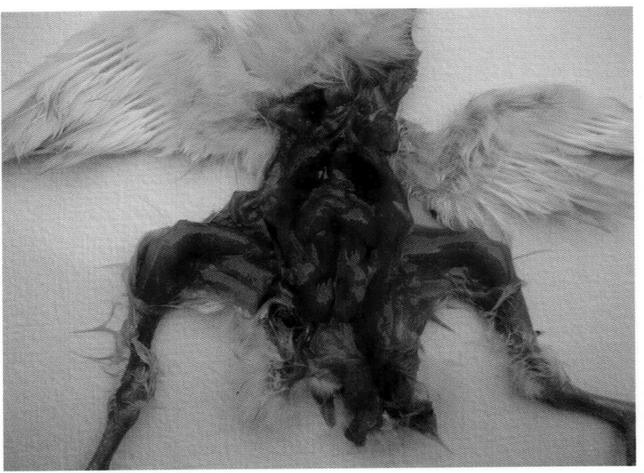

61-10　一氧化碳急性中毒，死亡鸡的血液和肺呈深红色，血液不易凝固

肉毒梭菌中毒（Botulism）

【病因】

由于摄食了肉毒梭菌产生的毒素而引起的家禽中毒性传染病。自然发病是由于摄食了动物腐败尸体和腐烂的饲料而引起。在池塘、湖泊、沼泽地内，腐败糜烂的动植物为肉毒梭菌繁殖和产生毒素提供了良好环境。在动物尸体上繁殖的蝇蛆也含有多量毒素，家禽食后常造成大批死亡。

【临床症状】

特征性临床症状为病禽双腿、翅膀、颈部和眼睑松软无力、麻痹，特别是颈部肌肉麻痹，头颈软弱无力，向前伸，称“软颈病”。病禽初期喜卧，不愿走动，被驱赶时，跛行。双翅麻痹后自然下垂。眼睑麻痹后，病禽看似昏睡，甚至像死鸡。捕捉时病鸡发出喘鸣声，病鸡死于心力衰竭和呼吸障碍。病鸡羽毛蓬乱，捕捉时易脱落，羽毛颤动。肉鸡发病时伴有腹泻，粪便稀软，含有过量的尿酸盐。

【剖检病变】

病禽发生肉毒梭菌毒素中毒后，无可见剖检变化或明显病变。偶尔可见病禽嗉囊中有蛆，有时见皮肤和肌肉发红。

【防治措施】

停喂被污染的饲料，增加饮水。有治疗价值的珍贵禽类发病早期可肌注C型肉毒梭菌抗毒素有较好疗效。

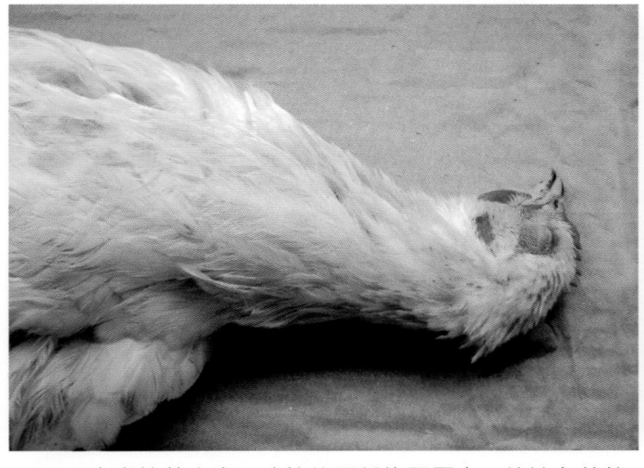

62-1　肉毒梭菌中毒，致使头颈部软弱无力、俯地向前伸，称“软颈”病

62-2　肉毒梭菌中毒，病鸡颈部柔软可弯曲180°

杂症

VARIOUS ILLNESSES

63 啄癖（Cannibalism）

啄癖是由营养代谢机能紊乱、味觉异常和饲养管理不当等引起的，一种非常复杂的、多种病因引起的综合征。家禽有异食癖的不一定都是与营养物质缺乏、代谢紊乱有关，有的属恶癖。

【临床症状】

临床常见的啄癖有以下几种。

1. 啄羽癖：幼鸡在开始生长新羽毛或换小毛时易出现，产蛋鸡在盛产期和换羽期也可发生。鸡自食或互啄羽毛，然后传开。另外，育雏阶段密度大或因缺乏某种营养物质，造成幼鸡喜欢啄食羽毛，引起皮肤出血。

2. 啄头癖：包括啄冠、啄肉髯、啄眼等，多发生于育雏期。雄禽打斗可诱发啄癖。

3. 啄肛癖：多发生在产蛋母鸡，由于腹部韧带和肛门括约肌松弛，或因母鸡过度肥胖，造成鸡产蛋后泄殖腔不能及时收缩回去而滞留在外，鸡有见红就啄的特性，故形成啄肛癖（注意：多数被啄肛的成年鸡也会有程度不同的输卵管炎症）。

4. 啄蛋癖：多见于鸡产蛋旺季，多由于饲料中缺钙和蛋白质不足或因已形成异食癖。

5. 啄趾癖：大多数幼鸡喜欢啄食脚趾，引起出血和跛行。

【防治措施】

1. 集约化饲养的家禽应及时断喙，1 日龄未经断喙的应在 9 日龄断喙，上面切掉 1/2，下面切掉 1/3。第二次在 70～80 日龄进行修喙。

2. 有啄癖和被啄伤的病禽，要及时挑出，将伤口涂上紫药水，隔离饲养。

3. 检查饲料配方是否达到了全价营养，找出缺乏的营养成分并及时补给。

（1）如蛋白质和氨基酸不足，则需添加豆粕、鱼粉、血粉、蛋氨酸、赖氨酸等。

（2）若是因为缺铁和维生素 B_2 引起啄羽癖，每只成年鸡每日补给硫酸亚铁 1～2 g 和维生素 B_2 5～10 mg，连用 10～15 d。

（3）若暂时弄不清啄羽病因，可在饲料中加入 2% 石膏粉，或是每只病鸡每天给予 0.5～3 g 石膏粉。

（4）若缺盐引起的恶癖，可在饲料中暂时添加 1%～2% 食盐，保证充足的饮水，恶癖很快消失，随之停止增加的食盐，但此方法容易复发。

（5）若缺硫引起的啄肛癖，在饲料中加入 0.5%～1% 硫酸钠，3 d 之后即可见效，啄肛停止后，暂改为 0.2% 硫酸钠加入饲料中作为预防。总之，只要及时补给所缺的营养成分，皆可收到良好疗效。

4. 改善饲养管理，消除不良因素或应激原的刺激。如疏散密度，防止拥挤。通风、室温适度，调整光照，防止强光长时间照射。散养鸡产蛋箱避开曝光处。饮水槽放置要合适，饲喂时间应安排合理，肉鸡和种鸡在饲喂时要防止过饱，限饲日也要给少量的饲料，防止过度饥饿。防止笼具等设备引起的外伤。有经验证明用红光灯照明，室内墙壁涂成红色，可有效地防止啄癖。总之，只要认真地进行科学管理，一般是可以收到较好的效果。

63-1 没有断喙或没有断好喙的鸡是鸡群发生啄癖的罪魁祸首，上喙还沾有血迹

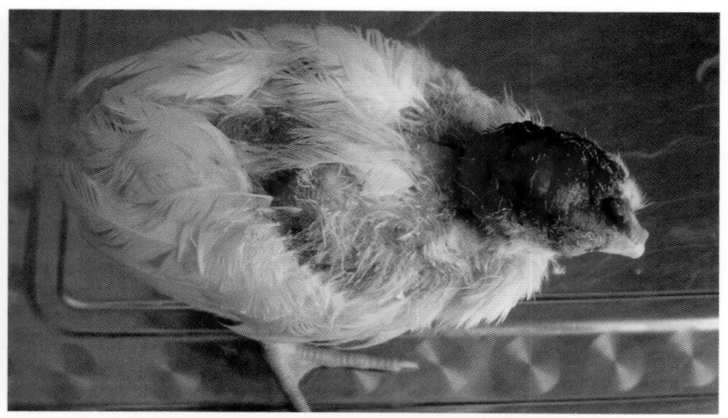
63-2 啄头癖，被啄伤鸡的头皮大面积出血

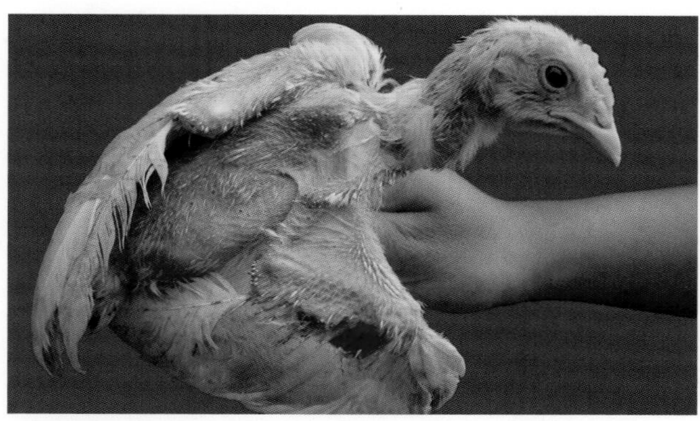
63-3 啄羽癖，被啄鸡的翅膀出血（1）

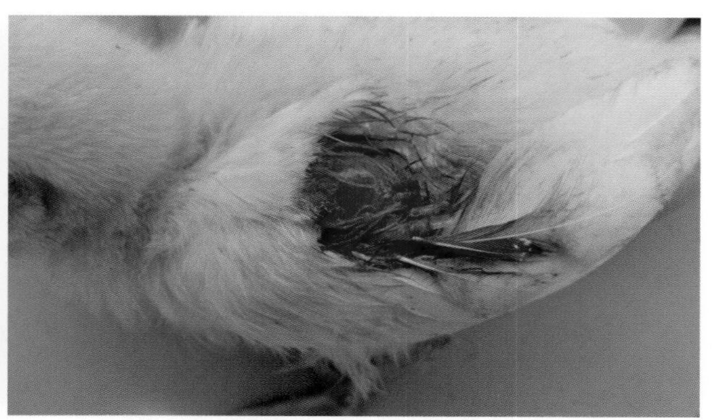
63-4 啄羽癖，被啄鸡的翅膀出血（2）

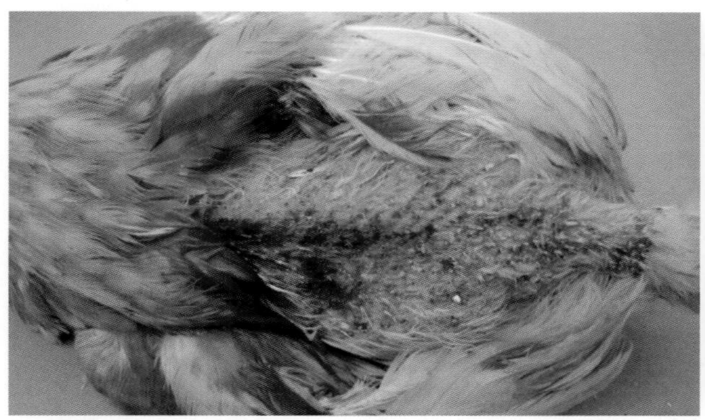
63-5 啄羽癖，被啄鸡的背部出血

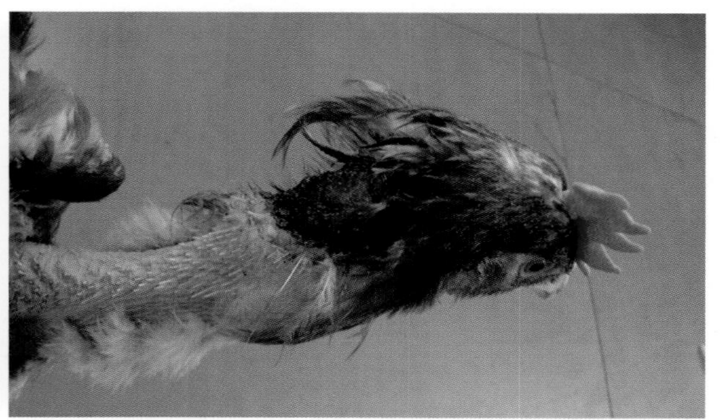
63-6 啄肉癖，被啄伤鸡的颈部皮肤大面积被啄食、出血溃疡

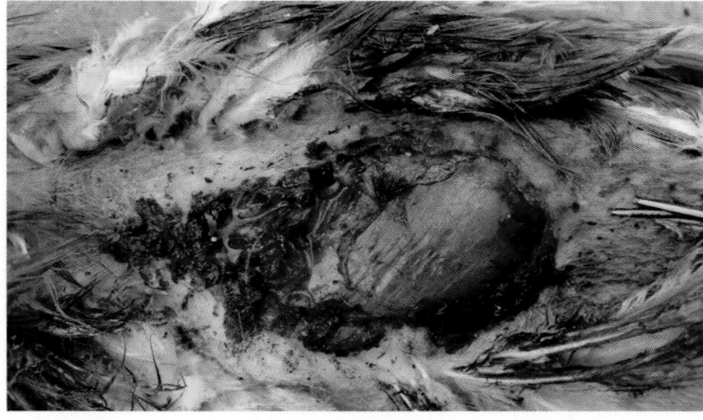
63-7 啄肉癖，鸡的胸部皮肤大面积被啄食，伤口周围有许多血液

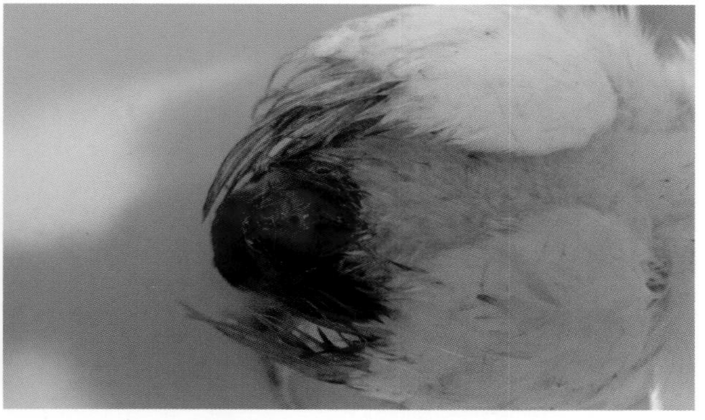
63-8 啄肛癖，鸡的肛门周围皮肤被啄食，羽毛上有大量血液，鸡冠颜色苍白

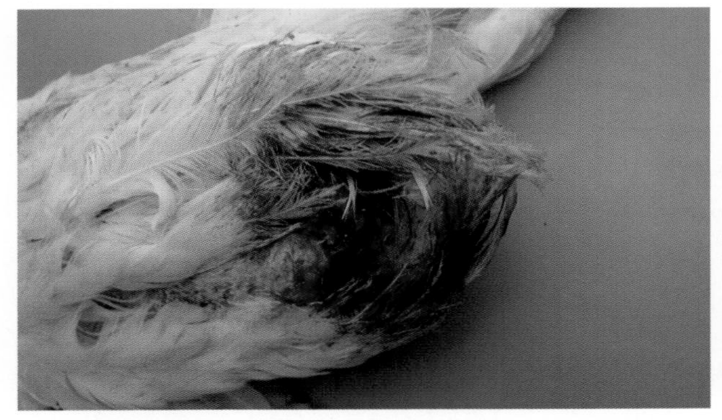
63-9　啄肛癖，鸡的肛门周围皮肤被啄伤，羽毛上有许多血液

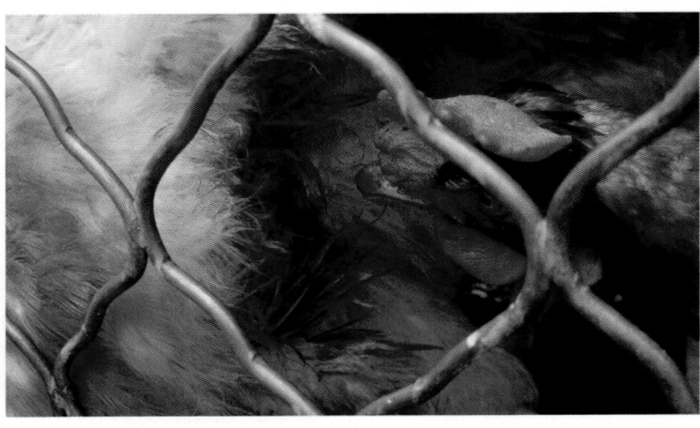
63-10　啄肛癖，病鸡肛门出血，其他鸡见红就啄已出血的肛门

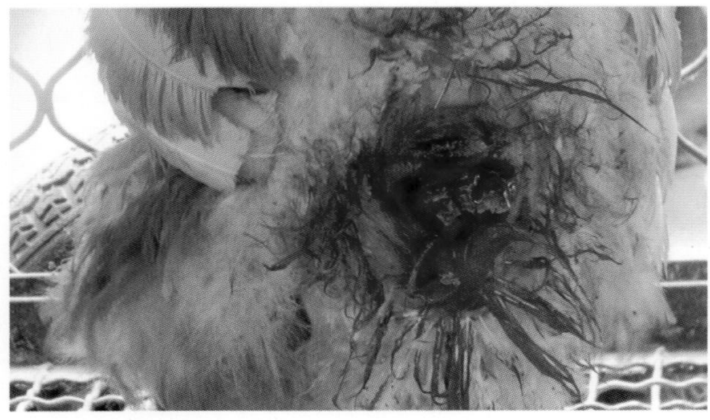
63-11　啄肛癖，被啄鸡的肛门出血（1）

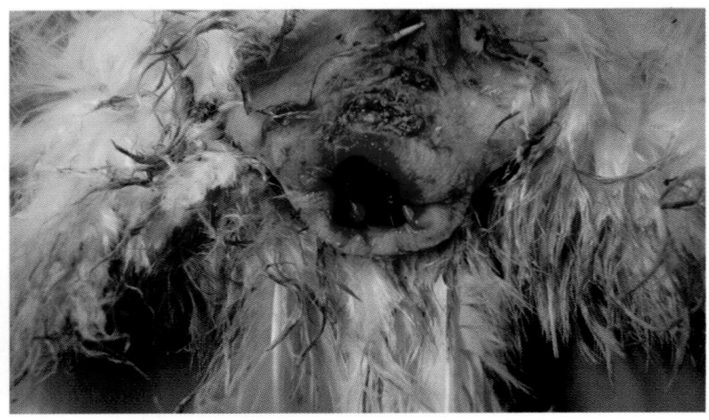
63-12　啄肛癖，被啄鸡的肛门出血（2）

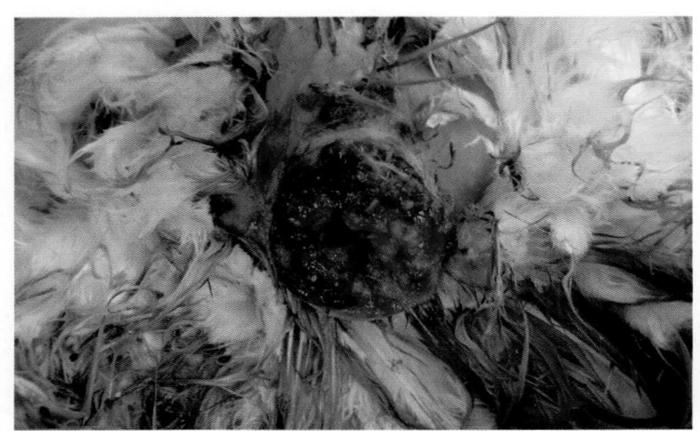
63-13　啄肛癖，鸡的肛门惨遭啄食、溃烂（1）

63-14　啄肛癖，鸡的肛门惨遭啄食、溃烂（2）

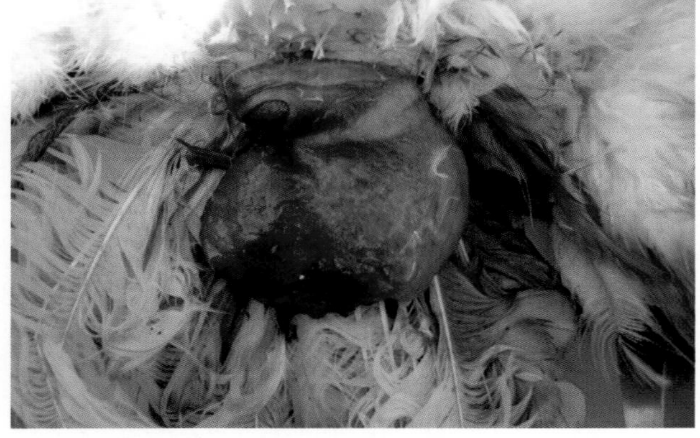
63-15　啄肛癖，鸡的泄殖腔被拽出体外

63-16　啄肛癖，鸭的直肠、泄殖腔被拽出体外

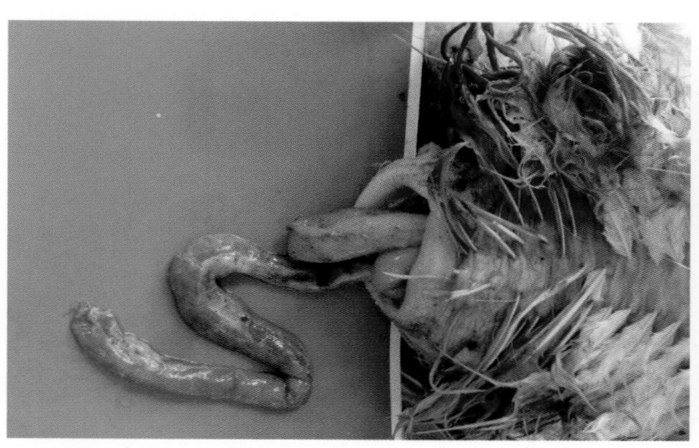

63-17　啄肛癖，鸡的肠道被啄出体外

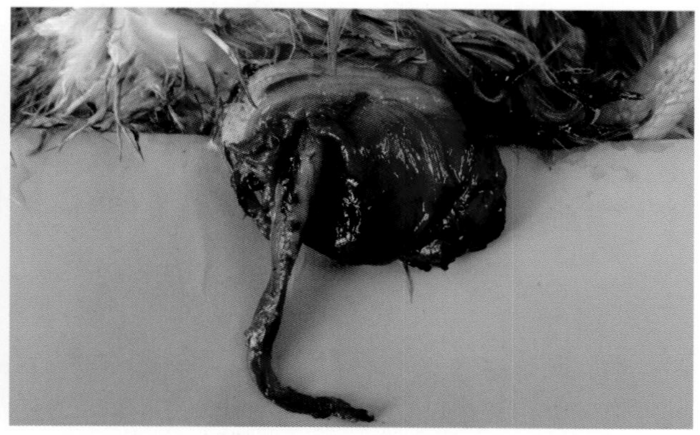

63-18　啄肛癖，鸡的肠道被啄出体外，并且大部分肠道被吃掉

64 家禽腹水症（Ascites syndrome）

本病是以家禽腹腔中积聚多量的浆性液体为特征的一种非传染性疾病，而不是特异性的疾病，是由许多因素引起的。

【流行特点】

本病主要侵害 4 周龄以上的肉鸡，雄性比雌性严重。肉鸭、火鸡、蛋鸡和观赏禽类也有发生本病的报道。本病在高海拔（1 500 m 以上）地区较普遍，故曾称“高海拔病”，近年来在低海拔或集约化饲养的肉仔鸡中也经常发生。其他家禽腹水偶有发生。

【临床症状】

病禽精神萎靡不振，羽毛蓬乱，拉稀，腹部膨胀，腹部皮肤变薄发亮、透明，触之有波动感，腹部似水袋样。不愿活动，伏地不起，嗜睡，走路似企鹅样。严重病例可视黏膜发绀，呼吸困难，病鸡在出现腹水后 12 d 左右死亡。

【剖检病变】

可见全身组织器官淤血、水肿，腹腔中积液量可达 100～500 mL，液体清亮、呈浅茶色；有的可能有纤维蛋白凝块。全身骨骼肌淤血、暗红色。肺水肿、淤血；肾淤血、肿胀、质地变脆。心包积液，心脏增大和右心室明显扩张。肝硬变、体积缩小、边缘钝圆，有的病例在肝表面常覆盖有纤维素性渗出物。

【防治措施】

根据发病原因，采用下列相应措施，可收到明显疗效。

1. 补硒。临床经验：5 周龄肉鸡饲料含硒量达 0.5 mg/kg，可使该病的死亡率下降 40%。日粮中添加 0.3% 小苏打，或适量的维生素 C 控制腹水症，取得了较好的效果。

2. 改善通风，增加鸡舍的氧气，同时搞好卫生，定时清粪、消毒和通风换气，排出氨等有害气体。

3. 维持电解质平衡，减少钠潴留，限制饮水量；合理搭配饲料，减少粗蛋白质含量，防止高脂肪饲料过多，特别是在 2～3 周龄要适当控制喂量，限制其生长速度可有效控制腹水症的发病率。

4. 冬季饮水改用 25℃左右温水可预防腹水症。

5. 控制肉鸡饲养环境，降低饲养密度，3 周龄前每平方米 15～20 只；3 周龄后每平方米 10～12 只为宜。

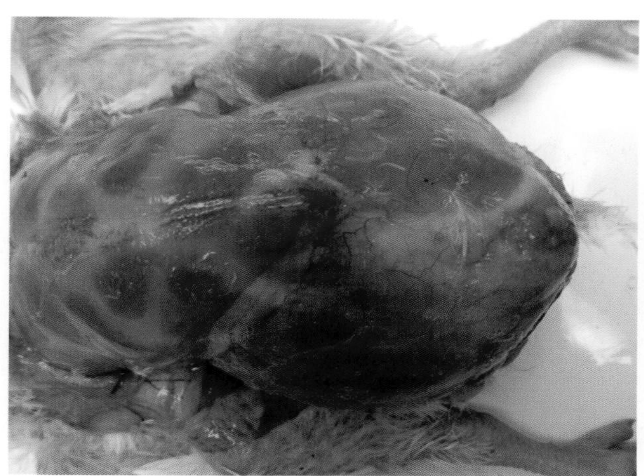
64-1 肉鸡腹水继发大肠杆菌感染，胸肌、腹肌呈紫红色，腹部透明发亮，触之有波动感

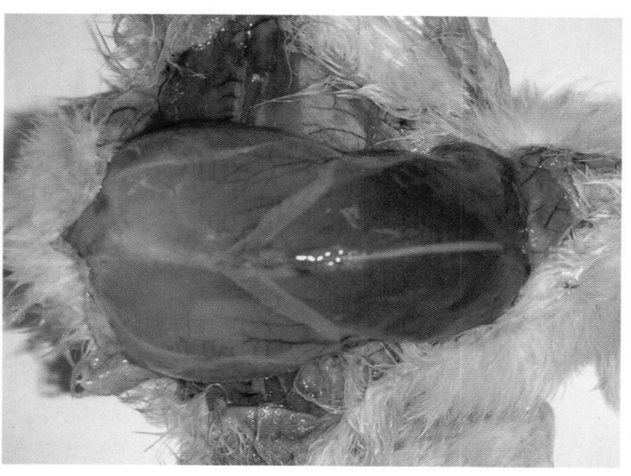
64-2 肉鸡腹水，病鸡腹部肌肉变薄发亮、透明，触之有波动感（1）

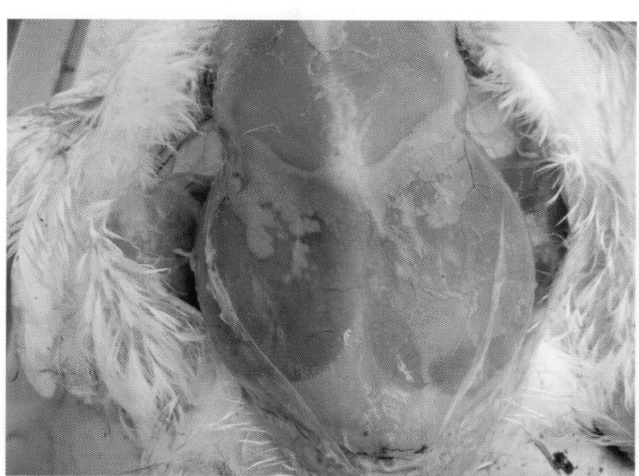
64-3 肉鸡腹水，病鸡腹部肌肉变薄发亮、透明，触之有波动感（2）

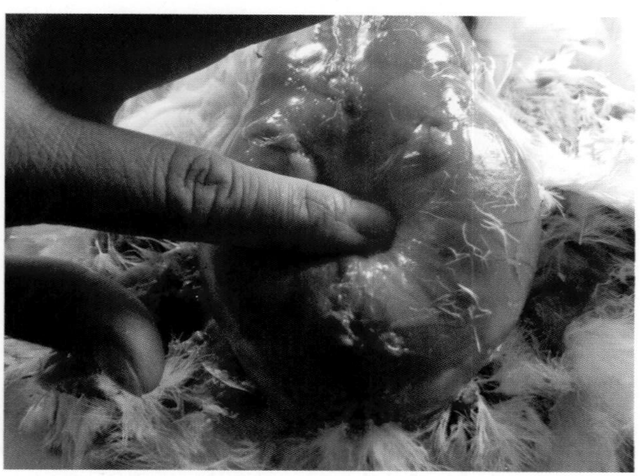
64-4 肉鸡腹水，病鸡腹部肌肉变薄发亮、透明，触之有波动感（3）

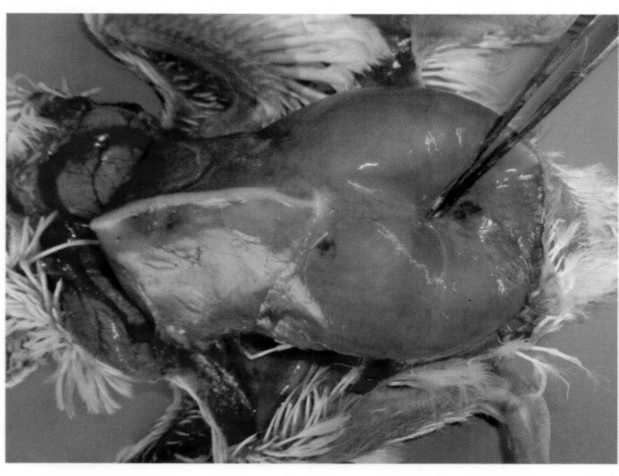
64-5 肉鸽腹水，病鸽腹部肌肉变薄发亮、透明，触之有波动感

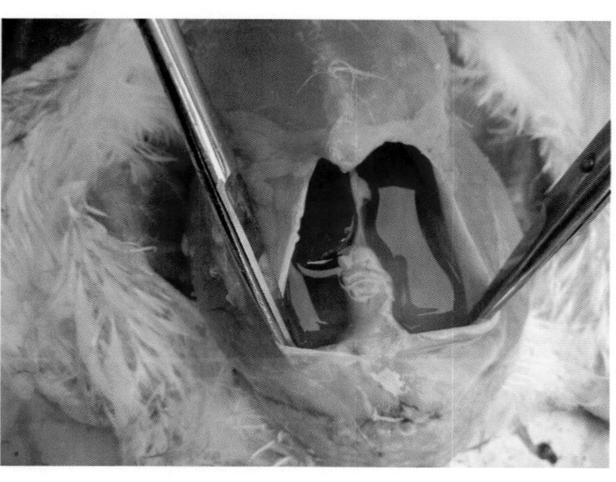
64-6 肉鸡腹水，腹腔内有多量黄色、半透明、胶胨样液体（1）

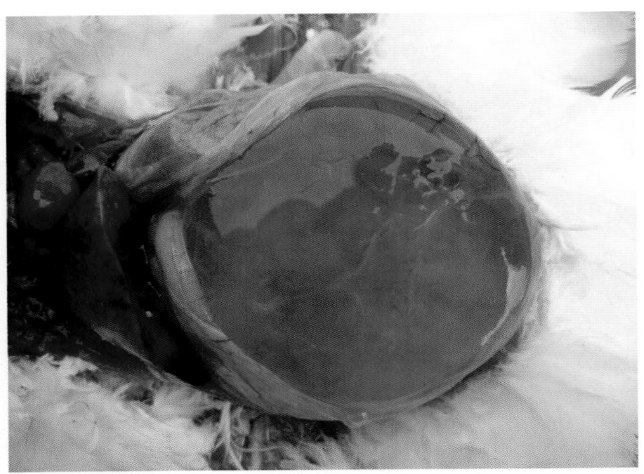

64-7 肉鸡腹水，腹腔内有多量黄色、半透明、胶胨样液体（2）

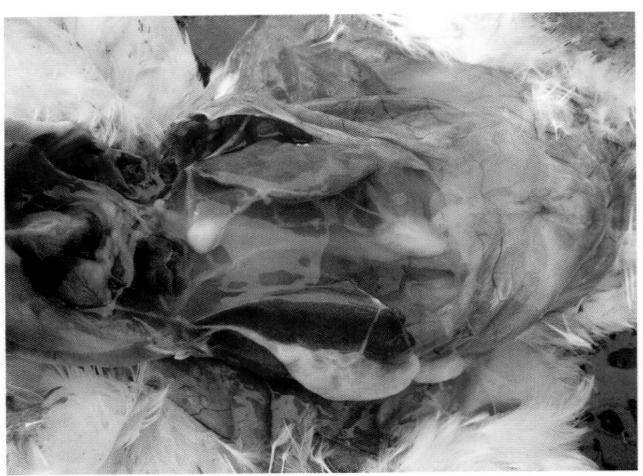

64-8 肉鸡腹水，病鸡腹腔积液，液体呈浅茶色，腹腔内有纤维蛋白凝块（1）

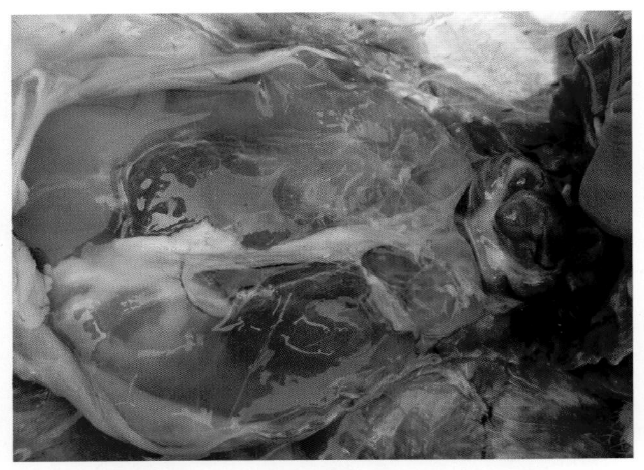

64-9 肉鸡腹水，病鸡腹腔积液，液体呈浅茶色，腹腔内有纤维蛋白凝块（2）

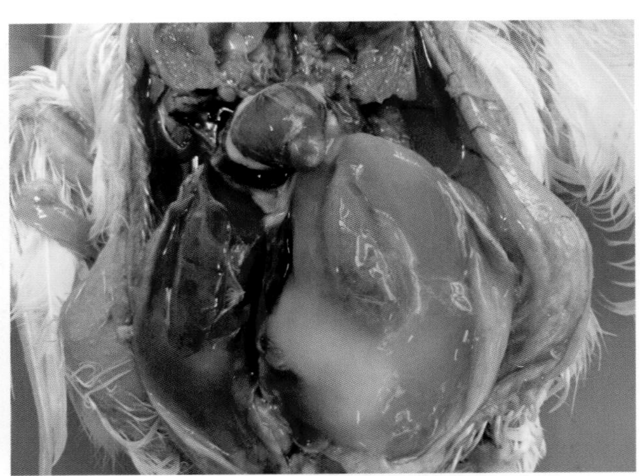

64-10 肉鸡腹水，病鸡腹腔内有多量浅黄色胶冻样物

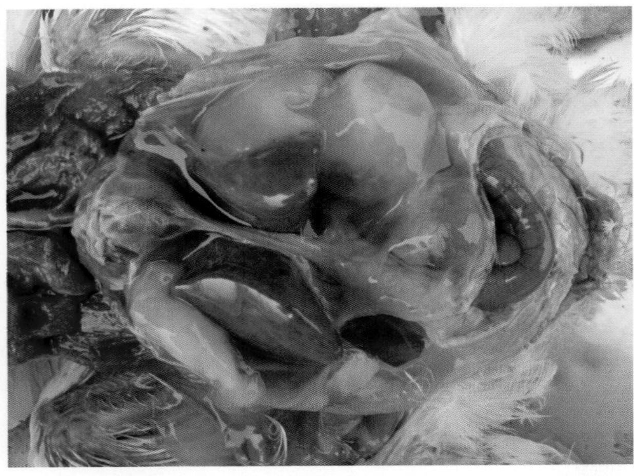

64-11 肉鸡腹水，病鸡腹腔积液，液体呈浅茶色，腹腔内有纤维蛋白凝块（3）

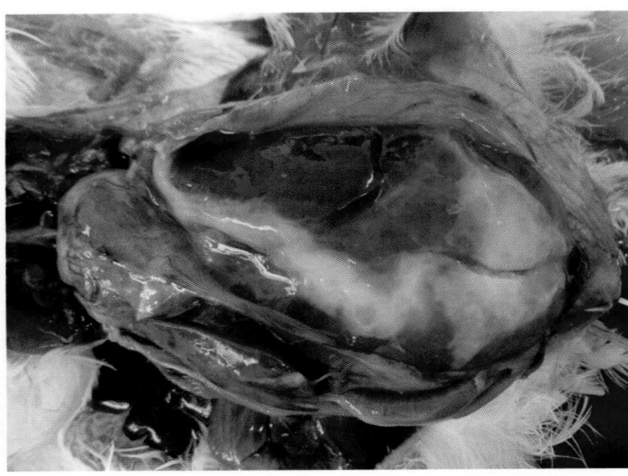

64-12 肉鸡腹水，病鸡腹腔内有多量黄白色胶冻样物（1）

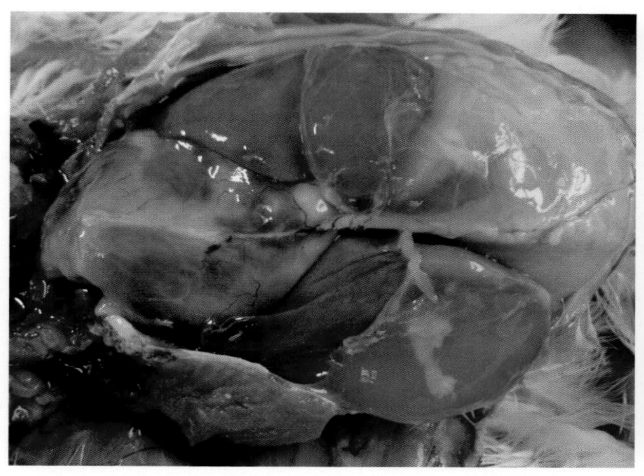

64-13 肉鸡腹水，病鸡腹腔内有多量黄白色胶冻样物（2）

64-14 肉鸡腹水，病鸡肝硬变，体积缩小，边缘变得钝圆

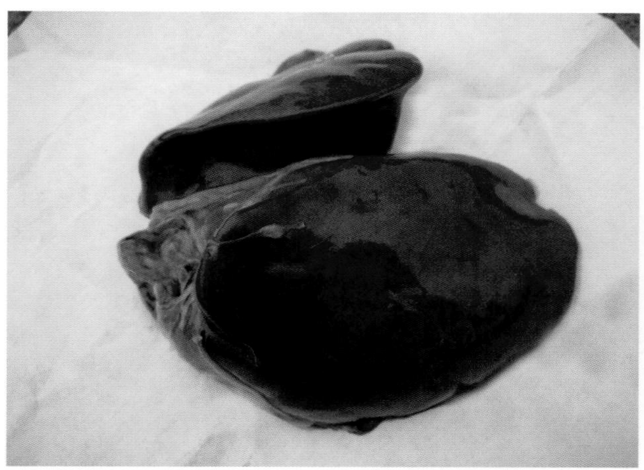

64-15 肉鸡腹水，病鸡肝硬变，边缘变得钝圆，呈紫红色

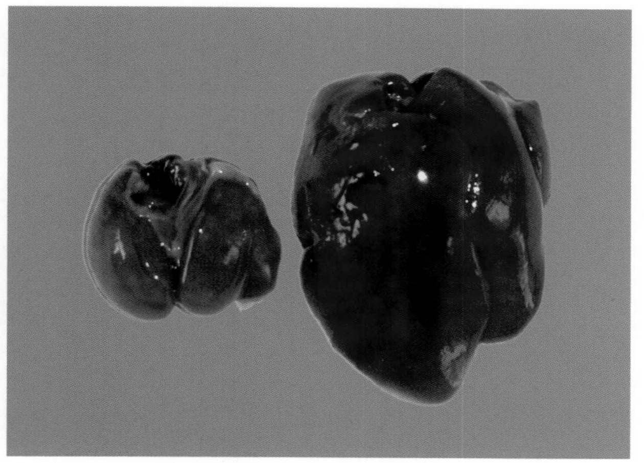

64-16 肉鸡腹水，病鸡肝硬变，体积缩小，边缘变得钝圆，右侧为正常对照

64-17 蛋鸡腹水，病鸡腹部肌肉变薄发亮、透明，触之有波动感

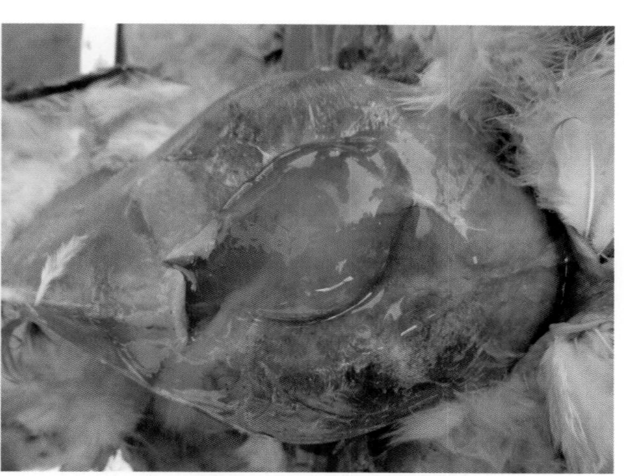

64-18 蛋鸡腹水，病鸡腹腔积液，液体呈浅茶色，腹腔内有纤维蛋白凝块

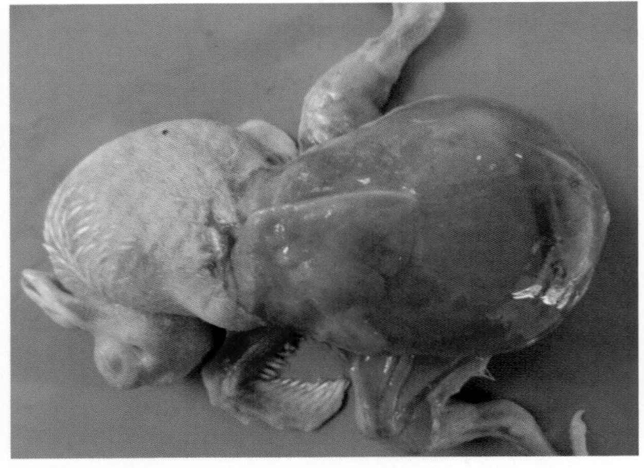

64-19 乳鸽腹水，病鸽腹肌变薄发亮、透明，触之有波动感（1）

64-20 乳鸽腹水，病鸽腹肌变薄发亮、透明，触之有波动感（2）

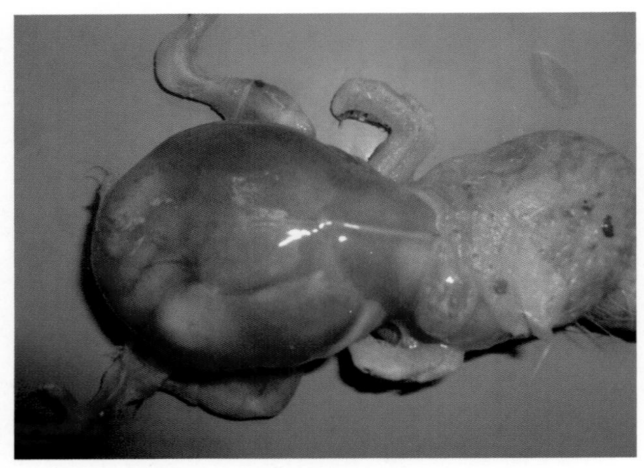

64-21 乳鸽腹水，病鸽腹肌变薄发亮、透明，触之有波动感（3）

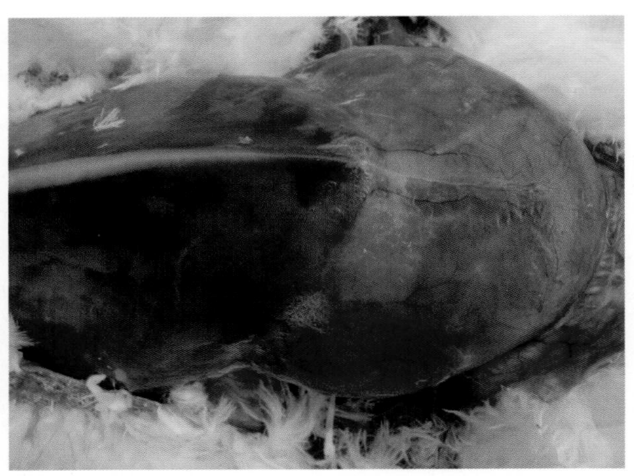

64-22 成年鸽腹水，病鸽腹肌变薄发亮、透明，触之有波动感

64-23 鸭腹水，腹部膨大，触摸有波动感

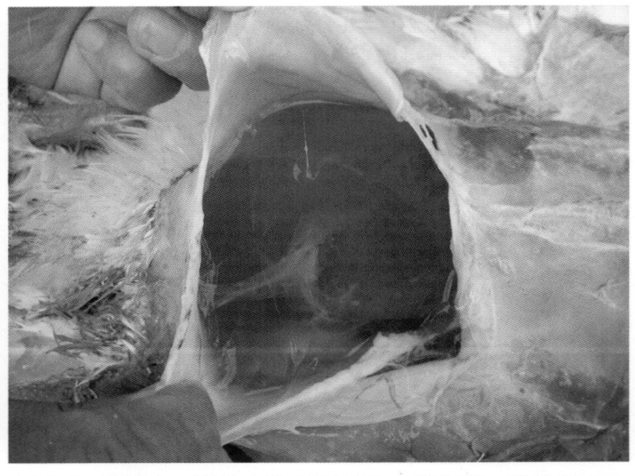

64-24 鸭腹水，腹腔内有多量黄色、半透明、胶胨样液体

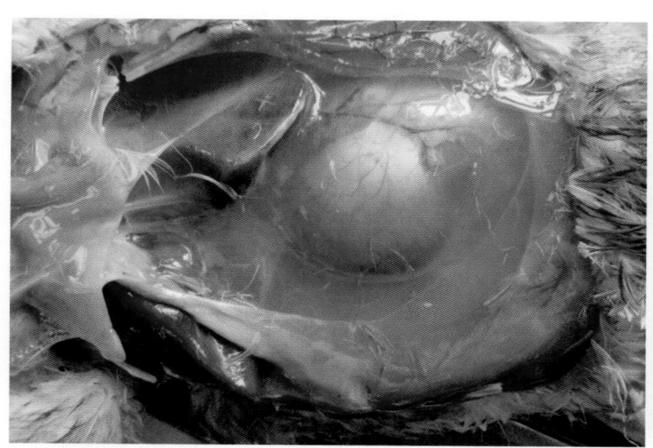

64-25　鸭腹水，腹腔内有多量黄色、半透明的液体

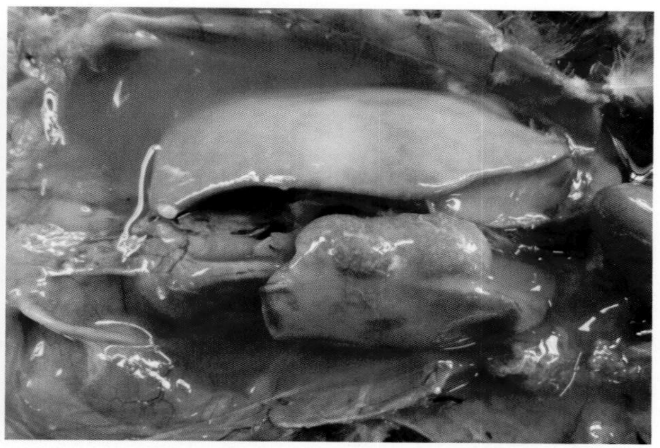

64-26　鸭腹水，肝硬变，体积缩小，边缘变得钝圆，颜色苍白略显红色

65 笼养蛋鸡瘫痪（Cage layer fatigue）

本病又称笼养蛋鸡疲劳症或软腿病。

【病因】

主要因为饲料中缺乏维生素 D_3 或因钙、磷不平衡，或钙、磷缺乏。

1. 日粮中钙、磷含量不足，或因饲料中添加了白石粉，虽然钙含量高，但不易被消化吸收利用。蛋鸡产 1 枚蛋需要从饲料中获取 2～2.2 g 的钙形成蛋壳，如果饲料中钙缺乏，机体会动用骨骼的钙来满足产蛋所需钙量的 30%～40%。如果饲料中的钙质长期严重不足时，骨骼中的钙则成为蛋壳钙的主要来源，从而导致骨钙量减少，造成骨质疏松而发病。

2. 日粮中维生素 D_3 含量不足。维生素 D_3 对钙、磷的吸收有重要作用。当饲料中 D_3 缺乏时可明显降低肠道和肾对钙的吸收功能，最终造成骨骼疏松。

3. 维生素 D_3 属脂溶性维生素，其吸收需要油脂作为溶剂，加之本身也极易被氧化破坏，所以高温季节较易发生产蛋疲劳综合征。

【临床症状】

1. 笼养鸡经过长期产蛋后出现腿无力，站立困难，经常蹲伏不起或躺下，呈瘫痪状态。病鸡外表看似健康，其产蛋量、蛋壳和蛋的质量并不明显降低，也看不出其他明显的病状，死亡率很低。

2. 腿骨易折断。

【剖检病变】

骨骼易折断，在椎段肋骨与胸段肋骨接合部呈串珠状，沿此线凹陷。

【防治措施】

1. 将病瘫鸡移到地面可见到阳光的地方饲养，经 4～7 d 后腿麻痹状态即可消失。

2. 在饲料中添加优质的维生素 D_3 或鱼肝油粉和乳酸钙等，连续饲喂 7～8 d 后症状明显好转。

3. 配合饲料中可利用的钙、磷比例要恰当，要添加优质磷酸氢钙、脱质脱胶骨粉、碳酸钙（石灰石）、贝壳粉等，其所含的钙、磷容易被消化吸收利用。

65-1　瘫痪蛋鸡表面看似健康，但站立困难，经常蹲伏不起或躺下，呈瘫痪状态（1）

65-2　瘫痪蛋鸡表面看似健康，但站立困难，经常蹲伏不起或躺下，呈瘫痪状态（2）

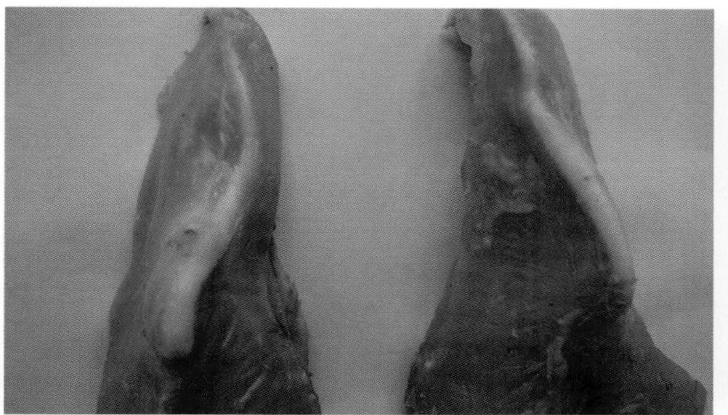

65-3　瘫痪蛋鸡胸骨嵴严重弯曲变形（1）

65-4　瘫痪蛋鸡胸骨嵴严重弯曲变形（2）

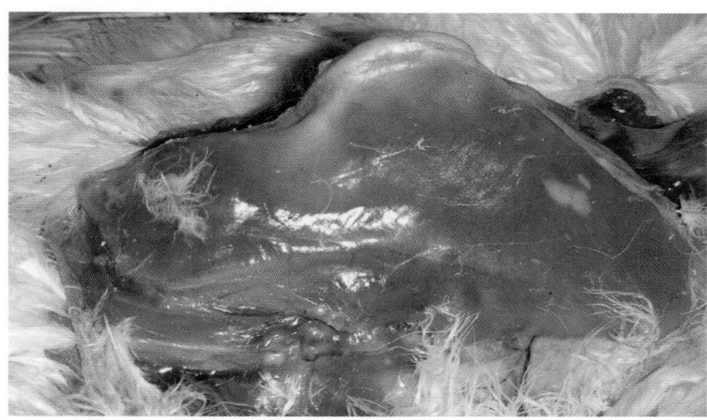

65-5　瘫痪蛋鸡胸骨嵴严重弯曲变形（3）

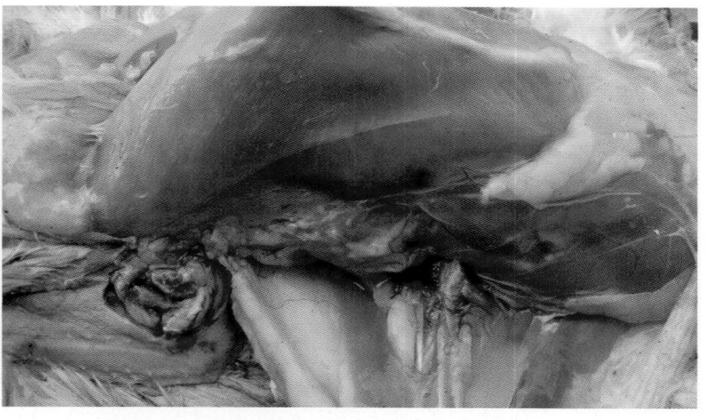

65-6　瘫痪蛋鸡胸骨嵴弯曲变形，肋骨严重塌陷，股骨头和肩关节骨折

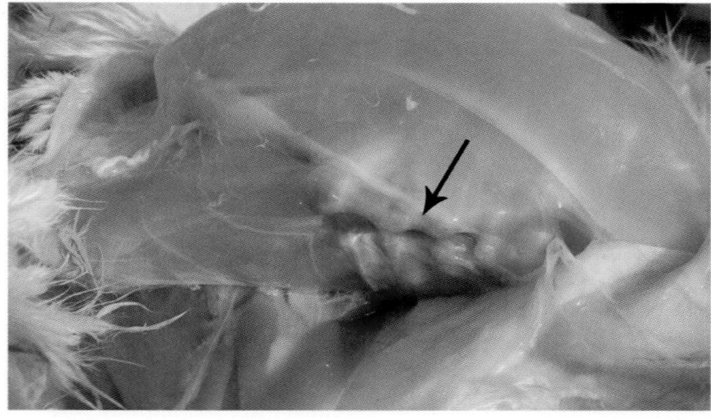

65-7　笼养蛋鸡产蛋疲劳综合征，病鸡肋骨弯曲向内塌陷

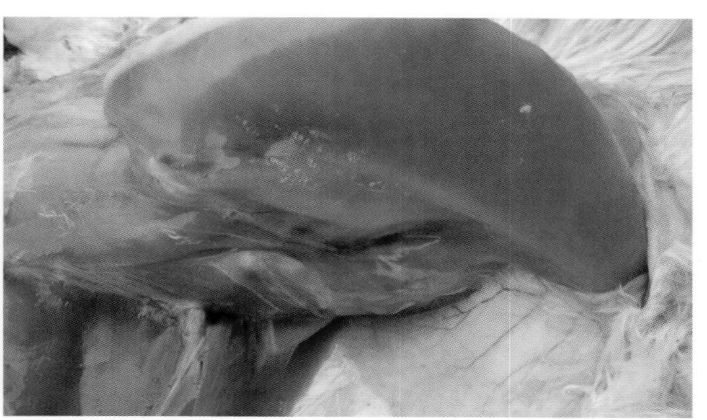

65-8　瘫痪蛋鸡肋骨向内塌陷（1）

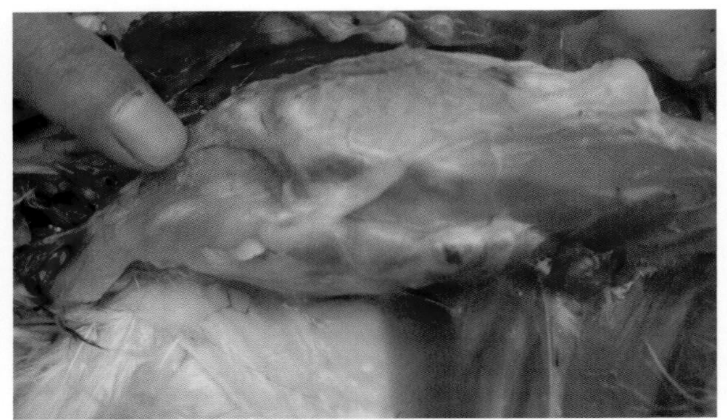

65-9　瘫痪蛋鸡肋骨向内塌陷（2）

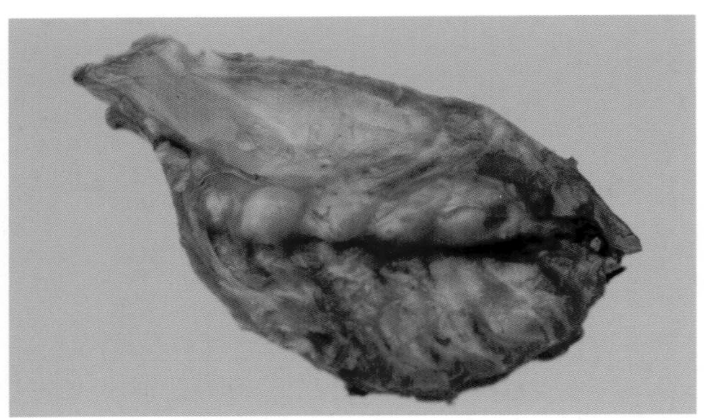

65-10　瘫痪蛋鸡胸段肋骨与椎段肋骨接合部软骨膨大，呈串珠状

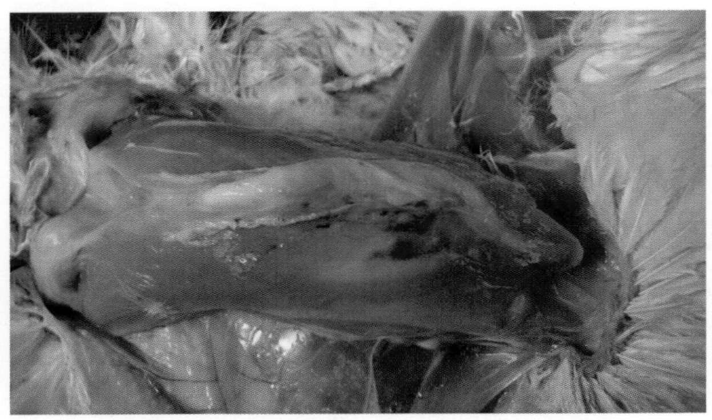

65-11　瘫痪蛋鸡胸骨嵴弯曲、骨折，胸部肌肉出血

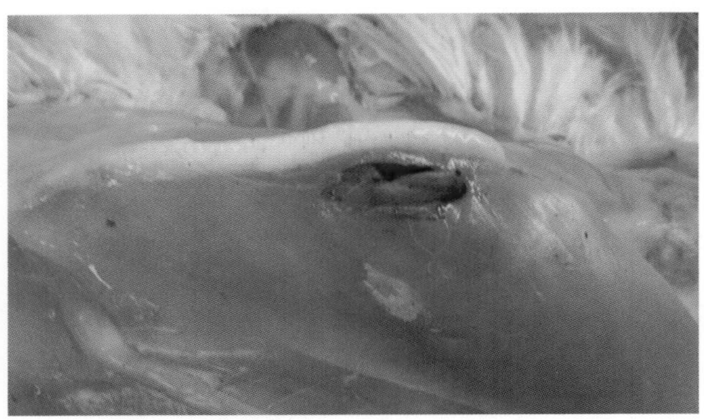

65-12　瘫痪蛋鸡胸骨骨折

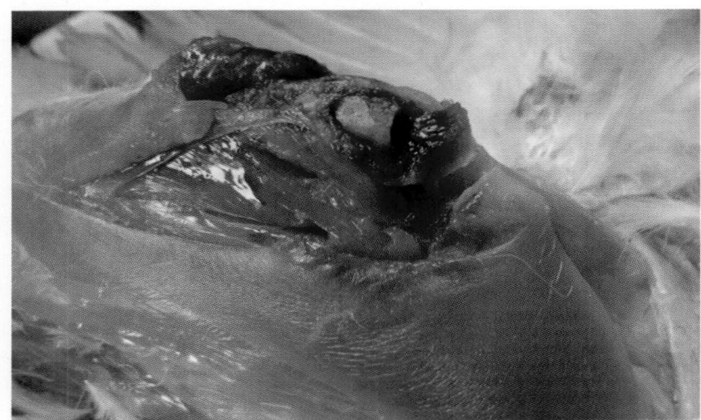

65-13　瘫痪蛋鸡胸骨骨质疏松易折断

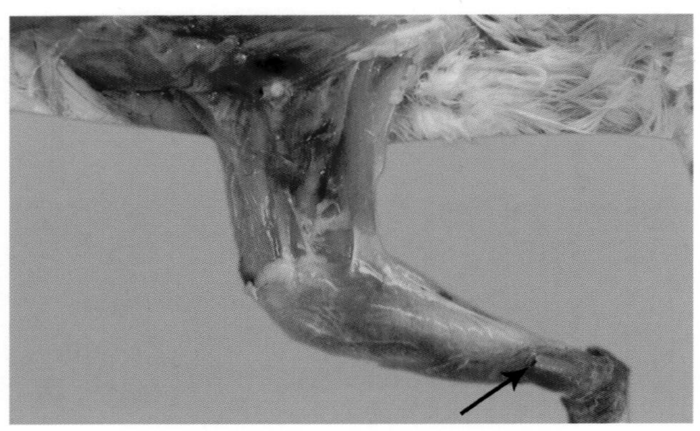

65-14　瘫痪蛋鸡骨骼疏松，腿多处折断

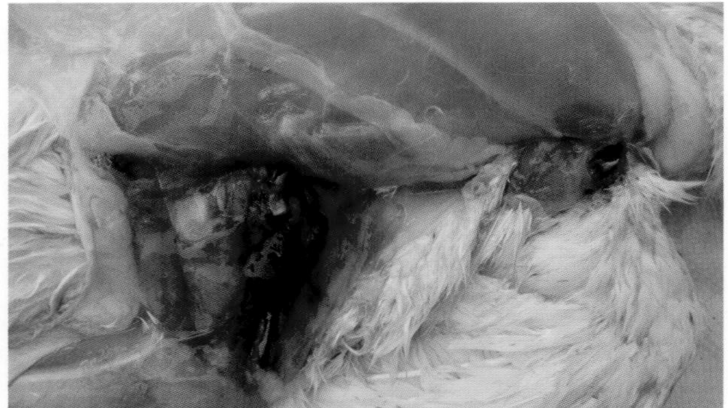

65-15　瘫痪蛋鸡股骨头和肩关节骨折

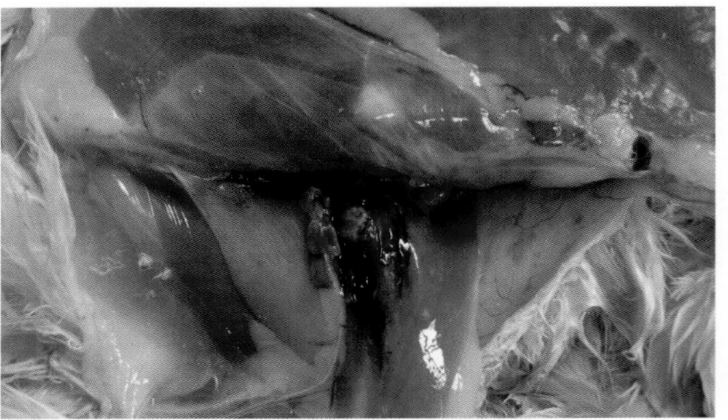

65-16　瘫痪蛋鸡股骨头粉碎性骨折

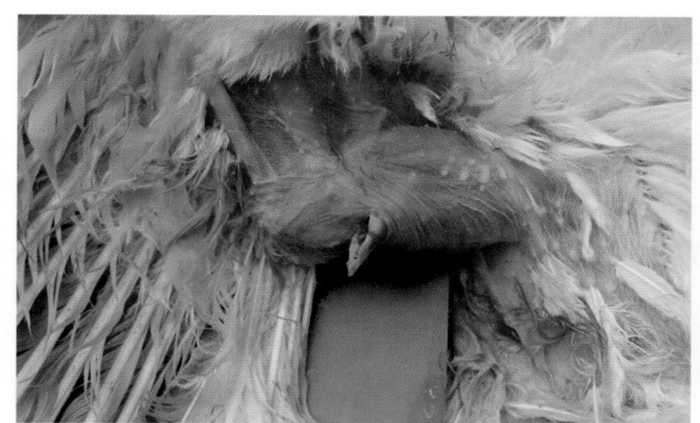

65-17 瘫痪蛋鸡肱骨折断

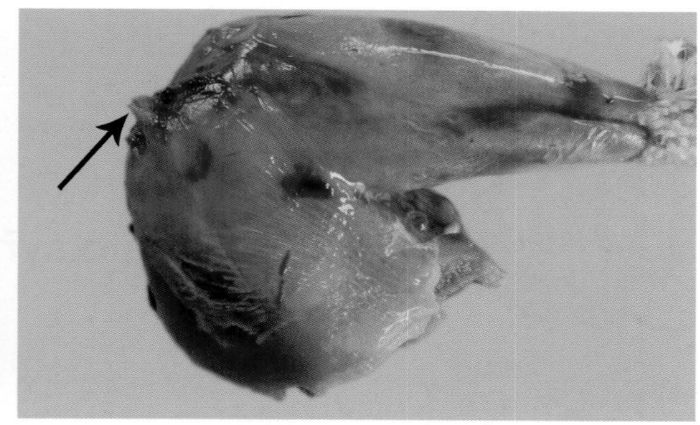

65-18 瘫痪蛋鸡膝关节骨折

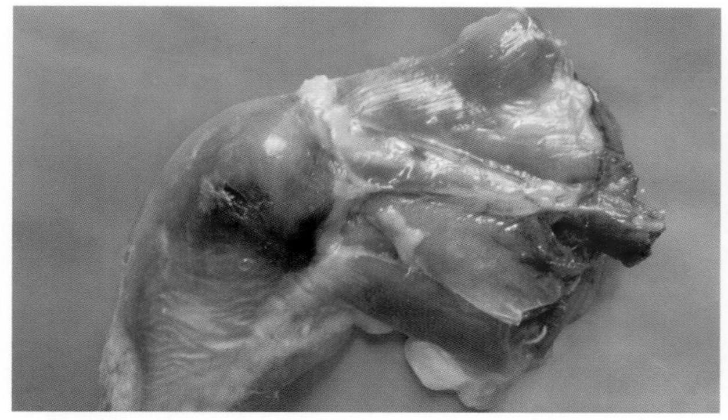

65-19 瘫痪蛋鸡膝关节骨折、出血、淤血（1）

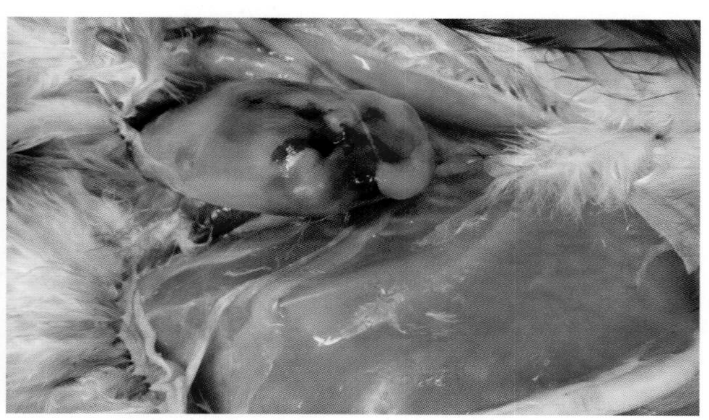

65-20 瘫痪蛋鸡膝关节骨折、出血、淤血（2）

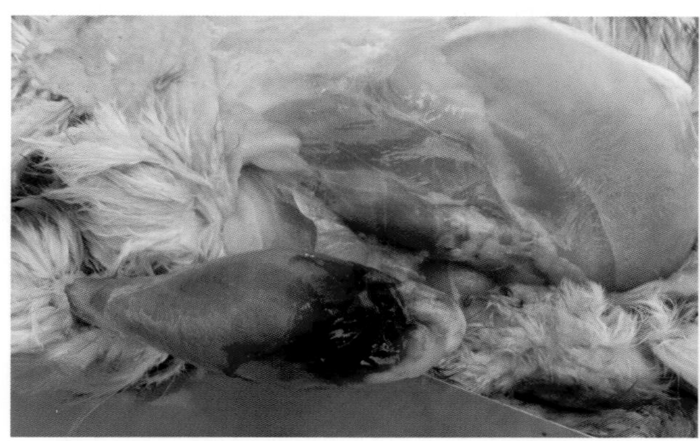

65-21 瘫痪蛋鸡膝关节骨折、出血、淤血（3）

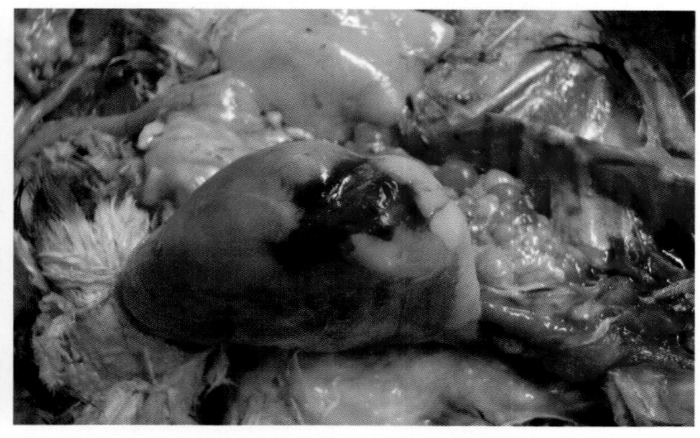

65-22 瘫痪蛋鸡膝关节骨折、出血、淤血（4）

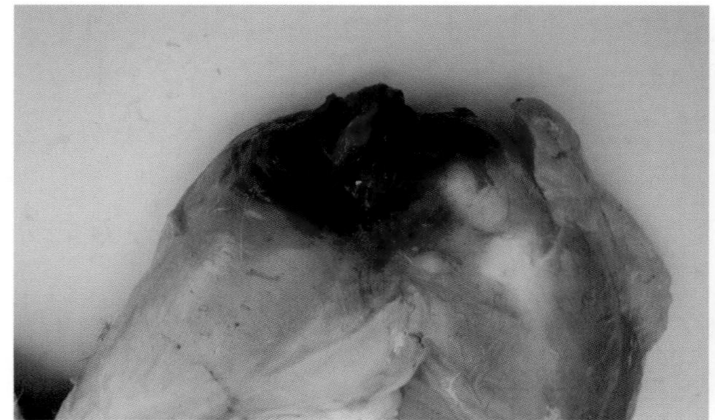

65-23 瘫痪蛋鸡膝关节严重骨折，肌肉大面积出血

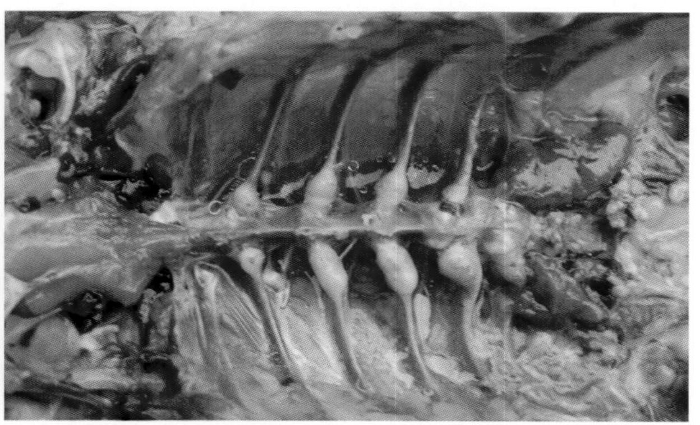

65-24 瘫痪蛋鸡因钙磷缺乏或比例失调，病鸡肋骨末端呈念珠状小结节

66 家禽猝死综合征（Sudden death syndrome in poultry）

本病以生长快速的肉鸡多发。

【病因】

一般认为是由于心脏、肝、肺等内脏器官生长发育慢，不适应肌肉和骨骼的快速生长发育的需要。

【流行特点】

公鸡多于母鸡、生长快速的鸡比生长慢的鸡发病率高。一年四季均可发生，无挤压致死和传染流行规律。

【临床症状】

死前无明显症状，突然发病，失去平衡，仰卧或伏地，翅膀扑动，肌肉痉挛，发出“嘎嘎”声，有的尖叫，向前或向后打转，死后从口角流出大量食物，同时出现明显的仰卧姿势，两脚朝天，少数侧卧或伏卧，腿、颈伸展。

【剖检病变】

病死鸡体格健壮，嗉囊和肌胃内充满刚采食的饲料，嗉囊及肠道内充满血凝块，心房扩张淤血，内有血凝块；心室紧缩呈长条状，质地坚实，内无血液。肺淤血、水肿。肠系膜血管充血，静脉怒张。肝稍肿、色淡。肾苍白，有的出血，本病死亡的鸡多数为生长发育良好、肌肉丰满、体格健壮的鸡。

【防治措施】

1. 在饲料配方中提高肉粉、降低豆饼比例，添加葵花籽油代替动物脂肪，添加牛磺酸、维生素 A、维生素 D、维生素 E、维生素 B_1 和维生素 B_6（吡哆醇）等，可使猝死综合征发生率降低。

2. 不用颗粒料或破碎料，改用粉料饲喂；对 3～20 日龄的肉仔鸡进行限制饲养，避开其最快生长时期，降低生长速度，可减少发病。

3. 加强科学饲养管理，减少应激因素。将连续光照改为间断光照，防止饲养密度过大，避免转群或受惊吓时的互相挤压等刺激。

4. 用生物除臭剂进行消毒，可降低氨气浓度，降低死亡率。

5. 对低血钾的病鸡群每吨饲料中添加碳酸氢钾 3.6 kg，能显著降低死亡率，或每只鸡 0.6 g 饮水。

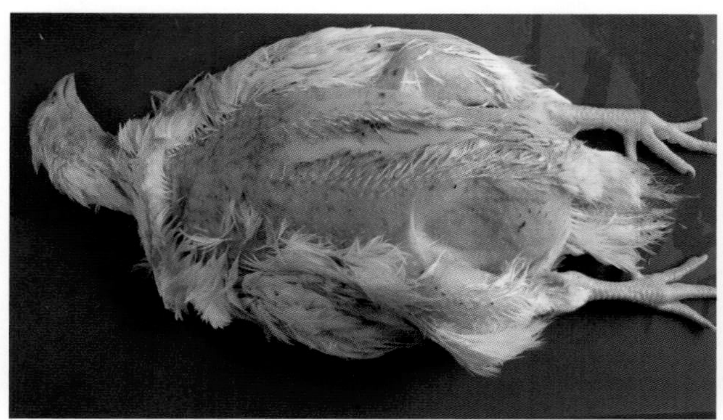
66-1　肉鸡猝死综合征，病死鸡皮肤呈黄白色

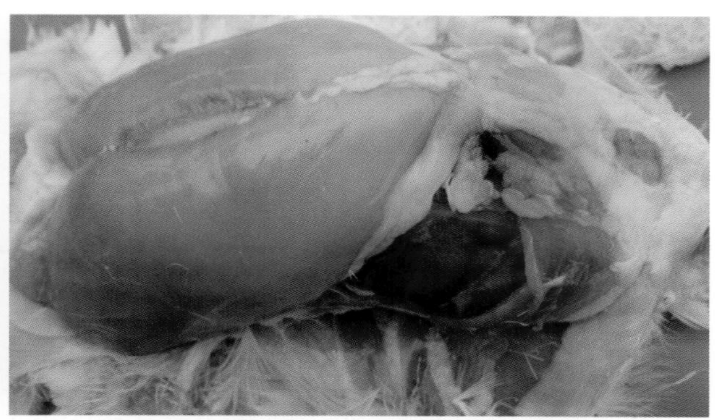
66-2　肉鸡猝死综合征，病鸡透过腹部肌肉可以看到腹腔内有未凝固的血液

66-3　肉鸡猝死综合征，病鸡心脏、肝严重充血、出血

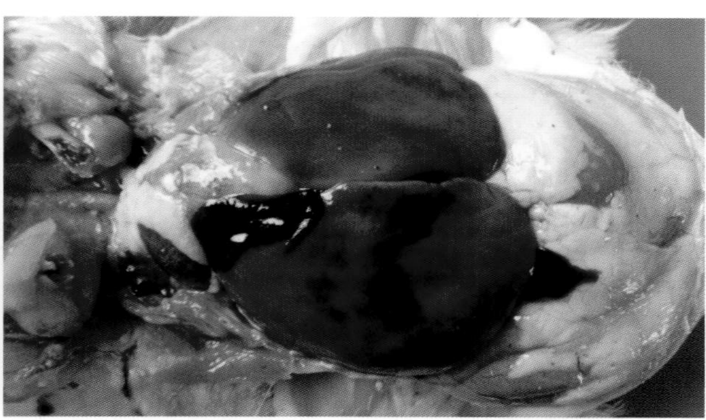
66-4　肉鸡猝死综合征，病鸡心脏、肝充血出血

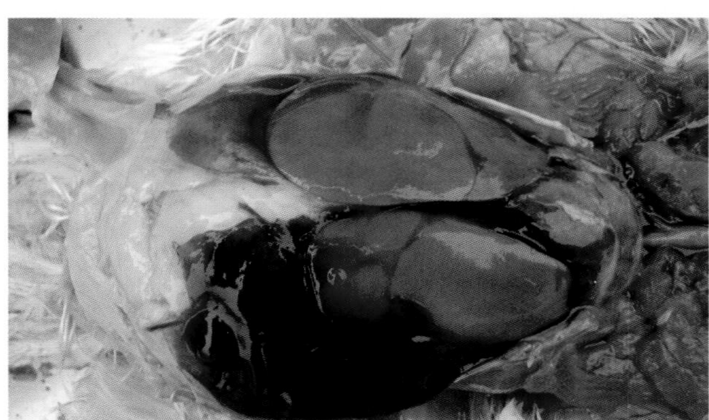
66-5　肉鸡猝死综合征，病鸡肝大量出血

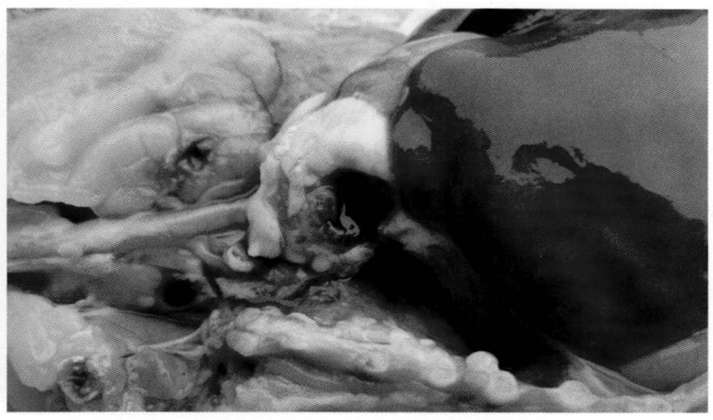
66-6　肉鸡猝死综合征，病鸡心脏出血，不易凝固

66-7　肉鸡猝死综合征，病死鸡心脏出血

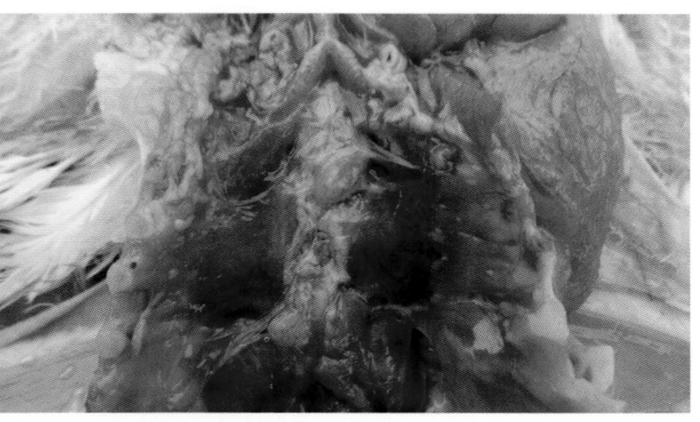
66-8　肉鸡猝死综合征，病死鸡肺出血（1）

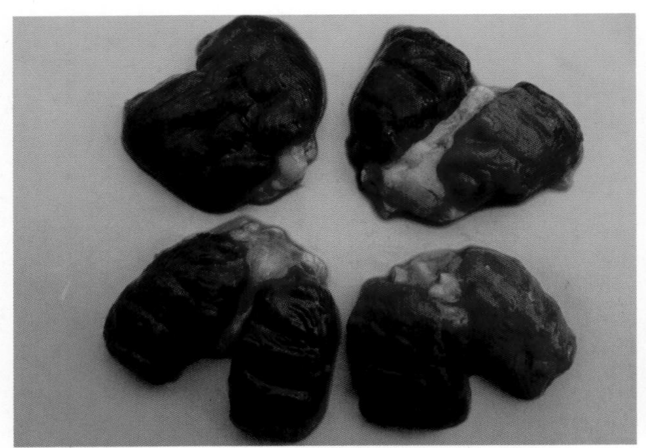
66-9　肉鸡猝死综合征，病死鸡肺出血（2）

66-10　肉鸡猝死综合征，病死鸡肺出血，血液不易凝固

卵黄性腹膜炎（Yolk peritonitis）

卵黄性腹膜炎又称坠卵性腹膜炎，是指卵巢上的卵到成熟阶段后，未落入输卵管的喇叭口，而坠入腹腔内，形成黄色干酪样团块，或释放出混浊的卵黄性渗出物覆盖于内脏器官和腹膜表面，引起腹膜炎。

在正常情况下，蛋鸡开产后在雌激素的作用下，合成的卵黄蛋白经过血液转运至卵巢，成熟的卵巢表面有很多发育程度和大小不等的卵泡，卵泡成熟后，卵泡缝痕破裂排出卵子，卵落入输卵管的喇叭口，然后沿输卵管向下蠕动，在卵白分泌部（即输卵管的膨大部）包上卵白（蛋清）后，移动到输卵管的峡部形成壳膜，再入子宫内形成石灰质的蛋壳，最后由阴道、泄殖腔排出体外。

【临床症状】

母禽腹部过于肥大下垂，走动不方便，精神沉郁，食欲不振，外表看来肥大但却长期不产蛋。有的呈企鹅样姿势。

【剖检病变】

腹腔内有卵黄液或不带硬壳的卵。在异常情况下，如外界应激因素强烈的惊吓骚扰，成熟的卵未落入输卵管伞（又称喇叭口）而落入腹腔；或因蛋禽患有某些传染病时，卵及滤泡变性、破裂，卵黄液直接流入腹腔内；另外，当输卵管有严重的炎症时，正常的蠕动功能丧失，造成卵在输卵管内滞留，使卵巢的卵无法再进入输卵管而落入腹腔内。

有时卵子虽然已经进入输卵管内，但是由于输卵管破裂而使卵进入腹腔内。例如，输卵管的神经调节失常；蛋禽腹腔脂肪沉积过多；输卵管有肿瘤；输卵管黏膜因慢性炎症而过度增生等均可造成输卵管内的卵滞留，并导致输卵管破裂；蛋禽受到突然的袭击或强烈的惊扰时也可使输卵管破裂；某些传染病如鸡白痢等也可致输卵管破裂。

【防治措施】

发现腹部过分肥大下垂而长期不产蛋的母禽，应立即淘汰。要注意以下几点。

1. 母禽不宜养得过分肥胖，尽量避免对产蛋禽的过分惊扰。
2. 有条件的可以适当增加母禽的运动。
3. 尽早预防或积极治疗大肠杆菌、鸡白痢等可能累及输卵管的疾病。

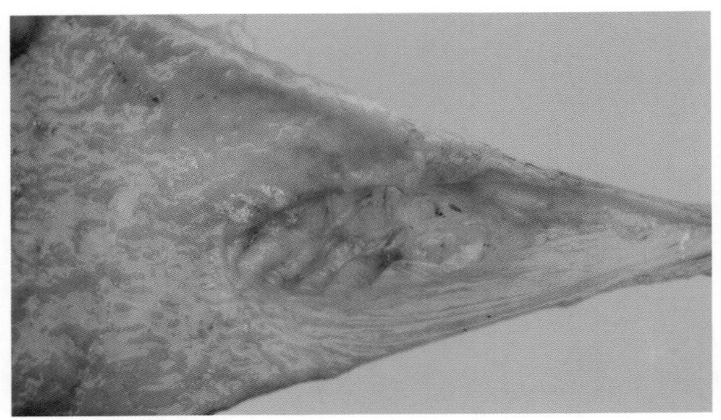

67-1 蛋鸡输卵管破裂

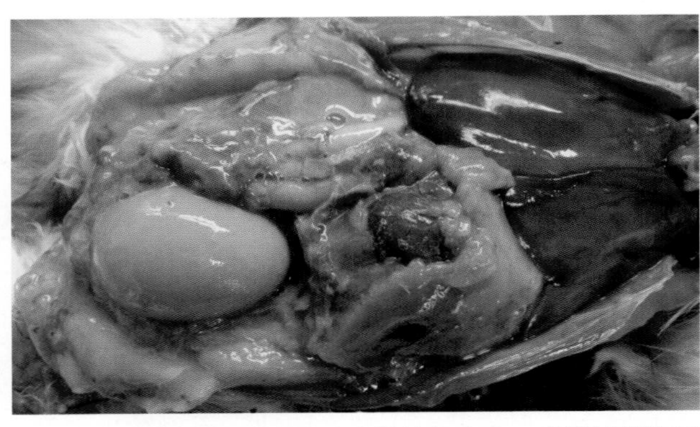

67-2 产蛋鸡遇惊扰应激，或因神经紊乱，或因输卵管破裂，鸡蛋在未形成之前坠入腹腔（1）

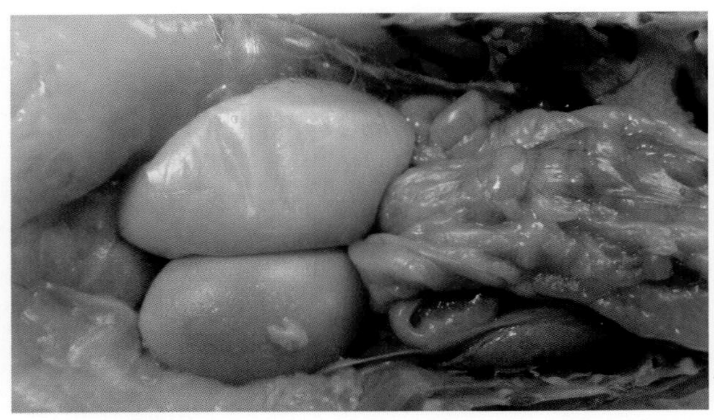

67-3 产蛋鸡遇惊扰应激，或因神经紊乱，或因输卵管破裂，鸡蛋在未形成之前坠入腹腔（2）

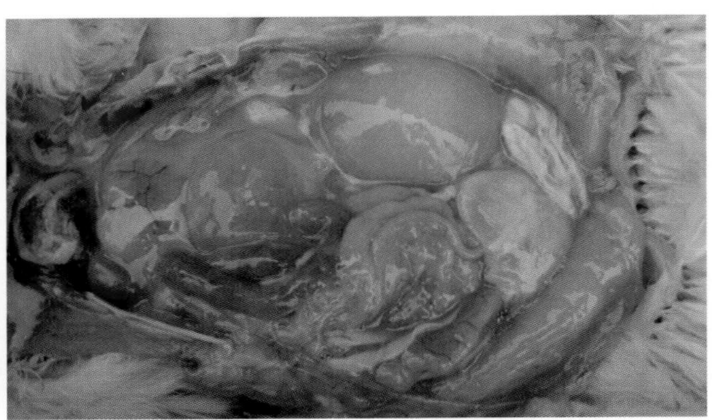

67-4 产蛋鸡遇惊扰应激，或因神经紊乱，或因输卵管破裂，鸡蛋在未形成之前坠入腹腔（3）

67-5 产蛋鸡遇惊扰应激，或因神经紊乱，或因输卵管破裂，鸡蛋在未形成之前坠入腹腔（4）

67-6 产蛋鸡遇惊扰应激，或因神经紊乱，或因输卵管破裂，鸡蛋在未形成之前坠入腹腔（5）

67-7 产蛋鸡遇惊扰应激，或因神经紊乱，或因输卵管破裂，鸡蛋在未形成之前坠入腹腔（6）

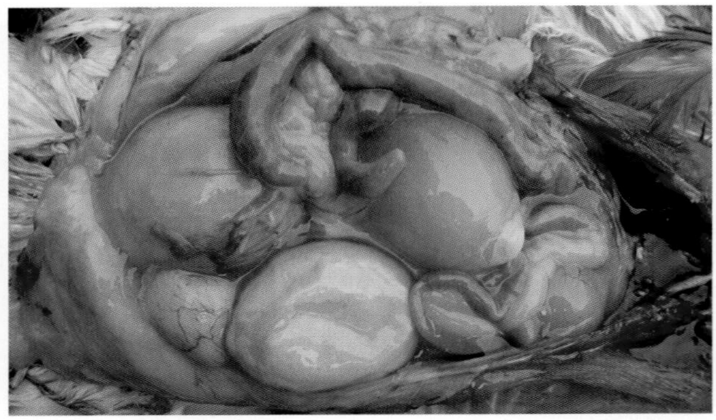

67-8 产蛋鸡遇惊扰应激，或因神经紊乱，或因输卵管破裂，鸡蛋在未形成之前坠入腹腔（7）

肿头综合征群（Swollen head syndrome）

肿头综合征是病鸡头部、下颌及肉髯水肿为主要特征的一种疾病。

【病因及流行特点】

该病可发生于各种年龄的鸡，但以 4～7 周龄为发病高峰期，病程要经过 10 d 左右，该病在鸡群中传播迅速，发病率一般为 10%～50%，但个别鸡群高达 90%，死亡率多为 1%～2%，有的达 10%，发病后病鸡头部的水肿始于眼眶周围浮肿，似患鼻炎状。而后波及面部、下颌间组织、颈部皮下和肉垂，典型者整个头部水肿，有的因眼睑肿胀而睁不开眼睛，其中仔鸡头部肿胀比成年鸡严重。根据有些学者的研究，本病是由肺炎病毒引起并继发大肠杆菌、嗜血杆菌等以及支原体感染所致。但与饲养管理不当、环境卫生不良有关，冬季多发。肉仔鸡、商品鸡均可发生，以肉鸡常见。

【临床症状】

病鸡眼周围、头面部，甚至下颌及肉垂肿胀，有时表现摇头、斜颈等神经症状。

【剖检病变】

病鸡头部及颈部皮下组织形成广泛的黄色胶冻样物。

【诊断】

根据发病特点、临床症状和剖检病变可做出初步诊断。

【防治措施】

1. 加强饲养管理：搞好卫生消毒，改善鸡舍卫生条件，降低饲养密度，加强通风换气，防止疾病发生。

2. 减少各种异常应激：防止病原细菌继发或并发感染，必要时饲料或饮水中加入适量抗生素及电解质加以预防。

3. 发病后治疗：发现本病，立即隔离病鸡，防止传播，同时及早加强消毒和治疗。目前尚无特效药物，可使用抗生素、中药抗病毒药物治疗，缓解病情，对防止继发感染有作用。

68-1 肿头综合征，病鸡眼周围、头面部、下颌及肉髯水肿（1）

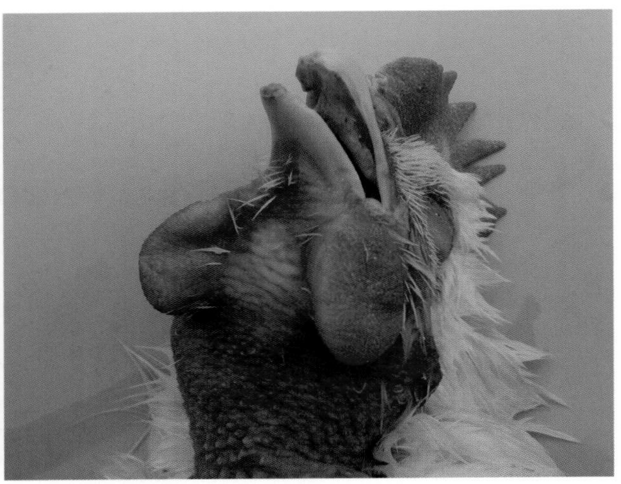

68-2 肿头综合征，病鸡眼周围、头面部、下颌及肉髯水肿（2）

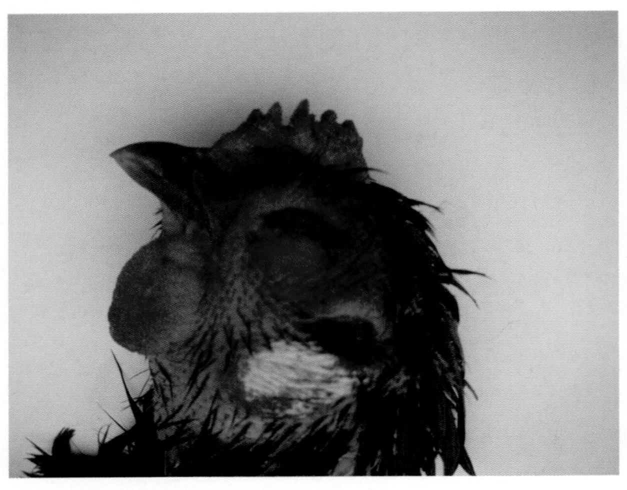

68-3 肿头综合征，病鸡眼周围、头面部、下颌及肉髯水肿（3）

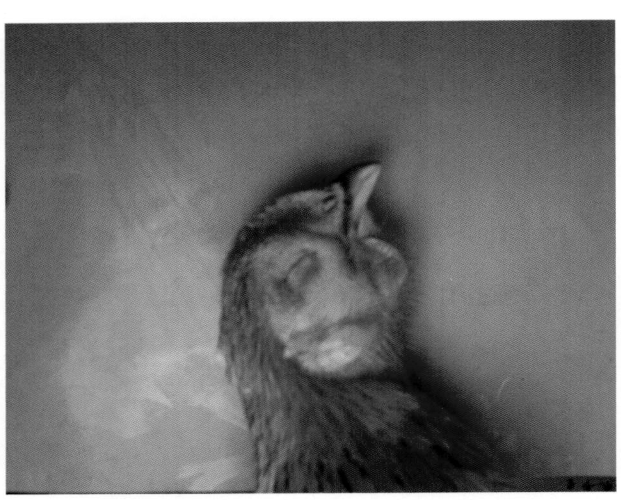

68-4 肿头综合征，病鸡眼周围、头面部、下颌及肉髯水肿（4）

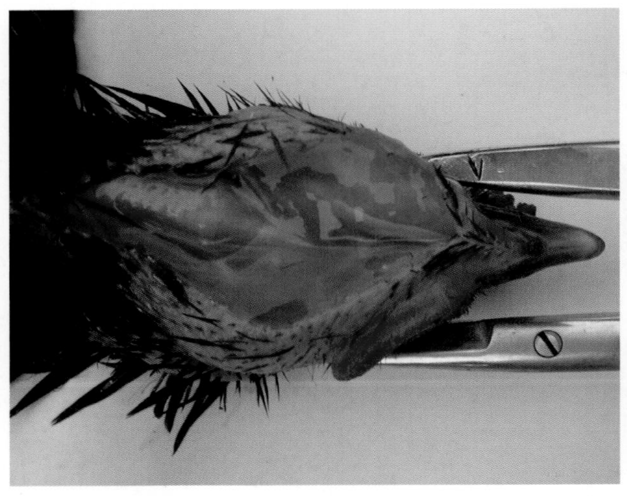

68-5 肿头综合征，病鸡肿胀部位皮下可见黄色胶胨样物（1）

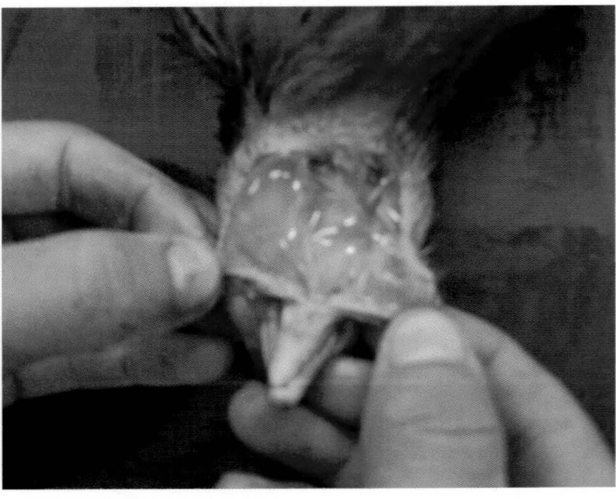

68-6 肿头综合征，病鸡肿胀部位皮下可见黄色胶胨样物（2）

中暑（Heat stroke）

鸡中暑又称热衰竭，是由于环境温度、湿度过高、体热不易散发、炎热酷暑季节导致家禽中枢神经紊乱、心衰猝死的急性病。本病是夏季的常见病。

【病因】

夏季气温高，湿度大，鸡舍通风不良，鸡群过分拥挤，饮水供应不足，均可引起中暑。一般气温超过 36℃时可发生中暑，环境温度超过 40℃时，可发生大批死亡。

【临床症状】

病初呼吸急促，张口喘气，翅膀张开伸向两侧，口中发出“哈哈”声，病初鸡冠、肉髯充血鲜红，之后发绀（蓝紫色），有的苍白。体温升高触之烫手。食欲减退或废绝，饮水增加，严重者不喝水，不能站立，昏睡，虚脱而死。死亡多在下午和上半夜，笼养鸡比平养鸡严重，笼养鸡上层死亡较多。中暑死亡的鸡一般出现泄殖腔外翻凸起，色暗红。

【剖检病变】

胸部肌肉呈淡紫色（好似鲜肉在水中长时间浸泡过一样），腺胃膨大、腺胃乳头变平，常分泌大量的黏液；肠内容物稀薄如水，肠黏膜脱落，肠壁变薄，小肠后段有胀气现象；中暑死亡的鸡卵泡充血，肝肿大、淤血，一侧肺充血或坏死，输卵管内常有一个发育完整的鸡蛋。

【诊断】

本病根据季节、发病及死后的表现和剖检病变即可诊断。

【防治措施】

1. 降低鸡舍温度，通风降温，以纵向通风效果好。喷水降温：当鸡舍温度超过 32℃，可采用旋转式喷头的喷雾器，向鸡舍的顶部或墙壁喷水。三伏天可用高压式低雾量喷雾器向鸡体上直接喷水，还可以在上风口处设置水帘，使空气温度降低后再进入鸡舍。有的地方用深井水配合消毒药对鸡群多次喷洒。

2. 在鸡舍周围植树遮阴，搞好绿化，可降低热辐射的 50%～60%，但不要影响鸡舍自然通风。

3. 调整饲料配比。因舍温每升高 1℃，鸡采食量下降 1.6%，故宜使用高浓度日粮。饲料中多用植物蛋白质，因高热时鸡对动物蛋白质发生腻感，不喜采食，故可增加 3%～4% 的豆粕，1%～2% 的叶粉和麸皮，减少脂肪含量，多喂青饲料。调整喂料时间，选择气温凉爽时加料喂鸡，以清晨 4：00～5：00、下午 5：00～6：00 为宜。

4. 加强饲养管理。可增加拌料次数，每次加少许水拌料可刺激鸡的食欲；供足新鲜清洁的水，上午10：00到下午4：00，每2 h换水1次。实行早晚光照法，早4：00开灯，晚9：00闭灯，开灯后10～15 min喂料。

5. 日粮补加抗热应激添加剂。维生素C对热应激效果明显，每千克饲料加入200～400 mg，混饲；氯化钾，每千克饲料加入3～5 g混饲，或每升水加入1～2 g混饮（夏季混饮用量不宜超过0.2%）；口服补液盐及可溶性多维素混合饮用。

6. 一旦发现鸡只卧地不起呈昏迷状态时，尽快将其移至通风阴凉处，对鸡体用冷水喷雾、浇泼或冷水浸湿鸡体。用小苏打水或0.9%盐水饮喂，一般会迅速康复。

7. 剖检中暑死亡的鸡，一般可见继发大肠杆菌或沙门氏菌感染，故在采取防暑降温措施的同时还要给予抗菌药物，以利于康复，减少损失。

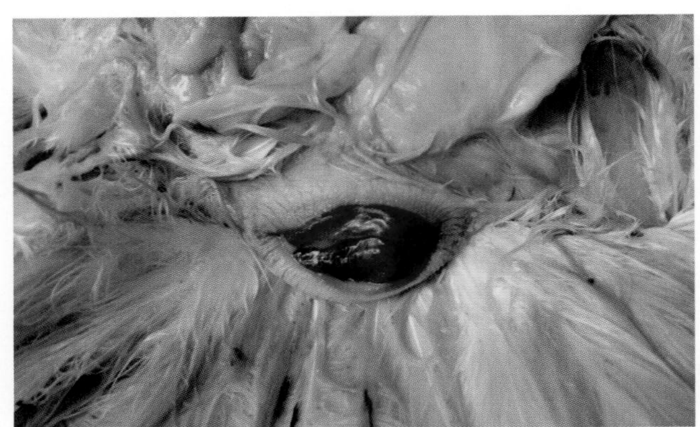
69-1 中暑病鸡泄殖腔凸出，淤血呈深红色（1）

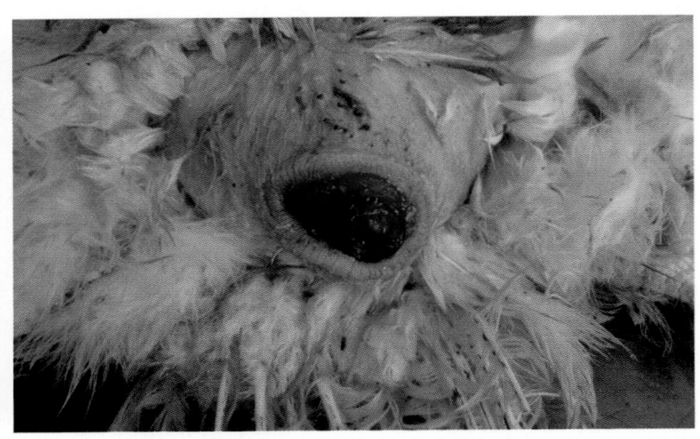
69-2 中暑病鸡泄殖腔凸出，淤血呈深红色（2）

69-3 中暑病鸡泄殖腔凸出，淤血呈深红色（3）

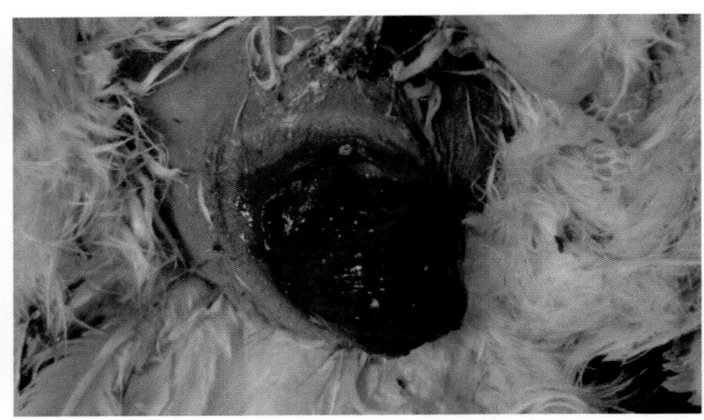
69-4 中暑病鸡泄殖腔凸出，淤血呈深红色（4）

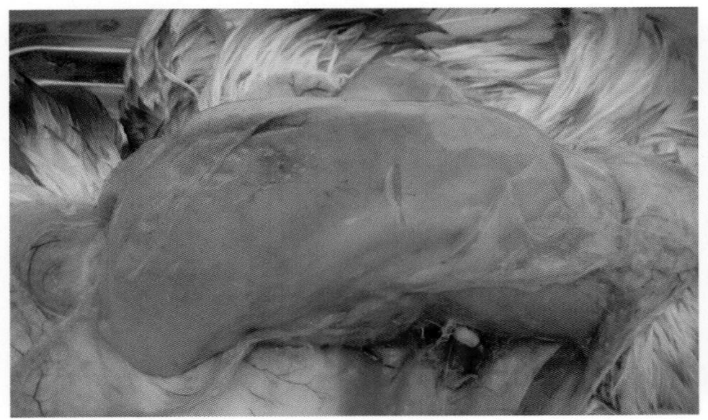
69-5 中暑病鸡胸腹部肌肉褪色（1）

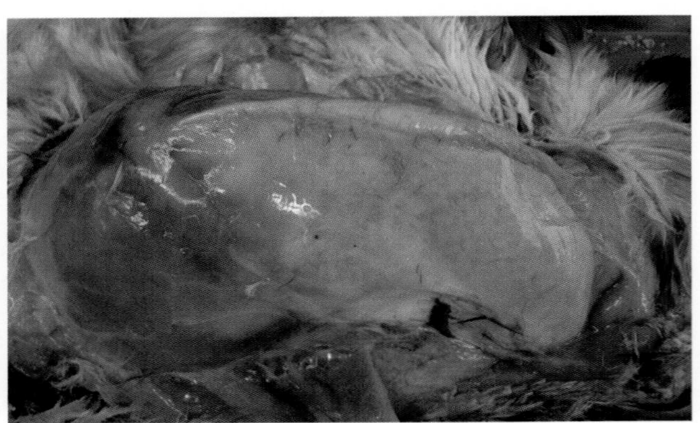
69-6 中暑病鸡胸腹部肌肉褪色（2）

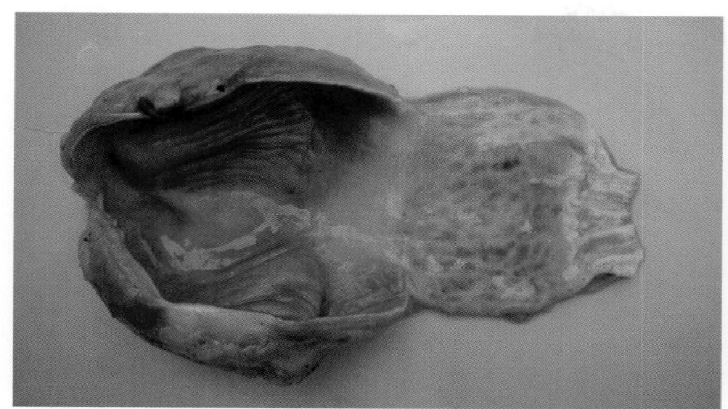

69-7 中暑病鸡腺胃糜烂、溃疡，腺胃壁变薄，腺胃乳头变平

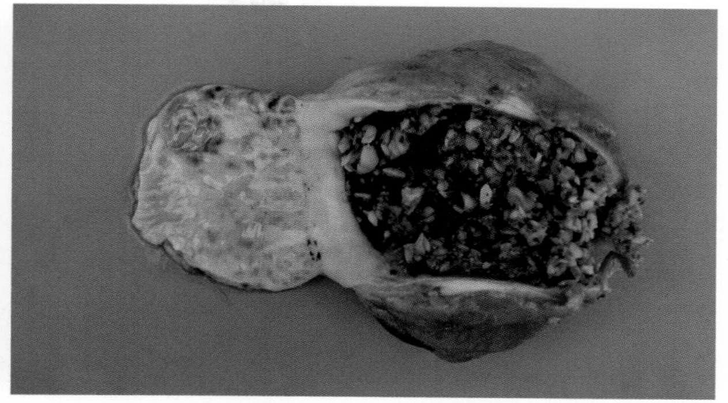

69-8 中暑病鸡腺胃糜烂、溃疡，腺胃壁变薄，腺胃乳头变平。

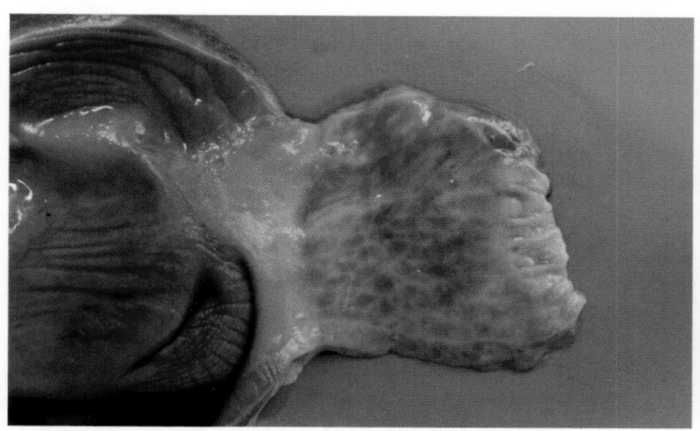

69-9 中暑病鸡腺胃糜烂、溃疡，腺胃壁变薄，腺胃乳头流出黄褐色液体，腺胃乳头变平

69-10 中暑病鸡继发大肠杆菌、产气荚膜梭菌感染，肠道胀气，心脏表面有一层纤维素性渗出物

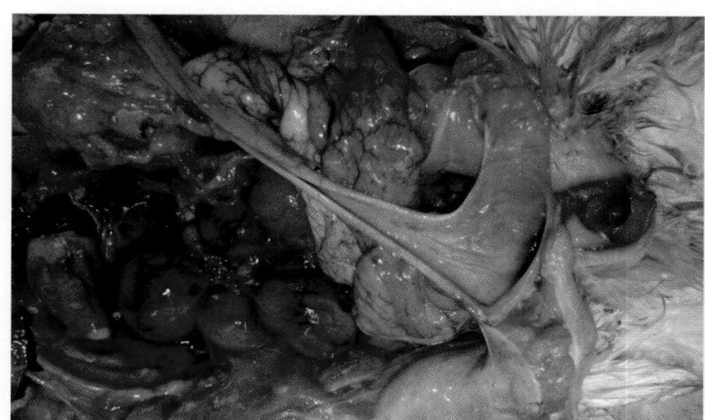

69-11 中暑鸡常并发病毒与细菌混合感染，卵泡出血，泄殖腔出血

69-12 中暑死亡的产蛋鸡腹腔内有一枚未产出的鸡蛋，卵泡出血

70 肝炎-脾肿大综合征（Hepatitis-Splenomegaly syndrome）

肝炎-脾肿大综合征是 30～72 周龄产蛋鸡死亡率高于正常范围，40～50 周龄发病率最高的一种疾病。在产蛋中期的几周时间内，每周死亡率约增加 0.3%，有时可超过 1%。死亡鸡腹腔有多量深红色液体，肝和脾呈现不同程度的肿大，肝、脾被膜常脱落。

该病曾被称为肝炎-脾肿大综合征，也有称作出血性坏死性肝炎-脾肿大综合征。

加拿大于 1991 年首先报道了本病，之后加拿大东部、加利福尼亚和美国中西部、意大利也发现有该病。笼养来航蛋鸡发生典型感染，而且在某一鸡场经常复发。最近在肉种鸡中也发现该病。

【病原】

至今国内外学者采用常规方法从肝中未分离到细菌。病毒分离和毒素鉴定均为阴性。

【临床症状和剖检病变】

病鸡死前未见任何症状。部分发病鸡群伴有产蛋下降，但其余的产蛋未受影响，在强制换羽后的鸡群出现该症状后产蛋率上升极为缓慢。

一般死亡鸡体况良好，冠和肉垂苍白。腹腔中均有未凝固的血液。肝肿大、质脆，有时肝被膜脱落，有时肝被膜下有血肿，或肝表面附着疏松似豆腐渣样血凝块，脾一般肿大 2～3 倍，有时大如核桃，脾被膜常脱落、出血。同群死亡的病鸡肝和脾被膜常交替脱落出血，尚未见到肝、脾被膜同时脱落的现象。感染鸡卵巢萎缩，但也有些病鸡卵巢正常。

该病与脂肪肝的区别在于脂肪肝病鸡腹部蓄积大量脂肪，肝脂肪浸润，呈黄色油腻状，或腹腔内肝周围有表面光滑的血凝块，而本病是未凝固的血液。

【诊断】

根据典型症状和剖检病变进行诊断。

【防治措施】

目前还没有有效的治疗方法。

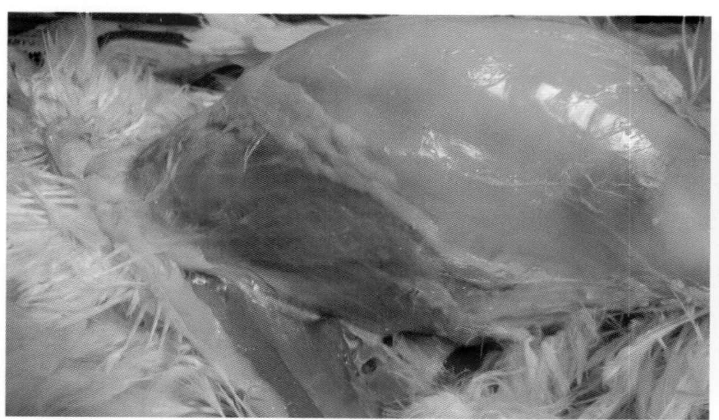

70-1　胸部肌肉苍白，透过腹部皮肤可见腹腔内出血

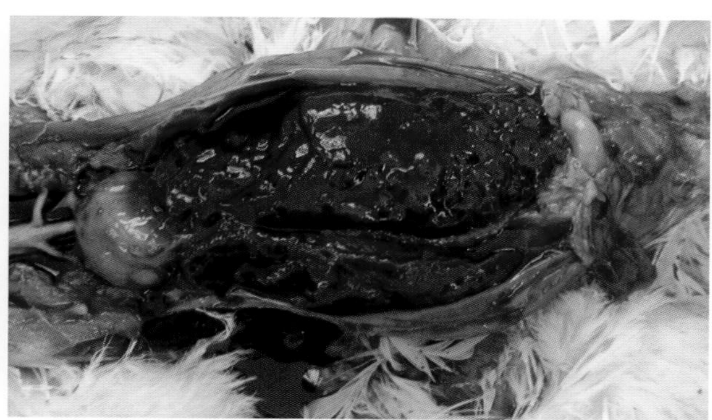

70-2　肝周围附着一层表面粗糙、疏松、似豆腐渣样血凝块

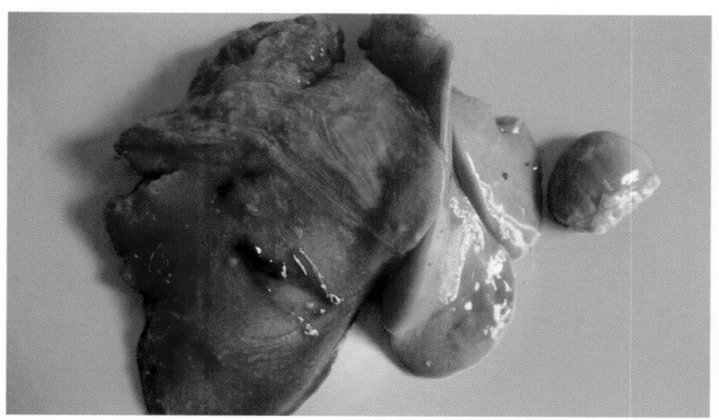

70-3　肝肿大、色淡、质脆，肝、脾被膜交替脱落出血

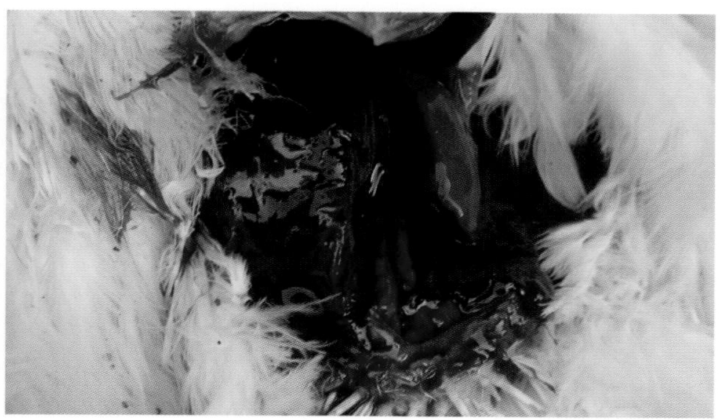

70-4　腹腔内有多量深红色凝固的血液

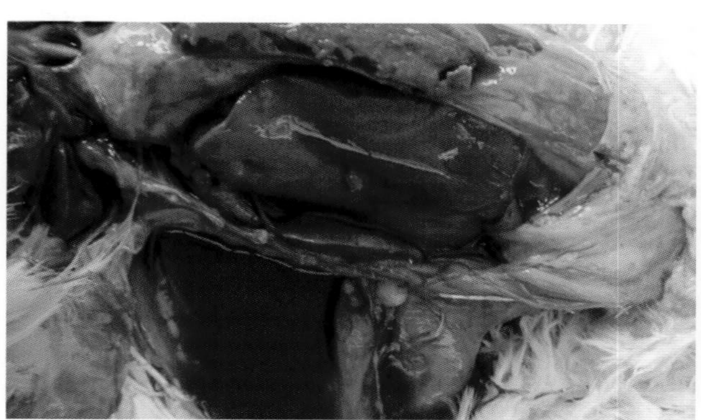

70-5　肝被膜脱落，腹腔中流出血水

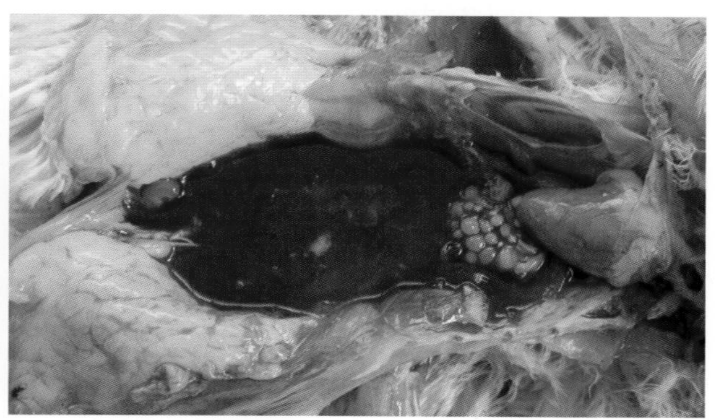

70-6　腹腔内有多量浓稠的血液

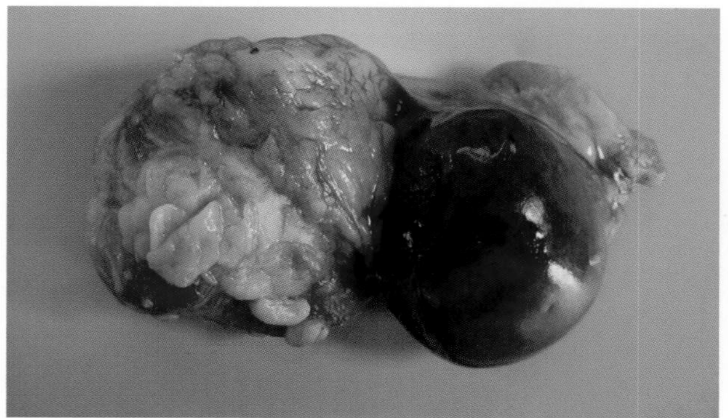

70-7　脾肿大如肌胃，脾被膜下出血，左侧为正常肌胃对照

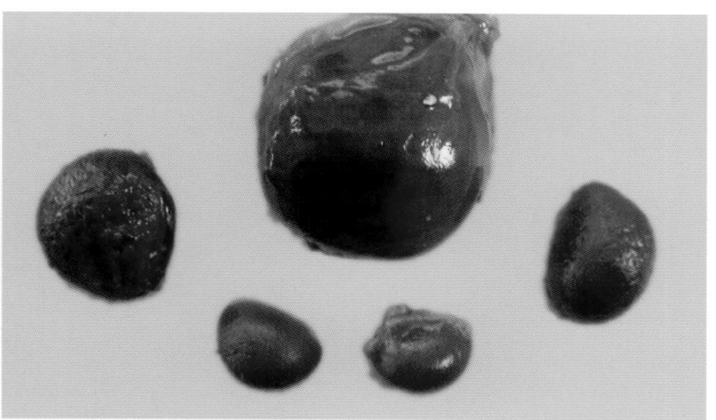

70-8　脾极度肿大，比正常脾大 3～10 倍，脾被膜下出血，下面两个脾为正常对照

71 乳鸽消化不良（Young pigeons' indigestion）

乳鸽消化不良是乳鸽的常见普通病。

【病因】

乳鸽消化不良多因饲料配合不当，或采食过量，或吃了不容易消化的饲料，或缺乏饮水、保健沙，误食异物，缺乏运动等原因而引起发病。

【症状】

嗉囊充满食物，触之有结实感，甚至 1～2 d 仍未完全消化。口气酸臭，唾液黏稠。病鸽食欲减退，甚至不吃料，饮水多，排便少，粪便稀烂或硬结，日渐消瘦。

【诊断】

根据临床症状即可诊断。

【防治措施】

1. 积食初期，可喂给酵母片、乳酶生各 1～2 片，以助消化。

阻塞不太严重时，可用橡皮管插入嗉囊，灌服 1%～2% 食盐水，用手轻轻按摩嗉囊，使食物软化下移。再注入 2% 的小苏打水或 0.1% 的高锰酸钾水冲洗，将鸽头朝下，对嗉囊边按摩边推动，掰开鸽嘴，使嗉囊内的积食和水一起吐出以后，再服几滴蓖麻油，使肠内积食泻净，经过 1～2 d 即愈。

积食坚硬，或吃下异物，可切开嗉囊，用镊子夹出内容物或异物，术后每天给予土霉素（12.5 IU）内服，连用 3～5 d，可防止感染。

2. 平时注意饲料搭配，不要喂霉变劣质饲料，不要在鸽饥饿时喂得过饱。

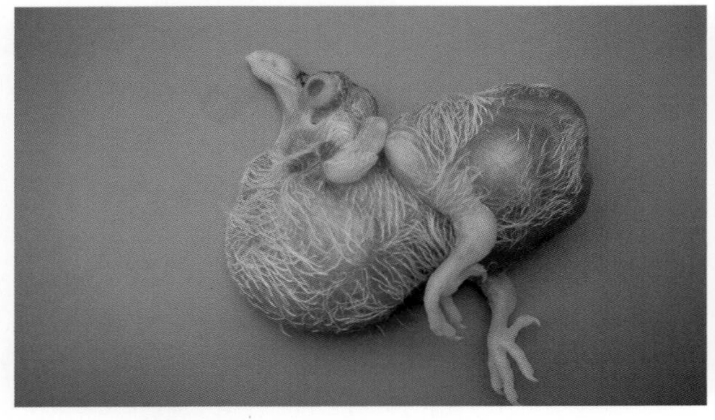

71-1　病乳鸽嗉囊体积极度增大，积食不下（1）

71-2　病乳鸽嗉囊体积极度增大，积食不下（2）

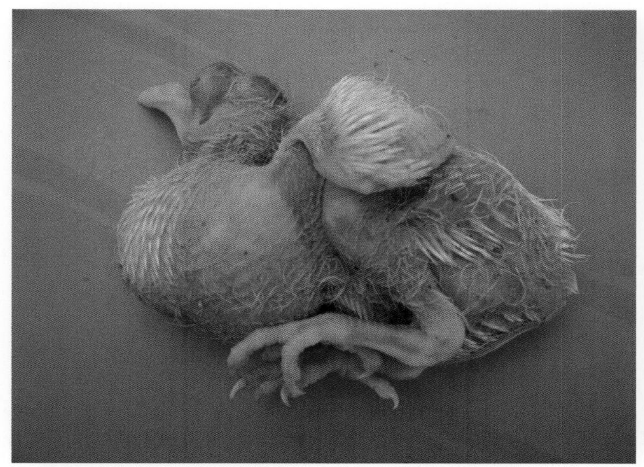

71-3 病乳鸽嗉囊体积极度增大，积食不下（3）

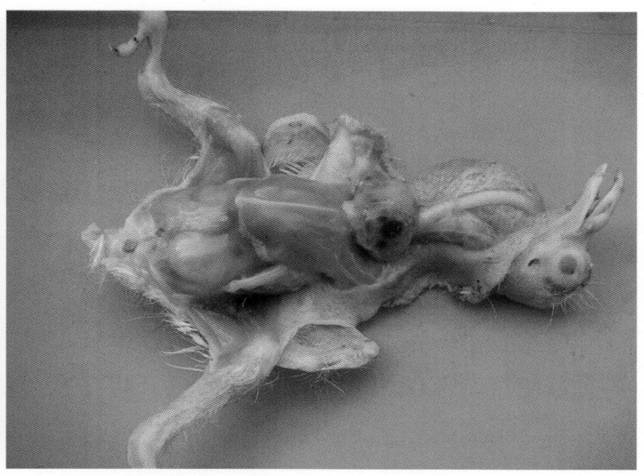

71-4 病乳鸽嗉囊有出血斑

72 肠扭转（Volvulus）

鸡的肠扭转一般多在小肠和回肠发生，直肠较短故不易发生。肠道扭曲处变细，造成肠壁血流不畅，致使扭转部位因淤血而呈红褐色，与没有扭转的部位颜色有明显的区别。该病要注意与球虫病鉴别诊断，本病肠壁无球虫病所具有的深红色似针尖样小出血点和小白点。造成肠扭转后无早期修复便会死亡。

72-1 肠扭转病鸡空肠与回肠扭转，其扭转部位因淤血肠道呈深红色（1）

72-2 肠扭转病鸡空肠与回肠扭转，其扭转部位因淤血肠道呈深红色（2）

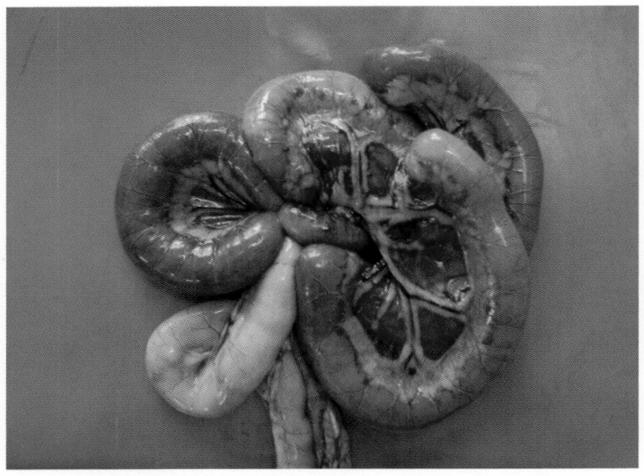

72-3 肠扭转病鸡空肠与回肠扭转，其扭转部位因淤血肠道呈深红色（3）

72-4 肠扭转病鸡空肠与回肠扭转，其扭转部位因淤血肠道呈深红色（4）

72-5 肠扭转病鸡空肠与回肠扭转，其扭转部位因淤血肠道呈深红色（5）

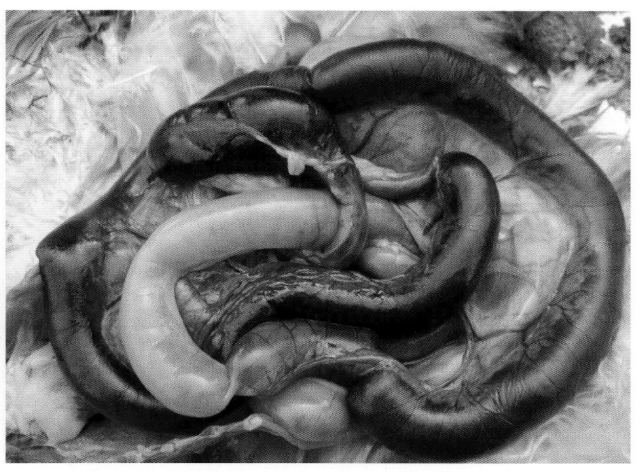

72-6 肠扭转病鸡在扭转部位肠管扭曲变细

72-7 45 日龄鸵鸟空肠与回肠扭转，其扭转部位因淤血肠道呈深红色（1）

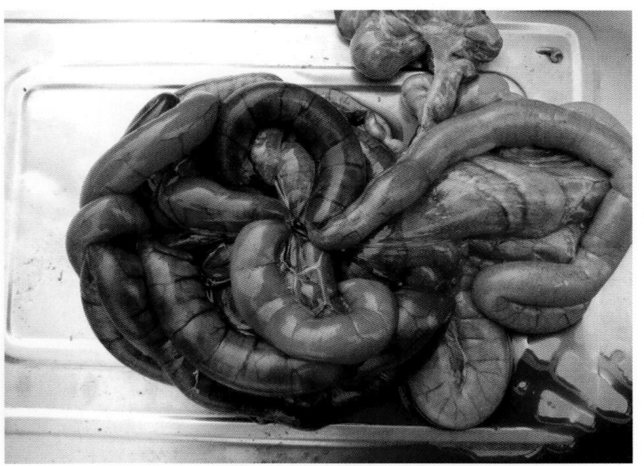

72-8 45 日龄鸵鸟空肠与回肠扭转，其扭转部位因淤血肠道呈深红色（2）

73 鸭异物胃穿孔（Duck gastric perforation）

鸭嘴宽大，吃食较快，再加上缺乏咀嚼，易将混在饲料中的金属物品（铜丝、铁丝、大头针、订书针等）吞咽至嗉囊的膨大部。这些金属物品将食道的膨大部穿透，进而损伤气囊、肺，造成死亡。

【防治措施】

一是要注意清洁运动场和禽舍的环境清洁卫生，无家禽易吞咽的金属异物；二是饲料中加工过程中应注意清除金属物品。

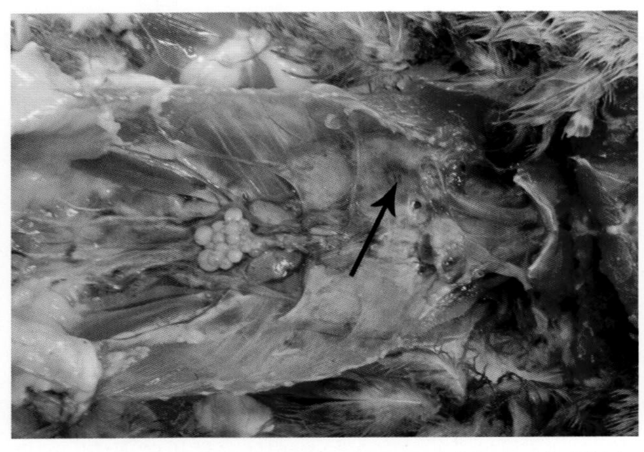

73-1　鸭吞食尖锐的金属物品将气囊穿透后又造成肺损伤

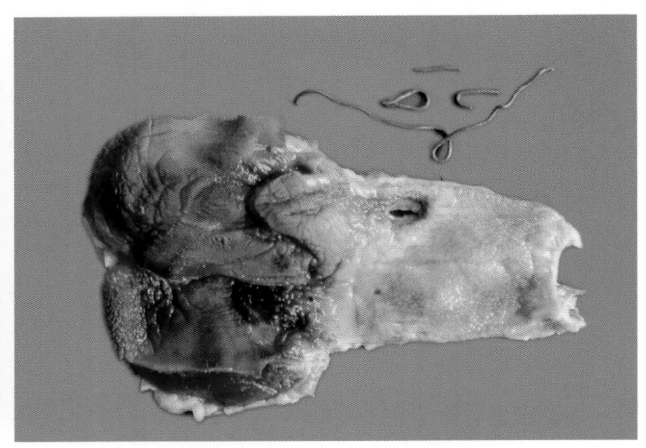

73-2　鸭吞食尖锐的金属物品造成胃穿孔（1）

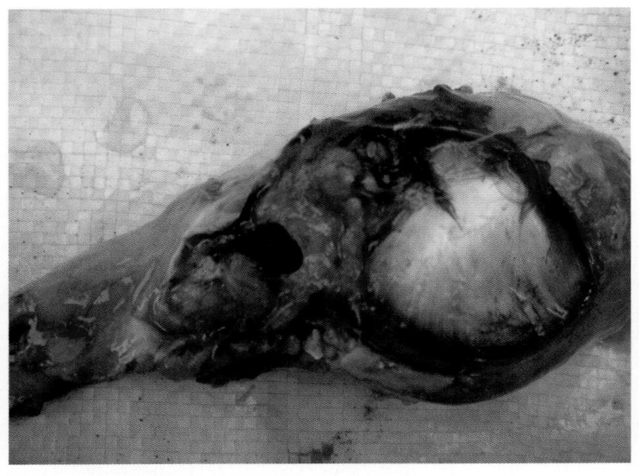

73-3　鸭吞食尖锐的金属物品造成胃穿孔（2）

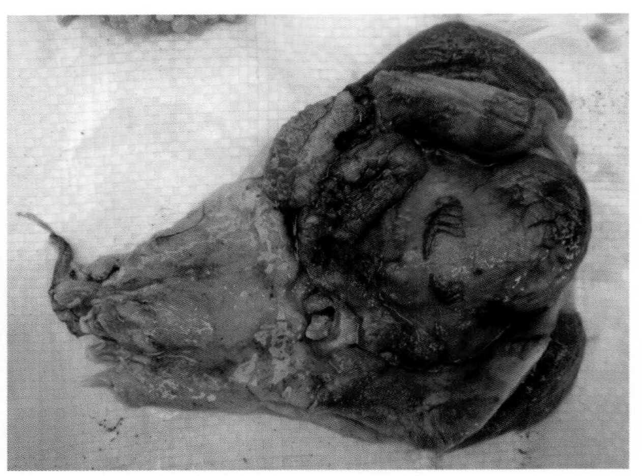

73-4　鸭吞食尖锐的金属物品造成胃穿孔（3）

鸭光过敏症（Photosensitisation of duck）

鸭光过敏症是鸭误食某些含光过敏物质的饲料、中草药，如某些植物的种子、川芎的块根，或摄食过量的喹乙醇后发生的一种中毒症。

【临床症状】

病初，患鸭上喙背侧角质层出现出血斑点或角质下层水肿，形成黄豆至蚕豆大小的水疱，水疱逐渐扩大、破溃，痂皮脱落，露出红色的角化层下层。病程进一步发展时，上喙变短，或边缘向上翻卷。部分病鸭脚蹼亦可见形成水疱，破溃，甚至脚蹼变形。部分病鸭呈现眼结膜炎症状，流泪、流涕。病鸭消瘦，但内脏器官一般无明显异常。

【防治措施】

避免家鸭摄食含光过敏物质的饲料和药物，避免喹乙醇中毒，不要让鸭群过度接触强烈的阳光。发现有病鸭时，马上更换饲料或药物，投喂适量葡萄糖、维生素 C，以加强机体解毒作用，并补充足量的维生素 A、维生素 D、维生素 E 和适量的青饲料。

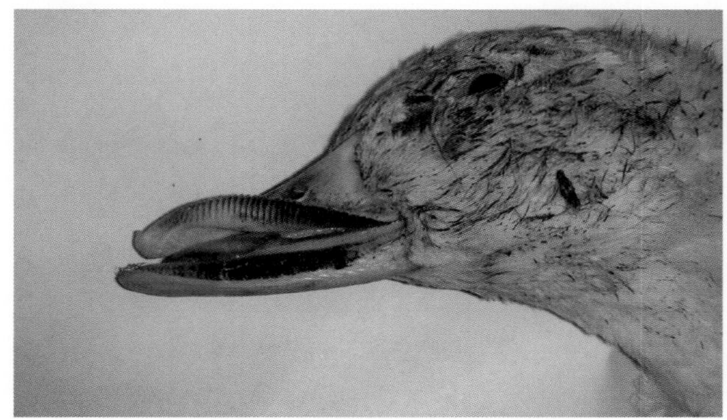

74-1　鸭光过敏症造成上喙边缘向上卷曲（1）

74-2　鸭光过敏症造成上喙边缘向上卷曲（2）

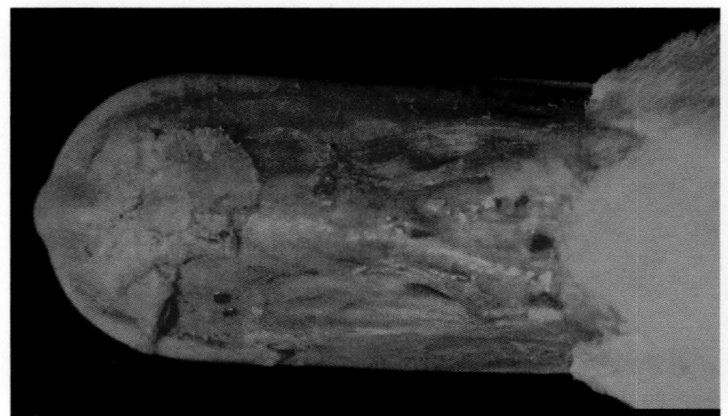

74-3　鸭光过敏症，病鸭上喙角质层干酪化与脱落，露出出血的角质下层（1）

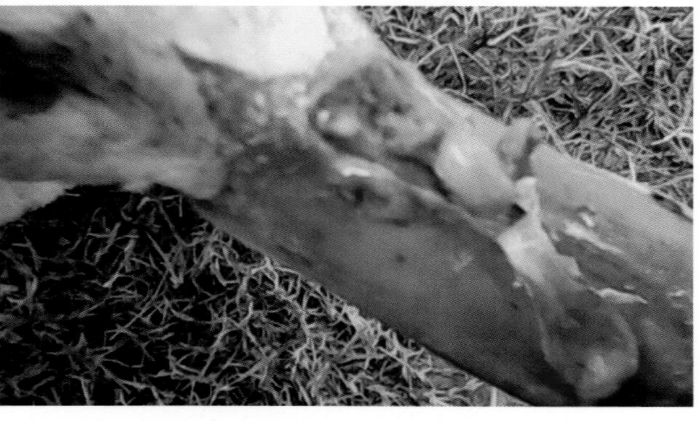

74-4　鸭光过敏症，病鸭上喙角质层干酪化与脱落，露出出血的角质下层（2）

75 惊吓死亡（Death of scared）

【病因】

多因犬、猫、蛇等闯入禽舍，或遇大风将五颜六色的塑料袋等异物刮进禽舍，并在舍内到处飘动，禽受到惊吓而骚动不安，严重时造成禽只猛烈地乱飞乱撞，内脏器官受到严重损伤，致使心脏、肝、脾等出血死亡。

【防治措施】

加强禽舍门窗和通风孔的管理，防止其他畜禽和异物进入，减少各种应激，尽量做到禽舍内外无惊扰。

75-1 孔雀受惊吓致心脏破裂出血死亡（1）

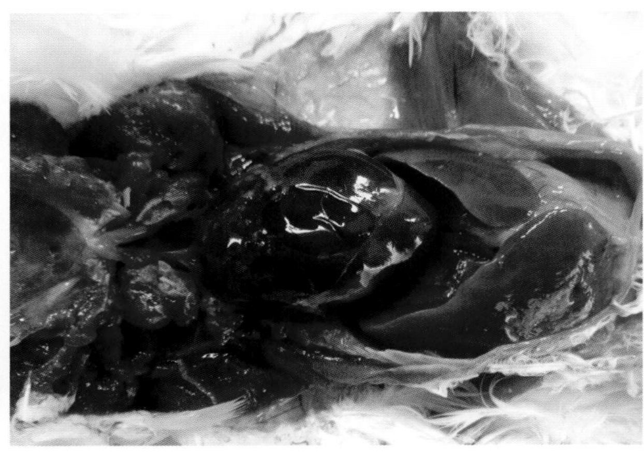

75-2 鸽受惊吓致心脏破裂出血死亡（2）

75-3 鸡受惊吓致脾破裂出血死亡（1）

75-4 鸡受惊吓致脾破裂出血死亡（2）

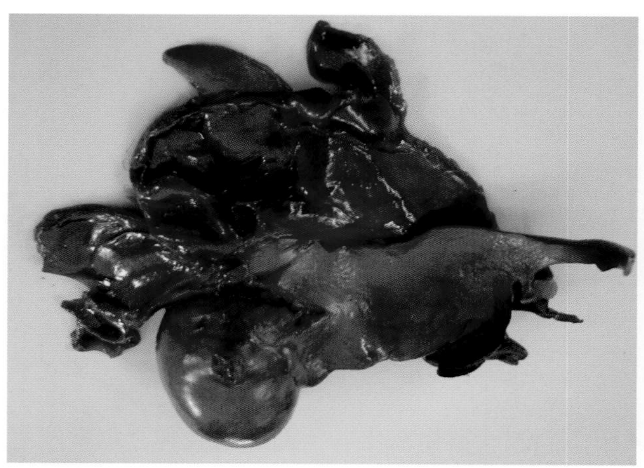

75-5　鸡受惊吓致脾破裂出血死亡（3）

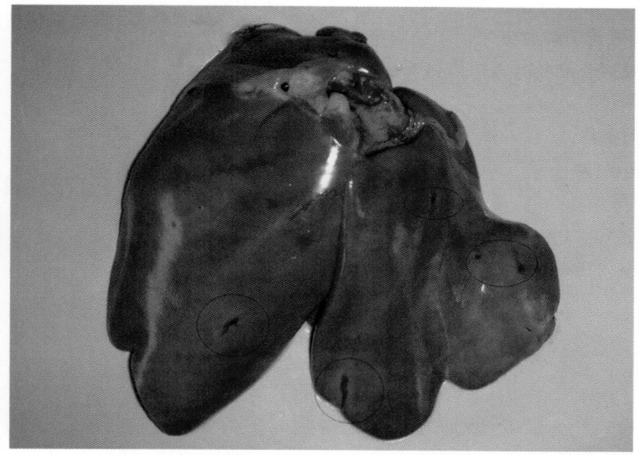

75-6　鸡受惊吓致肝破裂出血死亡

76 皮下气肿（Subcutaneous emphysema）

【病因】

由于某种原因造成呼吸道的损伤，致使空气进入组织间隙，蓄积在皮肤下面形成气肿。鸡常发生在阉割之后，或捉鸡时用力过大，禽只角斗或过于拥挤等造成体壁损伤所致。水禽或飞禽的皮下气肿，可能是由于有的含气骨发生骨折，空气逸出蓄积在皮下所致。

【症状和病变】

患禽整个前躯，包括头、颈部皮下充满气体，或发生在胸廓或腹廓，有的病禽气肿发生于全身皮下。患禽一般情况下有食欲，能运动，若处理不及时，气肿继续增大，会影响正常生长。

【防治措施】

一般皮下气肿，可用注射针头刺入皮下，放出积气即可，有时需反复多次穿刺放气才能见效。如果是骨折造成的气肿则无治疗意义。日常管理应尽量减少禽只应激。

76-1 鸡头部皮下气肿

76-2 鸡颈部皮下气肿

76-3 鸡嗉囊、胸部皮下气肿

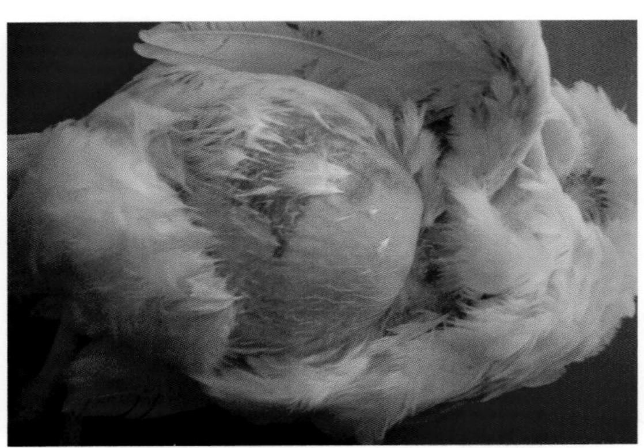

76-4 鸡胸、腹部皮下气肿

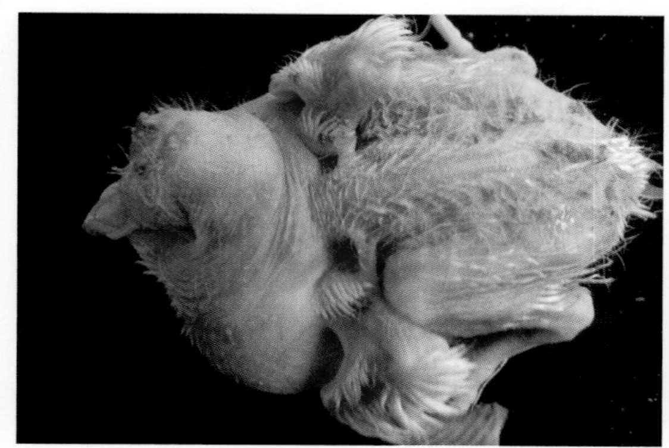
76-5 乳鸽胸、腹部皮下气肿

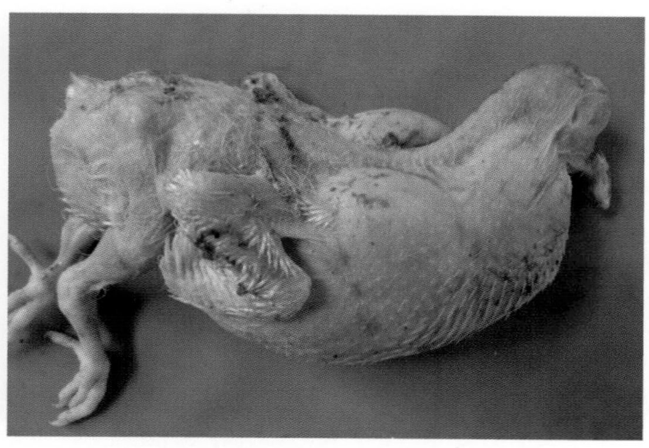
76-6 乳鸽胸、腹部皮下气肿

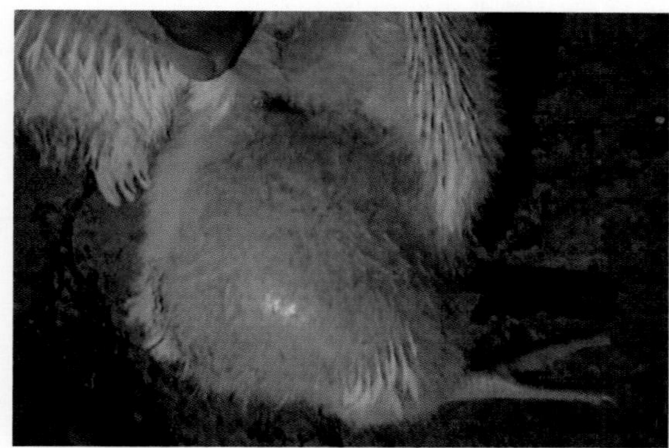
76-7 肉鸡后半身皮下气肿

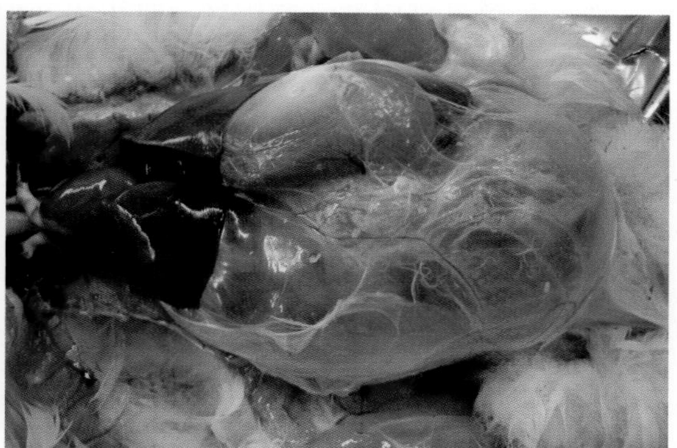
76-8 皮下气肿的病鸡，腹腔涨满了大量的气体

77 肠套叠

鸡的肠套叠是某段肠管进入邻近肠管内引起的一种肠道疾病，会越进越多，继而发展为肠梗阻，严重时有暗红色果酱样大便。一般多因雏鸡、青年鸡活动量大，肠道系膜游离度过大，肠道蠕动过快；外因多由于上呼吸道炎、腺病毒感染，引起肠系膜淋巴结增大刺激肠管所致。也有少数病例是由于先天肠管畸形或肿瘤引起。积极预防呼吸道和消化道感染，是避免急性肠套叠的有效措施。

77-1 肠套叠是某段肠管进入邻近肠管内，而且越进越深，形成肠梗阻（1）

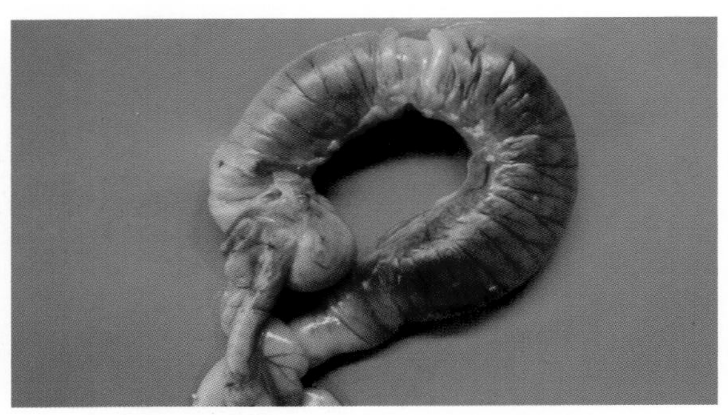

77-2 肠套叠是某段肠管进入邻近肠管内，而且越进越深，形成肠梗阻（2）

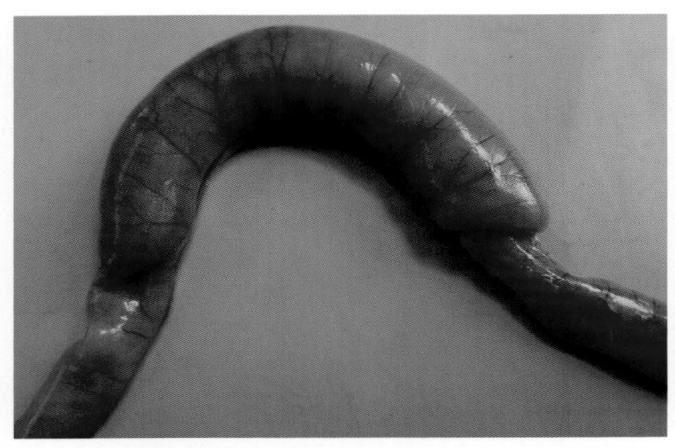

77-3 肠套叠是某段肠管进入邻近肠管内，而且越进越深，形成肠梗阻（3）

77-4 肠套叠是某段肠管进入邻近肠管内，而且越进越深，形成肠梗阻（4）

家禽解剖与禽病诊断常识

家禽解剖是一门有较深学问的技术。其对于正确诊断疾病是非常重要的，能为正确合理地使用药物进行疾病的治疗奠定基础。

有时仅从鸡的异常表现和颜色不正常的粪便上就知道鸡要出问题了，有时已经能够看出主要是什么疾病了。但是现在经常出现的是由多种病原混合感染性的病变，仅从鸡的外观看不出究竟是由哪些疾病造成的。在这种情况下就需要进行解剖，要求从业技术人员必须具备熟练的剖检技术、掌握一般疾病的特征性的病理变化，这样就能在最短的时间内，判断出鸡群到底是得了什么病。

解剖之前首先要注意观察鸡的外貌特征有无异常，有不正常的现象就要提高警惕了。

一、对活的病鸡的观察

1. 有无扭头、曲颈、转圈等神经症状。

倒提口流黏液现象提示鸡的新城疫感染后期症状。

2. 看冠、髯、皮肤、羽毛颜色、形态是否正常。

3. 看粪便颜色是否正常。

（1）黄白绿色粪便提示病毒与细菌混合感染性的疾病。

（2）深红色、橙色粪便提示球虫病。

（3）料粪提示梭菌感染或肠毒综合征。

（4）白色稀的似牛奶样的或像大米汤样的粪便提示传染性法氏囊病。

（5）白色黏稠的粪便同时肾肿胀严重的花斑提示钙、磷不平衡或痛风。

4. 看走路和站立的姿势是否正常。

两腿劈叉或两腿伸直不能弯曲提示马立克氏病或维生素或微量元素缺乏症，或肉鸡的腿病。

5. 看精神状态。

雏鸡极度沉郁，低头下垂，喙将要触地，提示传染性法氏囊病。

6. 听呼吸道有无异常的声音。

（1）伸颈张口、吼吼怪叫提示传染性喉气管炎或喉痘感染。

（2）呼噜甩鼻，眼中有气泡，鼻窦、眶下窦肿胀提示鸡毒支原体病（又称慢性呼吸道病，以下均称支原体病）。

（3）伸颈张口呼吸困难，发病 3 d 后不出声音提示传染性支气管炎感染。

（4）将病鸡的头放在耳边，呼噜声音很大的提示肺部曲霉菌感染。

二、对死亡鸡的观察

1. 看肉鸡死亡后的姿势。

如果腹部向上，两腿伸直，提示肉鸡猝死症。

2. 注意对家禽脸部、头部的观察。

（1）冠颜色发黄或发白提示鸡有贫血或脂肪肝造成的肝出血、脾肿大出血、球虫病或严重的寄生虫感染。

（2）鸡冠萎缩、暗红有白霜提示非典型新城疫。

（3）鸡冠黑紫或冠尖黑紫色提示流感。

（4）鸡颜面肿胀、肉髯肿胀叉开呈“八”字形、下颌肿胀提示肿头综合征。

（5）眼睛低，眼眶周围组织高，按压手感软提示传染性鼻炎。

（6）秋季鸡冠、颜面或腹部没有羽毛的地方出现圆的棕色的结节提示鸡痘感染。

3. 观察羽毛、皮肤。

（1）翻开颈部、背部、腹部的羽毛，看鸡体有无羽虱。

（2）头部、翅、背部、腿部羽毛脱落、出血、溃疡，提示葡萄球菌感染。

（3）肛门周围的羽毛被粪便严重污染，提示肠炎。

（4）雏鸡肛门有白色石灰膏样的粪便堵塞提示鸡白痢。

（5）肛门周围有血便提示球虫。

（6）肛门向外凸出且出血溃疡，提示有啄癖发生。夏季高温死亡的鸡肛门凸出、充血提示中暑。

（7）啄癖严重提示鸡舍光线强或者是饲养密度大，或者饲料中缺乏维生素或微量元素等营养物质，特别是硫元素缺乏。

（8）鸡肛门周围有爬得很快的寄生虫，提示有螨虫寄生。

4. 检查胸部、腹部皮肤是否正常。

（1）胸骨嵴外面的皮肤肿胀、增厚，手感软提示滑液囊支原体感染或肉鸡胸囊肿。

（2）深紫红色的皮肤提示流感。

（3）鸡体膨胀，皮下有气体，提示气囊破损，气体溢出到皮下所致。

（4）胸骨、腿骨、肱骨等部位皮肤呈青紫色提示骨折所致。

（5）肉仔鸡腹部皮肤变薄、透亮，用手按压有波动感，提示肉鸡腹水症或大肠杆菌感染造成的腹水。成年蛋鸡出现上述情况提示大肠杆菌造成的腹水或生殖型传染性支气管炎。

（6）腹部体积异常增大，提示淋巴细胞白血病（简称大肝病）、脂肪肝或严重的输卵管炎形成的裆鸡。

（7）夏季高温死亡的鸡脱肛呈深红色提示中暑。

5. 检查腿、脚关节有无异常。

（1）跗关节肿胀、肌腱断裂出血，提示病毒性关节炎（又称呼肠弧病毒感染）。

（2）跗关节畸形变宽、变扁，不能正常站立提示锰或氯化胆碱缺乏造成的滑腱症。

（3）脚趾鳞片出血或鳞片下出血，提示流感。

（4）看腿的形状，跖骨变粗，像穿靴样提示淋巴细胞白血病的骨硬化症（又称骨的石化症）。

（5）脚垫、跗关节肿胀，用刀剪开肿胀部位有灰白色或黄白色的渗出物，提示滑液囊支原体感染（该病又称作滑膜炎）。

（6）趾关节肿胀、畸形，用刀剪开肿胀部位有乳白色的奶油样渗出物提示痛风。

（7）脚趾缝皮肤裂口、出血提示生物素或泛酸缺乏。

（8）趾爪向内卷曲不能正常站立行走提示维生素 B_2 缺乏症。

三、解剖

解剖的方法有很多种，现在介绍最实用的一种解剖方法，是先打开胸、腹腔。

1. 将病死鸡的羽毛用消毒水浸泡一下，再将两侧跗关节与胸部之间的皮肤剪开，然后用两手将两腿向下按压，将髋关节脱臼，将鸡体放平，两腿外展，让尸体无法翻转。

这时对于 30～40 日龄的雏鸡要注意观察胸部、腿部的肌肉颜色是否正常，如果有点状或刷状出血提示传染性法氏囊病。

同时还要观察胸骨嵴脊有无大水泡或浅黄色干酪样物，如果胸骨嵴脊有大水泡或浅黄色干酪样物，则提示感染了滑液囊支原体病。

2. 将胸骨的末端与之连接的腹肌剪开，然后沿着胸骨与胸部肋骨的交界线直到肩关节的下方剪一个弧线，再将乌喙骨、锁骨剪断，将胸骨向颈部推压与地面平行，整个躯体呈 180°。

3. 观察心脏、肝等内脏器官形态，颜色是否正常，有无出血等。

（1）心脏。

心脏周围包裹一层纤维素性渗出物提示大肠杆菌感染。

心冠脂肪出血提示新城疫或流感。

心脏表面有白色坏死条纹提示流感。

幼雏鸡心脏变形提示沙门氏菌感染。

青年鸡、成年鸡心脏表面有肿瘤结节提示淋巴细胞白血病或马立克氏病。

心包内有 5～10 L 液体或浅黄绿色胶冻样物提示安卡拉病。

（2）肝。

正常的肝表面光滑呈深红色，大小适中。

肝、心脏周围包裹一层纤维素性渗出物且易剥离提示大肠杆菌感染。

肝、心脏、气囊以及各内脏器官的表面覆盖一层石灰样的粉末，不易剥离提示为痛风的病变。

肝呈铜绿色提示伤寒。

雏鸡肝表面有小米粒样的坏死灶提示沙门氏菌感染。

肝肿大，表面有大小不一的肿瘤结节提示淋巴细胞白血病（简称大肝病）或马立克氏病。

肝颜色发黄提示贫血、脂肪肝或黄曲霉毒素中毒（如果是 14 日龄以内的鸡肝土黄色为正常）。

肝上有出血斑点提示包涵体肝炎。

肝上有黄色星芒状坏死灶、出血点提示弯杆菌性肝炎（或弧菌性肝炎）。

肝有灰白色针尖样坏死点提示禽霍乱。

肝有散在的或密密麻麻的大小不一，边缘呈黄绿色、周围隆起、中间凹陷的溃疡灶，同时盲肠粗硬，内有干酪样物，切面呈同心圆，提示盲肠肝炎病。

（3）气囊。

正常气囊是透明的一层薄膜。

气囊呈云雾状轻度混浊提示大肠杆菌、支原体感染。

气囊有珠状小点、严重时像炒鸡蛋样干酪样物提示为支原体感染。

气囊混浊、气囊上的毛细血管清晰可见，提示支原体和大肠杆菌严重的混合感染。

气囊、胸腹腔内有灰白色或灰绿色斑块提示霉菌感染。

（4）脾。

脾异常肿大有灰白色肿瘤病灶提示淋巴细胞白血病。

脾异常肿大严重时脾破裂出血提示大肠杆菌感染或外伤所致。

脾肿大有灰白色的坏死点提示沙门氏菌感染。

脾周围包裹一层纤维素性渗出物提示大肠杆菌感染。

（5）鸡胃。鸡胃是由腺胃和肌胃两部分组成，剪开肌胃、腺胃，观察腺胃乳头的病变所提示的疾病。

腺胃乳头肿胀，乳头尖出血提示典型的新城疫。

腺胃乳头间出血或腺胃黏膜潮红提示非典型新城疫。

腺胃与肌胃连接处靠近腺胃一侧有一条出血带提示新城疫或传染性法氏囊感染。

腺胃乳头分泌物多，有刮不完的感觉，同时乳头基底部出血提示流感。

腺胃体积增大、腺胃壁增厚、腺胃乳头凹陷、溃疡提示腺胃炎（同时要注意与马立克氏病、大肝病、网状内皮增生症的鉴别诊断）。

肌胃角质层开裂、肌胃溃疡提示霉菌毒素造成的肌胃炎。

肌胃角质层下出血、肌胃与腺胃的连接处出血提示新城疫或流感。

（6）检查肠道、胰腺等是否正常。将肌胃幽门处连接的十二指肠剪断，连接肌胃幽门的是十二指肠，呈U形，拐弯的地方叫十二指肠圈（又称作十二指肠乙状弯曲），胰腺在十二肠圈中呈长条状、正常为乳白色。

胰腺出血呈紫红色、胰腺边缘出血或胰腺有出血点、坏死点等是流感特征性病变。

胰腺肿大、严重高低不平提示有肿瘤性疾病。

观察肠道有无病变，十二指肠的末端向下依次为小肠（又称空肠）、卵黄蒂（在小肠的中间）、回肠、盲肠、盲肠扁桃体、直肠、泄殖腔。

通过对肠道的检查主要看有无以下几种疾病：首先从十二指肠圈拐弯处向下剪开肠壁，在十二指肠的末端、卵黄蒂、回肠三处淋巴滤泡显示隆起、出血、溃疡提示新城疫或非典型新城疫感染。

从十二指肠的末端向下继续剪开小肠壁，观察是否有蛔虫、绦虫，并观察内容物颜色有无异常。

肠道内容物有橙色黏液提示巨型艾美耳球虫感染（易和产气荚膜梭菌混合感染称作肠毒综合征）。

小肠肠腔内有深红色血液提示小肠球虫。

肠壁呈蓝灰色，肠浆膜有黑色絮状物，肠黏膜覆盖一层黑色的假膜提示霉菌性肠炎。

肠胀气，有时肠壁有出血斑点像花布样、肠腔内有未消化的饲料颗粒、后期肠道呈蓝灰色，肠黏膜覆盖一层黑色的假膜提示梭菌感染。

鸡有两个盲肠，盲肠的根部与直肠相连的地方是盲肠扁桃体。盲肠扁桃体肿胀出血提示新城疫和非典型新城疫。

盲肠内容物正常的颜色为黄棕色（又称黄酱色）。

盲肠内有血凝块或血液提示盲肠球虫。

雏鸡盲肠粗大、手感硬，内有灰白色干酪样物提示沙门氏菌感染。

盲肠内有干酪样物，切面呈同心圆，中间有血液凝块提示组织滴虫病（又称盲肠肝炎）。

直肠、泄殖腔出血的位置不同，可以作为鉴别新城疫和流感的一项参考依据：新城疫的直肠有点状、条状或弥漫性出血；禽流感在直肠的末端或泄殖腔弥漫性出血，这是通过十几年对无数病例的观察总结，死亡率高的时候一定要多解剖几只死鸡，准确率在90%以上。但是活的病鸡往往病变不明显，不具有特征性。

（7）检查支气管、肺、卵巢、睾丸、肾、法氏囊。

支气管在心脏的下面，小心剪断血管，取出心脏后即露出支气管，正常的支气管呈透明状。

支气管内有浅黄色黏稠或干酪样物提示传染性支气管炎。

支气管内有灰绿色菌丝斑块提示霉菌感染。

肺正常为粉红色在心脏的两侧、气囊的下方，贴在肋骨的内侧面。

肺出血、坏死提示流感。

肺有灰白色结节提示霉菌感染或雏鸡白痢。

肺有大小不一的灰白色肿瘤病灶提示马立克氏病或淋巴细胞白血病。

肺有散在的黑色小点提示空气污染、粉尘数量多。

卵巢在肺的下方，两个肾前叶的中间。雏鸡的卵巢呈乳白色，上宽、下窄略有弯曲呈逗号形状；成年后逐渐发育长成大的浅黄色的卵泡滤泡。

雏鸡卵巢出血呈紫红色、成年鸡卵泡外面出血像包裹了一层红布样提示感冒。

卵泡变形呈菜花样或卵泡液化提示新城疫。

卵泡变形、变色、变质，卵黄蒂变长提示成年鸡白痢。

公鸡睾丸有两个，与母鸡卵巢的位置相同，在肺的下方，位于两个肾前叶的中间。雏鸡睾丸的颜色为浅黄色或乳白色。睾丸呈红色或黑红色提示流感。

肾在脊椎的两侧，正常的颜色是深红色，每一侧肾均由前叶、中叶、后叶组成。

肾极度肿胀或有肿瘤结节提示淋巴细胞白血病或马立克氏病（注意鉴别诊断，通过发病日龄、以及其他内脏器官的病变和腿的异常病变进行区别）。

肾高度肿胀颜色苍白，死亡率高，提示肾型传染性支气管炎。

一侧肾极度肿大，另一侧肾萎缩提示痛风。肾极度肿胀同时各内脏器官表面覆盖一层灰白色尿酸盐提示痛风或磺胺类药物中毒。

输尿管有两条，起始于肾沿着肾通向泄殖腔，在正常情况下眼观不明显，呈近似透明的细管。

当各种原因造成肾肿胀时，尿酸盐增多不能及时排出体外，沉积在肾和输尿管，造成输尿管增粗，呈一条白线状，内有灰白色黏稠的尿酸盐，严重时形成痛风石。

输尿管呈一条细白线提示肾轻度肿胀；输尿管变粗，内有多量白色尿酸盐，提示肾严重肿胀。

输尿管呈筷子般粗，充满了灰白色尿酸盐，严重时出现了痛风石，提示达到了痛风的程度，注意查找病因，一般多因饲料中蛋白质或钙的含量严重超标或磺胺类药物超量使用造成痛风。

法氏囊位于泄殖腔的背面，正常的法氏囊像指甲盖大，呈乳白色，扁平，内有少量清亮的液体。法氏囊随着鸡的生长发育而增大，开产后逐渐萎缩。开产前如果没有做好法氏囊疫苗的免疫，容易感染传染性法氏囊病。

法氏囊肿胀，内有稀的或稠的灰白色渗出物或干酪样物提示慢性传染性法氏囊病。

法氏囊肿大，黏膜皱褶有出血斑点提示传染性法氏囊感染。

法氏囊肿大颜色呈紫葡萄样，黏膜皱褶出血溃疡提示典型的传染性法氏囊病。当出现流感病变时法氏囊也肿大呈紫红色，但是胸腿肌没有出血斑点，要注意鉴别诊断。

成年鸡法氏囊异常肿大，肝、脾、肾同时异常肿大，有灰白色的肿瘤病灶提示淋巴细胞白血病。

输卵管变粗、变短、充血、出血、水肿，内有大量灰白色糨糊样的分泌物或胶冻样物提示流感并发大肠杆菌感染。

子宫体积增大，子宫黏膜水肿，内有大量灰白色糨糊样的分泌物提示流感并发大肠杆菌感染或产蛋下降综合征。

（8）检查喉头、气管、食道、胸腺。

从口腔两侧上下颌骨的连接处（嘴角）剪开后，两手抓住上下颌骨用力撕开口腔，暴露出喉头、气管、食道。

喉头气管正常为透明、半透明的圆管，气管的内壁光滑。

喉头气管充血、出血、溃疡（呈红气管），或气管内有长条状血液凝块提示传染性喉气管炎。

喉头、气管有黄白色干酪样物堵塞提示慢性传染性喉气管炎。

喉头气管黏膜高低不平，有粉白色的假膜且不易剥离，提示鸡痘感染。

气管的下端、支气管内，有黄白色黏稠或干酪样物提示传染性支气管炎。

气管内有多量灰白色的黏液，提示支原体感染又称慢性呼吸道病。

用刀刮，气管内有较多的带血的黏液提示新城疫或流感继发的气管黏膜轻度感染。

气管黏膜有黄白色的假膜，提示喉痘感染。

食道正常为乳白色、黏膜光滑，如果口腔、食道黏膜出现白色小结节提示维生素 A 缺乏症。

鸽子口腔、食道有灰白色或黄白色干酪样块状物，提示感染毛滴虫病。

胸腺位于颈椎的两侧，一侧 7 个，共 7 对，胸腺随着家禽的生长而生长。也会随着病情的发展而增大。正常的胸腺颜色与健康鸡的胸部肌肉颜色相同（浅黄略带红色），流感病毒感染时会出血，呈深红色。胸腺为中枢淋巴器官，具有产生抗体的功能以及中和毒物等作用。

家禽的解剖方法图示、步骤及各内脏器官所处的位置以及正常的形态和颜色图片分别如下列图所示。

78-1　健康产蛋鸡的头部，冠髯颜面鲜艳红润，眼睛炯炯有神

78-2　鸡头部各部位名称

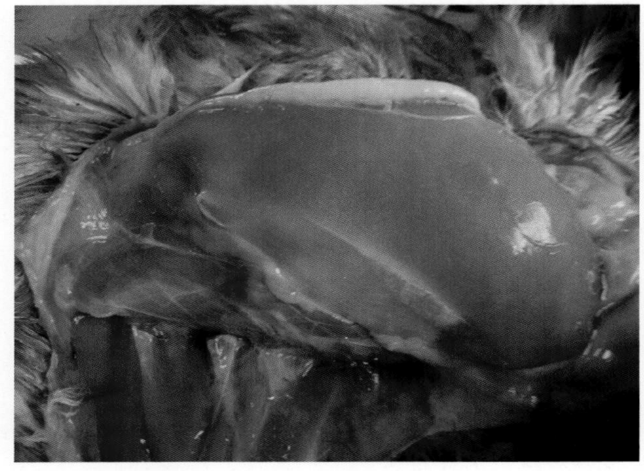

78-3　健康鸡胸部肌肉颜色

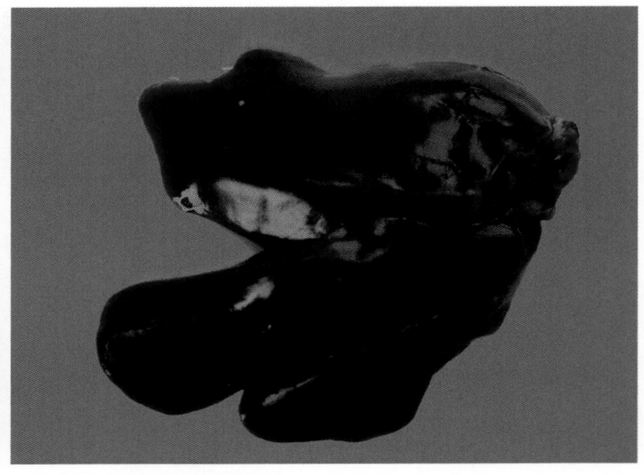

78-4　健康鸡肝颜色呈红褐色

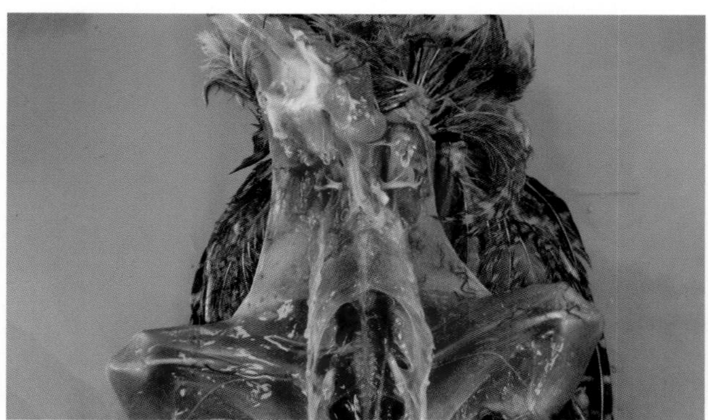

78-5　健康鸡的肺呈粉红色

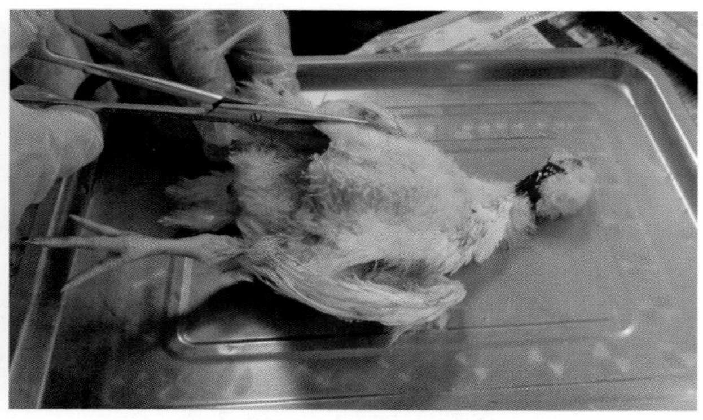

78-6　先将一侧膝关节与胸部连接的皮肤剪开

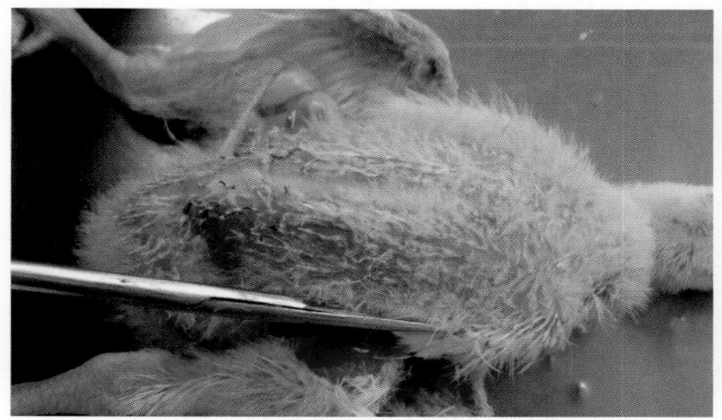

78-7　再将另一侧膝关节与胸部连接的皮肤剪开

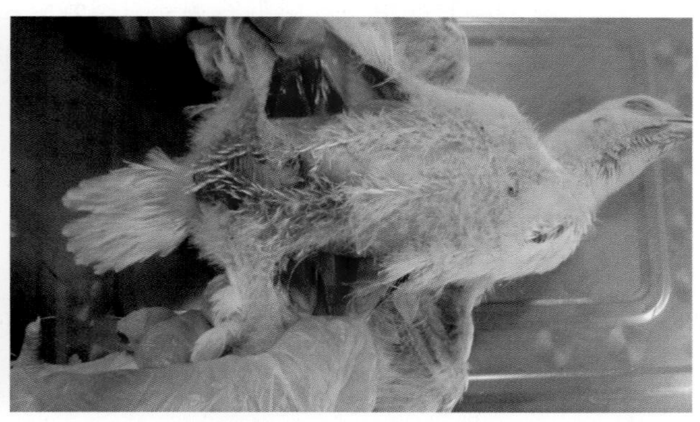

78-8　然后用两手按压膝关节，使髋关节脱臼，将鸡体放平

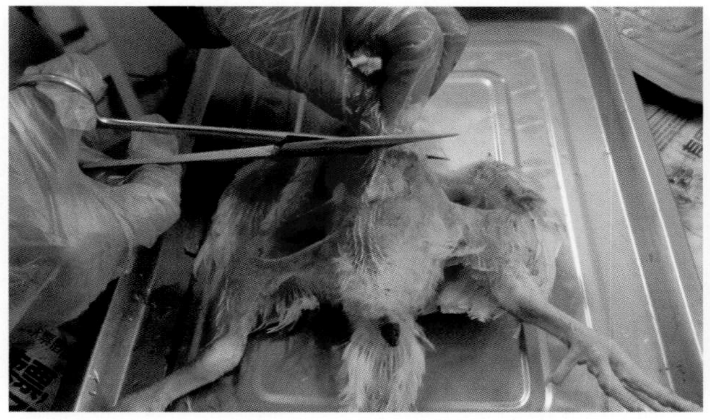

78-9　左手将胸骨末端与腹部连接的皮肤提起，右手持剪刀剪断

78-10　两手将胸部、腹部皮肤同时向相反的方向拽开

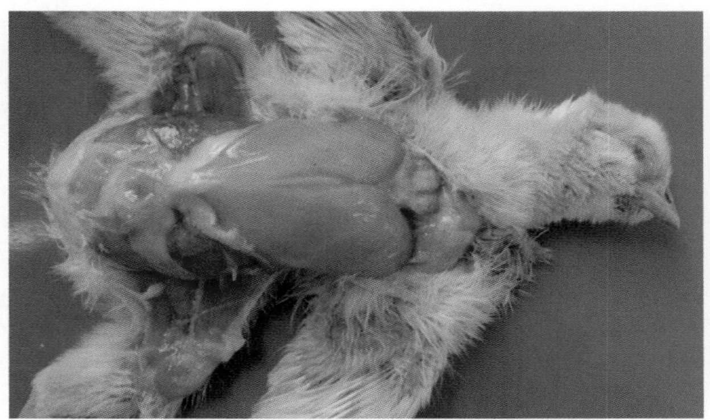

78-11　将鸡体放平，两腿放展，让尸体无法翻转

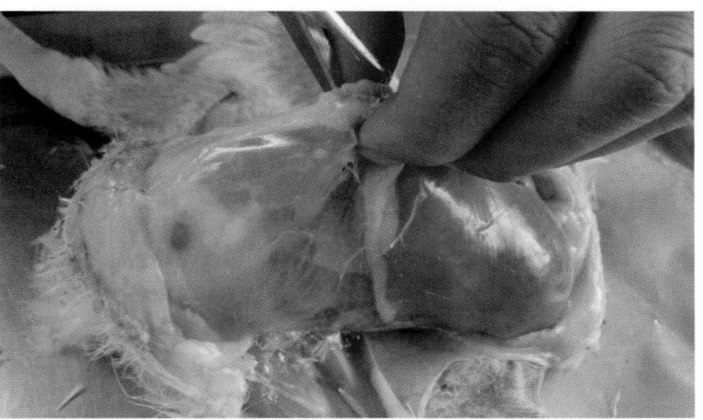

78-12　提起胸骨末端，将剪刀从胸骨末端与腹肌的连接处穿透

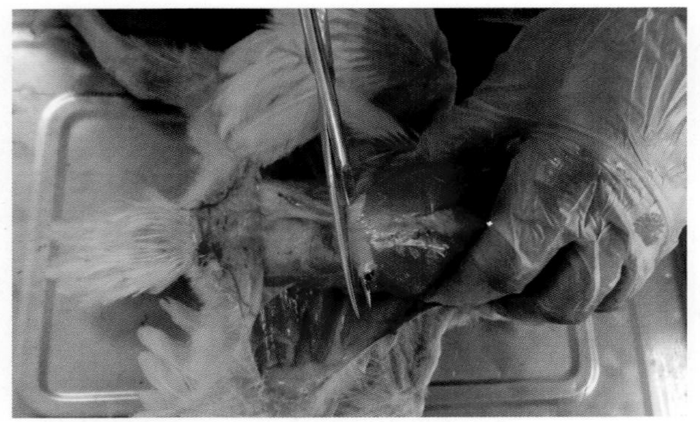

78-13　将胸骨的末端与腹肌连接处剪断

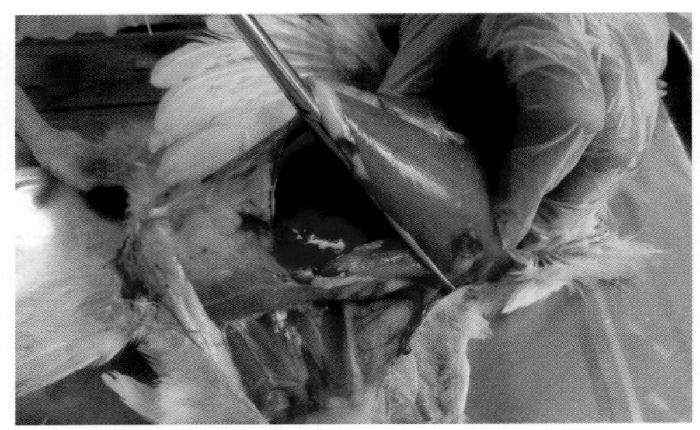

78-14　从胸骨末端开始至肩关节将两侧肋骨剪断

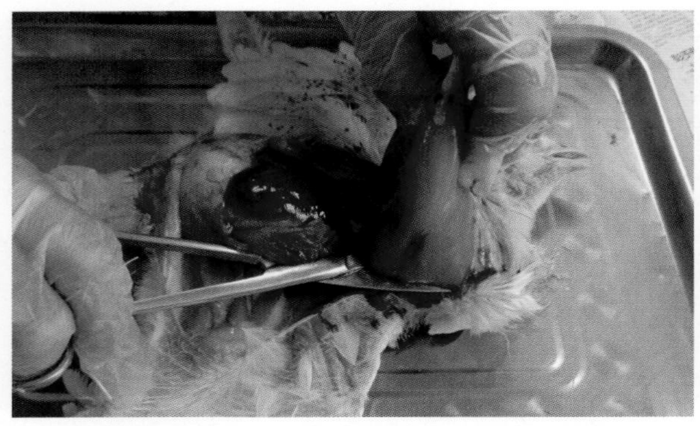

78-15　将胸部直立，与地面垂直，剪刀与胸部垂直，再将乌喙骨、锁骨剪断

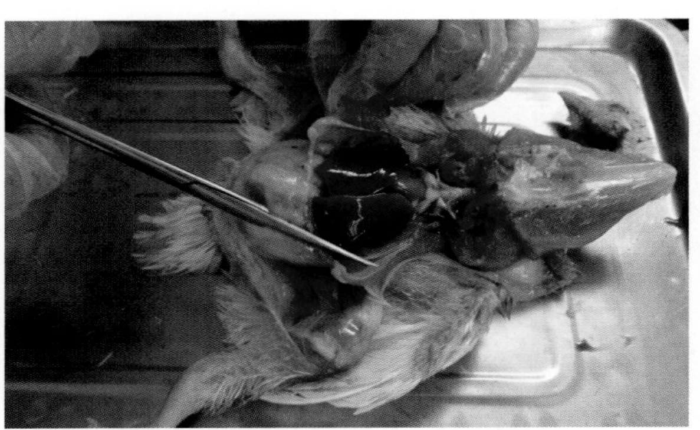

78-16　将胸骨向头颈部推并向下压，放平，使整个鸡体呈180°，胸腹腔完全显露出来

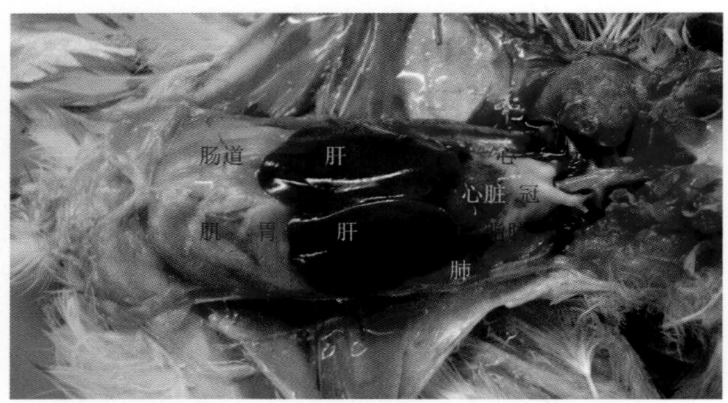

78-17　打开胸、腹腔，露出红褐色的肝，肝右侧是心脏；左侧是在脂肪掩盖下的肠道和肌胃

78-18　家禽14日龄以内因为肝功能尚未发育正常，肝呈黄色（1）

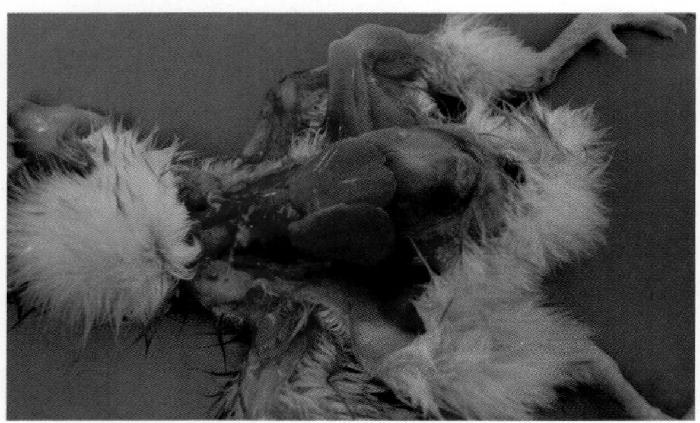

78-19　家禽14日龄以内因为肝功能尚未发育正常，肝呈黄色（2）

78-20　肝两侧与气囊相连，鸡有前胸气囊、后胸气囊，健康鸡的气囊薄而透明

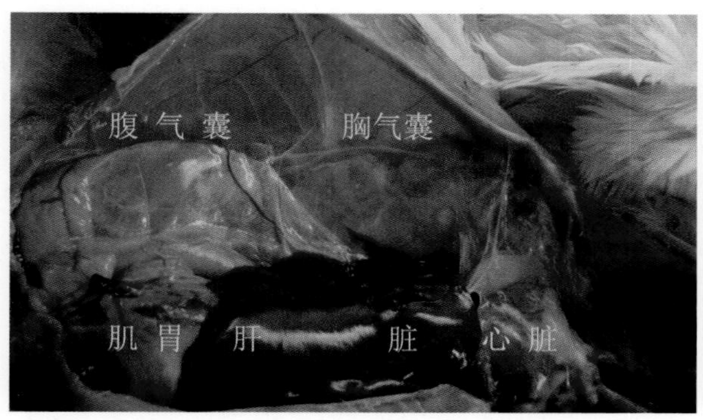

78-21　家禽气囊分布图（本图显示气囊炎）

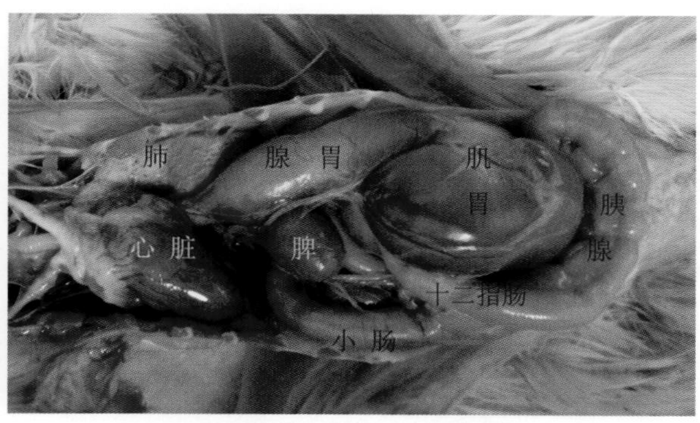

78-22　取出肝后露出胃。胃分为腺胃（呈流线形）、肌胃（呈圆形）两部分。同时看到脾、胰腺、十二指肠、小肠等

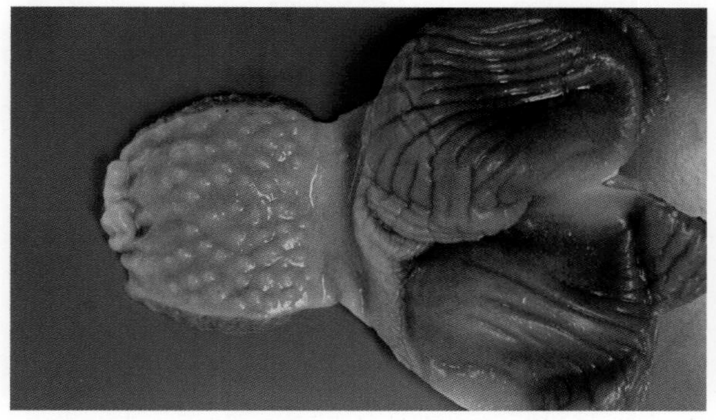

78-23　正常鸡的腺胃黏膜乳白色，腺胃乳头清晰可见

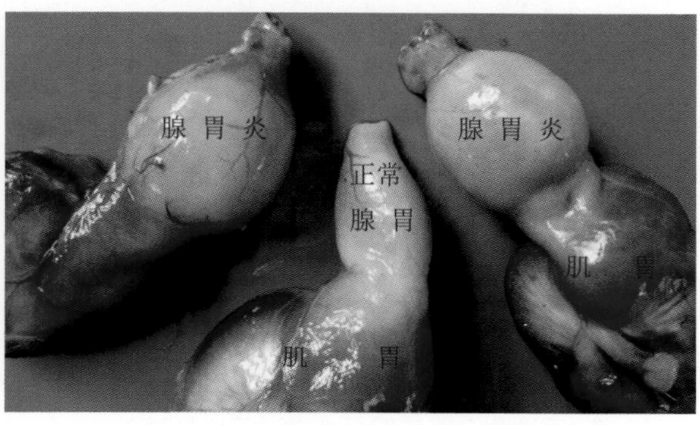

78-24　中间为正常的腺胃，呈流线形；两侧为患腺胃炎的腺胃，近似圆球状

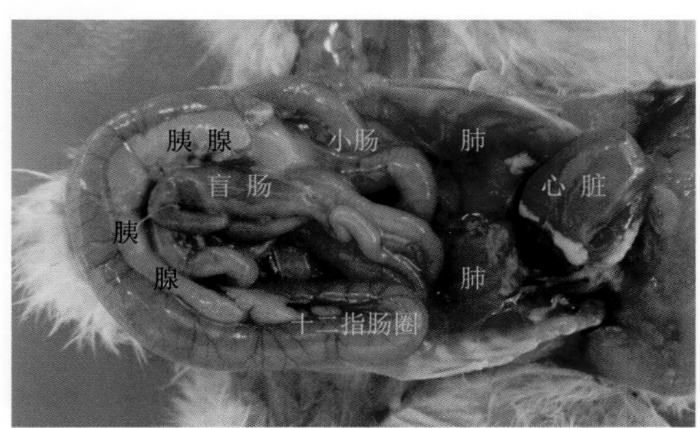

78-25　取出鸡的胃和脾后露出十二指肠圈、盲肠、小肠

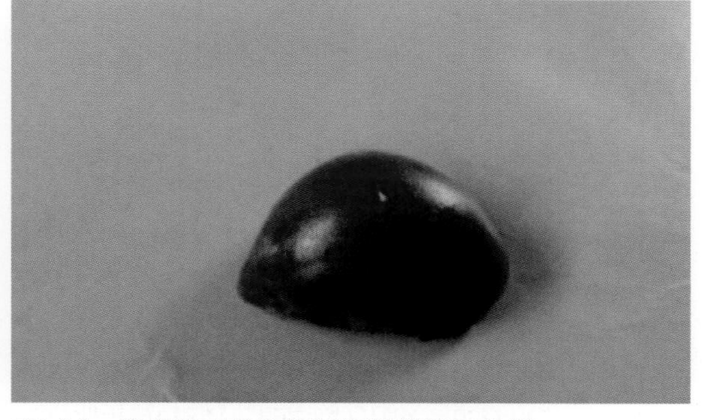

78-26　健康鸡正常的脾呈近似等腰三角形

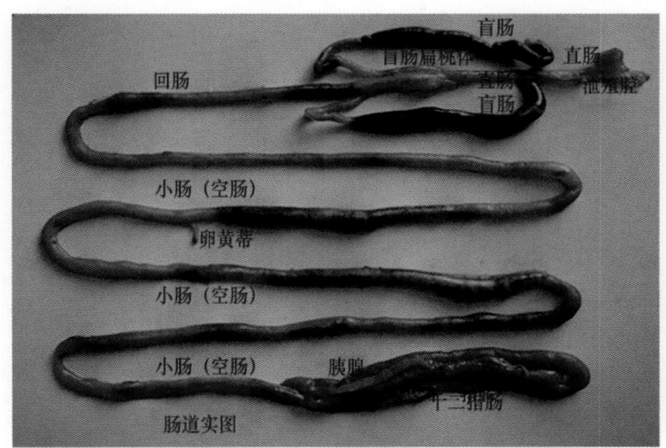

78-27　鸡的肠道各部位名称

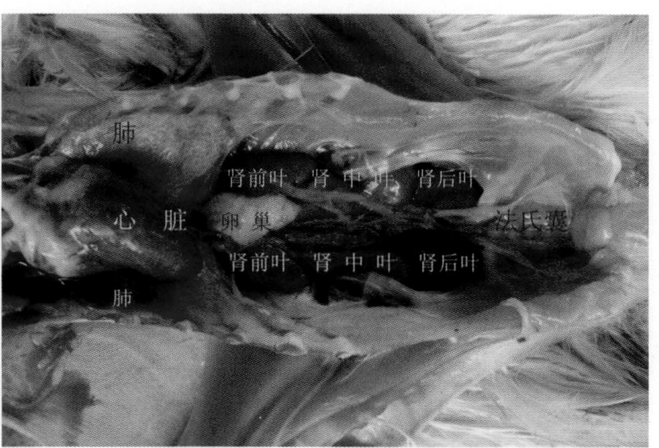

78-28　将全部肠道、肝、胃从腹腔里取出，露出心脏、卵巢、法氏囊和相对称的肾前叶、肾中叶、肾后叶

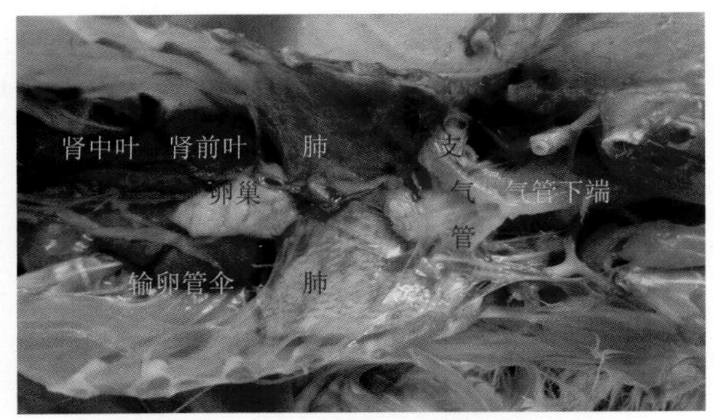

78-29 取出心脏，露出支气管的下端和通向两侧肺的支气管，呈乳白色，透明。还有正在发育的输卵管伞

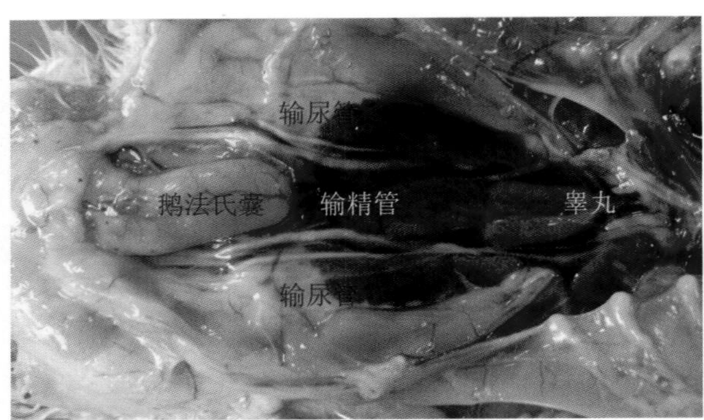

78-30 鹅的法氏囊像布袋一样

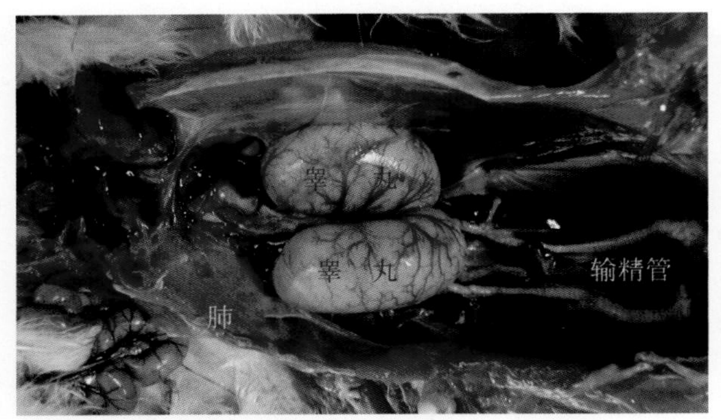

78-31 公禽睾丸、输精管分布图

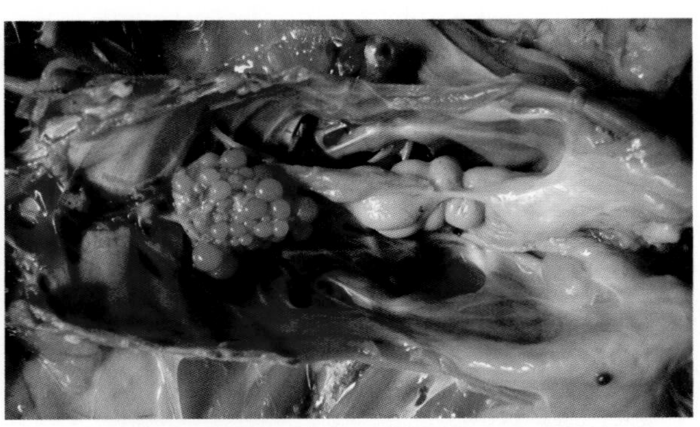

78-32 正在发育的输卵管和卵泡，卵泡呈金黄色

78-33 健康鸡的卵泡呈鲜艳的黄色，输卵管呈乳白色

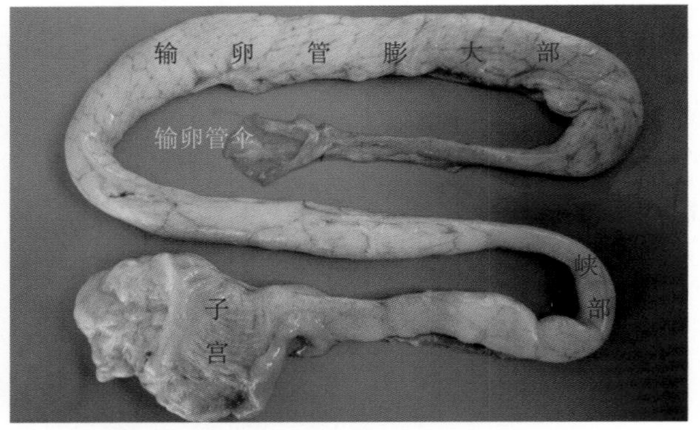

78-34 家禽输卵管各部位名称

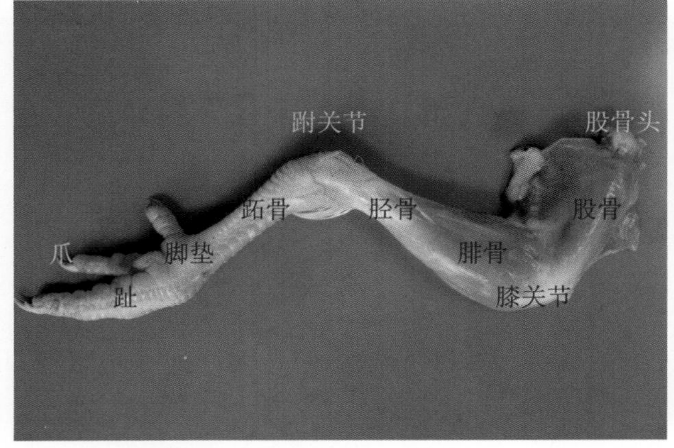

78-35 鸡的腿部各部位名称

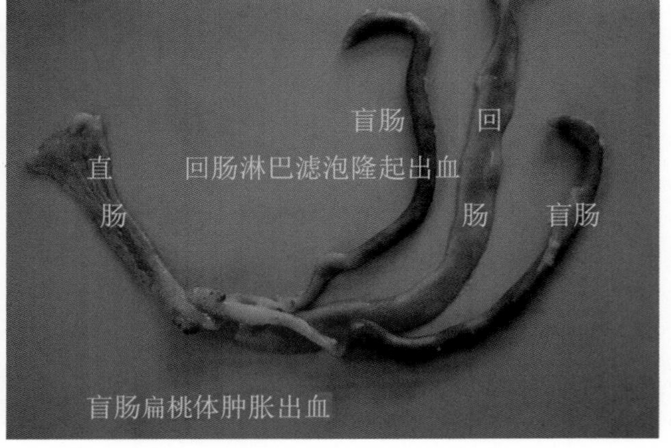

78-36 鸡回肠、盲肠、直肠分布图

78-37　家禽正常肠道呈乳白色

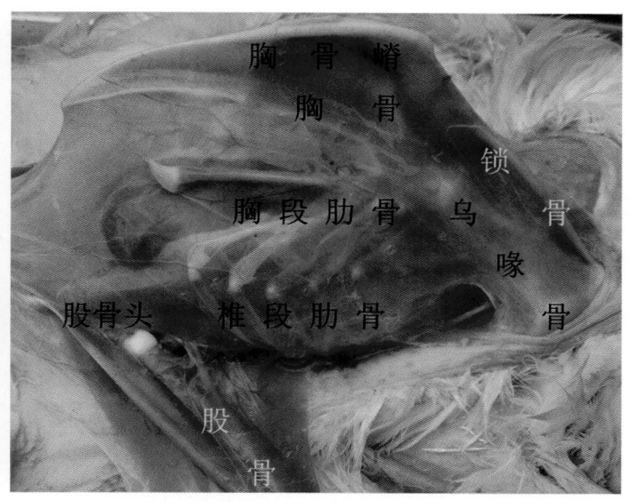

78-38　鸡的胸部骨骼名称

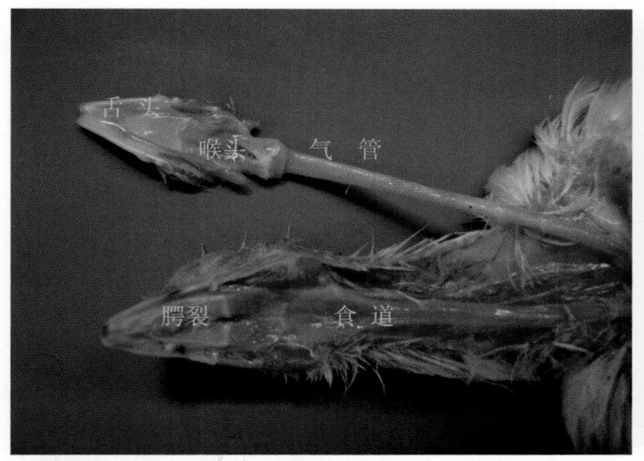

78-39　口腔、喉头气管、食道分布图

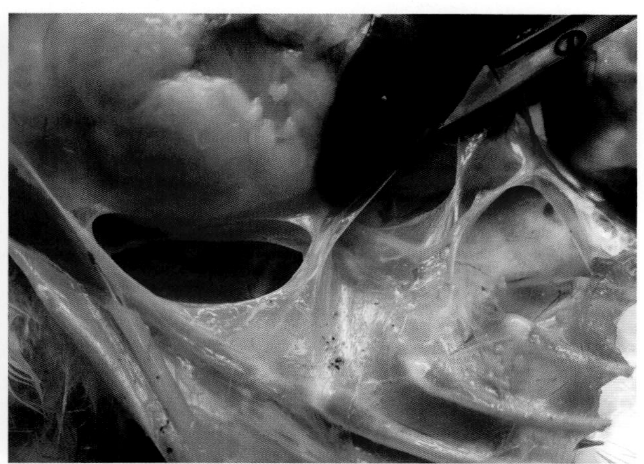
78-40　从右至左依次为前胸气囊、后胸气囊、腹气囊

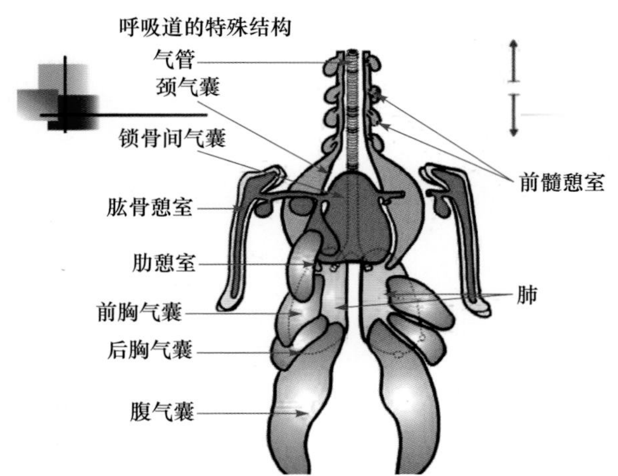

78-41　家禽气囊分布图

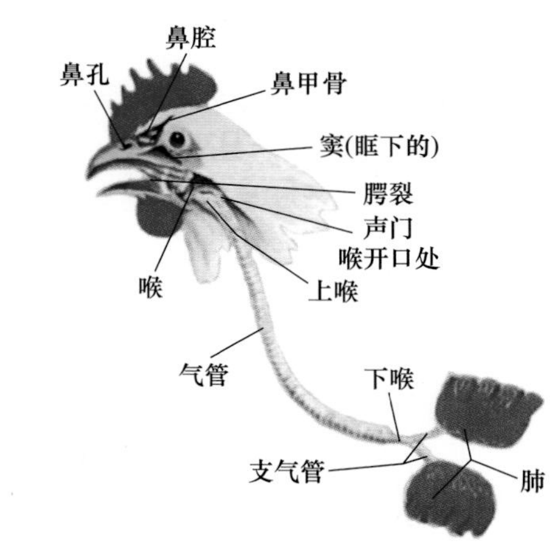

78-42　鸡的呼吸系统

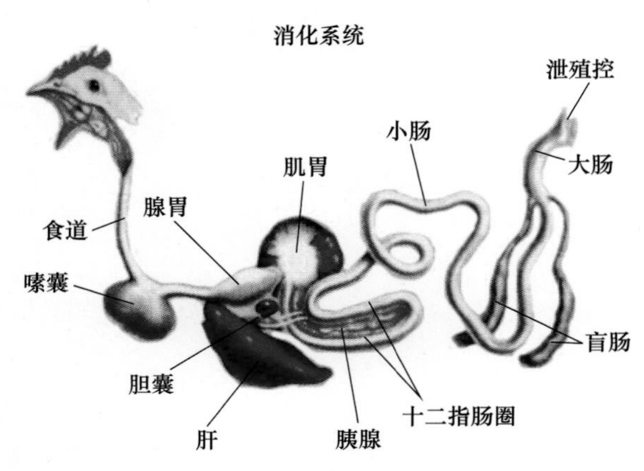

78-43　鸡的消化系统

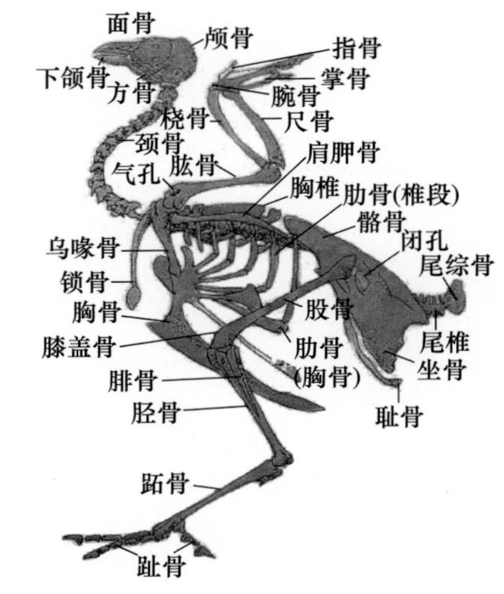

78-44　鸡的骨骼图

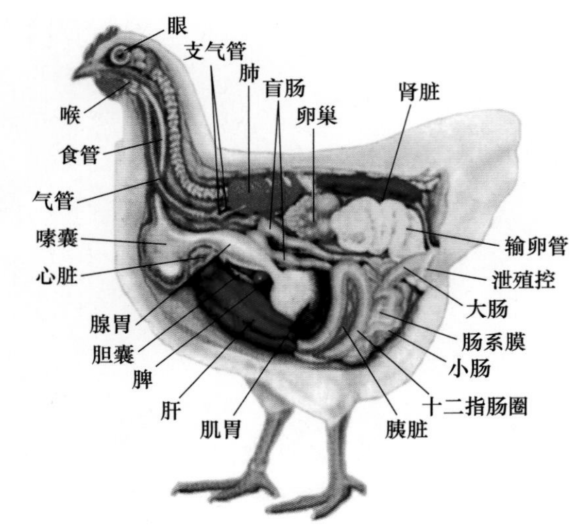

78-45　鸡的内脏分布图

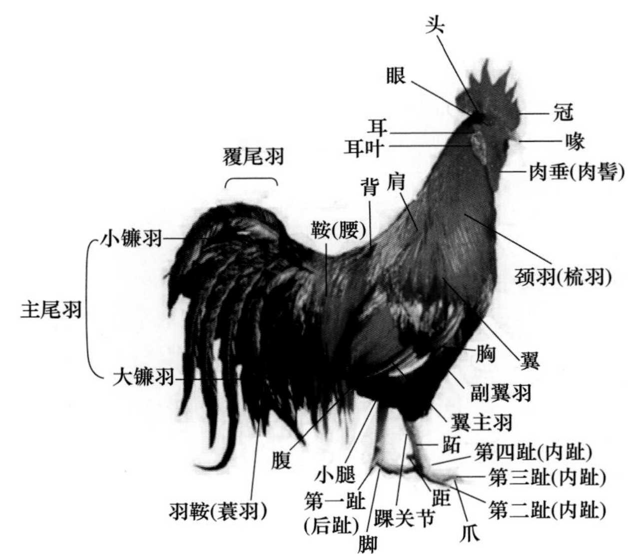

78-46　鸡的身体各部位名称

附：家禽疫苗常用的免疫接种方法

一、活疫苗免疫接种方法

1. 滴鼻、滴眼、滴口、喷雾、肌肉注射免疫法。

（1）疫苗稀释：一瓶 1 000 羽份疫苗配一瓶专用液，无专用稀释液者可使用生理盐水或注射用水；分别开启疫苗、稀释液的瓶盖露出瓶盖中心胶塞，用无菌注射器抽取 5 mL 稀释液注入疫苗瓶中，反复摇匀至溶解，吸出注入稀释液中，摇匀备用。

（2）免疫：取下稀释液瓶的胶塞，安上滴头，或使用标准滴管，将一滴疫苗溶液垂直滴进鸡的眼睛、口腔或一侧鼻孔（用手按住另一侧鼻孔）。使用滴鼻免疫法时，应确保疫苗溶液被吸入。

2. 饮水免疫法。

免疫前准备步骤如下。

（1）将水槽、水箱、饮水器清洗干净，注意尽量避免使用金属容器，无清洗剂、药品和消毒剂残留。

（2）准备足够的饮水器具，以确保每只鸡均有足够的饮水位置，疫苗的兑水量以在疫苗稀释后 2 h 饮完为宜。

（3）应用清凉、不含氯和铁的自来水，有条件者最好用蒸馏水或冷开水，加入免疫增效剂或加入 0.2%～0.5% 的脱脂奶粉作保护剂，可延长疫苗的活性。

（4）炎热季节，应在清早接种疫苗，疫苗溶液不得暴露于阳光之下。

免疫过程如下。

（1）活疫苗避免反复溶冻。

（2）开启疫苗瓶盖露出中心胶塞，用无菌注射器抽取 5 mL 稀释液注入疫苗瓶中，反复摇匀至溶解，吸出注入 100～500 mL 水中，摇匀备用。

（3）按免疫只数计算好饮水量（疫苗剂量加倍使用），将稀释好的疫苗倒入，用清洁的棒搅拌，使疫苗和水充分混匀。

（4）应确保稀释后的疫苗溶液在 2 h 内饮完。

（5）饮水量参考下表（重型鸡或天气酷热时饮水量应取上限）。

疫苗剂量	2～4 周龄鸡只饮水量	4 周龄以上鸡只饮水量
1 000 羽份	10～20 L	20～40 L

3. 喷雾免疫法。

（1）使用疫苗专用喷雾器或农用背负式喷雾器，喷雾器内必须无沉淀物、腐蚀剂及消毒剂残留，建议采用能迅速而均匀地喷射细小雾滴的专用接种疫苗的喷雾器。

（2）开启疫苗瓶盖露出中心胶塞，用无菌注射器抽取 5 mL 稀释液注入疫苗瓶中，反复摇匀至溶解备用。

（3）按免疫鸡只数计算好免疫量（疫苗剂量加倍使用），将稀释好的疫苗倒入，用清洁的棒搅拌，使疫苗和水充分混匀。

（4）做喷雾免疫前，关闭门窗和通风设备，将疫苗溶液均匀的喷向一定数量的鸡只（必须小心控制疫苗用量），喷洒距离为 30～40 cm，最好将鸡只圈于灯光幽暗处给予免疫。

（5）免疫 1 000 只鸡疫苗的用水量及雾滴大小参考下表。

鸡龄	2～4 周龄	4 周龄以上
用水量	250～500 mL	500～1000 mL
雾滴大小	50～100 μm	10～50 μm

4. 翼膜刺种。

用稀释液配制疫苗并混匀，将刺种针浸入疫苗溶液，把蘸满溶液的针刺入翅膀内侧三角区无羽毛、无血管处，直到溶液被完全吸收为止。一定不能在翅膀外侧刺种，因为羽毛将擦掉疫苗溶液，同时应避免刺伤骨头和血管。

5. 肌肉注射法。

稀释后的疫苗不宜在常温下存放过久，使用时摇匀；接种剂量要准确，部位要准确，部位要恰当；所用针头不能太粗以免拔针后疫苗流出；注射过程中过一段时间要摇匀一次疫苗，活疫苗必须在 1～2 h 内用完，时间越短越好。

二、灭活疫苗接种方法

使用灭菌的注射器和针头，接种前和接种过程中应摇匀疫苗，瓶开启后应一次用完。疫苗应在专职兽医人员的指导下使用。

1. 冬季在注射油苗前要回温，将疫苗温度回温至室温，有利于疫苗的吸收。

2. 颈部皮下注射：轻轻提起颈部皮肤，用 9 号针头从颈部 1/3 以下沿身体方向成 30° 角刺入，使疫苗注入皮肤与肌肉之间。

3. 胸部肌肉注射：用 9 号针头，呈 30°～45°（忌垂直刺入），于胸部 1/3 处刺入胸肌。

4. 腿部肌肉注射：用 8 号针头，朝身体方向刺入外侧腿肌，小心避免刺伤腿部的血管、神经和骨头。

参 考 文 献

[1] 罗贻逊 . 家畜病理学 . 成都：四川科学技术出版社，1988.

[2] 曾衡秀，俞火明 . 鸡鸭鹅病防治彩色图册 . 长沙：湖南科学技术出版社，1991.

[3] 刘晨，许日龙 . 实用禽病图谱 . 北京：中国农业出版社，1992.

[4] 王春林，朱德才 . 新编禽病诊断与防治手册 . 上海：上海科学技术文献出版社，1997.

[5] 杜元钊，朱万光 . 鸡病诊断与防治图谱 . 济南：济南出版社，1998.

[6] [美] B.W. 卡尔尼克 . 禽病学 .10 版 . 高福，苏敬良译 . 北京：中国农业出版社，1999.

[7] 丁卫星，刘洪云 . 鸽病急诊速治手册 . 北京：中国农业出版社，1999.

[8] 李生涛 . 禽病防治 . 北京：中国农业出版社，2001.

[9] 杨秀女，路广计 . 简明禽病防制手册 . 北京：中国农业大学出版社，2001.

[10] 陈建红，张济培 . 禽病诊治彩色图谱 . 北京：中国农业出版社，2001.

[11] 张曹民，丁卫星，刘洪云 . 鸽病防治诀窍 . 上海：上海科学技术文献出版社，2002.

[12] 王宝英 . 禽病防治 . 北京：高等教育出版社，2002.

[13] 杨连楷 . 鸽病防治技术 . 北京：金盾出版社，2002.

[14] 王永坤，朱国强，金山，等 . 水禽病诊断与防治手册 . 上海：上海科学技术出版社，2002.

[15] 崔治中 . 禽病防治彩色图谱 . 北京：中国农业出版社，2003.

[16] 焦库华 . 禽病的临床诊断与防治 . 北京：化学工业出版社，2003.

[17] 吕荣修 . 禽病诊断彩色图谱 . 北京：中国农业大学出版社，2004.

[18] 林毅 . 鸡鸭鹅病看图防治 . 成都：四川科学技术出版社，2004.

[19] 华南农业大学 . 养禽与禽病防治 . 2007（1）—2009（7）. 广州：养禽与禽病防治编辑部，2007—2009.